普通高等教育"十三五"规划教材

通信技术基础

第 2 版

鲜继清　李文娟　张　媛　余晓玫　编著
孙　霞　鲜　娟　胡　蓉

机械工业出版社

本书为普通高等教育"十三五"规划教材。

全书内容可概括为3部分：其一，通信的历史演进、信息时代、现代通信的概念及其广泛应用；其二，通信技术基本内容、基本概念、基本应用，信息、信源、交换、传输及数字通信3大系统，信息网络与应用以及它们之间的关系；其三，通信的发展前景、协议、标准、应用中的接口技术，网络中可靠与安全的热点话题。

全书共分10章，包括现代通信及应用概述、信息与信号、信源数字化、信息传输技术基础、信息交换技术、现代通信系统、通信网络及应用、通信技术的发展、通信协议与应用接口技术、通信的可靠与安全等内容。

本书突出通信技术工程应用基础的特点，抓住通信的基本概念，特别是"数字化"这一核心思想进行讲述，解析当代信息工程领域信息网络方面通信技术的应用基础，使学生能用这些基础知识和技术去理解各种信息网络，为适应信息技术的发展应用打下基础。

全书注重讲解通信技术的基本概念、基本内容和基本应用，深入浅出，前后呼应。书中尽量避免繁琐的公式推导，偏重于通信技术基础和应用方面的描述。

本书是为电气信息大类的大学生编写的信息技术方面的教材，适宜作为电气工程及其自动化、测控技术与仪器、自动化、电子信息、计算机科学与技术、机械电子工程、信息管理与信息系统、工程管理等非通信类专业的教材，也可以作为对工业与信息化技术感兴趣的广大读者培训、自学的教材或参考书。

本书配有免费电子课件，欢迎选用本书作教材的老师登录www.cmpedu.com注册下载或发邮件到xufan666@163.com索取。

图书在版编目（CIP）数据

通信技术基础/鲜继清等编著.—2版.—北京：机械工业出版社，2015.7（2024.8重印）
普通高等教育"十三五"规划教材
ISBN 978-7-111-51068-0

Ⅰ.①通… Ⅱ.①鲜… Ⅲ.①通信技术-高等学校-教材 Ⅳ.①TN91

中国版本图书馆CIP数据核字（2015）第179131号

机械工业出版社（北京市百万庄大街22号　邮政编码100037）
策划编辑：徐　凡　责任编辑：徐　凡
封面设计：张　静　责任校对：张玉琴
责任印制：常天培
北京中科印刷有限公司印刷
2024年8月第2版·第7次印刷
184mm×260mm·22.25印张·549千字
标准书号：ISBN 978-7-111-51068-0
定价：59.00元

电话服务　　　　　　　网络服务
客服电话：010-88361066　机　工　官　网：www.cmpbook.com
　　　　　010-88379833　机　工　官　博：weibo.com/cmp1952
　　　　　010-68326294　金　书　网：www.golden-book.com
封底无防伪标均为盗版　机工教育服务网：www.cmpedu.com

前　　言

在世界信息化的浪潮中,要实现我国的现代化,信息化是前提。信息化在我国现代化建设中起着决定性的作用。2008年我国成立了工业与信息化部,国家已经绘制了信息化发展的蓝图。

所谓信息化,就是信息技术在各方面的广泛应用,以信息技术推动我国产业发展及经济社会的大变革。信息技术包括的范围很宽,领域很广,通信技术是其重要的组成部分。

通信技术和网络在各领域、各部门的应用日益广泛和深入,人们已经感受到通信就在自己身边,人们的工作和日常生活已经离不开通信和网络。对于非通信专业,特别是电气信息大类的大学生,也十分需要学习和了解一些通信的基本知识。为此,我们组织力量研究构思,编写了本教材。鉴于是针对非通信专业的大学生或读者学习通信知识,本教材在教学设计思想和体系结构方面体现了三突出:突出基本概念,突出基本内容,突出基本应用。本教材内容的安排特点是:从通信的定义——信息的传递与交流这一基本概念出发,抓住点—线—网的线索,从源头进行疏理;从通信的演进到信息时代中通信的各方面应用,从通信系统构建信息网络,从应用层面由浅入深、由表及里地进行讲述。

书中通过对通信技术发展及应用的追溯,引导出通信中"数字化"的重要概念,"数字"成了信息时代的代名词,"数字化"成了当代最时髦的词语。书中以现代通信中几大数字通信系统的组成作为基本内容,全面讲述了通信技术的主体思想以及由此而构建的各种不同用途的信息网络。从构架各种通信网络的需要,引出了通信协议标准与应用接口技术的基本知识点,并对此进行引导性讲述。最后,对通信信息网络的可靠和安全这一当前的热点话题进行了介绍。

全书注重基础及应用,紧紧抓住通信技术的基础知识点进行讲解,做到前后呼应,重点突出,尽量避免繁琐的公式推导,有的地方以例题引导,帮助理解。编写设计尽力做到能启迪学生思维,营造想象的空间。

本书根据不同专业学生的需求,内容分为基本要求和选修要求(标*)。

随着通信及其应用技术的快速发展,根据多届学生、老师使用的反馈意见和老师们教学经验的积累,特别是有感于中青年老师勇于承担改编此书的热情,特对《通信技术基础》一书进行修订再版。第1章由鲜继清、李文娟编写,第2章由李文娟编写,第3、4章由张媛,第6、7、8章由余晓政、鲜娟编写,第5、9章由孙霞编写,第10章由胡蓉编写。全书由鲜继清、李文娟统稿。

本书编写过程中参考了有关著作和资料,在此对它们的作者表示诚挚的谢意!特别对此书原作者刘焕淋、蒋青、谢颖、蒋建春、胡向东、张毅及提供各种帮助的余成波、陈安宇、张宗琪、郭艳荣、甘伟、吴艳彬等老师表示感谢!

本书配有免费电子课件,欢迎选用本书作教材的老师登录www.cmpedu.com注册下载或发邮件到xufan666@163.com索取。

由于时间仓促、水平有限,书中错误难免,敬请各位老师、学生批评指正。

编　者

目 录

前言
第1章 现代通信及应用概述 1
1.1 通信与现代通信 1
*1.1.1 通信的历史演进 1
1.1.2 通信的定义 9
1.1.3 现代通信的基本概念 9
1.2 信息时代与现代通信 12
1.2.1 信息时代的概念 12
*1.2.2 信息技术与信息化 13
1.2.3 通信技术在信息化中的地位与作用 13
1.3 通信技术应用概述 14
1.3.1 通信与生活 14
*1.3.2 通信与电子政务 15
1.3.3 通信与企业信息化 16
1.3.4 通信与商务信息化 18
1.3.5 通信与军事 18
思考题与习题 20

第2章 信息与信号 21
2.1 信息的概念 21
2.1.1 基本概念 21
*2.1.2 香农对"信息"的定义 22
2.2 信号的概念及分类 23
2.2.1 基本概念 23
2.2.2 信号的分类 24
2.3 信号的一般特性 25
*2.4 随机信号概述 28
2.4.1 随机变量 28
2.4.2 随机过程的一般表述 30
2.4.3 平稳随机过程 33
*2.5 通信中噪声的概念 35
2.5.1 噪声的分类 35
2.5.2 高斯噪声 36
2.5.3 高斯白噪声 37
2.6 信息处理 37
2.6.1 信息处理的基本概念 37
2.6.2 信息处理的主要手段 38

思考题与习题 39

第3章 信源数字化 41
3.1 引言 41
3.2 模拟信号的数字化 41
3.2.1 抽样定理 42
3.2.2 模拟信号的量化 45
3.2.3 脉冲编码调制 50
*3.2.4 语音压缩编码 57
*3.2.5 图像压缩编码 60
*3.2.6 语音和图像压缩编码标准 62
*3.3 信源编码的相关概念 66
3.4 传感器的数字化技术 68
3.4.1 基本概念 68
3.4.2 传感器信息数字化 70
3.4.3 信息数字化的实现 71
思考题与习题 73

第4章 信息传输技术基础 74
4.1 信息传输和信道 74
4.1.1 信息传输的基本概念 74
4.1.2 有线传输信道 80
4.1.3 无线传输信道 85
4.2 传输技术基础 88
*4.2.1 模拟传输技术基础 88
4.2.2 数字传输技术基础 92
4.3 多路信号传输技术 102
4.3.1 信号多路传输的基本概念 103
*4.3.2 PDH数字复接 105
*4.3.3 SDH数字复接 109
思考题与习题 111

第5章 信息交换技术 112
5.1 信息交换的基本概念 112
5.1.1 交换的概念 112
5.1.2 交换的方式分类 115
5.1.3 信息交换的常用术语 117
5.2 几种主要的数字交换技术 119
5.2.1 程控交换技术 119
*5.2.2 分组交换技术 128

*5.2.3　ATM 交换技术 …………………… 136
　5.2.4　IP 与软交换技术 ………………… 143
思考题与习题 ……………………………… 148

第 6 章　现代通信系统 ………………… 150

6.1　数字通信系统概述 ……………………… 150
　6.1.1　现代通信系统模型 ………………… 150
　6.1.2　现代通信系统分类 ………………… 151
6.2　数字光纤通信系统 ……………………… 151
　6.2.1　数字光纤通信系统的概念 ………… 151
　6.2.2　数字光纤通信系统的组成 ………… 152
　6.2.3　SDH 光同步传输系统 …………… 153
　6.2.4　光波分复用系统 …………………… 157
　6.2.5　光传送网 …………………………… 162
6.3　数字微波与卫星通信系统 ……………… 167
　6.3.1　数字微波通信系统概述 …………… 167
　6.3.2　卫星通信系统 ……………………… 171
　6.3.3　数字卫星通信系统的概念 ………… 183
　6.3.4　卫星通信多址方式 ………………… 185
　*6.3.5　数字卫星通信系统范例 …………… 188
6.4　数字移动通信系统 ……………………… 191
　6.4.1　移动通信系统概述 ………………… 191
　6.4.2　蜂窝数字移动通信系统 …………… 196
　6.4.3　GSM 数字移动通信系统 ………… 201
　6.4.4　CDMA 移动通信系统 …………… 210
　6.4.5　第三代移动通信系统 ……………… 219
　6.4.6　第四代移动通信系统 ……………… 220
思考题与习题 ……………………………… 222

第 7 章　通信网络及应用 ……………… 225

7.1　通信网的概述 …………………………… 225
　7.1.1　通信网的概念与拓扑 ……………… 225
　7.1.2　通信网的分类 ……………………… 227
7.2　公用通信网 ……………………………… 228
　7.2.1　电话网 ……………………………… 228
　7.2.2　数据通信网 ………………………… 234
　7.2.3　广播电视网 ………………………… 242
7.3　通信网的支撑系统 ……………………… 244
　7.3.1　信令网 ……………………………… 244
　*7.3.2　同步网 ……………………………… 248
　*7.3.3　电信管理网 ………………………… 249
*7.4　接入网 …………………………………… 250
*7.5　专用信息网 ……………………………… 252
　7.5.1　政务信息网 ………………………… 252
　7.5.2　电力信息网 ………………………… 253

7.5.3　交通信息网 ………………………… 256
7.5.4　工业、企业信息网 ………………… 260
7.5.5　监控网 ……………………………… 264
7.5.6　移动自组织网 ……………………… 269
7.5.7　校园网 ……………………………… 270
7.5.8　家居信息网 ………………………… 271
思考题与习题 ……………………………… 273

第 8 章　通信技术的发展 ……………… 274

8.1　现代通信发展概述 ……………………… 274
　8.1.1　通信技术的综合化发展 …………… 274
　8.1.2　通信系统及网络的宽带化 ………… 274
　8.1.3　通信网络的智能化 ………………… 274
　8.1.4　通信的个人化 ……………………… 275
　8.1.5　通信技术的广泛应用及网络
　　　　　全球化 ……………………………… 275
8.2　通信系统的发展 ………………………… 275
　8.2.1　光纤通信系统的发展 ……………… 275
　8.2.2　卫星通信系统的发展 ……………… 278
　8.2.3　陆地移动通信系统的发展 ………… 281
*8.3　信息交换的发展 ………………………… 283
　8.3.1　IP 交换与软交换的发展 ………… 283
　8.3.2　光交换技术 ………………………… 285
8.4　通信网的发展 …………………………… 287
　8.4.1　三网融合 …………………………… 287
　*8.4.2　第二代光互联网 …………………… 289
　8.4.3　下一代网络——NGN ……………… 291
　8.4.4　物联网 ……………………………… 292
8.5　NII 与 GII 和网络的全球化 …………… 293
　8.5.1　NII 与 GII 的概念 ………………… 293
　8.5.2　网络全球化 ………………………… 294
思考题与习题 ……………………………… 294

第 9 章　通信协议与应用接口技术 …… 296

9.1　通信协议与标准概述 …………………… 296
　9.1.1　通信协议的概念 …………………… 296
　9.1.2　通信协议的主要内容 ……………… 297
　*9.1.3　通信标准化组织简介 ……………… 297
　9.1.4　有关通信与网络标准 ……………… 299
9.2　通信总线及接口基本概念 ……………… 299
　9.2.1　通信总线接口概述 ………………… 299
　9.2.2　并行通信 …………………………… 300
　9.2.3　串行通信 …………………………… 300
　*9.2.4　串行通信和并行通信的发展 ……… 302
9.3　常用内部串行通信总线及接口 ………… 303

9.3.1	SPI 总线及接口 …………… 304		10.2.1	通信可靠性的含义 …………… 328
9.3.2	I²C 总线及接口 …………… 305		10.2.2	通信可靠性的影响因素及特点 …………… 329
*9.3.3	UART 异步串行通信接口 …… 308		*10.2.3	通信的可靠性设计 …………… 330
9.4	常用外部通信总线及接口 ……… 310		*10.2.4	通信可靠性的评价模型与方法 …………… 330
9.4.1	异步串行总线及接口 ………… 310		10.2.5	我国通信的可靠性管理 ……… 333
9.4.2	USB 接口 …………… 314		10.3	通信的安全 …………… 334
9.4.3	以太网接口 …………… 318		10.3.1	通信安全的内涵 …………… 334
9.4.4	PCI Express 接口 …………… 320		10.3.2	影响通信安全的主要因素 …… 334
9.4.5	1394 总线及接口 …………… 322		*10.3.3	实现通信安全的主要途径 …… 335
9.4.6	CAN 总线及接口 …………… 324		10.3.4	通信安全的典型解决方案 …… 336

思考题与习题 …………… 327

第 10 章　通信的可靠与安全 …………… 328

10.1　通信可靠与安全的重要性 …………… 328

10.2　通信的可靠 …………… 328

思考题与习题 …………… 345

参考文献 …………… 346

第 1 章 现代通信及应用概述

1.1 通信与现代通信

*1.1.1 通信的历史演进

通信的历史演进伴随着通信技术的发展，它与人类社会的进步和科学技术的发展有着极为密切的关系。通信技术的发展深刻地改变了人们的生产方式和生活习惯，推动人类社会向前迈进。从通信的发展可以看到社会进步的过程。通信发展的历史虽然没有明确的界限，但大致可以分为古代通信、近代通信和现代通信，3 个阶段。

1. 古代通信

在远古时候，人类的祖先就已经能够在一定范围内借助于呼叫、打手势或采取以物示意的办法来相互传递一些简单的信息，至今在人们的生活中仍然能找到这些方式的影子，如旗语（通过各色旗子的舞动）、号角、灯塔、喇叭、击鼓敲锣、风筝、信号树、信鸽等。

我国是世界上最早建立有组织的传递信息系统的国家之一。驿传是早期有组织的通信方式，就是通过骑马接力送信的方法，将文书一个驿站接一个驿站地传递下去。驿站是古代接待传递公文的差役和来访官员途中休息、换马的处所，它在我国古代信息传递中有着重要的地位和作用，在通信手段十分原始的情况下，担负着政治、经济、文化、军事等方面的信息传递任务。中国信息文化的发源地之一的嘉峪关，其火车站广场有一"驿使"雕塑，驿使手举简牍文书，驿马四足腾空，速度飞快，就是对当时驿传的描绘。通信发展到宋代时，将所有的公文和书信的机构总称为"递"，并出现了"急递铺"。急递铺的驿骑马颈上系有铜铃，在道上奔驰时，白天鸣铃，夜间举火，撞死人不负责。铺铺换马，数铺换人，风雨无阻，昼夜兼程。南宋初年抗金将领岳飞被宋高宗以 12 道金牌从前线强迫召回临安，这类金牌就是急递铺传递的金字牌，含有十万火急的意思。

古人也常常利用动物通信，如信鸽传书、鸿雁传书、鱼传尺素、青鸟传书、黄耳传书等就是古人利用动物通信的最好典范。有"会飞的邮递员"美称的鸽子，是人们使用最广泛的动物。同鸿雁传书一样，鱼传尺素也被认为是邮政通信的象征。在我国古诗文中，鱼被看作传递书信的使者，并用"鱼素""鱼书""鲤鱼""双鲤"等作为书信的代称。古时候，人们常用一尺长的绢帛写信，故书信又被称为"尺素"。捎带书信时，常将尺素结成两条鲤鱼的样子，故称双鲤。书信和"鱼"的关系，其实在唐以前早就有了。在东汉蔡伦发明造纸术之前，写有书信的竹简、木牍或尺素是夹在两块木板里的，木板的作用类似于现代的信封，而这两块木板被刻成了鲤鱼的形状，两块鲤鱼形木板合在一起，用绳子在木板上的 3 道线槽内捆绕 3 圈，再穿过一个方孔缚住，在打结的地方用极细的黏土封好，然后在黏土上盖上玺印，就成了"封泥"，这样可以防止在送信途中信件被私拆。黄耳传书讲的是用一只名为"黄耳"的家犬递送家书的故事，这可以认为是我国第一代狗信使。

除此之外，还有用竹筒传书等方法。古代战争中还有用各种竹简骨片、鱼符虎符、木牌铜牌金牌将文字写在布上或纸上再装进竹筒里等方式传递信件的方法。我国古代还有一些传递秘密信息的方法，套格就是其中一种。明文是普普通通的一封信，报平安或老友叙旧之类，可以公开。解密是用一张同样大小的纸，在纸上面的不同位置挖洞，覆盖到原信上，读从洞里暴露出的字就是另外有含义的秘密信息。类似的通信方式还有藏头诗等。以上是基于实物传递书信方式的通信，即现在所谓的邮政通信。

烽火通信作为一种原始的声光通信手段，是通过烽火及时传递军事信息的，远在周代时就服务于我国军事战争。烽火台的布局十分重要，它分布在高山险岭或峰回路转的地方，而且必须是要3个台都能相互望见，以便于看见和传递。从边境到国都以及边防线上，每隔一定距离就筑起一座烽火台，台上有桔槔，桔槔头上有装着柴草的笼子，敌人入侵时，烽火台一个接一个地燃放烟火传递警报，一直传到军营。每逢夜间预警，守台人点燃笼中柴草并把它举高，靠火光给邻台传递信息，称为"烽"；白天预警则点燃台上积存的薪草，以烟示急，称为"燧"。古人为了使烟直而不弯，以便远远就能望见，还常以狼粪代替薪草，所以又别称"狼烟"。现在常常用来形容边疆不平静的"狼烟四起"就是古代通信的一种方式。新疆库车县克孜尔尕哈的汉代烽火台遗址如图1-1所示，展现了距今2000多年前我国西北边陲"谨侯望，通烽火"的历史遗迹。

为了报告敌兵来犯的多少，采用了以燃烟、举火数目的多少来加以区别。各路诸侯见到烽火，马上派兵相助，抵抗敌人。抗日战争中的消息树即类似烽火信息传递方式，还有撞钟、敲锣击鼓等用声音在空间传播的方式进行通信。

图1-1 汉代烽火台遗址

古代通信的方式虽然非常简单，非常原始，但它基本上满足了当时人们的生活需要。由于社会的不断发展，对通信的需求产生了越来越严重的矛盾，人们就产生了对通信的各种幻想，如千里眼、顺风耳等许多神化故事就应运而生。为此，人们不断地进行通信方面的探索和研究，从而拉开了近代通信的序幕。

2. 近代通信

（1）电报与电话的发明

19世纪30年代，随着电的发明与应用，不少科学家在法拉第电磁感应理论的启发下，开始了利用电来传送信息的试验。俄国外交家希林格和英国青年库克等都相继制造出了电报机。但在众多的电报发明家中，最有名的还要算萨缪尔·莫尔斯。莫尔斯是一名享誉美国的画家，1832年开始对电磁学产生浓厚兴趣，1834年利用电流一通一断的原理发明了用电流的"通"和"断"来编制代表字母和数字的代码，人称"莫尔斯电码"。后来他在助手维尔德的帮助下，制成了举世闻名的莫尔斯电报机。1843年，在美国国会的赞助下，莫尔斯修建了从华盛顿到巴尔的摩的电报线路，全长64.4km。1844年5月24日，在座无虚席的国会大厦里，莫尔斯向巴尔的摩发出了人类历史上的第一份电报："上帝创造了何等的奇迹！"。电报是利用架空明线来传送的，所以这是有线通信的开始。电报的发明拉开了电信时代的序幕，由于有电作为载体，信息传递的速度大大加快了。"嘀—嗒"一声（1s），它便可以载着信息绕地球7圈半，这是以往任何通信工具所望尘莫及的。在1896年德国建立了电报局，如图1-2所示。

图 1-2　1896 年德国柏林中央电报局

电报传送的是符号，发送一份电报，必须先将报文译成电码，再用电报机发送出去；在收报一方，要经过相反的过程，即先将收到的电码译成报文，然后再送到收报人的手里。这不仅手续麻烦，而且也不能及时进行双向的信息交流。针对电报的这些不足，永不知倦的科学家们又进行了新的开拓，开始探索一种能直接传送人类声音的通信方式，这就是现在无人不晓的"电话"。

1876 年，亚历山大·格雷厄姆·贝尔利用电磁感应原理发明了电话，如图 1-3 所示，预示着个人通信时代的开始。1876 年 3 月 10 日，贝尔在做实验时不小心将硫酸溅到腿上，他疼痛地呼喊他的助手："沃森先生，快来帮我啊！"谁也没有料到，这句极为普通的话，竟成了人类通过电话传送的第一句话音。当天晚上，贝尔含着热泪，在写给他母亲的信件中预言："朋友们各自留在家里，不用出门也能互相交谈的日子就要到来了！"

图 1-3　贝尔及其发明的电话机

1879 年，第一个专用人工电话交换系统投入运行。电话传入我国是在 1881 年，英籍电气技师皮晓浦在上海十六铺沿街架起一对露天电话，花费 36 文钱可通话一次，这是中国的第一部电话。1882 年 2 月，丹麦大北电报公司在上海外滩扬于天路办起我国第一个电话局，用户 25 家。1889 年，安徽省安庆州候补知州彭名保，自行设计了一部电话，包括自制的五六十种大小零件，成为我国第一部自行设计制造的电话。最初的电话并没有拨号盘，所有的通话都是通过接线员进行，由接线员为通话人接上正确的线路，如图 1-4 所示。电话的发明让人们可以随时用附近的电话与等候在另一端的亲友进行可靠、清晰的对话，这一发明的社会价值是不言而喻的，人们开始大规模架设电线，敷设电缆，以求尽可能地扩大通信的范围和覆盖率。

电报和电话的相继发明,使人类获得了远距离传送信息的手段。

(2) 无线电通信的诞生

电报、电话的电信号都是通过金属线传送的,线路架设到的地方,信息才能传到,遇到大海、高山,无法架设线路,也就无法传递信息,这就大大限制了信息的传播范围。因此,人们又开始探索不受金属线限制的无线电通信。

无线电通信与早期的电报、电话通信不同,它不是依靠有形的金属导线,而是利用无线电波来传递信息的。那么,谁是无线电通信的"报春人"呢?为无线电通信立"头功"的,是著名的英国科学家麦克斯韦。1864年,麦克斯韦发表了电磁场理论,成为人类历史上第一个预言电磁波存在的人。1887年,德国物理学家赫兹通过实验证实了电磁波的存在,并得出电磁能量可以越过空间进行传播的结论,这为日后电磁波的广泛应用铺平了道路。1888年,赫兹制作的简易电磁波发射和接收装置如图1-5所示。但遗憾的是,赫兹却否认将电磁波用于通信的可能。

图1-4 1898年,中国上海的电话交换局

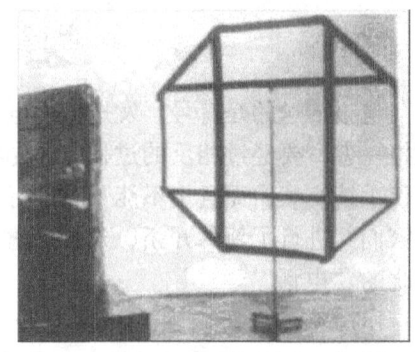

图1-5 1888年,赫兹制作的简易电磁波发射和接收装置

麦克斯韦和赫兹等人点燃的火炬,照亮了两个异国青年发明家的奋斗之路。1895年,20岁的意大利青年马可尼(见图1-6)发明了无线电报机。虽然当时的通信距离只有30m,但他闯进了赫兹的"禁区",开创了人类利用电磁波进行通信的历史。1901年,无线电越过了大西洋,人类首次实现了隔洋远距离无线电通信。两年后,无线电话实验成功。由于在无线电通信上的卓越贡献,1909年,35岁的马可尼登上了诺贝尔物理学奖的领奖台。

无线电通信为人类通信开辟了一个潜力巨大的新领域——无线通信领域,用无线电波传播信息不仅极大地降低了有线通信面临的架线成本和覆盖面问题,也使人类通信开始走向无限空间。无线通信在海上通信中获得的应用如图1-7所示。一个多世纪以来,用莫尔斯电码拍发的遇险求

图1-6 无线电通信的创始人马可尼

救信号"SOS"成了航海者的"保护神",拯救了不计其数人的性命,挽回了巨大的财产损失例如1909年1月23日,"共和号"轮船与"佛罗里达号"相撞,30分钟后,"共和号"发出的"SOS"信号被航行在该海域的"波罗的海号"所截获。"波罗的海号"迅速赶到出事地点,使相撞两艘船上的1700条生命得救。类似的事例不胜枚举。

但是,反面的教训也是十分沉重的。1912年4月14日,豪华客轮"泰坦尼克号"在作为处女航时与冰山相撞,因船上的电报设备出了故障,导致它与外界的联系中断了7个小时,它与冰山相撞后发出的"SOS"信号又没有及时被附近的船只所接收,最终酿成了1500人葬身海底的震惊世界的惨剧。"泰坦尼克号"(见图1-8)

图1-7　1912年,航船上使用的无线电报设备

的悲剧告诉人们,通信与人类的生存有着多么密切的关系!

图1-8　泰坦尼克号

无线电技术很快地被应用于战争,特别是在第二次世界大战中,它发挥了巨大的威力,以至于有人把第二次世界大战称为"无线电战争"。其中特别值得一提的便是雷达的发明和应用。1935年英国皇家无线电研究所所长沃森·瓦特等人研制成功了世界上第一部雷达。20世纪40年代初,雷达在英、美等国军队中获得广泛应用,被人称为"千里眼",如图1-9所示。后来,雷达也被广泛应用于气象、航海等民用领域。

(3) 广播与电视的出现

19世纪,人类在发明无线电报之后,便进一步希望用电磁波来传送声音。要实现这一愿望,首先需要解决的是如何把电信号放大的问题。1906年,继英国工程师弗莱明发明真空二极管之后,美国人福雷斯特又制造出了世界上第一个真空三极管,如图1-10所示。它解决了电信号的放大问题,为无线电广播和远距离无线电通信的实现铺平了道路。

图1-9 1943年，在第二次世界大战中使用的雷达

图1-10 李·德·福雷斯特及其制造的真空三极管

1906年，美籍加拿大人费森登在纽约附近设立了世界上第一个广播站，开始了人类历史上无线电广播。在这一年的圣诞节前夕，他的广播站播放了两段讲话、一首歌曲和一首小提琴协奏曲，这是历史上第一次无线电广播，如图1-11所示。真正的无线电广播是在1920年开始的。1920年6月15日，美国匹兹堡的KDKA电台广播了马可尼公司在英国举办的"无线电电话"音乐会，这是商业无线电广播的开始。这种载着声音飞翔的电波逐渐被用于战争，在第一次和第二次世界大战中发挥了很大的威力。

1925年，英国人贝尔德发明了机械扫描式电视机，如图1-12所示。这一年的10月2日，贝尔德用他发明的电视在伦敦塞尔弗里奇百货商店作了一次现场表演。1927年，英国广播公司试播了30行机械扫描式电视，从此便开始了电视广播的历史。

1935年，英国广播公司用电子扫描式电视取代了贝尔德发明的机械扫描式电视，这标志着一个新时代由此开始。1936 年,电视转播在柏林举行的第 11 届奥林匹克运动会,如图 1-13 所示。

图 1-11　1906 年,历史上第一次无线电广播

图 1-12　1925 年,机械扫描式的电视接收机

图 1-13　1936 年,电视转播在柏林举行的第 11 届奥林匹克运动会

3. 现代通信

电话、电报从其发明的时候起,就开始改变人类的经济和社会生活。但是,只有在以计算机和数字通信融合为代表的信息技术,特别是通信信息网络进入商业化以后,才完成了近代通信技术向现代通信技术的转变,通信的重要性日益得到增强。1946 年,世界上第一台通用电子计算机问世,如图 1-14 所示。伴随着计算机技术发展的 4 个阶段,即从 20 世纪 50 年代到 80 年代的主机时代、80 年代的小型机时代、90 年的 PC 时代以及 90 年代中期开始的网络时代,通信技术也经历了飞速发展的过程。

1947 年,晶体管在贝尔实验室问世,为通信器件的进步创造了条件;1948 年,香农提

图1-14 世界上第一台电子计算机

出了信息论,建立了通信统计理论;1951年,直拨长途电话开通;1956年,铺设越洋通信电缆;1958年,发射第一颗通信卫星;1959年美国的基尔比和诺伊斯发明了集成电路,从此微电子技术诞生了;1962年,发射第一颗同步通信卫星,开通国际卫星电话;脉冲编码调制进入实用阶段;1967年,大规模集成电路诞生,做成了一块米粒般大小的硅晶片上可以集成一千多个晶体管的线路;1977年,美国、日本科学家制成超大规模集成电路,$30mm^2$的硅晶片上集成了13万个晶体管。微电子技术极大地推动了电子计算机的更新换代,使电子计算机显示了前所未有的信息处理功能,成为现代高新科技的重要标志。20世纪60年代,彩色电视问世,阿波罗宇宙飞船登月,数字传输理论与技术得到迅速发展。20世纪70年代,商用卫星通信、程控数字交换机、光纤通信系统投入使用;为了解决资源共享问题,单一计算机很快发展成计算机联网,实现了计算机之间的数据通信、数据共享,一些公司制定了计算机网络体系结构。通信介质从普通导线、同轴电缆发展到双绞线、光纤导线、光缆;电子计算机的输入/输出设备,如扫描仪、绘图仪、音频视频设备等也飞速发展起来,使计算机如虎添翼,可以处理更多的复杂问题。20世纪80年代,开通数字网络的公用业务;个人计算机和计算机局域网出现;网络体系结构的国际标准陆续制定。多媒体技术的兴起,使计算机具备了综合处理文字、声音、图像、影视等各种形式信息的能力,日益成为信息处理最重要和必不可少的工具。20世纪90年代,蜂窝电话系统开通,各种无线通信技术不断涌现;光纤通信得到迅速普遍的应用;国际计算机互联网得到极大发展。程控电话、移动电话、可视电话、传真通信、数据通信、互联网络、电子邮件、卫星通信、光纤通信等都为人们的生活带来了极大的方便。这一时期,通信的发展达到了前所未有的高度。前面所讲的近代通信,主要描述的电报、电话、无线电通信、电视等,尚属于模拟通信的范畴。到了20世纪60年代出现了数字通信的变革,特别是计算机技术在通信中的广泛应用使通信进入了现代通信阶段。至此,可以认为:以微电子和光电技术为基础,以计算机和通信技术为支撑,以信息处理技术为主题的信息技术(Information Technology,IT)正在改变着人们的生活,数字化信息时代已经到来。关于通信、现代通信的基本概念及具体内容本书将在后面章节作详细介绍。

1.1.2 通信的定义

从通信的历史演进可看出:通信包含实物通信(即所谓邮政通信)和电信号通信(即电信)。本节以下所讲解通信的内容是指电信。

人类在远古时代就进行着原始的信息交流,正如前文所讲的利用烽火台、击鼓等形式传递信息,这就是前人利用光、声传递的原始通信方式。自1876年贝尔发明电话以来,人们之间的信息传递变为电信号的实时传递——电话。人们称之为电信。根据以上对通信的介绍,可以对通信的基本概念进行总的描述。1973年,有关国际电信公约及规定将"电信"这一基本术语定义为:利用有线电、无线电、光学或其他电磁系统对于符号、信号、文字、影像、声音或任何信息的传播、发射或接收。

以上谈到的电信,就是本书所讲的"通信"。简言之,通信就是信息的传递与交流。所谓电话(通信)就是使电信号随着人的声带振动而变化并进行传递和交流,即人与人之间的语音的交流。原来电话通信中的步进制、纵横制、机电式、半电子式等电话交换机传递交流的信号都属于模拟人声带振动的原始电信号。这种信号称为模拟信号。这种模拟信号的传递与交流属于模拟通信。当前,电视(CATV)信号也属于模拟通信的范畴。模拟通信传递的电信号在时间上,瞬时幅值是连续的。模拟通信技术成熟、设备简单、成本低,但该技术存在干扰严重、频带不宽、频带利用率不高、信号处理难、不易集成和设备庞大等许多不足和缺点。

在20世纪60年代,为解决交换网内中继系统干扰问题,采用了脉冲编码调制(Pulse Code Modulation,PCM)技术,出现了语音数字化传输系统。1970年,世界上第一台数字程控交换机在巴黎投入使用。用数字信号(瞬时幅值离散的信号)来交流和传递信息从此开始。信息传递和交流发生了根本性的变革。

1.1.3 现代通信的基本概念

当前人们经常谈到的通信,已经属于现代通信的范畴。什么是现代通信?它是从何时开始的呢?虽然要给予确切的回答是比较困难的,但仍可以从对现代通信的基本特征的描述和它采用的核心技术上来理解这一概念。至于它开始的确切时间,这里没有必要去追究,但可以在近代科学技术的发展进程中来综观通信到现代通信的发展进程。任何一项应用技术的出现,都综合应用了当代科学技术进步的成果,因此现代通信离不开"时代"和科学技术发展的特定环境。

1. 现代通信的基本特征——数字化

现代通信中传递和交流的基本上都是数字化的信息。美国著名未来科学家、网络专家尼葛庞帝在《数字化生存》一书中,提出了要实现信息化,数字技术是关键。综观已经使用的信息产品(如数字光盘、数字家电、数字影碟机、数字声响设备)通信技术与装备(如数字交换机、数字传输设备)以及更广泛的信息技术(如数字通信、数字光纤通信、数字卫星通信、数字移动通信、综合业务数字网、数字电视系统等),无不在这些通信技术前加上"数字"二字。因此,可以说现代通信姓"数"。显而易见,现代通信的基本特征就是数字化,即在通信中采用了数字技术。

简单地讲,"数字技术"就是数字信号的采集、加工、处理、运算、传递、交流、存储等所采用的技术的总称。这里谈到的数字信号,在通信原理中定义为,在时间上,瞬时幅值均离散,编为"1"和"0"(即"有"和"无")的脉冲信号。因此,它被称为二进制数字信号,又称为"比特"信号,有脉冲即为"1"信号,无脉冲称为"0"信号(当然也可以反过来使用)。数字信号脉冲波形如图1-15所示。

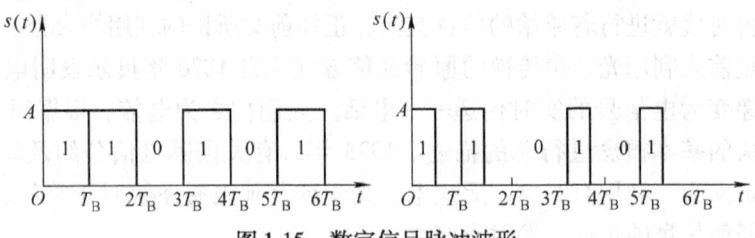

图1-15 数字信号脉冲波形

数字信号变换无穷,"高深莫测",计算机中运算的、存储器中存储的、进行信号处理的、信息高速公路上运行的都是这些数字信号。通信技术革命的关键一步就在于数字化,可以说,人类的进步一天比一天数字化。数字化浪潮已经波及家庭数字化、楼宇数字化、城市数字化,以及数字电力、数字农业,甚至近几年军事领域出现的数字化军队、数字化战争等。因此,有人把当今时代称之为"比特"时代。"比特"作为"信息DNA(脱氧核糖核酸)",正在迅速像原子一样成为人类社会的基本要素。"计算不再只和计算机有关,它决定我们的生存"。

数字信号为何那么神通广大?数字技术的发展为什么如此迅速?这主要是因为数字信号及数字通信有许多独特的优点:

1)数字信号便于存储、处理(加密等)。正是因为数字信号便于存储、处理,才使计算机特别是微型计算机技术迅速发展。通信与计算机结合,发展了现代通信技术和现代信息技术。

2)数字信号便于交换和传输。计算机与电话交换技术结合,出现了数字程控交换,由于光-电器件的采用,"比特"数字信号很容易转换为光脉冲信号,便于传输。

3)数字信号便于组成多路通信(系统)。因为数字信号是用时间上的"有"和"无"信号来传递信息的,因而从时间可分性来衡量,它可以在单位时间里传输多个"有"和"无"信号,即"占"和"空"信号,在空的时隙中可间插其他脉冲信号,以形成多路通信(数字复接技术)。从电话的多路来看,原来每对线可传一路电话,而现在用电光脉冲来传电话,一根光纤可传上万、几十万路电话和电视节目。传输带宽可达几百GHz以上。

4)便于组成数字网。由于通信交换和传输的都是数字信号,那么把各个数字交换局用数字传输连接起来就成了综合数字网(IDN),再把各用户终端,各种业务数字化处理后,都可以统一到一个网中,即组成综合业务数字网(ISDN)、计算机网络及Internet等。这样的数字网,智能化程度、可靠性等都很高。

5)数字化技术便于通信设备小型化、微型化。电子器件采用了数字化技术后,芯片集成度更高,达到亚微米级和纳米级,每个芯片包含几十亿至上百亿个元器件,这使现代通信设备产品更小型化、微型化。

6) 数字通信抗干扰性强，噪声不积累。由于信号在通信中传输一段距离后，信号能量会受到损失，噪声的干扰会使波形变坏，为了提高其信噪比，要及时将变形的信号进行处理、放大。在模拟通信中，传输的信号是模拟信号（幅值是连续的），因此难以把噪声干扰分开而去掉，随着距离的增加，信号的传输质量会越来越恶化，如图1-16a所示。在数字通信中，传输的是数字脉冲信号，这些信号在传输过程中，也同样会有能量损失，受到噪声干扰，当信噪比还未恶化到一定程度时，可在适当距离或信号终端经过

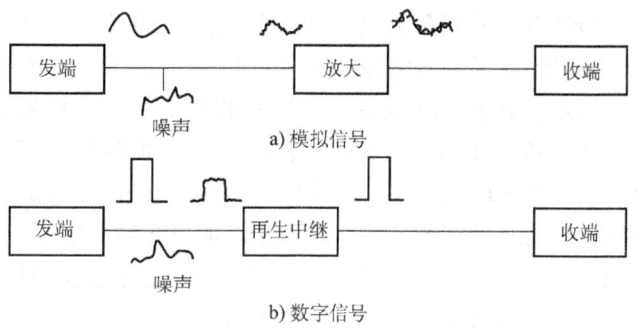

图1-16　两类通信方式抗干扰性能比较

再生的方法，使之恢复为原来的脉冲信号波形，如图1-16b所示。这样，消除了干扰和噪声积累，就可实现长距离高质量的通信。

除以上的优点外，数字通信也有缺点，主要是频带较宽。模拟信号经数字化后，一般占用频带较宽，一路电话（语声）信号经PCM数字编码后其速率达64kbit/s。特别是复杂的电视信号，由原来的6MHz带宽，经PCM数字化后变为几百Mbit/s数字信号，这是它的不足之处。

因此，在数字通信中，一般都采用数字压缩技术降低其速率，如电视信号经压缩编码，其速率可降低为2Mbit/s，甚至几百kbit/s。随着数字信号处理技术的发展，以及宽带传输技术的采用，数字信号占频带较宽的弱点，在现代通信中已逐步被克服。

2. 现代通信技术的基础——微电子技术

电子学，特别是微电子学，是信息技术的关键，是现代通信产业的重要基础，它在很大程度上决定着硬件设备的运行能力。衡量微电子技术发展程度的一个重要指标，是在指甲大小的硅芯片上能集成的元器件数目。近年来，元器件集成的数目已达到10亿个。由于其设计和生产工艺水平的不断改进，如采用了电子射线蚀刻技术等先进工艺，大大提高了集成电路的集成度，使芯片集成度按摩尔定律发展，即它以9～18个月翻一番的速度上升，发展到纳米级（0.1～100nm），可在一片芯片上集成上百亿个元器件，并正在向极限挑战。将来会把整个通信设备集成在一块芯片上，这为通信设备和计算机微型化奠定了基础。

3. 现代通信技术的核心——计算机技术

电话交换技术与计算机技术紧密结合，使交换技术数字程控化。通信与计算机融为一体，这使通信技术得到了飞跃发展，人们把数字通信与计算机技术的融合称为现代通信。随着微电子技术的发展，计算机越来越微型化，计算机运算速度越来越快，到2014年，个人计算机每秒可执行上亿条指令，并行处理的核数也越来越多，由最初的单核逐渐发展到双核、四核、八核，甚至十六核，另外其软件处理能力也越来越强。现代数字程控交换机及SDH光传输系统大量采用了计算机及软件技术进行控制和管理。随着智能计算机、光子计算机、生物计算机、神经元计算机及超导计算机在通信装备中的应用，加之智能媒介计算机识别、神经网络等信息技术的采用，宽带ATM交换技术的成熟，IP技术的应用与发展，包交换、软交换已是大势所趋，光交换已出现曙光。这对传统的数字程控电话交换技术提出了

严峻的挑战，同时也将使通信领域变得更加活跃，通信技术得到更大的发展。

4. 光纤通信基础——光子技术

1964年，英籍华人高锟博士首先提出利用玻璃纤维实现远距离通信。20世纪70年代，美国首先制成了实用的玻璃光导纤维——光纤，使光纤通信成为现实。随着光子技术的发展，出现了电子-光子芯片。在这种芯片上，电子与光子产生了复杂的相互作用，提供了速率为几十到几百Gbit/s的光波通信能力，使光纤通信系统从PDH向SDH光传输系统和光波分复用（WDM）系统发展。目前，光纤网络传输已成为成熟、常规化的传输手段，是现今网络传输技术发展的重要推动力量。随着光器件集成技术的发展，光放大器的成熟，光波分复用已商用。光交叉连接设备（OXC）、光分插复用设备（OADM）、光交换机、光计算机的出现，将迎来全光网的通信技术新时代。

5. 卫星通信基础——空间技术

航天技术的发展，促进了现代空间通信的发展。从1957年苏联发射第一颗人造地球卫星以来，火箭、航天飞机等空间技术发展非常迅速。把通信卫星送到各种轨道的技术已经成熟，3颗同步卫星的通信范围即可覆盖全球。现在人们已经利用各种卫星获取了大量信息，并将这些信息广泛应用于航天、航海、气象、定位、救灾等方面。卫星通信、卫星电视已经遍及全世界。通信卫星正向大容量、长寿命方面发展。低轨道卫星通信系统的利用，将使地面、空间的通信系统连成一体。这为真正的全球个人通信奠定了基础，即人们在地球上的任何地方（包括陆地、森林、沙漠、湖泊、高山、海洋）都可以随时与任何人和机器进行信息交流。

1.2 信息时代与现代通信

1.2.1 信息时代的概念

从20世纪90年代末开始，人类正走向以信息技术为核心的知识经济时代，这就是所谓的信息时代。

人类社会的发展，从石器时代、农业时代到工业时代的飞跃，都是由于科学技术中生产工具的发展而出现的。一个时代、一个社会的出现，代替了一个社会和时代，没有明显的时间划分，这是一个很长的渐进过程，但这个过程周期随着科学技术和人类进步的演化而加快。人类从石器时代到农业时代，经历了数万年，从农业时代到工业时代经历了几千年，从工业时代到信息时代经历了近百年。18世纪末至19世纪初，人类发明了蒸汽机后便进入了大工业时代，并在科学技术上取得了一系列重大进展。1814年7月25日，由斯蒂芬生制造的第一台火车开始运行；1819年，美国的"萨凡纳号"轮船横越大西洋成功，以及6600马力（1马力=735.499W）东方巨轮的下水等，都标志一个"高速"时代的到来。近代通信就是在这样的背景下发展的。近代通信的革命性变化，是把电作为信息载体后发生的，电流的发现对通信产生了不可估量的推动作用。直到20世纪末，人类逐渐把计算机技术作为工具使用。特别是计算机技术与数字通信融合发展到现代通信，使信息技术的飞跃发展，信息技术的深入、广泛应用成为这个时代的主要标志。

信息技术正以其广泛的渗透性和高度的先进性与传统产业相结合，对传统产业进行改造；信息产业发展为世界范围内的朝阳产业和新的经济增长点。信息化已成为推动国民经济和社会发展的助力器。信息化水平已成为一个城市、一个地区、一个国家现代化水平和综合实力的重要标志。那么，什么是信息化呢？

*1.2.2 信息技术与信息化

信息化的概念最早是在20世纪后期由日本学者从社会产业结构演进的高度提出来的，实质上它是社会发展阶段的新学说。所谓信息化，就是工业社会向信息社会前进的一个过程，亦即加快信息高科技发展及产业化，提高信息技术在经济社会各领域的推广、使用水平，并推动经济和社会发展的过程。在这个过程中，信息技术突飞猛进，成为新技术革命的领头羊。简言之，信息化即为信息技术的不断发展、深入并全面应用的过程。

人们不禁要问，什么是信息技术？对于这个问题，还没有确切的、权威性的定义和解释。目前主要有以下两种解释：一种是信息技术是解放、扩展人的信息功能的技术；另一种是信息技术是研究完成信息采集、加工、处理、传递、再生和控制（施用）的技术。两者都有自己的理由，前者是从信息功能上讲的，后者是对信息技术本身的物理概念的描述。信息技术可视为由"四基元"，即感测技术、通信技术、智能技术、控制技术组成。信息技术组成框图如图1-17所示。

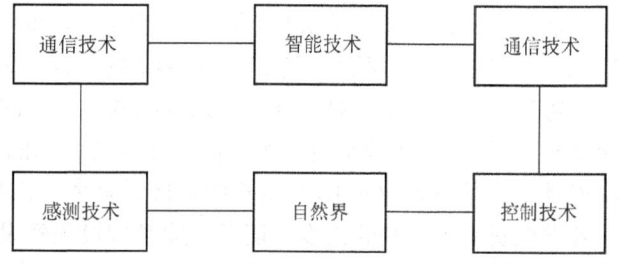

图1-17 信息技术组成框图

以上四基元如以人作类比：智能技术——人的大脑，在现代通信技术层面上，理解为计算机及其软件技术，完成信息存储、记忆、分析、综合、处理及"指挥"功能；通信技术——人全身的神经系统，对现代通信技术而言，可理解为各种现代通信系统，完成对信息的传递或交流；感测技术——人的触觉、视觉、感觉等器官（如人的眼、耳、鼻、皮肤等），对现代通信技术而言，如信源的各种传感器、信源编码器、视像技术等，完成对信号的采集、分析、加工、转换的功能；控制（施用）技术——人的手、脚（肢体）等器官，对现代通信技术而言，可理解为终端的执行机构及自动化设备，如各种控制器、电机等，完成指定的工作或各种控制作用。

从图1-17看出，这几类技术综合构成信息技术的核心层。此外，信息技术还应包括微电子技术、存储技术、显示技术等。从某种意义上讲，信息技术是通信技术的发展及其领域的拓展，这里不作更多讲述。

1.2.3 通信技术在信息化中的地位与作用

前面已经讲到，信息化是工业社会向信息社会前进的一个过程，是一个时代，这个信息化过程是信息技术推广应用和发展的过程。在这样一个过程中，关键是要进行信息化建设与应用。信息化建设与应用有3个层面：

1) 信息基础设施建设，主要指信息高速公路（宽带通信网络）的建设。
2) 信息技术与信息资源开发与广泛应用。
3) 信息产业的不断发展与创新。

信息化是当今世界发展的大趋势，信息化决定着各个国家发展的未来。目前因我国还处于工业化的中期阶段，技术还比较落后，大量的高科技尖端技术还没有掌握，为此，要充分认识信息化的重要性，凭借"后发优势"实现信息产业的跨越式发展，并利用信息化推动工业化和改造传统产业，形成"工业化"与"信息化"相结合的模式；既要充分发挥工业化对信息化的推动作用，又要使信息化成为带动工业化的强大动力，把发达国家近200年内完成的实现工业化进而实现信息化的过程，压缩到在今后的几十年内完成。为此，我国在2008年特成立工业与信息化部，使"工业化"与"信息化"的结合跨上新台阶，促进工业信息化水平快速提升。可以说，一个国家或地区的信息化水平可以体现出该国的综合国力和综合实力，直接反映人民的生活质量和生活水平。

那么，信息化的程度是否有统一的国际标准呢？

当前，在世界上还没有完全统一的标准，它是一个综合的指标，我国信息产业部于2001年7月公布了国家信息指标构成方案，作为信息化量化水平的依据和管理的手段，它共由20个项目组成，例如：广播电视播出时间（4h/人）、人均宽带拥有量（kbit/人）、人均电话通话次数（通话总次数/人）、长途光缆长度（芯长千米）、微波占有信道数（波道千米）、卫星站点数；每百人拥有电话主线数；每千人有线电视台数；每百万人互联网用户数；每千人拥有计算机数；每百户拥有电视机数；网络资源数据库总容量（GB）、电子商务交易额（亿元）、企业信息技术类固定投资占同期固定资产投资的比重；信息产业增加值占GDP比重，信息产业对GDP增长的直接贡献率；信息产业研究与开发经费支出占全国研究与开发经费支出总额的比重；信息产业基础设施建设投资占全部基础设施建设投资比重；每千人中大学毕业生比重；信息指数（指每个人消费中除衣食住行以外杂费的比例，反映信息消费能力）。

从以上指标中可以看出，广播电视、宽带拥有量、人均电话通话次数、微波占有信道、卫星站点、光缆长度、电话主线、互联网用户数、网络数据库总容量、电子商务交易、信息技术固定投资比重等都是与信息技术直接相关的。广播电视、微波、卫星、互联网、电话主线数等概念都是属于通信技术的范畴，而信息技术主要由通信技术和计算机技术组成，由通信技术完成信息的传播与交流，以此构建的各种通信网络等通信技术应用愈来愈广泛。

1.3 通信技术应用概述

前面已经讲述了通信技术在信息时代所起的重要作用，而且在信息化的应用中占有特殊地位。下面从几方面进行简要讲述。

1.3.1 通信与生活

当前，人们已经感觉到生活中离不开通信，通信在日常生活中的应用已经非常普遍，电话已经成为人们不可缺少的联系方式，电视也已是老少业余生活中的伙伴，计算机上网更是孩子们的酷爱，电子邮箱也已经逐渐代替了纸质书信。特别是近年来通信技术的应用为教育系统注入了无限生机，其中电视大学就是远程教育的例子。应用互联网，可以在家里看书学习，还可以培养孩子们琴棋书画等各种文化知识和技能，可以玩各种丰富多彩的游戏，观赏电影，欣赏音乐。在学校中，校园网使学生的各种学习参考资料等可在网上查阅，校园中的选课、上课、复习、询问、查成绩等都可通过通信网络来实现。在家里，可以应用通信网络到各大商场浏览、选购满意的商品，并且通过电子银行在网上结算。在家里，还可以知道天气情况，通过网上订购各种飞机票和车船票。远程医疗使你在家里可与医院通过通信网络直接联系，使医生对病人可以进行远程诊断咨询和治疗救助。

"在家里工作"一直是很多行业职工的梦想，现在已经成为现实：在家里通过通信网络与公司或工厂企业直接联系；通过计算机终端的操作进行远程办公，处理各种公文；工厂的管理人员可以在家中监视工厂的生产情况，操纵厂里的机器，直接控制有关的自动化生产线正常运转。当前出现的智能小区、智能化家庭依托的就是为住宅小区的信息化生活与管理而建设的小区通信网，有的又称为数字化小区或智能小区，其系统将在后面章节讲述。这里的数字化小区主要是为居民提供高效率、便利、舒适、温馨以及安全的居住和生活环境，并为家庭信息化（数字家庭）提供了平台。

数字化的家庭，前面已经讲述了，在家里可以享受到各种通信信息服务，在家工作，在家享受文化娱乐带来的欢乐，在家学习各种知识，在家方便地购物，以及家用电器能自动的实现智能控制等，这都需要有小区或者家庭的信息网络基础设施，这就要首先建设小区网络宽带技术系统。这种小区宽带信息系统就是小区通信网络，没有它就谈不上小区自动化和智能化，有了小区的通信网络，在小区里面的家庭才能实现数字化，才能实现在各个居住小家的通信终端和电器终端的通信联系，组成自己家庭的数字通信网络。这种通信网络有利用光纤、电缆，也有利用电力线以及其他各种无线电通信、红外光通信等多种传输方式来实现，在后面章节中会给予重点介绍。

*1.3.2 通信与电子政务

前面讲到，人类社会已经发展到信息时代，进入了信息社会——即社会信息化。而公认的社会信息化的基础就是政府信息化。电子政务是政府信息化的重要标志。那么什么是电子政务呢？可以这样来理解，"电子"就是电子终端设备，电子通信网络，"政务"就是国家政府政治方面的事务。简单地讲，电子政务是指政府部门通过通信网络实现对社会公众的服务，即在网上建立虚拟政府，使政府通过通信网络为社会安定及公众提供优质、高效、满意的服务。这种服务是将管理与服务通过网络技术进行集成，在互联网上实现政府组织结构和工作流程的优化，突破时间、空间和部门分隔的界限，全方位地向社会提供优质、规范、透明、符合国际水准的管理和服务。

电子政务实现了管理和技术的一体化，它可实现先进通信网络技术的实用化，管理集成和系统的开发功能，政府管理服务职能的需求与实现的互动管理经验与科学的同化。

各级政府管理部门内部在自身的局域网内实现行政办公自动化、网络化，各部门且通过网络互连实现各部门资源共享、协同工作，借助互联网实现透明政府面向社会业务，审批管理等行政管理自动化，网络公开、公正、公平，并能以安全认证技术为保障。可打破物理时空的限制，通过通信网络的透明服务，展现打破传统的当官政府高高在上的机制，而实现一个高效便捷、公开、公正、公平、透明的信息化政府。各级政府部门要建立稳定、可靠、安全的通信网络，这是在当今进行的数字化城市的基础建设中，要实现政府信息化的基础。因此，在数字化城市的基础建设中，应统一规划与设计政府部门的网络。

1.3.3 通信与企业信息化

企业包括的面很广，有制造业（流程制造业和离散制造业），有服务型企业等。不管是什么企业，在当今时代竞争都十分激烈。对于企业来讲，当今的竞争主要体现在信息化程度，即信息科技含量以及信息技术在企业管理和自动化生产中的应用程度。这也是推动企业竞争力的主要动力。

1. 制造业信息化及有关评价指标

企业的生存和竞争体现在产品质量、生产率和客户的竞争，因此，企业（这里主要指制造业）首先要进行信息化的改革和实现现代化的组织和生产。企业信息化也就是企业的现代化，生产产品过程的 8M 管理主要包括：企业资源计划管理、产品的数据管理、集成质量管理、客户关系管理、供应链管理、价值链管理、知识链管理、决策支持管理。以下分析两个重要的管理：客户关系管理（CRM）与产品供应链管理。从出反馈到入来分析：企业要实现 ERP 管理系统，是一个漫长的过程，是一个不断进步、完善、与时俱进的过程。为让企业实现信息化，必须要有一个自己内部的网络，它是企业运行的神经，关系到整个企业的各个部门各方面的工作。有了企业内部的通信，在企业内部传递信息就容易和方便了。有了企业内部的通信网络，企业领导决策层与计划部门、销售部门、原材料部门、财务部门，以及各个生产部门、车间的联系与指挥才能畅通无阻。这个通信网络与各个信息终端的计算机连接起来，把信息输送到每台计算机中。企业中各个管理系统的软件系统发挥作用，对各个部门传送的文件、数据、参数进行处理，并传送到各个部门的各个信息处理的单元。这个传输网络将公司成千上万的计算机软件、数据库集成起来，组成一个系统，使企业的各级领导、决策机构及部门、各种操作人员，都可从这个系统找到自己所需要的信息，以便自己完成职责分工的工作。例如，在电力部门有电力信息网（又称数字电力），在银行有高度发达安全的运行网络，在邮政部门有邮政综合计算机网等。正如美国描述的数字化工厂，计算机与专业训练有素的工人共同完成高效率的生产制造过程，由计算机全面管理工厂的生产。有了这样一个自动化生产系统，可以知道工人们如何装配、检测和传送生产部件和产品。如果在此过程中遇到特殊问题，生产工人向系统提出问题，通过软件自动处理协助解决。生产线控制系统严格有效地控制着每一道工序，在此过程中如发生了某些错误或未达到标准，进入下一道工序将被拒绝。这样，产品质量转移到通信网络，再转移到计算机终端控制系统，大大降低了人为因素的影响，更利于保证产品质量。每一个产品从订购原材料，组织设计、制造、包装、出厂的有关资料，都会留下完整、详尽、永久的历史记录，并在数据库中存储起来。经过几年甚至几十年，某年某月交货的产品是谁设计、制造、装配、测试、鉴定、包装等，都能准确无误地从数据库资料中查到。当前，我国宝钢、中石化等现代企业基本上实现了以上的信息化。在将来信息化完全可实现全自动化，做到工厂为无人车间，可通过训练有素的终端操作人员，在计算机控制终端，通过通信系统网络、远程遥控机器人和有关设备代替工人，执行工人的指令，使设计、制造、加工、监视、测量、维护等自动控制系统，履行工人的各种职能，这就是今后企业信息化的奋斗目标。要实现以上的企业信息化目标，首先要进行系统集成（Contemporary Integrated Management System，CIMS），即实现企业内信息系统与企业间信息系统的集成，目的在于资源信息共享、企业信息集成、跨企业集成及其过优化与升级。各种不同类型企业，其信息系统集成是沿着供应链集成的，这种链的流畅就是由通信网络对"库"（各种数据库）的集成。这种链通过通信网络与"库"的集成实现数据共享。通过各供应链成员企业之间的通信网络的畅通，供应链中各企业达到管理最优化，成本最小化，服务高水平，高效率，以取得此集成价值链的最大化。信息化有定性评价方法，这里从信息产业部［2002］64 号文件给出的企业信息化定量评价的方法中，引出通信网络的有关评价指标供参考。例如：

1）信息化投入占固定资产投资比重（%）。信息化投入总额的计算口径包含软件、硬件、网络、信息化培训、聘用专业 IT 技术人员所发生的直接费用、通用设备、维护费用投入。指标的得分有如下计算公式：

$$\frac{近 3 年平均的本企业信息化投入总额占固定资产投资比重}{50\%} \times 100\%$$

2）百人计算机拥有量。计算机拥有量的计算口径为：能够正常运转的大中小型机以及服务器和工作站，并包括主频在 75MHz 以上的计算机。计算公式如下：

$$\frac{本企业拥有的能够正常运转的计算机总量}{员工总数} \times 100$$

3）通信网络性能水平。以企业的出口带宽为标准评分，出口带宽在 100Mbit/s 以上为 100 分；10Mbit/s～100Mbit/s（含）为 90 分，2Mbit/s～10Mbit/s（含）为 80 分，512kbit/s～2Mbit/s（含）为 70 分，带宽小于 128kbit/s 的为 30 分。

4）计算机联网率（%）。计算公式如下：

$$\frac{接入企业内部网的计算机总量}{本企业拥有的能够正常运转的计算机总量} \times 100\%$$

5）信息采集的信息化手段覆盖率。企业在进行政策法规、市场、销售、技术、管理、人力资源等 6 个领域的信息采集时，信息化手段占有重要位置，每覆盖一个领域得 16 分，全部覆盖，得 100 分。

6）办公自动化应用程度。本指标计算方法如下：

如果没有建立基于 Intranet/Extranet 的企业网，得 0 分。在具备基于 Intranet/Extranet 的企业网的基础上，实现信息流程的跟踪与监控的得 5 分，实现面向外部的电子公文交换的得 5 分，每实现一个其他功能得 1 分，总分乘以 3.85，满分为 100 分。

企业信息化的指标还有：生产过程中计算机自动控制应用率、自动控制质量水平、企业门户网站建设水平、网络营销应用率（包括采购率和销售率）、信息化技能普及率、用于信息网络安全的费用占全部信息化投入的比例等。

2. 电力部门信息化

电力部门信息化又称数字电力，指电力部门利用特殊的光纤组建自己的通信网络，实现对电力企业的业务管理、财务管理、电力调度、检测监控、办公自动化及自己内部通信等。

3. 交通运输信息化

交通运输包括空中航运、江河运输及海运、陆地运输。在交通运输中运输的物资、人员等安全按时到达目的地，首先必须要有自己的交通运输信息，构建自己的交通信息网络，如航空、航海、河运信息网络。这里要特别提到的是与人们生活密切相关的陆地交通信息网络，如高速公路信息网、城市交通信息网以及 20 世纪末出现的一种所谓的智能交通系统（Interlligent Transport Systems，ITS）等。

1.3.4 通信与商务信息化

人们生存离不开商品交易，一般都在市场交流，以实物和资金交易。现代信息技术，特别是通信网络技术的全面普及与发展，通信网络的信息服务可以使人们享受不用到商场，而在通信网上就可进行购物的便利。以前用于交易的"商场"可由通信网络组成的虚拟商场来取代，使人们购物的时间、空间及购物过程都发生了极大的变化。人们在自己家里或办公室等地方，不管什么时候都可通过通信网络终端（如计算机、手机或电话机等）浏览商品清单，甚至可以看到可能是在千万千米以外商家提供的商品。利用通信网络终端设备不但可以了解、询问商品的有关情况，还可以看到商品的照片以及商品的实物展现。凡是传统商店（场）可买到的商品都可以通过通信网络买到。这种在信息时代通过通信网络实现的购物或商品交易，称为电子购物，又称之为电子商务。

对于电子商务，当前还没有统一的严格的定义。通过前面引入的一些感性认识，可以这样来定义：电子商务是通过通信网络的各种终端设备（这些网络终端设备有计算机、电话机、手机、传真机等）来进行的商务活动。利用发达的通信网络及因特网（Internet）进行这些商务活动，不但包括与购销直接相关的网上广告，网上洽谈，订货，收、付款，客户服务，货物递交等活动，还包括了网上市场调查、财务核算、生产安全等。

电子商务可分为狭义和广义两类，当前一般为狭义的电子商务，它是包括在 Internet 开放的环境下，实现消费客户网上购物、企业用户之间网上交易和在线电子支付的一种新型的商业运营模式。广义的电子商务，除上述的在网上进行商品交易的活动外，还包括了市场调查分析、客户联系、资金流动和物资流通等。

要进行电子商务，使客户与商务进行密切的联系，首先要建立联系沟通的渠道，这就是通信网络（光纤或电缆以及无线传输的通信网络）。如果没有通信组成的网络作为基础设施，电子购物即电子商务就成为天方夜谭，根本就不可能实现。因此，要实现电子商务，必须首先建立强大的稳定可靠的通信网络，这是基础。有了网络，那么各个商家、商场、企业在网络中都有自己的服务终端和结算中心。要依托通信网络创建自己的电子商务平台，从广义的电子商务中拓展企业商品生产厂商的信息系统，按市场客户要求进行生产，这在前面系统与集成中的客户系统与电子商务的链接（CIMS）中已有讲述。

只有进入这个网（现在一般为 Internet）内购物的商家、商场、企业才能够在这个网络购物的大家庭中分享通信网络给客户带来的便利，给商家带来的利益与效益。当前，Internet 已经为每个商家和客户提供了最好的通信服务平台，在这个网络中进行远程电子贸易，只要在终端机键盘或在电话终端（固定或手机电话）进行操作即可。在网络购物中，资金的结算已在网上进行，这和各个在线银行进行结算一样，用各自在银行使用的信用卡或账号就可以进行网上交易及付款。这样一个网络的实现还必须有网络的安全系统来进行保护，即必须有一种保密与认证机制。

1.3.5 通信与军事

自古以来通信在军事中都发挥着极其重要的作用。例如，前文所提到的烽火台就是最原始的光通信手段，是我国早期军事战争中的通信信号传递方式。又如，第二次世界大战中，研制了第一部雷达，当时获得广泛应用，被人称为"千里眼"，甚至有人把第二次世界大战称为"无线电战争"。

当今信息时代，通信在军事中从某种意义上讲起到了非常重要的作用，甚至可以说是起到了决定性的作用，没有通信技术的应用就不可能有现代的战争。现代战争可以说是信息战争、数字战争。人们都知道，美国是军事最强的国家，其强大的最主要体现，在于他的信息技术在军事中的应用愈来愈广、愈来愈深入，使战争愈来愈现代化、数字化。在海湾战争中，最典型的例子就是少数走散的美军在沙漠中迷路了，给部分官兵配备的 GPS 起到了意想不到的作用。在此以后，美军又把 GPS 应用到了飞机上，之后，又安装到炸弹上，成为今天的精确的制导炸弹。后来的科索沃战争中，有的书中已经描述为是信息战的雏形或成长阶段，美军通过通信网络让众多部队在战场上进行配合，把战场上利用信息技术采集得到的各种战地信息进行共享，甚至很少派军人到战场，而是进行远程的指挥与自动化程度高的远程武器的打击。炸弹可在 GPS 作用下定点打击。士兵可依靠 GPS 定位，马上被美军直升机在茫茫森林中营救，等等。这个 GPS 是什么？它就是本书在后续章节要讲述的卫星通信系统应用的一种实例——全球卫星定位系统。

特别是美伊战争，使信息化战争提升到了比较成功的阶段。在这场战争中首次实现了战争信息的共享，即称为"大集成"。在战场上，每架直升机、每辆坦克、每辆装甲车、每门大炮都配备了 PⅢ 型的计算机终端，把这些计算机用被称为"战术互联网"的无线网络应用 TCP/IP 相互连接起来，把战地情报和作战命令传递到每个作战单位，使之快速、准确地做出反应。战场上战况瞬息万变，友军和敌军的信息通过"战术互联网"都能实时地显示在每台计算机终端上，其中任何一辆坦克发现目标，只要在计算机上标出显示，其他计算机终端都会显示出来。通过战术互连的无线通信网络，还可以把高空无人侦察机搜集的和后勤支援部队发现的敌情及战术目标通过此"战术互联网"传递到主战部队。

上面讲到的所谓"战术互联网"就是后面将讲到的"无线自组织网络"，它是各种卫星移动通信系统、GPS、地面无线通信系统等各种通信技术大集成的具体应用。这种无线通信网络在军事中的应用，不仅把空中部队、地面部队以及后方指挥部的信息集成起来，还把后勤供给部队的有关信息集成在一起，实现了主体、全方位的信息通信传输与信息资源共享。这样的一种通信网络，可把作战命令以"广播"形式传给各个参战单位，还能在各个士兵和指挥官之间、士兵与士兵之间实现交谈。这实现了战场的互联网，也可以说基本上实现了以网络为中心的战争——"信息战争"或"数字战争"。

战争中武器至关重要，在信息战中有关资料显示，武器成本中信息技术成本占有主要部分，如美国空军战斗机的通信系统成本占整个飞机造价的90%以上，巡航式导弹的无线导航系统占其成本的90%以上。信息化战争中对军队官兵提出了新的要求，需要掌握信息技术与训练有素的大学生。已有资料显示，朝鲜战场中美军大学生占7%，海湾战争中大学生提升到90%，科索沃战争中美军大学生人数占97%，在美伊战争中美军士兵几乎都为大学生。在当代，作战思想、观念、理论都发生了大转变，如果士兵没有数字通信技术应用基础，在战场上的士兵就是聋子和瞎子，将寸步难行，武器也都由数字技术进行精确制导与控制，战争中相互联系，由 GPS 和地面无线系统进行无线链接，如果官兵没有这些基础知识，将无法驾驭当前的数字化的信息战争。

由于通信技术在当今信息时代应用越来越广泛，我国在2008年成立了工业与信息化部，把信息化提到了新的、更高的层面。通信基本知识的普及，已经成为当代大学生构建基础知识的重要组成部分，它应为更多人所学习和了解。

思考题与习题

1-1 通信的发展经历了哪几个阶段，每个阶段的特点是什么？
1-2 通信是如何定义的？什么是现代通信？
1-3 为什么说现代通信的基本特点是数字化？
1-4 数字通信的最大优点是什么？
1-5 信息化的概念是什么？信息技术主要包含哪些内容？
1-6 通信技术在社会信息化中起什么作用？
1-7 信息化有什么样的标准？
1-8 试举例说明通信技术在当今社会的人民生活、工业、农业、商业、军事及政府部门的广泛应用。

第 2 章　信息与信号

2.1　信息的概念

2.1.1　基本概念

"信息（Information）"一词大量充斥于网络、报刊、电视广播中，"信息时代""信息技术""信息产业""信息经济""信息资源""信息革命""信息服务""信息化""信息科学""信息处理""信息网络""信息安全"等有关信息构成的词层出不穷，不胜枚举，成为各种媒体上出现频率最高的词汇之一。信息伴随人类生活，并深刻影响了人们的日常生活，成为人类生活中不可或缺的部分。那么，什么是"信息"？

对于信息的含义，人们从不同的角度做出了多种描述："信息就是谈论的事情、新闻和知识"（英国《牛津辞典》）；"信息，就是在观察或研究过程中获得的数据、新闻和知识"（美国《韦氏字典》）；"信息是所观察事物的知识"（日本《广辞苑》）；"信息是通信系统传输和处理的对象，泛指消息和信号的具体内容和意义，通常需通过处理和分析来提取"（《辞海》1989 年版）。可见，对于信息的含义众说纷纭。

在日常生活中，信息常常被认为就是"消息""情报""知识"等。的确，信息与它们之间是有着密切联系的。但是，很明显人们日常生活中所说的信息的含义要更深刻、更广泛，它不能等同于消息、情报、知识。例如，人们通过电视、电话、报刊等各种媒体，每时每刻都在获取、加工、传递、利用大量的信息。在工作中，看材料、学文件是获取信息，作决策、批文件是处理信息，作指示是传递信息。可见，信息来源于客观世界，范围广大，具有一定的利用价值，可以通过载体为人们所获知，用来指导人类认识世界、改造世界。

用文字、符号、数据、语言、音符、图片、图像等能够被人们感觉器官所感知的形式，把客观物质运动和主观思维活动的状态表达出来就成为消息（Message）。消息中包含信息，是信息的载体，得到消息，从而获得信息。同一信息可用不同的消息形式来表达。例如，球赛进展情况可用电视图像、广播语言、报纸文字等不同消息方式来表述。而同一消息也可表达不同的信息，它可能包含非常丰富的信息，也可能只包含很少的信息。因此，信息与消息是既有区别又有联系的。

在各种实际通信系统中，为了克服时间或空间对通信的限制，必须对消息进行加工处理。把消息变换成适合信道传输的物理量，这种物理量称为信号（Signal），如电信号、光信号、声信号、生物信号等。信号携带着消息，它是消息的运载工具。信号携带信息，但不是信息本身。同样，同一信息可用不同的信号来表示。同一信号也可表示不同的信息。信息、消息和信号是既有区别又有联系的 3 个不同的概念。

近代控制论的创始人之一，美国科学家维纳（Norbert Wiener，1894—1964）1948 年在《控制论——动物和机器中通信与控制问题》一书中论述："信息就是信息，不是物质，也不是能量。"这句话听起来有点抽象,但指明了信息与物质和能量具有不同的属性。世界是由物质组成的,能量是一切物质运动的动力,信息是人类认识、了解自然和人类社会的凭据。信息、物质和能量,是人类社会赖以生存和发展的3大要素。

至此,已经简要阐述了信息的含义,但只是释义,还没有对"信息"进行准确定义。这里已经感觉到信息一词的含义模糊和难于捉摸,但人人都感觉到信息的存在,每时每刻都在通过对周围世界的观察去获取它,并且通过一定的方法把它传送给别人、进行交换或把它存储起来留作以后使用。这种目前尚难明确定义的信息可以称为广义理解的信息,即广义信息。

一般来说,广义信息是指与客观事物相联系,反映客观事物的运动状态,通过一定的物质载体被发出、传递和感受,对接受对象的思维产生影响并用来指导接受对象行为的一种描述。其他定义有:"信息是事物及其属性标识的集合",试图从"属概念+种差"界定来讨论信息定义的标准化模式;"信息是物质在相互作用中表征外部情况的一种普遍属性,它是一种物质系统的特性以一定形式在另一种物质系统中的再现"。但是,迄今为止,尚未形成得到普遍接受的有关广义信息的定义。

尽管至今尚没有关于"信息"的确切定义,但随着生产力尤其是科学技术的发展,以及人们对"信息"理解的不断深入和对物质世界普遍属性理解的拓展,越来越多的人认同将信息与物质、能量一起,作为物质世界的3大支柱,支持信息是物质/事物的一种普遍属性,是事物运动的状态、方式及其改变的反映。

作为技术术语广泛使用的"信息"是指技术上可收集、识别、提取、变换、存储、传递、处理、检索、检测、分析和利用的对象,它主要指信息的具体表达形式,虽然信息的形式总是与信息的内容有一定的联系,且不可能存在没有内容的形式,但作为技术术语的信息的确不考虑信息的内容。计算机所能处理的(特别是通信所能传送的)都是信息的载体或表达形式。计算机可把信息的一种形式转换成另一种形式,如把英语文本翻译成汉语文本,把数据库中的数据整理成所需形式的报表,或把气象数据进行处理后给出某一地区的气温等,而通信则把信息的具体载体或形式从甲地传送到乙地。因此,作为技术术语用的"信息"实际上是指一切符号、记号、信号等表达信息所用的形式或载体,实际上把信息的形式或载体和它的具体内容区分开来。作为一个技术术语的信息,其意义当然要比前面广义、信息的含义具体得多,但仍然是比较笼统和含混不清的。

信息作为一个可以用严格的数学公式定义的科学名词,首先出现在统计数学中,随后又出现在通信技术中。无论是在统计数学中还是在通信技术中定义的信息都是一种统计意义上的信息,可以把它简称为统计信息。统计信息是一个虽然抽象但很明确的概念,它与内容无关,而且不随信息具体表达形式的变化(如把文字翻译成二进制码)而变化,因而也独立于形式,它反映了信息表达形式中统计方面的性质,是一个统计学上的抽象概念。其适用范围要比广义信息狭隘得多。

*2.1.2 香农对"信息"的定义

香农(Claude Elwood Shannon,1916—2001)在1948年发表了一篇著名的论文《通信的数学理论》。他从研究通信系统传输的实质出发,对信息做了科学的定义,并进行了定性和定量的描述。

各类通信系统——电报、电话、广播、电视、雷达、遥测……传送的是各种各样的消息。消息的形式可以不同，但它们都是能被传递的，能被人们的感觉器官（眼、耳、触觉等）所感知的，而且消息表述的是客观物质和主观思维的运动状态或存在状态。香农将各种通信系统概括成简单模型，如图2-1所示。

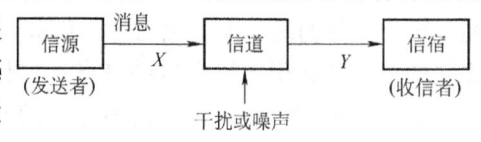

图2-1 通信系统的简单模型

在各种通信系统中，其传输的形式是消息。但消息传递过程的一个最基本、最普通却又不十分引人注意的特点是：收信者在收到消息以前是不知道消息的具体内容的。在收到消息以前，收信者无法判断发送者将会发来描述何种事物运动状态的具体消息；他更无法判断是描述这种状态还是那种状态；再者，即使收到消息，由于干扰的存在，他也不能断定所得到的消息是否正确和可靠。总之，收信者存在着"不知""不确定"或"疑问"。通过消息的传递，收信者知道了消息的具体内容，原先的"不知""不确定"和"疑问"消除或部分消除了。因此，对收信者来说，消息的传递过程是一个从不知到知的过程，或是从知之甚少到知之甚多的过程，或是从不确定到部分确定或全部确定的过程。如果不具备这样一个特点，那就根本不需要通信系统了。试想，如果收信者在收到电报或电话之前就已经知道报文或电话的内容，那还要电报、电话系统干什么呢？

由于主、客观事物的运动状态或存在状态是千变万化的、不规则的、随机的，所以在通信以前，收信者存在"疑义"和"不知"。只要报文是清楚的，在传递过程中没有差错，那么，他收到报文以后，他原来所有的"不确定性"都没有了，他就获得了所有的信息。如果在传递过程中存在着干扰，使报文完全模糊不清，收信者收到报文以后，原先所具有的不确定性一点也没有减少，他就没有获得任何信息。如果干扰使报文发生部分差错，使收信者原先的不确定性减少了一些，但没有全部消除，他就获得了一部分信息。所以，通信过程是一种消除不确定性的过程。不确定性的消除就获得了信息。原先的不确定性消除得越多，获得的信息就越多，如果原先的不确定性全部消除了，就获得了全部的信息；若消除了部分不确定性，就获得了部分信息；若原先不确定性没有任何消除，就没有获得任何信息。由此可见，信息是事物运动状态或存在方式的不确定性的描述。这就是香农对"信息"的定义。

从以上分析可知，在通信系统中形式上传输的是消息，但实质上传输的是信息。消息只是表达信息的工具、表达信息的客体。显然，在通信中被利用的（亦即携带信息的）实际客体是不重要的，而重要的是信息。信息较抽象，它是人类社会和自然界中需要传递、交换、存储和提取的内容，而消息是较具体的，但还不一定是物理性的。通信的结果是消除或部分消除不确定性从而获得信息。

2.2 信号的概念及分类

2.2.1 基本概念

通信的目的是为了获取信息。由于信息是抽象的内容，为了传送和交换信息，必须通过语言、文字、图像和数据等将它表示出来，即信息通过消息来表示。

消息在许多情况下是不便于传送和交换的，如语言就不宜远距离直接传送，为此需要用光、声、电等物理量来运载消息。例如，打电话是利用电话（系统）来传递消息；两个人之间的对话是利用声音来传递消息；古代的"消息树""烽火台"和现代仍使用的"信号灯"等则是利用光的方式传递消息。随着社会的发展，消息的种类越来越多，人们对传递消息的要求和手段也越来越高。

通信中消息的传送是通过电压、电流信号等进行的。人们将运载消息的光、声、电等物理量称为信号。信号是消息的载荷者，信息通过信号来表征。在各种各样的通信方式中，利用"电信号"承载消息的通信方式称之为电通信，这种通信具有迅速、准确、可靠等特点，而且几乎不受时间、地点、空间、距离的限制，因而得到了飞速发展和广泛应用。如今，在自然科学中，"通信"与"电通信"几乎是同义词。本课程中所说的通信，均指电通信。

2.2.2 信号的分类

信号的分类方法有很多，可以从不同的角度对信号进行分类。例如，信号可以分为确知信号与随机信号、周期信号与非周期信号、模拟信号与数字信号等。下面简要介绍这些信号的概念。

1. 确知信号与随机信号

确知信号是指能够以确定的时间函数表示的信号，它在定义域内任意时刻都有确定的函数值，例如电路中的正弦信号和各种形状的周期信号等。

在事件发生之前无法预知信号的取值，即写不出明确的数学表达式，通常只知道它取某一数值的概率，这种具有随机性的信号称为随机信号。例如，半导体载流子随机运动所产生的噪声和从目标反射回来的雷达信号（其出现的时间与强度是随机的）等都是随机信号。所有的实际信号在一定程度上都是随机信号。

2. 周期信号与非周期信号

周期信号是每隔一个固定的时间间隔重复变化的信号。周期信号 $f(t)$ 满足下列条件：

$$f(t) = f(t + nT) \quad n = 0, \pm 1, \pm 2, \pm 3, \cdots \quad -\infty < t < \infty \quad (2-1)$$

式中，T 为 $f(t)$ 的周期，是满足式（2-1）条件的最小时段。

非周期信号是不具有重复性的信号。

3. 模拟信号与数字信号

按照信号参量的取值方式及其与消息之间的关系，可将信号划分为两类，即模拟信号与数字信号。模拟信号是指代表消息的信号参量（幅度、频率或相位）随消息连续变化的信号。如代表消息的信号参量是幅度，则模拟信号的幅度应随消息连续变化，即幅度的取值有无限多个，但在时间上可以连续，也可以离散。图2-2所示为时间连续和时间离散的模拟信号。数字信号是指它不仅在时间上离散，而且在幅度的取值上也是离散的信号。图2-3所示的二进制数字信号就是以"1"和"0"两种状态的不同组合来表示不同的消息。

模拟信号和数字信号可以通过一定的方法实现相互转换，如语音编码器可以实现将模拟语音信号转换为数字语音，语音译码器可以实现将数字语音转换为模拟语音。通常使用的

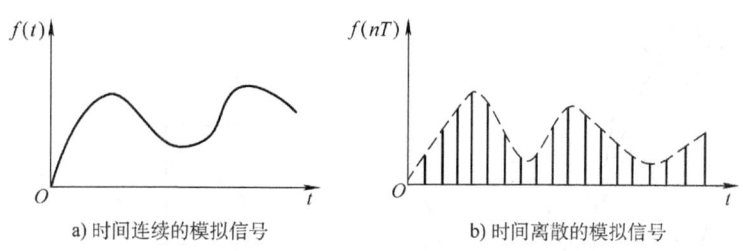

a) 时间连续的模拟信号　　　　b) 时间离散的模拟信号

图 2-2　模拟信号

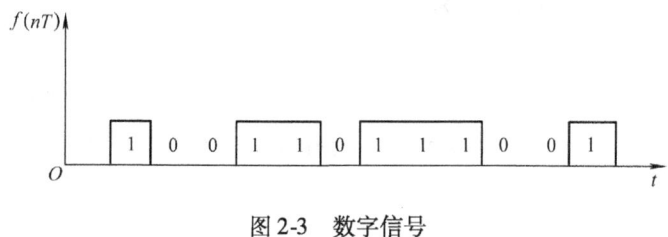

图 2-3　数字信号

A/D 和 D/A 转换器就是实现模拟信号和数字信号之间的相互转换。

2.3　信号的一般特性

信号的一般特性表现为它的时域特性和频域特性。

确知信号和随机信号都可用它们的时域特性和频域特性来表示。时域特性表示信号电压或电流随时间的变化关系。频域特性指任意信号总可以表示为许多不同频率正弦信号的线性组合，这些正弦信号所包含的频率范围，称为该信号的频谱，通常用函数 $F(\omega)$ 表示时域信号 $f(t)$ 的频谱。信号 $f(t)$ 的绝对带宽称为频谱 $F(\omega)$ 的带宽，单位为赫兹（Hz）。

【例 2-1】　设有一个信号为

$$f(t) = 3\sin\omega_1 t + \sin 3\omega_1 t \tag{2-2}$$

式中，$\omega_1 = 2\pi/T = 2\pi f_1$，则信号 $f(t)$ 的信号特征如图 2-4 所示，图 2-4a 为信号 $f(t)$ 的时域图，图 2-4b 为 $f(t)$ 对应的频谱图，其频谱从 f_1（Hz）延续到 $3f_1$（Hz），其带宽为 $2f_1$（Hz）。

图 2-4b 中，每一条谱线代表一个正弦分量，谱线的高度代表这一正弦分量的振幅，谱线的位置代表这一正弦分量的角频率。

可见，信号的频域特性和时域特性都包含了信号携带的信息量，也能表示出信号的特点，因此信号的频域特性和时域特性之间必然有密切的联系。

根据傅里叶变换的原理，任何一个周期为 T 的周期信号 $f(t)$，只要满足狄里赫利条件，则可展开为傅里叶级数

$$f(t) = \frac{a_0}{2} + \sum_{n=1}^{\infty}[a_n\cos n\omega_0 t + b_n\sin n\omega_0 t] \tag{2-3}$$

式中，ω_0 为基波角频率，$\omega_0 = 2\pi/T$；

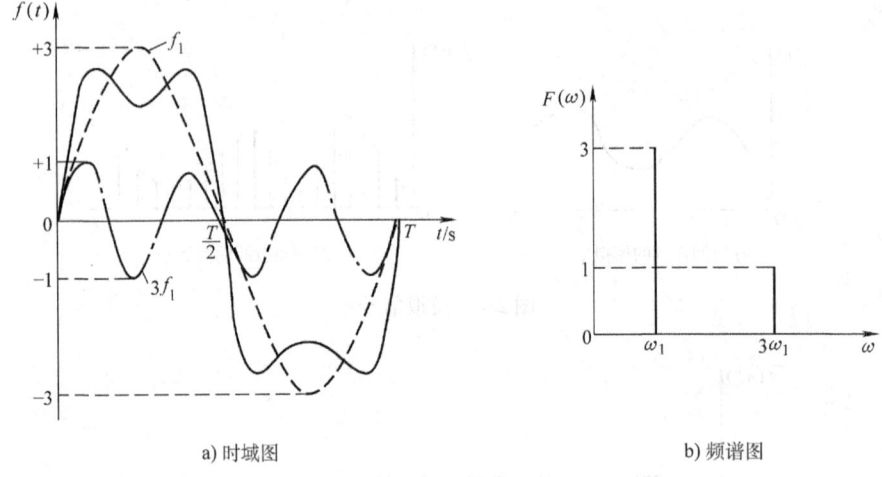

a) 时域图 b) 频谱图

图 2-4 $f(t)$ 的信号特征图

$\dfrac{a_0}{2}$ 为 $f(t)$ 的均值（直流分量），

$$\frac{a_0}{2} = \frac{1}{T}\int_{-T/2}^{T/2} f(t)\,\mathrm{d}t; \tag{2-4}$$

a_n 为 $f(t)$ 的第 n 次余弦波的振幅，

$$a_n = \frac{2}{T}\int_{-T/2}^{T/2} f(t)\cos n\omega_0 t\,\mathrm{d}t; \tag{2-5}$$

b_n 为 $f(t)$ 的第 n 次正弦波的振幅，

$$b_n = \frac{2}{T}\int_{-T/2}^{T/2} f(t)\sin n\omega_0 t\,\mathrm{d}t; \tag{2-6}$$

并且，由图 2-4b 可知，周期信号的频谱是离散谱。

【例 2-2】 已知 $f(t)$ 为如图 2-5a 所示的方波周期信号，试分析其信号特性。

解：$f(t)$ 按式（2-3）用傅里叶级数对其展开后为

$$f(t) = \frac{4}{\pi}(\sin\omega t + \frac{1}{3}\sin 3\omega t + \frac{1}{5}\sin 5\omega t + \frac{1}{7}\sin 7\omega t + \cdots)$$

      ↑ ↑ ↑ ↑
      基波 3次谐波 5次谐波 7次谐波

可做出 $f(t)$ 的频谱（见图 2-6），可见周期信号的频谱是离散谱。

图 2-5b 为 $f(t)$ 的基波，图 2-5c 为 3 次谐波，图 2-5d 为 5 次谐波，图 2-5e 为 7 次谐波等。把这些谐波相加，又可以反过来合成为方波。图 2-5f 是基波与 3 次谐波和 5 次谐波合成的结果，图 2-5g 是基波和 3 次谐波……直到 9 次谐波合成的结果，图 2-5h 是基波和 3 次谐波……直到 27 次谐波合成的结果。可见，含有的高次谐波次数越多，合成后的波形越逼近原来的方波。

对非周期信号，不能用傅里叶级数直接表示，但非周期信号可看作是 $T\to\infty$ 的周期信号。这样，周期信号的频谱分析可以推广到非周期信号，但由于 $T\to\infty$，必有 $\omega_0 = 2\pi/T \to$

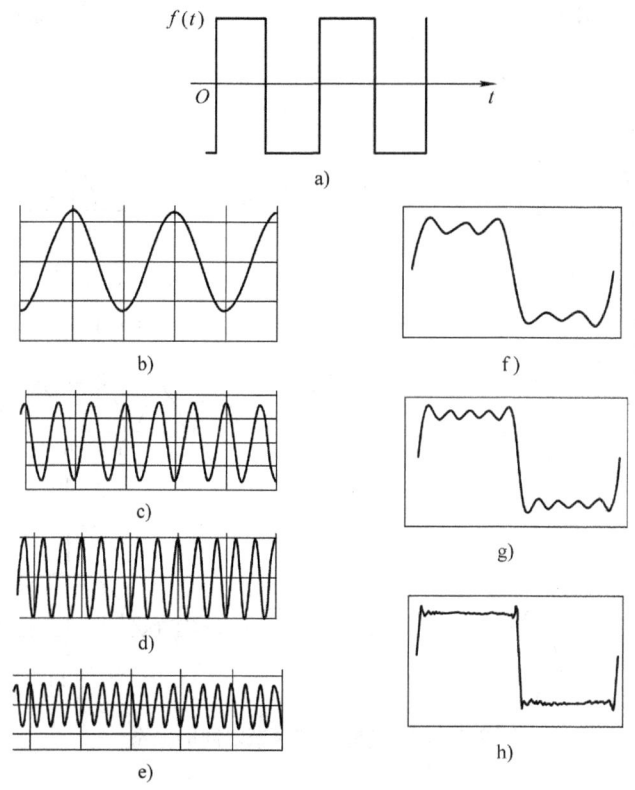

图 2-5 方波周期的分解与合成过程

0，离散的谱线变成了无限密集的连续频谱，所以对于非周期信号来说，其频谱将是连续的频谱，则傅里叶级数就变成了傅里叶积分，可表示为

$$f(t) = \frac{1}{2\pi}\int_{-\infty}^{\infty} F(\omega) e^{j\omega t} d\omega \qquad (2-7)$$

式中

$$F(\omega) = \int_{-\infty}^{\infty} f(t) e^{-j\omega t} dt \qquad (2-8)$$

式（2-7）和式（2-8）分别称为傅里叶反变换和傅里叶正变换，两式称为 $f(t)$ 傅里叶变换对，表示为

$$f(t) \Leftrightarrow f(\omega)$$

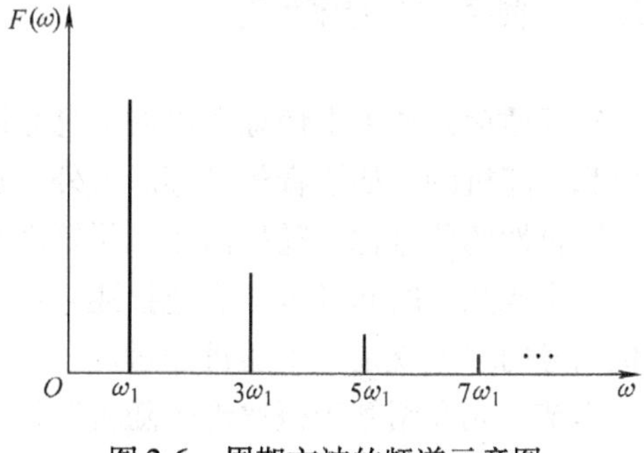

式（2-7）和式（2-8）可简记为

$$\begin{cases} f(t) = \mathscr{F}^{-1}[F(\omega)] \\ F(\omega) = \mathscr{F}[f(t)] \end{cases} \qquad (2-9)$$

图 2-6 周期方波的频谱示意图

由傅里叶变换可以得到信号时域和频域之间的一些重要特性，熟悉这些特性对后面理解信号的性质是非常有益的。图 2-7 反映了通信系统中几种典型信号的时域和频域之间的关系。

由图 2-7 可知：

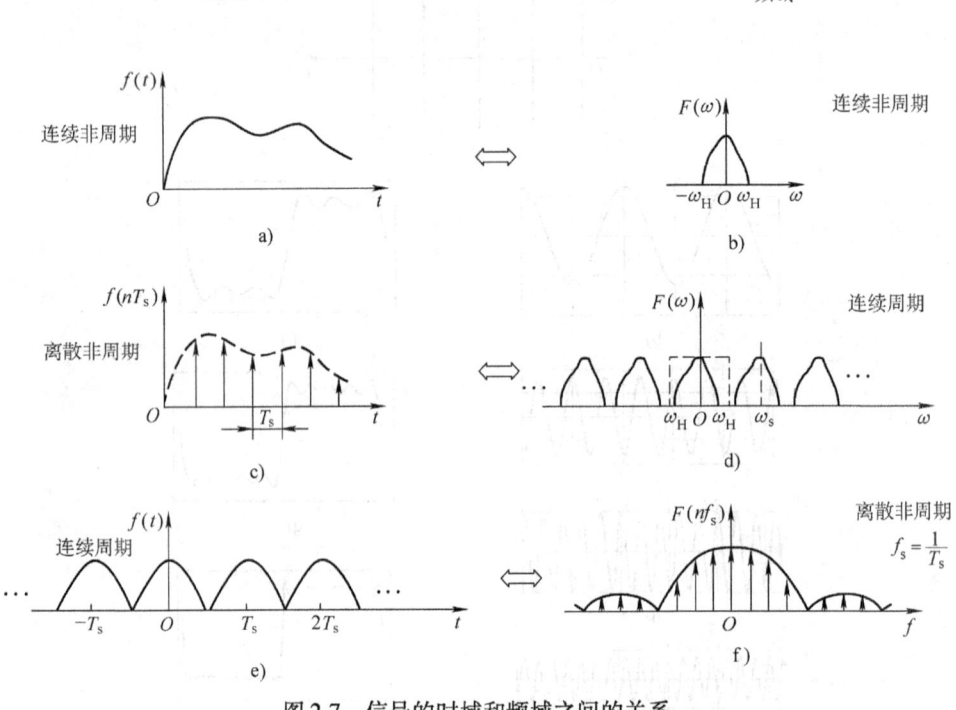

图2-7 信号的时域和频域之间的关系

1) 连续非周期的时间函数对应的频谱也是连续非周期函数。
2) 离散非周期的序列函数对应的频谱是周期性的连续函数。
3) 连续周期函数对应的频谱是非周期的离散序列函数。

*2.4 随机信号概述

实际通信系统中由信源发出的信息是随机的，或者说是不可预知的，因而携带信息的信号也都是随机的，如语音信号等。另外，通信系统中还必然存在噪声，它也是随机的。这种具有随机性的信号称为随机信号。尽管随机信号和随机噪声具有不可预测性和随机性，不可能用一个或几个时间函数准确地描述它们，但它们都遵循一定的统计规律。在给定时刻上，随机信号的取值就是一个随机变量。

本节首先介绍基于概率论的随机变量及其统计特征，它是随机过程和随机信号分析的基础，然后介绍随机过程的基本概念以及通信系统中噪声的概念。

2.4.1 随机变量

在概率论中，将每次实验的结果用一个变量 X 来表示，如果变量的取值 x 是随机的，则称变量 X 为随机变量。例如，在一定时间内电话交换台收到的呼叫次数是一个随机变量。

当随机变量 X 的取值个数是有限个时，则称它为离散随机变量；否则，就称为连续随机变量。

随机变量的统计规律用概率分布函数或概率密度函数来描述。

1. 概率分布函数和概率密度函数

(1) 概率分布函数 $F(x)$

定义随机变量 X 的概率分布函数 $F(x)$ 是 X 取值小于或等于某个数值 x 的概率 $P(X \leqslant x)$,即

$$F(x) = P(X \leqslant x) \tag{2-10}$$

上述定义中,随机变量 X 可以是连续随机变量,也可以是离散随机变量。

对于离散随机变量,其分布函数也可表示为

$$F(x) = P(X \leqslant x) = \sum_{x_i \leqslant x} P(x_i) \quad i = 1, 2, 3, \cdots \tag{2-11}$$

式中,$P(x_i)(i = 1, 2, 3, \cdots)$ 是随机变量 X 取值为 x_i 的概率。

(2) 概率密度函数 $f(x)$

在许多实际问题中,采用概率密度函数比采用概率分布函数能更方便地描述连续随机变量的统计特性。

对于连续随机变量 X,其分布函数 $F(x)$ 对于一个非负函数 $f(x)$ 有下式成立:

$$F(x) = \int_{-\infty}^{x} f(u) \mathrm{d}u \tag{2-12}$$

则称 $f(x)$ 为随机变量 X 的概率密度函数(简称概率密度)。

由于式(2-12)表示随机变量 X 在 $(-\infty, x]$ 区间上取值的概率,故 $f(x)$ 具有概率密度的含义,式(2-12)也可表示为

$$f(x) = \frac{\mathrm{d}F(x)}{\mathrm{d}x} \tag{2-13}$$

可见,概率密度函数是分布函数的导数。

2. 随机变量的数字特征

前面讨论的分布函数和概率密度函数,能够较全面地描述随机变量的统计特性。然而,在许多实际问题中,人们往往并不关心随机变量的概率分布,而只想了解随机变量的某些特征,例如随机变量的统计平均值,以及随机变量的取值相对于这个平均值的偏离程度等。这些描述随机变量某些特征的数值被称为随机变量的数字特征。

(1) 数学期望

数学期望(简称均值)是用来描述随机变量 X 的统计平均值,它反映随机变量取值的集中位置。

对于离散随机变量 X,设 $P(x_i)(i = 1, 2, \cdots, k)$ 是其取值 x_i 的概率,则其数学期望定义为

$$E(X) = \sum_{i=1}^{k} x_i P(x_i) \tag{2-14}$$

对于连续随机变量 X,其数学期望定义为

$$E(X) = \int_{-\infty}^{\infty} x f(x) \mathrm{d}x \tag{2-15}$$

式中,$f(x)$ 为随机变量 X 的概率密度。

(2) 方差

方差反映随机变量的取值偏离均值的程度。方差定义为随机变量 X 与其数学期望 $E(X)$

之差的二次方的数学期望，即

$$D[X] = E[X - E(X)]^2 \tag{2-16}$$

对于离散随机变量，式（2-16）方差的定义可表示为

$$D[X] = \sum_i [x_i - E(X)]^2 P_i \tag{2-17}$$

式中，P_i 是随机变量 X 取值为 x_i 的概率。

对于连续随机变量，方差的定义可表示为

$$D[X] = \int_{-\infty}^{\infty} [x_i - E(X)]^2 f(x) \mathrm{d}x \tag{2-18}$$

另外，式（2-16）还可以表示为

$$D[X] = E[X - E(X)]^2 = E[X^2 - 2XE(X) + E^2(X)] = E(X^2) - E^2(X) \tag{2-19}$$

$D[X]$ 也常记为 σ^2。

【例 2-3】 设 X 是取值 0，1，2，3，4，5 等概率分布的离散随机变量，求其均值和方差。

解：

$$E(X) = \sum_{i=1}^{k} x_i P(x_i) = 0 \times \frac{1}{6} + 1 \times \frac{1}{6} + 2 \times \frac{1}{6} + 3 \times \frac{1}{6} + 4 \times \frac{1}{6} + 5 \times \frac{1}{6}$$
$$= 2.5$$

$$E(X^2) = \sum_{i=1}^{k} x_i^2 P(x_i) = 0 \times \frac{1}{6} + 1^2 \times \frac{1}{6} + 2^2 \times \frac{1}{6} + 3^2 \times \frac{1}{6} + 4^2 \times \frac{1}{6} + 5^2 \times \frac{1}{6}$$
$$= 9.17$$

则

$$D[X] = E(X^2) - E^2(X) = 9.17 - 2.5^2 = 2.92$$

2.4.2 随机过程的一般表述

前面所讨论的随机变量是与试验结果有关的某一个随机取值的量。例如，在给定的某一瞬间测量接收机输出端上的噪声，所测得的输出噪声的瞬时值就是一个随机变量。显然，如果连续不断地进行试验，那么在任一瞬间都有一个与之相应的随机变量，于是这时的试验结果就不仅是一个随机变量，而是一个在时间上不断变化的随机变量的集合。

定义随时间变化的无数个随机变量的集合为随机过程。随机过程的基本特征是：它是时间 t 的函数，但在任一确定时刻上的取值是不确定的，是一个随机变量；或者，可将它看成是一个事件的全部可能实现构成的总体，其中每个实现都是一个确定的时间函数，而随机性就体现在出现哪一个实现是不确定的。通信过程中的随机信号和噪声均可归纳为依赖于时间 t 的随机过程。

为了比较直观地理解随机过程，下面举例来加以说明。设有 n 台性能完全相同的接收机。在相同的工作环境和测试条件下记录各台接收机的输出噪声波形（这也可以理解为对一台接收机在一段时间内持续地进行 n 次观测）。测试结果将表明，尽管设备和测试条件相同，记录的 n 条曲线中找不到两个完全相同的波形。这就是说，接收机输出的噪声电压随时间的变化是不可预知的，因而它是一个随机过程。这里的一次记录就是一个实现，无数个记录构成的总体称为一个样本空间。

由此，从数学的角度，可以给出随机过程这样的定义：设 S_k（$k=1,2,\cdots$）是随机试验，每一次试验都有一个时间波形（称为样本函数或实现），记作 $x_i(t)$，所有可能出现的结果的总体 $\{x_1(t),x_2(t),\cdots,x_n(t),\cdots\}$ 就构成一随机过程，记作 $\xi(t)$。简言之，无穷多个样本函数的总体称为随机过程，其波形如图 2-8 所示。

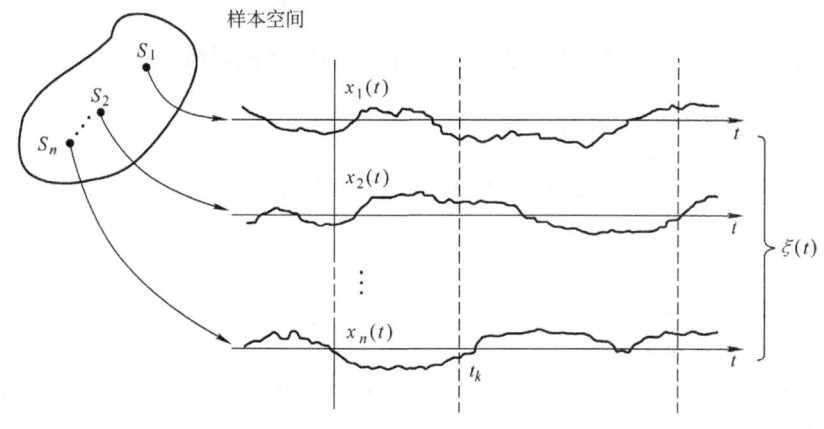

图 2-8　随机过程波形

随机过程的统计特性是通过其概率分布函数或数字特征来表述的。

1. 随机过程的分布函数和概率密度

设 $\xi(t)$ 表示一个随机过程，在任意给定的时刻 t_1，其取值 $\xi(t_1)$ 是一个随机变量。显然，这个随机变量的统计特性可以用分布函数或概率密度函数来描述，称

$$F_1(x_1,t_1)=P[\xi(t_1)\leqslant x_1] \tag{2-20}$$

为随机过程 $\xi(t)$ 的一维分布函数。如果 $F_1(x_1,t_1)$ 对 x_1 的偏导数存在，即有

$$\frac{\partial F_1(x_1,t_1)}{\partial x_1}=f_1(x_1,t_1) \tag{2-21}$$

则称 $f_1(x_1,t_1)$ 为 $\xi(t)$ 的一维概率密度函数。

显然，随机过程的一维分布函数或一维概率密度函数仅仅描述了随机过程在各个孤立时刻的统计特性，而没有说明随机过程在不同时刻取值之间的内在联系，为此需要在足够多的时间上考虑随机过程的多维分布函数。

任意给定 $t_1,t_2,\cdots,t_n$，则 $\xi(t)$ 的 n 维分布函数被定义为

$$F_n(x_1,x_2,\cdots,x_n;t_1,t_2,\cdots,t_n)=P[\xi(t_1)\leqslant x_1,\xi(t_2)\leqslant x_2,\cdots,\xi(t_n)\leqslant x_n] \tag{2-22}$$

如果存在

$$\frac{\partial^n F_n(x_1,x_2,\cdots,x_n;t_1,t_2,\cdots,t_n)}{\partial x_1 \partial x_2 \cdots \partial x_n}=f_n(x_1,x_2,\cdots,x_n;t_1,t_2,\cdots,t_n) \tag{2-23}$$

则称 $f_n(x_1,x_2,\cdots,x_n;t_1,t_2,\cdots,t_n)$ 为 $\xi(t)$ 的 n 维概率密度函数。

显然，n 越大，对随机过程统计特性的描述就越充分，但问题的复杂性也随之增加。在一般实际问题中，引用二维概率密度函数即可解决问题。

2. 随机过程的数字特征

分布函数或概率密度函数虽然能够较全面地描述随机过程的统计特性，但在实际工作中，有时不易或不需求出分布函数和概率密度函数，而用随机过程的数字特征来描述随机过

程的统计特性,更简单直观。

(1) 数学期望(统计平均值)

随机过程 $\xi(t)$ 的数学期望定义为

$$E[\xi(t)] = \int_{-\infty}^{\infty} x f_1(x,t) \mathrm{d}x \tag{2-24}$$

并记为 $E[\xi(t)] = a(t)$。随机过程的数学期望是时间 t 的函数。

(2) 方差

随机过程 $\xi(t)$ 的方差定义为

$$\begin{aligned} D[\xi(t)] &= E\{\xi(t) - E[\xi(t)]\}^2 = E[\xi^2(t)] - [a(t)]^2 \\ &= \int_{-\infty}^{\infty} x^2 f_1(x,t) \mathrm{d}x - [a(t)]^2 \end{aligned} \tag{2-25}$$

$D[\xi(t)]$ 也常记为 $\sigma^2(t)$。

(3) 自协方差和自相关函数

衡量同一随机过程在任意两个时刻上获得的随机变量的统计相关特性时,常用自协方差和自相关函数来表示。

自协方差函数定义为

$$\begin{aligned} B(t_1,t_2) &= E\{[\xi(t_1) - a(t_1)][\xi(t_2) - a(t_2)]\} \\ &= E[\xi(t_1)\xi(t_2)] - a(t_1)a(t_2) \\ &= \int_{-\infty}^{\infty}\int_{-\infty}^{\infty}[x_1 - a(t_1)][x_2 - a(t_2)]f_2(x_1,x_2;t_1,t_2)\mathrm{d}x_1\mathrm{d}x_2 \end{aligned} \tag{2-26}$$

式中,t_1 与 t_2 是任取的两个时刻;$a(t_1)$ 与 $a(t_2)$ 为在 t_1 及 t_2 时刻得到的数学期望;$f_2(x_1,x_2;t_1,t_2)$ 为二维概率密度函数。

自相关函数定义为

$$\begin{aligned} R(t_1,t_2) &= E[\xi(t_1)\xi(t_2)] \\ &= \int_{-\infty}^{\infty}\int_{-\infty}^{\infty} x_1 x_2 f_2(x_1,x_2;t_1,t_2)\mathrm{d}x_1\mathrm{d}x_2 \end{aligned} \tag{2-27}$$

若 $t_2 > t_1$,并令 $t_2 = t_1 + \tau$,则 $R(t_1,t_2)$ 可表示为 $R(t_1,t_1+\tau)$。

可见,相关函数是 t_1 和 τ 的函数。

显然,由式(2-26)和式(2-27)可得自协方差函数与自相关函数之间的关系式

$$B(t_1,t_2) = R(t_1,t_2) - a(t_1)a(t_2) \tag{2-28}$$

【例 2-4】 设随机过程 $X(t) = At + b(t>0)$,其中 A 为高斯随机变量,b 为常数,且 A 的一维概率密度函数 $f_A(x) = \frac{1}{\sqrt{2\pi}}\mathrm{e}^{-(x-1)^2/2}$,求 $X(t)$ 的均值和方差。

解: 由

$$f_A(x) = \frac{1}{\sqrt{2\pi}}\mathrm{e}^{-(x-1)^2/2}$$

得出随机变量 A 的均值为 1,方差为 1,即 $E(A) = 1$,$D(A) = 1$。

因为 $X(t) = At + b$,所以 $E[X(t)] = E[At + b] = t + b$。

同理,$D[X(t)] = D[At + b] = t^2$。

2.4.3 平稳随机过程

1. 平稳随机过程的定义

随机过程的种类很多,但在通信系统中广泛应用的是一种特殊类型的随机过程,即平稳随机过程。

若一个随机过程的任意 n 维分布函数或概率密度函数与时间起点无关,也就是说,对于任何正整数 n 和任何实数 $t_1, t_2, \cdots, t_n$ 以及 τ,随机过程 $\xi(t)$ 的 n 维概率密度函数满足

$$f_n(x_1, x_2, \cdots, x_n; t_1, t_2, \cdots, t_n) = f_n(x_1, x_2, \cdots x_n; t_1+\tau, t_2+\tau, \cdots, t_n+\tau) \tag{2-29}$$

则称 $\xi(t)$ 为严平稳随机过程,或称狭义平稳随机过程。

若随机过程 $\xi(t)$ 的均值为常数,与时间 t 无关,而自相关函数仅是 τ 的函数,则称其为宽平稳随机过程或广义平稳随机过程。按此定义得知,对于宽平稳随机过程,有

$$E[\xi(t)] = a = 常数 \tag{2-30}$$

$$R(t_1, t_2) = E[\xi(t_1)\xi(t_1+\tau)] = R(\tau) \tag{2-31}$$

由于均值和自相关函数只是统计特性的一部分,所以严平稳随机过程一定也是宽平稳随机过程;反之,宽平稳随机过程就不一定是严平稳随机过程。但对于高斯随机过程,两者是等价的。

通信系统中所遇到的信号及噪声,大多数可视为宽平稳随机过程。以后讨论的随机过程除特殊说明外,均假设是宽平稳随机过程,简称平稳随机过程。

2. 平稳随机过程的特性

(1) 各态历经性

一个平稳随机过程若按定义求其均值和自相关函数,则需要对其所有的实现进行计算、统计平均值。实际上,这是做不到的。然而,若一个随机过程具有各态历经性,则它的统计平均值可以由任一实现的时间平均值来代替。

顾名思义,各态历经性表示一个平稳随机过程的任一个实现能够经历此过程的所有状态。若一个平稳随机过程具有各态历经性,则它的统计平均值就等于其时间的平均值。也就是说,假设 $x(t)$ 是平稳随机过程 $\xi(t)$ 的任意一个实现,若满足

$$a = \lim_{T \to \infty} \frac{1}{T} \int_{-\frac{T}{2}}^{\frac{T}{2}} x(t) \, dt = \overline{a}$$

$$R(\tau) = \lim_{T \to \infty} \frac{1}{T} \int_{-\frac{\pi}{2}}^{\frac{\pi}{2}} x(t) x(t+\tau) \, dt = \overline{R(\tau)} \tag{2-32}$$

则称此随机过程为具有各态历经性的随机过程。

可见,具有各态历经性的随机过程的统计特性可以用时间平均值来代替,对于这种随机过程无需(实际中也不可能)考查无限多个实现,而只考查一个实现就可获得随机过程的数字特征,因而可使计算大大简化。在通信系统中所遇到的随机信号和噪声,一般均能满足各态历经性。

(2) 自相关函数的性质

对于平稳随机过程而言,它的自相关函数是特别重要的一个函数。其一,平稳随机过程的统计特性,如数字特征等,可通过自相关函数来描述;其二,平稳随机过程的自相关函数与功率谱密度之间存在傅里叶变换的关系。因此,有必要了解平稳随机过程自相关函数的

性质。

设 $\xi(t)$ 为一平稳随机过程，则其自相关函数 $R(\tau)$ 有如下性质：

$$R(0) = E[\xi^2(t)] = S \quad [\xi(t) \text{ 的平均功率}] \tag{2-33}$$

式(2-33)表明，随机过程的总能量是无穷的，但其平均功率是有限的。

$$R(\tau) = R(-\tau) \quad [R(\tau) \text{ 是偶函数}] \tag{2-34}$$

$$|R(\tau)| \leqslant R(0) \quad [R(\tau) \text{ 的上界}] \tag{2-35}$$

$$R(\infty) = E^2[\xi(t)] \quad [\xi(t) \text{ 的直流功率}] \tag{2-36}$$

$$R(0) - R(\infty) = \sigma^2 \quad [\text{方差}, \xi(t) \text{ 的交流功率}] \tag{2-37}$$

由上述性质可知，用自相关函数几乎可以表述 $\xi(t)$ 的主要特征，因而上述性质有明显的实用价值。

【例 2-5】 设一平稳随机过程 $X(t)$ 的自相关函数为

$$R_X(\tau) = 25 + \frac{4}{1 + \tau^2}$$

求其均值和方差。

解：由自相关函数的性质可得

$$R(0) = E[X^2(t)] = 25 + \frac{4}{1 + 0} = 29 \quad R(\infty) = E^2[X(t)] = 25$$

所以均值为

$$E[X(t)] = \pm 5$$

方差为

$$\sigma^2 = R(0) - R(\infty) = 29 - 25 = 4$$

（3）频谱特性

平稳随机过程的频谱特性用功率谱密度来表征。定义单位频带内信号的平均功率为功率谱密度（简称功率谱），单位为 W/Hz，用 $P_\xi(\omega)$ 表示。

可以证明，平稳随机过程的自相关函数与其功率谱密度之间互为傅里叶变换的关系，即

$$\begin{cases} R(\tau) = \dfrac{1}{2\pi}\displaystyle\int_{-\infty}^{\infty} P_\xi(\omega) e^{j\omega\tau} d\omega \\ P_\xi(\omega) = \displaystyle\int_{-\infty}^{\infty} R(\tau) e^{-j\omega\tau} d\tau \end{cases} \tag{2-38}$$

【例 2-6】 分析语音信号的统计特性。

解：语音信号是随机信号（即随机过程），通常认为该随机过程是均值为零的平稳随机过程，其统计特征可以用分布函数或概率密度函数来描述。

（1）语音信号的幅度概率密度

对语音信号进行幅度概率密度统计，是根据语音波形在长时间范围内对其幅度进行大量的抽样得到的结果。为了分析方便，常采用分布函数来近似它，最好是伽玛分布，其次是拉普拉斯分布和高斯分布。

1）伽玛分布

设 $x = u/u_e$，u 为信号的瞬时电压，u_e 为 u 的方均根值，则其一维概率密度函数为

$$f(x) = \frac{\sqrt{K}}{2\sqrt{\pi}} \frac{e^{-K|x|}}{\sqrt{|x|}}$$

式中，K 为常数，通常取 $K=0.866$。

2）拉普拉斯分布

其一维概率密度函数为

$$f(x) = \frac{a}{2}e^{-a|x|}$$

式中，a 为常数，通常取 $a=\sqrt{2}$。

3）高斯分布

设 $x=u/u_e$，u 为信号的瞬时电压，u_e 为 u 的方均根值，则其一维概率密度函数为

$$f(x) = \frac{1}{\sqrt{2\pi}}e^{-\frac{x^2}{2}}$$

（2）语音信号的功率谱

可将模拟语音信号同时加到一组并联的带通滤波器的输入端，测量出它们各个输出的平均值，即可画出功率密度谱特性。图 2-9 示出的曲线，是由在约 1min 的连续语言期间各滤波器输出的平均值而得到的连续语音长时间功率谱密度。从图中可以看出，平均功率在 250~500Hz 处能量大，500Hz 以内的成分占总能量的 60%，1500Hz 以内的能量占 88%。

（3）语音信号的动态范围

语音信号的动态范围 L（dB）定义为

$$L = 10\lg\frac{P_{max}}{P_{min}}$$

式中，P_{max}、P_{min} 分别是语音信号的最大、最小功率。

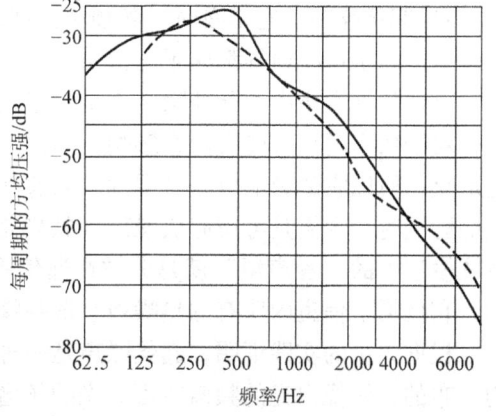

图 2-9　连续语音长时间功率谱密度

人们在讲话时，语言信号的动态范围有时可达 60~70dB，但根据统计平均来看，一般不超过 40dB。因此，在设计电话通信设备时，基本上都按 40dB 的动态范围考虑。

2.5　通信中噪声的概念

噪声，从广义上讲是指通信系统中有用信号以外的有害干扰信号。通信系统中没有传输信号时也有噪声，噪声永远存在于通信系统中。由于这样的噪声是叠加在信号上的，所以有时将其称为加性噪声。噪声对于信号的传输是有害的，它能使模拟信号失真，使数字信号发生错码，并随之限制着信息的传输速率。

2.5.1　噪声的分类

1. 按照来源分类

噪声可以分为人为噪声和自然噪声两大类。

1）人为噪声。它是由人类的活动产生的，例如电钻和电气开关瞬态造成的电火花，汽车点火系统产生的电火花，荧光灯产生的干扰，其他电台和家电用具产生的电磁波辐射等。

2）自然噪声。它是自然界中存在的各种电磁波辐射，例如闪电、大气噪声，以及来自太阳和银河系等的宇宙噪声。此外，还有一种很重要的自然噪声，即热噪声。热噪声来自一切电阻性元器件中电子的热运动。例如，导线、电阻和半导体器件等均会产生热噪声，所以热噪声无处不在，不可避免地存在于一切电子设备中。

2. 按照性质分类

噪声可以分为脉冲噪声、窄带噪声和起伏噪声 3 类。

1）脉冲噪声。它是突发性产生的幅度很大、持续时间很短、间隔时间很长的干扰。由于其持续时间很短，故其频谱较宽，可以从低频一直分布到甚高频，但是频率越高其频谱的强度越小。电火花就是一种典型的脉冲噪声。

2）窄带噪声。它可以看作是一种非所需的连续的已调正弦波，或简单地就是一个幅度恒定的单一频率的正弦波。通常，它来自相邻电台或其他电子设备。窄带噪声的频率位置通常是确知的或可以测知的。

3）起伏噪声。它是在时域和频域内都普遍存在的随机噪声。热噪声、电子管内产生的散弹噪声和宇宙噪声等都属于起伏噪声。

上述各种噪声中，脉冲噪声不是普遍地、持续地存在的，对于语音通信的影响也较小，但是对于数字通信可能有较大影响。同样，窄带噪声也是只存在于特定频率、特定时间和特定地点，所以它的影响也是有限的。只有起伏噪声无处不在。所以，在讨论噪声对于通信系统的影响时，主要是考虑起伏噪声（特别是热噪声），它是通信系统最基本的噪声源。通信系统模型中的"噪声源"就是分散在通信系统各处加性噪声（主要是起伏噪声）的集中表示，它概括了信道内所有的热噪声、散弹噪声和宇宙噪声等。

根据大量的实践证明，起伏噪声是一种高斯噪声，且在相当宽的频率范围内其频谱是均匀分布的，好像白光的频谱在可见光的频谱范围内均匀分布那样，所以起伏噪声又常称为白噪声。因此，通信系统中的噪声常常被近似地表述成高斯白噪声。在讨论通信系统性能受噪声的影响时，主要分析的就是高斯白噪声的影响。

2.5.2 高斯噪声

高斯噪声是指概率密度函数服从高斯分布（正态分布）的平稳随机过程。在实践中观察到的大多数噪声都是高斯过程，所以高斯噪声是通信领域中普遍存在的一类噪声。

1. 高斯噪声的性质

1）若高斯过程是宽平稳随机过程，则它也是严平稳随机过程。也就是说，对于高斯过程来说，宽平稳和严平稳是等价的。

2）若高斯过程中的随机变量之间互不相关，则它们也是统计独立的。

3）若干个高斯过程之和的过程仍是高斯过程。

4）高斯过程经过线性变换（或线性系统）后的过程仍是高斯过程。

2. 高斯噪声的一维概率密度函数

高斯过程的一维概率密度表示式为

$$f(x) = \frac{1}{\sqrt{2\pi}\sigma}\exp\left[-\frac{(x-a)^2}{2\sigma^2}\right] \tag{2-39}$$

式中，a 为高斯随机变量的数学期望；σ^2 为方差。高斯过程的一维概率密度函数如图 2-10

所示。

2.5.3 高斯白噪声

通信系统中，常会遇到这样一类噪声，它的功率谱密度均匀分布在整个频率范围内，即双边功率谱为

$$P_\xi(\omega) = \frac{n_0}{2} \quad -\infty < \omega < \infty \tag{2-40}$$

式中，n_0 为一常数（W/Hz）。

这种噪声被称为白噪声，它是一个理想的宽带随机过程。

图 2-11 所示为白噪声的双边带功率谱的图形。

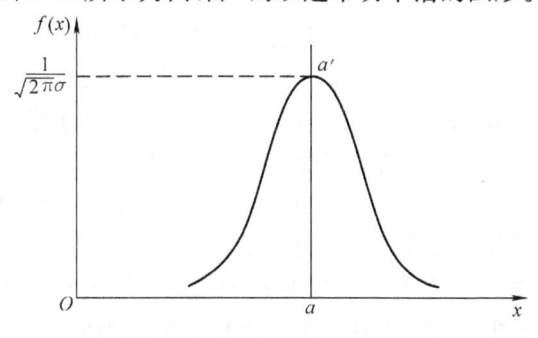

图 2-10　高斯过程的一维概率密度函数

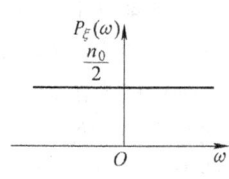

图 2-11　白噪声的双边带功率谱密度

如果白噪声又是高斯分布的，就称之为高斯白噪声。应当指出，这里所定义的这种理想化的白噪声在实际中是不存在的。但是，如果噪声功率谱均匀分布的频率范围远远大于通信系统的工作频带，就可以把它视为白噪声。

2.6　信息处理

2.6.1　信息处理的基本概念

为了一定目的，对载荷信息的随机信号进行的变换或对非随机信号进行的变换常称为信号处理。由于信息通常载在一定的信号上，对信息的处理总是通过对信号的处理来实现，所以，信息处理往往和信号处理具有类同的含义，它是现代信息工程的核心技术。

信息处理的目的主要有：①提高有效性；②提高抗干扰性；③改善主观感觉的效果；④对信息进行识别和分类；⑤分离和选择信息。总地来说，是为了提高系统对某一方面的要求以及优化系统某一方面的性能指标。

1. 提高有效性的信息处理

根据信宿的性质和特点，压缩信息量的各种方法都属于提高有效性的信息处理。例如，通过过滤、预测、信源编码等方法，就可以在一定程度上压缩频带、压缩动态范围、压缩数据率。在允许一定失真的条件下，信息率失真理论是这类信息处理技术的理论基础。

2. 提高抗干扰性的信息处理

为了提高系统的抗干扰能力，针对干扰的性质和特点，对载荷信息的信号进行适当的变换和设计。例如，通过过滤和综合来消除画面的条纹干扰或孤立斑点；通过适当的设计使信号具有较强的相关性来抑制随机噪声的干扰；通过对信号附加适当的剩余，使信号具有发现和纠正错误的能力等，都是这类信息处理技术的应用实例。

3. 改善主观感觉效果的信息处理

这类技术主要应用在图像处理方面。例如，通过灰度变换和修正，通过频率成分的加重和调整来改善图像的质量；为了便于观察图像各个部分的差别，把灰度差转换为色彩差，形成假彩色图等。此外，广播中的立体声处理也是改善主观感觉效果的信息处理技术。

4. 识别和分类的信息处理

这是信息处理技术发展较快的一个分支，通常称为模式识别。这种方法的要点是：根据用户要求，合理地抽取模式的特征，然后根据一定的准则来对模式进行识别和分类。具体实现的方法主要有两类：基于模式的统计特征和统计推断理论的统计识别方法；基于模式结构特征和文法推理的文法识别方法。统计识别方法要求先抽取模式的特征，得到原始的特征空间，然后把它变换到低维空间，并根据一定的准则（如最小均方误差准则、最大熵准则等）对它进行分类（线性分类或非线性分类，后者具有较好的分类效果，但比较复杂）。文法识别方法要求先选取模式的元素（即结构特性），然后进行文法分析和推断，通过样板匹配的方法，按照相似度准则来识别模式。数码识别、文字识别、语音识别和特定图形（如指纹、染色体、癌细胞等）的识别等都取得了较大进展。

5. 选择与分离的信息处理

通常，从内容随时增减变动的数据库中有选择地提取信息或情报检索、文字加工等，都属于信息选择。另外一类是分离信息，如在多数人交谈的环境中，只选取一个人的讲话。这需要有发话者的语音识别器。例如，利用基频和音调等特征来识别出选择的对象，然后再将有关信息提取出来。在场景识别中，为了从背景中将活动物体图像分离出来，可以仿照蛙眼识别活动目标的原理，通过侧抑制方法来实现。

信息处理一般是对电信号进行的处理，但也有对光信号、超声信号等直接进行处理的。在图像处理中，通常采用串行处理。为了适应复杂图像实时处理等需要，还要研究并行处理的技术。在计算机技术不断发展的基础上，如能加上对事物的理解、推理和判断能力，信息处理的效果就会有更大的改进。

2.6.2 信息处理的主要手段

信息处理的主要手段是变换，即编码和译码。例如，为了提高系统的有效性，可以通过信源编码来实现；为了提高系统的安全性，可以通过密码来实现；为了提高系统的可靠性，可以通过信道编码来实现等。由此，可将信息与通信中的基本问题归纳为3性：有效性、安全性和可靠性。相应地，数字通信系统的原理可以画成图2-12所示的框图。

从图2-12可以看出，要把信源（信息源）发出的消息所携带的信息，高速度、高质量地通过信道传送给信宿（受信者），从一般概念来说，需要进行以下几方面的信息处理。

1. 信源编码

图2-12中，信源编码器有两个重要作用：其一，当信息源为模拟信源时，信源编码器

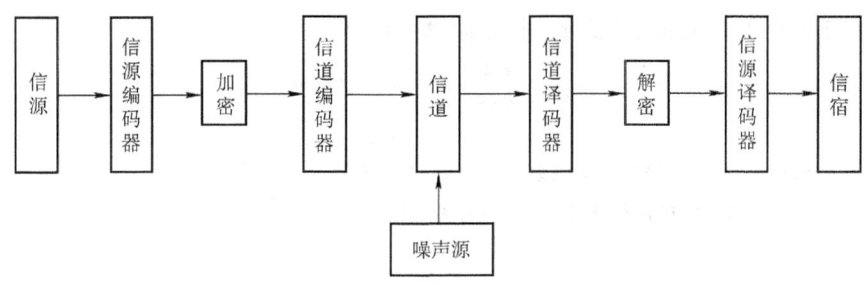

图 2-12 数字通信系统原理框图

将模拟信源输出的模拟信号转换成数字信号（即 A/D 转换），以实现模拟信号的数字化传输；其二，当信息源为数字信源（离散信源）时，信源编码器设法寻找适当的方法把信源输出符号序列变换为最短的码字序列（即压缩编码），以消除信源符号之间存在的分布不均匀和相关性，减少冗余、提高编码效率，从而提高数字信号传输的有效性。第 3 章将详细介绍模拟信号的数字化原理和离散信源的无失真编码。

2. 加密

加密的实质是为了解决通信与信息系统中信息传输、存储的安全性和保密性能。为了通信的安全和保密，将用户划分为两类：一类是掌握密钥的授权用户为合法用户，军事上称为我方，另一类是不掌握密钥的非授权用户为非合法用户，军事上称为敌方。非授权用户又可分为发端非授权用户的非法接入者，或伪造者，收端非授权用户的非法接入者，或称为窃听者。密码学的任务就是解决两个合法授权用户间的安全、保密通信，并能防止一切非授权的非法用户的窃听和伪造。

3. 信道编码

信道编码是在信息序列上附加上一些监督码元，利用这些冗余的码元，使原来不规律的或规律性不强的原始数字信号变为有规律的数字信号，其目的是实现信道与通信系统在可靠性指标下的优化。

当然，实际上的数字通信系统并非一定要如图 2-12 所示那样包括所有的环节。例如，加密与解密、编码与译码等环节究竟采用与否，还取决于具体设计方法及要求。

另外，对信道的定义通常有两种理解：一种是指信号的传输媒质，如对称电缆、同轴电缆、超短波及微波视距传播路径、短波电离层反射路径、对流层散射路径以及光纤等，称此种类型的信道为狭义信道；另一种是将传输媒质和各种信号形式的转换、耦合等设备都归纳在一起，包括发送设备、接收设备、馈线与天线、调制器等部件和电路在内的传输路径或传输通路，这种范围扩大了的信道称为广义信道。图 2-12 中的信道指广义信道。

思考题与习题

2-1 信息、信号、通信的含义是什么？
2-2 什么是确知信号？什么是随机信号？
2-3 什么是随机过程？请说明随机过程的几个主要数字特征的意义。
2-4 什么是高斯白噪声？它的概率密度函数、功率谱密度函数如何表示？
2-5 高斯噪声和白噪声的区别是什么？
2-6 简述信源编码和信道编码的作用。

2-7 试求下列均匀概率密度函数的数学期望和方差。已知

$$f(x) = \begin{cases} \dfrac{1}{2a} & -a \leqslant x \leqslant a \\ 0 & 其他 \end{cases}$$

2-8 某平稳随机过程 $X(t)$ 的自相关函数 $R_X(\tau)$ 如图 2-13 所示。试求：
(1) 期望 $E[X(t)]$；(2) 均方值 $E[X^2(t)]$；(3) 方差 σ_x^2。

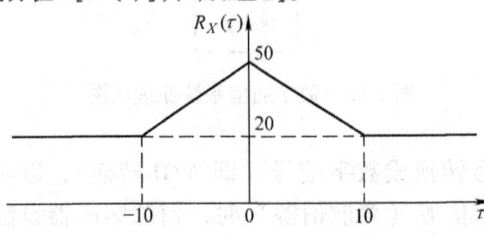

图 2-13 题 2-8 图

第3章 信源数字化

3.1 引言

现代通信已进入数字化时代，模拟通信越来越多地被先进的数字或数据通信所取代，但自然界很多信源是模拟形式的，如语音、图像（传真、电视）等，这些信源输出的原始电信号是在时间和幅度上均为连续的模拟信号。因此，要实现数字化传输和交换，首先要把模拟信号变成数字信号。也就是说，必须对信源输出的信息进行处理后才能在信道中有效传输。

信息获取与处理已经成为现代信息技术领域的核心，对社会发展、科技进步起着重要的作用。传感器作为信息获取与处理系统中最前端的部件，直接面向被测量的对象，将被测对象的被测量参数转换成电信号，是现代信息技术的重要基础。在工业自动化、航空航天、军事工程、环境监测、海洋探测、石油化工、生物工程等许多领域，传感器获得了越来越广泛的应用。

本章首先分析模拟信号的数字化原理，然后讨论对离散信源进行无失真信源编码的相关技术；最后简单介绍传感器的数字化技术。

3.2 模拟信号的数字化

利用数字通信系统传输模拟信号，首先需要在发送端把模拟信号数字化，即进行模/数转换；再用数字通信的方式进行传输；最后在接收端把数字信号还原为模拟信号，即进行数/模转换。

模/数转换的方法采用得最早而且目前应用得比较广泛的是脉冲编码调制（PCM）。它对模拟信号的处理过程包括抽样、量化和编码3个步骤，由此构成的数字通信系统称为PCM通信系统。模拟信号的数字传输如图3-1所示。

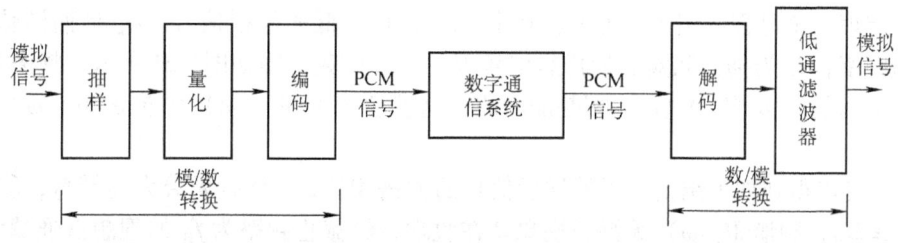

图 3-1 模拟信号的数字传输

由图3-1可见，PCM主要包括抽样、量化和编码3个过程。抽样是把时间连续的模拟信号转换成时间离散但幅度仍然连续的抽样信号；量化是指把抽样信号在幅度上离散化，变成有限个量化电平；编码是将量化后的信号编码形成一个二进制码组输出。在具体实现上，编码与量化通常是同时完成的，换句话说，量化实际是在编码过程中实现的。国际标准化的 PCM 码组（电话语音）是 8 位码组代表一个抽样值。

接收端的数/模转换包含了译码和低通滤波器两部分。译码是编码的反过程，它将接收到的 PCM 信号还原为抽样信号（实际为量化值，它与发送端的抽样值存在一定的误差，即量化误差）。低通滤波器的作用是恢复或重建原始的模拟信号，它可以看做是抽样的反变换。

语音信号的数字化叫做语音编码，图像信号的数字化叫做图像编码，两者虽然各有特点，但基本原理是一致的。由于目前通信网中大量的业务为语音业务，故本节主要讨论语音信号的 PCM 编码，并简要介绍语音和图像压缩编码的基本概念。

3.2.1　抽样定理

所谓抽样是把时间上连续的模拟信号变成一系列时间上离散的抽样序列的过程。那么，这些时间上离散的样值序列是否包含原连续信号的全部信息？如果包含，经过量化、编码、传输和译码后，接收端能否还原成原来时间上连续的模拟信号？这些就是抽样定理要解决的问题。

由于实际应用中，模拟信号有低通型信号和带通型信号，所以抽样定理也分低通信号抽样定理和带通信号抽样定理。所谓低通信号是指信号的最低频率小于信号带宽，比如语音信号属于低通信号。所谓带通信号是指信号的最低频率大于信号的带宽，如一般的频带信号都属于带通信号。

1. 低通信号抽样定理

一个频带限制在 $(0, f_H)$ 内、时间连续的模拟信号 $m(t)$，如果抽样频率 $f_s \geqslant 2f_H$，则可以通过低通滤波器由样值序列 $m_s(t)$ 无失真地重建原始信号 $m(t)$。这就是低通信号抽样定理。

抽样与恢复的过程如图 3-2 所示。抽样器可以看做是相乘器，抽样过程相当于模拟信号对脉冲序列 $\delta_{T_s}(t)$（载波）的调制过程，在收端，已抽样信号 $m_s(t)$ 通过低通滤波还原成原来的模拟信号。

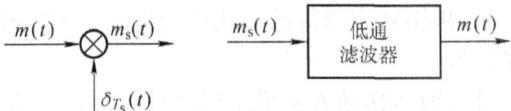

图 3-2　抽样与恢复

抽样定理的全过程如图 3-3 所示。其中，$m(t)$ 为低通模拟信号。ω_s 是抽样脉冲序列的基波角频率，T_s 为抽样间隔。抽样后信号 $M_s(\omega)$ 的频谱图如图 3-3f 所示。频谱 $M_s(\omega)$ 是无穷多个间隔为 ω_s 的 $M(\omega)$ 相叠加而成，这就意味着 $M_s(\omega)$ 中包含 $M(\omega)$ 的全部信息。

图 3-3 可以得到如下结论：①抽样后信号的频谱 $M_s(\omega)$ 具有无穷大的带宽；②只要抽样频率 $f_s \geqslant 2f_H$，频谱 $M_s(\omega)$ 无混叠现象。在收端，经截止频率为 f_H 的理想低通滤波器后，可无失真地恢复原始信号；③如果抽样频率 $f_s < 2f_H$，则 $M_s(\omega)$ 会出现频谱混叠现象，如图 3-4 所示，则收端不可能无失真地恢复原始信号。

对于频谱限制于 f_H 的低通信号来说，$2f_H$ 就是无失真重建原始信号所需的最小抽样频率，即 $f_{s(\min)} = 2f_H$，此时的抽样频率通常称为奈奎斯特抽样速率。那么最大抽样间隔即为

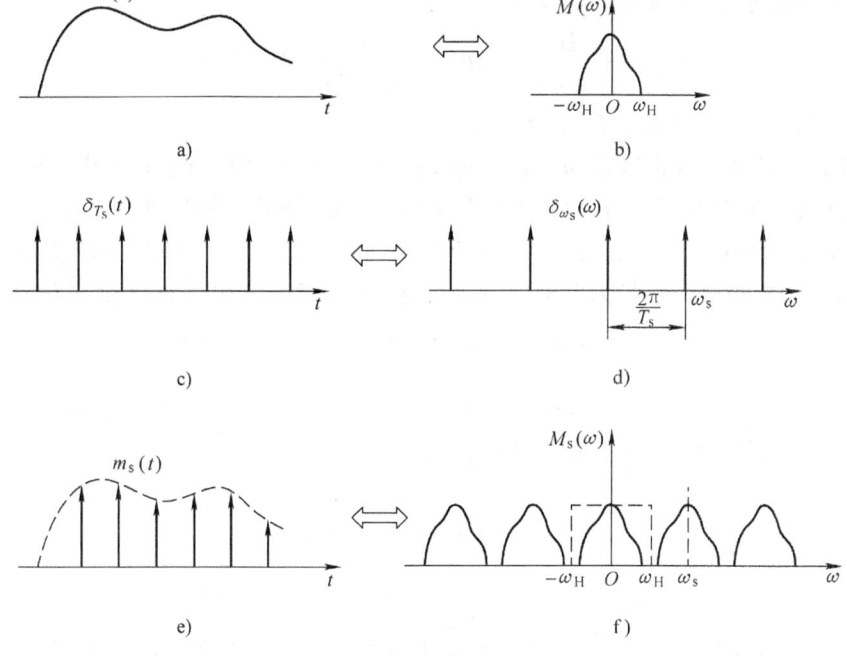

图 3-3 抽样定理的全过程

$T_{s(max)} = 1/(2f_H)$,此抽样间隔通常称为奈奎斯特抽样间隔。但是如果采用奈奎斯特速率 $f_{s(min)}$ 抽样,则抽样信号频谱 $M_s(\omega)$ 中的各相邻边带之间没有防卫带。这时要将 $M(\omega)$ 从 $M_s(\omega)$ 中分离出来就需要一个滤波特性十分陡峭的理想低通滤波器,而理想低通滤波器是不能物理实现的,故一般都应该有一定的防卫带。例如语音信号频率一般为 300~3400Hz,ITU-T 规定单路语音信号的抽样速率 f_s 为 8000Hz。此时的防卫带为 $f_s - 2f_H = (8000 - 6800)$ Hz = 1200Hz。f_s

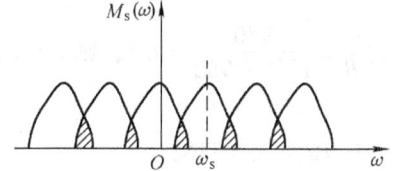

图 3-4 抽样频率 $f_s < 2f_H$ 时产生的混叠现象

越高对防止频谱混叠越有利,但 f_s 的提高会使码元速率提高,这是不希望的,因此抽样频率一般选择为 $(2.5 \sim 5)f_H$。

2. 带通信号抽样定理

前面讨论的抽样定理是针对低通信号的情况而言的。对于带通信号,如果仍然按照低通信号的抽样频率 $f_s \geq 2f_H$ 抽样,虽然仍能满足样值频谱不产生重叠的要求,但抽样信号的频谱中会有大段的频谱得不到利用,导致信道利用率低。那么带通信号的抽样频率 f_s 到底该如何选择?这是带通抽样定理要解决的问题。

带通信号的抽样定理指出:如果模拟信号 $m(t)$ 是带通信号,频率限制在 f_L 和 f_H 之间,信号带宽 $B = f_H - f_L$,则其抽样频率 f_s 满足

$$\frac{2f_H}{n+1} \leq f_s \leq \frac{2f_L}{n} \tag{3-1}$$

时,样值频谱就不会产生频谱重叠。其中 n 是一个不超过 f_L/B 的最大整数。

设带通信号的最低频率 $f_L = nB + kB$ $(0 \leq k < 1)$,即最高频率 $f_H = (n+1)B + kB$,由

式 (3-1) 可得带通信号的最低抽样频率

$$f_{s(\min)} = \frac{2f_H}{n+1} = 2B\left(1 + \frac{k}{n+1}\right) \quad 0 \leq k < 1 \tag{3-2}$$

它介于 $2B$ 和 $3B$ 之间，即 $2B \leq f_{s(\min)} \leq 3B$。

【**例 3-1**】 已知一基带信号 $m(t) = \cos 2\pi t + 2\cos 6\pi t$，对其进行理想抽样。为了在接收端能不失真地从已抽样信号 $m_s(t)$ 中恢复 $m(t)$，试问抽样间隔应如何选择？

解：基带信号 $m(t)$ 的最低频率 $f_L = 1\text{Hz}$，最高频率 $f_H = 3\text{Hz}$，则信号的带宽为 $B = f_H - f_L = 2\text{Hz}$，所以该模拟基带信号为低通信号。由低通抽样定理可知，抽样频率 f_s 应满足

$$f_s \geq 2f_H = 6\text{Hz}，抽样间隔 T = \frac{1}{f_s} \leq \frac{1}{2f_H} = 0.17\text{s}$$

【**例 3-2**】 已知信号 $m(t) = \cos 100\pi t \cos 2000\pi t$，对 $m(t)$ 进行理想抽样。问 $m(t)$ 是低通信号还是带通信号？其抽样频率如何选择？

解：因为

$$m(t) = \cos 100\pi t \cos 2000\pi t$$
$$= \frac{1}{2}(\cos 1900\pi t + \cos 2100\pi t)$$

所以最低频和最高频分别为 $f_L = 950\text{Hz}$，$f_H = 1050\text{Hz}$，最低频率大于信号的带宽，故该信号为带通信号。其抽样频率

$$\frac{2f_H}{n+1} \leq f_s \leq \frac{2f_L}{n}$$

因为 $\dfrac{f_L}{B} = \dfrac{950}{1050 - 950} = 9.5$，则 $n = 9$，所以

$$210\text{Hz} \leq f_s \leq 211.1\text{Hz}$$

3. 模拟脉冲调制

在前面讨论的抽样定理中，抽样脉冲序列是理想冲激脉冲序列 $\delta_{T_s}(t)$，称为理想抽样。但实际上，不可能产生理想的冲激，所以理想抽样并不能实现。通常只能采用窄脉冲串来实现，这种情况下抽样定理仍然正确。另外，从通信中的调制概念来看，可以把时间上离散的脉冲序列看做是非正弦载波，用基带信号 $m(t)$ 去控制脉冲串的某个参量，使其按 $m(t)$ 的规律变化的过程叫脉冲调制。通常，按基带信号改变脉冲参量（幅度、宽度和位置）的不同，脉冲调制分为脉幅调制（PAM）、脉宽调制（PDM）和脉位调制（PPM）。其波形如图 3-5

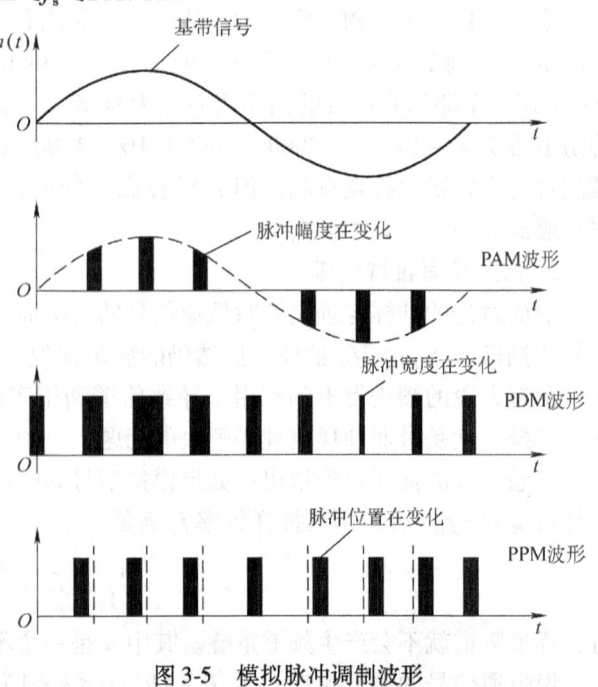

图 3-5 模拟脉冲调制波形

所示。

由于抽样信号是用时间连续的模拟信号去改变脉冲载波的幅度得到的，因此抽样信号又称为 PAM 信号。上述脉冲调制的特点是已调信号在时间上虽然是离散的，但仍然是模拟调制，因为其代表信息的参量仍然是可以连续变化的。这些已调信号当然也属于模拟信号。为了将模拟信号变成数字信号，必须采用量化的方法。下一节就将讨论抽样信号的量化。

3.2.2 模拟信号的量化

模拟信号经过抽样后，在时间上是离散了，但其幅度取值仍然是连续的。而要采用 PCM 方式传输，进入编码器的信号必须只有有限个不同的幅度，才能用一定字长的二进制数码来表示。这就要求将幅度取值连续的无限的 PAM 样值信号变成幅度取值离散的有限的 PAM 量化信号。

利用预先规定的有限个电平来表示模拟抽样值的过程称为量化。也就是说，量化是将取值连续的抽样变成取值离散的抽样，也就是对信号"分层"或"分级"的意思。量化的物理过程如图 3-6 所示。

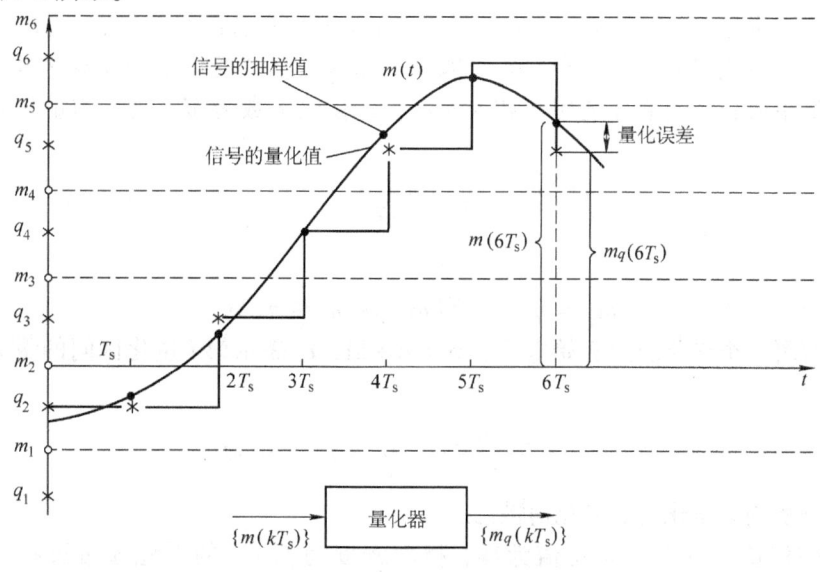

图 3-6 量化的物理过程

图 3-6 中，模拟信号按抽样频率 f_s 进行均匀抽样，在各个抽样时刻上的抽样值用 "·" 表示，第 k 个抽样值用 $m(kT_s)$ 表示，抽样值在量化时转换为 M 个规定电平 $q_1, q_2, \cdots, q_M$ 之一。量化值用符号 "*" 表示。即

$$m_q(kT_s) = q_i \quad \text{若} \quad m_{i-1} \leq m(kT_s) < m_i \tag{3-3}$$

量化器的输出是一个数字序列信号 $\{m_q(kT_s)\}$。

从上面的结果可以看出，量化后的信号 $m_q(kT_s)$ 是对原来抽样值 $m(kT_s)$ 的近似。当抽样频率一定时，量化级数目（量化电平数）增加并且量化电平选择适当时，可以使 $m_q(kT_s)$ 与 $m(kT_s)$ 的近似程度提高。

将量化值（离散值）与抽样值（连续值）之间的误差称为量化误差，用 $e(kT_s)$ 表示

$$\text{量化误差} \; e(kT_s) = |\text{量化值} - \text{抽样值}| = |m_q(kT_s) - m(kT_s)| \tag{3-4}$$

式中，T_s 表示抽样间隔。

量化误差一旦形成，在接收端是无法去掉的，这个量化误差像噪声一样影响通信质量，因此也称为量化噪声。由量化误差产生的功率称为量化噪声功率，通常用 N_q 表示。

在衡量量化器性能时，单看绝对误差的大小是不够的，因为信号有大有小，同样大的量化噪声对大信号的影响可能不算什么，但对小信号却可能造成严重的后果，因此在衡量量化器性能时应看信号功率与量化噪声功率的相对大小，用量化信噪比表示，即

$$\frac{S}{N_q} = \frac{E(m^2)}{E[(m-m_q)^2]} \tag{3-5}$$

式中，S 表示输入量化器的信号功率；N_q 表示量化噪声功率；抽样值 $m(kT_s)$ 简记为 m；量化值 $m_q(kT_s)$ 简记为 m_q。

实际应用中有两种量化方法：均匀量化和非均匀量化。下面分别进行介绍。

1. 均匀量化

把输入信号的取值域按等距离分割的量化称为均匀量化。设均匀等分为 M 个间隔，M 称为量化级数或量化电平数。量化间隔（或量化阶距）Δ 取决于输入信号的变化范围和量化级数。在均匀量化中，每个量化区间的量化电平通常取在各区间的中点，图 3-6 即是均匀量化的例子。其量化间隔（量化台阶）Δ 取决于输入信号的变化范围和量化电平数。若设输入信号的最小值和最大值分别用 a 和 b 表示，量化电平数为 M，则均匀量化时的量化间隔为

$$\Delta = \frac{b-a}{M} \tag{3-6}$$

量化器输出 m_q 为

$$m_q = q_i \quad 当 m_{i-1} < m \leq m_i 时 \tag{3-7}$$

式中，m_i 表示第 i 个量化级的起始电平，$m_i = a + i\Delta$；q_i 表示第 i 量化区间的量化电平，可表示为

$$q_i = \frac{m_i + m_{i-1}}{2} \quad i = 1,2,\cdots,M \tag{3-8}$$

下面来分析均匀量化时的量化信噪比。

设模拟随机信号 $m(t)$ 是均值为零，概率密度为 $f(x)$ 的平稳随机过程，则信号功率为

$$S = E[(m)^2] = \int_a^b x^2 f(x) \mathrm{d}x \tag{3-9}$$

量化噪声功率为

$$N_q = E[(m-m_q)^2] = \int_a^b (m-m_q)^2 f(x) \mathrm{d}x = \sum_{i=1}^M \int_{m_{i-1}}^{m_i} (x-q_i)^2 f(x) \mathrm{d}x \tag{3-10}$$

式中，E 表示求统计平均；(a,b) 表示量化器输入信号 x 的取值域，$m_i = a + i\Delta$。

均匀量化的特点是，无论信号大小如何，量化间隔都相等，量化噪声功率固定不变。因此，均匀量化有一个明显的不足：小信号的量化信噪比太小，不能满足通信质量要求，而大信号的量化信噪比较大，完全能满足要求。通常，把满足信噪比要求的输入信号取值范围定义为动态范围，可见，均匀量化时的信号动态范围受到较大的限制。产生这一现象的原因是无论信号大小如何，均匀量化的量化间隔 Δ 为固定值。

为了解决小信号的量化信噪比太小这个问题，若仍采用均匀量化，需要减小量化间隔，即增加量化级数，但是量化级数 M 过大时，一是大信号的量化信噪比更大，二是使编码复杂，三是使信道利用率下降。为了克服均匀量化的缺点，实际中，往往采用非均匀量化。

2. 非均匀量化

非均匀量化根据信号的不同区间来确定量化间隔，即量化间隔与信号的大小有关。当信号幅度小时，量化间隔小，其量化误差也小；当信号幅度大时，量化间隔大，其量化误差也大。它与均匀量化相比，有两个突出的优点。首先，当输入量化器的信号具有非均匀分布的概率密度（实际中常常是这样的）时，非均匀量化器的输出端可以得到较高的平均信号量化噪声功率比；其次，非均匀量化时，量化噪声功率的方均根值基本上与信号抽样值成比例。因此，量化噪声对大、小信号的影响大致相同，即改善了小信号时的信号量噪比。

在实际应用中，非均匀量化的实现方法通常是采用压缩扩张技术，其特点是在发送端将抽样值进行压缩处理后再均匀量化，在接收端进行相应的扩张处理，采用压扩技术的 PCM 系统框图如图 3-7 所示。

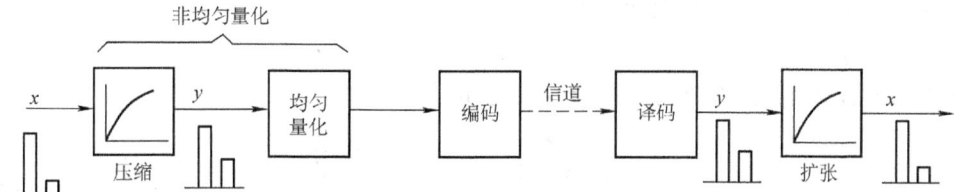

图 3-7　采用压扩技术的 PCM 系统框图

所谓压缩实际上是对大信号进行压缩，而对小信号进行放大的过程。信号经过这种非线性压缩电路处理后，改变了大信号和小信号之间的比例关系，使大信号的比例基本不变或变得较小，而小信号相应地按比例增大，即"压大补小"。在接收端将收到的相应信号进行扩张，以恢复原始信号对应关系。压缩特性和扩展特性示意图如图 3-8 所示。

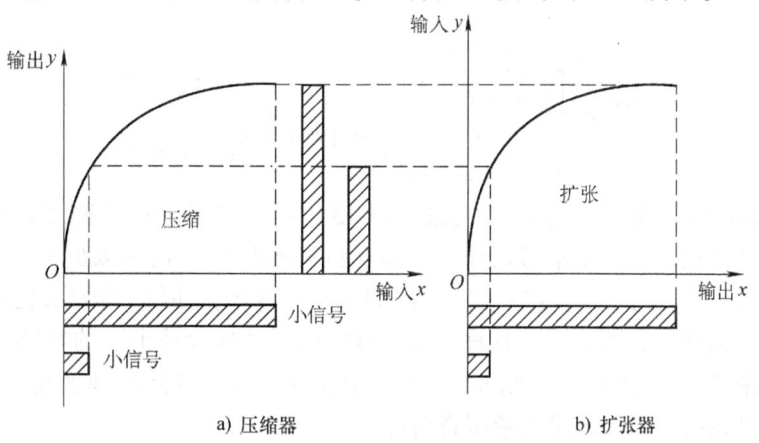

图 3-8　压缩特性和扩张特性示意图

下面的问题是寻找一种什么样的函数关系 $y=f(x)$ 来满足上述的压缩特性？一般来说，压缩特性的选取与信号的统计特性有关。理论上，具有不同概率分布的信号都有一个相对应的最佳压缩特性，使量化噪声达到最小。但在实际应用时还应考虑压缩特性易于电路实现以及压缩特性的稳定性等问题。目前在数字通信系统中采用的有 μ 压缩律和 A 压缩律两种对数压缩特性，它们接近于最佳特性并且易于进行二进制编码。美国和日本采用 μ 压缩律，我国和欧洲各国采用 A 压缩律。下面分别介绍 μ 压缩律和 A 压缩律的原理。这里只讨论 $x \geq 0$ 的范围，$x \leq 0$ 的关系曲线和 $x \geq 0$ 的关系曲线是以原点奇对称的。

(1) μ 压缩律

所谓 μ 压缩律就是压缩器的压缩特性具有如下关系

$$y = \frac{\ln(1+\mu x)}{\ln(1+\mu)} \quad 0 \leq x \leq 1 \tag{3-11}$$

式中，x 和 y 分别表示归一化的压缩器输入和输出电压，即

$$x = \frac{压缩器的输入电压}{压缩器可能的最大输入电压}, \quad y = \frac{压缩器的输出电压}{压缩器可能的最大输出电压}$$

μ 为压缩参数，表示压缩程度，μ 越大，压缩效果越明显，$\mu = 0$ 对应于均匀量化，在国际标准中取 $\mu = 255$；在小输入电平时，即 $\mu x \ll 1$ 时，μ 的特性近似于线性，而在高输入电平，即 $\mu x \gg 1$ 时，μ 的特性近似为对数关系。

(2) A 压缩律

所谓 A 压缩律就是压缩器的压缩特性具有如下关系

$$y = \begin{cases} \dfrac{Ax}{1+\ln A} & 0 \leq x \leq \dfrac{1}{A} \\ \dfrac{1+\ln(Ax)}{1+\ln A} & \dfrac{1}{A} \leq x \leq 1 \end{cases} \tag{3-12}$$

式中，x 为归一化的压缩器输入；y 为归一化压缩器输出；A 为压扩参数，表示压缩程度，当 $A = 1$ 时，压缩特性是一条通过原点的直线，没有压缩效果，A 值越大压缩效果越明显，在国际标准中取 $A = 87.6$。

下面说明 A 压缩特性对小信号量化信噪比的改善程度。这里假设 $A = 87.6$，此时可得到 x 的放大量

$$\frac{dy}{dx} = \begin{cases} \dfrac{A}{1+\ln A} = 16 & 0 \leq x \leq \dfrac{1}{A} \\ \dfrac{A}{(1+\ln A)Ax} = \dfrac{0.1827}{x} & \dfrac{1}{A} \leq x \leq 1 \end{cases} \tag{3-13}$$

当信号 x 很小时（即小信号时），从式 (3-13) 可以看到信号被放大了 16 倍，这相当于与无压缩特性比较，对于小信号的情况，量化间隔比均匀量化时减少了 1/16，因此，量化误差大大减低。而对于大信号的情况，例如 $x = 1$，量化间隔比均匀量化时增大了 5.47 (1/0.1827) 倍，量化误差增大了。这样实际上就实现了"压大补小"的效果。

前面只讨论了 $x \geq 0$ 的范围，实际上 x 和 y 均在 $(-1, +1)$ 之间变化，因此 x 和 y 的对应关系曲线是在第一象限和第三象限奇对称。

(3) 数字压扩技术

由式 (3-11) 得到的 μ 压缩律压扩特性和按式 (3-12) 得到的 A 压缩律压扩特性都是连续曲线，μ 和 A 的取值不同其压扩特性亦不同，而在电路上实现这样的函数规律是相当复杂的。为此，人们提出了数字压扩技术，所谓数字压扩是利用数字电路形成许多折线来近似非线性压缩曲线（A 压缩律或 μ 压缩律）从而达到压扩目的。目前，有两种常用的数字压扩技

术，一种是 13 折线 A 压缩律压扩，它的特性近似 $A=87.6$ 的 A 压缩律压扩特性；另一种是 15 折线 μ 压缩律压扩，其特性近似 $\mu=255$ 的 μ 压缩律压扩特性。A 压缩律 13 折线主要用于中国和欧洲各国，μ 压缩律 15 折线主要用于美国、加拿大和日本等国。ITU-T 建议 G.711 规定上述两种折线近似压缩律为国际标准，且在国际间数字系统相互连接时，要以 A 压缩律为标准。下面主要介绍 13 折线 A 压缩律压扩技术，简称 13 折线法。关于 15 折线 μ 压缩律压扩请读者阅读有关文献。

国际通用的 A 压缩律 13 折线压扩特性如图 3-9 所示。图中的 x 和 y 分别表示归一化输入和输出。构成折线的方法是：

1) 对 x 轴在 $0\sim1$（归一化）范围内不均匀分成 8 段，分段的规律是每次以 1/2 对分，第一次在 $0\sim1$ 之间的 1/2 处对分，第二次在 $0\sim1/2$ 之间的 1/4 处对分，第三次在 $0\sim1/4$ 之间的 1/8 处对分，其余类推。可以得到分段点为 1/2、1/4、1/8、1/16、1/32、1/64、1/128。

2) 对 y 轴在 $0\sim1$（归一化）范围内采用均匀分段方式，均匀分成 8 段，每段间隔均为 1/8。

3) 将 x、y 各个对应段的交点连接起来，构成 8 个折线段。

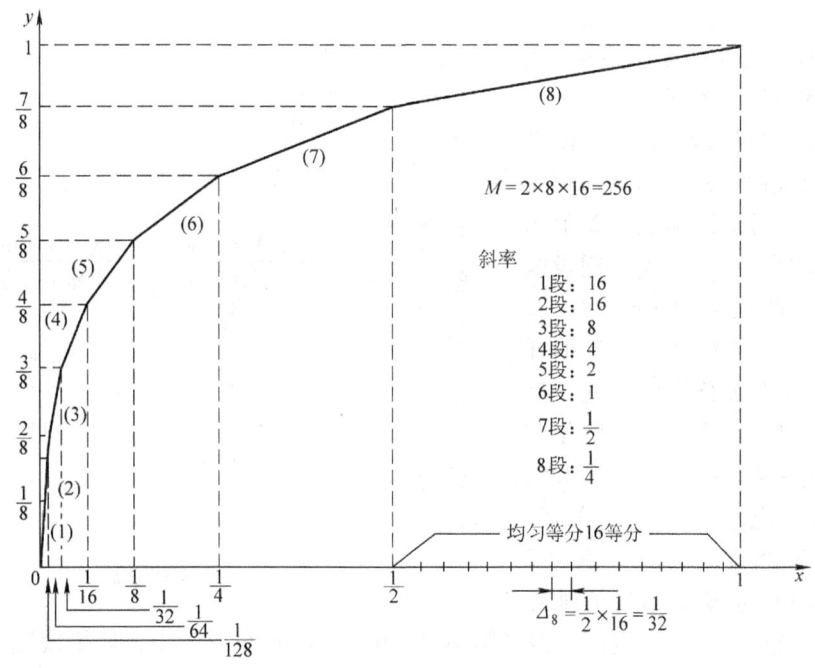

图 3-9 A 压缩律 13 折线压扩特性

以上得到的是第一象限的折线，由于语音信号是双极性信号，因此在负方向也有与正方向对称的一组折线。由于靠近零点的负方向与正方向的第 1、2 段斜率都等于 16，可以合并为一条折线，因此，正、负双向共有 13 段折线，故称其为 13 折线。在原点上，折线的斜率等于 16，而由式（3-13）知 A 压缩律曲线在原点的斜率等于 $A/(1+\ln A)$，令两者相等，可得 $A=87.6$。因此，可以用 13 折线来逼近 $A=87.6$ 的压扩特性。表 3-1 为 13 折线分段时的 x 值和 A 压缩律压扩特性（$A=87.6$）的 x 值的比较表。

表3-1　13折线分段时的 x 值和 A 压缩律压扩特性（$A=87.6$）的 x 值的比较

y	0	$\frac{1}{8}$	$\frac{2}{8}$	$\frac{3}{8}$	$\frac{4}{8}$	$\frac{5}{8}$	$\frac{6}{8}$	$\frac{7}{8}$	1
A 压缩律压扩曲线的 x	0	$\frac{1}{128}$	$\frac{1}{60.6}$	$\frac{1}{30.6}$	$\frac{1}{15.4}$	$\frac{1}{7.79}$	$\frac{1}{3.93}$	$\frac{1}{1.98}$	1
按折线分段时的 x	0	$\frac{1}{128}$	$\frac{1}{64}$	$\frac{1}{32}$	$\frac{1}{16}$	$\frac{1}{8}$	$\frac{1}{4}$	$\frac{1}{2}$	1
段落序号	1	2	3	4	5	6	7	8	
斜率	16	16	8	4	2	1	1/2	1/4	

表3-1中，第二行的 x 值是根据 $A=87.6$ 时计算得到的，第三行的 x 值是13折线分段时的值。可见，13折线各段落的分界点与 $A=87.6$ 压扩特性的曲线十分逼近。

3.2.3　脉冲编码调制

前面已经指出，模拟信号经过抽样和量化后得到输出电平序列 $\{m_q(kT_s)\}$，才可以将每一个量化电平用编码方式传输。所谓编码就是把量化后的信号变换成代码，其相反的过程称为译码。

将模拟信号抽样量化，然后使已量化值变换成代码，称之为脉冲编码调制（PCM）。图3-10和表3-2示出了脉冲编码调制的一个实例。假设模拟信号 $m(t)$ 的最大值 $|m(t)|<4V$，以 f_s 的速率进行抽样，且抽样按16个量化电平进行均匀量化，其量化间隔为0.5V。因此各个量化判决电平依次为 -4、-3.5、…、3.5、$4V$，16个量化电平分别为 -3.75、-3.25、…、3.25 和 $3.75V$。表3-2列出了图3-10所示模拟信号的抽样值和相应的量化电平以及二进制、四进制编码。由表3-2还可以看出，如果按照二进制脉冲编码电平由小到大的自然编码，发送的比特序列为110011101110…，比特速率为 $4f_s$ bit/s。

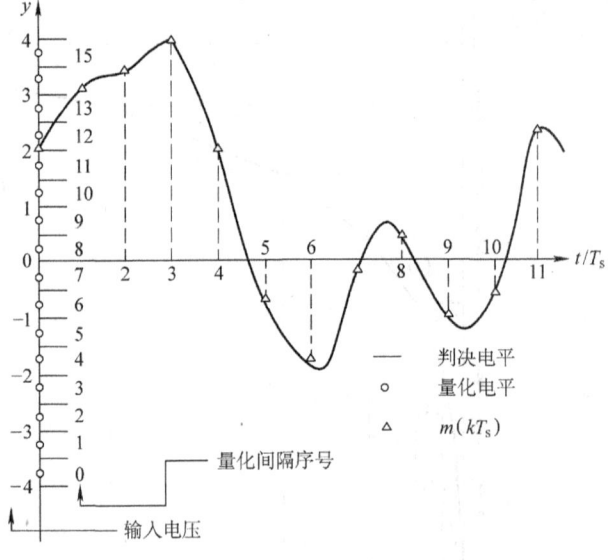

图3-10　PCM举例

表3-2　模拟信号的量化和编码

模拟信号的抽样值	2.1	3.2	3.4	3.9	1.9	-0.75	-1.76	-0.2	0.4
量化电平	2.25	3.25	3.25	3.75	1.75	-0.75	-1.75	-0.25	0.25
量化间隔序号	12	14	14	15	11	6	4	7	8
二进制编码	1100	1110	1110	1111	1011	0110	0100	0111	1000
四进制编码	30	32	32	33	23	12	10	13	20

由上例可以看出，脉冲编码调制能将模拟信号变换成数字信号，它是实现模拟信号数字传输的重要方法之一。在讨论编码原理以前，需要明确常用的编码码型的选择及码位数的安排。

1. 常用的二进制码型

常用的二进制码型有自然二进制码和折叠二进制码两种。下面以4位二进制码为例，将这两种编码列于表3-3中，在表中，16个量化值分成两部分。第0~7个量化值对应于负极性电平；第8~15个量化值对应于正极性电平。显然可见，对于自然二进制码，这两部分之间没有什么联系。但是，对于折叠二进制码则不然，除了其最高位符号相反外，其上下两部分还呈现映像关系，或称折叠关系。这种码在应用时可以用最高位表示电平的极性正负，而用其他位来表示电平的绝对值。也就是说，在用最高位表示极性后，双极性信号可以采用单极性编码的方法处理，从而使编码电路和编码过程大大简化。

表 3-3 常用的二进制码型

量化电平极性	量化级序号	自然二进制码	折叠二进制码
正极性部分	15	1111	1111
	14	1110	1110
	13	1101	1101
	12	1100	1100
	11	1011	1011
	10	1010	1010
	9	1001	1001
	8	1000	1000
负极性部分	7	0111	0000
	6	0110	0001
	5	0101	0010
	4	0100	0011
	3	0011	0100
	2	0010	0101
	1	0001	0110
	0	0000	0111

折叠二进制码的另一个优点是误码对小信号影响较小。比如一个小信号码组1000，在传输或处理过程中发生1个符号错误，变成0000。从表3-3中可见，若它为自然二进制码，则误差是8个量化级，若它为折叠二进制码，则误差只有1个量化级。但是，若一个大信号码组1111，在传输的过程中误为0111，若其为自然码，其误差仍为8个量化级；但若为折叠码，则误差增大为15量化级。这表明，折叠码对于小信号有利。由于语音信号小幅度出现的概率大，所以折叠码有利于减小语音信号的平均量化噪声。

基于以上的原因，在PCM系统中广泛采用折叠二进制码。

无论是自然码还是折叠码，码组中符号的位数都直接和量化值的数目有关。量化间隔越多，量化值也越多，则码组中符号的位数也随之增多。同时，信号量噪比也越大。当然，位数增多后，会使信号的输出量和存储量增大，编码器也将较复杂。在语音通信中，通常采用8位的PCM编码就能够保证满意的通信质量。

下面结合我国采用13折线的编码，介绍一种码位排列方法。

2. 13 折线的码位安排

在 A 压缩律 13 折线编码中，普遍采用 8 位折叠二进制码，对应有 $M = 2^8 = 256$ 个量化级，即正、负输入幅度范围内各有 128 个量化级。考虑到正、负双向共有 16 个段落，这需要将每个段落再等分为 16 个量化级。按折叠二进制码的码型，这 8 位码的安排如下：

极性码	段落码	段内码
C_1	$C_2 C_3 C_4$	$C_5 C_6 C_7 C_8$

1) C_1 称为极性码，表示信号样值的正负极性。正极性时 C_1 为 "1"，负极性时 C_1 为 "0"。

2) $C_2 C_3 C_4$ 称为段落码，由于 A 压缩律 13 折线有 8 大段，各个折线段的长度均不相同。为了表示信号样值属于哪一段，要用 3 位码表示。且由于每一段的起点电平各不相同，如第 1 段为 0、第 2 段为 16 等，因此用这 3 位段落码既表示不同的段，也表示不同的起点电平。

3) $C_5 C_6 C_7 C_8$ 称为段内码，用来代表段内等分的 16 个量化级。由于各段长度不同，把它等分为 16 小段后，每一小段的量化值也不同。第 1 段和第 2 段为 1/128；等分 16 单位后，每一量化单位为 (1/128) × (1/16) = 1/2048；而第 8 段为 1/2，每一量化单位为 (1/2) × (1/16) = 1/32，如果以第 1、2 段中的每一小段 1/2048 作为一个最小的均匀量化级 Δ，则在第 1~8 段落内的每一小段段内均匀量化级依次应为 1Δ、1Δ、2Δ、4Δ、8Δ、16Δ、32Δ、64Δ。各折线段落长度与斜率如表 3-4 所示。

表 3-4 各折线段落长度与斜率

各折线段落	1	2	3	4	5	6	7	8
各段落长度（以 Δ 计）	16	16	32	64	128	256	512	1024
各段内均匀量化级（以 Δ 计）	Δ	Δ	2Δ	4Δ	8Δ	16Δ	32Δ	64Δ
斜率	16	16	8	4	2	1	1/2	1/4

综合上述码位安排，得到段落码和段内码与所对应的段落及电平之间关系如表 3-5 所示。

表 3-5 段落及电平之间关系

量化段序号	电平范围 (Δ)	段落码 C_2	段落码 C_3	段落码 C_4	起始电平 (Δ)	量化间隔 Δ_i (Δ)	段内码对应的电平 (Δ) C_5	C_6	C_7	C_8
1	0~16	0	0	0	0	1	8	4	2	1
2	16~32	0	0	1	16	1	8	4	2	1
3	32~64	0	1	0	32	2	16	8	4	2
4	64~128	0	1	1	64	4	32	16	8	4
5	128~256	1	0	0	128	8	64	32	16	8
6	256~512	1	0	1	256	16	128	64	32	16
7	512~1024	1	1	0	512	32	256	128	64	32
8	1024~2048	1	1	1	1024	64	512	256	128	64

【例 3-3】 设输入信号抽样值 $I_s = +1255\Delta$，写出按 A 压缩律 13 折线编成的 8 位码 $C_1 C_2 C_3 C_4 C_5 C_6 C_7 C_8$，并计算量化电平和量化误差。

解：编码过程如下：

(1) 确定极性码 C_1：由于输入信号抽样值 I_s 为正，故极性码 $C_1 = 1$。

(2) 确定段落码 $C_2C_3C_4$：因为 1255 > 1024，所以位于第 8 段落，段落码为 111。

(3) 确定段内码 $C_5C_6C_7C_8$：因为 1255 = 1024 + 3 × 64 + 39，所以段内码 $C_5C_6C_7C_8$ = 0011。

所以，编出的 PCM 码字为 1 111 0011。它表示输入信号抽样值 I_s 处于第 8 段序号为 3 的量化级。量化电平取在量化级的中点，则为 $\left(1024 + 3 \times 64 + \dfrac{64}{2}\right)\Delta = 1248\Delta$，故量化误差等于 7Δ。

3. 逐次比较型编解码原理

（1）A 压缩律 13 折线编码器

实现编码的具体方法和电路很多，A 压缩律 13 折线编码器目前常采用逐次比较型编码器。它由整流器、极性判决、保持电路、比较判决器及本地解码器等组成，如图 3-11 所示。

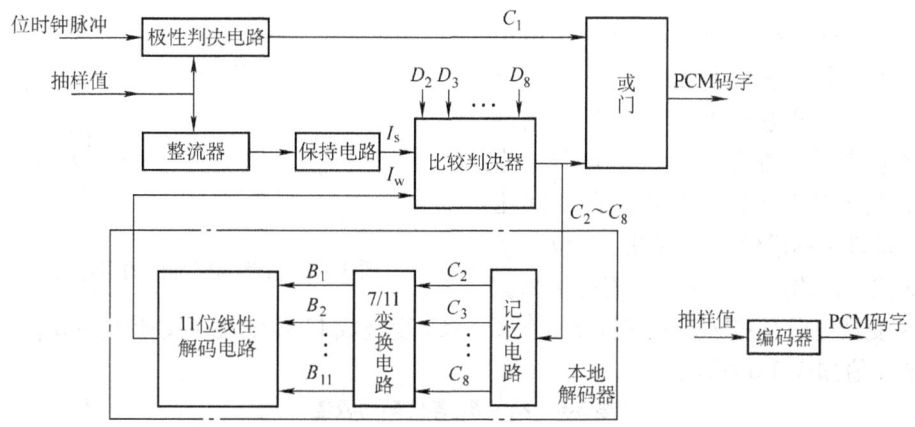

图 3-11 逐次比较型编码器的原理框图

编码器根据输入的抽样值脉冲 I_s 编出相应的 8 位二进制折叠码 $C_1C_2C_3C_4C_5C_6C_7C_8$。除第一位极性码外，其他 7 位幅度码是通过逐次比较来确定。预先规定好的一些作为比较用的标准电流（或电压），用符号 I_w 表示。当抽样值脉冲 I_s 到来后，用逐步逼近的方法有规律地用标准值 I_w 和样值脉冲 I_s 比较，每次比较得出一位码。直到得到所有的码元，完成对输入样值的非线性编码。

1）极性判决电路。极性判决电路用来确定信号的极性。输入 PAM 信号是双极性信号，当抽样值为正时，在位脉冲到来时刻得到"1"码；当抽样值为负时，得到"0"码。

2）整流器。PAM 信号经整流器后变成单极性信号。

3）保持电路。保持电路的作用是在整个比较过程中保持输入信号的幅度不变。由于逐次比较型编码器编 7 位码（极性码除外）需要在一个抽样周期 T_s 以内完成 I_s 与 I_w 的 7 次比较，在整个比较过程中都应保持输入信号的幅度不变，因此要求将样值脉冲展宽并保持，即实际中的平顶抽样。

4）比较判决器。比较判决器是编码器的核心。它的作用是通过比较样值 I_s 和标准值 I_w 进行非线性量化和编码。当 $I_s > I_w$ 时，得到"1"码，反之得到"0"码。由于在 13 折线法中用 7 位二进制代码来代表幅度码，所以需要对样值进行 7 次比较，其比较是按时序位脉冲

D_2，…，D_8 逐位进行的，根据比较结果形成 C_2，…，C_8 各位幅度码。每次所需的标准值 I_w 均由本地解码器提供。

段落码标准值的确定以量化段落为单位逐次对分。例如，段落码 C_2 的标准值 I_w 为 128Δ，因为 $C_2=0$ 表示第 $1\sim4$ 段，$C_2=1$ 表示第 $5\sim8$ 段。如果已经确定 $C_2=0$，C_3 的标准值为 32Δ，因为 $C_3=0$ 表示第 $1\sim2$ 段，$C_3=1$ 表示第 $3\sim4$ 段。段落码 $C_2C_3C_4$ 标准值的确定过程如图 3-12 所示。

段内码的标准值以段内的量化级为单位逐次对分，具体方法与段落码标准值的确定过程类似。

5）本地解码器。本地解码器的作用是产生比较判决器所需的标准值。它包括记忆电路、7/11 变换电路和 11 位线性解码电路。记忆电路用来寄存 7 位二进代码，除 C_2 码外，其余各次比较都要依据前几次比较的结果来确定标准值 I_w。因此，7 位码字中的前 6 位状态均应由记忆电路寄存下来。

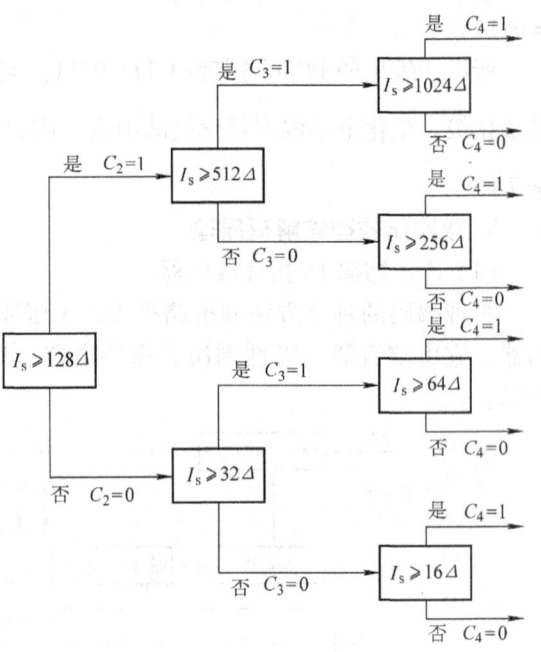

图 3-12 段落码标准值的确定过程

7/11 变换电路是将 7 位非线性幅度码 $C_2\sim C_8$ 变换成 11 位线性幅度码 $B_1\sim B_{11}$。$B_1\sim B_{11}$ 各位码的权值如表 3-6 所示。

表 3-6 $B_1\sim B_{11}$ 各位码的权值

幅度码	B_1	B_2	B_3	B_4	B_5	B_6	B_7	B_8	B_9	B_{10}	B_{11}
权 值 (Δ)	1024	512	256	128	64	32	16	8	4	2	1

由于 A 压缩律 13 折线编码得到 7 位幅度码，加至记忆电路的码也只有 7 位，而线性解码电路需要 11 个基本的权值支路，即 $B_1\sim B_{11}$ 各位码的权值，这就要求有 11 个控制脉冲对其控制。因此，需通过 7/11 逻辑变换电路将 7 位非线性码转换成 11 位线性码。11 位线性解码电路利用 11 个基本的权值支路来产生各种标准值 I_w。确定 $C_2\sim C_8$ 的标准值等于几个基本权值相加。因此，需要进行 7/11 变换。

非线性码与线性码的变换原则是：变换前后非线性码与线性码的码字电平相同。

非线性码的码字电平，即编码器输出非线性码所对应的电平，也称为编码电平，用 I_C 表示。

$$I_C = I_{Bi} + (2^3C_5 + 2^2C_6 + 2^1C_7 + 2^0C_8)\Delta_i \tag{3-14}$$

式中，I_{Bi} 表示段落码对应的段落起始电平；Δ_i 表示该段落内的量化间隔。

编码电平与抽样值的差值称为编码误差。需要注意的是，编码电平是量化级的最低电平，它比量化电平低 $\Delta_i/2$。

线性码的码字电平用 I_{CL} 表示

$$I_{CL} = (1024B_1 + 512B_2 + 256B_3 + \cdots + 2B_{10} + B_{11})\Delta \tag{3-15}$$

式中，Δ 表示量化单位。

下面通过一个例子来说明编码过程。

【例 3-4】 设输入信号抽样值 $I_s = +1255\Delta$，采用逐次比较型编码器，按 A 压缩律 13 折线编成 8 位折叠二进制码，写出 8 位折叠二进制码 $C_1C_2C_3C_4C_5C_6C_7C_8$，并计算编码电平，写出 7 位非线性幅度码（不含极性码）对应的 11 位线性码。

解：（1）首先，确定极性码 C_1：由于输入信号抽样值 I_s 为正，故极性码 $C_1 = 1$。

（2）然后，确定段落码 $C_2C_3C_4$：段落码 C_2 是用来表示输入信号抽样值 I_s 处于 13 折线 8 个段落中的前四段还是后四段，故确定 C_2 的标准值应选为 $I_w = 128\Delta$。第一次比较结果为 $I_s > I_w$，故 $C_2 = 1$，说明 I_s 处于后四段。

C_3 是用来进一步确定 I_s 处于 5~6 段还是 7~8 段，故确定 C_3 的标准值应选为 $I_w = 512\Delta$。第二次比较结果为 $I_s > I_w$，故 $C_3 = 1$，说明 I_s 处于 7~8 段。

同理，确定 C_4 的标准值应选为 $I_w = 1024\Delta$，第三次比较结果为 $I_s > I_w$，所以 $C_4 = 1$，说明 I_s 处于第 8 段。

经过以上 3 次比较得段落码 $C_2C_3C_4$ 为 "111"，I_s 处于第 8 段，起始电平为 1024Δ。

（3）最后，确定段内码 $C_5C_6C_7C_8$：段内码是在已知输入信号抽样值 I_s 所处段落的基础上，进一步表示 I_s 在该段落的哪一量化级。

由于第 8 段的 16 个量化间隔均为 64Δ，故确定 C_5 的标准值应选为 $I_w =$ 段落起始电平 $+ 8 \times$（量化间隔）$= (1024 + 8 \times 64)\Delta = 1536\Delta$。第四次比较结果为 $I_s < I_w$，故 $C_5 = 0$，可知 I_s 处于前 8 级（0~7 量化间隔）。

同理，确定 C_6 的标准值为 $I_w = (1024 + 4 \times 64)\Delta = 1280\Delta$。第五次比较结果为 $I_s < I_w$，故 $C_6 = 0$，表示 I_s 处于前 4 级（0~4 量化间隔）。

确定 C_7 的标准值为 $I_w = (1024 + 2 \times 64)\Delta = 1152\Delta$。第六次比较结果为 $I_s > I_w$，故 $C_7 = 1$，表示 I_s 处于 2~3 量化间隔。

最后，确定 C_8 的标准值为 $I_w = (1024 + 3 \times 64)\Delta = 1216\Delta$。第七次比较结果为 $I_s > I_w$，故 $C_8 = 1$，表示 I_s 处于序号为 3 的量化间隔。

由以上过程可知，非均匀量化和编码实际上是通过非线性编码一次实现的。经过以上 7 次比较，编出的 PCM 码字为 11110011。它表示输入信号抽样值 I_s 处于第 8 段序号为 3 的量化级，因此编码电平

$$I_C = I_{Bi} + (2^3 C_5 + 2^2 C_6 + 2^1 C_7 + 2^0 C_8) \Delta_i = 1024\Delta + 3 \times 64\Delta = 1216\Delta$$

由于非线性码与线性码的变换原则是变换前后非线性码与线性码的码字电平相同，所以根据式（3-23）可知：将编码电平从十进制变换为二进制，就得到等效的 11 位线性码。

因为 $(1216)_{10} = (10011000000)_2$，所以 7 位非线性码 1110011 对应的 11 位线性码为 10011000000。

（2）A 压缩律 13 折线解码器

解码器的作用是把收到的 PCM 信号还原成相应的 PAM 样值信号，即进行 D/A 转换。还原出的样值信号电平为量化电平，它近似等于原始的 PAM 样值信号，但存在一定的误差，即量化误差。A 压缩律 13 折线解码器原理如图 3-13 所示。它与逐次比较型编码器中的本地解码器基本相同，所不同的是增加了极性控制部分，并用带有寄存器读出的 7/12 变换电路代替了本地解码器中的 7/11 变换电路。

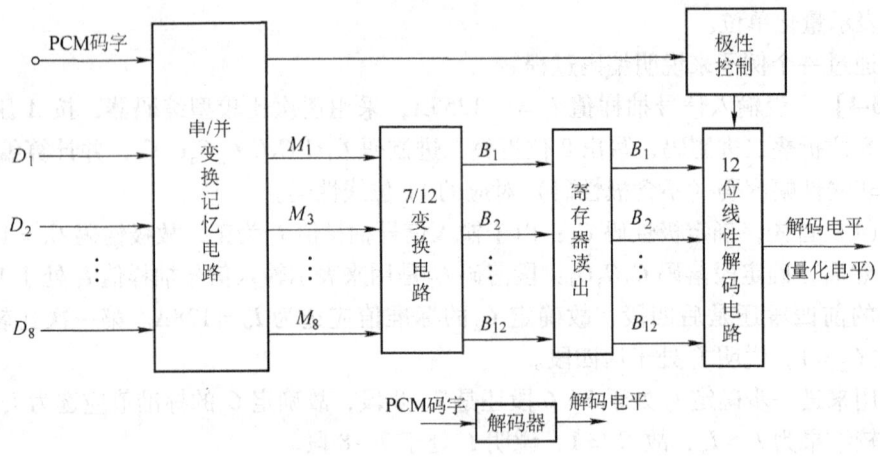

图 3-13 解码器的原理

串/并变换记忆电路的作用是将接收的串行 PCM 码变为并行码,并记忆下来。极性控制部分的作用是根据收到的极性码 C_1 是 "1" 还是 "0" 来控制解码后 PAM 信号的极性,恢复原信号极性。

解码器中采用 7/12 变换电路,它和编码器中的本地解码器采用的 7/11 变换电路类似。但是需要指明的是:7/11 变换电路是将 7 位非线性码转变为 11 位线性码,使得量化误差有可能大于本段落量化间隔的一半。7/12 变换电路为了保证最大量化误差不超过 $\Delta_i/2$,人为地补上了半个量化级,即 $\Delta_i/2$。所以解码器输出的电平称为解码电平(即量化电平),用 I_D 表示

$$I_D = I_C + \Delta_i/2 = I_{Bi} + (2^3 C_5 + 2^2 C_6 + 2^1 C_7 + 2^0 C_8 + 2^{-1})\Delta_i \tag{3-16}$$

解码器输出的解码电平和样值之差称为解码误差(即量化误差)。

寄存读出电路是将输入的串行码在存储器中寄存起来,待全部接收后再一起读出,送入解码电路,实质上是进行串/并变换。12 位线性解码电路与编码器中 11 位线性解码电路类同。它是在寄存读出电路的控制下,输出相应的 PAM 信号。

【例 3-5】 采用 A 压缩律编解码器 13 折线,设接收端收到的码字为 "01010011",最小量化单位为 1 个单位。试计算解码器输出的解码电平。

解:极性码为 0,所以极性为负。

段落码为 101,段内码为 0011,所以信号位于第 6 段落序号为 3 的量化级。由表 3-5 可知,第 6 段落的起始电平为 256Δ,量化间隔为 16Δ。由题意知,$\Delta = 1$。

因为解码器输出的量化电平位于量化级的中点,所以解码器输出的解码电平(即量化电平)为

$$-(256 + 3 \times 16 + 8)\Delta = -312\Delta$$

【例 3-6】 采用 A 压缩律编解码器 13 折线,设接收端收到的码字为 "10000011",最小量化单位为 1 个单位。已知段内码为自然二进制码,试写出解码电平和 7/12 变换得到的 12 位码。

解:因为接收端收到的码字为 "10000011",位于第 1 段落第 3 量化级,所以量化电平(即解码电平)为 3.5Δ。

因为 $(3.5\Delta)_{10} = (00000000011.1)_2$，所以 12 位码 $B_1 \sim B_{12}$ 为 000000000111。

*3.2.4 语音压缩编码

1. 语音压缩编码技术的概念

对于单路语音信号，抽样频率通常取为 8000Hz，为了符合长途电话传输的指标要求，二进制编码位数 $l=8$，所以一路语音信号的信息速率为 64kbit/s，这样每路信号占用频带要比模拟的单边带调制系统带宽（4kHz）大很多。在费用昂贵的长途大容量传输系统以及带宽有限的移动通信网，64kHz 频带的数字电话难以获得应用。因此，几十年来人们一直致力于研究压缩数字化语音频带的工作。

通常，人们把话路速率低于 64kbit/s 的语音编码方法，称为语音压缩编码技术。常见的语音压缩编码有差值脉冲编码调制（DPCM）、自适应差值脉冲编码调制（ADPCM）、增量调制（DM 或 ΔM）、自适应增量调制（ADM）、参量编码、子带编码（SBC）等。

如果对语音编码进行分类，可以粗略地分为波形编码、参量编码和混合编码 3 类。

波形编码是直接对信号波形的抽样值或抽样值的差值进行编码。PCM、DPCM、ADPCM、DM、ADM 等都属于波形编码，其速率通常在 16～64kbit/s 范围。

参量编码是直接提取语音信号的一些特征参量，比如声源、声道的参数，对其进行编码。参量编码通常是对数字化后的信号进行分析，再提取其特征参量，这些参量携带着原信号的主要信息，对它们编码只需较少的比特数，可以大大地压缩信息速率。其速率通常在 4.8kbit/s 以下。

混合编码是在参量编码的基础上引入了一些波形编码的特征，在编码率增加不多的情况下，较大幅度地提高了传输语音质量。

一般来说，采用波形编码的系统，压缩率较低，但是其质量几乎与压缩前没有大的变化，它可用于公用通信网；采用参量编码的系统，其压缩率较高而通信质量较差，一般不能用于公用网，它比较适用于军事和保密通信。混合编码质量介于以上两者之间，主要用于移动网。

下面简单介绍增量调制、差值脉冲编码调制、自适应差值脉冲编码调制和子带编码。

增量调制（DM）将信号当前样值与前一个抽样时刻的量化电平之差进行量化，而且只对这个差值的符号进行编码，即对相邻样值的差值的极性（符号）编码。因为量化仅限于正和负两个电平，只需要用一个比特来传输一个样值。如果差值为正，则编为"1"；如果差值为负，则编为"0"。在接收端，每收到一个"1"码，解码器的输出相对于前一个时刻的值就上升一个量化间隔，每收到一个"0"码，解码器的输出相对于前一个时刻的值就下降一个量化间隔。解码器的输出再经过低通滤波器，从而恢复原信号。只要抽样频率足够高，量化间隔大小合适，接收端恢复的信号与原信号非常接近，量化噪声就很小。

差值脉冲编码调制（DPCM）综合了 PCM 和 DM 的特点。它是对"样值与预测值的差值"进行量化，然后用 l 位二进制码来表示这个差值。实验表明：在满足通信质量情况下，相对于 PCM，可以大大压缩传输的信息速率。

自适应差值脉冲编码调制（ADPCM）是在 DPCM 的基础上发展起来的。为了尽量减小量化误差，同时为了提高预测值的精确性，在 DPCM 的基础上用自适应量化取代了固定量化，用自适应预测取代了固定预测。自适应量化指量化阶距随信号的变化而变化，使量化误差减小；自适应预测指预测器系数随信号的统计特性而自适应调整，提高了预测信号的精度，从而得到高预测增益。通过这两点改进，大大提高了 ADPCM 系统的编码动态范围和信噪比，从而提高了系统性能。它能在 32kbit/s 信息速率的条件下达到了 64kbit/s PCM 系统信息速率的语音质量要求。近年来，它已成为长途传输中一种新型的国际通用的语音编码方法。相应地，CCITT 也形成了关于 ADPCM 系统的规范建议 G. 721、G. 726 等。

子带编码（SBC）首先通过若干个带通滤波器把语音信号频带分割成若干个子带，各子带的带宽应考虑到各频段对主观听觉贡献相等的原则来分配；每个比较窄的子带信号用单独的 ADPCM 编码器分别编码。SBC 的主要优点在于可以通过分配给各子带不同的量化间隔和编码比特数以控制信噪比，能够以较低的总码率获得较好的语音质量。子带编码既不是纯波形编码，也不是纯参量编码，它属于混合编码。

2. 差值脉冲编码调制

PCM 是对波形的每个样值都独立进行量化编码，这样，样值的整个幅值编码需要较多位数，比特率较高，造成数字化的信号带宽大大增加。但是语音信号相邻的抽样值之间存在很强的相关性，信号的一个抽样值到相邻的一个抽样值不会发生迅速的变化，这说明信源本身含有大量的冗余成分。语音样值可以分为两种成分，一种与过去的样值有关，因而是可以预测的，可预测的成分是由过去的一些适当数目的样值加权后得到的；另一种是不可预测的，可以看做预测误差。

利用语音信号的相关性，根据过去的信号样值预测当前时刻的样值，并仅把样值与预测值的差值（预测误差）进行量化、编码，这种方法称为差值脉冲编码调制（DPCM）。由于这一差值的幅度范围一定小于原信号的幅度范围。因此，在保持相同量化间隔（量化误差）的条件下，量化电平数就可以减少，也就是降低了编码速率，压缩了信号带宽。

DPCM 系统的原理如图 3-14 所示。其中 x_n 表示模拟信号的样值。在发送端，首先根据前面的 K 个样值预测当前时刻的样值 $\tilde{x}_n$，得到当前样值 x_n 与预测值 $\tilde{x}_n$ 之间的差值，然后对差值进行量化编码。

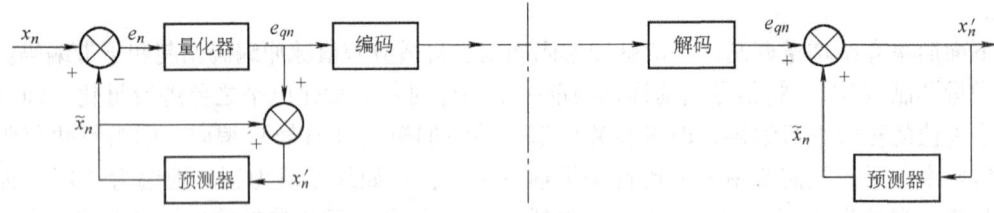

图 3-14 DPCM 系统的原理

预测器的输出的预测值 $\tilde{x}_n$ 与其输入样值 x'_n 的关系满足

$$\tilde{x}_n = \sum_{i=1}^{K} a_i x'_{n-i} \tag{3-17}$$

式中，a_i 和 K 是预测器的参数，为常数。

式（3-17）表示 $\tilde{x}_n$ 是先前 K 个样值的加权和。

量化器输入为预测误差

$$e_n = x_n - \tilde{x}_n \tag{3-18}$$

量化器输出为量化后的预测误差 e_{qn}，将 e_{qn} 编码成二进制数字序列，通过信道传送到接收端，同时该误差 e_{qn} 与预测值 $\tilde{x}_n$ 相加得到预测器的输入样值 x'_n。

在接收端，"预测器和相加器"组成结构和发送端相同，显然，如果信道传输无误码，两个相加器输入端的信号完全相同。

DPCM 系统的量化误差 n_q 定义为输入信号样值 x_n 与输出样值 x'_n 之差，即

$$n_q = x_n - x'_n = (e_n + \tilde{x}_n) - (\tilde{x}_n + e_{qn}) = e_n - e_{qn} \tag{3-19}$$

可见，DPCM 的量化误差 n_q 等于量化器的量化误差。量化误差 n_q 与信号样值 x_n 都是随机变量，因此 DPCM 系统量化信噪比可表示为

$$\left(\frac{S}{N_q}\right)_{\text{DPCM}} = \frac{E[x_n^2]}{E[n_q^2]} = \frac{E[x_n^2]}{E[e_n^2]} \frac{E[e_n^2]}{E[n_q^2]} = G_p\left(\frac{S}{N_q}\right)_q \tag{3-20}$$

式中，$(S/N_q)_q$ 是把差值序列作为输入信号时量化器的量化信噪比。

G_p 可理解为 DPCM 系统相对于 PCM 系统而言的信噪比增益，称为预测增益。

如果能够选择合理的预测规律，差值功率 $E[e_n^2]$ 就能远小于信号功率 $E[x_n^2]$，G_p 就会大于1，该系统就能获得增益。当 $G_p \gg 1$ 时，DPCM 系统的量化信噪比远大于量化器的量化信噪比。因此，要求 DPCM 系统达到与 PCM 系统相同的信噪比，则可降低对量化器信噪比的要求，即可减小量化级数，从而减少码位数，降低比特率，压缩信号带宽。

可见，DPCM 系统的 $(S/N_q)_{\text{DPCM}}$ 取决于 $(S/N_q)_q$ 和 G_p 两个参数。对 DPCM 系统的研究就是围绕着如何使 G_p 和 $(S/N_q)_q$ 这两个参数取最大值而逐步完善起来的。

3. RPE-LTP-LPC 编码

RPE-LTP-LPC（Regular Pulse Excited-Long Term Predition-Linear Predictive Coding），全称为规则脉冲激励-长时预测-线性预测编码（又称为混合编码），是泛欧第二代数字移动 GSM 系统所采用的语音编码方案，纯编码速率为 13kbit/s，语音质量较好。

前面讨论的 PCM 编码采用 A 律波形编码时，分为采样（抽样）、量化、编码3步，用这种编码方式，数字链路上的数字信号比特速率为 64kbit/s。如果 GSM 系统也采用此种方式进行语音编码，那么每个语音信道是 64kbit/s，8 个语音信道就是 512kbit/s。考虑实际可使用的带宽，GSM 规范中规定载频间隔是 200kHz。因此要把它们保持在规定的频带内，必须大大地降低每个语音信道的编码的比特速率，这就要靠改变语音编码的方式来实现。

声码器（一种参量编码）编码可以是很低的速率（可以低于5kbit/s），虽然不影响语音的可懂性，但语音的失真很大，很难分辨是谁在讲话。波形编码器语音质量较高，但要求的比特速率相应地较高。因此，人们综合两者的优点，希望在满足一定的语音质量的前提下，实现较低码率的传输。混合编码技术就是在这一思想基础上产生的另一类编码技术。GSM 系统语音编码器是采用声码器和波形编码器的混合——混合编码器，如图3-15所示。LPC + LTP 为声码器，RPE 为波形编码器，再通过复用器混合完成模拟语音信号的数字编码，每个语音信道的编码速率为 13kbit/s。

声码器的原理是模仿人类发音器官喉、嘴、舌的组合，将该组合看做一个滤波器，人发出的声音使声带振动就成为激励脉冲。当然"滤波器"脉冲串频率是在不断地变换，但在很短的时间（10~30ms）内观察它，则发音器官是没有变换的，因此声码器要做的事是将语音信号分成20ms的段（一个音节），然后分析这一时间段内所相应的滤波器的参数，并

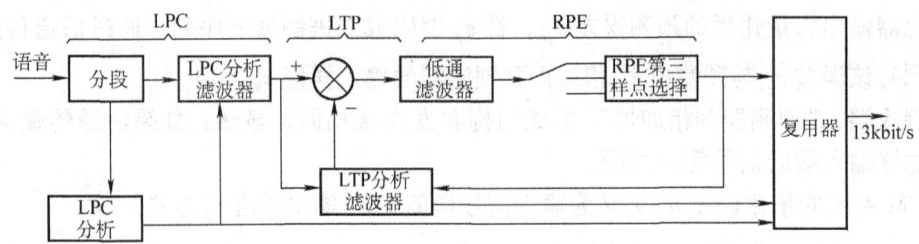

图 3-15 LPC-LTP-RPE 编码器

提取此时的脉冲串频率,输出其激励脉冲序列。相继的语音段是十分相似的,LTP 将当前段与前一段进行比较,相应的差值被低通滤波后进行一种波形编码。经过 LPC + LTP 编码的码速率为 3.6kbit/s,RPE 编码的码速率为 9.4kbit/s。因此,语音编码器的输出比特速率是13kbit/s。

*3.2.5 图像压缩编码

人类传递信息的主要媒体是语音和图像,而且在人类接收的信息中,视觉信息约占 70% 以上,可见图像是一种非常重要的信息传递媒体。目前通信业务主要的还是语音业务,但是随着通信的发展,业务将拓广为含语音、数据与图像的多媒体业务。

1. 模拟图像

事物客观存在称为景象,景象中的物体对光线的反射在人眼中的呈像称为图像。运动图像的信息可由光强度描述,它是位置、波长和时间的函数

$$I = f(x,y,\lambda,t) \tag{3-21}$$

强度函数 I 连续称为模拟图像。以前的电视都为模拟电视。

众所周知,不同的波长反映不同色彩,黑白电视图像不考虑光的波长,强度函数为

$$I = f(x,y,t) \tag{3-22}$$

而彩色电视图像的色彩由红、绿、蓝三基色描述

$$I = \{f_r(x,y,t), f_g(x,y,t), f_b(x,y,t)\} \tag{3-23}$$

目前,彩色电视共有 3 种制式:NTSC (National Television Systems Committee) 制,又称为正交平衡调幅制,主要是美国、日本、加拿大和墨西哥等国家采用;PAL (Phase Alternation Line) 制,又称为逐行倒相正交平衡调幅制,主要的采用国家有中国、英国、荷兰和瑞士等;SECAM (System Electronique Color Avec Memoire) 制,又称为调频顺序转换制,法国、前苏联和东欧地区采用此制式。彩色电视 3 种制式的主要参数如表 3-7 所示。

表 3-7 彩色电视 3 种制式的主要参数

参 数	PAL 制	NTSC 制	SECAM 制
每画面扫描行数	625	525	625
帧频/场频/Hz	20/50	30/60	25/50
标称带宽/MHz	6	4.2	6
伴音载频与图像载频间距/MHz	6.5	4.5	6.5

2. 数字图像

随着数字化技术的发展，图像信号数字化描述、存储和传输是必然发展趋势，目前在国际上数字图像正在逐步取代模拟图像，我国的数字电视也正在试用和逐步取代模拟电视。

数字图像是通过其像素点来描述图像的，而像素又是三维空间、波长、时间、强度和色彩等参数的函数。首先将模拟图像的空间位置通过取样实现离散化，即将一幅图像空间划分成 M（行）$\times N$（列）个小区域，一个小区域称为一个像素（取样点），一幅图像由 $M \times N$ 个像素（取样点）描述，像素的位置用 (x, y) 坐标定位；然后将取样样本值（灰度或色彩）离散化（量化），即将原本是连续变化的样本值分层，每层用一个值代表，通常用 b 位二进制码描述灰度或色彩值，这样，分层数：$Q = 2^b$，b 为量化编码的二进制码位数。从而，一幅均匀量化数字图像数据量为 $M \times N \times b$（bit），因此表示数字图像所需的数据量很大。例如，一幅中等分辨率（640×480 像素）彩色图像（每像素 24bit）的数据量约为 7.37Mbit/帧，一个 100MB 的硬盘只能存放 100 帧静止画面；1s 全活动视频画面约占 22.12MB 空间，650MB 的 CD-ROM 只能播放近 30s 图像信息；如果帧速率为 25 帧/s，则视频信号的传输速率约为 184Mbit/s。如此大的数据量和传输速率，即使在现在的技术水平，存储、处理和传输也是比较困难的。因此，对图像数据进行实时压缩和解压缩是非常必要的。

从图像信息本身来说，数据压缩是可能的。首先，原始信源数据存在大量冗余，如运动视频内像素间的空域相关和帧间相关都形成了很大的信源冗余；其次，对每秒显示 25 帧图像的视频信号而言，前后相邻帧的图像之间一般也具有很强的相似性，即表现为时间上的冗余；另外，图像信号离散化后，只要这些离散值出现的概率不相等，就还存在统计冗余，将这些冗余去除或降低可以大大压缩数据量。通过分析人类视觉的生理特性知，人类视觉器官具有某种不敏感性，如人眼的掩盖效应（对边缘变化不敏感），以及对亮度信息敏感而对颜色分辨力弱等，基于这些不敏感性，可以对某些非冗余信息进行压缩；从而大幅度地提高压缩比。一般而言，通过选择适当的数据压缩技术，图像数据量可以压缩到原来的 1/2～1/60。

压缩后的数字图像信息传输主要采用数字传输方式，高清晰度数字电视和多媒体图像传输中都将采用数字传输方式。数字图像传输主要有如下优点：

1）抗干扰能力强，由于数字传输再生中继的特点，基本排除了噪声和失真积累的影响，提高了功率利用率。

2）将信源编码与信道编码结合设计，使用类似网格编码调制（Trellis Coding Modulation, TCM）等编码技术，可大大提高信号功率/频谱的综合利用率。

3）采用数字滤波与数字存储，容易使用简单的方法消除噪声，改善图像的信噪比，可大大提高视频图像质量。

4）大大提高了功率利用率，数字电视广播的发射功率要比模拟传输低许多，可以开辟使用禁用频道来传送电视节目，有利于缓解电视频道紧缺的状态。

5）由于减少了 A/D、D/A 转换等处理环节，可减少对图像质量的恶化与损伤。

6）利用数字处理容易实现加密，有利于视频信号的保密传输。

7）与数字宽带传输技术匹配，适合于未来的多媒体通信。

3. 图像压缩编码技术

近 20 年来，由于超大规模集成电路（VLSI）和计算机技术的迅速发展，在市场和应用的推动下，视频压缩编码技术取得了巨大进展，下面就几种常用的图像压缩编码方法作简单介绍。

（1）预测编码

常用的预测编码是差分编码调制（DPCM），其目的是利用邻近像素之间的相关性来压缩数码率，以去除图像数据间的空间域冗余度和时间冗余度。它既可在一帧图像内进行帧内预测编码，也可在多帧图像间进行帧间预测编码。由于图像信号是二维的，一个像素与上下左右的像素都有相关性，因此预测是二维的。而对于活动图像，相邻帧之间也有相关性，故可以进行三维预测。

（2）变换编码

变换编码也是一种降低信源空间域冗余度的压缩方法。它利用变换域参数分布特征来实现压缩编码。常用的编码有卡南-洛伊夫变换（K-L 变换）、离散傅里叶变换、离散余弦变换和 Walsh 变换等正交变换。由于变换所产生的变换域系数之间的相关性很小，可以分别独立地对其进行处理；而且经变换后，大都能将能量集中在少量变换域系数上，通过量化删去对图像信号贡献小的系数，只用保留的系数来恢复原始图像，并不会引起明显的失真。

在最小均方误差准则下，最佳的正交变换是 K-L 变换，其变换后的系数之间是互不相关的。但是由于计算的复杂性和实现上的困难，K-L 变换的实际应用甚少。离散余弦变换（DCT）是一种性能接近 K-L 变换的正交变换，并具有多种快速算法，因而在数据压缩中被广泛地采用。

（3）熵编码

熵编码旨在去除信源的统计冗余，熵编码不会引起信息的损失，因而又称为无损编码。在视频编码中应用较多的有游程长度编码和霍夫曼编码。

*3.2.6 语音和图像压缩编码标准

1. 音频压缩编码的国际标准

国际电信联盟国际标准化部 ITU-T（原 CCITT）根据不同的质量要求，制定了一系列的音频压缩编码标准。

（1）G.711 标准

G.711 标准是 CCITT 于 1972 年制定的话音质量的 PCM 语音压缩编码标准，数据速率为 64kbit/s，采用非均匀量化技术，处理语音频率范围为 300～3400Hz。

（2）G.721 标准

G.721 标准是 CCITT 于 1984 年制定的，用于实现 64kbit/s A 压缩律或 μ 压缩律 PCM 与 32kbit/s 数字信道之间相互转换。采用了 ADPCM 技术，对中等质量音频信号进行高效编码，数据速率为 32kbit/s，适用于语音压缩、调幅广播质量的音频压缩和 CD-I 音频压缩等应用。

（3）G.722 标准

G.722 标准是 CCITT 在 1988 年制定的，也称 7kHz 音频压缩标准。对频率范围为 50～7000Hz 的音频信号进行波形编码，将音频频带以 4kHz 为界分成高低两个子带，对每个子带采用 ADPCM 编码。编码数据速率为 64kbit/s。该标准主要用于视听多媒体、会议电视等应用中。

(4) G.728 标准

为了进一步降低语音的速率，1992 年 CCITT 制定了 G.728 标准，它使用基于短时延码本激励线性预测编码（LD-CELP）算法，编码速率为 16kbit/s，质量与 32kbit/s 的 G.721 标准相当，编码时延仅 2ms，具有高质量、低码率和低时延的特点，主要用于综合业务数字网（ISDN）。

(5) G.729 标准

G.729 标准是 ITU-T 于 1995 年制定的，采用共轭结构代数码激励线性预测（CS-ACELP）算法，编码速率为 8kbit/s，主要用于多媒体通信和 IP 电话等领域。

(6) MPEG 音频压缩标准

MPEG 是国际标准化组织（ISO）和国际电工技术委员会（IEC）制定的高保真立体声音频压缩编码标准。该标准按不同算法分为 3 个层次，层次 1 和层次 2 具有基本相同的算法。输入信号经过 48、44.1 和 32kHz 频率采样后，通过滤波器分成 32 个子带。编码器利用人耳的掩蔽效应，控制每一个子带的量化阶数，完成数据压缩。MPEG 音频压缩标准的层次 3 进一步引入了辅助子带、非均匀量化和熵编码等技术，进一步压缩数据。MPEG 音频的数据速率为每声道 32~448kbit/s。

(7) AC-3 系统

AC-3 系统不是国际标准，它是 Dolby 公司于 1992 年开发的新一代高保真立体声音频编码系统，目的是为美国的全数字式高清晰度电视（HDTV）提供高质量的伴音。该系统提供了 5 个声道的从 20Hz~20kHz 的全通带频响，即左、右声道、中置和两个独立环绕声声道。另外，还提供了一个 100Hz 以下的超低音声道，也称 5.1 声道。AC-3 系统将 6 个声道的信息进行数字编码，并压缩成一个通道，数据速率仅为 320kbit/s。从测试结果看，AC-3 系统的总体性能要优于 MPEG 音频标准。该系统在激光影碟（LD）、CD 激光唱盘、VHS 录像带、数字广播系统、电视广播和有线电视等有着广泛的应用。

2. 图像压缩编码标准

图像编码技术的快速发展和广泛应用，其标志就是图像编码国际标准的制定。图像数据压缩国际标准主要是由国际标准化组织 ISO 和国际电信联盟 ITU-T 制定的。对于静止图像的压缩，ISO 有 JPEG 标准，ITU-T 有 T.81 标准；对于不同速率的彩色视频图像，ISO 有 MPEG-1 和 MPEG-2 标准，ITU-T 有 H.261 标准；对于用于多媒体通信的低码率视频图像，ISO 有 MPEG-4 和 MPEG-7 标准，而 ITU-T 有 H.263 和 H.264 标准。

(1) 静止图像压缩标准 JPEG

JPEG（Joint Photographic Expert Group）是 ISO/IEC 联合图像专家组制定的、适用于连续色调（包括灰度和彩色）的静止图像压缩标准。该标准在彩色图像传真、会议电视、卫星图片、图像文献资料、医疗图像以及新闻图片的传输和保存中有着广泛的应用。

JPEG 算法共有 4 种工作模式，其中一种是基于空间预测（DPCM）的无损压缩算法，另外 3 种是基于 DCT 的有损压缩算法。4 种工作模式如下：

顺序编码：单遍扫描完成一个图像分量的编码，扫描次序从上到下，从左到右；

渐进编码：通过多遍扫描完成一个图像分量的编码，各遍扫描使图像质量更好，当传输信道较慢时，提供一个由粗到精的渐进码流结构。

分层编码：按多种分辨率进行图像编码，低分辨率图像在高分辨率的图像之前进行处理。

无损编码：提供无失真的编码模式，保证无失真地重建原始图像。

在 JPEG 应用中，最常用的工作模式是顺序编码的基本工作模式，它提供了适合大多数应用场合的简单高效的图像编码方案。其他工作模式是基本工作模式的扩充和增强。

(2) H.261

H.261 是 ITU-T 在 1990 年针对可视电话和会议电视、窄带 ISDN 等要求实时编解码和低延时应用提出的一个视频压缩编码标准，也称 $p \times 64 \text{kbit/s}$ 视频编码标准，其中 p 是一个取值范围为 1~30 的整数。当 $p=1$ 或 2 时，适用于可视电话，当 $p=6 \sim 30$ 时，支持帧频（即每秒帧数）较高的电视会议。

H.261 作为第一个采用现代编码算法的通用国际视频压缩标准，其中的许多技术被后来的 MPEG-1、MPEG-2 和 H.263 所借鉴和采用。

(3) H.263

H.263 是 ITU-T 于 1995 年为低比特率应用制定的视频压缩标准，目的是利用速率小于 64kbit/s 的 PSTN 网和无线移动网开展可视电话业务。H.263 视频编码的综合能力比 H.261 有较大的提高，被认为是以像素为基础的 DCT/MC（运动估计）混合编码所能达到的最佳结果。1996 年以后几年里 ITU-T 进一步完善 H.263 算法，于 1998 年推出了 H.263+ 建议草案。H.263+ 进一步提高编解码器的总体性能，尤其是在抗信道干扰方面作了许多重要的改进。在 2000 年 ITU 又推出了 H.263++。

(4) MPEG-1

MPEG-1 是 ISO/IEC 运动图像专家组 MPEG（Moving Picture Expert Group）于 1993 年制定的用于数字存储媒体运动图像及其伴音的国际编码标准，主要使用在光盘存储、VCD、消费视频和视频监控等应用中。该标准的数据速率不超过 1.5Mbit/s，其中 1.1Mbit/s 用于视频，128kbit/s 用于音频，其余带宽用于 MPEG 系统本身。采用的主要编码技术有：JPEG 所有的技术、自适应量化、运动补偿预测、双向运动补偿和半像素运动估计。

(5) MPEG-2

MPEG-2 是 MPEG 组织在 1995 年推出的，是在 MPEG-1 标准基础上的扩展和改进，主要是针对数字视频广播、高清晰度电视（HDTV）和数字视盘等制定的 4~9Mbit/s 的运动图像及其伴音的编码标准。MPEG-2 是数字电视机顶盒与 DVD 等产品的基础。MPEG-2 的目标和 MPEG-1 相同，是以提高压缩比，改善音频和视频质量为目的。采用的核心技术是分块 DCT 和帧间运动补偿预测技术。MPEG-2 视频允许数据速率高达 100Mbit/s，支持隔行扫描视频格式和许多高级性能。MPEG-2 专门设置了"按帧编码"和"按场编码"两种模式，并相应地对运动补偿和 DCT 方法进行了扩展，提高了压缩编码效率。考虑到标准的通用性，MPEG-2 允许有更大的画面格式、数据速率和运动矢量长度。

(6) MPEG-4

MPEG-4 是 ISO 于 1998 年 10 月正式公布的一种具有交互性、通用可存取性、高度可扩展性的视频/音频编码压缩标准。应用范围极其广泛，可用于 64kbit/s 以下甚低码率的音频/视频编码。不仅适用于移动通信和个人通信，而且也适用于公用电话通信网、视频会议和窄带多媒体通信。实现基于内容的检索、交互式家庭购物和无线电话的监控等压缩编码。根据应用场合的不同还可以采用分级编码。目标比特流的范围为 8kbit/s~35Mbit/s，具有良好的兼容性、伸缩性和可靠性。

（7）音视频编码标准 AVS

AVS（Audio Video coding Standard）是《信息技术——先进音视频编码》系列标准的简称，是我国第一个具有自主知识产权并且达到国际先进水平的数字音视频编码标准，适用于地面数字电视广播、有线数字电视、交互存储媒体以及直播卫星视频等多个业务领域。AVS 包括系统、视频、音频、数字版权管理等 9 个部分，其中关于视频压缩编码的标准有两个独立的部分，即 AVS-PS 标准和 AVS-P7 标准。AVS-P2 标准主要针对数字视频的高端应用，如高清、标清数字电视广播以及高密度激光数字存储媒体应用；AVS-P7 标准主要针对低码率、低图像分辨率的低端数字视频应用。AVS 采用了与 H.264 类似的混合编码的技术框架，包括变换、量化、熵编码、帧内预测、帧间预测、环路滤波等模块。

3. 数字电视编码标准

（1）数字电视国际标准

目前，全球数字电视广播领域已有 3 种相对成熟的数字电视标准。它们分别是：美国的标准为 ATSC（Advanced Television System Committee，高级电视系统委员会）；欧洲的标准为 DVB（Digital Video Broadcasting，数字视频广播）；日本的标准为 ISDB（Integrated Services Digital Broadcasting，综合业务数字广播）。

信源部分的国际标准主要是：ITU-T 建议的 H.261、H.262、H.263、H.264 系列标准，以 H.264 为代表；MPEG（活动图像专家组）提出的 MPEG-1、MPEG-2、MPEG-4 等视音频标准，以 MPEG-2、MPEG-4 为代表；以及中国的数字音视频编解码技术标准工作组（AVS）制定的拥有自主知识产权的 AVS 编解码标准等。表 3-8 所示为数字电视的三大标准。

表 3-8 数字电视三大标准

	ATSC	DVB			ISDB
		DVB-T 地面	DVB-C 有线	DVB-S 卫星	
音频编码方式	AC-3	MPEG-2	MPEG-2	MPEG-2	MPEG-2
视频编码方式	MPEG-2	MPEG-2	MPEG-2	MPEG-2	MPEG-2
带　　宽/Hz	6M	8M	—	—	6M

（2）中国数字电视地面传输标准

2006 年中国颁布的数字电视地面传输标准 GB 20600—2006，是清华大学的 DMB-T 方案（多载波）和上海交通大学的 ADTB-T 方案（单载波）的融合标准，即 DMB-TH 标准。DMB-TH 标准支持高清晰度电视（HDTV）、标准清晰度电视（SDTV）和多媒体数据广播等多种业务，满足大范围固定覆盖和移动接收的需要。在固定接收模式下，可以提供标准清晰度数字电视业务、高清晰度电视业务、数字声音广播业务、多媒体广播和数据服务业务；在移动接收模式下，可以提供标准清晰度数字电视业务、数字声音广播业务、多媒体广播和数据服务业务。

（3）手机电视标准

手机电视是指以手机为终端设备传输电视内容的一项技术或应用。手机电视业务的实现方式主要有 3 种：第一种是利用现有的移动网络来实现，例如中国移动的手机电视业务是基于其 GPRS 网络，而中国联通则是依靠其 CDMA-1X 网络；第二种是通过卫星网络来实现，直接利用手机来接收卫星播发的数字电视节目信号，是一个非常新颖的想法；第三种是利用数字地面广播的方式来实现，这种方式需要在手机终端上安装微波数字电视接收模块，可以不通过移动通信网络的链路而直接获得数字电视信号。目前，最被看好的手机电视实现模式是"广播电视网络 + 移动网络"。

（4）网络电视标准

网络电视（Internet Protocol Television，IPTV）是指基于 IP 的电视广播服务。网络电视业务将电视机或个人计算机作为显示终端，通过宽带网络向用户提供数字广播电视、视频服务、信息服务、互动社区、互动休闲娱乐、电子商务等宽带业务。网络电视的主要特点是交互性和实时性，系统结构主要包括流媒体服务、节目采编、存储及认证计费等子系统，主要存储及传送的内容是流媒体文件，基于 IP 网络传输，通常要在边缘设备内容分配服务节点，配备流媒体服务及存储设备，用户终端可以是 IP 机顶盒 + 电视机，也可以是个人计算机。

3.3 信源编码的相关概念

信源编码的实质是对原始信源符号按照一定规则进行变换，以码字代替原始信源符号，使变换后得到的新信源符号（码元）接近等概率分布，从而提高信息传输的有效性。

需要指明的是，在研究信源编码时，通常将信道编码和译码看做是信道的一部分，而且不考虑信道干扰问题，所以信源编码的数学模型比较简单。

信源编码就是利用编码器将信源符号 s_i 变换成由码字 W_i 组成的——对应的输出符号序列的过程。离散信源编码器如图 3-16 所示。其中输入信源符号为 $S = \{s_1, s_2, \cdots, s_q\}$，同时存在另一码符号集合（或信道基本符号集合）$X = \{x_1, x_2, \cdots, x_r\}$，其中 x_j（$x_j \in X$）称为适合信道传输的码符号（或者码元），输出符号序列 W_i 称为码字，长度 l_i 称为码字长度或简称码长，W_i 是 l_i 个由 x_j 组成的序列，并与 s_j ——对应，所有码字 W_i 的集合 C 称为码。

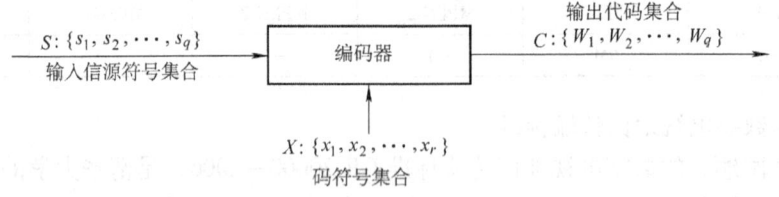

图 3-16 离散信源编码器

信源编码器的主要任务是完成输入消息集合与输出代码集合之间的映射。若要实现无失真编码，这种映射必须是——对应的，可逆的。为此，必须进行如下工作：

1）选择合适的码符号集合 X，以使映射后的代码 C 能适应信道。

2）寻求一种方法，把信源发出的消息符号变成相应的代码组。这种方法就是编码，变换成的代码就是码字。

3）编码应使消息集合与代码集合中的元素——对应。

上述 3 点也是信源编码的基本要求。

下面，给出一些码的定义。

1. 定长码和变长码

若一组码中所有码字的码长都相同，称为定长码。若一组码中所有码字的码长各不相同，即任意码字由不同长度的码符号序列组成，则称为变长码。

2. 非奇异码和奇异码

若一组码中所有码字都不相同，即所有信源符号映射到不同的码符号序列，则称为非奇异码；反之，为奇异码。

3. 唯一可译码

若码的任意一串有限长的码符号序列只能被唯一地译成所对应的信源符号序列，则此码为唯一可译码。否则，称为非唯一可译码。例如 {0，10，11} 是一种唯一可译码。因为任意一串有限长码序列，如 100111000，只能被分割成 10，0，11，10，0，0。任何其他分割法都会产生一些非定义的码字。显然，奇异码一定不是唯一可译码，而非奇异码可能是非唯一可译码或唯一可译码。

唯一可译码的物理含义：不仅要求不同的码字表示不同的信源符号，而且还进一步要求对由信源符号构成的信息序列进行编码时，在接收端仍能正确译码，不发生混淆。

为了达到无失真传输信源符号的目的，无失真信源编码必须具有唯一可译性。也就是说，所编的码必须是唯一可译码。

4. 即时码和非即时码

无须考虑后续的码符号即可从码符号序列中译出码字，这样的唯一可译码叫即时码。换句话说，若码 C 中，没有任何完整的码字是其他码字的前缀，则此码为即时码。即时码一定是唯一可译码，反之，唯一可译码不一定是即时码。

如果接收端收到一个完整的码字后，不能立即译码，还需要等下一个码字接收后才能判断是否可以译码，这样的码叫非即时码。

即时码是唯一可译码的一类子码，所以即时码一定是唯一可译码，反之唯一可译码不一定是即时码。因为有些非即时码它具有唯一可译性，但不满足前缀条件。可用图 3-17 来描述这些码之间的关系。

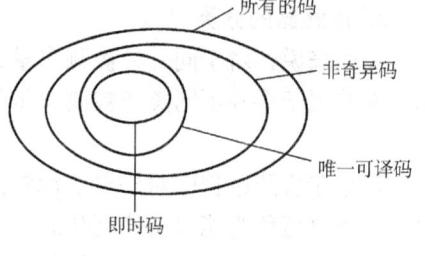

图 3-17 码之间的关系

由于即时码一定是唯一可译码，且能即时译码，所以无失真信源编码中经常采用这种码。通常采用"树图法"构造即时码。

对给定码字的全体集合 $C = \{W_1, W_2, \cdots, W_q\}$ 来说，可以用码树来描述它。对 r 进制树图，有树根、树枝和节点。树图最顶部的节点称为树根 A。树枝的尽头称为节点，每个节点生出的树枝数目等于码符号数 r。图 3-18 分别给出了二进码和三进码树，当某一节点被安排为码字后，它就不再继续伸枝，此节点称为终端节点（用粗黑点表示）。而其他节点称为中间节点，中间节点不安排为码字（用空心圈表示）。给每个节点所伸出的树枝分别从左向右标上码符号 0，1，…，r。这样，终端节点所对应的码字就由从根出发到终端节点走过的路径所对应的码符号组成。

另外，从码树上可知，当第 i 阶的节点作为终端节点，且分配以码字，则码字的码长为 i。

例如即时码 $C = \{W_1, W_2, W_3, W_4\} = \{0, 10, 110, 111\}$，用码树表示如图 3-19

所示。

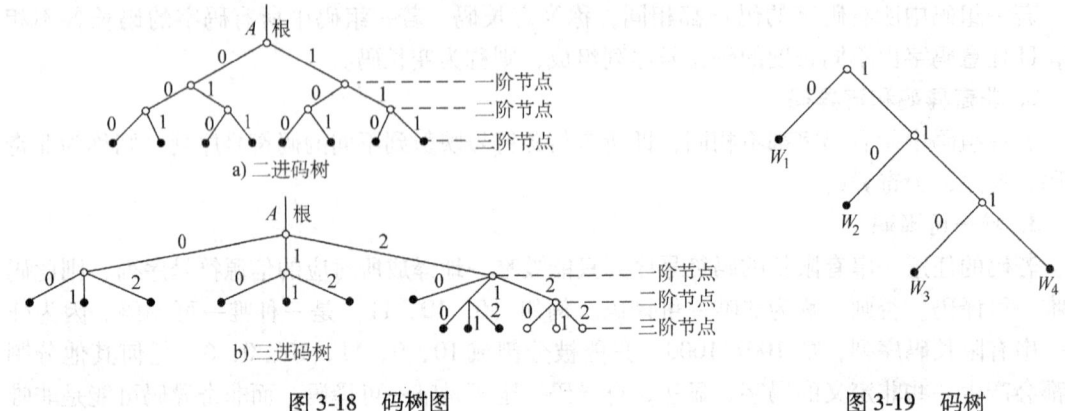

图 3-18 码树图　　　　　　　图 3-19 码树

3.4 传感器的数字化技术

3.4.1 基本概念

1. 传感器

所谓传感器（Sensor），是指将感受到的物理量、化学量等信息，按照一定的规律，转换成便于测量和传输的信号的装置。由于电信号易于传输和处理，所以一般概念上的传感器是指将非电量转换成电信号输出的元件或装置。

2. 传感器的分类

一般来说，对于同一种被测参量，可能采用的传感器有多种。同样，同一种传感器原理也可能被用于多种不同类型被测参量的检测。因此，传感器的种类很多，分类的方法也不尽相同。

根据在检测过程中对外界能源的需要，可以将传感器分为无源传感器和有源传感器。有源传感器也可称为能量转换型传感器（或换能器），其特点在于敏感元件本身能将非电量直接转换成电信号，例如超声波换能器（压/电转换）、热电偶（热/电转换）、光电池（光/电转换）等。

与有源传感器相反，无源传感器的敏感元件本身无能量转换能力，而是随输入信号而改变本身的电特性，因此必须采用外加激励源对其进行激励，才能得到输出信号。大部分传感器，如湿敏电容、热敏电阻、压敏电阻等都属于这类传感器。由于被测量仅能在传感器中起能量控制作用，也称为能量控制型传感器。

由于需要为敏感元件提供激励源，无源传感器通常需要比有源传感器更多的引线。传感器的总体灵敏度也会受到激励信号幅度的影响。此外，激励源的存在可能增加在易燃易爆气体环境中引起爆炸的危险，在某些特殊场合需要引起足够的重视。

根据输出信号的类型，可以将传感器分为模拟传感器与数字传感器。模拟传感器将被测量的非电学量转换成模拟电信号，其输出信号中的信息一般由信号的幅度表达。输出为方波信号，其频率或占空比随被测参量变化而变化的传感器称为准数字传感器。由于这类信号可直接输入到微处理器内，利用微处理器内的计数器即可获得相应的测量值，因此，准数字传感器与数字电路具有很好的兼容性。

数字传感器将被测量的非电学量转换成数字信号输出，数字输出不仅重复性好、可靠性高，而且不需要数/模转换，比模拟量信号更容易传输。令人遗憾的是，由于敏感机理、研发历史等多方面的原因，目前实用的数字传感器种类非常少。市场上的许多所谓数字传感器实际上是输出为频率或占空比的准数字传感器。

在图 3-20 所示的实际通信系统中，由于信源可以是人的声音、文字、图片、静止或活动实景、温度、压力、水位高度、光的强度和气象参量等，因此图中的输入传感器可以是传声器、计算机读写磁头、温度传感器压力传感器、水位传感器、光强计以及各种气象测量测量仪器等设备。输入传感器将待传输的消息转换成电信号。

输出传感器将其输入的电信号转换成系统用户（信宿）所希望的形式。目前，最常用的输出传感器是扬声器、显示器和打印机，它们被用于电话机、电视机和计算机中。其他输出传感器还有磁带记录器、电传打字机、示波器、电表等。

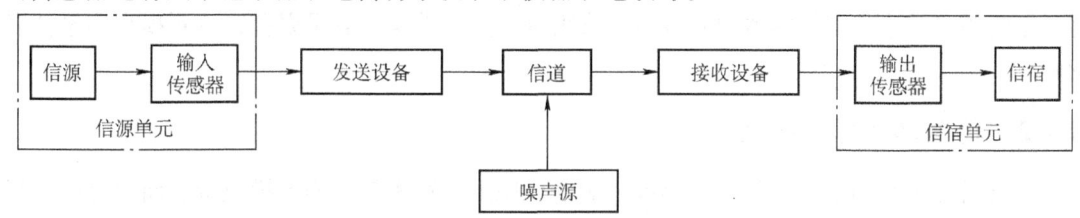

图 3-20　实际通信系统框图

3. 传感器的信号调理

传感器所产生的电信号一般非常弱，必须经过放大处理后才能利用电缆线传输到数据获取（Data Acquisition，DAQ）模块进行进一步处理。有些传感器的输出信号虽然强，但许多 DAQ 部件的输入范围固定（如 ±10V，0～5V 等），与传感器的输出范围往往不符，必须对传感器的输出范围进行再调整。此外，传感器信号中的无用噪声必须尽可能滤掉或最小化以得到"干净"的信号。所谓信号调理，即对传感器的输出信号进行再加工，使其更适合后续的信号传输及处理。

图 3-21 所示为一个典型的信号获取系统。一般来说，信号调理大致可分为 4 种类型，即电平调整、线性化、信号形式变换、滤波及阻抗匹配。

电平调整是最简单的信号调理，最常见的例子是图 3-21 中对电压信号进行的放大（或衰减）。此外还包括传感器零位电压的调整等。

线性化是针对传感器的非线性特性的信号调理。虽然传感器的种类繁多，但面对具体的测控问题时，实际上可供选择的传感器很少，且大部分传感器的输入—输出特性呈非线性。这种非线性特性对于动态测量的场合尤其不利：非线性特性将导致动态信号波形产生畸变。当然，实际上不可能做到通过信号调理将非线性特性调整为理想的线性特性。线性化作用在于尽可能扩大传感器响应特性的线性范围。

信号形式变换是指将传感器输出信号从一种形式变换为另一种形式，如电压—电流变换或电流—电压变换。此外，将敏感元件的电阻抗转换为电压或电流输出的电阻抗检测电路有时也被归结为这一类。

在传感器获得的测量信号中，往往含有许多与被测量无关的频率成分需要通过信号滤波

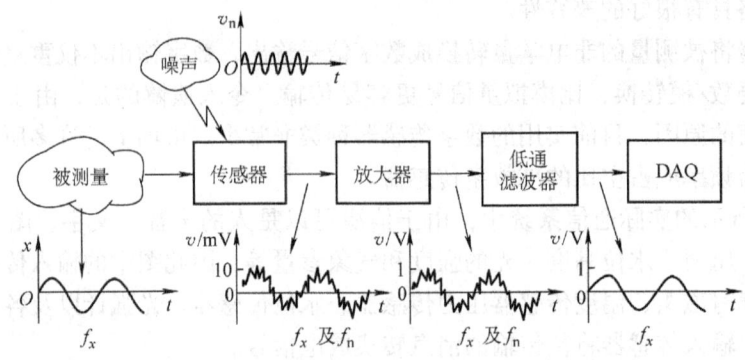

图 3-21 典型的信号获取系统

电路去掉。滤波与阻抗匹配电路的功能在于滤除信号中的冗余成分,如高频噪声、传输线引进的干扰等,减小由于传感器内阻或传输线阻抗等因素带来的测量误差,达到提高测量精度的目的。

3.4.2 传感器信息数字化

通常需要进行测量的参数,如温度、湿度、压力、距离等,均为模拟量。而将这些模拟量转换为电量的传感器也大多为模拟量传感器,其输出信号为连续时间函数。传感器信息数字化的任务就是将这些连续时间变量转换为数字电路能够处理的数字信号。

传感器的信息数字化功能模块如图 3-22 所示。根据采样定理,所有输入信号的频率必须限制在系统采样频率的 1/2 以下的范围内。有些信号的频谱本身就是限带的,因此不需要进行抗混处理。然而,大多数信号的频谱范围很宽,必须在采样之前利用模拟的低通滤波器进行限带处理,称为抗混滤波。

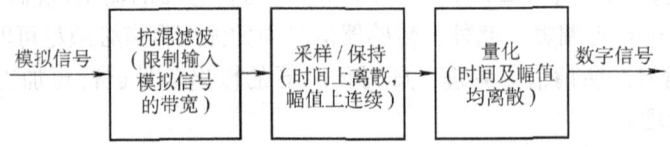

图 3-22 传感器的信息数字化功能模块

在介绍抗混滤波器之前,首先看一下模拟滤波器与数字滤波器之间的关系。图 3-22 中,对传感器信号的滤波处理,既可采用模拟滤波器,也可采用数字滤波器,或者两者均采用。如图 3-23 为两种滤波器在传感器信息数字化系统中的位置关系。显然,如采用模拟滤波器,则对信号的滤波处理在 A/D 转换之前完成。反之,如采用数字滤波器,则滤波是在 A/D 转换完成后进行。

在实际应用中,滤波功能在数字域实现和在模拟域实现有许多区别,必须予以充分重视。

模拟滤波器可以在模拟信号到达 A/D 转换器之前,将夹杂在信号中的噪声信

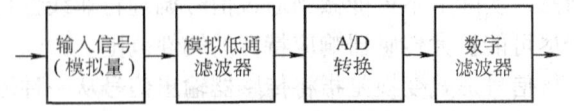

图 3-23 信息数字化系统中的模拟滤波器与数字滤波器的位置关系

号去除，尤其是信号中的尖峰。数字滤波器则很难去除这种夹杂在模拟信号中的尖峰。当信号幅度接近 A/D 转换器的满量程电压时，信号中的尖峰可能会导致 A/D 转换器的饱和。

另外，模拟滤波更适合用于高速系统，例如，高于 5kHz 的系统。在这类系统中，模拟滤波器可以削弱信号中有用频带以外的噪声水平，有效防止采样时发生混叠。系统高分辨率的实现则主要依靠 A/D 转换器。与此相反，数字滤波器需要采用过采样或平均化等方式去除各种噪声信号，这些方式均需要时间，因此系统的响应速度会受到限制。

由于数字滤波是发生在 A/D 转换以后，因此可去除转换过程中引入的噪声。显然，这一点是模拟滤波器无法做到的。而且，数字滤波器采用编程技术实现，比起模拟滤波器来要方便许多。

综上所述，一般情况下，在 A/D 采样之前所采用的模拟滤波器多为低通滤波器，用以防止采样过程中出现混叠。对信号中其他频率成分的滤波处理则多采用数字滤波器实现。

3.4.3 信息数字化的实现

在实际工程应用中，被监控的生产过程每时每刻都在产生大量的原始信息。传感器将这些信息转换为相应的电信号，后续的系统则需要对这些信号进行进一步的处理及综合，才能得到关于被监控对象的信息，并通过信号输出通道对监控对象进行相应的控制操作。实际中，一套传感器监控系统往往会采用多个传感器。相应地，所需要的信号输入通道必须能够适应多路信号输入的要求。

由于个人电脑（PC）的广泛应用，传感器大部分的信息数字化系统将模拟信号转换为数字信号后，都是与 PC 或其他类型的计算机系统乃至计算机网络进行连接，实现信号的进一步处理、存储与传输。

基于计算机的信息数字化系统有两种实现方式：一种是直接插卡式，即通过插入 PC 中 PCI 或其他总线插槽中的数据采集卡实现信息的获取；另一种形式则是信息获取与计算机分开，信息数字化系统将模拟信号转换为数字量，通过高速接口（如 USB 接口）与计算机相连。前者在市场上已经有多种性能的商品化板卡出售，但安装及携带不方便，主要用于固定场合的测试。随着 USB 2.0 的出现，后者以即插即用、携带方便（可与笔记本电脑连接实现现场测试）等优点，逐渐成为信息数字化系统中的一种主要形式。

基于 PC 的信息数字化系统的主要部件有：
1) 信号调理硬件。
2) A/D 转换硬件。这是最常见的硬件，有许多商品化的产品可供选用。
3) 缓存/存储硬件。用于对所采集数据的存储，一般还包括传输到 PC 的接口。
4) PC 上的软件。对采集到的信息进行处理后，转换为适当的形式，进行存储、显示及进一步的分析。

具体信息数字化系统的方案选择应考虑如下需求：
1) 采集速度足够快，能满足具体应用要求。
2) 具备抗混滤波器，滤除高频噪声。
3) 可适应测量传感器输出信号的类型。
4) 如传感器需要激励信号，但本身却没有，则应该能提供激励信号源。
5) 可测量感兴趣信号的整个量程范围（如最高、最低电压）。

6) 可提供满足需要的信号调理及信号隔离。
7) 可提供满足要求的接口形式。
8) 具有满足要求的分辨率、精度以及低的噪声水平。
9) 理想情况下,应能实现多路信号的同时采集,这方面应根据被采集信号对是否同时采集的敏感程度而定。
10) 具备必要的配套软件。

一般来说,信息数字化系统的硬件应具备一些可供选择的开关及可调节的环节,以简化操作。软件部分则应直观、易懂易学且具备一定的通用性。

通常,信息数字化系统的硬件部分是由传感器、放大器、多路模拟开关、采样保持器（S/H）和 A/D 转换器组成模拟量输入通道。根据输入信号的数量,输入通道又分为单通道和多通道。除了一些简单的单参数测控系统外,大部分输入通道都是多通道。市场上出售的通用数据采集卡,一般都提供多路输入通道,如 8 路、12 路、16 路等,供用户选择使用。

根据具体的硬件实现方式不同,多通道结构又可分为两种形式。

（1）每个通道有独自的采样/保持（S/H）和 A/D 转换

如图 3-24 所示,各路通道可同时进行信号的 S/H 及 A/D 转换。只要与后续计算机的数字接口速度足够快,就可实现很高的信号采集速度,这种形式的缺点是每一路通道都需要单独的 S/H 及 A/D 转换器,成本相对较高,电路结构相对复杂,体积也较大些。

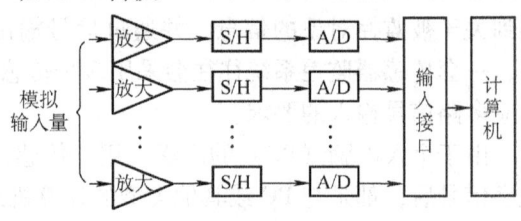

图 3-24 每个通道有独自 A/D 转换器的结构

（2）多路通道共享采样/保持（S/H）和 A/D 转换

如图 3-25 所示,与前一种方案相比,这实际上是一种以时间换空间的方案。利用一个多路模拟开关进行切换,轮流采入各通道的模拟信号。因此,这种形式只需要一路的 S/H 及 A/D 转换,电路成本及结构方面都比图 3-24 的方案有优势。所付出的代价是每次仅允许一路信号通过,信号采集速度大大降低,通常用于对速度要求不高的数据采集系统。这种结构还有一种更经济的方式是将多路模拟开关置于放大电路之前,多路信号共享一套信号放大电路,如图 3-26 所示。显然,由于信号放大电路对每路信号的放大效果是相同的,这种方案要求各路输入信号的幅度不能相差太大。当然,在动态测量时,一般情况下都需要对输入信号进行低通滤波,以防止产生混叠效应,此时图 3-26 中的放大电路仅作为一个抗混滤波器使用,这是一种不错的方案。

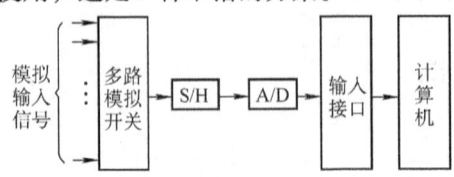

图 3-25 多通道共享 A/D 转换器的结构

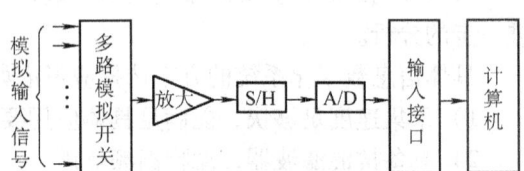

图 3-26 多通道共享放大电路及 A/D 转换器的结构

思考题与习题

3-1　PCM 通信系统中的模/数转换和数/模转换分别包含了哪几个步骤？

3-2　低通信号和带通信号的抽样频率如何确定？

3-3　何谓奈奎斯特抽样速率和奈奎斯特抽样间隔？

3-4　发生频谱混叠的原因是什么？

3-5　量化的目的是什么？

3-6　什么是均匀量化？它的缺点是什么？如何解决？

3-7　什么是非均匀量化？

3-8　A 压缩律 13 折线的码字中的 8 位码是如何安排的？

3-9　简述 DPCM、ADPCM 的概念。

3-10　什么是语音压缩编码？

3-11　简述几种图像压缩编码技术。

3-12　何谓唯一可译码？它和即时码的关系怎样？

3-13　即时码存在的充要条件是什么？如何构造即时码？

3-14　采用 13 折线 A 压缩律编码，设最小的量化级为 1 个单位，已知抽样脉冲值为 -630 单位，写出此时编码器输出的码字以及对应的均匀量化的 11 位码。

3-15　采用 13 折线 A 压缩律编码，设最小的量化级为 1 个单位，已知抽样脉冲值为 $+635$ 单位。

（1）试求此时编码器输出码组，并计算量化误差（段内码用自然二进制码）；

（2）写出对应于该 7 位码（不包括极性码）的均匀量化 11 位码。

3-16　采用 A 压缩律 13 折线编解码电路，设接收端收到的码字为"10000111"，最小量化单位为 1 个单位。试问解码器输出为多少单位？对应的 12 位线性码是多少？

第4章 信息传输技术基础

4.1 信息传输和信道

4.1.1 信息传输的基本概念

在前面已经学过,通信是为了实现信息的传送与交流。因此,没有信息的传输就谈不上通信了。在整个通信网络中,信息传输是其中重要的一个组成部分。信息传输就是将携带信息的信号通过媒体传送到目的地的过程。信源提供的语音、数据、图像等需要传递的信息由用户终端设备变换成需要的信号形式,经传输终端设备进行调制,将其频谱搬移到对应传输媒质的传输频段内,通过传输媒质传输到对方后,再经解调等逆变换,恢复成信宿适合的消息形式。

1. 信道

信道是信号传输的通道。通信的目的就是传递信息,在传递信息的过程中,除了发送信号的发送端和接收信号的接收端,位于中间的信道是必不可少的。从系统的角度看,通信系统一般由信源、发送设备、信道、接收设备、信宿和噪声源组成。通信系统的基本模型如图4-1所示。

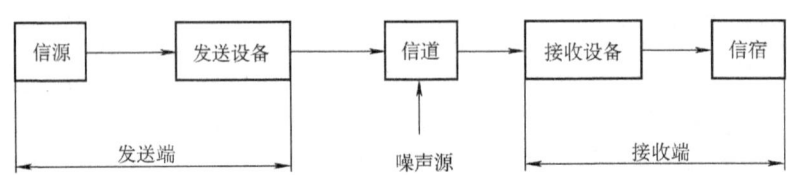

图 4-1 通信系统的基本模型

其中,信源(信息源)是产生消息的源,把人或设备发出的信息变换为原始的电信号;发送设备是负责将信源发出的信号变成适合于信道传输的信号;接收设备是把从传输信道中接收的信号恢复成相应原始信号的设备,与发送设备功能相反;信宿是将复原的原始信号转换成相应的消息的宿端,是受信者。

信道是信号传输的通道,是通信系统的重要组成部分。信道由各种各样的传输媒质支撑,这些媒质包括明线、电缆、光缆及无线方面的各波段的电磁波等。传输媒质是用于承载传输信息的物理媒体,是传递信号的通道,提供两地之间的传输通路。根据传输信号的特性,可以将信道分为模拟信道和数字信道。根据传输距离的远近及作用,信道可分为两类:距离比较近的称为用户线或接入信道(接入网),当前以金属电缆和无线传输为主;距离较远的称为中继或长途传输信道,当前主要由光缆、微波和卫星信道组成。信道根据传输媒质是否有形也可分为两种,一种是电磁信号在自由空间中传输的无线信道,另一种是电磁信号在某种有形的传输线上传输的有线信道。

噪声源不是人为实现的实体，在实际的通信系统中客观存在，在模型中将它集中表示。实际上，干扰噪声可能在信源处就混入了，也可能从构成变换器的电子设备中引入，传输信道中的电磁感应以及接收端的各种设备中也都可能引入干扰。

2. 信息容量

信息容量是在一个给定时间内，通过一个通信系统可以传输多少信息的一种度量。简而言之，信息容量可以是系统容纳的用户数目或系统交换、传输及处理的信息比特数。信息论（Information Theory）是对有效利用带宽通过电子通信系统传输信息的理论研究。信息论可用来确定通信系统的信息容量（Information Capacity）。1920年贝尔电话实验室的哈特莱（R. Hartley）推导出了带宽、传输时间和信息容量之间的关系。哈特莱定律简单地说明，带宽愈宽，传输时间愈长，能够通过该系统传送的信息就愈多。数学上，哈特莱定律表达如下：

$$C = Bt \tag{4-1}$$

式中，C 为信息容量；B 为系统带宽（Hz）；t 为传输时间（s）。

式（4-1）说明，信息容量是系统带宽和传输时间的线性函数并与两者直接成正比。如果通信信道的带宽增加一倍，可以传送的信息量也增加一倍。如果传输时间增加或减少，通过系统传送的信息量也成比例地改变。

【例4-1】 已知某系统的系统带宽为150MHz，求分别在1s和1min时间内的传输信息量。

解： 根据哈特莱定律，当 $t = 1\text{s}$ 时，系统信息容量为 $C = 150 \times 10^6 \times 1\text{bit/s} = 1.5 \times 10^8$ bit/s；当 $t = 60\text{s}$ 时，系统信息容量为 $C = 150 \times 10^6 \times 60\text{bit/s} = 9 \times 10^9 \text{bit/s}$。

那么如果增大带宽 B，能否使 C 一定线性增加呢？这实际上是不可能的，香农极限公式回答了这一问题。1948年，香农（C. E. Shannon）论述了通信信道的信息容量（信息容量的单位为 bit/s）与带宽和信噪比的关系。数学上，香农信息容量极限表述为

$$C = B\log_2\left(1 + \frac{S}{N}\right) \tag{4-2}$$

式中，C 为信息容量（bit/s）；B 为带宽（Hz）；S/N 为信号与噪声的功率之比，简称信噪比（无单位），其中 $N = n_0 B$，n_0 为噪声单边功率谱密度。

可见，C 是信道带宽和信噪比的函数，B 增大的同时，噪声功率 N 也增大，S/N 减小，C 是有限的。信道容量受"三要素"——B、n_0 和 S 的限制，只要这三要素确定，信道容量就确定。

【例4-2】 已知某系统的信噪比为1000（30dB），标准话音频带通信信道带宽为3.4kHz，试求该系统的信息速率极限值。

解： 根据信息容量的香农极限公式，$C = 3400 \times \log_2(1 + 1000) \text{bit/s} = 33.89\text{kbit/s}$，这个值就是该信道传输信息的理论极限速率值。

3. 信道传输特性

根据传输介质是否有形，信道可以分为有线信道和无线信道。

（1）有线信道的传输特性

1）幅频传输特性：是信道在各频率下的衰耗与频率的关系曲线，它将影响信号的幅度衰减量。信道的理想幅频特性要求其通带内特性平稳，否则将导致信号幅度失真，如图4-2a

所示。

2）相频传输特性：是信道在各频率下的相位移与频率的关系曲线，它将影响被传输信号的相位移。信道相频非线性，产生信号非线性相位失真，如电视画面上的图像镶边，图像的边缘抖动。对相位无要求的通信不需考虑。理想相频特性是一条通过 $f=0$Hz 原点的斜直线，频率分量高的信号相移大，频率分量小的相移小，如图 4-2b 所示。

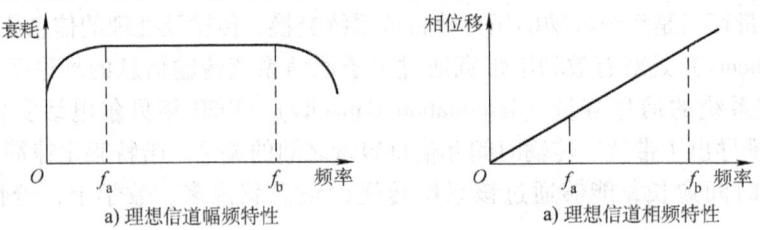

a) 理想信道幅频特性　　　　　a) 理想信道相频特性

图 4-2　理想有线信道的传输特性

（2）无线信道传输特性

无线信道的传输媒介是自由空间，由电磁波携带信号。常用无线信道的通信方式有：调幅、调频广播，无线电视，微波通信，卫星通信，移动电话，无线寻呼等。无线信道也以幅频特性与相频特性来描述信道对通过信号的影响，与有线信道类同。

无线通信所用的电磁波，根据频率的高低，或波长的长短，频段划分如表 4-1 所示。通常所说的微波是指频率在 0.3~3GHz 范围的电磁波。

表 4-1　无线电波频段

频段名称	频率范围	波长范围	传输媒质
极低频（ELF）	3~30Hz	$10^5 \sim 10^4$km	金属缆线
音频（VF）	30~300Hz	$10^4 \sim 10^3$km	
甚低频（VLF）	300~3000Hz	$10^3 \sim 10^2$km	
低频 LF（长波）	3~30kHz	$10^2 \sim 10$km	
中频 MF（中波）	30~300kHz	10~1km	
高频 HF（短波）	300kHz~3MHz	$10^3 \sim 100$m	
甚高频 VHF	3~30MHz	100~10m	无线电波（包括微波）
超高频 UHF	30~300MHz	10~1m	
分米波（特高频）	300MHz~3GHz	10~1dm	
厘米波（极高频）	3~30GHz	10~1cm	
红外线（光波）	30~300GHz	10~1mm	光纤
	300~3000GHz	1~0.1mm	

各波长段的频率不同，波长不同，其空间传播特性就不一样，用途也就不同。长波绕射能力最强，靠地波传播，常用于进行海潜通信；中波较稳定，主要用于短距离广播（收音机的调幅台就用此波段）；短波利用空间电离层反射，进行长距离传输，主要用于短波通信和短波广播；超短波是比短波波长更短的波，也是利用电离层反射传播（大家平时听的调频台就属于此波段）主要是用于无线广播与通信；微波波长较短，接近于光波，是直线传播，实现点到点间无阻挡的视距通信主要用于微波、卫星、导航及航天等通信。无线频率资

源非常宝贵，不可再生，应当合理、有效地利用。

(3) 信道的衰减与失真

在信道中传递的信号，由于介质的特性，信号传输中必然会产生能量的损失，这种能量的损失，称之为衰减或衰耗。在通信工程中称之为固有衰减，这种衰减随信道种类不同而不同，传输信道距离越长衰减越大，其度量一般用电平（dB）表示，其dB的定义为：采用信号输入/输出端功率比值取10倍常用对数来表示，称之为分贝。

$$\mathrm{dB} = 10\lg\frac{P_i}{P_o} \tag{4-3}$$

在通信系统中，信号其传输一般用相对电平来表示，如果式（4-3）中参考点为P_o，输出点为P_i，若P_o的单位用mW表示，则电平为dBm，称dB毫瓦，如P单位用W表示，则电平为dBW或称为dB瓦

$$(\alpha)_{\mathrm{dBm}} = 10\lg\frac{P_i}{P_o} \tag{4-4}$$

此种单位在传输工程上普遍采用。衰减值允许有多大，要根据规定的发送电平和接收机灵敏度来确定。例如，CCITT V.2建议规定用户设备加到线路上的功率电平在任何频率都不得大于0dBm，即1mW。数据电路设备（如Modem）接收机灵敏度在不同的应用场合有不同的值，大约在-43～26dBm的范围内。

通信信道由于干扰和噪声影响，常见的信号衰减与失真度量参数有幅度衰减、幅度突变、相位抖动、群时延—频率失真、频率偏移等。

幅度衰减是指信道对不同频率信号的幅度衰减变化。由于信道的频带是有限的，不同频率的信号通过信道时衰减值往往是不一样的，没有频率衰减失真特性的信道是不存在的。例如，在恒定参数的电话信道中，在频率小于300Hz时，每倍频程衰减增加15～25dB；在300～1100Hz范围内衰减比较平坦，在1100～2900Hz之间衰减通常是线性上升的（2600Hz处的衰减比1100Hz处的衰减高8dB）；在2900Hz以上，衰减增加很快，每倍频程增加80～90dB。

为了减小幅度衰减，在设计信道的传输特性时，一般要求把幅度—频率失真控制在一个允许范围内，使衰减的特性曲线变得平坦，这种措施也称为"均衡"。实际应用中，通常以800Hz为参考频率，信道对其他频率的衰减和对参考频率的衰减之差称为衰减—频率失真$\Delta\alpha\sim f$，CCITT M.1020建议规定了衰减—频率失真的容限范围。

幅度突变是指接收信号幅度突然变化（增加或减小）的数值，一般要求门限值在1～6dB范围内选择。CCITT M.1020建议规定，超过±2dB的幅度突变在15min内应少于10次。当瞬断的门限电平定为比正常值电平低10dB时，CCITT M.1060建议规定，在15min内应不出现3ms以上的瞬断，如有出现，则在1h内瞬断不得超过2次。

数字信号传输中的码元是一个接一个地传输的，每个码元都有特定（标准）的参考时间位置，如果接收信号的参考位置前后不断摆动，就称为相位抖动（或相位畸变）。相位抖动对模拟话音通信影响并不显著，是因为人耳对相位畸变不太灵敏，但对接收数字信号则不然，当数字信号传输速率较高时，相位畸变会引起严重的码间干扰，降低了抗干扰和失真的能力，严重时还会造成误码。CCITT M.1020建议规定优质电路的相位抖动极限值为峰—峰抖动15°，一般不超过峰—峰抖动10°。

相位抖动也会引起信号的畸变和失真，是一种线性畸变，通信系统可以采用"均衡"措施补偿。

信道的相位—频率特性也经常用群时延—频率失真来衡量，所谓群时延—频率失真是相位—频率特性对频率的导数，若相位—频率特性用 $\varphi(\omega)$ 表示，则群时延—频率特性 $\tau(\omega)$ 为

$$\tau(\omega) = \frac{\mathrm{d}\varphi(\omega)}{\mathrm{d}\omega} \tag{4-5}$$

群时延—频率失真通常选用通频带内时延为最小的频率作为参考频率点，其他频率点的时延值与参考频率点的最小时延值之差 $\Delta\tau$ 随频率的变化就称为群时延失真（$\Delta\tau \sim f$）。CCITT M.1020 建议也规定了 $\Delta\tau \sim f$ 的容限范围。

当数字传输经过长途信道时，由于调制和解调过程所用的载波频率不一致，接收端收到的信号会和发送端发送的信号不相同，称为频率偏移。不同的终端设备对频率偏移的要求不相同，CCITT M.1020 建议规定的频偏容限为 ±5Hz。

（4）信道的损伤

1）信道中的噪声与干扰。信号在信道传输过程中，会遇到各种情况的干扰和噪声，包括各种各样来自系统内部的噪声与外部的干扰。

①系统内部噪声。系统内部半导体器件中的少数载流子的随机扩散与电子—空穴对的随机复合运动产生散弹噪声；通信设备中的元器件的热运动（热力学温度 0K 以上都有）产生白噪声。以上两种噪声是不可避免的，只能通过改良通信设备的工艺来避免或改善。

②系统外部的干扰。通信设备工作时，处于强电磁环境中，一方面受到自然界雷电、太阳黑子活动等引起的电磁暴干扰；另一方面受其他无线电设备发射电磁波、市电 50Hz 信号的干扰。这种外界干扰，可通过降低外界干扰源的干扰和增强通信设备的屏蔽能力来改善。

信号在信道中传输时，信道特性的不理想及受到各种各样的噪声和干扰的影响，都会使信号产生畸变（失真），信号失真包括信号的幅度—频率畸变和相位—频率畸变两部分。同时，通信过程伴随着各种各样的噪声，传输中最主要的一种干扰是叠加在信号上面传输的加性噪声，加性噪声与信道中传输的信号存在着相加关系，与信道内信号有无没有关系。

在噪声和干扰不可避免的情况下，需要对通信信号进行调制、编码等变换措施，保证通信质量不下降。从这个意义上讲，传输技术不仅为了传输信号，更需要提高信息传输的有效性与可靠性。通信系统的传输技术根据被传信号特性，分为模拟传输技术和数字传输技术两大类。

2）数字传输系统性能指标。现代通信中传递和交流的基本上都是数字化的信息，数字化技术是现代通信的基本特征。从数字信号传输的角度上看，数字通信系统的主要性能指标分为有效性和可靠性指标，其中有效性指标常用信息传输速率、码元传输速率（符号传输速率）、频带利用率等表示，可靠性指标常用误码率和抖动容限表示。

①信息传输速率。是指在单位时间（每秒）传送的信息量，也称传信率、比特率。信息量，是消息多少的一种度量，消息的不确定程度愈大，则其信息量愈大。在信息论中，对数字传输信息量的度量单位为"比特"，即一个二进制符号（"1"或"0"）所含的信息量是一个"比特"。所以，数字信号信息传输速率单位是比特/秒（bit/s），单位还有 kbit/s、Mbit/s、Gbit/s、Tbit/s，一般用符号 f_b 表示。

【例 4-3】 某数字通信系统,它每秒钟传输 2048×10^3 个二进制码元,则它的信息传输速率为多少?

解: 该系统信息传输速率 $f_b = 2048 \times 10^3 \text{bit/s}$。

② 码元(符号)传输速率。也称为符号传输速率,或码元速率、波特率。它是指单位时间(每秒)所传输的码元数目,其单位称为波特。这里的码元一般指多进制,如二进制、四进制等,它和信息传输速率是有区别的,码元传输速率可折合为信息传输速率进行计算。其转换公式为

$$f_b = f_B \log_2 M \tag{4-6}$$

式中,f_b 为信息传输速率(二进制传输速率);f_B 为码元传输速率(消息速率),其单位为波特(Baud 或 Bd);M 为码元进制数(符号进制数)。

这里应注意,M 为二进制时波特率与比特率数值是相等的,但两者概念意义是不同的。

【例 4-4】 已知某系统的码元传输速率为 600 Baud,如果系统传输二进制和四进制码元时对应的信息速率分别为多少?

解: 二进制码元时,$M=2$,代入公式(4-6)计算出信息传输速率 $f_b = 600 \text{bit/s}$;四进制码元时,$M=4$,信息传输速率 $f_b = 1200 \text{bit/s}$。

③ 频带利用率。是指单位频带内的传输速率。传输的速率愈高,所占用的信道频带愈宽。通常用 η 来表示数字信道频带的利用情况,即频带利用率为

$$\eta = \frac{传输速率}{频带宽度} \tag{4-7}$$

当传输速率是码元传输速率时,其单位为波特/赫兹(Baud/Hz);当传输速率是信息传输速率时,其单位为比特/秒/赫兹(bit/s/Hz)。

④ 误码率。在数字通信中是用脉冲信号,即用"1"和"0"携带信息。由于通信系统中噪声、串音及码间干扰以及其他突发因素的影响,当干扰幅度超过脉冲信号再生判决的某一门限值时,将会造成误判成为误码。噪声叠加在数字信号上的波形如图 4-3 所示。

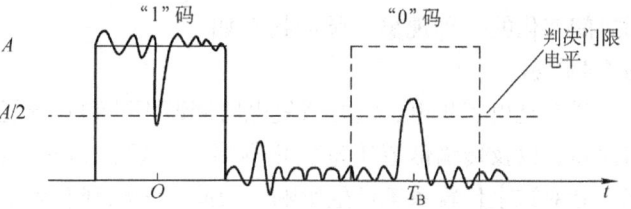

图 4-3 噪声叠加在数字信号上的波形

在传输过程中受干扰(叠加了噪声)数字信号在判决点处会出现两种情况。

以单极性信号为例:可能把"1"码误判为"0"码称为减码,也可能把"0"码误判为"1"码称为增码。无论是增码还是减码都称为误码,误码用误码率来表征,其定义为:数字通信系统中在一定统计时间内,数字信号在传输过程中,发生错误的码元数与传输的总码元数之比,用符号 P_e 表示

$$P_e = \lim_{n \to \infty} \frac{产生错误码元(个数)}{传输的总码元(个数)} \tag{4-8}$$

这个指标是统计结果的平均值,所以这里指的是平均误码率。显然,误码率愈小,通信的质量愈高。

【例 4-5】 某数字通信系统中传输"1"和"0"等概率的码元,则每码元含有的信息

量为1bit。现有一数据通信系统每秒传送144kbit 的"1"和"0"码元,则此系统传信率多少 bit/s? 如果此系统在传输过程中每 5s 传错 2 码元,则系统的误码率又为多少?

解:在二进制码系统中,直接计算系统信息传递速率 f_b = 144kbit/s;由于系统 5s 内传送的信息比特数为:144kbit × 5 = 720kbit,则根据公式(4-8)计算,系统误码率为 P_e = 2/$(720 × 10^3)$ = 2.778 × 10^{-6}。

在实际的数字通信系统中,含有多个再生中继段,上面讲的误判产生的误码率,是指在一个中继段内产生的,当它继续传到下一个中继段,也有可能再产生误判,但这种误判把原来误码纠正过来的可能性极少。则一个传输系统的误码率,应与每个再生中继段的误码率相关,即具有累积特性。如一个传输系统有 m 个再生中继段,则总误码率为

$$P_{eB} = \sum_{i=1}^{m} P_{eBi} \tag{4-9}$$

式中,P_{eB} 为总误码率;i 为再生中继段序号;P_{eBi} 为第 i 个再生中继段的误码率。

当每个再生中继段误码率相同时,即都为 P_{eBi},则 m 个再生中继段的误码率为

$$P_{eB} = mP_{eBi} \tag{4-10}$$

⑤抖动容限。所谓抖动,是指数字信号的有效瞬间与其理想时间位置的短时偏离。一般说抖动称为相位抖动、定时抖动。它是数字通信系统中数字信号传输的一种不稳定现象,也即数字信号在传输过程中,脉冲信号在时间间隔上不再是等间隔的,而是随时间变化的一种现象。脉冲抖动如图 4-4 所示。

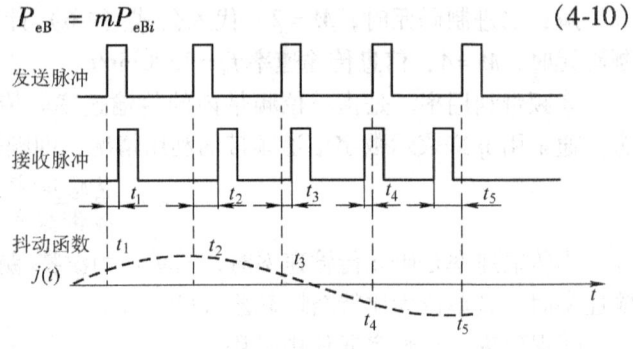

图 4-4 脉冲抖动

抖动是由于噪声、定时恢复电路调谐不准和系统复用设备的复接、分接过程中引入的时间误差,以及传输信道质量变化等多种因素引起的。当多个中继站链接时,抖动会产生累积,会对数字传输系统产生影响,因此,一般都有规定的限度,常用抖动容限参数来限制抖动值。

抖动容限一般是用峰—峰抖动 J_{p-p} 来描述的。它是指某个特定的抖动比特的时间位置,相对于该比特抖动时的时间位置的最大部分偏离。设数字脉冲 1bit 宽度为 T,偏离位置用 $\Delta\tau$ 表示,则抖动容限即为 $\Delta\tau/T × 100\%$(UI)。如果产生 1bit 的偏离,即为 1UI(100% UI)。

抖动对各类业务的影响不同,例如在传输话音和数据信号时,系统的抖动容限一般为不大于 4% UI。由于人眼对相位变化的敏感性,对用数字系统传输的彩色电视信号,其系统抖动的容限一般为不大于 0.2% UI 或者更高。抖动容限随数字信号传输的速率高低及对不同的数字系统要求是有区别的。

4.1.2 有线传输信道

不同的传输介质具有不同的属性,应针对不同的用途应用在不同的场合,发挥不同传输介质的最佳效能。有线信道的电磁能量被约束在某种传输线上传输,包括平行导体传输线、

同轴电缆传输线、微带传输线、波导传输线、光纤传输线等。

1. 架空明线和平行双线电缆

架空明线是利用金属裸导线捆扎在固定的线担上的绝缘子上，是架设在电线杆上的一种通信线路。它主要由导线、电杆、线担、绝缘子和拉线等组成，如图 4-5a 所示。金属裸导线用于传输电信号。明线电缆是双线并行导体，它仅仅由两根并行线组成，中间由空气隔离绝缘。间隔相等地设置绝缘衬垫可以保证两导体的距离恒定，两导体的距离通常在 2～6in（1in = 2.54cm）之间。

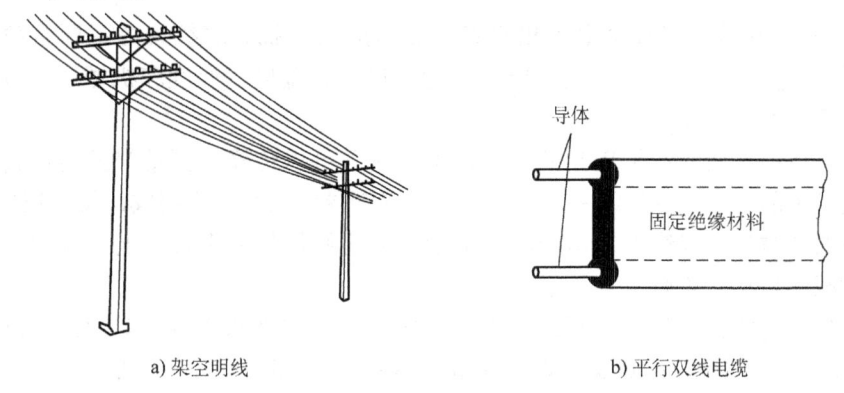

a) 架空明线　　　　　　　　　　b) 平行双线电缆

图 4-5　架空明线和平行双线电缆

架空明线暴露在大自然环境中，它的唯一优点是结构简单，因为没有屏蔽，所以明线传输线辐射损耗高并且易受噪声及外界电磁场的干扰。当传输信号频率较高时，具有一定的辐射性，使线路衰耗和串音增大，所以它的复用程度较低，早期用来开通 12 路载波电话，传输频率为 150kHz，多用于专网通信。目前除了在一些农村地区外已很少使用。

平行双线电缆是一种双线平行导体传输线，两个导体承载电流，其中一个导体承载发出的信号，另一个承载返回的信号，任何一对传输线都可以在平衡模式下工作，如图 4-5b 所示。平行双线电缆通常称为带状电缆。除了两导体间的衬垫用连续固体绝缘体取代以外，双导线与明线传输线本质上极为相似，这可以确保沿整个电缆均衡间隔。电视传输电缆两导体间的距离是 5～16in，通常，绝缘体的材料是特氟隆和聚乙烯。

2. 对称电缆

对称电缆是由若干条扭绞成对（或组）的导电芯线加绝缘层组合而成的缆芯，以及在缆芯外面加上金属编织物等构成。导电芯线必须具有良好的导电性、柔软性和足够的机械强度。绝缘层是为保证芯线之间和芯线与护层之间具有良好的绝缘性能，在每根导线外包裹绝缘纸带或聚苯乙烯或聚烯烃塑料层。金属编织物要连接到地，起屏蔽作用，以减少辐射损耗和干扰。金属编织物可以避免信号辐射出去，也可以阻止电磁干扰到达内部的信号导体。其外覆盖保护的塑料外套，如图 4-6a 所示。目前，最常用的是软铜线，也有采用半硬铝线，对称电缆主要用于市话用户的电话线。

3. 双绞线电缆

在计算机网络中应用最多是双绞线电缆（简称双绞线），如图 4-6b 所示。双绞线是由两根绝缘的导体扭绞封装在一个绝缘外套中而形成的一种传输介质，通常以对为单位，并把它作为电缆的内核，根据用途不同，其芯线要覆以不同的护套。相邻的线对要以不同的节距

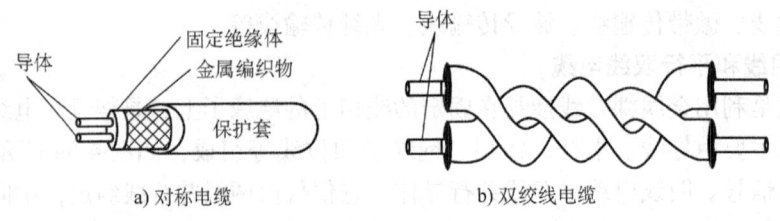

图 4-6 对称电缆和双绞线电缆

（扭绞长度）进行扭绞，以减少由于相互感应而形成的干扰。双绞线的主要常数是电参数（阻抗、感抗、电容和电导率），它们要随物理环境，如温度、湿度和机械压力以及制造工艺误差等因素的变化而变化。

双绞线是目前局域网最常用到的一种电缆，它既可以传输模拟信号又可以传输数字信号。由于电缆中的每一对双绞线一般是由两根绝缘铜导线相互扭绕而成，每一根导线在传输中辐射的电波会被另一根线上发出的电波抵消，从而使信号的干扰程度（使电磁辐射和外部电磁干扰减到最小）降低。

双绞线按其电气特性进行分级或分类，一般分为非屏蔽双绞线（UTP）和屏蔽双绞线（STP）两大类。对双绞线的定义有两个主要来源：一是 EIA（电子工业协会）的 TIA（远程通信工业分会），即通常所说的 EIA/TIA；另一个来源是 IBM。EIA 负责"Cat"系列非屏蔽电缆，IBM 负责"Type"系列屏蔽电缆标准。大多数以太网在安装时使用基于 EIA 标准电缆，而大多数 IBM 及令牌环网则倾向于使用符合 IBM 标准的电缆。其中，Cat 1 适用于电话和低速数据通信；Cat 2 适用于 ISDN 及 T1/E1，支持高达 16MHz 的数据通信；Cat 3 适用于 10Base-T 或 100Mbit/s 的 100Base-T4，支持高达 20MHz 的数据通信；Cat 5 适用于 100Mbit/s 的 100Base-TX 和 100Base-T4，支持高达 100MHz 的数据通信。随着传输介质的发展，近年来在局域网中出现了超 5 类双绞线和 6 类双绞线。超 5 类双绞线属非屏蔽双绞线，比一般的 5 类双绞线在传送信号时衰减更小，抗干扰能力更强，在 100Mbit/s 网络中，用户设备的受干扰程度只有普通 5 类线的 1/4。在 1000Mbit/s 网络中，需要用 6 类双绞线。

双绞线一般用于星形网的布线连接，每对线可传输 60 路电话信号，其中 Cat 3、Cat 4 和 Cat 5 电缆需要 RJ-45 的专用连接器。双绞线的缺点是容易受到外部高频电磁波干扰，且线路本身会产生一定的噪声，误码率较高，不支持速率非常高的数据传输。如果用作数据通信网络的传输介质，每隔一定距离需要使用中继器或放大器。

4. 同轴电缆

前面的平行导体传输线适合于低频应用。然而在高频段，它们的辐射损耗和绝缘损耗很大。因此，同轴导体被广泛地用于高频应用以减少损耗并隔绝传输线路。基本的同轴电缆包括一个中心导体，周围是同心的（与中心距离相同）外部导体。在相对高的频段上，同轴外导体提供极好的屏蔽以防止外部干扰。

同轴电缆包括一个中心导体，直径为 1.2~5mm，周围是同心共轴的外部导体，外管直径为 4.4~18mm，外部导体被物理隔绝，由间隔器与中心导体隔离，属于不对称的结构。间隔器由耐热玻璃、聚苯乙烯和其他一些绝缘体组成。图 4-7 所示为固态柔韧型同轴电缆，外部导体是柔韧的编织物，并与中心导体同轴，绝缘体是固态绝缘聚乙烯材料，以保证内外导体的电隔离。内导体是柔韧的铜线，可以是实心的也可以是空心的。空气填充型同轴电缆造价相对昂贵,为减少损耗,空气绝缘体必须对湿度无严格限制。固态柔韧型同轴电缆有较低损耗并且易于构造、安装和维护。

广泛使用的同轴电缆有两种,一种是阻抗为 50Ω 的基带同轴电缆,主要用于传输数字信号;另一种是阻抗为 75Ω 的宽带同轴电缆,主要用于传输模拟信号,如闭路电视信号等。在相对高的频段上,同轴电缆提供极好的屏蔽,以防止高频电波辐射及外部干扰,同轴电缆的主要缺点是昂贵且必须用于非平衡模式,其低频串音及抗干扰性不如双绞线电缆。同轴电缆主要用在端局间的中继线、交换机与传输设备间连接线、无线发射机与天线之

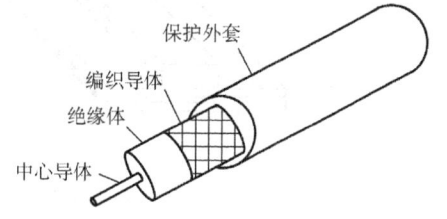

图 4-7 同轴电缆(固态柔韧型)

间的馈线、有线电视系统中的用户线电缆和馈线、环形计算机网络等。

5. 微带线和矩形波导

微带线应用于高频(300~3000 MHz)。在印制电路板(Printed Circuit Board, PCB)上使用铜线构成的特殊传输线称为微带线或带状线,已在 PCB 上被用于元器件的连接。同样,当传输线源端和负载端的距离只有几英寸或更小时,标准的同轴电缆传输线是不适用的,因为连接件、终接器和电缆本身都太大了。微带线仅仅是一个由绝缘体隔离的、与接地板分离的平面导体。图 4-8a 给出了一个简化的单轨微带线。接地板作为电路的公共点,必须至少是上层导体宽度的 10 倍,而且要连接到地。微带线的长度在工作频率上通常是 1/4 或 1/2 波长,并等效于非平衡传输线。短路线通常优于开路线,因为开路线有较大的辐射。标准的传输线对于实际作为电抗元件或是调谐电路来使用是太长了。微带线可以用于构成传输线、电感、电容、调谐电路、滤波器、移相器和阻抗匹配设备。

平行传输线,包括同轴电缆,都不能有效地传输 20GHz 以上的电磁波,这是由于集肤效应和辐射损耗造成了严重的衰减。另外,平行传输线也不能用于传输较高功率的信号,因为高电压会导致两导体间的隔离绝缘材料的损坏。因此,在高于 UHF 的频率及微波中很少应用平行传输线。对于 UHF 和微波波段,除了微带线外,还有多种传输线可供选择,其中包括光缆和波导等传输介质,光纤实际上也是一个圆柱波导。

波导(Wave Guide)的最简单形式是一个空心导管,其横截面通常是矩形,如图 4-8b 所示,但也有圆形或椭圆形波导,可以限定电磁波能量的边界。由于波导管的管壁是导体,因此在它们的内表面可以反射电磁波。如果波导管壁是良导体且很薄,则壁内无电流流过,因此能量损耗很少。在波导管内,并不是依靠管壁传导能量的,而是通过波导管内的电介质传播能量,其电介质通常是干燥的空气。本质上,波导就是将同轴双导体传输线中的内导体抽出去而得到的单导体传输线。电磁波的能量在波导管内以"Z"字形来回反射并不断向前传播。在讨论波导的传输特性时,不再使用传输线的电压、电流概念,而需要依据电磁场的概念(如电场和磁场)。最常用的波导是矩形波导。

不像其他电缆传输线有最高频率的限制,波导受限于最低频率即称为截止频率(Cut-off Frequency)。低于截止频率的信号将不能在波导中传播。相应的,允许通过波导的最大波长称为截止波长(Cut-off Wavelength)。截止波长定义为可在波导内传播的最大波长。换句话讲,只有工作频率对应的波长小于截止波长,电磁波才能在波导内传播。截止波长和截止频率由波导的横截面尺寸决定,若波导的横截面宽度尺寸为 a,则其截止波长为 $\lambda_c = 2a$,即截

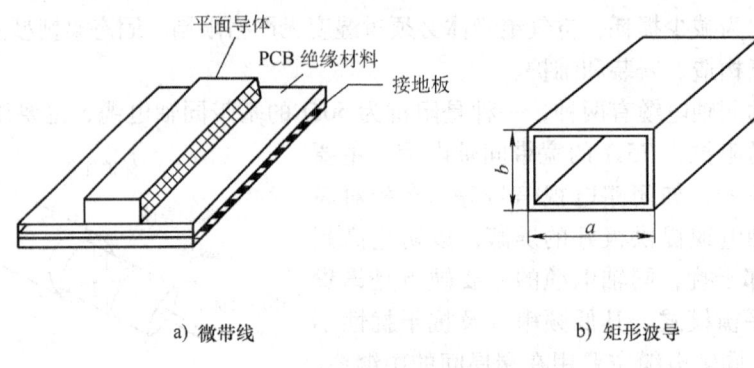

图 4-8 微带线和矩形波导

止频率发生在波长为 $2a$ 对应的频率上,同样意味着波导的横截面尺寸应该与传输信号的波长在同一个数量级上。

6. 光纤

金属电缆具有使用方便、较便宜、寿命长、技术成熟等特点,主要应用于速率较低的短距离信息传输(局域网、用户接入网、用户线和一些专用网中应用较多),但是金属电缆具有传输衰耗较大,容易受噪声的干扰等缺点。光缆(光纤)具有重量轻、传输容量大、频带宽、抗干扰能力强等优点,光纤(光缆)已在长途通信网、市话通信网中取代原用的电缆,并努力实现全网光纤化、光纤到路边、光纤到家的宽带通信的理想。

随着光通信技术的飞速发展,现在人们可以利用光导纤维来传输数据。光纤(Optical Fiber)是由中心的纤芯和外围的包层同轴组成的圆柱形细丝,其结构如图 4-9 所示。在通信中,光纤和原来传电话的明线、电缆一样,是一种信息传输介质,只是它传输的信息量要比电缆高出成千上万倍,可达到几百 Mbit/s,且传输衰耗极低。纤芯的折射率比包层稍高,损耗比包层更低,光能量主要在纤芯内传输。

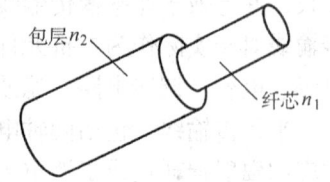

图 4-9 光纤结构

通过提高材料纯度和改进制造工艺,可以在宽波长范围内获得很小的损耗。包层为光的传输提供反射面和光隔离,并起一定的机械保护作用。

光纤是利用光的全反射特性来导光的。在物理学中已知,当光从一种介质向另一种介质传递时,由于它们在不同介质中传输速率不一样,因此,当通过两个不同的介质交界面就会发生折射现象。设纤芯和包层的折射率分别为 n_1 和 n_2,光能量在光纤中传输的必要条件是 $n_1 > n_2$,设介质面为 XX',折射率小的称为光疏媒质,折射率大的称为光密媒质。假定光线从光密介质 n_1 射向光疏介质 n_2,其折射情况如图 4-10 所示。

入射角为 θ_1,指入射光线与法线 YY' 的夹角;折射角为 θ_2,指折线光线与法线的夹角。由图 4-10 可见 $\theta_1 < \theta_2$。入射光在两种介质面发生折射的现象用斯涅尔定律描述为

$$n_1 \sin\theta_1 = n_2 \sin\theta_2$$

根据上述导光原理,在制造光纤时,使光纤纤芯

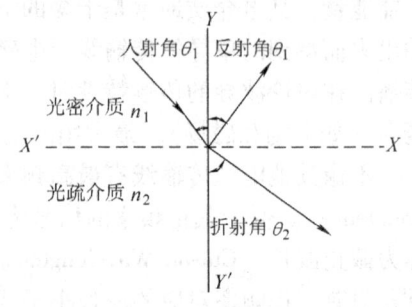

图 4-10 光线折射

的折射率高，包层的折射率低，那么，当选择一定的角度 θ_1 射入纤芯与包层交界面的光束将会全部返回（反射回）纤芯中。这时，在光纤中的全部光束将只有反射，没有折射，光信号永远只在纤芯中传输。纤芯和包层的相对折射率差 $\Delta = (n_1 - n_2)/n_1$ 的典型值，一般单模光纤为 0.3%~0.6%，多模光纤为 1%~2%。Δ 越大，把光能量束缚在纤芯的能力越强，但信息传输容量却越小。

【**例 4-6**】 设光线从玻璃射入乙醇中，入射角为 30°，求折射角。已知玻璃折射率 n_1 = 1.5，乙醇折射率 n_2 = 1.36。

解：根据斯涅尔定律，$n_1\sin\theta_1 = n_2\sin\theta_2$，即 $1.5\sin30° = 1.36\sin\theta_2$，求得 $\sin\theta_2 = 0.5514$，即 $\theta_2 = 33.47°$。

由于光纤纤芯细如发丝，由 SiO_2 玻璃纤维组成，质地脆弱。为了使光纤能在工程中实用化，要承受工程中拉伸、侧压和各种外力作用，且要具有一定的机械强度而使性能稳定。因此，工程应用中需增加填充物、护套、涂敷处理及加强件，使光纤的强度提高，并将光纤制成不同结构、不同形状和不同种类的光缆，才能适应不同环境下光纤通信的需要。光纤结构及剖面如图 4-11 所示。

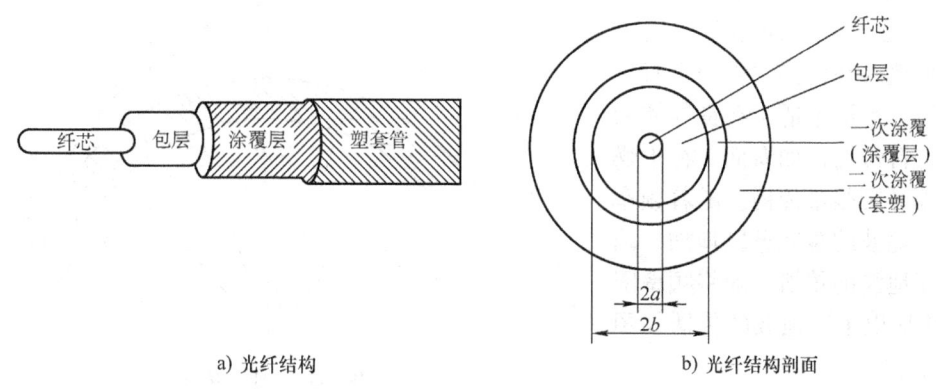

a) 光纤结构　　　　　　　　　b) 光纤结构剖面

图 4-11　光纤结构及剖面

电缆通信和微波通信的载波是电波，而光纤通信的载波是光波，光纤通信用的近红外光（波长为 0.7~1.7μm）频带宽度约为 200THz，在常用的 1.31μm 和 1.55μm 两个波长窗口频带宽度也在 20THz 以上。由于光源和光纤特性的限制，目前，光强度调制的带宽一般只有 20GHz，因此还有 3 个数量级以上的带宽潜力可以挖掘。

4.1.3　无线传输信道

无线信道的介质是自由空间，电磁波在大气层、电离层或外层空间传送，如短波电离层、散射信道、微波视距信道、卫星远程自由空间的恒定参数信道等。

在地球大气层以内传播的电磁波称为陆地波（Terrestrial Wave），因此，在地球上两点或多点之间的通信称为地面无线电通信。陆地波会受到大气层以及地球表面的影响。在地面无线电通信中，电磁波的传播有若干种传播形式，究竟以哪种形式传播取决于系统的类型及外界条件。除地球大气引起传播路径改变外，电磁波总是以直线传播。实际上，在地球大气层内的电磁波有 3 种传播方式：地波、空间波（包括直射波和大地反射波）以及天波。无线信道传输的信号一般都要经调制和解调，把调制后的数字信号称为数字频带信号，把调制后的数字信号的传输称为数字频带传输。

图 4-12 所示为电磁波的 3 种传播模式。频率低于 1.5MHz 以下时，地波将提供最好的覆盖，随着频率的增高，地波损耗会迅速增加。高频波的传播主要利用天波，甚高频以上的频率借助于空间波进行传播。

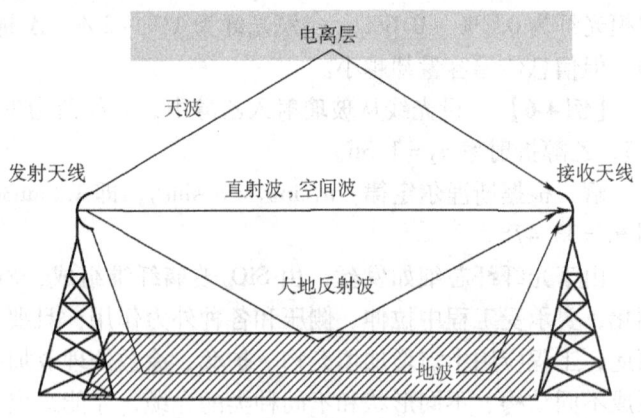

图 4-12 电磁波的 3 种传播模式

1. 地波传播

地波（Ground Wave）是沿地球表面传播的一种电磁波，很容易穿过一般建筑物，地波有时也称为表面波（Surface Wave）。由于地球表面也存在着电阻损耗和介质损耗，因此地波在传播过程中也必然产生衰减。地波最适于在良导体的表面上进行传播，如海面。在干燥的沙漠地区则很难传播。随着频率的增高，地波的衰减急剧增加，因此，对于地波的传播一般将频率限制在 2MHz 以下。地波的传播如图 4-13 所示。

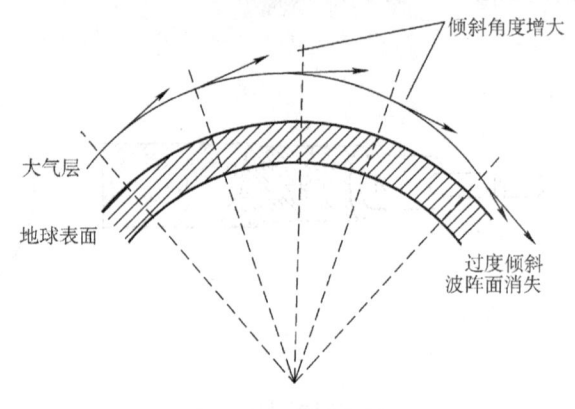

图 4-13 地波传播

地球的大气密度存在着密度梯度（Gradient Density），即随着离开地球表面的距离增大大气密度逐渐减小，由此造成波阵面的倾斜，随着向前传播，波阵面的倾斜逐渐增大。因此，地波能够保持贴近地球表面并绕着地球表面传播，在能够提供足够的发射功率时，波阵面沿着地平面可以传播得很远，甚至达到地球的整个周长。值得注意的是，地波传播所选择的频率以及路经的地形要确保波阵面避免过分倾斜、翻转、出现在光滑地面以及传播中断。

地波传播一般多用于舰船之间的通信以及船与岸之间的通信，还常用于无线电导航和海上移动通信。用于地波传播的频率可低到 15kHz。地波传播的缺点如下：

1) 地波传播需要很大的发射功率。
2) 地波传播的频率限制在甚低频（VLF）、低频（LF）以及中频（MF）范围内，并且需要大尺寸的天线。
3) 地面损耗随表面材料不同会发生明显变化。

地波传播的优点如下：

1) 地波传播可提供足够大的功率，地波用于世界上任何两地之间的长距离通信。
2) 大气条件的改变对地波传播基本上不产生影响。

2. 空间波

空间波包括直射波和地面反射波（如图 4-12 所示）。直射波（Direct Wave）在发射天线与接收天线之间以直线传播。以直射波传播的空间波一般称为视距（Line of Sight，LOS）传输。因此，空间波的传播受到地球表面曲率的限制。地面反射波（Ground Reflected Wave）是在发射机和接收机之间靠地球表面对波的反射进行传播的。

从图 4-12 中可以看出，接收天线处的电场强度取决于两个天线之间的距离（衰减和吸收），以及直射波与地面反射波在接收天线处的相位是否同相（干涉）。

地球表面的曲率使空间波的传播呈现水平线，一般称为无线电地平线（Radio Horizon）。由于大气的折射，在普通标准大气下，无线电地平线的延伸超过光学地平线（Optical Horizon）的延伸。无线电地平线的延伸几乎是光学地平线延伸的 4/3。由对流层引起的折射会随着对流层的密度、温度、水蒸气的含量以及相对传导率的改变而改变。加高地球表面上铁塔的高度使发射天线或接收天线（或两者）的高度提升，或将天线架设在高大建筑物或山顶上，这样可以有效地延长无线电地平线的长度。

3. 天波

一般天波（Sky Wave）是在某一方向上相对于地球仰起一个很大的角度来辐射的电磁波。天波是朝着天空辐射并凭借电离层反射或折射回地面的。正是由于这个原因，天波传播的这种形式有时也称为电离层传播。电离层位于地球上空约 50~400km（30~250mile）空间区域内。电离层是地球大气层的最上面的一部分，因此，电离层吸收了大量的太阳辐射的能量，使空气中的分子电离而产生自由电子。当无线电波进入到电离层，电离层中的自由电子就会受到电磁波中电场的作用力，使自由电子产生振动。振动的电子会减少电流的流动，这相当于介电常数的降低。介电常数的减小可以增加传播速度，并且使电磁波从电子的高密度区域向低密度区域发生弯折（即增大了折射）。

天波的传播离地球越远，电离作用就越强。因此，在大气层的高层区域，分子电离的比例要比大气层的低层区域高很多。电离的密度越高，折射率越大。另外，由于电离层的非均匀结构以及它的温度和密度都是变量，一般将电离层进行分层分析。电离层通常分为 D、E、F 3 层，如图 4-14 所示。从图中可以看出，电离层的分层在同一天的不同时间有不同的高度和不同的电离密度。电离密度在一年中随季节呈周期性波动，并且这种周期性的变化还随着太阳黑子活动以大约 11 年为一个周期发生着变化。在太阳光最强的时期电离层的密度最大（在夏天的中午时段）。

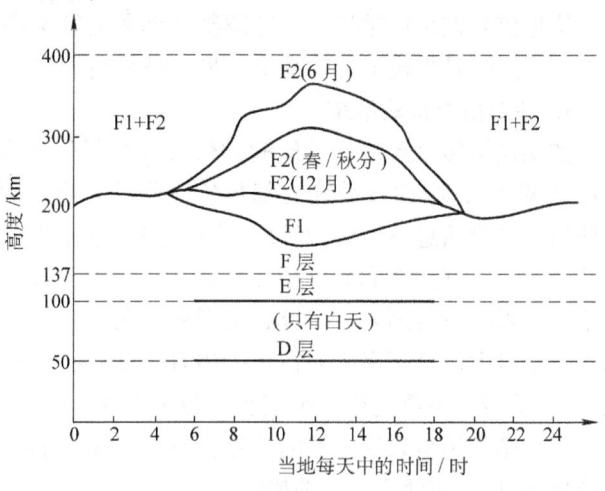

图 4-14 电离层的分导层

D 层是电离层的最底层，距地球表面大约在 50~100km。由于离太阳的距离最远，电离的程度最弱，因此电离层的 D 层对无线电波的传播方向影响最小。然而，D 层中的离子对电磁能量有明显的吸收作用。在 D 层中的电离程度取决于朝向太阳时在地平线上的海拔，所以在日落之后电离消失。电离层的 D 层主要对 VLF 波和 LF 波有反射作用，对 MF 波和 HF 波会产生吸收现象。

E 层距地球表面大约 100~140km。由于它是由两名科学家首先发现的，因此电离层的 E 层有时也称为肯内利—亥维赛层（Kennelly-Heaviside）。正午时期，E 层在距地面大约 110km（70mile）处出现最大密度。与 D 层一样，在日落之后 E 层电离几乎全部消失。电离层的 E 层有助于 MF 表面波的传播，并对 HF 波有部分反射。由于 E 层上层部分的电离的出现和消失不可预料，有时需要单独考虑它，并将其称为不规则 E 层。太阳耀斑（Solar Flare）和太阳黑子的活动性（Sunspot Activity）引起了不规则 E 层的出现。不规则 E 层很薄，却有很高的电离密度。出现不规则 E 层时，远距离的无线电传播在该处通常会出现异常。F 层实际上是由 F1 和 F2 两层组成的。在白天，F1 层位于距地球表面约 140~250km 的上空；F2 层在冬季距地球表面约 140~300km，而在夏季距地球表面约 230~250km。在夜晚 F1 层和 F2 层合为一层。某些 HF 波在 F1 层会被吸收及衰减，尽管大部分的 HF 波可传播到 F2 层，但在该处它们都将被折射回地面。

4.2 传输技术基础

通信的根本任务是远距离传递信息，因而如何准确地传输信息是通信系统的一个重要组成部分。信息传输技术依据被传信号是模拟的还是数字的分成模拟传输技术与数字传输技术两大类。在历史上，模拟传输扮演过重要的角色，并且目前还继续被使用。

*4.2.1 模拟传输技术基础

依据信号在传输时是否经过调制（即载波频率搬移），完成模拟信号传输的系统分为两大类：一类是基带模拟传输系统；另一类是高频窄带模拟传输系统。

1. 基带模拟传输系统

如果模拟传输系统不对传输的信号进行任何频率变换（调制），则称该系统为基带传输系统。自然界的任何非电量信息 $m(t)$，经过非电/电量变换后的通信信号 $f(t)$，其频率成分分布在接近 0Hz 频率到某一频率的有限频段范围内，因此称为基带信号。如人类

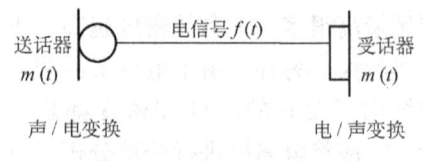

图 4-15　基带模拟传输系统

的语音信号大部分频率成分在 0~10kHz 范围内，是有限带宽的信号，若某传输系统直接传输 $f(t)$ 信号，不再进行其他变换，这种传输系统就称为基带模拟传输系统，如图 4-15 所示。对于基带传输系统传输的信号 $f(t)$，在接收端要经过相应的电/非电的反变换，由 $f(t)$ 变换成 $m(t)$，才便于人耳的接收。

基带模拟传输所涉及的技术十分简单，如日常使用的本地电话，电话机中的送话器和受话器进行的 $m(t)/f(t)$、$f(t)/m(t)$ 变换，不再有其他变换。

在图 4-15 所示的基带模拟传输系统中，语音信号 $m(t)$ 经过声/电信源端变换后成为 $f(t)$ 传输。一般来说，基带模拟传输技术十分简单，如日常使用的本地电话，电话机中仅实现声/电变换功能。

2. 高频窄带模拟传输系统

对信源端发出的电信号进行一些调制的变换，将频率搬移到某高频率载波附近，使 $f(t)$ 成为已调信号 $S(t)$ 的传输系统，称为高频窄带模拟传输系统，如图 4-16 所示。高频窄带所用的典型技术是调制/解调技术。

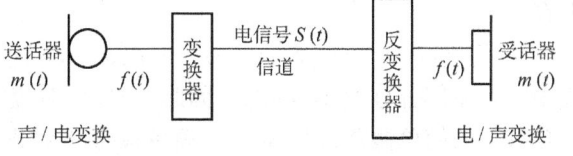

图 4-16 高频窄带模拟传输系统

调制/解调技术的基本部件是调制/解调器，如图 4-17 所示，由本地振荡器、低通滤波器、相乘器组成。

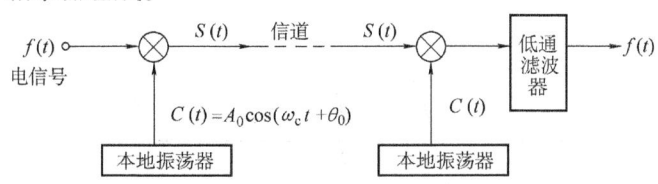

图 4-17 调制/解调器

设消息信号为 $m(t)$，经非电/电变换后信号为 $f(t)$，在调制/解调技术中，称 $f(t)$ 为调制信号。本地振荡器产生的正弦信号为载波信号 $C(t) = A_0\cos(\omega_c t + \theta_0)$，$C(t)$ 称为被调信号。其中 A_0、ω_c、θ_0 这 3 个分别为振幅、频率和相位参数。

1）调幅：用电信号 $f(t)$ 去调制载波信号 $C(t)$ 的振幅 A_0 的调制技术。
2）调频：用电信号 $f(t)$ 去调制载波信号 $C(t)$ 的角频率 ω_c 的调制技术。
3）调相：用电信号 $f(t)$ 去调制载波信号 $C(t)$ 的相位 θ_0 的调制技术。

在电话等信息业务中，模拟传输调制技术常用的是调幅和调频。

（1）调幅（AM）

设载波信号为 $C(t) = A_0\cos(\omega_c t + \theta_0)$，调制信号为 $f(t)$，其对应的频谱为 $F(\omega)$，当这两个信号同时送到乘法器上相乘时，所产生的输出信号称为已调信号 $S(t)$

$$S(t) = C(t)f(t) = A_0 f(t)\cos(\omega_c t + \theta_0) \tag{4-11}$$

则音频信号 $f(t) = K + m(t)$，K 为外加的直流分量，载波信号 $C(t)$ 和调制信号 $S(t)$ 的波形如图 4-18 所示。

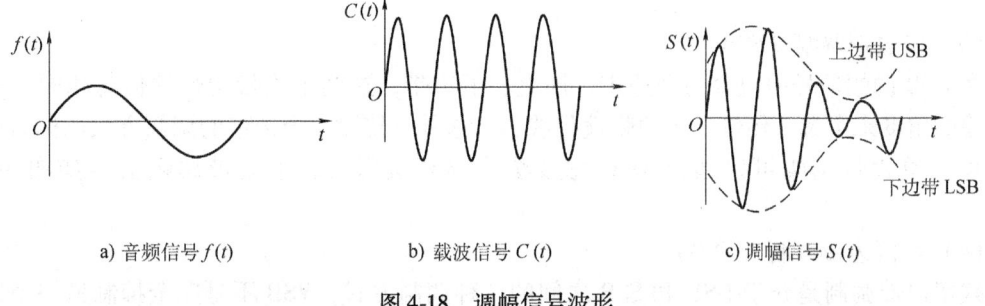

a) 音频信号 $f(t)$ b) 载波信号 $C(t)$ c) 调幅信号 $S(t)$

图 4-18 调幅信号波形

从图 4-18 可以看出，在时域上已调信号 $S(t)$ 的包络与 $f(t)$ 的波形变化一致，因此称调幅。如果对 $f(t)$ 和 $S(t)$ 分别作傅里叶变换分析，设 $S(t)$ 对应的频谱为 $S(\omega)$，信号 $f(t)$ 对应频谱为 $F(\omega)$，信号 $m(t)$ 对应频谱为 $M(\omega)$，根据信号傅里叶变换性质，在频域上有

$$S_{AM}(\omega) = \pi A_1[\delta(\omega+\omega_c)+\delta(\omega-\omega_c)] + \pi A_0[M(\omega+\omega_c)+M(\omega-\omega_c)] \quad (4-12)$$

式中，直流部分分量 $A_1 = KA_0$，因此，$S(t)$ 对应的频谱 $S(\omega)$ 是信号 $m(t)$ 对应频谱 $M(\omega)$ 在频域上的简单搬移，$M(\omega)$ 在频域被搬移到载波频率 ω_c 附近形成双边带，$S(\omega)$ 由集中于附近的上边带（图4-19中加黑部分）和下边带，且下边带是上边带的反摺，如图4-19所示。

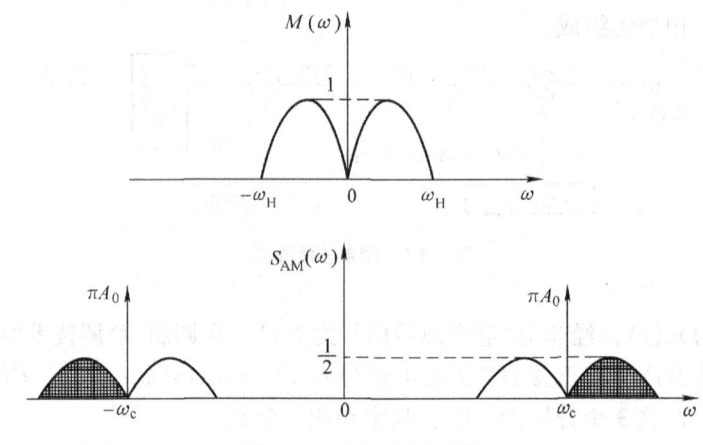

图4-19 调幅信号频谱

因此，不管是在时域上还是在频域上考察已调信号 $S(t)$ 和未调信号 $f(t)$ 的关系，已调信号 $S(t)$ 都不会丢失信息。在接收端，经过解调变换后，可从中获得 $f(t)$ 信号，由 $f(t)$ 经过非电/电变换，就可以提取出 $m(t)$ 信号。

根据传输收端时波形形状，分为双边带调幅、单边带调幅、残余边带调幅等；根据波形对称中心是否在横轴上、是否含直流分量，分为标准调幅和部分抑制调幅。

（2）抑制载波双边带调幅（DSB）

在调幅信号中，载波分量并不携带信息，信息完全由边带传送，如果将载波抑制掉，只需将 $f(t)$ 信号中的直流分量 K 抑制掉，即可输出抑制载波的双边带调幅信号，如图4-20a所示。

（3）单边带调幅（SSB）

在 DSB 调幅信号中包含两个边带，即上、下边带，这两个边带携带的信息相同，从信息传输的角度来考虑，传输一个边带就足够了，这种只传输一个边带的调幅方式就称为单边带调幅。单边带调幅可以通过 DSB 滤波法或移相法得到，单边带调幅信号如图4-20b所示。

（4）残留边带调制（VSB）

残留边带调制是介于 DSB 和 SSB 之间的一种调制方式，VSB 不是完全抑制另一个边带（像 SSB 那样），而是逐渐切割，使其残留一小部分，如图4-21所示。

调幅信号到达接收端，收端用包络检波可以解调出发送端的近似信号 $f'(t)$，也可用相干解调从载波分量提取信号。相干解调器由本地载波振荡器、低通滤波器、乘法器组成。接

第 4 章 信息传输技术基础

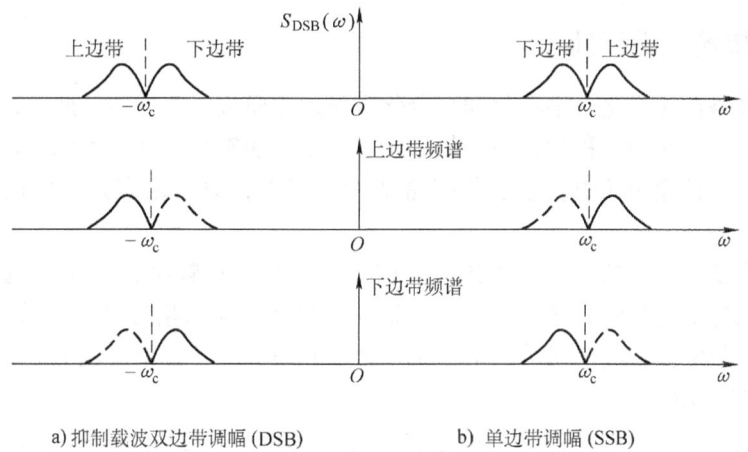

a) 抑制载波双边带调幅 (DSB)　　b) 单边带调幅 (SSB)

图 4-20　DSB 和 SSB 调幅信号

收机接收到的信号 $S(t)$ 与相干解调器 $C(t)$ 通过乘法器相乘,其输出信号是含有 $f(t)$ 成分的,再经过低通过滤波器后就可获得 $f(t)$。

（5）调频

调频是用载波的角频率 ω 来携带信源的信息。将信源端 $f(t)$ 幅度的变化用于控制压控振荡器控制载波频率的变化,其输出就为调频波 $S(t)$,调频波的稀和疏与 $f(t)$ 的幅度大小有关。在接收端,常用鉴频器解调。这部分内容可以参考电子电路教材中相关章节。

（6）调相

调相是由载波的相位分量来携带信源的消息,以载波相位的变化表示信号 $f(t)$ 幅度的变化。调相在模拟传输中一般用得少,其内容略。

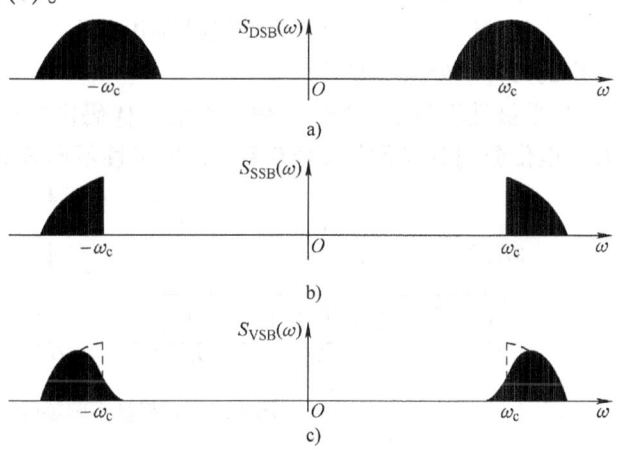

图 4-21　DSB、SSB 和 VSB 调制波形

无论调幅或调频,已调信号 $S(t)$ 的频谱通过改变载波的特征参数,使信号的频率在载波频率轴上左右移动或搬移,而保持 $S(t)$ 的信息成分不变。

对于模拟传输系统来说,消息传输速率主要决定于消息所含的信息量和对连续消息（即信息源）的处理。处理的目的在于使单位时间内传送更多的消息。从信息论观点来说,消息传输速率可用单位时间内传送的信息量来衡量。模拟通信中还有一个重要的性能指标,即均方误差。它是衡量发送的模拟信号与接收端复制的模拟信号之间误差程度的质量指标。均方误差越小,说明复制的信号越逼真。在实际的模拟通信中,通常用信噪比（S/N）这一指标来衡量,信噪比的含义是接收端输出的信号平均功率与噪声平均功率之比。故认为在模拟通信中均方误差的大小最终将完全取决于 S/N。如果在相同的条件下,某个系统的输出信噪比最高,则称该系统通信质量最好,或称该系统抗信道噪声（或干扰）的能力最强。

4.2.2 数字传输技术基础

由于数字电路在集成化、小型化和综合化方面远比模拟电路方便，此外，由于数字通信抗噪声干扰能力强，无噪声积累，数字信号便于集成、加密和处理，因此，数字传输技术高速发展，在信息的长途传输中，数字化率超过 99% 以上，数字化成为现代通信最为基本的特征之一。

数字终端设备送出的数字信号码流，是按一定规律（按帧结构）输出的。这些信号要放到各种数字信道上去传输，还需要经过一系列的变换才能与信道特性、抗干扰能力匹配，达到最佳传输。数字传输技术可分为数字基带传输和数字频带传输两大类。

1. 数字基带传输

所谓基带传输，是指不经过调制而直接将原始基带信号送到线路上进行传输的一种方式。信源端的模拟信号经过 PCM 数字化编码后，输出的数字信号是基群（低次群）的码流，该码流可不经调制，直接在电缆上作短距离传输，这称之为基带传输，在此信道上传输的数字信号称为数字基带信号。

（1）数字基带信号

数字基带信号，就是消息信号代码的电波形，下面以矩形脉冲组成的基带信号为例，认识常用的两种基带信号波形。

1) 单极性不归零（NRZ）码。设消息代码由二进制符号 0、1 组成，基带信号的零电位及正电位分别对应数字信号 0 和 1，单极性不归零码的基带信号及功率谱可用图 4-22 表

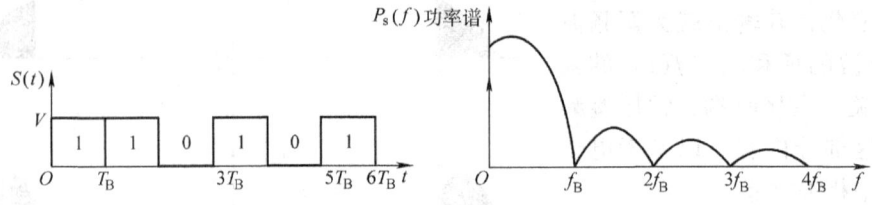

图 4-22 单极性不归零码及功率谱

示，单极性不归零码频谱含有直流分量和丰富的低频分量，因此不适合作基带传输码型。单极性不归零码一个码元周期内，不是有电压（或电流），就是无电压（或电流），电脉冲之间无间隔，极性单一。

2) 双极性不归零码。双极性波形就是二进制符号 0、1 分别与正、负电位对应的波形，如图 4-23 所示，它的电脉冲之间也无间隔，但是由于双极性波形，故当 0、1 符号等概率出现时，它将无直流分量。

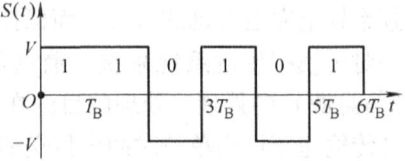

图 4-23 双极性不归零码

3) 单极性归零（RZ）码。单极性波形就是二进制符号 0、1 分别与零、正电位对应，且有电脉冲宽度比码元宽度窄的波形，每个脉冲都回到零电位，如图 4-24 所示。

4) 双极性归零码。双极性波形就是二进制符号 0、1 分别与正、负电位对应的波形，如图 4-25 所示，它的电脉冲之间存在零电位间隔，即相邻脉冲之间必定留有零电位的间隔。

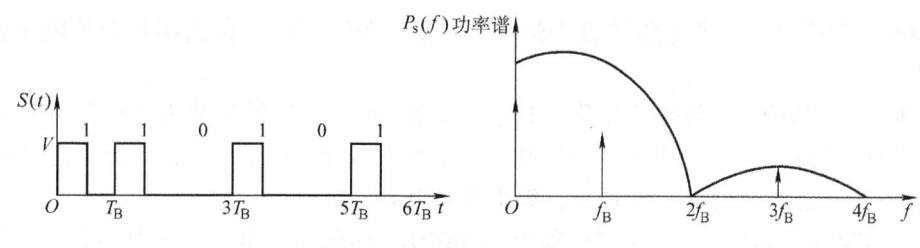

图 4-24 单极性归零码及功率谱

以上 4 种码型从频谱可以看出，显然不符合基带传输码型的条件，所以不能作基带传输码型。

（2）常用的数字基带传输码型

根据电缆信道的特点及传输数字信号的要求，为了不使在信道中传输的数字信号产生严重畸变，选择的数字基带码要满足以下几个条件：

①码型中，高、低频成分少，无直流分量。

②在接收端便于定时时钟提取。

③码型应具有一定的检错（检测误码）能力。

④设备简单、易于实现。

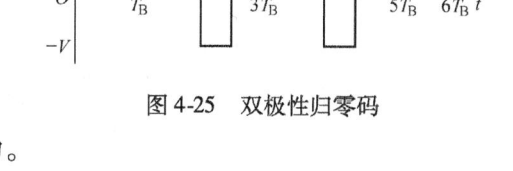

图 4-25 双极性归零码

满足或部分满足以上特性的传输码型种类繁多，下面是常见的几种码型。

1）双极性半占空码（AMI）码。也称为双极性半占空交替反转码，是一种将消息代码 0（空号）和 1（传号）按如下规则进行编码的码型：代码中的 0 变换为传输码 0，而代码中的 1 交替地变换为传输码的 $+1$、-1、$+1$、-1、$\cdots$。

【例 4-7】 已知二进制代码为 110101，按 AMI 编码规则编出信道码。

解：编出的 AMI 码为：$1_+ 1_- 0 1_+ 0 1_-$。其编码波形及功率谱图如图 4-26 所示。

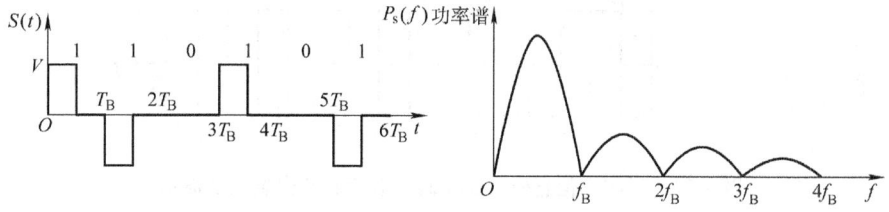

图 4-26 AMI 码编码波形及功率谱

从 AMI 码的编码规则可以看出，AMI 码的传号交替反转，故由它决定的基带信号将出现正、负脉冲交替，而零电位保持不变的规律，由此看出，这种基带信号无直流成分，且只有很小的低频成分。该码型虽无时钟频率成分，但经全波整流后为单极性归零码就含有 f_B 成分。因而它特别适宜在不允许这些成分通过的信道中传输。另外，AMI 码具有编译码电路简单，便于观察误码情况等优点，它是一种基本的线路码，并得到广泛应用。

AMI 码是传号 "1" 码极性交替，如果收端发现极性不是交替出现就一定出现了传输误码，因此可检出奇数个误码，即具有一定的检错能力，但码流中连零数过多时，AMI 码不利于定时时钟的提取。为了克服码流中连"0"数过多的问题，在数字基带传输中常采用 HDB3 码。

2) CMI 码。是传号反转码的简称，其编码规则为："1"码交替用"11"和"00"表示，"0"码用"01"表示，其中"10"则为禁字不准出现，接收端可据此判决为误码。

【例 4-8】 二进制码为 11001011，编出其 CMI 码。

解：按 CMI 码编码规则，则 CMI 码为 1100010111010011。其波形图是一种二电平不归零码，如图 4-27b 所示。

由于 CMI 码有较多的跃变，因此含有丰富的定时信息，该码型被 CCITT 推荐为 PCM 四次群的标准接口码型，在光纤通信传输系统中有时也用作线路传输码型。

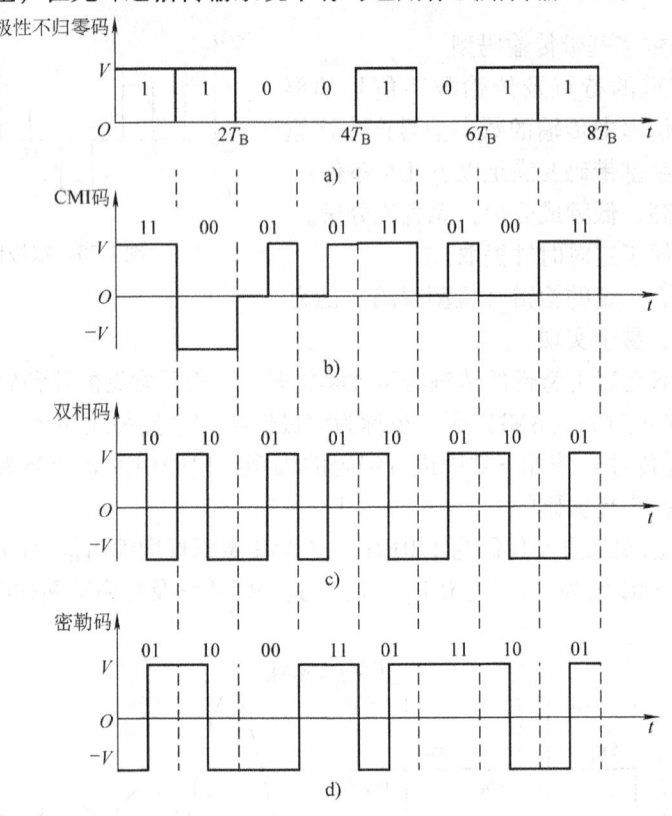

图 4-27 不归零信息码、CMI 码、双相码和密勒码的波形

3) Manchester 码。又称双相码，它是对每个二进制代码分别利用两个具有不同相位的二进制新码去取代的码，编码规则之一是："0"码用"01"表示，"1"码用"10"表示，编码后 0、1 的统计概率相等，编码波形如图 4-27c 所示。

双相码的特点是只使用两个电平，而不像前面的 3 种码具有 3 个电平，这种码既能提供足够的定时分量，又无直流漂移，编码过程简单，缺点是双相码的带宽要宽些。

4) Miller（密勒）码。又称延迟调制码，它可看做是双相码的一种变形。编码规则如下："1"码用码元持续时间中心点出现跃变来表示，即用"10"或"01"表示。"0"码分两种情况处理：对于单个"0"时，在码元持续时间内不出现电平跃变，且与相邻码元的边界处也不跃变；对连"0"码，在两个"0"码的边界处出现电平跃变，即"00"和"11"

交替。

若两个"1"码中间有一个"0"码时,密勒码流中出现最大宽度为 $2T_B$ 的波形,这一性质可用于误码检测。双相码的下降沿正好对应于密勒码的跃变沿,因此,双相码的下降沿可用来触发双稳电路,即可输出密勒码。密勒码最初用于气象卫星和磁记录,现在也用于低速基带数传机中。

5) $nBmB$ 码。是一类分组码,它所原信息码流的 n 位二进制码作为一组,变换为 m 位二进制码作为新的码组。由于 $m > n$,新码组可能有 2^m 种组合,故多出 $(2^m - 2^n)$ 种组合。从中选择一部分有利码组作为可用码组,其余为禁用码组,以获得较好的特性。前面的双相码,密勒码和 CMI 码都可以看做是 1B2B 码。

在光纤传输系统中,通常选择 $m = n + 1$,取 1B2B 码、2B3B 码及 5B6B 码等,其中,5B6B 码型已实用化,用作三次群和四次群的线路传输码型。

(3) 数字基带传输系统

基带信号呈现低通型频谱特性,基带传输系统具有低通特性,其基本模型如图 4-28 所示。

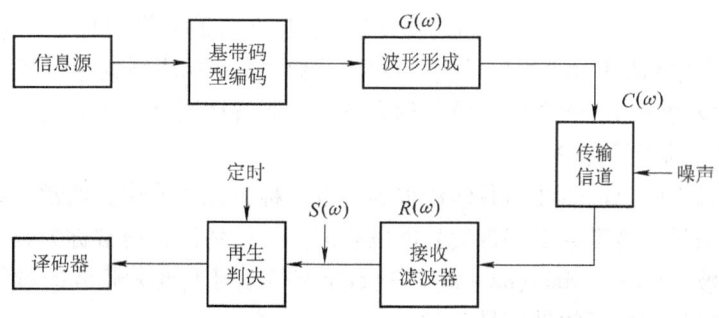

图 4-28 数字基带传输系统基本模型

图 4-28 中,信息源产生的是数字信息,可以是二状态码元,也可以是多状态码元,它可能来自计算机、电传打字机或其他数字设备的各种数字代码,也可能来自数字电话终端的脉冲编码信号。数字基带信号的产生分两步,一是码型编码,二是波形形成,码型编码的输出信号为 $\delta(n)$ 的冲突序列,波形形成网络的作用是将每个 $\delta(n)$ 脉冲转换为一定波形的信号。传输信道是数字基带信号的传输通道,可以是各种形式的电缆。接收滤波器的作用是限制传输信道所引入的噪声,并得到所需形状的接收波形,在基带传输中,还常常在接收端用均衡器均衡信道特性的不理想。再生判决电路将接收到的波形恢复为 $\delta(n)$ 脉冲序列。最后,经译码得到发送端所要传递的原始数字信码。

在图 4-28 中,接收滤波器输出频谱信号为

$$S(\omega) = G(\omega)C(\omega)R(\omega) \tag{4-13}$$

显然,要在接收端得到无失真的波形 $S(\omega)$,必须满足下列条件

$$\begin{cases} |C(\omega)R(\omega)| = K & |\omega| \geq \omega_C \\ |G(\omega)| = 0 & |\omega| > \omega_C \end{cases} \tag{4-14}$$

奈奎斯特(Nyquist)等人研究了数字基带信道无失真传输的条件,认为矩形脉冲从零频至 $1/T = f_B$(T 为矩形脉冲的码元宽度)这一频段的能量约占总能量的 90% 以上。分别得

到了奈奎斯特第一、第二和第三准则,其中奈奎斯特第一准则指出:如果传输信道具有理想低通滤波器的幅频特性,理想低通的截止频率为 $f_B/2$,f_B 为码元速率,则在判决点无码间干扰。

【例 4-9】 设信道带宽为 32kHz,若码元采用八进制,试求信道最高的信息传输速率为多少?

解: 根据奈奎斯特第一准则,该信道最高码元传输速率为 64k 码元/s,由于采用 8 进制,所以最高信息速率为 64k 码元/s × 3bit/码元 = 192kbit/s。

奈奎斯特准则的其他内容,有兴趣的读者可以参考有关文献。

2. 数字频带传输

所谓频带传输,是指原始电信号在发送端先经过调制后,再送到线路上传输,接收端则要进行相应解调才能恢复出原来的基带信号。在无线信道(如短波、数字微波、卫星、移动通信等)和光纤信道中,数字基带信号必须通过频带调制后才能在带通型信道中传输,这里将信号频谱搬移到高频段的过程称为调制。调制的作用是把消息置入消息载体,便于传输或处理。调制是各种通信系统的基础技术,也广泛用于广播、电视、雷达、测量仪等电子设备。在通信系统中为了适应不同的信道情况(如数字信道或模拟信道、单路信道或多路信道等),常常要在发信端对原始信号进行调制,接收端完成调制的逆过程——解调,还原出原始信号。完成调制与解调任务的设备称为频带调制解调器(Modem)。

(1)数字信号的无线传输

数字信号通过空间以电磁波为载体传输到对方,称为无线传输。通常把要传送的数字信号称为数字基带信号。携带数字基带信号的电磁波为一振荡波,通常称为载波,最简单的就是正弦波或余弦波,$f(t) = A\sin(\omega t + \phi)$。把数字基带信号变换为载波的过程称为调制。经过调制的数字信号称为数字频带信号。

(2)数字信号的基本调制与解调

由以上讲到的载波,实际上是携带数字信号的电磁波,可用正弦波 $f(t) = A\sin(\omega t + \phi)$ 中的振幅 A、频率 ω 及相位 ϕ 这 3 个参量来携带数字信号。

调制是通过改变一个更高频率信号的某些特征物理量或参数(如幅度、频率、相位等)的过程,这一高频信号常称载波,它一般由载波振荡器(如振荡电路、激光器等)产生。图 4-29 是频带传输系统简化框图,它显示了调制信号、高频载波及已调波间的关系。信息信号与载波在调制器中组合产生已调波。信息可以是模拟或数字形式,调制器可以完成模拟调制或数字调制。调制过程常伴有频率转换,将一个频率或频带变换到频谱上的另一个位置的过程称为频率转换(一般信息信号在发射机中从低频上变频到高频,而在接收机中则从高频下变频为低频)。频率转换是电子系统的一个复杂的部分,因为信息信号在通过称为信道的系统中传送时要上下变换许多次。已调信号通过传输系统传送到接收机,在接收机中被放大、下变频,然后解调以恢复原始的信源。

数字信号的调制与解调是数字无线通信的关键技术,而且分析相当复杂,理论较深,这里只能进行简单基本的分析。数字调制方式有 4 种基本方式:二进制幅移键控、二进制频移键控、二进制相移键控,二进制相对相移键控,以及这些基本二进制调制方式的组合和变异。

1)4 种基本调制方式如图 4-30 所示。

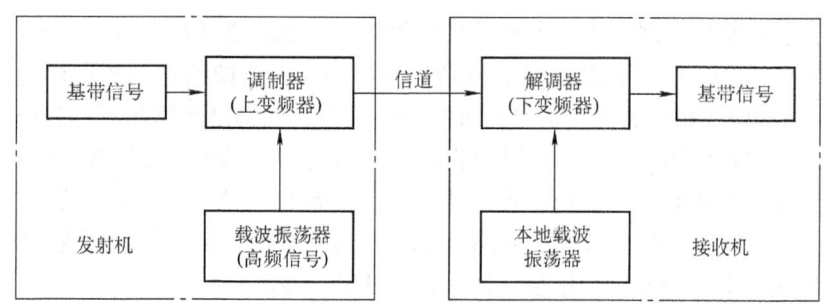

图 4-29 频带传输系统简化框图

①二进制幅移键控（2ASK）的调制。幅移键控是利用载波的幅度变化来携带数字信息，它的实现比较简单，是各种调制技术的基础。

二进制幅移键控（2ASK）就是数字信号"1"和"0"的振幅调制，换句话说，是利用载波的振幅变化去携带信息，而载波的频率、相位都保持不变。

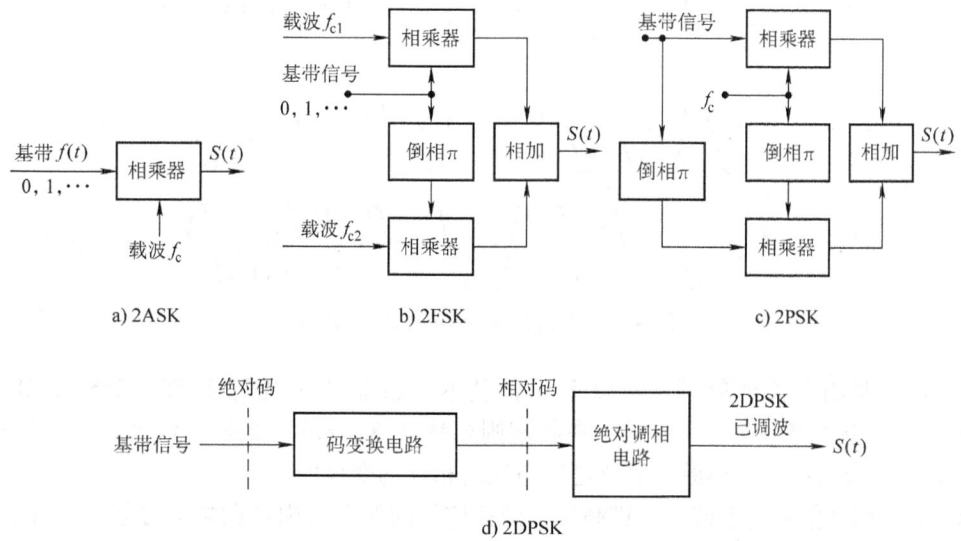

图 4-30 二进制基带码的 4 种调制方式

如图 4-30a 所示，在微波通信中一般中频载波频率为 70MHz，如图中所示用相乘器作为调制器，当有"1"码出现时，则输出为 70MHz 一载波，为"0"时，则没有载波输出。其波形如图 4-31a 所示。

②二进制频移键控（2FSK）。频移键控就是数字信号频率键控，换句话说，是利用已调波的频率变化去携带信息，而载波的振幅和相位不变。如图 4-30b 所示，图中的数字基带信号的"1"和"0"码分别在两个相乘器（调制器）中去键控各自的载波，用两种不同频率来表示数字信号"1"和"0"的称为 FSK，其波形如图 4-31b 所示。

③二进制相移键控（2PSK）。相移键控就是数字信号相位控制，换句话说，是利用已调载波信号的相位去携带数字信息。而载波的振幅和频率都不变化。如图 4-30c 所示，只用两个相位来表征数字信号"1"和"0"的称为 2PSK。如"1"码对应 0 相位。数字信号"0"

对应 π 相位，这种相位调制方式称为绝对二相调制，其调制波形如图 4-31c 所示。

④二进制相对相移键控（2DPSK）。所谓相对调相，不是像绝对调相那样对应数字信号"1"和"0"以固定的相位关系，而是一种相对的关系，其调制规律如下：当遇到基带信号"1"码时，载波的相位相对于前一个码元相位改变 π（即倒相），当遇到"0"码时，载波的相位相对于前一个码元相位不变，当然此规律也可反而用之。2DPSK 调制原理框图如图 4-30d 所示，此相对调相的波形如图 4-31d 所示。国际电联 CCITT 建议：话带内在 2400Hz ~ 4800bit/s 的数据速率（一般称为中速）时采用 2DPSK 方式调制。

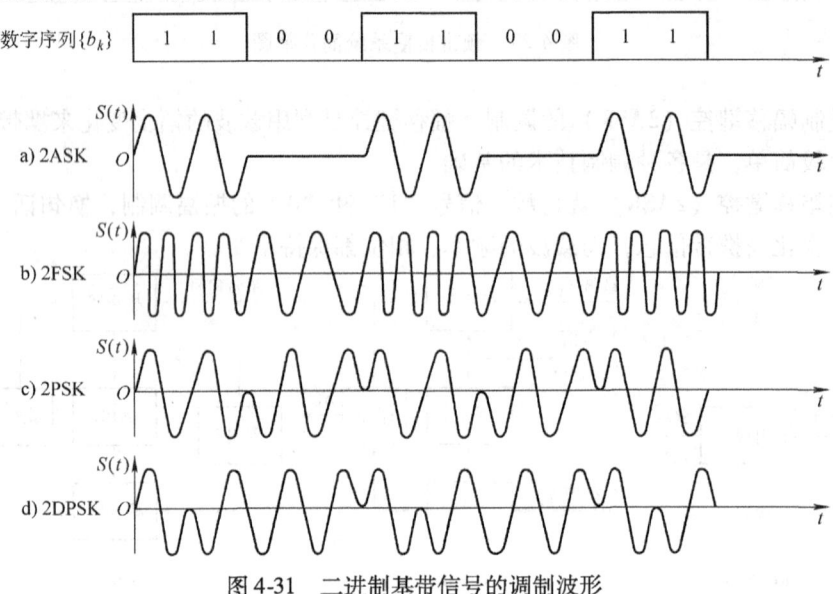

图 4-31 二进制基带信号的调制波形

2）基本调制方式的解调。对以上 4 种基本二进制数字调制 2ASK、2FSK、2PSK 和 2DPSK 信号的基本概念进行了讲述，在收端则要从 ASK、FSK、PSK 中解调出原数字信号，在通信设备中收端的信号还原，只要进行与发端相反的变换即可。

①2ASK 调制信号的解调。二进制振幅键控信号的解调与模拟调幅信号解调一样，分为非相干解调（包络检波）和相干解调（同步检波）两种，2ASK 的非相干和相干解调如图 4-32 所示。

在相干解调中，接收端必须提供一个与 2ASK 信号的载波保持同频同相的相干载波 $C(t)$，否则会造成解调后信号的波形失真，相干载波一般可通过窄带滤波或锁相环路来提取。在实践中，从 2ASK 信号中提取相干载波是比较困难的，将给设备增加很多复杂性，实际中很少采用相干检测法解调 2ASK 信号。

②2FSK 调制信号的解调。2FSK 信号的相干解调也称为最佳接收法，如图 4-33a 所示，由于从 2FSK 信号中提取相干载波比较困难，因此多采用非相干解调法。但随着同步技术的发展，相干解调法正得到越来越多的应用。非相干解调法分为最佳非相干解调法、分路滤波法、鉴频法和过零检测法等。鉴频法由前置带通滤波器、限幅器、鉴频器和整形器组成，过零检测法由限幅器、微分器、整流器、脉冲展宽器和低通滤波器组成，如图 4-33b 所示。

③2PSK 调制信号的解调。2PSK 信号的解调方法为相干解调法，其框图如图 4-34a 所示，相干解调在这里实际上起着鉴相作用，本地载波就是收端提供的相干载波，这通常是由

第4章 信息传输技术基础

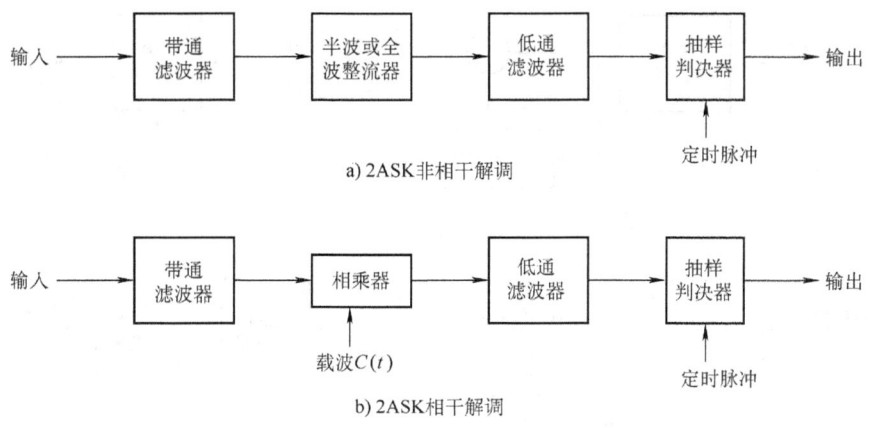

图 4-32 2ASK 的非相干和相干解调

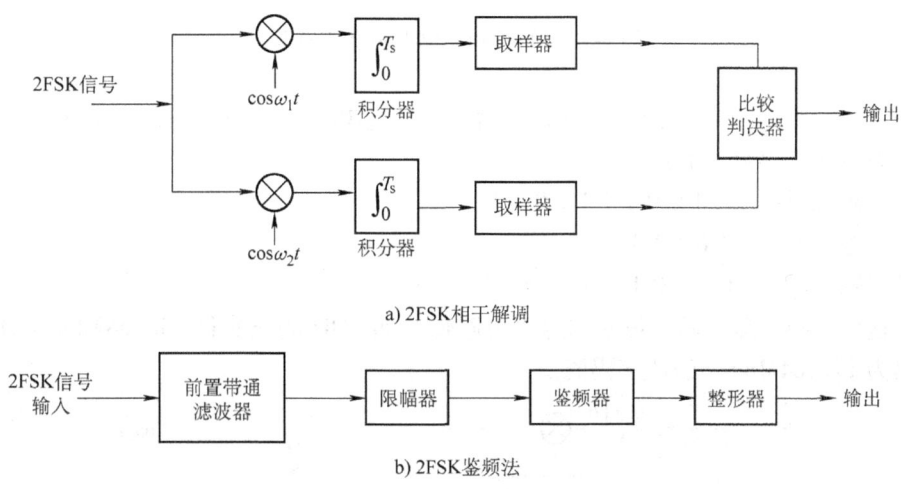

图 4-33 2FSK 的相干和非相干解调（鉴频法）

接收到的 2PSK 信号倍频—分频产生的。

④2DPSK 调制信号的解调。2DPSK 的相干解调与 2PSK 的相干解调过程类似，但得到的是相对码序列，需要变换成绝对码序列，其原理框图 4-34b 所示。

根据无线通信的种类不同、数字基带信号速率高低，以及传输的方式、空间信道的参数和环境等条件的差异，可采取多种不同的调制方式，但都是以此 4 种调制方式为基础的，下面讲述几种实用的数字调制与解调技术。

（3）4 相相对调相与解调

在数字微波通信中 PDH 系列的 8Mbit/s，34Mbit/s 等中等速率的数字基带信号，经常采用 4 相相对调制（QPSK）。采用这种调制方式可以降低速度，克服相位模糊，减少误码，在相对调相方式中已讲述，一般是采用先对数字信号进行差分编码后，再进行绝对调相，这可简称为差分移相。

目前，差分移相有两种相位逻辑编码方法，一种是"反射编码"（格雷码）此种方法又称为 QPSK，用得较多。图 4-35a 所示为调制框图，图 4-35b 为矢量图。

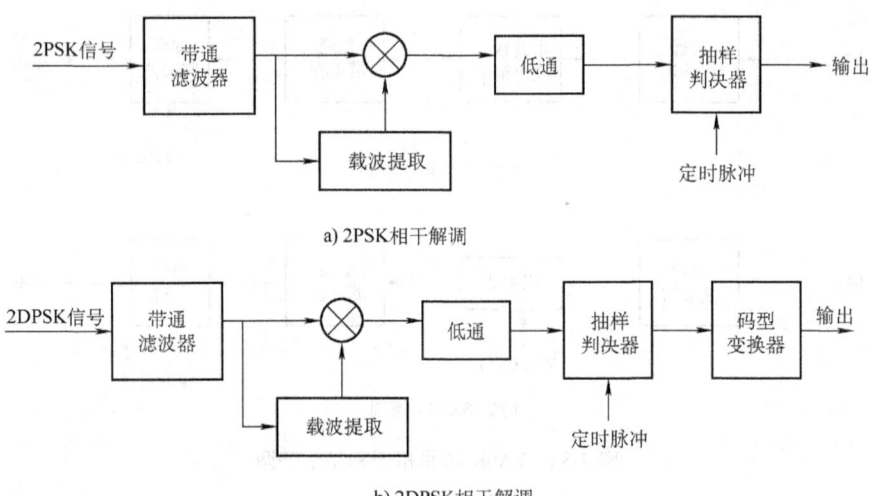

图 4-34　2PSK 和 2DPSK 的相干解调

如图 4-35a 所示，$\{a_i\}$ 为二进制数字信号，经过串/并变换为两路 $\{b_k\}$ 和 $\{c_k\}$ 数字信号，设串行数字码流如下：

原串行码流 $\{a_i\}$　　1 0 0 1 1 1 1 0 1 1
并行一路 $\{b_k\}$　　1 0 1 1 1
并行二路 $\{c_k\}$　　0 1 1 0 1

经过这样变换，显然两路信号的速率可降低，如 PDH 的三次群 34.368Mbit/s 分成两路后则每路为 17.184Mbit/s 的数字码流。

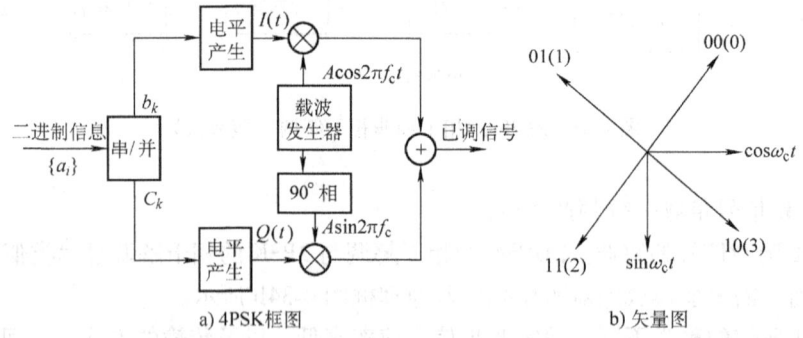

图 4-35　QPSK 调制器

从矢量图中看出，其相位关系，如以前一码元相位为 0°作为基准，那么若传送消息为 00，则后一码元信号相位仍为 0°，若传送消息为 01，则后一码元相位旋转 π/2，若传送消息为 11，则后一码元相位旋转 π，若为 10，则旋转 3π/2（也可以用 π/4 作为基础相位）。QPSK 相干解调器如图 4-36 所示。

另外，在卫星中还使用一种 OK—QPSK 调制方式。

OK—QPSK 调制方式是偏移 4 相相移调制方式，主要在卫星通信中应用。它与 QPSK 不同的是对相位矢量正交的两个载波调制的两路二进制序列，在时间上错开半个码的长度。这种调相方式叫偏移 4 相相移链控（OK—QPSK），或者称为参差 4 相相移键控（SQPSK）。采

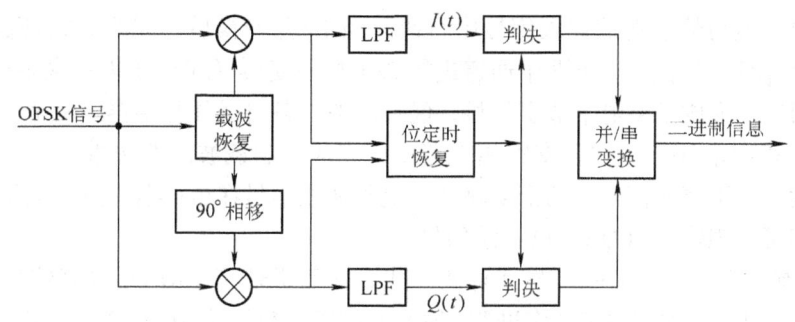

图 4-36　QPSK 相干解调器

LPF—低通滤波器　$I(t)$—同相支路　$Q(t)$—正交支路

用这种调制方式后，前后码元之间只有 0°、90°、-90°这 3 种相位变化，从而克服了因 180°相位变化带来的缺点。

（4）组合调制方式（选读）

在更高速率的数字基带信号如 PDH 系列四次群 139.264Mbit/s，以及在 SDH 数字系列数字微波通信系统，在调制时采用更多调相相位以降低其速率，下面就对实用高码率的数字基带信号组合调制方式讨论。

1) 16QAM 调制。QAM 调制方式，它既调幅又调相，是属于组合调制方式，下面以 16QAM 为例进

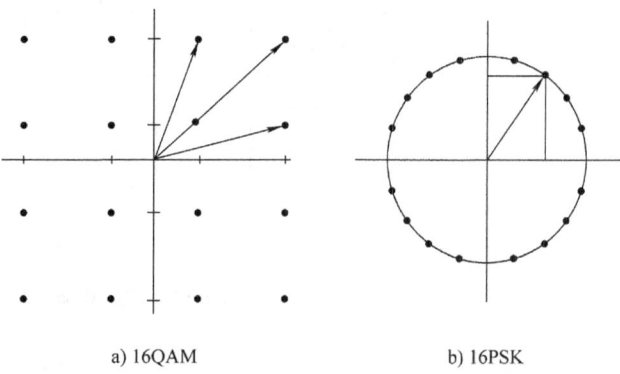

图 4-37　16QAM 和 16PSK 点群图

行简单分析。其已调波用矢量图表示时有 16 个矢量，如图 4-37a 所示，其矢量的长短不一。与 16QAM 比较，16PSK 的 16 个矢量端点不再被限制在一个圆周上，矢量端点之间的距离较远，如图 4-37b 所示。在解调时，区别相邻已调波矢量就比较容易，故误码率低。当把坐标原点与各矢量端点连线（即画出矢径）后，可以看出，各已调波矢量的幅度和相位都发生了变化，所以说，QAM 方式的已调波是既调相又调幅的组合调制方式。

按照叠加原理还可推导出 64QAM 调制以及更高的如 128QAM 和 512QAM 调制等。

2) 16QAM 正交调制器。QAM 调制的调制器电路有正交调制法和 4 相叠加法，我国目前使用的设备基本是前者，其框图如图 4-38 所示。

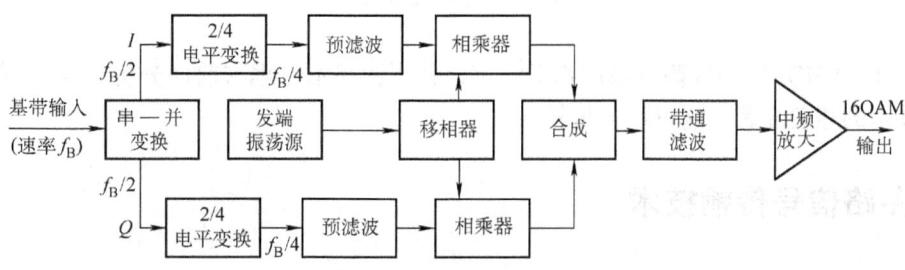

图 4-38　16QAM 正交调制法调制器框图

图 4-38 中，f_B 为数字基带输入信号串行码，经串/并变换后，成为并行两路 I、Q 码序列，其速率为 $f_B/2$。当在上、下两个通道进行 2/4 电平变换（相当于再一次串/并变换）之后，在每个通道上形成了 4 电平数字信号，经过滤波，各自送往相乘器。两个相乘器中的载波是正交的（相位差 90°）。在各支路相乘器中，完成抑制载波的双边带调幅，使每个相乘器输出的都为 4 电平调幅信号。两个支路的 4 电平调幅信号在合成器中进行矢量相加，经滤波与中放，即可实现输出 16QAM 已调波信号。

3）多进制正交调幅（MQAM）与其解调方式。前面讲述了 16QAM 调制信号的概念和实现调制的框图。更多相位的调制（多进制）的调幅（MQAM）可由 16QAM 推广而得到，其正交 MQAM 调制原理如图 4-39 所示，通过对数字基带信号的串变变换及电平变换后再送入线性调制器，进行正交调幅，经合成为 MQAM 调制信号。MQAM 的解调原理如图 4-40 所示。

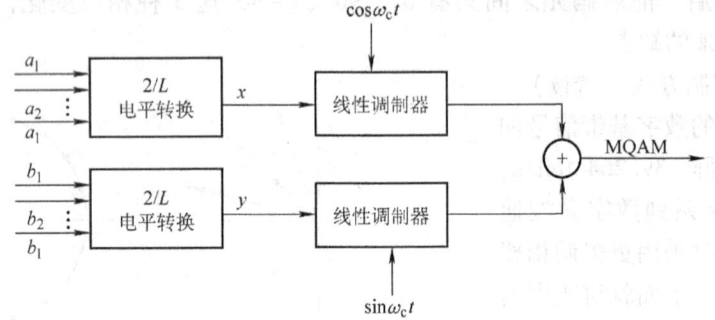

图 4-39　MQAM 调制原理

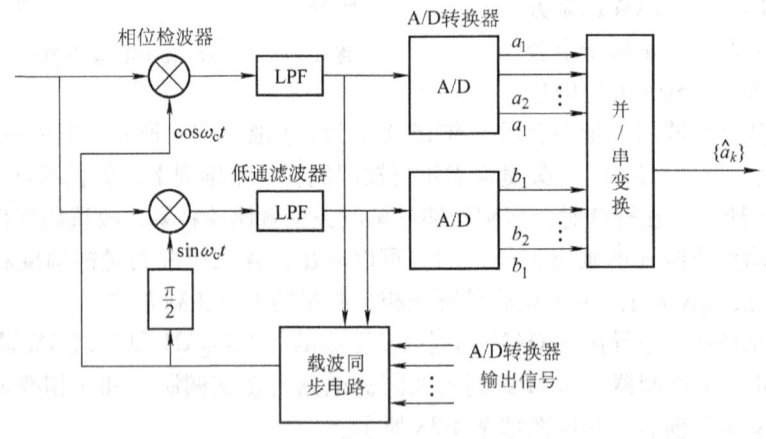

图 4-40　MQAM 解调原理

图 4-40 中 MQAM 的解调也采用相干解调，其解调基本原理与前面分析一样，可参阅信息调制技术的相关专著，这里不再重复。

4.3　多路信号传输技术

光纤通信、数字微波、数字卫星通信以及数字程控交换技术的发展，迫切地需要将若干个低速支路信号合并成一个高速信号流,以便在高速信道中传输,合理地使用大、中容量的传输信道。多路信号复用技术就是解决这一问题的专门技术,具有扩大传输容量、提高传输效率的特点。

4.3.1 信号多路传输的基本概念

1. 数字多路通信原理

数字多路通信也叫做时分多路通信,所谓时分多路通信,是利用多路信号(数字信号)在信道上占有不同的时间间隙来进行通信。多路通信的原理源于数学上信号的正交性

$$F = \int_{t_1}^{t_2} f_1(t) f_2(t) \mathrm{d}t = 0 \tag{4-15}$$

对于不是连续信号,如时分制中的脉冲信号,只能用离散和来代替以上积分,即

$$R(T) = \sum_{t=0}^{T_0} f_1(t) f_2(t) \tag{4-16}$$

这里的 $f_1(t)$、$f_2(t)$ 为周期性的矩形脉冲信号,如图4-41所示,它们的周期是相同的,都为 T_0,但在周期内出现的时间不同,即在 $t=0$ 时 $f_1(t)$ 等于 A,$f_2(t)=0$ 到 $t=t_1$ 时 $f_1(t)$ 变为0而 $f_2(t)=A$,其中 t_1 是 $f_1(t)$ 脉冲的持续时间。根据离散和计算得

$$R(T) = [f_1(t)f_2(t)]_0^{t_1} + [f_1(t)f_2(t)]_{t_1}^{t_2} + [f_1(t)f_2(t)]_{t_2}^{t_3} + [f_1(t)f_2(t)]_{t_3}^{t_0} = 0 \tag{4-17}$$

这说明 $f_1(t)$ 和 $f_2(t)$ 是符合正交条件的,如果在时间 $t=t_2$,$t=t_3$ 时还相继有 $f_3(t)$、$f_4(t)$ 且脉冲周期与宽度均与前相同,则它们之间相互均为正交,利用这种脉冲信号正交性就可实现时分多路通信。

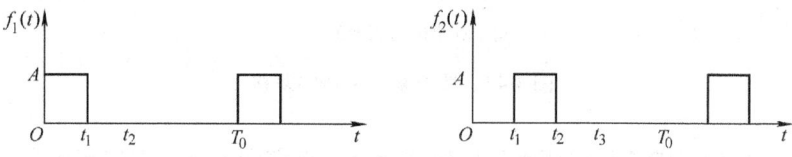

图4-41 脉冲信号的正交

如在PCM脉冲编码技术中,由抽样定理把每路话音信号按8000次/s抽样,对每个样值编8位码,那么第一个样值到第二个样值出现的时间即 $1/8000\mathrm{s} = 125\mu\mathrm{s}$,称为抽样周期 T,在这个 T 时间内,可间插许多路信号直至 n 路,这就是时间的可分性(离散性),就能实现许多路信号在 T 时间内的传输。

2. 数字信号复接技术

数字复接,就是利用时间的可分性,采用时隙叠加的方法,把多路低速的数字码流(支路码流),如图4-42a所示,在同一时隙内合并成为高速数字码流的过程。

数字复接主要有:按位复接、按字复接、按帧复接等方式。按一个码位时隙宽度进行时隙叠加称为按位复接,如图4-42b所示,在一个码位时隙中叠加了4个码位,其每位码宽度减小到原来的1/4,其码率提高了4倍。图4-42c所示为按字复接,一般一个码字在PCM中即为一个抽样值所编的8位码。因此一个码字通常称为8位码,在一个码字宽度里将4个码字叠加在一起,其每个码字时间宽度减小到原来的1/4,码率提高了4倍。

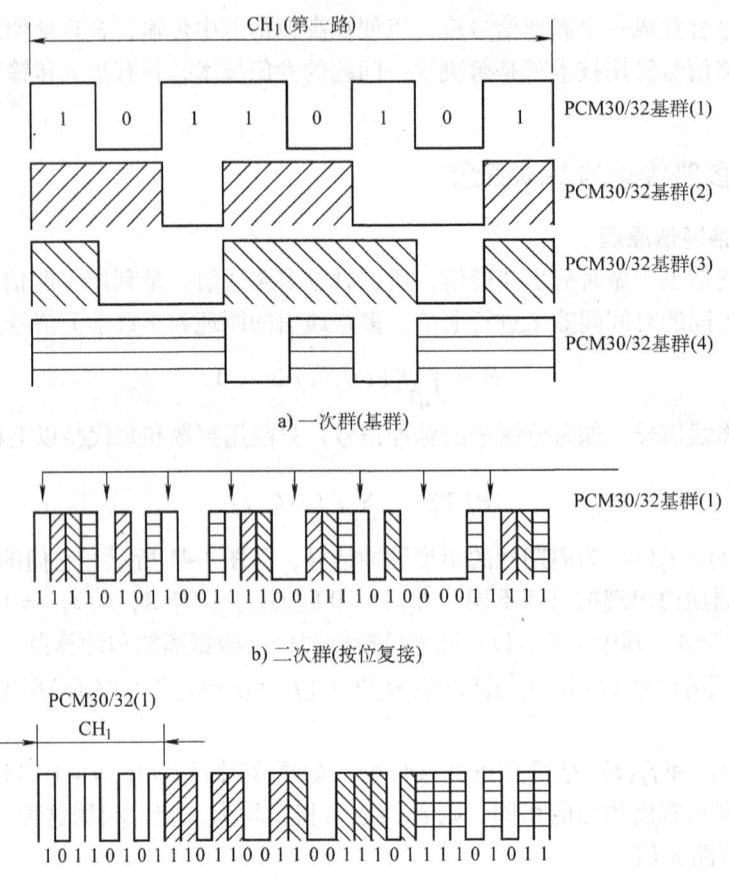

图 4-42　按位复接和按字复接

由此可见，采用时隙叠加使原来每位码或每个码字宽度缩小，即码率提高，实现了低速率的数字码流变为高速率的数字码流，由于 $f=1/T$，T 减小则 f 提高。在数字复接中，不是简单地把数字码流安排在时隙中，还必须考虑数字通信中的同频同相管理联络、收端准确接收等问题，即复接要有一定的数字信号结构——帧结构。

3. 数字传输信号帧结构

数字信号在传输中都是无穷无尽的码流，这些码流究竟如何区别呢？在数字信号（支路信号）复接（合路）为高速数字码流时，在接收端如何辨认各支路信号的码元呢？这就是数字通信传输中，必须要按规定的单元结构——帧结构进行传输。帧结构一般都由世界电信组织建议统一格式，为保证数字通信系统正常工作，在一帧的信号中应有以下基本信号：

1）帧同步信号（帧定位信号）及同步对端告警信号。
2）信息信号。
3）其他特殊信号（地址、信令、纠错等信号）。
4）勤务信号。

这些信号中，帧同步信号是最为重要的信号，如信号不同步则通信无法进行。帧同步信号是由一定长度的，满足一定要求的特殊码型构成的码组，可分散或集中地插入码流中。如系统失步则安排有失步对告信号。

信息信号是通信中传输的主要内容,它在帧内占的比例标志着信道的利用率,所以总是希望此信号在帧中占有较高比例。

特殊信号如信令信号、纠错信号、加密信号、管理信号和调整指令比特等其他特殊用途信号。

勤务信号包括了监测、告警、控制及工作人员勤务联系信号等。根据原 CCITT 建议,我国数字通信系统传输主要有基于 PCM30/32 路的 PDH 系列帧结构和 SDH 系列帧结构。

*4.3.2 PDH 数字复接

1. PCM30/32 路基群帧结构

CCITT G.732 建议,世界上共有两种最基本的数字基群系列,一种是 PCM30/32 路系统一次群系统(我国及欧洲采用),一种是 PCM24 路一次群系统(日本、美国等采用)。这里主要讲述我国采用的 PCM30/32 路系统帧结构。

CCITT G.732 建议 PCM30/32 路系统帧结构如图 4-43 所示。从图中看出一帧的时间为一周期 T,即为 PCM 单路信号抽样周期 $T=125\mu s$,每帧由 32 个路时隙 $TS_0 \sim TS_{31}$ 组成(每个时隙有 8 位码,$a_1 a_2 a_3 \cdots a_8$ 即一个码字)话路占 30 个时隙,同步和信令各占一个时隙,所以称之为基群 30/32 路系统(30 表示一帧的话路数,32 表示一帧的时隙数)。

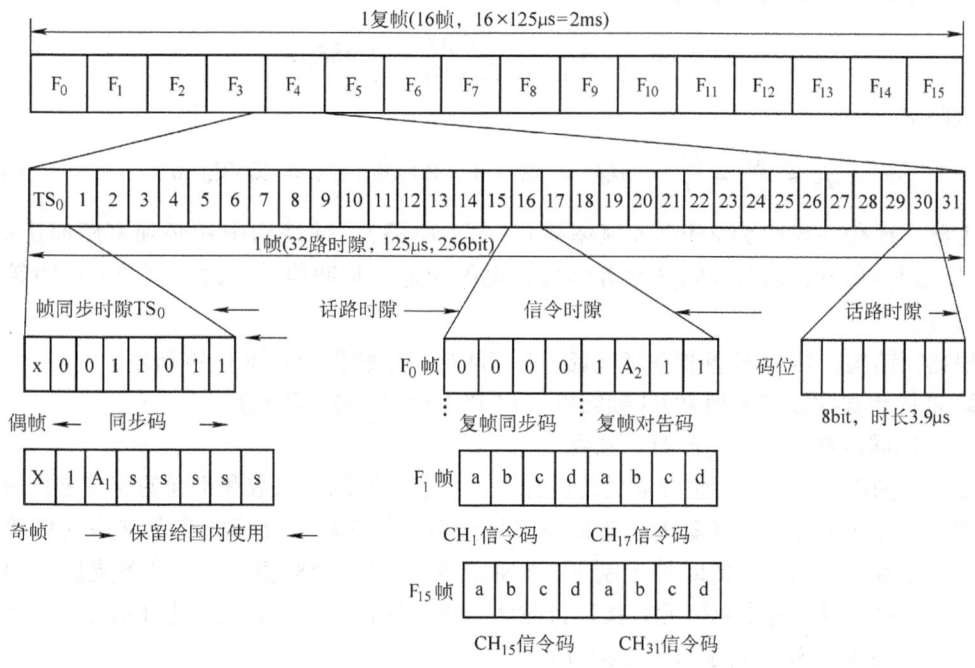

图 4-43 PCM30/32 路系统帧结构

时隙信号安排如下:

(1) 30 个话路时隙 $TS_1 \sim TS_{15}$,$TS_{17} \sim TS_{31}$

$TS_1 \sim TS_{15}$ 分别传送 $CH_1 \sim CH_{15}$ 路的话音数字信号,$TS_{17} \sim TS_{31}$ 分别传送 $CH_{17} \sim CH_{31}$ 路的话音数字信号,每路即一个样值的 8bit(一个码字)。

(2) 帧同步时隙 TS_0

偶帧 TS0 发送帧同步码 0011011；奇帧 TS_0 传送帧失步告警码。

具体安排为：偶帧 TS_0 的 8 位码中第一位码 x 供国际通信用，不使用时发送 "1" 码，后 7 位安排为同步码 {0011011}；奇帧的 TS_0 时隙的 8 位码中第一位 x 留给国际通信使用，通常不用时为 "1"，第二位码 a_2 固定为 "1" 作监视码用，第三位码 a_3 用 A_1 表示，即帧失步时间向对端发送的告警码，当同步时 A_1 为 "0" 码，帧失步时 A_1 为 "1" 码以便告诉发端，收端已经出现帧失步无法正常工作。余下的第 4~8 位码（a_4~a_8）可供安排传送其他信息，若未使用时可都暂固定为 "1" 码，这样奇帧 TS_0 时隙的码字为 {$11A_1 11111$}。

(3) 信令复帧时隙 TS_{16}

一个复帧共有 16 帧称 F_0~F_{15}，其中 F_0 帧的 TS_{16} 时隙传送复帧同步码与复帧失步告警码。F_1~F_{15} 帧的 TS_{16} 时隙分别传送 30 个话路的信令码，如果多个基群的信令共用一个信令通道称为共路信令（No. 7 号信令），当采用公共信道信令时此时隙要重新设计。

为保证数字信号按帧结构安排位置进行传输，各位码的固定时间关系必须由定时系统来保证。其时间关系为：每一路时隙 t_c 值

$$t_c = \frac{T}{n} = \frac{125\mu s}{32} = 3.9\mu s \tag{4-18}$$

码字位数 $L=8$ 故每一位时隙 t_B 为

$$t_B = \frac{t_c}{L} = \frac{T}{nL} = \frac{125\mu s}{32 \times 8} = 0.488\mu s \tag{4-19}$$

数码率

$$f_B = \frac{1}{t_B} = \frac{nL}{T} = nLf_s = 32 \times 8 \times 8000 \text{kbit/s} = 2048 \text{kbit/s} \tag{4-20}$$

因此，现在一般称为 2Mbit/s 速率接口（E1 电路）。帧结构中还必须有路时隙脉冲，TS_0、TS_{16} 时隙脉冲，以及复帧脉冲等信号，也称为地址脉冲信号，这些信号可由时钟脉冲分频获得。

根据帧结构，其 PCM 基群 30/32 路，即 2M 接口系统框图如图 4-44 所示。

2. 准同步数字复接系列 PDH 帧结构（以 PCM30/32 路为基础）

(1) 准同步数字复接（PDH）系列

根据不同需要和不同传输介质的传输能力，要有不同的话路数和不同的速率复接形成一个系列，由低向高逐级进行复接这就是数字复接系列。倘若被复接的几个支路（低等级支路信号）是在同一高稳定的时钟控制下，它们的数码率是严格相等的，即各支路的码位是同步的。这时可以将各支路码元直接进行时间压缩、移相后进行复接，这样的复接称为同步复接。下节讲述的 SDH 就是这种复接方式。

倘若被复接的支路不是在同一时钟控制下，各支路有自己的时钟，它们的数码率，由于各自的时钟偏差不同而不会严格相等，即各支路码位是不同步的。这种情况下在复接之前必须调整各支路码速，使之达到严格相等，这样的复接称为异步复接也称为准同步数字复接系列（PDH 系列），而且它们是按位复接（逐位码进行叠加）。

码速调整分为正码速调整、负码速调整和正负码速调整，我国的 PDH 高次群系列采用正码速调整。所谓正码速调整，是指码速调整后的速率高于调整前的速率。

第 4 章 信息传输技术基础

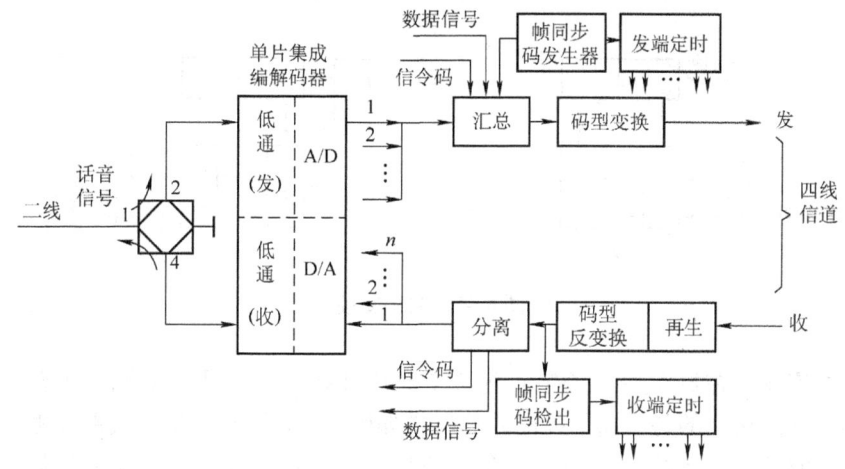

图 4-44 PCM30/32 路系统框图

国际上主要有两大系列的准同步数字复接系列（PDH 系列）经 CCITT 推荐，两大系列有 PCM 基群 24 路系列和 PCM 基群 30/32 路系列。作为第一级速率接口，通常称为 1.5Mbit/s 和 2Mbit/s 接口速率。PDH 两类速率复接系列比较如表 4-2 所示。

表 4-2 PDH 两类速率复接系列比较

	一次群（基群）	二次群	三次群	四次群
北美	24 路 1.544Mbit/s	96 路 (24×4) 6.312Mbit/s	672 路 (96×7) 44.736Mbit/s	4032 路 (672×6) 274.176Mbit/s
日本	24 路 1.544Mbit/s	96 路 (24×4) 6.312Mbit/s	480 路 (96×5) 32.064Mbit/s	1440 路 (480×3) 97.728Mbit/s
欧洲 中国	30 路 2.048Mbit/s	120 路 (30×4) 8.448Mbit/s	480 路 (120×4) 34.368Mbit/s	1920 路 (480×4) 139.264Mbit/s

（2）2.048Mbit/s 速率接口的 PDH 系列二次群帧结构

由于参加复接的各低次群（支路）采用各自的时钟，虽然其标称速率相同（2.048Mbit/s），但由于时钟允许偏差 $\pm 50 \times 10^{-6}$（即 ±100bit/s），而各支路偏差不相同，因此各支路的瞬时数码率会不相同。另外，在复接成高次群时还要有同步插入比特、对告信号比特等。因此，在复接时首先要进行码率调整使各支路码率严格相等（同步）后，才能进行复接（汇接或称合成）。如图 4-45 所示。

在每支路复接时码率究竟如何调整呢？CCITT 推荐的速率系列 PDH 二次群速率为 8.448Mbit/s。CCITT G.742 推荐的正码速调整（增加码位），准同步复接系列 PDH 二次群的帧结构中各支路的比特安排如图 4-46a 所示，它的复接帧如图 4-46b 所示，帧长 848bit，帧周期为 100.38μs。如上节所述各支路复接时速率调整一样，则每支路子帧即为 212bit。由各低次群 2048kbit/s 复接为 8448kbit/s，则各支路要调整为 2112kbit/s，每秒内各支路（低次群）插入 64kbit/s 的码位。

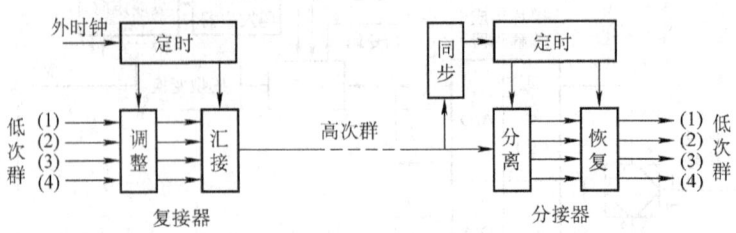

图 4-45 数字复接

按帧结构安排，在每支路（子帧）为 212bit 中要插入同步码、监测、告警及速率调整等码位。因此在复接前的各支路子帧的码位安排如图 4-46a 所示。把各支路子帧 212bit 分为 4 组，每组为 53bit，每支路（子帧）所含非信息比特，包括安排在各支路的帧同步码、告警、备用码位 F_{ij}（其中 i 为支路编号，j 为 F 的码位编号，例如，安排在第一支路第一组前 3 位为 $F_{11}F_{12}F_{13}$，4 个支路共计 12 位）。用于码率调整的塞入标志 C_{ij}，i 为支路编号，j 为 C 的码位编号，安排在各支路的 Ⅱ、Ⅲ、Ⅳ组的第一组，例如，$C_{11}C_{12}C_{13}$ 分别安排在第一支路第 Ⅱ、Ⅲ、Ⅳ 组的第一位。塞入脉冲 V_i，i 为支路数安插在每支路的第 Ⅳ 组的第 2 位，该位在需要提高支路码率时为塞入脉冲，这时 $C_{11}C_{12}C_{13}$ 为 {111}；在不需要提高支路码率时仍为信息码，相应的 $C_{11}C_{12}C_{13}$ 为 {000}。采用 3 位标志码 C_{ij} 便于多数判决以决定分接时"去塞"与否。

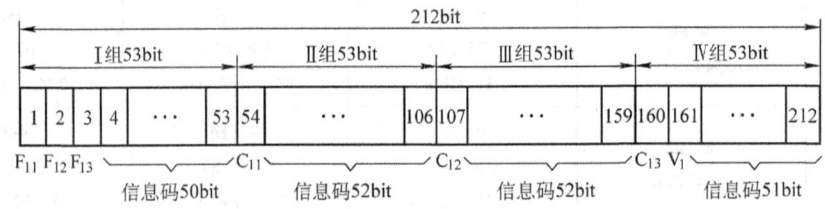

a) 基群支路插入码及信息码分配

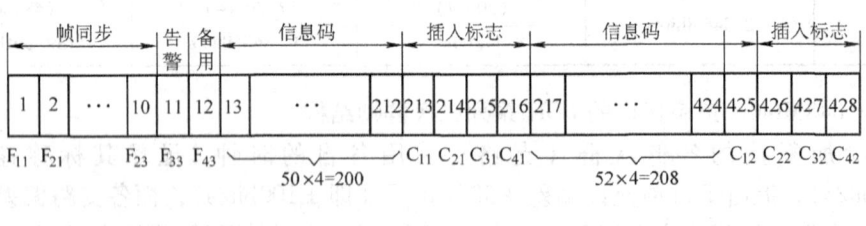

b) 复接帧结构

图 4-46 PDH 异步复接二次群帧结构按帧结构

从帧结构图 4-46b 中知，4 个支路子帧按位复接 $F_{11}F_{21}F_{31}F_{41}\cdots F_{33}F_{43}$ 共 12bit。前 10bit 为

帧同步码，码型为 1111010000，后两位 $F_{33}F_{43}$ 作为对端告警和备用；$C_{11} \sim C_{41}$，$C_{12} \sim C_{42}$，$C_{13} \sim C_{43}$ 是 4 个基群支路的塞入标志；$V_1V_2V_3V_4$ 为塞入脉冲位。每个支路的信息码位为 205 或 206（未塞入时），一帧中共有信息码位为 820~824bit。

PDH 三次群、四次群复接帧结构与二次群帧结构形式类似，即是对应的支路比特数，每帧比特数等比二次群多。将 4 个一次群支路信号复接成一个 8.448Mbit/2 的三次群，将 4 个三次群支路复接成一个 139.264Mbit/s 的四次群，……这种 PDH（Plesiochronous Digital Hierarchy）复接体制的接口速率和码型如表 4-3 所示。随着数字速率的进一步提高，这种复接体制暴露出越来越多的缺点。

表 4-3　PDH 接口速率和码型

群路等级	一次群（基群）	二次群	三次群	四次群
接口速率/（kbit/s）	2048	8448	34368	139264
接口码型	HDB3	HDB3	HDB3	CMI

*4.3.3　SDH 数字复接

1. 同步数字复接（SDH）系列

随着人们日常生活工作对通信的要求越来越高，通信容量越来越大、业务种类越来越多、传输的信号带宽越来越宽、数字信号传输速率越来越高。这样便会使 PDH 复接的层次越来越多，而在更高速率上的异步复接/分接，需要采用大量的高速电路，这会使设备的成本、体积和功耗加大，而且传输的性能恶化。为了完成更高速率、更多路数数字信号的复接，1988 年，光同步传输网络（SONET）应运而生，其概念很快被 CCITT（后改为 ITU-T）接受，提出了 G.707 建议，规范了世界上统一的标准传输体制——同步数字复接（SDH）系列。根据数字信号传输的要求，SDH 有统一规范的速率，以同步传输模块（STM）形式传输。它是以基本模块 155.520Mbit/s 速率的同步传输模块为第一级，即 STM-1 更高的同步数字系列信号为 STM-4（622.080Mbit/s）、STM-16（2488.320Mbit/s）以及 STM-64（9953.280Mbit/s）等。即是用 STM-1 信号以 4 倍的字节（一字节 8 位码）间插同步复接而成为 STM-N（$N=1, 4, 16, 64, 256, \cdots$），这样大大简化了 PDH 系列的复接和分接，使 SDH 更适合于高速大容量的光纤通信系统，便于通信系统的扩容和升级换代。SDH 的速率等级如表 4-4 所示，最基本的 STM-1 信号承载在一个 125μs 的帧结构上。

表 4-4　SDH 的速率等级

SONET OC 等级	ITU-T SDH 等级	线路速率/（Mbit/s）	简　称
OC-1		51.884	
OC-3	STM-1	155.520	155M
OC-12	STM-4	622.08	622M
OC-24		1244.16	
OC-48	STM-16	2488.32	2.5G
OC-192	STM-64	9953.28	10G
OC-768	STM-256	39813.12	40G

2. SDH 的特点

(1) 世界统一的标准光接口,支持世界上各种数字系统的接口,实现不同厂家设备在光路上互通。

(2) 按字节同步复接,各支路信号按顺序排列形成更高速率数字信号,复接形成 STM-N 系列(N 为 4 的倍数)。

(3) 强大的网络管理功能,SDH 中光结构规定了丰富的网管字节,可提供满足各种要求的能力。

3. 同步数字复接系列 SDH 帧结构

按世界 ITU-T 1995 年 G. 707 建议规范,SDH 的数字信号传送帧结构安排,尽可能地使支路信号在一帧内均匀地、有规律地分布,以便于实现支路的同步复接、交叉连接、接入/分出(上/下——Add/Drop),并能同样方便地直接接入/分出 PDH 系列信号。为此,ITU-T 采纳了以字节(Byte,记为 B)作为基础的矩形块状帧结构(或称页面块状帧结构),如图 4-47 所示。

STM-N 的帧是由 9 行,270 × N 列,8B 组成的码块,对于任何等级,其帧长(帧周期)均为 125μs,从图 4-47 中可以看出其每帧比特数为 $9 \times 270 \times N \times 8\text{bit} = 19440 \times N\text{bit}$。

帧结构以 STM-1 为例:

每帧容量:$9 \times 270 \times 1\text{B} = 2430\text{B}$。

每帧比特数:$9 \times 270 \times 8\text{bit} = 19440\text{bit}$。

帧周期:125μs。

帧速率:$1/125\mu\text{s} = 8000\text{s}^{-1}$。

STM-1 传送码率:$19440 \times 8000\text{bit/s} = 155.520 \times 10^6 \text{bit/s}$。

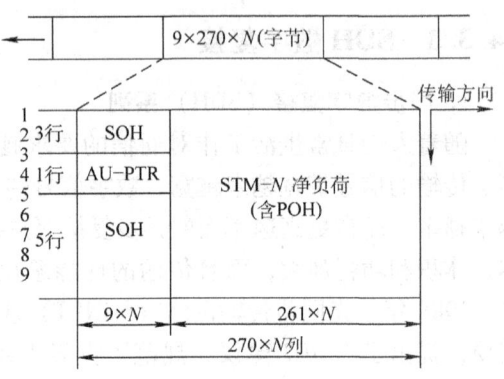

图 4-47 SDH 帧结构

这种页面式帧结构好像书页一样,STM-1 只有 1 页,STM-4 有 4 页,……,STM-1 由于只有 1 页,所以它的发送顺序就像读书一样从左向右至上而下传送,每秒传 8000 帧(8000 页)。若 STM-4,则传送方式与 STM-1 有区别。因为每帧由 4 个页面组成,其传送方式依次从第一页的第一个字,第二页的第一个字,第三页的第一个字,第四页的第一个字,再是第一页的第二个字,第二页的第二个字,……从左到右由上而下,传完一遍就传送完一帧,每秒传 8000 帧(32000 页),速率比 STM-1 高 4 倍,这种传送方式称字节间插同步复接。

帧结构分为 3 个区域:信息净负荷(Payload)区域、段开销(SOH)区域和管理单元指针(AU-PTR)区域。

(1) 信息净负荷(Payload)区域

信息净负荷区域是帧结构中存放各种信息负载的地方,图 4-47 中横向(270 - 9)× N(B)、纵向第 1 行到第 9 行的 $2349 \times N$(B)都属此区域。对于 STM-1 而言,它的容量大约为 150.336Mbit/s。其中含有少量的通道开销(POH)字节用于监视、管理和控制通道性能,其余荷载业务信息。

(2) 段开销(SOH)区域

段开销(Section Over Head)是指 STM 帧结构中为了保证信息净负荷正常、灵活传送所必须的附加字节,是供网络运行、管理和维护使用的字节。帧结构的左边 $9 \times N$ 列 8 行(除去第 4 行)分配给段开销,对 STM-1 而言它有 $8 \times 9B = 72B$,即 $72 \times 8bit = 576bit$。由于每秒传送 8000 帧,因此共有 4.608Mbit/s 的容量用于网络的运行、管理和维护(OAM)。

(3) 管理单元指针(AU-PTR)区域

管理单元指针用来指示信息净负荷的第一个字节在 STM 帧中的准确位置,以便在接收端能正确地分接信息净负荷信号,在帧结构中第 4 行左边的 $9 \times N$ 列分配给指针用。对于 STM-1 而言,它有 9B(72bit),采用指针方式可以使 SDH 在准同步环境中完成复用同步和 STM-N 信号的帧定位。这一方法消除了常规准同步系统中,滑动缓冲器引起的时延和性能损伤。关于 SDH 系统在后面章节还会具体进行分析。

思考题与习题

4-1 现在数字通信系统主要采用哪些传输信道,其主要特点是什么?

4-2 某频率的信号功率为 2W,经过某信道 100km 传输后在接收端信号功率为 0.02W,试计算信道的传输损耗。

4-3 香农公式有何意义?信道容量与"三要素"的关系如何?

4-4 分配的带宽扩大 2 倍、3 倍时对通信信道的信息容量有何影响?若分配的带宽减小一半而时间加倍时对通信信道的信息容量又有何影响?

4-5 某一系统的信号带宽 $B = 4kHz$,信噪比为 15,求该系统保证信息无差错通过信道的极限速率为多少(即求信道容量)?

4-6 试比较市话用户电缆、对称电缆、家用有线电视电缆、计算机本地网 5 号电缆的最高使用频率。

4-7 为什么说电缆信道一般传送的速率偏低,而不作为长距离传输信道?

4-8 能否将计算机直接用市内电话线上网?为什么?

4-9 说明地波、天线和直射波传输的优缺点。

4-10 试说出 UHF、VHF、VF 和 HF 在 CCIR(国际无线电咨询委员会)名称中的频率范围。

4-11 已知矩形波导的宽边尺寸为 2.5cm,工作频率为 7GHz,试确定截止频率和截止波长。

4-12 某一数字信号的码元速率为 12000Bd,试问:如采用四进制或二进制数字信号传输时,其信息速率各为多少?

4-13 假设频带宽度为 1024kHz 的信道,可传输 2048kbit/s 的比特率信息,试问其传输效率或频带利用率为多少?

4-14 有一数字传输系统,其在 125μs 内传送 9720 个码字,若在 2s 内有 5 个误码,计算其误码率为多少?

4-15 什么叫抖动?抖动有无积累,为什么?

4-16 设调制信号 $f(t)$ 为正弦波,其振幅为 A_0,频率为 f_m,载波也是正弦波,频率 $f_c = 10f_m$,试画出已调幅波的波形。

4-17 什么是群时延—频率特性,它与相位—频率特性有何关系?

4-18 什么是数字复接?PDH 系列一次群、二次群、三次群、四次群及 SDH 系列各采用什么复接方式?

4-19 说明 PCM30/32 基群帧的概念,各帧时隙的作用是什么?同步帧如何组成?

4-20 2Mbit/s 接口的概念是什么?

4-21 画出 STM-1 帧结构,并求各部分的信息速率及帧速率。

4-22 PDH 二次群每秒传送多少帧?STM-16 在 1s 内传送多少净负荷?

4-23 某信源端送的二进制数字码为 11010100001011,试转换成 AMI 码并画出波形。

第5章　信息交换技术

5.1　信息交换的基本概念

5.1.1　交换的概念

1. 交换的必要性

通信的目的是实现信息的传递。一个能传递信息的通信系统至少应该由终端和传输媒介组成，最简单的"点对点通信"如图5-1所示。终端将含有信息的消息，如话音、图像、计算机数据等转换成可被传输媒介接收的信号形式，电信系统就要转换成电信号形式，光纤系统就要转换成光信号形式，同时在接收端把来自传输媒介的信号还原成原始信息；传输媒介则把信号从一个地点送至另一个地点。这样一种仅涉及两个终端的单向或交互通信称为点对点通信。

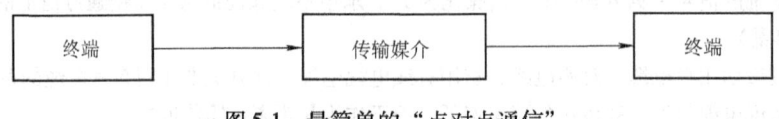

图5-1　最简单的"点对点通信"

电话通信是通过声能与电能相互转换、并利用"电"媒介来传输语言的一种通信技术。当两个用户要进行通话，最简单的形式就是将两部电话机用一对线路连接起来。如果有多个用户时，为保证任意两个用户间都能通话，很自然会想到每两个用户用一对线路连起来，这样的连接方式称为全互连式。以5部电话机的连接为例，5个用户要两两都能通话，则需要总线对数为10条，如图5-2a所示，而N个用户需要的线对数为$C_N^2 = N(N-1)/2$条。当终端数目较少，地理位置相对集中时还可以采用这种全互连式通信；如果用户数量增大时，全互连式所需的线对数量会急剧增加，用在线路方面的投资也随着增加，如10000个用户，则需要$C_{10000}^2 = 5000$万条线对。同时，若新增一个终端，则需要与前面已有的所有终端进行连线，工程浩大，在实际操作中没有可行性。除此之外，这种方式在每次通话时还要考虑对方终端的连接情况，是否与自己的电路相连。因此当用户数N增加时所需的线对数更迅速增加，想想看，要是对每个用户来说，家中需接入$N-1$对线，打电话前还需将自己话机和被叫线连起来，那就太麻烦了！

为了解决这一问题，很自然地想到在用户密集的中心安装一个设备，把每个用户的电话机或其他终端设备都用各自专用的线路连接在这个设备上。此设备相当于一个开关节点，平时处于断开状态，当任意两个用户之间交换信息时，该设备就把连接这两个用户的有关节点合上，这时两用户的通信线路连通。当两用户通信完毕，才把相应的节点断开，两用户之间的连线就断开。由于该设备能够完成任意两用户之间交换信息的任务，所以称其为交换设备，N部电话机仅需N条电路，如图5-2b所示。

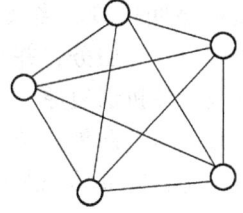 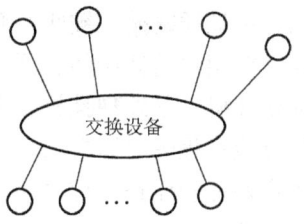

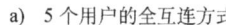

a) 5个用户的全互连方式　　　　b) 交换设备连接方式

图 5-2　用户之间的连接方式

最简单的通信网仅由一台交换设备组成。每一台电话或通信终端通过一条专门的用户线与交换设备中的相应接口连接。当电话用户分布的区域较广时，就设置多个交换设备，这些交换设备之间再通过中继线相连，从而构成更大的电话交换网。不难看出，有了交换设备，提高了线路的利用率，线路的数量大大减少，相应地线路的费用会大大降低，整个通信系统的费用也大大下降。

实际的交换机结构复杂，它承担着将各用户点来的信息转接到其他用户点去的任务，在任意选定的两条用户线之间建立一条通信路由，并能按需断开该线路。电话交换机能完成通话接续，应当具备如下基本功能：

1) 用户摘机呼出时，交换机应能及时发现，并能送出应答信号——拨号音，提示用户可以拨号。

2) 用户拨出被叫号码，交换机应能正确接收。

3) 交换机根据所接收的号码，进行分析；被叫用户是否空闲。如被叫占线，则向回叫用户送忙音；如果被叫用户空闲，则向被叫用户发出振铃信号，向主叫用户送出回铃音。

4) 在振铃期间，交换机对被叫用户的应答进行监视，一旦发现被叫用户应答（摘机），就把振铃信号切断，建立主、被叫用户的通话连接。于是，主、被叫用户开始通话。

5) 用户通话期间，交换机对用户进行监视。一旦发现任何一方挂机，就拆除连接。

2. 交换技术的发展

在现代电信网中，通信各方是通过交换设备的接续沟通进行通信的，交换技术的发展直接关系着通信和通信网的发展，交换技术的发展只有 100 多年的历史，可它的发展速度却非常惊人。

交换技术是以人工交换为开端的，从 1878 年在美国康涅狄格州纽好恩（Newhaven Connecticut）建成第一个人工电话交换局至今的 130 余年间，交换技术的发展经历了以下 4 个重要阶段。

（1）人工交换阶段

人工电话交换机由许多信号灯、塞孔、搬键、塞绳等设备组成，由话务员控制。每个塞孔都与一个电话用户话机相连，借助于塞孔、塞绳构成用户通话的回路，话务员是控制话路接续的关键。

当主叫用户摘机呼叫时，交换机的面板上信号灯燃亮。话务员发现后，立即将一副空闲的塞绳（绳路）的插塞插入该用户的塞孔，并用话机询问该用户所要的被叫号码。当主叫告知被叫号码后，话务员找到被叫塞孔，进行忙闲测试，测试被叫用户话机是否空闲，若空闲，即将该塞绳的另一端插塞插入被叫塞孔，并用搬键向被叫振铃。当被叫闻铃声摘机后，双方即可通话。在该对用户通话期间，话务员可为其他用户呼叫服务，并监视正在通话的用户是否已经通话完毕挂机，若发现挂机，即拔出插塞拆线，使机器复原。

从这一简单的交换过程中可以看出，要实现交换，必须具备两种系统：一是实现通话时所需的通路，如用户塞孔和绳路，称之为话路系统；另一是控制通话回路接续所需的控制系统，人工交换中的话务员等。

人工交换机结构简单，成本也低，但占用人力较多，话务员劳动强度大，接线速度慢，且易出错，容量小，效率低，故很快就被自动交换机所替代。

(2) 机电式自动交换阶段

1890 年美国人 A. B. 史瑞乔（Almon B. Strowger）发明了步进制电话交换机，从此，电话交换步入了自动化阶段。

步进制交换机是由选择器的上升和旋转来完成两个用户之间的通话接续，每个选择器都有它自己的一套控制电路，控制其弧刷上升和旋转。选择器的线弧接点和弧刷构成了交换机的话路系统。而选择器的控制电路构成了交换机的控制系统。

步进制交换机的特点是全分散控制，即每个选择器都有它自己单独使用的控制电路。在选择器的话路部分工作的整个过程中，控制电路一直陪伴着，故效率很低。还有一个特点是"直接控制"，即选择器的控制电路是在主叫用户所拨的号码脉冲直接作用下控制弧刷动作的。所以说，步进制交换机的控制电路具有独用性和分散性的特点。正由于这一特点，造成了控制电路数量大，效率低，且话路系统和控制系统不能从总体上加以分开。步进制交换机的机械动作幅度大，噪声大，机件易磨损，维护工作量大，故障率很高，接续速度慢，不能应用于长途自动交换。

1919 年，瑞典人尼尔斯·帕尔姆伦（Nils Palmgren）和 G. A. 贝塔兰德（G. A. Betulander）发明了纵横接线器。1926 年，在瑞典的松兹瓦尔（Sundsvall）开通了第一个 4000 门的纵横制实验电话局。纵横制交换机采用了纵横接线器，接点采用推压接触方式，使接触可靠，噪声小，机键不易磨损，使用寿命长，障碍率减小，维护工作量小，通话质量好。在控制系统中，由于采用了集中控制方式，使控制功能与话路分开。集中控制功能由记发器和标志器完成。记发器接收主叫用户所拨的全部号码，通过标志器统一控制话路中各级接线器的接续。由于号码集中记存和处理，便于进行迂回和转接，增加了中继方式布局的灵活性，也便于实现长途自动交换。

由于纵横制交换机的纵横接线器和继电器仍是电磁元件，它与步进制交换机等可统称为机电式交换机。

(3) 电子式自动交换阶段

随着电子计算机和大规模集成电路的迅速发展，计算机技术迅速地被应用于交换机的控制系统中，出现了存储程序控制（简称程控）式交换机。但在话路系统中仍然采用一些电磁器件，通话回路仍然采用空间分隔方式，交换的信号仍然是模拟信号。即使这样，由于控制系统采用了计算机技术，许多功能电路可以用软件代替，因而在性能上有了很大的提高，增加了许多功能，而且增容或增加新的服务业务也十分灵活方便。交换机的程控化可以说是交换技术的又一次重大转折。

20 世纪 60 年代初，在传输系统中成功地应用了脉冲编码调制（PCM）技术，使得数字通信有了迅速的发展,推动了交换技术的变革,人们开始研究如何将数字信息引入交换系统中。在程控交换机的话路接续部分采用大规模集成电路组成的数字交换网络,直接交换 PCM 数字信号,这也就出现了时分数字交换机,标志着交换技术进入了数字交换的时代。1970 年在法国拉尼翁开通了第一台程控数字交换机(E—10 型)系统,开创了数字交换的新时期。

程控数字交换机的发明和发展,使交换技术的发展跨上了一个新的台阶。数字交换机交换的信号为数字信号,其通话回路采用时间分隔方式,使数字传输与数字交换实现一体化成为可能,不仅提高了通信质量,而且也为开通非电话业务(如用户电报、数据传输、图像通信等)提供了有利条件。

(4) 信息包交换发展阶段

由于各类非话业务的发展,对交换提出了新的要求,不仅要求有以程控交换为代表的电路交换,还需要更适合非话业务的信息包交换,如分组交换、ATM 交换和 IP 交换等。与电路交换采用固定分配资源复用方式不同,信息包交换方式采用了动态统计分配资源复用方式,大大地提高网络资源的利用率、传输效率和服务质量。信息包交换技术的发展,标志着交换技术有了进一步的革命性的发展,使交换技术能够适应各种信息交换的要求,为多媒体通信和宽带通信网的发展奠定了坚实的基础。

到目前为此,各类交换和交换机均是将业务接入、路由选择(交换)和业务控制 3 个功能通过交换机的内部交换网络连接成一个整体来实现的,从而导致不同业务需要采用不同的交换技术和交换机,不利于多种业务在一个网络中综合传输和交换的实现。因此,人们又提出了软交换的概念,软交换将传统交换的上述 3 个功能独立出来,分别由不同的物理实体实现,同时进行一定的功能扩展,并通过统一的传输网络将各物理实体连接起来,构成软交换网络。软交换技术正在研究和发展之中,有可能成为下一代网络(NGN)的核心技术之一。

5.1.2 交换的方式分类

1. 布控和程控交换

布控和程控是交换设备控制部分两种不同的实现方法。布控是布线逻辑控制的简称,程控是存储程序控制的简称。

(1) 布线逻辑控制(Wired Logical Control,WLC)交换机

纵横制以前的一些自动交换机,都是布线逻辑控制的交换机。所谓布控,是指将交换机各控制部件按逻辑要求设计好,并用电路板布线的方法将各元器件固定连接好,具有一定的逻辑操作功能,在外来信号作用下,交换机的各项功能即能实现的一种控制方法。这种交换机的控制部件做成后不好修改,灵活性很小,具有下列特点:

1) 控制设备电路复杂,电路设计麻烦。
2) 当用户和网络发生变化时,或者开放新业务时,必须更改布线或电路,增加新设备而且太不方便。
3) 控制设备动作速度慢,对元器件要求低。
4) 交换机容量不大时比较经济。
5) 相对程控交换机来说,操作易于掌握。

(2) 存储程序控制(Stored Program Control,SPC)交换机

所谓程控,是存储程序控制的简称,程控交换是一种用计算机控制的电话交换技术,它将对交换机话路设备的控制功能预先编制好程序存到存储器中,然后用计算机启动运行程序,再通过接口电路控制交换机话路设备接续。即把各种控制功能、步骤、方法编成程序,放入存储器,利用存储器,由所存储的程序控制整个交换机的工作。整个交换机要在全部硬件设备(包括计算机)与交换软件的配合下才能工作。若要改变交换机功能,增加交换机的新业务,只需要修改程序就可实现。程控交换机具有以下特点:

1)灵活性大,适应性强。程控方式能适应通信网的各种网络环境、性能要求和各种变化,如编号计划、路由选择、计费方式、信令方式、终端接口的变化等。

2)能方便地提供各种新业务。程控是靠软件控制的,通过修改和增加软件提供种种服务性能和新业务,不需要改动硬件设备。

3)便于采用公共信道信令系统。公共信道信令是在与话路完全分开的信令数据链路上集中大量地传送,传输速度快,信息容量大,且便于信令的控制与管理。

4)易于实现维护自动化和集中化。程控交换机中有维护管理方面的软件,如故障处理程序,能对故障设备进行测试、诊断和故障定位,使维护工作降至最低。

5)便于维护管理。程控交换机在日常运行过程中,能很方便地处理一些事件,如用户提出的更改电话号码、移机等,还可以自动收集和输出反映运行状况的大量数据,进行话务统计、忙/闲统计等,能及时和准确地了解服务质量,为设备调整提供理论依据。

6)可靠性高,体积小,重量轻,减少机房面积。由于采用大规模甚至超大规模集成电路,同时机间布线简化,使可靠性大大提高。

2. 模拟交换和数字交换

模拟和数字反映了交换接续的两种不同实现方法。所谓模拟方式,是指通过交换机交换接续的是模拟信号;所谓数字方式,是指通过交换机交换接续的是数字信号。当然,对数字方式而言,如果交换机所接终端(比如目前最常用的电话机)产生的信号是模拟信号,则有一个 A/D 或 D/A 转换的过程。

3. 空分交换和时分交换

空分和时分是交换网络的两种不同的实现方式。空分是指空间分隔,时分是指时间复用。空分交换由空分交换网络来实现,不同通话话路是通过空间位置的不同来进行分隔的,即在空间位置上实现的一种交换方式。时分交换是指对时分复用的信号进行交换,时分复用通常采用脉冲编码调制(PCM)。模拟的语音信号经过脉码调制后,就变成了 PCM 信号,对 PCM 信号进行交换叫做"脉码时分交换",也称"时隙交换",通过数字接线器来实现。

4. 电交换与光交换

电交换与光交换反映交换的信息载体两种不同的形式。电交换是指对电信号进行的交换,即交换的信息载体是电流或电压形式的电信号。光交换是对光信号直接进行的交换,它不需将光缆送来的光信号先变成电信号,经过交换后再复原为光信号。由于被交换的信息载体从电变成了光,从而使光交换具有宽带特性,且不受电磁干扰。光交换系统被认为是可以适应高速宽带通信业务的新一代交换系统。

实现光交换的主要设备是光交换机,与电交换系统一样,它在功能结构上可分为光交换网络和控制回路两大部分。光交换的主要研究课题是如何实现交换网络和控制回路的光化。由于至今还没有成熟的光计算机,因此目前主要围绕光交换网络,即交换网络的光化。目前的光交换机严格地说,应该称为"电控光交换机"。随着光器件技术的发展,光交换技术最终的发展趋势将是光控光交换。

5.1.3 信息交换的常用术语

1. 交换网络与接线器

交换网络又称为接续网络,它可由一个或多个接线器组成。一台交换机通常由交换网络、接口、控制系统3部分组成,如图5-3所示。接口的作用是将来自不同终端(如电话机、计算机等)或其他交换机的各种传输信号转换成统一的交换机内部工作信号,并按信号的性质分别将信令传送给控制系统,将消息传送给交换网络。交换网络的任务是实现各入线与出线上信号的传递或接续。控制系统则负责处理信令,按信令的要求控制交换网络以完成接续,通过接口发送必要的信令,协调整个交换机的工作。

接线器可看做是一个有 M 条入线和 N 条出线的网络,它有 MN 个交叉接点,每个接点都可在控制系统的控制下接通或断开,接线器的作用是根据需要使某一入线与某一出线接通。例如,在图5-4中,当希望将1号用户线与1′号中继线接通时,只需将网络交点(交叉接点)a接通。又如2号线用户欲与3号线用户通话时,可以选择通路1,这时只需将交叉接点b、c接通,即可使两者接通。如4号线用户欲与5号线用户线通话,可以选择通路2,这时只需将交叉接点d、e都接通,即可使两者接通。用户入线除能与中继线相通或经过通路互通外,还可与信令的收、发装置连接。例如,将f点接通可使1号入线与信号音发生器接通,使1号线用户听信号音(如拨号音、忙音、回铃音等)。将g点接通,可使1号入线与收号器接通,由收号器接收1号用户所拨出的电话号码。电子交叉接点闭合式接线器既可以接续模拟信号,也可以接续数字信号。在实际的数字交换中,不采用这种交叉接点闭合的方式,而是仿效计算机总线技术,首先将输入的数字信号存储在一个固定的缓存器中,然后在控制系统的控制下读出,经总线送到指定的输出端。

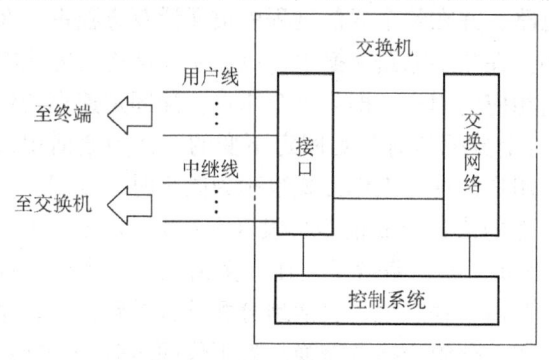

图5-3 交换机的组成

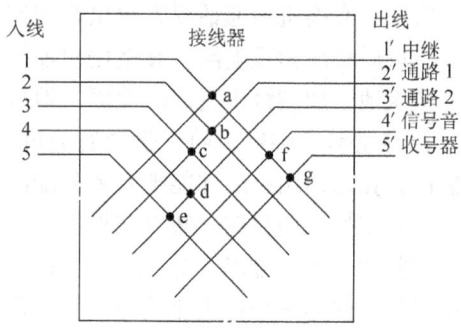

图5-4 交叉接点式接线器原理

2. 集中控制与分散控制

集中控制与分散控制是程控交换机系统的控制机构所配置的两种结构方式。如果程控交换机的控制部分由 n 台处理机组成,它实现 m 项功能,每一功能由一个程序来提供,系统有 r 个资源。当每一台处理机均能控制全部资源,也能执行所有功能时,则这种控制方式就称为集中控制;如果每台处理机只能控制部分资源,执行交换机的部分功能,那这个控制系统就是分散控制。在分散控制系统中,各台处理机可分为容量分担和功能分担两种工作方式。

集中控制的主要优点是：处理机对整个交换系统的状态能全面了解，处理机能控制所有资源。因为功能接口之间主要是软件间的接口，改动功能也主要是改变软件，比较简单。缺点是：它的软件包括所有的功能，规模很大，系统管理相当困难，同时系统相当脆弱。

分散控制的主要优点是：每台处理机只处理系统部分资源，没有集中控制复杂，软件规模较小，当一台处理机故障时，其他处理机能完成控制功能，因此系统可靠性高。缺点是：控制系统不了解所有资源，不能对资源和功能进行最佳分配。

根据各交换系统的要求，目前生产的大、中型交换机的控制部分多采用分散控制方式。

3. 电路交换和分组交换

交换方式可分为电路交换与信息交换两大类，这两大类还可以进一步细分，如图 5-5 所示。

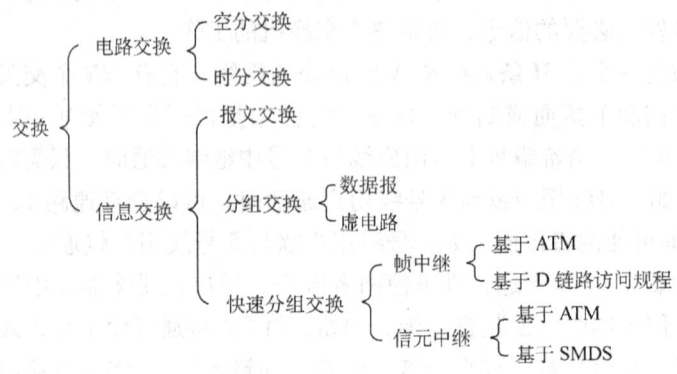

图 5-5　交换方式分类

电路交换是交换中最早出现的一种交换方式，在电话通信中普遍采用电路交换方式。电路交换是一种实时的交互式交换，包括呼叫建立、信息传送和连接释放 3 个阶段。在模拟电路交换中，交换机为通话双方提供物理连接电路，并在整个通信过程中被通话双方独占，在通话结束后释放物理电路，其他用户才能占用。在数字电路交换中，以数字帧结构的方式将每帧依次地、周期性出现的时隙固定地分配给相应的用户，即为每个用户分配固定速率的信道（标准速率为 64kbit/s），整个通信过程中每个分配的时隙是固定不变的，并为通话用户所独占，在通话结束后才能把时隙分配给别的用户，这一工作方式也称为同步时分复用。

分组交换采用存储—转发交换方式，把传送的信息分成很多小段（分组），并在每段信息前都附加一个标志码（分组头），用以标志其属于哪一路信号。在许多情况下，多个这样的单路信号共用一个标志化信道，信道可以按照需要动态地、灵活地分配给各单路信号，这一工作方式也称为异步时分复用或统计时分复用。分组交换的交换动态不像同步时分交换那样是在一些等间隔的时刻发生，由于统计复用的关系，可能出现瞬时的出线冲突，因此，分组交换一般都在交换单元内部使用缓存器来存储排队的信息。

由于分组交换主要为数据通信而设计的，因此对差错控制严格，对时延要求较低。一般的分组交换具有流量控制、差错检验、校正和重发功能，并采用高级数据链路规程（HDLC）来进行状态管理，因而软件处理工作量大，处理时间长，不适应实时性要求较强的话音业务和电视图像业务要求，而且分组交换信息转移的能力也远远达不到高速数据传输的要求。

4. 静态路由与动态路由

交换网络通过使用路由表或路由目录在用户之间发送信息。路由选择的任务就是根据确定的输入端与输出端在交换网络上的位置，选择一条空闲的、逐段连接的路由。在进行路由选择时，要全盘考虑所有链路的状况，使串接的链路都是空闲的。为了进行路由选择，各交换机（节点）的内在中都必须有各级链路的忙/闲表。路由选择分为静态路由选择和动态路由选择两种，静态路由选择指用户使用网络上的固定路由，路由在通话中保持不变；动态路由选择是针对每次通话连接及通信期间，用户可以改变连接链路，动态地使用链路资源。

对于静态路由，除非网络上发生重大的事情，如交换机故障，否则这个路由是不会发生变化，即使故障，这类网络也只向用户发送错误信号，而不会试图恢复中断的用户数据。对于具有自适应能力的动态路由，路由需要定期更新以反映不断变化的网络状况，由于路由表随时可能发生变化，与两个终端用户有关的分组可能采取不同的路由通过网络。采用动态路由时，网络或最终用户负责在接收点重新组装分组。

5.2 几种主要的数字交换技术

5.2.1 程控交换技术

1. 数字程控交换原理

程控交换也称时隙交换，由于在公用通信网中数字话音信号是采用的 TDM 帧结构传输的，不同用户的话音信号分别占用不同的时隙，所以在数字程控交换机中实现的数字交换实际上就是对数字话音信号进行时隙交换。时隙交换通过数字交换网络完成，也就是要完成任意 PCM 复用线上任意时隙之间的信息交换。在具体实现时应具备以下两种基本功能：在一条 PCM 复用线上进行不同时隙交换功能；在复用线之间进行同一时隙的空间交换功能。同一复用线时隙交换的概念可如图5-6示意说明，当 PCM 入端某个时隙（对应一用户）信息需要交换（传送）到 PCM 出端的另一时隙（另一用户）中去时，相当于通过数字交换网络将时隙的内容"搬家"。即 PCM 入端 TS_i 时隙中的话音信息 A 经过数字交换网络后，在 PCM 出端的 TS_j 时隙中出现。

一般而言，同一复用线上的时隙数有限，例如 PCM 基群仅有 30 个用户话路时隙。为了增大交换机容量，可以通过增加连接到数字交换网络的时分复用线上的时隙数实现，但这毕竟是有限度的，所以通常是通过增加数字交换网络的时分复用线以增加交换机的交换容量。这样就要求数字交换网络不仅能在同一条复用线上进行时隙交换，而且还应能在多条时分复用线之间进行时隙交换。即要求数字交换网络具有如下功能：任何一条输入时分复用线上的任一时隙的信息，可以交换到任何一条输出时分复用线上的任一时隙中去。图 5-7 所示一个有 4 条输入、输出时分复用线的数字交换网络。

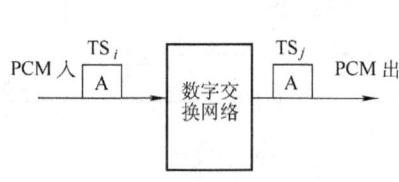

图 5-6　同一复用线的时隙交换的概念

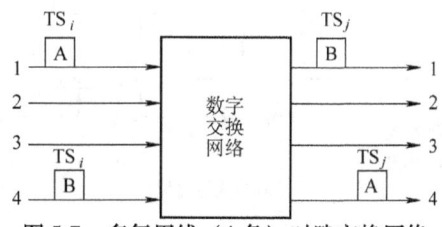

图 5-7　多复用线（4 条）时隙交换网络

图 5-7 中，第 1 条复用线上的 TS_i 与第 4 条复用线的 TS_j 建立了双向的交换连接：话音 A 由数字交换网络从第 1 条复用线发端的 TS_i 交换到第 4 条复用线收端的 TS_j；话音 B 由数字交换网络从第 4 条复用线发端的 TS_j 交换到第 1 条复用线收端 TS_i。显然，在此例中既有 TS_i 的信息"A"交换到 TS_j，又有 TS_j 的"B"到 TS_i 的交换，实

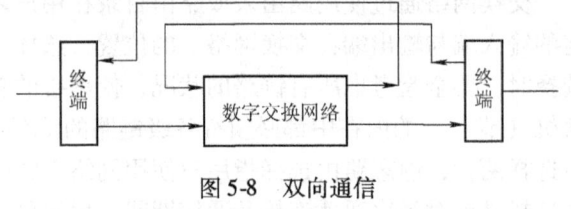

图 5-8 双向通信

现了信息的双向传递，由此实现双方通话。但是数字交换网络只能单向传送信息，所以对于每一个通话接续，在数字交换中应建立来去两条通路构成双向通信，如图 5-8 所示。

如前所述，数字交换网络的基本功能可归纳为实现时隙交换和空间交换。实现时隙交换功能的部件称为时间（T）接线器，实现空间交换功能的部件称为空间（S）接线器，T 接线器与 S 接线器的适当组合就构成了数字交换网络，接线器是构成数字交换网络的基本部件。

小容量的数字交换机可仅由 T 接线器构成单级数字交换网络，S 接线器不具有时隙交换功能，所以不能仅由 S 接线器构成数字交换网络，但通过 S 接线器可以扩大交换范围，增大容量。引入 S 接线器后，数字交换网络可有两种基本结构：TST 型和 STS 型。目前大容量数字交换机的数字交换网络通常都是采用 TST 型。下面简单介绍 T 和 S 接线器的基本原理及 TST 交换网络。

1) T 接线器。T 接线器实现时隙交换的原理是利用存储器写入与读出时间（隙）的不同，即在输入时隙写入，而在其他时隙（通话另一用户占用时隙）读出来完成时隙交换的。

T 接线器结构和工作原理如图 5-9 所示，主要由信息存储器（IM）和控制存储器（CM）组成。IM 用来暂存信息码，其容量取决于复用线的复用度（图中以 32 为例）。IM 的存取方式有两种：一种为"顺序写入，控制读出"的输出控制型；另一种为"控制写入，顺序读出"的输入控制型。从而形成两类 T 接线器：顺入控出型和控入顺出型，分别如图 5-9a、b 所示。CM 用于暂存信码时隙的地址，又称为"地址存储器"，CM 容量等于复用线的复用度，其存取方式为"控制写入，顺序读出"。

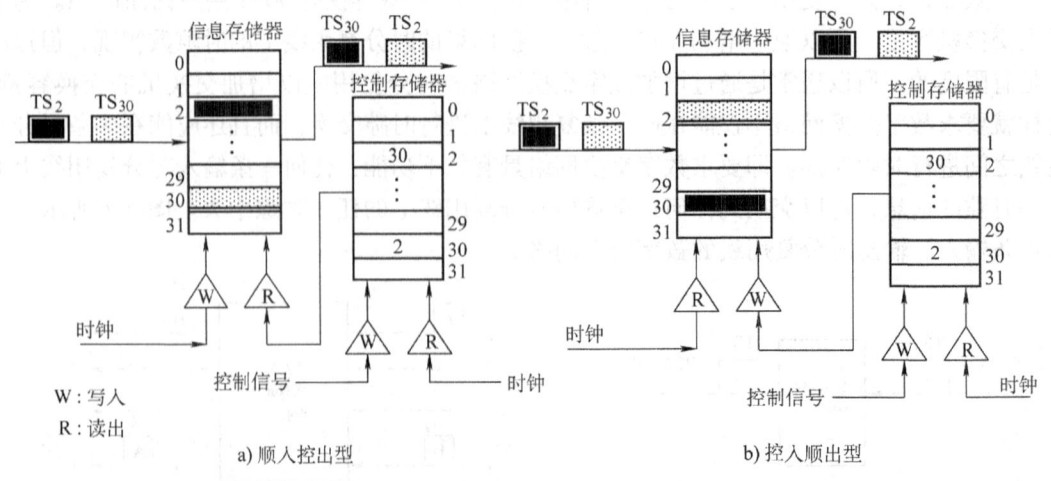

图 5-9 T 接线器的结构和工作原理

在图 5-9a 中，设输入信码在 TS_{30} 上，要求经过 T 接线器以后交换至 TS_2 上去，然后输出至下一级。CPU 根据这一要求，通过软件在控制存储器的 2 号单元写入"30"，即由 CPU"控制写入"。控制存储器的读出由定时时钟控制，按照时隙号读出相对应单元内容，如 0 号时隙读出 0 号单元内容，1 号时隙读出 1 号单元内容……等，采用"顺序读出"方式读出。信息存储器的工作方式与控制存储器正好相反，即采用"顺序写入，控制读出"。由定时时钟控制，按顺序将不同时隙的信码写入相应单元中，写入的单元号与时隙号一一对应。如本例，在定时脉冲控制下将 TS_{30} 的信码写入到 30 号单元中，而读出时则要根据控制存储器的控制信息来进行。由于 CPU 已在控制存储器的 2 号单元里写入内容"30"。在 TS_2 时刻，定时脉冲控制从控制存储器 2 号单元中读出内容"30"，将其作为信息存储器的读出地址，控制 IM 读出信息存储器 30 号单元内容，这正是原来在 TS_{30} 时隙写入信码。因此从 IM 读出的 30 号单元内容已经是 TS_2 了，即完成了把信码从 TS_{30} 交换到 TS_2 的时隙电路交换。

图 5-9b 的 T 接线器是按"控入顺出"方式工作的，亦即其信息存储器是按"控制写入，顺序读出"方式工作的。控制存储器仍由 CPU 控制写入，在定时脉冲控制下顺序读出，但其单元内容含义和控制对象与"输出控制"方式不同。如前所述，在"输出控制"方式中 CM 单元号对应 T 接线器输出的时隙，其内容为此时 IM 输出地址，由其控制 IM 输出；而在"输入控制"方式中，CM 单元号对应于 T 接线器输入的时隙，其内容为此时 IM 输入信号的写入单元地址，由其控制 IM 输入。在本例中，CPU 在控制存储器的 30 号单元写入内容"2"。然后 CM 按顺序读出，在 TS_{30} 输入时刻读出 30 号单元的内容"2"，作为 IM 输入信号的写入地址，将输入端 TS_{30} 的信码内容写入到 2 号单元中去。信息存储器按顺序读出，在 TS_2 时刻读出 2 号单元内容，这也就是 TS_{30} 的输入内容，从而完成了时隙交换。

由于被交换的码元信息要在 IM 中存储一段时间，这段时间小于 1 帧时长（$125\mu s$），即在数字交换中会出现时延。另外也可看出，PCM 信号在 T 接线器中需每帧交换一次，如果说 TS_2 和 TS_{30} 两用户的通话时长为 2min，则上述时隙交换次数为 $2 \times 60/(125 \times 10^{-6}) = 9.6 \times 10^5$。

2) S 接线器（Space Swtich）。其作用是完成不同复用线间的时隙交换，主要由电子交叉点矩阵和控制存储器（CM）组成。S 接线器的结构和工作原理如图 5-10 所示。图中为 2×2 的交叉接点矩阵，它有 2 条输入复用线和 2 条输出复用线。控制存储器的作用是控制交叉接点矩阵，控制方式有两种：

①输入控制方式，如图 5-10 a 所示。它是按输入复用线来配置和管理 CM 的，即每一条输入复用线有一个 CM，由这个 CM 来决定该输入 PCM 线上各时隙的信码要交换到哪一条输出 PCM 复用线上去。

②输出控制方式，如图 5-10b 所示。它是按输出 PCM 复用线来配置和管理 CM 的，即每一条输出复用线有一个 CM，由这个 CM 来决定哪条输入 PCM 线上哪个时隙的信码要交换到这条输出 PCM 复用线上来。

现以图 5-10a 为例来说明 S 接线器的工作原理。设输入 PCM_0 的 TS_1 中的信码要交换到输出 PCM_1 中去，当时隙 1 时刻到来时，在 CM_0 的控制下，使交叉点 01 闭合，使输入 PCM_0 的 TS_1 中的信码直接转送至输出 PCM_1 的 TS_1 中去。同理，在该图中把输入 PCM_1 的 TS_{14} 的信码在时隙 14 时由 CM_1 控制的 10 交叉点闭合,送至 PCM_0 的 TS_{14} 中去。因此,S 接线器能完成不同的 PCM 复用线间的信码交换,但是在交换中其信码所在的时隙位置不变,即它只能完成同时隙位置内的信码交换。故 S 接线器在数字交换网络中不单独使用。

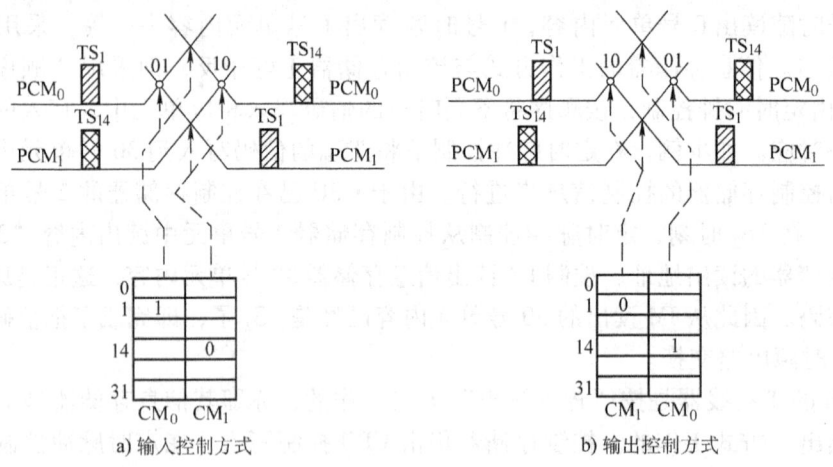

图 5-10 S 接线器的结构和工作原理

对于图 5-10b 所示的输出控制方式的 S 接线器的工作原理,与上述输入控制方式的工作原理是相同的,此处不再赘述。

3) TST 交换网络。单 T 接线器的交换容量一般最多达到 512 时隙,S 接线器由于只能完成复用线间交换而一般不能单独使用,所以,在大型程控交换机中,要求数字交换网络的容量较大,需将 T 接线器与 S 接线器按一定规律组合起来,方能实现不同复用线的不同时隙交换功能,T 和 S 接线器组合形成多级交换结构,其中 TST 交换网络应用最为广泛。

TST 是三级交换网络,两侧为 T 接线器,中间一级为 S 接线器,S 级的出入线数决定于两侧 T 接线器数量,如 S 级采用 $16 \times 16 \times 256$ 接线器的输出控制方式,则 S 接线器有 16 条输入复用线,有 16 条输出复用线,所以两侧各有 16 个 T 接线器,每个 T 接线器完成 256 时隙交换,整个交换网络可以完成 $256 \times 16 = 4096$ 个时隙的交换。TST 网络实现交换的关键是接线器的受控特性,通过处理机向各控制存储器相应存储单元内写入正确的内容。

图 5-11 给出了一个 TST 数字交换网络的结构,图中假设 S 级采用 $3 \times 3 \times 32$ 接线器输入控制方式工作,表示 S 接线器有 3 条复用线(HW),每条复用线有 32 个时隙。因此,T_A、T_B 两级信息存储器各有 32 个单元,各级控制存储器也各有 32 个单元。

因此,3 条输入复用线就需要有 3 个 T_A 接线器;3 条输出复用线需要有 3 个 T_B 接线器;而负责复用线交换的 S 接线器矩阵应为 3×3,因而也有 3 个控制存储器。各级的功能与控制方式如下:

① T_A 接线器负责输入复用线的时隙交换,工作于输出控制方式。
② S 接线器负责复用线之间的空间交换,工作于输入控制方式。
③ T_B 接线器负责输出复用线的时隙交换,工作于输入控制方式。

需要指出,两级 T 接线器的工作方式必须不同,以利于控制。而谁是输入控制,谁是输出控制,都是可以的。对于 S 接线器用什么控制方式也是两者均可,图 5-11 中采用的是输入控制方式。假设 A 信码占用 HW_1 的 TS_2,B 信码占用 HW_3 的 TS_{31},TST 交换网络在 A、

B 之间是如何进行路由接续的？

首先讨论 $HW_1TS_2 \rightarrow HW_3TS_{31}$ 方向的接续。CPU 在存储器中找到一条空闲路由，即交换网络中一个空闲时隙，图中假设此空闲时隙为 TS_7。这时，CPU 就向 HW_1 的 CM_A 的 7 号单元写入"2"；HW_3' 的 CM_B 的 7 号单元写入"31"；1 号 CM_C 的 7 号单元写入"3"。

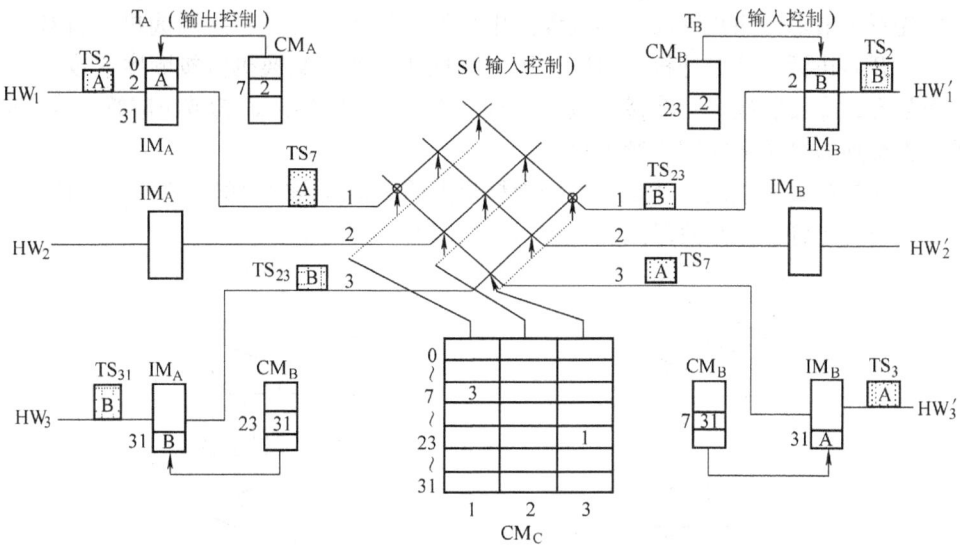

图 5-11 TST 数字交换网络的结构

IM_A 按顺序写入，TS_2 时刻将信码 A 写入到 HW_1 的 IM_A 的 2 号单元中去。TS_7 时刻，顺序读出 CM_A 7 号单元内容"2"作为 IM_A 的读出地址，控制读出，于是就把原来在 TS_2 的信码 A 交换到了 TS_7。此时，S 级 1 号 CM_C 读出 7 号单元内容"3"，控制 1 号输入线和 3 号输出线在 TS_7 时接通，就将信码 A 送至 T_B 接线器中。

HW_3' 线上的 T_B 接线器的 IM_B 在 CM_B 控制下将 TS_7 中信码 A 写入到 31 号单元中去。在 IM_B 顺序读出时，TS_{31} 时隙读出信码 HW_1TS_2 并送至 HW_3TS_{31}，完成 $HW_1TS_2 \rightarrow HW_3TS_{31}$ 方向的交换。

交换网络必须建立双向通路，即除了上述 $HW_1TS_2 \rightarrow HW_3TS_{31}$ 方向之外，还要建立 $HW_3TS_{31} \rightarrow HW_1TS_2$ 方向的路由。$HW_3TS_{31} \rightarrow HW_1TS_2$ 方向的路由选择通常采用"反相法"，即两个方向相差半帧。在本例中一帧为 32 个时隙，半帧为 16 个时隙，$HW_1TS_2 \rightarrow HW_3TS_{31}$ 方向空闲内部时隙选定 TS_7，则 $HW_3TS_{31} \rightarrow HW_1TS_2$ 方向就应选定 16+7=23 即 TS_{23}。这样可使得 CPU 一次选择两个方向的路由，避免 CPU 的二次路由选择，从而减轻 CPU 的负担。

$HW_3TS_{31} \rightarrow HW_1TS_2$ 方向的信息传输过程与 $HW_1TS_2 \rightarrow HW_3TS_{31}$ 方向相似，只需将内部空闲时隙改为 TS_{23}，图 5-11 也画出了 $HW_3TS_{31} \rightarrow HW_1TS_2$ 方向的交换过程，信息交换原理大同小异，不再赘述。

在话终拆线时，CPU 只要把控制存储器相应单元清除即可。

随着集成电路技术的不断发展，世界上不少专业厂商（如加拿大的 Mitel 公司、意大利的 SGS 公司、美国的 Motorola 公司等）已生产出很多用于组成数字交换网络的芯片，这些芯片可以接若干条 PCM 复用线，其结构与前面介绍的 T 接线器相似。例如，Mitel 公司的 MT8980、MT9080 芯片，可分别接 8 条和 16 条 PCM 复用线，分别完成 256×256 和 1024×

1024 时隙的交换。对于大型的数字程控交换机而言，需要交换更多的时隙时，可以用多个芯片组合成更大容量的数字交换网络。例如，TSST 结构的 4 级网络；TSSST 和 SSTSS 等 5 级网络。

2. 数字程控交换呼叫处理与控制

下面先看一般电话用户呼叫接续过程。用户打电话的过程是：主叫摘机，拨被叫号码，被叫应答，开始讲话，话毕挂机。对应于用户的这些操作，交换机应按顺序完成下列动作：①送出拨号音；②接收拨号；③拨号数字分析；④呼叫被叫用户；⑤被叫应答；⑥切断。以上就是程控交换机基本的呼叫接续过程。

可见，交换的自动接续，就是中央处理机根据话路系统内发生的事件作出相应的指令来完成的。现将几个呼叫接续阶段用流程表示，如图 5-12 所示。

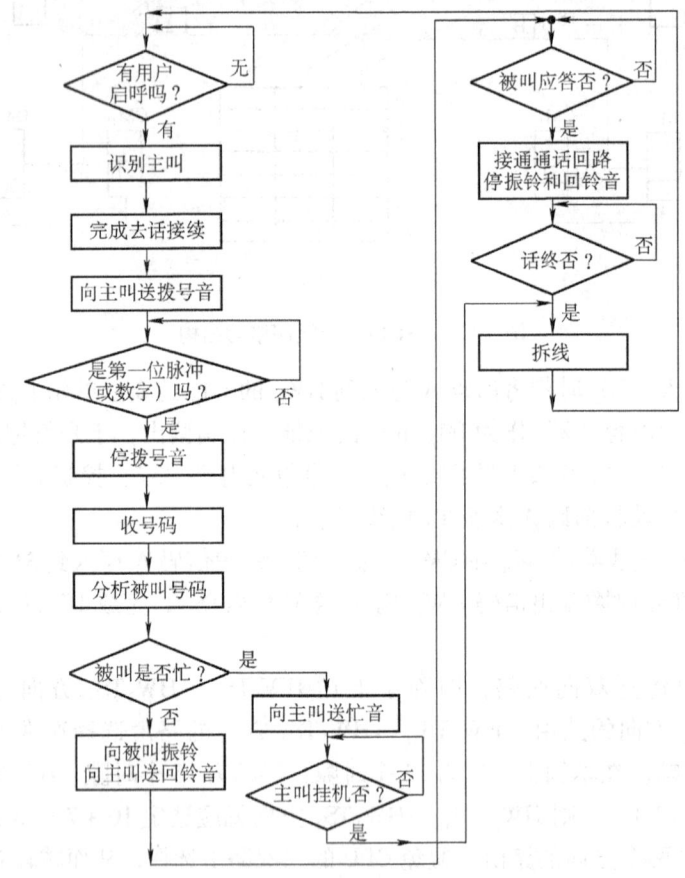

图 5-12 本局呼叫接续流程

3. 数字程控交换机

（1）程控交换机构成

程控交换机由硬件和软件两大部分组成，其中，硬件主要分为话路系统和控制系统。其典型系统结构如图 5-13 所示。话路系统由用户模块、远端模块、选项组级和各种数字中继接口组成，控制系统由各个微处理机和程序模块组成，除此之外，还有产生各种信令，辅助建立接续通路的信令设备。图中各部分的基本功能如下：

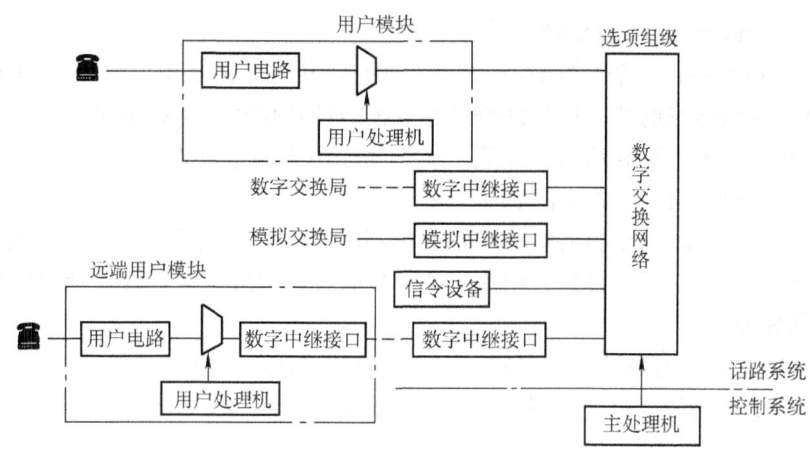

图 5-13 数字交换机的系统结构

1）数字交换网络。是整个交换机的话务处理中心，需要建立连接关系的其他话路设备，如用户设备、中继设备、信号设备等都要终接在交换网络上，在主处理机的控制下，建立任意两个终端之间的连接。数字交换网络直接对数字信号进行交换，由于交换网络主要用来扩大选择范围，因此也称选项组级。

2）用户模块。用户模块包括用户电路、用户集线器和用户处理机，用户模块结构如图 5-14 所示。用户模块除了实现用户电路的功能外，还含有一个用户线以进行话务量的集中或分散，用户模块还包括扫描存储器，用于暂存从用户电路读取的控制扫描信息；分配存储器则用于暂存向用户电路发出的信号分配信息。用户模块的用户端通过集线器可接若干用户，其数量 30～2048 不等，随交换机的设计而定。用户模块的各部分功能为：

①用户电路。数字交换机为每一个用户配备一个用户电路，其功能的英文第一个字母拼凑起来，称为 BORSCHT 功能，各个字母所表示的功能为：

- B（Battery feeding）馈电：对用户话机在空闲和通话期间连续馈电，提供通话时 20～100mA 的馈电电流，我国规定馈电电压为 -60V，国外设备多为 -48V。
- O（Overvoltage protection）过电压保护：由于程控交换机由大量集成电路组成，为保护这些元器件免受从用户线进行来的雷电袭击或高电压线碰撞干扰，程控交换机一般设有两级保护措施。第一级保护是在用户线入局的总配线架上安装保安器（避雷器），第二级是在用户电路中安装过电压保护电路，因为第一级的保安器在雷击时仍会有上百伏电压输出，对交换机的集成化用户电路及数字交换网络仍会产生致命的损伤，所在还要安装第二级保护。过电压保护一般是安装 4 个二极管组成的钳位电路来实现的。
- R（Ringing control）振铃控制：在用户电路配置振铃继电器，控制铃流回路的通断。我国规定铃流电压为 90V±15V、25Hz 的交流信号。在数字交换网络中，这样高的电压不允许其进入数字交换网络，因此铃流电压一般是通过继电器或高压集成电子开关，在第二级过电压保护电路之前单独向用户话机提供。铃流信号是一个连续信号，每 5s 振铃的节奏，振 1s，停 4s。
- S（Supervision）监视：主要监视用户线回路的通/断状态，检测用户摘挂机、拨号等状态,并把检测结果向处理机汇报。
- C (CODEC&Filters) 编/译码和滤波:对用户话机送来的模拟信号进行 PCM 编码;对数字交换网络传来的数字信号译码还原成模拟话音信号传送组话机。此外,还实现编码前和译码后的滤波和信号放大等功能,滤除语音频带以外的频率成分(如 50Hz 电源干扰和 3400Hz 以上频率干扰)。
- H (Hybrid Circuit) 混合电路:实现二/四线转换功能。用户线为二线,收发共用,信号经过用户电路以后,发送方向为二线,接收方向二线,共四线,混合电路完成二线/四线的转换功能。
- T (Test) 测试:由测试开关完成,主要是将用户线与测试设备接通,与交换机分开,以便交换机在运行过程中对用户线和用户电路进行测试。

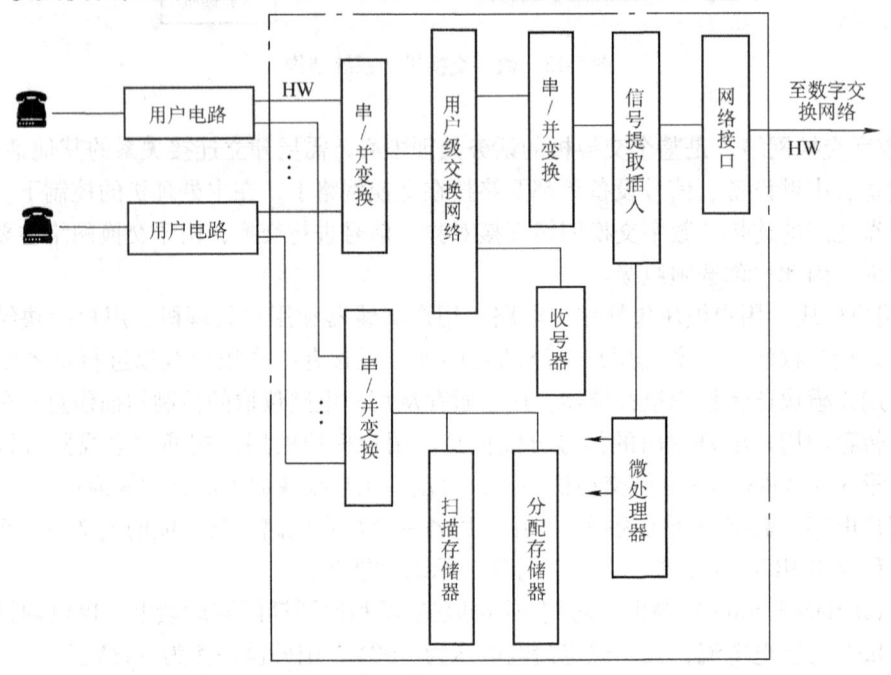

图 5-14 用户模块结构

除了上述 7 项基本功能外,用户电路还有极性倒换、衰耗控制、计费脉冲发送等功能。数字用户电路还要有码型转换、回波消除、扰码/解扰码等功能。

②用户集线器。交换机的用户数量很大,但每个用户的话务量不高,即使忙时用户双向话务量仅为 0.15~0.25 爱尔兰,通过用户集线器可以将一群用户集中起来,通过较少的线路接到数字交换网络,以提高内部通路的利用率。因此,用户集线器的主要任务是集中用户的话务量,通过数字传输线送至选项组级。

3) 远端模块。若将用户级设备放到距离交换局较远的用户集中点,即形成一个"远端模块"(或叫模块局),它和选项组级(也叫母局)之间通过数字中继线相连,功能与局内用户模块类似。这样可以大大提高线路设备的利用率,节约了投资,也提高了传输质量。从图 5-13 可以看出,用户模块与远端模块之间的差别在于后者通过数字中继设备与选项组级连接,而前者没有。

4）数字中继接口连接到数字交换局。为换机适应周围环境而设置的数字接口设备，主要功能是码型变换、数字时钟提取、帧同步、信令插入和提取、连零码抑制等。

5）模拟中继接口连接到模拟交换局。为换机适应周围环境而设置的模拟接口设备。

6）信令设备用来提供局间信号和产生各种信号音。实现信号的提取和插入，负责将需要处理机处理的信令信息从信息流中提取出来（或插入进去）。

（2）数字程控交换软件系统

程控交换机的最大特点就是用软件来控制交换的接续工作。程控交换机的软件可分为运行软件和支援软件两大类。

1）运行软件系统。运行软件是交换机运行中直接使用的程序，它又分为系统软件和应用软件。运行软件系统的组成和分类如图5-15所示。从功能上讲，与交换机话路部分直接有关有以下部分：

①执行管理程序（或称操作系统）。与计算机系统一样，操作系统用来管理交换机资源和控制程序的执行。

②呼叫处理程序。是直接负责电话交换的软件，完成如下功能：交换状态管理，交换资源管理，交换业务管理，交换负荷控制。电话呼叫处理一般是在信令系统的指挥与协调下完成呼叫接续的，信令提供呼叫接续过程中所必需的指令和操作程序控制的各种信号。信令系统是电话交换机的神经系统，如果没有完善可靠的信令系统，交换机将不能正常的运转。在电话通信网中，传输线上除了传送用户的话音信号外，还要传送一定的控制信令，才能完成两个用户之间的通信。例如，当用户呼出时，向交换机送出摘机信号、交换机向用户送的拨号音信号、忙音信号、用户向交换机送的挂机信号等，说明通信的回路处于正在接通状态、通信状态或释放状态，这些信号都是信令信号。

③系统监视和故障处理程序。监视整个系统的工作情况，故障时进行紧急处理（如主/备用机的倒换等），并重新启动系统。负责实现如下功能：系统监视和故障识别，故障分析与处理，系统重新组织，恢复与再启动处理。

④故障诊断程序。对发生故障的设备进行故障诊断，确定故障的部位，打印出诊断结果，维护人员可根据诊断结果更换插件板。也可按照维护人员命令对交换系统进行例行测试。

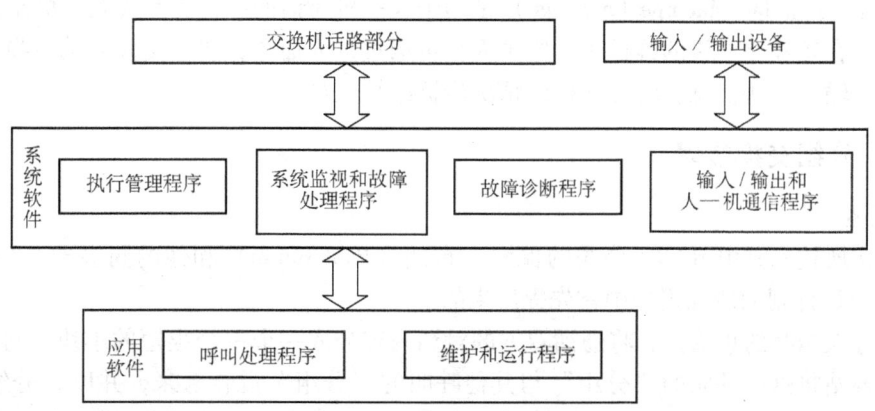

图5-15 运行软件系统的组成和分类

⑤维护和运行程序。用于维护人员存取和修改有关用户和交换局的各种数据，统计话务量和打印计费清单等各项任务。主要负责如下工作：话务量的观察、统计和分析，对用户线和中继线定期进行例行维护测试，业务质量的监察，负荷控制，人—机通信指令处理，业务变更处理，计费及打印用户计费账单，收费检查。

2）支援软件系统。程控交换机的软件系统极为庞大复杂，需要有一套"支援系统"在整个软件寿命期内来完成各项大量的设计、开发、生产、维护和管理交换机软件的复杂任务。

支援系统大体上包括以下方面的软件：

①软件开发支援系统。用来建立源文件和目标文件（装入模块），包括：源文件的生成和编译（或汇编）程序，连接编辑程序，调试程序。

②应用工程支援系统。根据交换局的具体数据提供建立该局所需的硬件和软件的各项数据，用于交换局的各项工程，如规划、设计和安装等。主要包括如下程序：交换网规划程序，话局工程设计程序，装机工程设计程序，安装测试程序。

③软件加工支援系统。按照交换局的要求生成并装入各种特定程序和数据。包括：局数据生成程序，用户数据生成程序，交换机程序的组合。

④交换局管理支援系统。主要完成在交换机整个寿命期间的交换局的管理、资料的更改和综合、编辑等工作，包括以下工作：资料的搜集和分析，交换局资料（包括程序和数据）的更改，资料的编辑和输出。

⑤程序设计语言。程控交换机的程序可以采用各种语言编写，不同的交换机采用不同的语言。例如，F—150型交换机采用FSL语言，AXE—10型交换机采用PLEX语言，S—1240型交换机采用CHILL语言等。根据ITU-T建议，应用于程控交换的专用高级语言是CHILL语言、SDL语言和人—机语言（MML）。

CHILL语言（CCITT High Level Language）是CCITT高级语言的缩写，主要用来进行软件设计、程序编制、软件检验等。

SDL语言（Specification and Description Language）是功能说明与描述语言，是一种图像语言，用来描述程控交换机的功能和逻辑过程。在软件设计的初期，往往先用SDL语言确定对软件系统的功能要求后，再进行编制程序的详细设计。

MML语言（Man-Machine Language）是用于人—机对话的一种交互式人—机操作和维护命令语言。在程控交换机的维护中，维护人员可通过键入命令，要求交换机做一些工作，而交换机也可输出一些信息，将交换机的情况告诉维护人员。

*5.2.2 分组交换技术

1. 概述

分组交换技术是由RAND公司的保罗·布朗（Paul Baran）和他的同事于1961年在美国空军RAND计划的研究报告中首先提出来的。

布朗等人当时的想法是，将通话双方的对话内容分成一个一个很短的小块（分组），在每一个交换站将这一呼叫的"分组"与其他呼叫的"分组"混合起来，并以"分组"为单位发送，通话内容通过不同路径到达终端，终点站收集所有到达的"分组"，然后将它们按顺序重新组合成可懂语言。如果传输线路在网中的某一位置被截收，收到的是由多个对话交错在一起的"分组",其含意是不连贯的,从而达到保密目的。虽然这个方案在1964年公布,但由于在大型网络中实现需要执行复杂的处理和控制功能,在当时的技术条件下未能实现。

后来,美国国防部高级规划研究局(ARPA)在研究计算机资源共享方法时,认识到采用布朗提出的"分组"的方法来进行交换和传输,可以有效地利用通信线路的资源和解决各类不兼容的计算机之间的通信问题,从而实现资源共享,从而开始从事分组交换技术的研究和开发工作,并于1969年完成了世界上第一个分组交换网ARPAnet的建设。ARPAnet的成功,鼓舞了许多通信设备公司,使他们看到了利用分组交换技术实现公用数据通信网的前景,于是纷纷开始研究和开发分组交换技术。世界上第一个开放商用分组交换网的是美国TELENET公司(1975年开放业务),网络名称为TELENET(后改名SPRINTNET);随后出现的公用分组交换网有加拿大的DATAPAC(1977年开放业务),法国的TRANSPAC(1978年开放业务),日本的D-50,以及英国、日本、比利时、荷兰、西班牙、德国等国家也相继建立了公用分组交换网。

公用数据网(PDN)大多采用分组交换方式,具有电路动态分配、电路利用率高,可以变换速率、变换编码及变换通信协议的能力。鉴于分组交换的特点,我国在1989年11月正式开通了第一个小规模的CHINAPAC中分公用分组交换网,引进法国的SESA公司产品,由3个节点机、8个集中器和22个分组终端组成。在1993年建成了我国第二个分组交换网,引进加拿大北方电讯公司DPN-100系列,有32个节点机、8个汇中心的大规模分组骨干网。1997年我国CHINAPAC容量达12万端口覆盖全国,并与23个国家45个地区分组互连。

分组交换的主要优点是:

1)对用户终端的适应性强。分组交换向用户提供了不同速率、不同代码、不同通信控制规程的数据终端之间能够相互通信的灵活的通信环境。

2)信息传输时延相对报文交换减小。

3)线路利用率高。分组交换传输实现了线路的动态统计时分复用,在一条物理线路上可以同时提供多条信息通路,提高了线路利用率。

4)可实现分组多路通信。

5)可靠性高。分组在分组交换网中传输时分段独立地进行差错控制,使信息传输误码率大大降低,一般可达10^{-10}以下;另外,由于分组在分组交换网中传输的路由是可变的,当网内发生故障时,分组可自动选择一条避开故障点的迂回路径传输,不会造成通信中断。

6)经济性好。信息以分组为单位在交换机内存储和处理,可以简化交换处理,减小存储容量,降低了网内设备的费用;采用动态统计时分复用大大提高了通信电路(用户线及中继线)的利用率,从而大大降低了线路使用费用。

分组交换的主要缺点是:

1)信息传输效率较低。实现分组交换传输,由网络附加的传输控制信息较多,特别是对较长的报文来说,分组交换的传输效率不如电路交换高。

2)实现技术复杂。分组交换机要对各种类型的"分组"进行分析处理,所需实现设备比较复杂。

2. 分组交换基本原理

分组交换是在传统的存储转发式报文交换的基础上发展起来的一种新型的数据交换技术。分组交换方式的工作过程是分组终端将用户要发送的数据信息分割成许多一定长度的数据段，每个数据段除了用户信息外，还另加上了一些必要的操作信息，如源地址、目的地址、用户数据段编号及差错控制信息等。所有这些信息按照规定的格式装配成一个数据信息块，称之为"分组"。与发送端连接的分组交换机收到报文信息后，将其分成若干个分组存入存储器，并进行路由选择。

(1) 分组的复用

分组交换的基本思想是实现通信资源的共享。一般而言，终端速率与线路传输速率相比低得多，若将线路分配给这样的终端专用，则是对通信资源的很大浪费。将多个低速的数据流合成起来共同使用一条高速的线路，提高线路利用率，是充分利用通信资源的有效方法，这种方法称为多路复用。目前存在多种不同的多路复用方法，但从如何分配传输资源的角度，可以分成两类：一类是固定分配（预分配）资源法；另一类是动态分配资源法。

1) 固定分配资源法。在一对用户要求通信时，网络根据申请将传输资源（如频带、时隙等）在正式通信前预先固定地分配给该对用户专用，无论该对用户在通信开始后的某时刻是否使用这些资源，系统都不能再分配给其他用户，供该用户独占专用，无论空闲与否，别的用户不能使用。

2) 动态分配资源法。固定分配资源法的主要缺点是在通信进行中即使用户传输空闲时，通路也只能闲置，使得线路的传输能力得不到充分的利用。为了克服这个缺点，人们提出了动态分配（或称按需分配）传输资源的概念。这种复用方法不再把传输资源固定地分配给某个用户（终端），而是根据需要，当用户有数据要传输时才分配给它传输资源，而当用户暂停发送数据时，就将资源收回。这种根据用户实际需要分配传输资源的方法也称为统计时分复用（STDM）。

统计时分复用与固定分配复用方式相比，在终端与线路的接口处要增加两个功能：缓冲存储功能和信息流控制功能，其实现原理如图 5-16 所示。增加的两个功能主要用于解决各用户终端争用线路传输资源时可能产生的冲突。

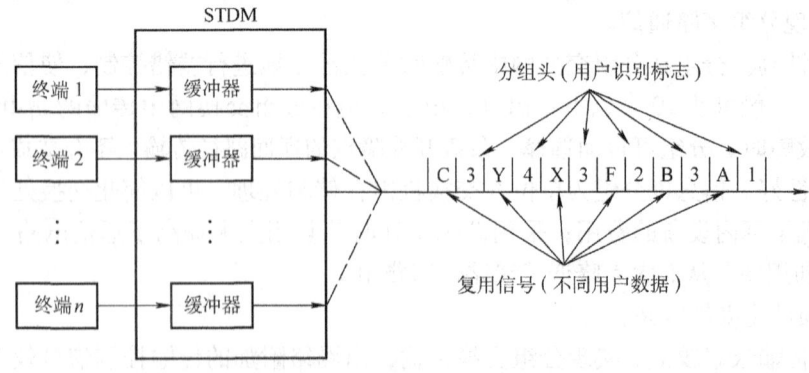

图 5-16　统计时分复用（STDM）原理

动态分配传输信道的方式，可在同样的传输能力条件下，传送更多的信息。它允许每个用户的数据传输速率高于其平均速率，最高可达到线路总的传输能力。为了使多个终端共用一条线路,即来自不同终端(数据源)的数据分组在一条线路上交织地传输,可以把一条物理的线路分成许多逻辑上的子信道,线路上传输的数据组都附加上表示某一子信道的逻辑信道号,这些逻辑信道号在接收端成为区分不同数据源(终端)的标志。在数据交换传输方式中,报文交换、分组交换、帧交换和帧中继、ATM 交换,以及 IP 交换都属于统计时分复用方式。

在固定分配复用(时分或频分)中,每个用户的数据都是在预先固定的子通路(时隙或子频带)中传输,接收端很容易由定时关系或频率关系将它们区分开来,分接成各用户的数据流。而在统计时分复用中,各用户终端的数据是按照一定单元长度随机交织传输的(见图 5-16)。由于各终端数据流是动态随机传输,所以不能再用定时关系或频率关系在接收端来区分和分接它们。为了识别分接来自不同终端的用户数据,通常在采用统计时分复用时,将交织在一起的数据发送到线路上之前给它们打上与终端有关的"标记",例如在数据前加上终端号,这样接收端就可以通过识别用户数据的"标记"将它们区分开来。

在统计时分复用中,尽管没有为各用户分配实际的物理子信道,但是通过对数据分组加标记,仍然可以把各用户的数据信息从线路传输信息流中严格地区分开来,其效果与将线路分成许多子信道是一样的。通常将这种完成子信道的功能而又实际并不存在的、概念上的信息流通路称为逻辑信道。在统计时分复用中,逻辑信道为用户提供独立的数据流通路。

线路的逻辑信道可用逻辑信道号描述,逻辑信道号可以独立于终端编号,逻辑信道号作为线路的一种资源可以在终端要求通信时由 STDM 设备分配。对同一个终端,每次呼叫可以分配给不同的逻辑信道号,但在同一次呼叫连接中,来自某一个终端的数据组的逻辑信道号应相同。用逻辑信道号给终端的数据组作"标记"比用终端号更加灵活方便,这样,一个终端可以同时通过网络建立起多个数据通路(图 5-17 中,终端 4 同时建立了 3 个通路)。STDM 为每个通路分配一个逻辑信道号,并在 STDM 设备中建立终端号与逻辑信道对照表,网络通过逻辑信道号识别出是哪个终端发来的数据。

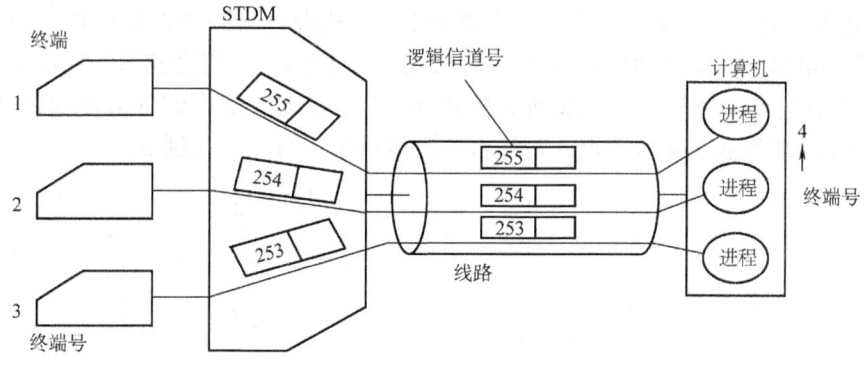

图 5-17 用逻辑信道号作"标记"进行交织传输

(2) 分组的格式

在分组交换中,分组是交换和传输处理的对象,每个分组都带有控制信息和地址信息,使其可以在分组交换网内独立地传输,并以分组为单位进行流量控制、路由选择和差错控制等处理。另外,为了可靠地传输分组数据块,还在每个数据块上加上了高级数据链路控制(HDLC)的规程标识、帧校验序列,都以帧的形式在信道上传输,如图 5-18 所示。分组的长度通常为128B，也可选用32、64、256、512或1024B长度，分组头长约3B。为了保证分组在网络中正确地传输和交换，除包含用户数据的分组外，还需建立许多用于通信控制的分组，因此就存在多种类型的分组，所以在分组头中还要包含识别分组类型的信息。

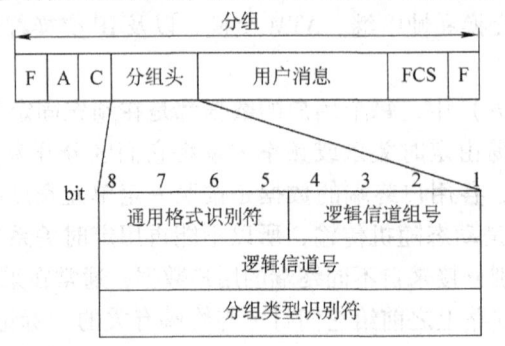

图5-18 分组的格式

分组头有3B，其中通用格式识别符由第1B的第5~8bit组成，第8bit用来区分传输的分组是用户数据还是控制数据；第7bit用来传送确认比特，"0"表示数据分组由本地DTE-DCE确认，"1"表示进行端到端DTE-DTE确认；第6和5bit为模式比特，"01"表示分组的顺序编号按模8方式工作，"10"表示按模128方式工作。逻辑信道组号和逻辑信道号共12bit，用来表示在DTE与交换机之间，即终端与通信线路之间的时分复用信道上以分组为单位的时隙号，在理论上最多可同时支持4096个呼叫，实际上支持的逻辑信道数取决于接口的传输速率、与应用有关的信息流的大小和时间分布。分组类型识别符区分各种不同的分组，共有呼叫建立分组、数据传输分组、恢复分组和呼叫释放分组4类。

(3) 分组的传输

在分组交换网中，对分组流的传输处理有两种方式：一是虚电路，二是数据报。

1) 虚电路方式。在虚电路方式中，发送分组前，先要建立一条逻辑连接，即为用户提供一条虚拟的电路，其原理如图5-19所示。假设A要将多个分组送到B，它首先发送一个"呼叫请求"分组到1号节点，要求到B的连接。1号节点决定将该分组发到2号节点，2号节点又决定将之发送到4号节点，最终将"呼叫请求"分组发送到B。

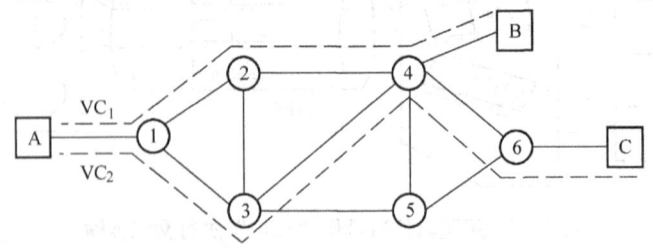

图5-19 虚电路方式原理

如果B准备接收这个连接的话，它发送一个"呼叫接收"分组，通过4号、2号、1号节点到达A，此时，A站和B站之间可以经由这条已建立的逻辑连接即虚电路（图5-19中VC$_1$）来传输分组、交换数据。此后的每个分组都包括一个虚电路标识符，预先建立的这条路由上的每个节点依据虚电路标识符就可知道将分组发往何处。在分组交换机中，设置相应的路由对照表，指明分组传输的路径，并不像电路（时隙）交换中那样要确定具体电路或具体时隙。

虚电路方式的一次通信具有呼叫建立、数据传输和呼叫释放 3 个阶段。数据分组按建立的路径顺序通过网络，目的节点收到的分组次序与发送方是一致的，目的节点不需要对分组重新排序，因此重装分组就简单了，而对数据量较大的通信传输效率较高。之所以称这种连接为"虚"电路，是因为分组交换机（网络节点）按线路传输能力的"动态按需分配"原则为这种连接保持一种链接关系：就像有一条物理数据电路在通信两端的终端之间一样，终端可以在任何时候发送数据（受流量控制）；如果终端暂时没有数据可发送，网络仍保持这种连接关系，但是这时网络可以将线路的传输能力和交换机的处理能力用作其他服务，它并没有独占网络的资源，所以，这种连接电路又是"虚"的。

2）数据报方式。在数据报方式中，单独处理每个分组。以图 5-20 为例，假设 A 站有 3 个分组的消息要送到 C 站，它将 1、2、3 号分组一连串地发给 1 号节点，1 号节点必须为每个分组选择路由。收到 1 号分组后，1 号节点发现到 2 号节点的分组队列短于 3 号节点的分组队列，于是它将 1 号分组发送到 2 号节点，即排入到 2 号节点的队列。但是对于 3 号分组，1 号节点发现此时到 3 号节点的队列最短，因此将 2 号分组发送到 3 号节点，即排入到 4 号节点的队列。同样原因，3 号分组也排入到 3 号节点。在以后通往 C 站路径的各节点上，都作类似的处理。这样，每个分组虽然有同样的目的地址，但并不走同一条路径。另外，3 号分组先于 2 号分组到达 6 号节点也是完全可能的。因此，这些分组有可能以一种不同于它们发送时的顺序到达 C 站，需要对它们重新排序。

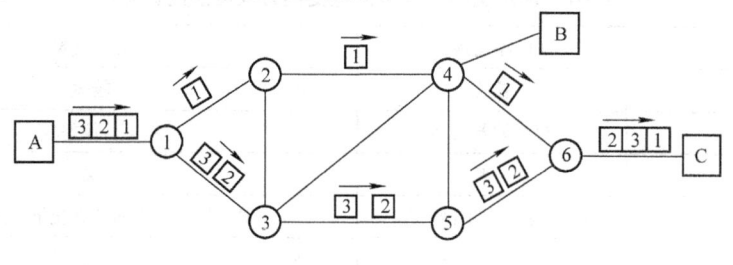

图 5-20 数据报方式原理

数据报分组头装有目的地址的完整信息，以便分组交换机进行路由选择。用户通信不需要经历呼叫建立和呼叫清除的阶段，对短报文消息传输效率较高。

3）分组的路由选择。分组交换网最重要的特点之一是分组能够在网络中通过多条路径从源点到达终点，而选择什么路径最合适就成了分组交换机必须决定和影响其特性的问题。这个问题与城市之间的交通问题很相似。比如说，从一个城市乘车到另一个城市，假若中间还要路过一些其他城市，就可能存在许多可到达的线路，所以有必要事先选择一条最佳线路。这里的所谓"最佳"有不同的含义，要看你的标准是什么。例如可以从许多路径中选择一条距离最短的线路；或者选择一条行车时间最短的路线，但行车时间最短的路线，距离不一定是最短的，因为它还与路面、环境等因素有关；也许希望选择一条风景好的线路，沿途游览。由此可见，选择的目的不同，最佳线路的选择结果也不同。另外，在选好路线出发后，还需要在路上打开收音机（或车载台），探听所选择的路线上是否有交通事故或阻塞情况发生，如果有的话应及时调整已定路线，绕道而行。

分组交换传输的路由选择和传输过程也是如此，首先根据某种准则和方法选择确定传输路由（包括第1、2、3、…选择），然后在传输过程中随时监测网络状况并根据网络的情况随时调整分组的路由，从而保证分组到达终点。路由选择是由网络提供的功能，不同的分组交换网可能采用不同的路由选择方法。按照不同的网络要求、不同的准则可以构成许多路由选择方法，路由选择的方法很多，常用的有扩散式路由法、查表路由法等，路由确定具体过程和方法略。

(4) 流量控制

流量控制是指通过一定的手段使得在网中各个链路上的信息流量都保持在一定的上限值之下，在分组交换方式中流量控制特别重要，这是因为：

1) 由于中继线路是统计时分复用的，所以必须用流量控制方法来防止线路过分拥挤，导致数据分组排队等待时间过长。

2) 由于网络终端速率可能不一致，所以必须用流量控制方法来调整终端发送数据的速率，以防止快速的终端向慢速的终端发送数据分组太多，超出其接收能力。

3) 由于终端与交换机处理数据分组的能力限制，必须使用流量控制方法在其不能处理更多数据时抑制对方的数据传送。

实现流量控制的方法很多，常用"窗口"方法来控制对方发送信息的速度，"窗口"的尺寸选择非常重要，使流量控制的响应时间和终端发送能力得到最大限度的保证。

电路交换方式与分组交换方式特点的比较如表 5-1 所示。

表 5-1 电路交换方式与分组交换方式特点的比较

项 目	电路交换	分组交换
接续时间	较长	较短
信息传输时延	短、偏差也小	较短，偏差较大
信息传输可靠性	一般	高
对业务过载的反应	拒绝接收呼叫（呼损）	减少用户输入的信息流量，延时增大
信号传输的透明性	有	无
异种终端之间的通信	不可以	可以
电路利用率	低	高
交换机费用	一般	较高
实时会话业务	适用	轻负载下适用

3. 帧中继技术简介

(1) 帧中继概念

帧中继（Frame Relay，FR）技术是随数据通信的发展，在分组交换技术基础上发展起来的。分组交换技术主要解决了终端与网络节点（交换机）之间的通信。随着数据通信，特别是计算机通信的发展，大量的局域网（LAN）的出现，大至一个企业、单位，小至一幢楼、一个小组，都可能构成一个 LAN，LAN 之间需要实现互连。这样，新的应用要求就出现了：怎样有效地将各类不同形式、不同地理位置的 LAN 互连起来，从而实现两个 LAN 上的终端间的通信呢？帧中继技术就是在这样一个背景下产生发展的。总结分析 LAN 互连应用的特点，发现：

1）要求传输速率高。LAN 之间终端传输希望要获得短的响应时间，这样，通常要求在 LAN 之间应具有 1.55Mbit/s 或 2.048Mbit/s 的速率，有时也采用 64kbit/s 速率。在帧中继技术出现之前，这类要求一般是用专用线满足的。

2）信息传输的突发性大。LAN 间通信，一般说来通信信息（数据等）的突发性大，即通信时传输量大，而两次传输间的空闲时间也长。这样，为了满足系统的响应时间而使用的高速专用线的利用率很低。

3）各类 LAN 通信规程的包容性好。在 LAN 中存在许多通信规程，例如 TCP/IP、SNA、XNS 和 IPX 等，它们都是各自独立地工作于 LAN 中，这样就形成了各类互不兼容的 LAN。要想实现不同类型 LAN 之间的互连，必须找到一种技术能够处理任意规程的通信。

为了解决这些问题，帧中继应能够提供的功能有：在公用和专用的系统上为多通信结构（包括早期的终端——主机结构和今天的任意通信结构）提供经济有效的连接；提供高速的传输；提供按需的带宽（传输速率）分配，以适应突发信息量的要求；通过处理多规程传输信息来保护用户的现有投资。

FR 是建立在光缆传输的高质量和高速率基础上的，是分组交换在新的传输条件下合乎逻辑的发展，是在 ISDN 标准化过程的 I.122 建议中提出来的。FR 采用独立子用户数据信道的呼叫控制规程（即 LAPD 规程），可以实现在链路层的逻辑链路复用和连接，因此它可以完全不用网络层（即无论网络层如何）。由于是在帧级（链路层）实现复用传送，故称为帧中继。

（2）帧结构和传输方式

在 FR 传送网中，帧的长度是可变的，最大长度可达 1000B 以上，每个帧含有"数据链路连接标识符"（DLCI），从源 DTE 到宿 DTE 之间所有途径节点根据 DLCI 指明出口信道，使用 DLCI 标识的帧格式，如图 5-21 所示。

图 5-21 帧中继帧格式

帧的主要部分"用户信息"可以是 X.25 分组或别的格式（例如 SNA 帧、LAN 帧等），用户信息部分（即数据分组）在网中透明传输，节点不做任何处理操作。

帧的首部 F 标志（帧标志）、DLCI 及尾部 FCS（帧校验序列）和 F 标志在帧中继节点进行检验，但不计数不要求重发，发现有错的分组即行丢弃，错误分组由终点和源点设备间负责检错重发。即终点发现丢弃分组要求源点重发，这样就大大地简化了交换节点的操作。

在 2 字节 DLCI 地址字段中，还包括流量控制和校验信息，如图 5-22 所示。其中 C/R 为命令/响应指示位；EA 为扩展地址位；FECN 是前向显式拥塞通知位；BECN 是后向显式拥塞通知位；DE 为丢弃核准位。帧中继节点只在超载情况下向 DTE 发送信号，从而就简化了处理过程。当节点可能超载时，向 DTE 发送 FECN 或 BECN，要求减少传输数据量；当已发生超载情况时，网络就丢弃帧，由终点 DTE 去发现请求重发。帧中继采用这种 DLCI 地址标识符的连接是永久虚连接（PVC），所以，帧中继实现的是类似专线式的连接。

DLCI（高阶）			C/R	EA
DLCI（低阶）	FECN	BECN	DE	EA

图 5-22　帧中继帧的地址字段

(3) FR 与 PAC、DDN 的性能比较

表 5-2 给出了分组交换（PAC）、帧中继（FR）和数字数据通信网（DDN）传输 3 种方式的性能比较，供大家参考。

表 5-2　PAC、FR 与 DDN 的性能比较

项目 \ 方式	PAC	FR	DDN
OST 层	下三层	下二层	物理层
复用方式	动态复用	动态复用	固定复用
适用协议	X.25 等	Q.922 等	无规程
差错控制	检错重传	只检错	无
交换功能	SVC、PVC	无（只有 PVC）	无（只有 TDM）
终端速率/(kbit/s)	64、9.6、4.8、2.4	2048、$N\times64$、9.6、4.8 等	2048、$N\times64$、9.6、4.8 等
分组或帧长/B	128、256	260、1598 等	无要求
信道要求	低	高	高
适用范围	交互式短报文	局域网互连	专线（组网）

*5.2.3　ATM 交换技术

随着通信及计算机技术的快速发展，作为下一代通信核心的宽带综合业务数字网（B-ISDN）受到越来越广泛的关注，基于 64kbit/s 速率的窄带综合业务数字网（N-ISDN）已不能满足日益增长的复杂应用对宽带的需求。具有低时延高速率的异步转移模式（Asynchronous Transfer Mode，ATM）技术成为实现宽带综合业务数字网宽带交换的核心技术。20 世纪 80 年代以来，国际电信界对 ATM 技术注入了极大的热情，对它进行了全方位的研究，而且这种研究还在深入进行中。

20 世纪 80 年代中后期，人们对 ATM 方式做了大量实验，建立了很多交换模型。当时美国 AT&T 贝尔实验室称这种技术为快速分组交换（Fast Packet Switching，FPS），而欧洲则称这种技术为异步时分复用（Asynchronous Time Division multiplex，ATD）。1988 年，CCITT 在蓝皮书中正式将这种技术定名为异步转移模式（ATM），并确定为 B-ISDN 的信息交换传送方式。1990 年 CCITT 第十八研究组（SG XVIII）提出了较为详细的相关建议，规定 ATM 分组长度固定为 53B，其中 5B 信头，并于 1992 年对上述协议进行了修改和补充，形成了第 1 版 ATM 的 B-ISDN 建议。日本在 1990 年展出了 ATM 交换系统模型，1991 年在日内瓦国际电信展览会上，更多的国家展出了 ATM 系统。法国、比利时、西班牙等欧洲国家也于 1992 年开始进行了 ATM 系统的现场试验。

1. ATM 的基本概念与工作原理

(1) ATM 概述

ATM 是在分组交换技术基础上发展起来的快速分组交换。它综合吸取了分组交换高效

率和电路交换高速率之优点,可以适应各种速率的业务,简化了网内协议,以信元头(Header)的地址信息采用硬件自选路由从而提高工作速率。ATM 将不同的低速信号复接至 155.52Mbit/s 或 622.08Mbit/s 纳入同步数字系列(Synchronous Digital Hierarchy,SDH)进行传输。因此说,ATM 技术是在克服了分组交换和电路交换方式局限性的基础上产生的,它以一个统一的多媒体网络实现带宽、实时性、传输质量要求各不相同的网络服务。

ITU-T 给 ATM 定义是:"以信元为信息传输、复接和交换基本单位的传送方式"。信元是 ATM 的基本特征,ATM 信元是一种固定长度的数据分组,ATM 信元长为 53B,前面 5B 称为信头,后面 48B 为信息域。ATM 技术是以分组交换传送模式为基础,并融合了电路交换传送模式高速化的优点发展而成的。ATM 方式克服了电路交换模式不能适应任意速率业务,难于导入未来新业务的缺点,采用异步复用方式提高和线路的利用率;简化了分组交换模式中的协议,并用硬件对简化的协议进行处理实现;交换节点不再对信息进行差错控制,从而极大地提高了网络的通信信息的处理能力,真正做到了完全的业务综合。

(2) ATM 交换原理

为了提高信息处理和交换速度,降低时延,ATM 以面向连接的方式工作。网络对交换传送处理工作十分简单:通信开始时先建立虚电路,以后将虚电路标志(即地址信息)写入信头,网络根据虚电路标志进行交换和传送。

ATM 网络中提供信元的交换功能的节点称为交换节点。实际上,交换节点完成的只是虚电路的交换。因为同一虚电路上的所有信元都选择同样的路由,经过同样的通路到达目的地,在接收端,这些信元到达的次序总是和发送端的发送次序相同。

一个交换节点包含若干条输入复用线和输出线(两者数量可以不等),这些复用线上传输着复用信元流,当信元流到达节点入口时,空信元就被弃去,并不加载到交换机内,只有有用信息才被交换,这也是 ATD 复用方式的另一优点。设一个虚电路标志为 A 的信元从输入复用线 E_i 上到达节点,节点内有一个空分矩阵,它每隔一个信元(53B)时间由当前进入节点的信元虚电路标志控制改变一次连接,实现交换。假设虚电路 A 应当选择的路由是输出复用线 S_j,空分矩阵在其信元到达时将 E_i 与 S_j 连通,使该信元通过,该信元到达 S_j 后,其虚电路标志由 A 变成了 B,这个翻译工作是由节点根据存储的虚电路路由表来完成的。从理论上说,两段路由上的虚电路标志也可以采用相同的值。

由于输入/输出复用线上的信元都是异步复用的,可能会在同一时刻多条输入复用线上的信元要求去同一条输出复用线,为了避免"撞车",在每条输出复用线入口处都设置了缓冲器,供同时到达的信元排队用。这个队列造成了信元在交换机内的时延,这个时延时间是随机的,它与队列的多少以及队列的长度有关。当缓冲器被充满后,就会产生信元丢失。

ATM 交换节点的工作比 X.25 分组交换网节点的工作要简单得多。ATM 节点只做信头的 CRC 检验,对净荷不做差错控制,也不参与流量控制,这些工作都留给终端去做。ATM 节点的主要工作就是读信头,并根据信头的内容快速地将信元送往相应的输出复用线,这个工作在很大程度上由硬件完成,因此 ATM 交换的速率很快,可以和 SDH 的传输速率相匹配。

ATM 交换是一种异步时分交换。异步时分交换不是通过时隙互换来完成交换功能,而是通过改变信元的标志码(信元的 VPI 和 VCI 值)来完成交换功能的。为了更清楚地了解 ATM 信元交换的过程,下面结合图 5-23 所示 ATM 交换原理加以说明。当一个虚电路建立时,在与其对应的输入复用线的"接续路由表"中就记入了选路比特(RB),用它来表示哪个虚电路通过哪条交换路由接续。信元到达后,查对信头中 VPI/VCI 的标志"i",用它来识别虚电路。将 RB 和交换机内部识别符 x 装入信头后把信元发往交换网。网内各交换模块具有自律选路功能,它根据 RB 将信元发往指定的方向。输入缓冲器和输出缓冲器也是用于防止信元"撞车"而设置的。在输出端将标志"j"重新记入信头,以便在其路由内识别,这一操作也是通过检索在虚电路建立时产生的"标志变换表"来实现的。

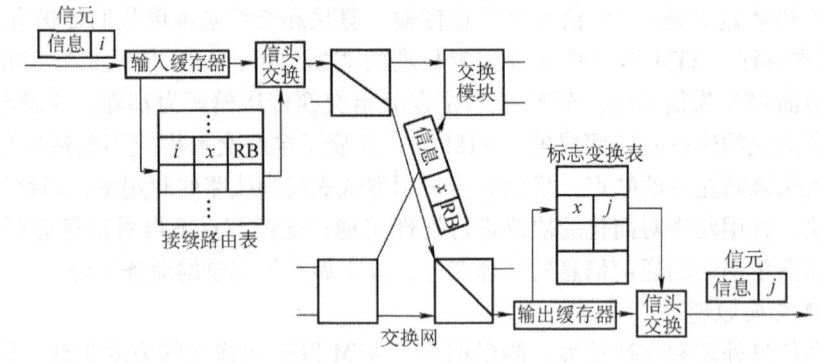

图 5-23 ATM 交换原理

(3) ATM 的特点

ATM 网具有灵活性和适应性强、能有效地利用资源和是多业务通用网络等优点,这些优点是由 ATM 技术的特点带来的。ATM 的基本特点有:

1) 免除了信元净荷的差错控制和流量控制,大大简化了网络控制。由于光纤线路的可靠性很高(误码率小于 10^{-8}),因此没有必要进行逐链路的差错控制,ATM 仅保留了端到端的差错与流量控制,考虑到 ATM 节点上流量太大,为尽量减少信元的丢失率,需要合理进行资源分配和设计队列容量,并在呼叫建立时审查用户申请的带宽,当网络有足够的资源时才接受此呼叫,否则就拒绝用户接入。

2) 面向连接的工作方式。信息传送前,先提出呼叫请求,网络保留必要的资源,建立虚电路(包括虚信道 VC 和虚路径 VP);接着是用户信息传送,信息传送完毕后,网络要释放这些资源,拆除虚电路,以保证传输业务质量,降低信元丢失率。

3) 简化了信头功能。与 X.25 分组头相比,ATM 信元信头功能十分简单,主要是标志虚电路、信头差错检验和信元优先度设置等。由于信头功能简单,所以信头处理速度很快,使信元的排队处理时延大大降低,从而使处理时延很小。

4) 采用长度较小的固定长度信元。降低了交换节点内部的缓冲区容量,减少了信息在缓冲区内排队的时延和时延抖动,这对实时业务是有利的。

由于以上的特点,ATM 网络在语义透明性和时间透明性两方面都能满足任何业务(包括实时业务)的要求。它的信元丢失率 CLR $< 10^{-8} \sim 10^{-12}$,端至端时延小于 24ms(CCITT 对实时电话业务的规定),时延抖动小于几百 μs。与其他任何类型的传送交换方式相比,ATM 都技高一筹,因此 ATM 是宽带网络的一种理想的信息交换传送方式。

2. ATM 协议结构

CCITT 在 1988 年提出了关于 B-ISDN 的 I.121 建议,建议中对 B-ISDN 的几个重要概念做了规定,其中最重要的是将异步转移模式(ATM)规定为 B-ISDN 的基本传送方式,并对参考模型、规范和功能等做了描述，使这些协议成为研究实现 ATM 的基础。

(1) ATM 协议参考模型

ATM 协议参考模型由 I.321 建议规范，采用了 OSI 模型相同的逻辑分层结构，如图 5-24 所示，它是一个立体分层模型，从纵向看由 3 个功能平面：用户面（User Plane）、控制面（Control Plane）和管理面（Management Plane）组成，它们的主要功能为：

1) 用户面。采用分层结构提供用户数据传输功能，传送用户信息。

2) 控制面。提供呼叫和连接的控制功能，涉及的主要是信令信息，它采用分层结构。

3) 管理面。提供两类管理功能：面管理（Plane Management）：主要是协调各面之间的运行，实现与整个系统有关的管理功能，面管理不分层；层管理（Layer Management）：实现网络资源和相关协议参数的管理和执行操作功能，它采用分层结构。

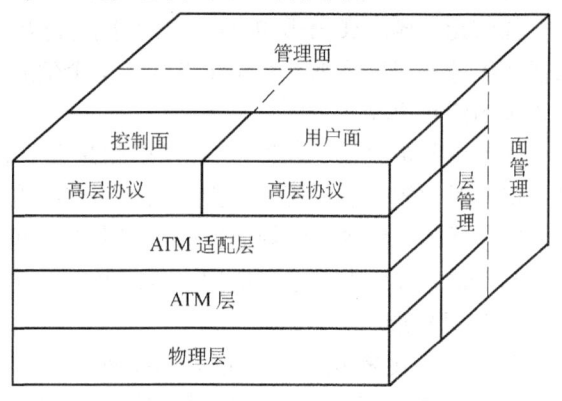

图 5-24 ATM 协议参考模型

从横向看，ATM 协议模型的功能又可分成 4 层：

1) 物理层（Physical Layer，PL）。完成比特级信息的传输功能。对应 OSI 第一层功能。

2) ATM 层（ATM Layer）。它是 ATM 协议中最重要的一层，主要完成信元交换、信元复用/解复用和选路，这些工作是通过对信头进行处理而实现的，对应 OSI 第二层的下边界功能。

3) ATM 适配层（ATM Adaptation Layer，AAL）。AAL 介于 ATM 层和高层之间，其基本功能是将高层信息与 ATM 信元之间进行适配，例如，AAL 在发送端将用户信息流或信令数据分割成固定长度的 ATM 信元，在接收端则将特定信元群中的数据重组，还原成原来的信息流。对信令数据来说，AAL 层功能相当于 OSI 第二层的较低部分功能；对用户信息来说，相当于 OSI 模型第 4 层（传输层）功能的较低部分，用户信息的适配仅在边界网络上进行。

4) 高层（High Layer）。根据不同业务特点完成高层功能。例如完成对信息编、解码等服务性功能。

按照 ITU-T 的建议，这些层可以进一步划分，每个子层执行特定的功能，下面对各层的主要构成和功能作简要的介绍。

(2) 物理层

物理层进一步又划分成两个子层：物理媒介子层和传输会聚子层。

1) 物理媒介子层（Physical Medium sublayer，PM）。其主要工作是围绕在物理媒介上有效可靠地传送和接收信息进行的，诸如线路编码、扰码/解扰码、光电信号转换和比特定时等只与媒体有关的比特级功能。规定了多种接入速率：1.5Mbit/s 和 2Mbit/s（I.432.2）、51.84Mbit/s（I.432.3）、155.520Mbit/s（STM-1）和 622.080Mbit/s（STM-4），支持对称或非对称的接入。实用的物理媒介子层已由 ITU-T G.703、G.957 建议和 ATM 论坛加以定义。

2) 传输会聚子层（Transmission Convergence sublayer，TC）。当比特流从 PM 子层到达传输会聚子层时，比特已被识别出来。TC 子层主要完成下面的 5 个功能：

①传输帧生成与恢复。将信元流封装成适合传输的帧（例如 SDH 所要求的符合 G.708 和 G.709 的帧，或基于 PDH 的 G.703 和 G.804 的帧）送到 PM 子层，以及将 PM 子层送来的传输帧恢复成信元流。

②传输帧自适应。ITU-T 规范了基于信元方式和基于 SDH 方式两种 ATM 信元流在媒介上的传送方式，TC 子层完成信元流与传输帧转换时的格式适配功能。

③信元定界。TC 子层按照一定的算法去搜索确定信元流的边界（信元流的起始位置），以便系统进入同步状态。如果在连续若干个信元内找到了正确的 HEC 校正子，就假定发现了正确的信元边界。

④信头差错控制（HEC）。在发送侧为每个信元产生 HEC（信头差错控制）校正子，在接收侧核对此校正子，便于信头错误的纠错和检错。

⑤信元速率解耦。解耦通过插入或去除一些有特殊信头的空闲信元，使 ATM 信元流的速率与传输媒介的净荷速率适配，从而使 ATM 层的信元速率不受传输媒介的限制。

(3) ATM 层

ATM 层与用来传送 ATM 信元的物理媒介完全无关，它为 ATM 信元流建立起一条传送通路，这个通路是建立在虚信道和虚路径概念上的。

1) 虚信道（Virtual Channel，VC）和虚路径（Virtual Path，VP）。虚信道和虚路径是用来描述 ATM 信元单向传输路由概念的。所谓虚信道是一个逻辑信道，所有在这个信道上传送的 ATM 信元具有相同的虚信道标志（VCI），VCI 是信头的一部分，即具有相同 VCI 的信元流构成 VC。虚路径 VP 由一束具有相同通道端点的 VC 组成，它由信头中的虚路径标志（VPI）来识别，每个 VP 可以用复用方式容纳多达 65356 个 VC，属于同一 VP 的不同 VC 拥有相同的 VPI。传输通道、虚路径和虚信道是 ATM 中的 3 个重要概念，它们之间的关系如图 5-25 所示。

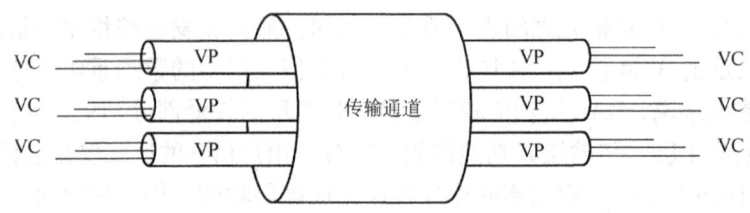

图 5-25 传输通道、VP 和 VC 的关系

2) 信头格式。ATM 层的工作是通过对信头的处理来实现的，ITU-T I.361 建议详细描述了 ATM 信元的编码，ITU-T 最终选择的信元结构包含 48B 净荷和 5B 信头。在 ATM 网络中定义了两种信头格式：一种是用户—网络接口（User Network Interface，UNI）信元；另一种是网—网接口（Network Network Interface，NNI）信元，它们两者间有微小差异。

信头结构如图 5-26 所示。在图 5-26 中，UNI 信元信头的第 1 段是一般流量控制（General Flow Control，GFC），它用来提供用户网络上 ATM 业务流量的控制，以解决多终端争用情况下接入资源的分配；第 2 字段是路由段，由 8bit VPI 和 16bit VCI 标识符标志所选择的虚路径和虚信道；用 3bit 表示净荷类型（Payload Type，PT），标明信元所载信息的属性；用 1bit 表示信元丢失优先级（CLP=0 表示高优先级，CLP=1 表示低优先级）；信头的最后一段是 8bit 信头差错控制（Header Error Control），采用 CRC 校验码来提高信头的传输可靠度。

NNI 信元的格式与 UNI 信元格式基本相同，只是 UNI 的 4bit GFC 被外加的 4bit VPI 代替，使 NNI 信元的 VPI 段长为 12bit。

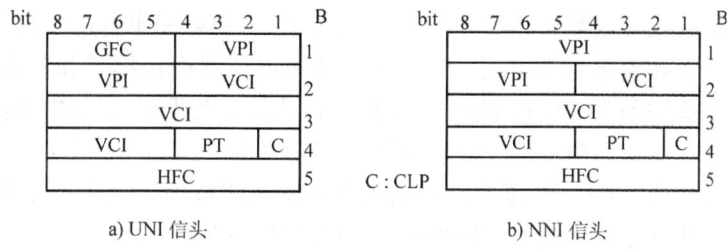

图 5-26 信头结构

3）VP 交换和 VC 交换。ATM 是一种面向连接的技术，当发送端要求通信时，通过网络向接收端发出要求建立连接的控制信号，接收端同意建立连接后，网络建立一个用 VCI/VPI 表示的虚电路，同时，虚电路上所有中继节点都会建立虚电路接续表。ATM 信元在虚电路上传送时，相邻两个交换节点间信元的 VCI/VPI 值保持不变。

ATM 交换可以分成 VP 交换和 VC 交换。VP 交换时，节点根据 VP 连接的目的地，将输入信元的 VPI 值改为可将信元导向接收端的新 VPI 值赋予信头并输出，在 VP 交换过程中 VCI 值不变，VP 交换的原理可由图 5-27 解释。VP 交换可以单独进行，这时物理实现比较简单，通常只是传输通道中某个等级数字复用线的交叉连接。VC 交换需要与 VP 交换同时进行，在交换时，节点终止 VC 连接和 VP 连接，信元中的 VCI 和 VPI 将同时被改为新值，其原理可如图 5-28 所示，当一个 VC 连接终止时，相应的 VP 连接也就终止了，在这个 VP 连接上的 VC 连接可以各奔东西，加入到不同方向的新的 VP 连接中去。

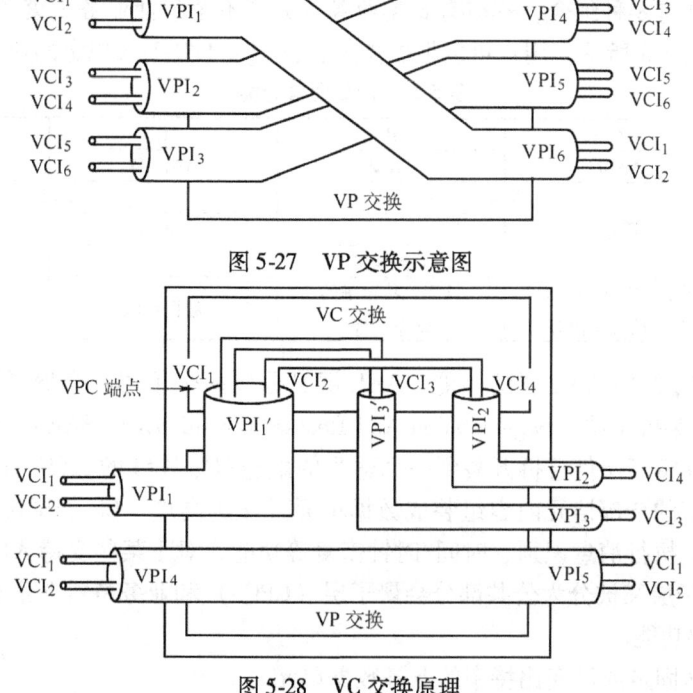

图 5-27 VP 交换示意图

图 5-28 VC 交换原理

通过前面的讨论，对 ATM 层的工作已经有了概要的了解，总结一下 ATM 层的主要功能可以体现在以下 4 个方面：

①信元的复用和分路。在发送侧将不同连接（用不同的 VCI 和 VPI 值区分）的信元复用成单一的信元流；在接收侧做相反方向的分路处理，分离恢复出各连接的信元。

②信元的交换。在虚电路建立时，VCI/VPI 翻译表（路由接续表和标志变换表）就已做好，交换时，信头中的 VCI/VPI 被迅速读出，根据翻译表找到它们的对应新值并写入信头，然后信元被送往新值所对应的 VC/VP 链路，交换就完成了。

③信头产生和提取。AAL 层送来的信元净荷在发送侧被加上信头；在交换节点信头中 VCI/VPI 被提取，并可能被修改；在接收侧信头被去掉，将净荷送往 AAL 层。

④一般流量控制。在 UNI 接口上，通过信头上的 GFC 码，ATM 可做一些流量控制工作，以便减轻瞬间的业务量过载。

另外，ATM 可以向 VC 和 VP 连接提供一种网络能够支持的服务质量（QoS）级别，在信头的中还提供了拥塞指示，便于实现 OAM 的层管理功能。

(4) ATM 适配层（AAL）

AAL 介于 ATM 层和高层之间，ATM 适配层增强了 ATM 层提供的业务，使其适合邻接的高层需要。ATM 适配层完成用户、控制和管理平面的功能，并支持 ATM 层和邻接的高层之间的信息映射，AAL 执行的功能高层的要求有关。AAL 的功能和规范都和业务有关，迄今为止，ITU-T 共定义了 4 类 AAL 规范，每个 AAL 针对一类业务，AAL 业务的分类是按照下列几个因素确定的：

- 收发端间是否要求定时关系。
- 业务比特速率是否固定。
- 高层是否建立连接。

以上 3 个参数有 8 种组合，本应有 8 类业务，为了不至于使业务太繁琐，ITU-T 只定义了 4 类业务，如表 5-3 所示。用户可以根据需要自己定义 ITU-T 未规定的业务。

表 5-3 AAL 业务分类

业务分类	A	B	C	D
AAL 业务分类	AAL1	AAL2	AAL3/4	AAL5
端对端定时	要求		不要求	
比特速率	固定	可变		
连接方式	面向连接			无连接
业务举例	固定比特速率的语音、动态图像等	可变比特速率的动态图像	数据传输	通过 WAN 的两 LAN 间数据传输

1) AAL 子层。按照 AAL 层的功能，AAL 层又分成两个子层：会聚子层（Convergence Sublayer, CS）和装拆子层（Segmentation And Reassembly sublayer, SAR）。SAR 子层的功能主要是：在发送端将高层信息拆开装到一个适当的虚连接上连续的 ATM 信元中去，在接收端，将一个虚连接的全部信元内容组装成数据单元并交给高层。CS 子层位于 AAL 的上部，与高功能层相接，执行消息识别、时间/时钟恢复等功能，对于某些支持 ATM 上数据传输的 AAL 类型，会聚子层又被分为公共部分会聚子层（CPCS）和业务特定会聚子层（SSCS）。

2) AAL 主要功能。

- 向高层传送固定或可变比特率的业务数据单元。

- 对 AAL_1 和 AAL_2 业务在源和目的地之间传送定时信息。
- 在源和目的地之间传送数据结构信息和在接收端恢复源数据结构。
- 如果需要，可以指出 AAL 无法恢复的丢失信息或出差错的情况。

对每一种具体业务并非要求所有的 AAL 功能，通常根据业务的特点只要求具有其中的几个功能，所以 AAL 协议的执行也是有选择的。

5.2.4 IP 与软交换技术

1. IP 交换技术

Internet 是在美国军方的 ARPANET 的基础上发展起来的 IP（Internet Protocol）网，如今已成为全球最成功的通信网络。1998 年直接统计全球用户超过 1 亿，2004 年超过 7 亿。传统的 IP 网络提供尽力而为的连接，这种服务能够满足大部分数据业务，但是不能满足某些需要提供具有服务质量 QoS 的业务（比如多媒体通信、IP 电话等）。

（1）传统 IP 路由器

Internet 网络中的设备用它们的网络地址（TCP/IP 网络中为 IP 地址）互相通信。不同网络标识的 IP 地址不能直接通信，需要路由器或网关将它们连接起来后才能通信。通常将具有集中处理结构、不涉及多层交换技术、没有采用专用 ASIC 芯片的路由器称为传统路由器，其处理能力一般是每秒几十万个包，最大吞吐能力约 1Gbit/s 左右。路由器主要完成两个功能：寻找去往目的地的最佳路径和转发分组。路由器的功能结构如图 5-29 所示，由控制部分和转发部分组成。转发部分由端口、交换网络组成；控制部分由路由处理、路由表、路由协议组成。

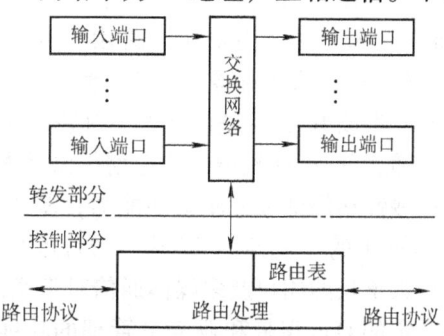

图 5-29 路由器的功能结构

路由器工作在 OSI 参考模型的下 3 层：物理层、数据链路层和网络层，完成不同网络之间的数据存储和转发。路由器常通过查找路由表的方法转换 IP 分组，查找算法主要有精确匹配查找和最长匹配查找。在路由器中可采用缓存技术来提高路由查找速度，常用的缓存方法有两种：路由缓存和转发引擎。

设 3 个路由器互连网络如图 5-30 所示，PC_A 的 IP 地址为 128.7.254.10，PC_B 的 IP 地址为 128.7.253.15，PC_C 的 IP 地址为 128.7.234.18，表 5-4 为路由器 A 遵循的路由表。

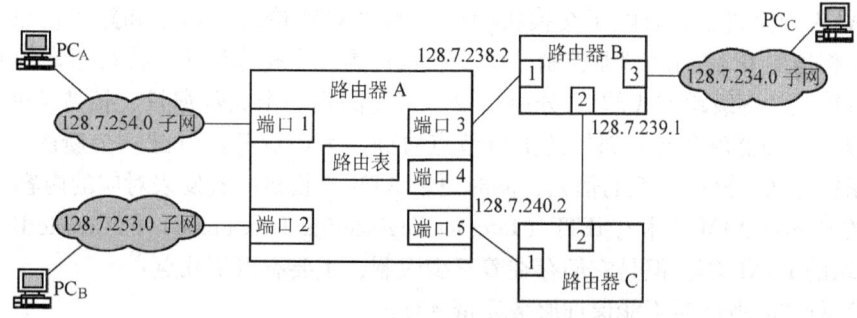

图 5-30 3 个路由器互连网络

表 5-4　路由器 A 遵循的路由表

目的 IP 地址	子网掩码	端口	下一跳地址	路由费用	路由类型	状　态
	255.255.255.0	1		1	Direct	UP
128.7.253.0	255.255.255.0	2		1	Direct	UP
128.7.234.0	255.255.255.0	3	128.7.238.2	2	Static	UP
128.7.234.0	255.255.255.0	5	128.7.240.2	3	Static	UP
⋮	⋮	⋮	⋮	⋮	⋮	⋮

下面以 PC_A 到 PC_B、PC_A 到 PC_C 两种情况讨论分组在路由器 A 转发分组的过程。

PC_A 的 IP 分组到达路由器 A 的端口 1，首先解析分组头，提取目的 IP 地址，以目的 IP 地址为索引，在路由表中使用最长匹配原则进行查找，由路由表可得：

对 PC_A 到 PC_B，连接到端口 2，连通 128.7.253.0 子网，路由费用为 1。将该 IP 分组进行链路层封装，并从端口 2 转发出去。

对 PC_A 到 PC_C，有两条路由可供选择：一条从端口 3 连接到下一跳 IP 地址为 128.7.238.2 的路由器 B，路由费用为 2；另外一条从端口 5 连接到下一跳 IP 地址为 128.7.240.2 的路由器 C，路由费用为 3。路由器选择路由费用最小的路由作为最佳路由，因此，将该 IP 分组进行链路层封装，并从端口 3 转发出去。

随着 Internet 规模的快速增长以及人们对多媒体业务的需求，要求 Internet 具有实时性、可扩展性和保证服务质量的能力，基于 IP 的 Internet 已经不堪重负，使得路由器成为整个 Internet 上的 "瓶颈"，IP 路由器日趋复杂，仍无法满足通信优先级的要求，IP 也无法应付呈指数增长的用户及多媒体通信对带宽的需求。而 ATM 交换技术具有高吞吐量、低时延以及一定的 QoS 保障和业务量管理的功能，非常适合于硬件实现高速交换。在这种情况下，许多网络设备厂商正致力于将 IP 的路由能力与 ATM 的交换能力结合在一起，使 IP 网络获得 ATM 性能和服务质量保证上的优势，克服传统 IP 网络提供 "尽力而为" 的无法保证质量的能力，这就要求在 ATM 网络上运行 IP。

（2）IP 交换的基本概念

IP 交换的基本思想是为了避免网络层转发的瓶颈，进行高速链路层交换。IP 交换可以认为是地址转换问题，其关键任务是将 IP 子网地址与链路层地址相结合。这样，可以通过短标识的 VPI/VCI（ATM 中）与交换系统相连进行转发。

1996 年，Ipsilon 公司提出了 IP 交换（IP Switching）的概念。它将一个 IP 路由处理器捆绑在一个 ATM 交换机上，去除了交换机中所有的 "ATM 论坛" 信令和路由协议，ATM 交换机由与其相连的 IP 路由处理器控制。IP 交换机作为一个整体运转，执行通常的 IP 路由协议，并进行传统的逐级跳方式的 IP 分组转发。当检测到一个大数据量、长持续时间的业务流时，IP 路由处理器就和与其邻接的上行节点协商，为该业务流分配一个新的虚路径和虚信道标识来标记属于该业务流的信元，同时更新 ATM 交换机中转发表对应的内容。

传统的 IP over ATM 技术有 IETF（Internet Engineering Task Force）的 Classic IP over ATM 和 ATM 论坛的 LANE 等。但是它们存在着不少限制，主要有以下几点：

1）在运行实时业务时不能保证服务质量（QoS）。

2）在网络较大时，会造成 VC 连接数目很大，增加了路由计算的额外开销。

3)数据必须在逻辑子网间转发,没有充分利用交换设备的能力。

为了解决上述问题,满足 Internet 规模快速增长和对实时多媒体业务的需求,需要将网络交换机(L2 层)的速度和路由器(L3 层)的灵活性结合起来,这就是 IP 交换,也称为第三层交换。IP 交换加上能保证提供分类服务、保证不同质量的一系列路由协议,就可以在 IP 网这种无连接的网络上提供端到端的连接,并能保证业务所需的 QoS。采用 IP 交换的新一代设备可以使网络带宽达到 Tbit 级。

IP 交换机和路由器主要有两个区别:

1)对待转发数据分组的信息结构进行分析的深度不同,这会直接影响转发数据分组的速度。

2)对网络节点间通信量的管理不同,IP 交换机要检查 OSI 模型中的数据链路层的信息头,以便在连接的两点之间建立一条路径,所有属于该路径的分组由此发出。如果采用了交换方式,那么管理者就可以专门辟出一定量的带宽来处理诸如多媒体应用和视频会议之类的通信。而路由则是根据 OSI 网络层中分组头的 IP 地址来进行选择的,路由器必须检查每个分组的 IP 地址,并分别为之选定一条最佳路径。这是一种无连接的网络服务,有利于从各种数据源中随意插入分组,并可为用户的通信量自动分配所需的带宽。但是,它无法规定网上传送的先后顺序,因此当业务量大时,就会产生阻塞、延迟等问题。

(3)IP 交换机的构成和特点

IP 交换机基本上是一个附有交换硬件的路由器,它能够在交换硬件中高速缓存路由策略。IP 交换机结构如图 5-31 所示。IP 交换机由 ATM 交换机硬件和一个 IP 交换控制器组成。

由于 IP 交换机是在 OSI 模型的网络层中引入交换的概念,因此它没有一般的 IP 选路协议那样多的限制,可用在 Internet 业务提供者(ISP)之间或 ISP 与用户之间。IP 交换机最大特点就是引入了流

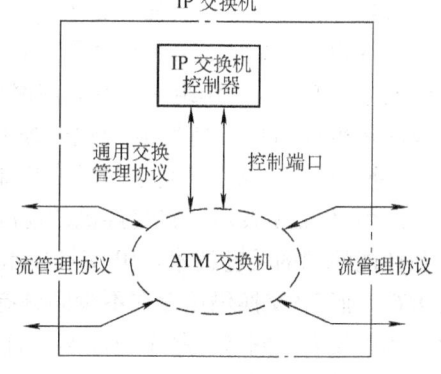

图 5-31 IP 交换机结构

(Flow)的概念。所谓流,就是一连串可以通过复杂选路功能而相同处理的分组包。例如,流可以是从一点发出通过具有 QoS 功能的端口转发的一连串分组。

在图 5-31 所示的交换机结构中,ATM 交换机硬件保留原状,但关于 ATM 信令适配的控制软件被去掉,代之于标准的 IP 路由软件,并且采用一个流分类器来决定是否要交换一个流以及用一个驱动器来控制交换硬件。IP 交换机工作时首先就是将流分类以便选择哪些流可以在 ATM 交换机上直接交换,哪些流需要通过路由器一个一个地分组转发。由于 IP 交换机把输入的用户业务流分成长流和短流两类,节省了建立 ATM 虚电路的开销,因此提高了效率。IP 交换缺点是只支持 IP 协议,同时它的效率依赖于具体用户的业务环境。对于大多数业务为持续期长、业务量大的用户数据,能获得较高的效率。但对于大多数业务为持续期短、业务量小、呈突发分布的用户数据,IP 交换的效率将大打折扣,这时一台 IP 交换机只相当于一台中等速率的路由器。

(4)IP 交换技术的发展

近几年来,IP 交换技术发展很快,出现了不少形式的 IP 交换技术,如 Ipsilon Network

的IP Switching, Toshiba公司的CSR, Cisco公司的Tag Switching, Cascade公司的IP Navigator及IBM公司的ARIS（Aggregate Route-based IP Switching）等。而IETF的MPLS是定位于大型网络的IP交换标准。

1) IP Switching。Ipsilon Network公司的IP Switching是一种高速路由器。它将转发功能映射到硬件交换机。从逻辑上可以看做是一个附有第三层转发功能的第二层交换设备，与第三层的数据转发模块高速互连。

IP Switching采用低层流交换。在IP Switching中，所有的流被分为两类：一类是持续时间长、业务量大的数据流，在ATM交换机硬件中直接进行交换，快速、时延短；另一类是持续时间短、业务量小、呈突发分布的数据流类型，通过IP交换控制器中的路由软件进行hop-by-hop转发。流在交换前，必须标记。一个流只有在上行、下行链路都标记过后，才能直接通过ATM交换机进行交换。只有具有正确生存时间（TTL）域的包才能包括在交换流中。

2) Tag Switching（标记交换）。Cisco公司的Tag Switching由转发和控制两部分组成，两者互相独立。转发机制是一种简单的标记交换机制，通过使用定长的标记来作决定，并对标记重写。控制机制通过一组模块来维持保留正确的标记传播信息，以第三层协议为基础，每个模块具有一定的控制功能，它解决了IP与B-ISDN之间不一致的问题。

3) MPLS（多标记交换）。IETF结合了一些IP交换技术的特点，主要以Tag Switching为基础成立了MPLS工作组来将网络层路由标记交换算法技术标准化。MPLS采用标记的包转发技术来实现简单、高性能的包转发机制。它通过用标记转发代替标准的基于目的端的hop-by-hop转发，从而简化了包转发机制，使Internet带宽很容易扩展到Tbit级。

采用IP交换技术，将交换机的速度和路由器的可扩展性融合在一起，是解决Internet规模和性能问题的关键技术。IP交换技术大大推动了Internet的发展，越来越受到网络通信界的重视。但IP交换仍然存在不少问题有待进一步的解决，随着越来越多的研究人员对IP交换技术的投入，它将会越来越成熟，直到拥有自己的标准并得到广泛应用。

2. 软交换技术

（1）软交换的出现

随着通信网络技术的飞速发展，人们对于宽带及新的增值业务的要求也在迅速增长。在传统PSTN中，用户信息传送和处理、业务连接及控制功能集中在单个网关设备中，与呼叫控制和业务提供是不可分离的，它们都在交换机内部实现。对于不同的业务，要有相应的交换设备来控制呼叫的建立，这就使得网络利用率低、不易扩展、可靠性差，难以提供日益增多的新业务，造成在传统PSTN中发展增值业务的困难。

随着网络融合、业务融合的发展趋势，为了能够实现在同一个网络上同时提供语音、数据以及多媒体业务，人们提出网络功能分布实现的理论，将网络业务提供及呼叫控制能力从交换机上分离出来。只要将呼叫控制标准化，就很容易被人们引用和控制，人们根本不用关心底层交换过程如何，新的业务就可以利用此标准接入网络，这就是软交换（Soft Switch）技术。利用软交换技术可以为用户提供更加灵活多样的现有业务和增值业务，提供给用户更加个性化的服务。

（2）软交换的概念及特点

我国信息产业部对软交换的定义为："软交换是网络演进以及下一代分组网络的核心设

备之一,它独立于传送网络,主要完成呼叫控制、资源分配、协议处理、路由、认证、计费等主要功能,同时可以向用户提供现有电路交换机所能提供的所有业务,并向第三方提供可编程能力。"

软交换的目标是建立一个可伸缩的软件系统,它独立于特定的底层硬件和操作系统,并且能够处理各种各样的通信协议,支持 PSTN、ATM 和 IP 网的互联,并便于业务增值和系统的灵活伸缩。软交换有如下几个技术特点:

1) 它是一个网络解决方案,而不像传统交换机那样着眼于节点的解决方案。

2) 它是一个分布式和集中式相结合的解决方案,原则上所有功能都是在网络中分布实现的,但是呼叫控制和业务控制功能可集中于少数几个软交换机完成。

3) 它是一个软件解决方案,核心在于软交换机中的控制逻辑和网元之间的接口协议,传送层功能由相应的底层网络自行解决,不在软交换的考虑范围之内。

(3) 软交换中的有关协议

软交换是下一代网络的核心技术,主要用于处理实时业务,如话音业务、视频业务、多媒体业务等,此外还提供一些基本补充业务。由于具有开放性、灵活性和扩充性等优势,软交换技术将在未来网络的业务网层面发挥核心作用。

软交换是智能网的继承和发展,在交换和业务分离上软交换与 IN 有类似之处,但就整个体系结构而言,两者有很大不同。传统 IN 仍然是按照不同业务网独立设置的,并未考虑不同运营商、不同类型网络、不同类型业务统一接入处理和互连互通。而软交换作为一个开放的功能实体,采用标准的开放协议与外部实体实现通信。图 5-32 给出了软交换与外部接口采用的标准协议。

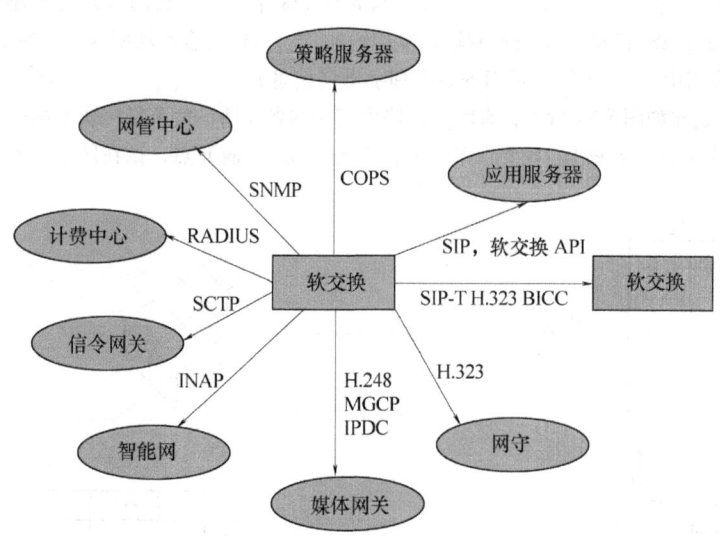

图 5-32 软交换与外部接口采用的标准协议

软交换与媒体网关之间的接口用于软交换对媒体网关进行承载控制和资源管理。此接口采用 H.248 协议,也可考虑采用媒体网关控制协议(MGCP)和 IP 设备控制协议(IPDC)。

软交换与信令网关之间的接口完成软交换和信令网关之间信令信息的传递。此接口采用流控制传输协议(SCTP)。

软交换与网管中心之间的接口可实现对软交换的管理,采用简单网络管理协议(SNMP)。

软交换与智能网的 SCP 之间的接口提供对现有智能网业务的支持。此接口使用智能网应用协议(INAP)。

软交换与应用服务器间的接口提供对第三方应用和各种增值业务的支持功能。此接口可采用会话启动协议(SIP)或软交换提供的应用编程接口(API)。

软交换与策略服务器之间的接口可对网络设备的工作进行动态调整。此接口可使用 IETF 定义的 COPS 协议。

软交换间的接口主要实现不同软交换设备之间的交互。此接口采用 SIP 电话控制协议 SIP-T、H.323 或 ITU-T 最新推出的与承载无关的呼叫控制协议(BTCC)。

思考题与习题

5-1 简述电话交换的发展过程、现状和趋势。

5-2 何谓程控交换?简述数字程控交换的原理和主要优点。

5-3 试从 T 接线器和 S 接线器的原理出发,说明为什么 T 接线器可以单独使用,而 S 接线器却不能,进而说明引入 S 接线器的目的。

5-4 设 T 接线器的信息存储单元为 512 个单元,需要完成输入 TS_{25} 与输入 TS_{378} 的时隙交换,用类似于图 5-9a、b 来表示控制存储器中应存放的控制数据,画图表示并简单说明其工作原理。

5-5 时间接线器 T 的输入端 TS_8 的内容 A 在 TS_{22} 中输出,请说明在下列两种情况下的工作原理,并画图表示:(1)顺序写入,控制读出;(2)控制写入,顺序读出。

5-6 有一 T 接线器如图 5-33 所示,其话音存储器有 128 个单元,控制方式为控制写入、顺序读出。现要求把输入复用线中 TS_5 的信息 A 交换到输出复用线的 TS_{10},并把输入复用线 TS_{20} 的信息 B 交换到输出复用线的 TS_5,试在图中"?"处填上适当的数字和字母(信息)。

5-7 一个 S 接线器如图 5-34 所示,有输入、输出复用线各 8 条,每条复用线上均有 256 个时隙。控制存储器采用输入控制方式(见图)。现要求 TS_6 接通 A 点,TS_{12} 接通 B 点,试在图中"?"处填入相应的数字(或符号)。

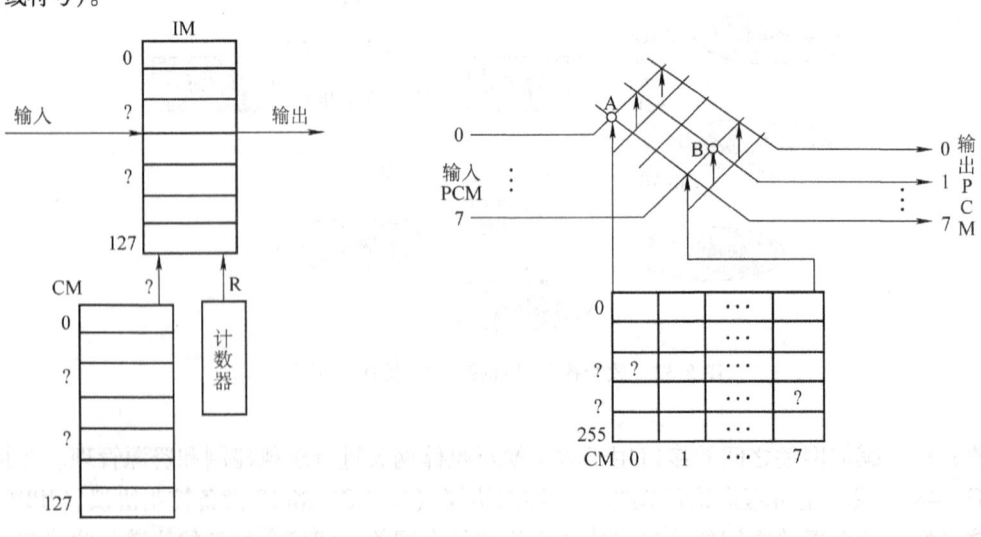

图 5-33 题 5-6 图　　　　　　图 5-34 题 5-7 图

5-8 有一个 S 接线器，结构类似于图 5-10，其输入复用母线为 8 条，请画出两种控制型 S 接线器结构，并分别就 PCM_1 TS_{12} 交换到 PCM_7 TS_{12} 任务填写控制 RAM 的控制数据。

5-9 试简述程控交换机本局通话时的呼叫处理过程。

5-10 简述程控交换系统的控制方式和基本结构。

5-11 程控交换系统的用户电路中的 BORSCHT 分别表示的是什么功能？

5-12 分组交换的主要优点是什么？简述分组交换的工作过程和其复用传输方式的基本原理。

5-13 何谓统计时分复用？在分组交换中统计时分复用是如何实现的？

5-14 简述分组的形成和传输的过程。

5-15 何谓虚电路，虚电路的主要特点是什么？

5-16 在分组交换中分组的交换主要有虚电路方式和数据报方式，试分析两者的异同。

5-17 帧中继的主要特点和应用是什么？

5-18 比较电路交换、分组交换和 ATM 交换性能的优劣。

5-19 分析比较 STM 与 ATM 两种传输方式，并分别阐述其中的"同步"和"异步"的含义。

5-20 试简述 ATM 传输方式的基本特点。

5-21 ATM 协议参考模型包括哪几个层次？各层次有哪些功能？

5-22 VP 与 VC 的概念是什么？简述 VP 交换和 VC 交换的基本原理和它们之间的关系。

5-23 简述 ATM 业务的分类及各类业务的基本特点。

5-24 IP 交换与传统路由器有何区别？

5-25 什么是软交换？其网络结构有什么特点？

第 6 章 现代通信系统

6.1 数字通信系统概述

6.1.1 现代通信系统模型

在信源（信息源）与信宿（受信者）之间完成信息传递（传输）的整个过程，称为通信系统。它是由一整套技术设备和传输介质所构成的有机总体。在第 1 章已经讲过，就其信号传递方式可分为两大类，即模拟通信系统和数字通信系统，这里主要讲数字通信系统。

完成数字信号产生、变换和传递及接收的过程，称之为数字通信系统，并用图 6-1 所示的数字通信系统模型来描述。

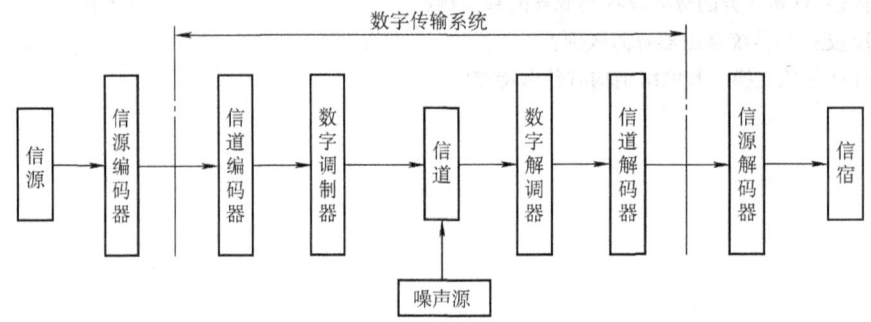

图 6-1 数字通信系统模型

图 6-1 中，信源和信宿，是信息或信息序列的产生源和接收者。它泛指一切发信者和受信者，可以是人也可以是机器。他（它）们可以产生或接收诸如声音、数据、文字、图像、代码等电信号。

信源编码器的主要功能，是把人的话音以及机器产生的如文字、图表及图像等模拟信号转换成数字信号，即所谓的模/数（A/D）转换。信源和信源编码器可设在同一物理体内，也可以分设。例如，现在一般电话用户输出话音模拟信号（300~3400Hz），通过用户线送到数字程控交换局的话路模块，经 PCM 单路编译码器后，变换成 64kbit/s 数字信号，再进行时隙交换（如数字电话机、计算机输出的是数据信号，则不用信源编码，可省去信源编码部分）。信源解码是信源编码的反变换，即 D/A 转换。与发端类似，信源解码器与信宿可设在同一物理体内，也可以分设。

信道编码器：将多路数字信号复接为宽带数字信号之后，把此宽带数字信号送到传输的信道中去。根据各种信道的特性及对传输数字信号的要求（如有一定纠错能力、减少误码、从信码中提取时钟等）变换成所需的传输码型称之为信道编码。如 PCM 基带传输码型 HDB3 码，光纤传输码型 NRZ 码、5B6B 码、4B1H 码等。信道解码是发端信道编码的反变换，把解调后的数字信号，还原为数字基带信号的过程。

数字调制器：根据传输介质特性，对编码后的数字信号要经调制后再送入信道中。例如，光纤信道中的光调制；在用无线信道传输数字信号时，根据传输的数字速率、边带利用率、功率利用率及误码率、设备的复杂程度等，可采用数字频移键控（FSK）、相移键控（PSK）、幅移键控（ASK）及组合变换、变型等各种数字调制方式。数字解调是数字调制的反变换，即完成从数字频带信号中，恢复出原来的宽带数字信号，再经信道解码和码型反变换后，分离成数字基带信号，或经信源解码即 D/A 转换，还原为原始模拟用户信号或分路数字信号（不经信源解码，如计算机信号等）。在通信系统中，收端相应技术与设备是发端技术与设备的逆变换。

图 6-1 中，信源编码器与信道编码器（交换节点）之间的信号传输通道，称为用户线或接入信道。信道编码器（交换节点）和信道解码器（交换节点）之间的信号传输通道称为中继或长途传输信道。数字传输系统中的信道，主要是指长途或市内中继传输的数字信道。由于当前信息技术的广泛应用，各部门、各企业自建网络和各种通信系统，因此需要各种传输信道，如有线信道（光纤、电缆）、无线信道（各波段电磁波、红外光）等。

6.1.2 现代通信系统分类

通信系统按信号的传输模式分类，正如第 4 章已讲述的信道概念，可分为模拟传输系统和数字传输系统两大类。当前模拟传输系统在长途通信中已很少采用，但此种传输系统由于其技术简单，设备成熟而且便宜，使用方便等优点，在有些场合还在应用，如电缆电视（CATV）、固定电话庞大的电缆接入系统等。由于模拟传输系统抗干扰性能差，不便于信号处理，频带窄等多种弱点，因此现在大量应用的是数字传输系统。特别是长途传输，几乎都采用了数字传输系统。

通信系统按其传输介质和信道又可分为两大类，即有线通信系统和无线通信系统。

这里主要讲述当前应用最广泛的现代通信系统，一般可分为 3 大类：

1) 数字光纤通信系统。这是我国乃至全世界范围内，长途通信传输及组建骨干网的主要手段。

2) 数字微波与卫星通信系统。这是利用电磁波的微波频段的无线通信系统，由于微波长途传输采用了中继站，因此又称为微波中继通信系统。卫星通信系统是利用人造卫星作为中继站的微波通信系统，但无线通信距离比地面的视距微波通信距离要远。

3) 有线通信系统与无线通信系统相结合的数字移动通信系统。

6.2 数字光纤通信系统

6.2.1 数字光纤通信系统的概念

数字光纤通信是以激光作为数字信息载体，以光纤作为传输介质传送数字信息的一种通信方式。由于光纤的传光性能优异，传输带宽极大，因此，在当今的通信方式中已形成了一个以数字光纤通信为主，微波、卫星、电缆通信为辅的格局。

光纤通信技术是近 50 年迅猛发展起来的高新技术。自从 1960 年，第一台相干振荡光源——红宝石激光器问世到 1962 年半导体激光器诞生，随后于 1966 年，英籍华人高锟

(C. K. Kilo) 和霍克哈姆 (Georgo A. Hockham) 根据介质波导理论共同提出光纤通信的概念，到1970年，美国康宁公司的Maurer等人首次研制出阶跃折射率多模光纤，这些技术的诞生和发展，为光纤通信实用化奠定了基础，给世界通信技术带来了划时代的革命性的变化。

光纤通信之所以给世界通信技术带来了革命性的变化，是因为它具有一系列独特的显著特点。这些特点主要是：

1）传输的频带宽、通信容量大。现在单模光纤的带宽可达到 THz·km 量级，极大地扩大了通信容量。它可同时传输几十万路电话和几千路彩色电视节目。

2）损耗极低，传输距离长。由于技术的发展，现在制造出的光纤损耗在1550nm，窗口的衰耗已降至 0.18 dB/km。这是以往任何传输线所不能与之相比的。由于损耗低，无中继传输距离就长，特别是用强度调制—直接检波的数字光纤通信系统，无中继传输距离可达到几十到上百千米，这就大大减少了数字传输系统中继站的数目，既可降低成本，也可提高通信的可靠性。

3）线径细，重量轻。由于光纤的直径小，即使是带一次涂覆层的光纤，其直径也只有0.1 mm左右，所以制成光缆后与电缆相比要细得多，因而重量轻，有利于长途和市话干线布放，而且便于制造多芯光缆。

4）不受电磁干扰、防腐和不会锈蚀。因光纤是非金属材料，它不会受到电磁干扰，也不会发生锈蚀，具有防腐的能力。

5）不怕高温，防爆、防火性能强。因光纤是石英玻璃材料，熔点高达2000℃以上，所以不怕高温，有防火的性能，因而可用于矿井下、军火仓库、石油、化工等易燃易爆的环境中。

6）光纤通信保密性好。光纤传输密封性好，在传输光信号时向外泄漏小，不易产生串话等干扰，因而光纤通信保密性好。

由于光纤通信具有一系列的突出优点，近年来光纤通信技术发展速度之快、应用范围之广，出乎人们的预料，它是现代通信技术的重要组成部分。可以说有了光纤通信，就为构筑信息高速公路提供了重要传输平台，光纤通信是通向信息社会的桥梁。

6.2.2 数字光纤通信系统的组成

数字光纤通信系统与一般通信系统相似，它由发送设备、传输信道和接收设备3大部分构成。

实用数字光纤通信系统都采用数字编码信号经强度调制—直接检波方式（Intensity Modulation/Direct Detection，IM/DD）。强度调制是利用数字电脉冲信号直接调制光源的光强度或光功率，使光强度与数字电脉冲信号电流成线性变化。直接检波是把光脉冲信号通过光接收机还原成数字电脉冲信号。

数字光纤通信系统主要用于骨干网（长途）、本地网以及光纤接入网。图6-2为骨干网和本地网数字光纤通信系统组成示意图。

在数字光纤通信系统中，数字信号发射端机（电发射机）的作用是将来自信息源的信号进行模/数转换并做多路复用处理。光发射机（包括激光器（LD）或发光二极管（LED））的作用是实现电/光转换，即把电信号调制成光信号，送入光纤传输至远方。光接收机（包括光电检测器（PIN））的作用是实现光/电转换，即把来自光纤的光信号还原成电信号，经放大、整形、再生、恢复原形，送至数字光接收端机，完成数字信号的分接以及数/模转换。

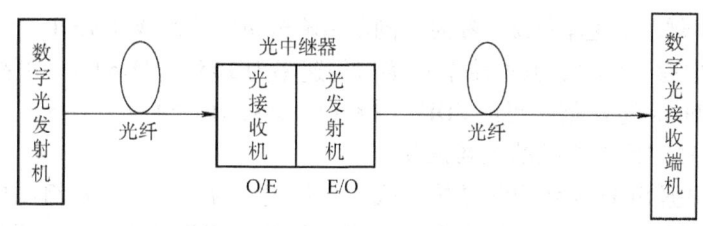

图 6-2 数字光纤通信系统组成示意图

对于长距离的数字光纤通信系统，还需要光中继器，其作用是将经过长距离光纤衰减和畸变后的微弱光信号放大、整形、再生成具有一定强度的光信号，继续送向前方，以保证良好的通信质量。目前的光中继器都采用光—电—光形式，即将接收到的光信号，用光电检测器变换为电信号，经放大、整形、再生后再调制成光信号重新发出。近年来，适合作光中继器的光放大器（如掺铒光纤放大器）已研制成功，进入商用。这就说，采用光放大器的全光中继及全光网络将为期不远。

6.2.3 SDH 光同步传输系统

它是由 PDH 准同步数字端机电缆和光纤传输信道组成的，主要应用于低速率传输比较短的特殊数字传输系统中，如移动通信中的基站的数字传输就采用此类数字系统。

1. SDH 光同步数字传输系统的基本概念

在 1990 年以前，光纤通信一直沿用准同步数字体系（PDH）发展，随着电信发展和用户需求的不断提高，PDH 系统在运用中暴露出一些明显的弱点。1988 年，光同步传输网应运而生，SDH 概念即同步数字传输体制也被 ITU-T 接受，并批准了一系列 SDH 有关标准。ITU-T 已通过 15 个建议，使之成为不仅适用于光纤，也适用微波和卫星传输的全世界统一的技术体制，到 1993 年为止，形成了一套高度标准化的技术规范。本节主要讨论 SDH 在光纤信道传输系统的运用，即 SDH 光同步数字传输系统。

一个电信传输网原则上由两种基本部分构成，即由传输线路系统和网络节点设备构成。传输线路可以是光纤传输线路系统，也可以是微波或卫星通信线路系统。而网络节点设备有多种，简单的仅有复用功能或复用和交换功能。一个规范的统一的网络节点接口（NNI）的先决条件是要有一个统一规范了的接口速率和信号的帧结构。SDH 网具备了这个条件，从而能对 SDH 网的 NNI 给出统一的国际化规范，NNI 位置示意图如图 6-3 所示。

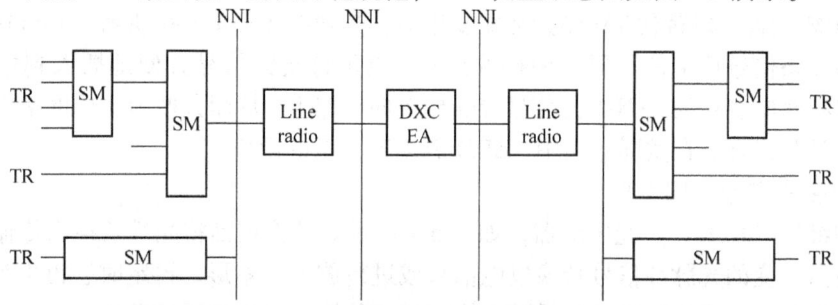

图 6-3 NNI 的位置示意图

TR—支路信号　Line—线路系统　DXC—数字交叉连接设备
SM—同步复用器　radio—无线系统　EA—外部接入设备

SDH 具有统一规范的速率等级，称为"同步传输模块"STM-N（$N=1, 4, 16, 64, \cdots$）。

如果 SDH 信号是 STM-1，其网络节点接口的速率为 155.520Mbit/s，更高等级 STM-N 速率将是 155.520Mbit/s 的 N 倍，目前 SDH 支持 $N=1, 4, 16, 64$。

2. SDH 同步数字传输系统的主要设备

SDH 设备是根据 SDH 帧结构和复接方式来设计的，为了使设备在组网中与其他设备互通及兼容，就需要制订统一标准，对各种设备进行规范。根据信息流程，通过定义来设计设备的基本"积木块"结构。为此，ITU-T G.781 规定了 SDH 复用设备协议结构。G.782 又规定了 SDH 复用设备的类型和一般特性。G.783 协议给出了 SDH 设备的基本功能块的功能描述。

SDH 基本网络单元设备有终端复用器（TM）、分插复用器（ADM）、再生中继器（REG）和同步数字交叉连接设备（DXC），这些设备都是由各种逻辑功能块组合而成的。下面加以简单介绍。

（1）终端复用器（TM）和分插复用器（ADM）

SDH 网的基本网络单元中最重要的两个网络单元是终端复用器和分插复用器。以 STM-1 等级为例，其各自的功能如图 6-4 和图 6-5 所示。图中，TMN 为电信管理网。

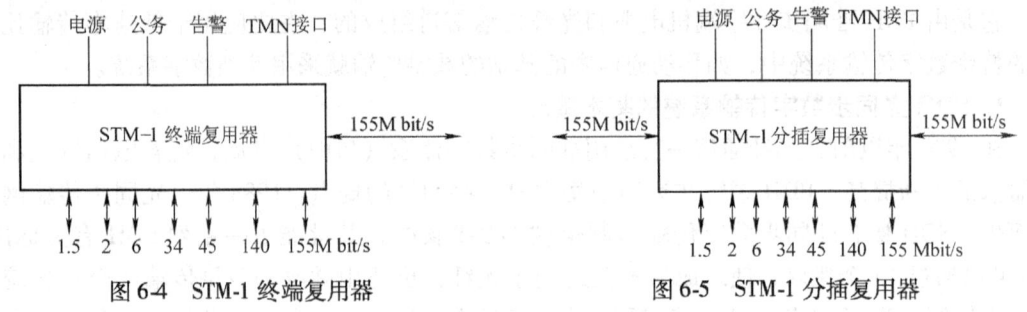

图 6-4　STM-1 终端复用器　　　　图 6-5　STM-1 分插复用器

终端复用器 TM 的主要任务是将 PDH 各低速支路信号纳入 STM-1 帧结构，并经电/光转换为 STM-1 光线路信号，其逆过程正好相反。支路盘接口速率是 1.5、2、34 和 140Mbit/s 等。

分插复用器（ADM）是将同步复用和数字交叉连接功能综合于一体，具有灵活地分插任意支路信号的能力，在网络设计上有很大灵活性。支路盘接口速率是 1.5、2、34 和 140Mbit/s 等。另外，ADM 也具有电/光转换、光/电转换功能。

ADM 设备充分体现了 SDH 系统的特点，在 SDH 系统中具有比 PDH 更灵活的上、下电路功能。ADM 设备可以替代 TM 作为终端复用器，其功能图如图 6-6 所示。它可在系统中间站方便地将支路信号从主信号码流中提取出来，也可将支路信号方便地插入到主信号码流中。还可以将西向线路的 STM-1 光信号穿通到东向线路上，从而方便地实现网络中信号码流的分配、交叉与组合。在实际应用中，ADM 有多种类型的设备。

（2）再生中继器（REG）

再生中继器（REG）是光中继器，如图 6-7 所示。其作用是将光纤长距离传输后受到较大衰减及色散畸变的光脉冲信号转换成电信号或进行放大、整形、再定时、再生为原电脉冲信号，再调制光源变换为光脉冲信号送入光纤继续传输，以延长通信距离。

（3）同步数字交叉连接设备（SDXC）

数字交叉连接设备（DXC）是 SDH 网络的重要网络单元，兼有复用、配线、保护/恢复、光/电和电/光转换、监控和网管多项功能。在 SDH 中，DXC 实现交叉连接的支路可以是各同步传递模块 STM-N（$N=1,4,16,64$），也可以是更低等级的信号，包括 PDH 的各支路信号及各种虚容器。常常把数字交叉连接的功能内置在 ADM 中或者说 ADM 包括了数字交叉连接的功能。通常用 DXC m/n 表示一个 DXC 类型，其中 $m \geqslant n$，m 表示接入速率最高等级，n 表示参与交叉连接的最低速率等级。

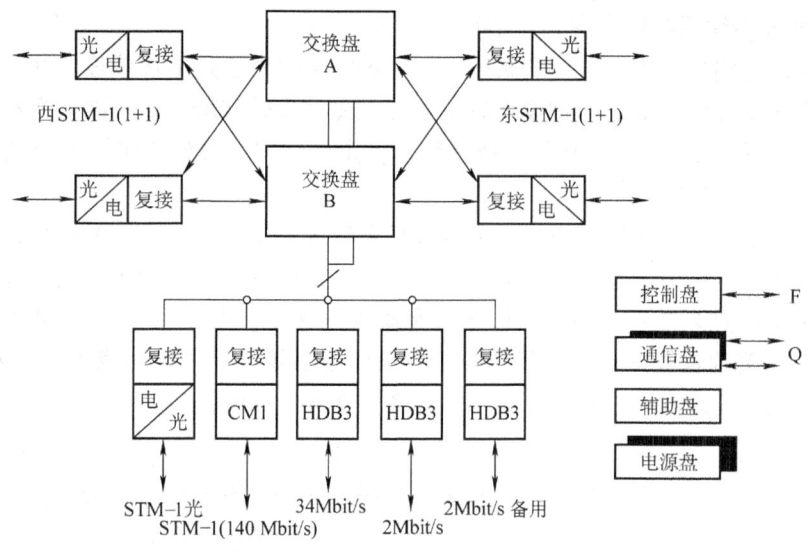

图 6-6　ADM 功能图

DXC 的作用与交换机不同。交换机实现的是用户之间的动态连接，用户有权改变这个连接；而 DXC 实现的是支路之间的交叉连接，是半永久性的连接，用户无权改变这个连接，这个连接的改变是由网管中心控制的。

数字交叉连接设备 DXC，对提高 SDH 系统组网的灵活性和自愈能力有很大作用。它是一种具有 1 个或多个 PDH 准同步数字系列（G.702）或 SDH 同步数字系列（G.707）信号，可以在任何端口信号与其他端口的信号间进行可控连接的设备。DXC 的交叉结构如图 6-8 所示。

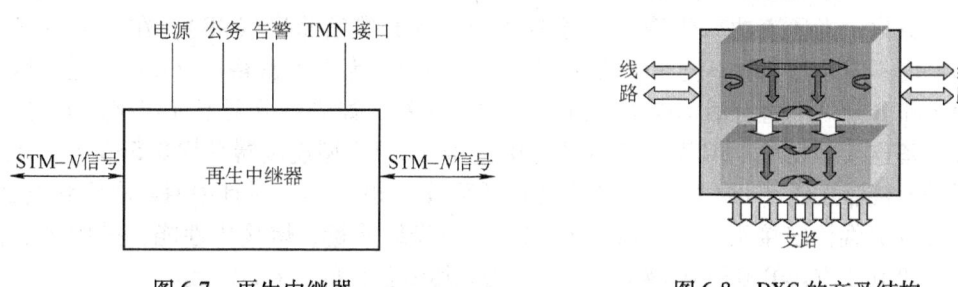

图 6-7　再生中继器　　　　　　　　图 6-8　DXC 的交叉结构

3. SDH 光传输系统中的光纤和中继长度计算

（1）传输系统用的光纤

在 SDH 光同步传输系统中主要采用光纤。除了在短距离的一些局域网，如校园网、企业内部网络还采用多模光纤外，在公用网中已普遍采用单模光纤。目前的光纤通信中广泛采用的是 G.652 光纤、G.653 光纤、G.654 光纤、G.655 光纤。G.652 光纤目前是在 1310 nm 波长性能最佳的单模光纤，适用于 1310 nm 和 1530 nm 以下的单通路中；G.653 光纤是在 1550 nm 波长性能最佳的单模光纤，此光纤零色散从 1310 nm 移至 1530 nm 工作波长，所以又称为色散移位光纤，也主要用在 SDH 系统中；G.654 光纤 称为截止波长移位的单模光纤，主要用于海底光纤通信。G.655 光纤主要用于光波分复用系统。

（2）SDH 光传输系统的中继长度估算

在设计光纤传输再生中继段距离长度时，通常采用的方法是最坏值设计法，此方法是将所有参数值都按最坏值选取。这种设计方法不存在先期失效问题。在排除人为和自然界破坏因素后，按最坏值设计的系统，在其寿命终结、富余度用完、且处于极端温度条件下，仍能百分之百地保证系统性能要求。

光纤传输中继距离的长短是由光纤衰减和色散等因素决定的。不同的系统，由于各种因素的影响程度不同，中继距离的设计方式也不同。在实际的工程应用中，设计方式分为两种情况，第一种情况是衰减受限系统，即中继距离根据 A 站点发送参考点 S 和 B 站点接收参考点 R 点之间的光通道衰减决定。第二种是色散受限系统，即中继距离根据 S 和 R 点之间的光纤色散决定。光缆线路工程施工范围示意图如图 6-9 所示。

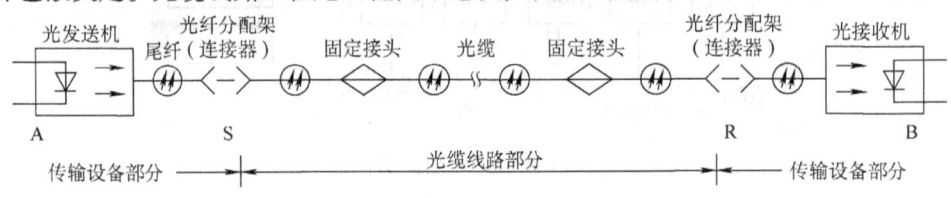

图 6-9 光缆线路工程施工范围示意图

1）衰减受限系统。衰减限制系统中继段距离可用下式估算：

$$L = \frac{P_S - P_R - P_P - M_c - M_e - \sum A_c}{A_f + \frac{1}{L_f}A_s} \quad (6\text{-}1)$$

式中，L 为衰减限制中继段长度（km）；P_S 为 S 点发送光功率（dBm）；P_R 为 R 点接收灵敏度（dBm）；P_P 为光通道功率代价（dB），因反射、码间干扰、模分配噪声和激光器啁啾而产生的总退化，光通道功率代价不超过 1dB；M_c 为光缆富裕度（dB），在一个中继段内，光缆富裕度不应超过 5dB，设计中按 3~5dB 取值；M_e 为设备富裕度（dB），通常取 3dB；$\sum A_c$ 为 S 和 R 点之间所有活动连接器损耗（dB）之和，如光纤分配架（ODF）上的短接光纤连接设备连接器衰减，FC 型连接器平均 0.8dB/个，PC 型连接器平均 0.5dB/个，A_c 表示每个活动连接器损耗（dB/个）；A_f 为光纤损耗系数（dB/km），设计中通常取厂商报出的中间值；A_s 为光缆固定接头平均衰减（dB/个），与光缆质量、熔接机性能、操作水平有关，工程中一般取 $A_s/L_f = 0.05~0.04$dB/km；L_f 为光缆每盘长度（km）。

2）色散限制系统。根据 ITU-T 建议，色散限制系统中继段距离可用下式估算：

$$L = \frac{\varepsilon \times 10^6}{D \Delta \lambda B} \quad (6\text{-}2)$$

式中，L 为色散限制中继段长度（km）；ε 当光源为多纵模激光器时取 0.115，单纵模激光器时取 0.306；B 为线路信号比特率（Mbit/s）；$\Delta \lambda$ 为光源的谱宽（nm）；D 为光纤色散系数（ps/nm·km）。

这里需要说明的是，低速率线路信号在单模光纤传输时，一般可不考虑色散限制中继段距离。

6.2.4 光波分复用系统

1. 光波分复用系统的概念与系统组成

(1) 波分复用的基本概念

1) 波分复用定义。把不同波长的光信号复用到一根光纤中进行传送（每个光波长承载一个 TDM 电信号或模拟电信号等）的方式统称为波分复用。通常还有一种习惯细分为：波分复用（WDM），是指光纤不同低损耗窗口的光波复用；密集波分复用（DWDM），是指光纤同一低损耗窗口的多个光波复用。

2) WDM 和 DWDM 波长间隔的区别。WDM 和 DWDM 主要区别在于复用与解复用时波长间隔不同。WDM 复用的波长间隔 $\Delta\lambda < 200 \sim 250$nm；DWDM 复用的波长间隔 $\Delta\lambda = 0.8$nm（或 1.6nm）。

16 波长和 32 波长通道 DWDM 系统对应的中心波长和频率，如表 6-1 所示。

表 6-1　16 波长和 32 波长通道 DWDM 系统对应的中心波长和频率

序号	频率/THz	波长/nm	序号	频率/THz	波长/nm
01	192.1	1560.61	17	193.7	1547.72
02	192.2	1559.79	18	193.8	1546.92
03	192.3	1558.98	19	193.9	1546.12
04	192.4	1558.17	20	194.0	1545.32
05	192.5	1557.36	21	194.1	1544.53
06	192.6	1556.55	22	194.2	1543.73
07	192.7	1555.75	23	194.3	1542.94
08	192.8	1554.94	24	194.4	1542.14
09	192.9	1554.13	25	194.5	1541.35
10	193.0	1553.33	26	194.6	1540.56
11	193.1	1552.52	27	194.7	1539.77
12	193.2	1551.72	28	194.8	1538.98
13	193.3	1550.92	29	194.9	1538.19
14	193.4	1550.12	30	195.0	1537.40
15	193.5	1549.32	31	195.1	1536.61
16	193.6	1548.51	32	195.2	1535.82

(2) DWDM 系统的构成原理

DWDM 系统的构成主要有以下两种形式：

1) 双纤单向 DWDM 系统的组成。双纤单向 DWDM 传输是指所有波长的光通路同时在一根光纤上沿同一方向传送。在发送端将载有各种信息的、具有不同波长的已调光信号 λ_1、

λ_2、…、λ_n，通过光复用器组合在一起，并在一根光纤中单向传输。由于各种信号是通过不同光波长携带的，因而彼此之间不会混淆。在接收端通过光解复用器将不同波长的光信号分开，完成多路光信号传输的任务。反方向通过另一根光纤传输的原理与此相同。

2）单纤双向DWDM系统的组成。单纤双向DWDM传输是指光通路在一根光纤上同时向两个不同的方向传输，其系统原理如图6-10所示，所用波长相互分开，以实现双向全双工的通信。

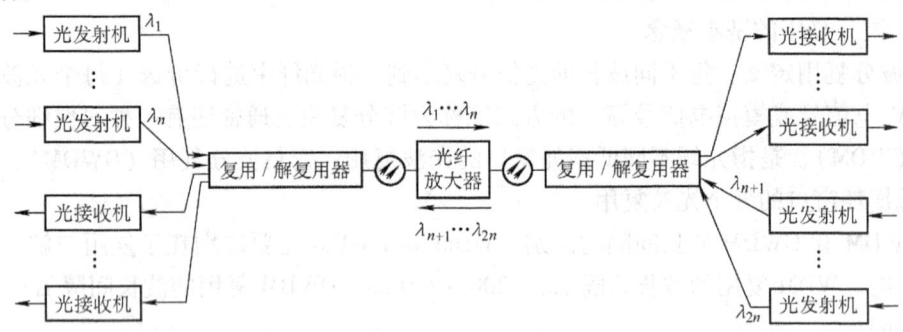

图6-10 单纤双向传输的DWDM系统原理

双向DWDM系统在设计和应用时必须要考虑几个关键的系统因素，如为了抑制多通道干扰（MPI），必须注意到光反射的影响、双向通路之间的隔离、串扰的类型和数值、两个方向传输的功率电平值和相互间的依赖性、光监控信道（Optical Supervisory Channel，OSC）传输和自动功率关断等问题，同时要使用双向光纤放大器。所以双向DWDM系统的开发和应用相对说来要求较高，但与单向DWDM系统相比，双向DWDM系统可以减少使用光纤和线路放大器的数量。

(3) 实用的DWDM系统的基本结构

实用的DWDM系统主要由5部分组成：光发射机（OTM发）、光中继放大（OLA）、光接收机（OTM收）、光监控信道和网络管理系统，如图6-11所示。

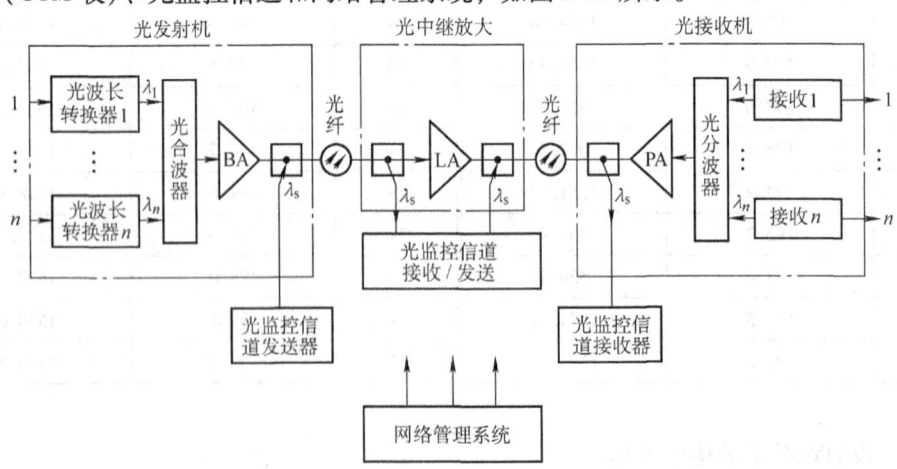

图6-11 实用DWDM系统的基本组成

光发射机位于DWDM系统的发送端。在发送端首先将来自各终端设备（如SDH终端机)输出的光信号 λ_1、λ_2、…、λ_n,分别利用光波长转换器(OTU)把符合 ITU-T G.957 建议的非特定波长的光信号转换成符合 ITU-T G.692 建议的具有稳定特定波长的光信号。OTU 对输入端的信号波长没有特殊要求,可以兼容任意厂商的 SDH 光信号,其输出端满足 G.692 的光接口,即标准的光波长和满足长距离传输要求的光源。然后利用光合波器合成多路光信号。最后,经预放大器(BA)放大,发送至光纤。

在接收端,光前置放大器(PA)只放大经传输衰减的主信道光信号(1530~1556nm),由光分波器从主信道中分出各种波长 λ_1、λ_2、…、λ_n 的光信号。光接收机不仅要满足灵敏度、过载功率等参数的要求,还要能承受有一定光噪声的信号,要有足够的电带宽。

光监控信道(OSC)的主要功能是监控系统内各信道的传输情况,在发送端,插入本节点产生的波长为 λ_s(1310nm/1480nm/1510nm)、码型为 CMI、速率为 2Mbit/s 的光监控信号,与主信道的光信号合波输出;在接收端,将接收到的光信号分离,输出 λ_s(1310nm/1480nm/1510nm)波长的光监控信号和业务信道光信号。整个传输中没有参与放大。但每个站点都被终结和再生。帧同步字节、公务字节和网管所用的开销字节等都是通过光监控信道来传送的。

网络管理系统通过光监控信道物理层传送开销字节到其他节点或接收来自其他节点的开销字节对 DWDM 系统进行管理,实现配置、故障、性能和安全管理等功能,并与上层管理系统(如 TMN)相连。

2. 光波分复用主要设备

波分复用设备(DWDM 设备)一般按用途可分为光终端复用设备(OTM 设备)、光线路放大设备(OLA 设备)和光分插复用设备(OADM 设备)3 种类型。现以图 6-12 为例,分别讲述各种设备在系统和网络中所起的作用。

(1)光终端复用(OTM)设备

光终端复用(OTM)设备的主要任务是首先将来自各终端设备(如 SDH 终端机)输出的光信号 λ_1、λ_2、…、λ_n,分别利用光波长转换器(OTU),把非特定波长的光信号转换成符合 ITU-T G.692 建议的特定波长的光信号,然后再把各个特定光波长复用成多波长的光信号,送入光纤传输,其逆过程正好相反。其功能如图 6-12 所示。

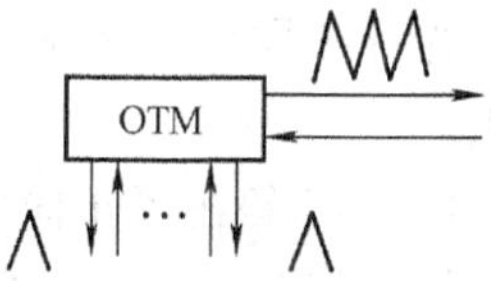

图 6-12 OTM 功能示意图

(2)光分插复用(OADM)设备

光分插复用(OADM)设备将光复用、解复用、直通,发/收端光波长转换器(OTU),光预放大器,光前置放大器等功能综合于一体,具有灵活地分插任意支路信号的能力,在网络设计上有很大灵活性。可将 SDH 设备输出的光信号 λ_1、λ_2、…、λ_n,分别利用光波长转换器(OTU)把非特定波长的光信号转换成特定波长的光信号,然后再把各个特定光波长复用成多波长的光信号,送入东向或西向或东西向光纤传输。其逆过程正好相反。OADM 设备充分体现了在 DWDM 系统或网络中具有比 PDH 更灵活的上、下光路功能。OADM 设备可以替代 OTM 设备作为光终端复用器,如图 6-13 所示。它可在系统中间站方便地将光支路信号从主信号码流中提取出来,也可将光支路信号方便地插入到主信号码流中。还可以将西向线路的光信号穿通到东向线路上,从而方便地实现网络中信号码流的分配、交叉与

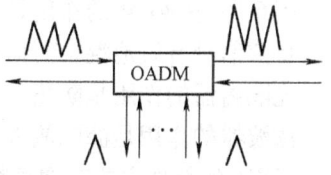

图 6-13 OADM 功能示意图

组合。在实际应用中，OADM 有多种类型的设备。

(3) 光线路放大 (OLA) 设备

光线路放大 (OLA) 设备即光纤放大器，用途非常广泛。一方面在 DWDM 系统中的应用，因为 DWDM 系统是在一根光纤上同时传输多个波长的光载波的光信号通信方式。但是这种通信方式突出的问题是在每一中继站都要将多信道信号分开，送入各自的光中继设备中去，通过光—电—光转换过程来对光信号进行处理。这就需要在每一中继站都要有一定数量的与信道数相对应的光纤通信设备，这正是 DWDM 技术发展中面临着障碍。若用掺铒光纤放大器 (Erbium Doped Fiber Amplifier, EDFA) 有数十至上百纳米的带宽，可以覆盖

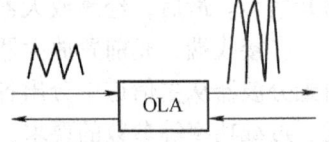

图 6-14 光纤放大器的基本功能示意图

相当数量的波长信道，因而一个光纤放大器就可以代替诸多中继设备对 DWDM 系统的多信道光信号进行放大。光纤放大器的基本功能示意图如图 6-14 所示。根据在 DWDM 系统中所处的位置不同掺铒光纤放大器又分别称前置放大器 (PA)、线路放大器 (LA) 和预放大器 (BA)。

另一方面，在光纤作为传输媒质时，由于光纤损耗和色散的存在，限制了光纤无中继传输的距离仅为 50~100km。在大容量长距离光纤通信系统中，延长通信距离的方法目前大量应用的是光—电—光的光中继方式。这种方式的设备复杂，成本昂贵，维护运转不便。为此，人们寻找了一种新中继放大器，即光放大器。光放大器种类较多，但商用的光放大器主要是掺铒光纤放大器 (EDFA)。

1) EDFA 的基本结构及作用。EDFA 是将稀土元素铒 Er 离子（或镨、镧、铷离子）注入到光纤芯层中，形成一种特殊光纤，在泵浦源作用下可直接对某一波段的光信号进行放大。

图 6-15 给出了正向泵浦源的 EDFA 基本组成。其主体是泵浦源与掺铒光纤。掺铒光纤的作用是将泵浦源通过光与工作物质的相互作用，转移给弱信号光从而将其放大。泵浦源即半导体激光器，输出功率为 10~100mW，工作波长为 1480nm 或 980nm。提供足够的光功率使掺铒光纤具有一定的增益放大功能。掺铒光纤应具有一定的长度 (10~100m)。

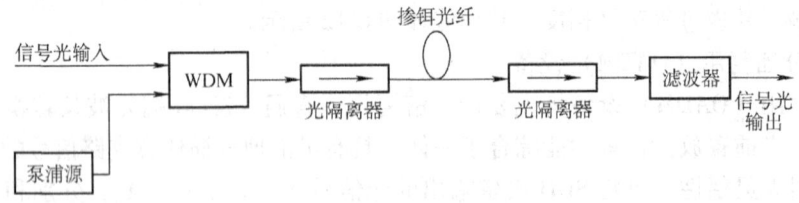

图 6-15 EDFA 基本组成

图 6-15 中 WDM 的作用是将不同波长的泵浦光和信号光混合送入掺铒光纤。对它的要求是能将两信号有效地混合而损耗最小。

光隔离器的作用是防止反射光对 EDFA 的增益产生影响，保证系统稳定工作。

滤波器的作用是滤除放大器的噪声，提高系统的信噪比。

EDFA 的特性主要有增益特性，输出功率和噪声特性。增益特性表明 EDFA 的放大能力，同一般放大器增益定义一样，是输出与输入功率之比，通常为 15~40 dB。输出功率为 14~

20dBm。噪声系数为 3~4dB。它的这些参数值与许多因素有关。

2）实用 EDFA 设备的组成。实用 EDFA 设备的组成框图如图 6-16 所示。实用的 EDFA 设备采用了双向泵浦源的 EDFA 基本组成，在原有的基础上添加了告警监视、泵浦监视和输出光探测器监视。从实用的角度出发，可靠性增强了。

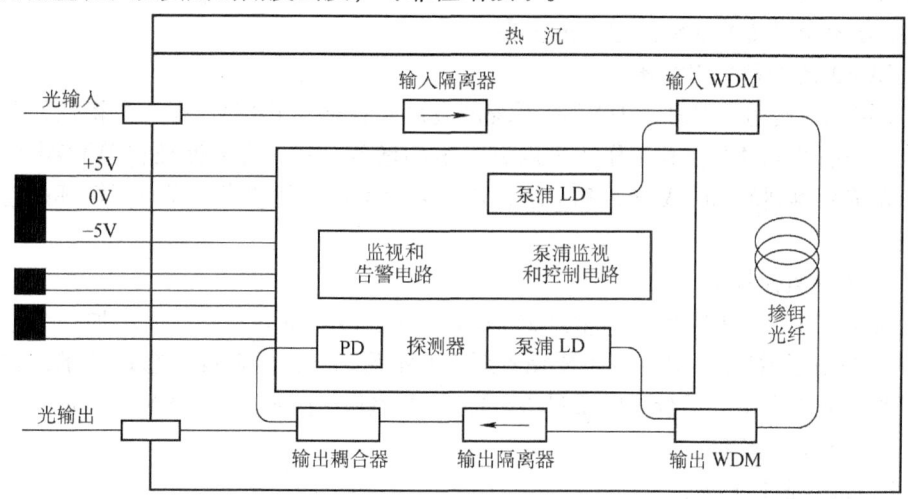

图 6-16　EDFA 设备的组成框图

3. 光波分复用光纤

G.655 光纤称为非零色散移位单模光纤，不过在 1550 nm 处色散不是零值，在 1530~1565 nm 范围内对应的色散系数值为 0.1~6.0ps/nm·km，可用于高速率（大于 10Gbit/s）、大容量、DWDM 的长距离光纤通信系统中。

4. 光波分复用主要技术

（1）光源技术

在光通信中，光信号是由光源产生的，因此在光波分复用系统中光源占有重要的位置。WDM 系统中所用的光源要求采用动态单纵模激光器（DFB-LD），DFB-LD 光源的发光波长的精确、稳定性好，激光器集成芯片的成本较低。但对光源的波长要进行精确的设定和控制，必须有配套的波长监测与稳定技术。

（2）滤光技术

由于通信中光波分复用系统是以光波长（频率）为载体，因而也有类似频分复用那样的滤波技术，这里称为滤光技术。在 WDM 系统及全光通信系统中得到了广泛应用。

允许特定波长（频率）的光信号通过的器件称为滤光器。如果通过滤光器的波长可调整改变，则称该滤光器为波长可调谐滤光器。

（3）光纤的色散补偿技术

在 SDH 光通信系统中，传输距离主要受衰减限制，而在波分复用系统，采用了光纤放大器之后，衰减限制问题得以解决。然而，传输距离增加，光纤色散却也随之增加，所以，现在又提出色散问题。

在已建立的 SDH 光通信系统中，大量采用了常规 G.652 单模光纤。由于 EDFA 工作在 1530 nm，使 1530 nm 窗口成为长距离、大容量光纤通信优先窗口，而 G.652 光纤在 1530nm

工作时色散较大。为充分利用现有资源，在波分复用系统中仍利用此窗口，因此，必须采取措施解决色散问题，其中方法之一就是采用色散补偿技术。

例如在1550nm波段，利用具有大的负色散补偿光纤（DCF）来进行有效的色散补偿，即在已建好的G.652单模光纤中，每隔一定距离，插入长度调整好的色散补偿光纤，对色散进行补偿，使整个光传输线路的总色散为零。

（4）EDFA的增益平坦技术

EDFA技术的实用化促进了DWDM系统的发展，但对于EDFA，有一个特殊的要求——增益平坦。一般的EDFA在其工作波段内有一定的增益平坦，为了保证在DWDM系统中各个波长的光信号得到的EDFA增益都平坦，通常采用增益均衡技术、光电反馈环的增益控制等特殊技术。

（5）系统的监控技术

设置有EDFA的WDM系统与常规的SDH光同步传输系统不同，需增加一个电信号对EDFA工作状态进行控制。另外，也要完善对WDM系统工作的监控、管理技术，如对部件的故障告警、故障定位、运行中的质量参数监控以及线路中断时备用线路的控制等。一般采用的监控技术有以下几种：

1）带外波长监控技术。

2）带内波长监控技术。

3）带内、带外混合波长监控技术等。

监控信道的一般物理接口符合G.703要求，信道速率为2.048Mbit/s（其通路帧结构中32时隙）。可根据不同情况设计时隙作用与字节安排，其监控信道接口参数如表6-2所示。

表6-2 监控信道接口参数

监控参数名称	监控参数	监控参数名称	监控参数
监控波长	1510nm	光谱类型	MLMLD
监控速率	2.048Mbit/s	最小接收灵敏度	-48dBm
信号码型	CMI码	误码性能	1×10^{-11}
信号发送功率	（0～-7dBm）		

6.2.5 光传送网

1. SDH光传送网的概念及分层模型

（1）SDH传送网

SDH传送网是一个复杂、庞大的网络，它具有能够提供通信服务的所有实体及其逻辑配置。它是由具体设备组成的网络。

（2）SDH传送网分层模型

SDH传送网是对SDH信号系统进行垂直方向分为若干独立的分层的一种模型的描述，是用功能分层的分析方法来建立模型，然后对分层模型进行再分析（解剖）。SDH传送网分层模型如图6-17所示。

SDH传送网分为3层：电路层、通道层和传输媒体层。由于电路层是面向业务的，因而严格地说不属于传送网。但电路层网络、通道层网络和传输媒体层网络之间彼此都是各自互为独立的，并符合雇主与服务者的关系，即在每两层网络之间连接节点处，下层为上层提供透明服务,上层为下层提供服务内容。下面就对包括电路层在内的各层网络进行简要介绍。

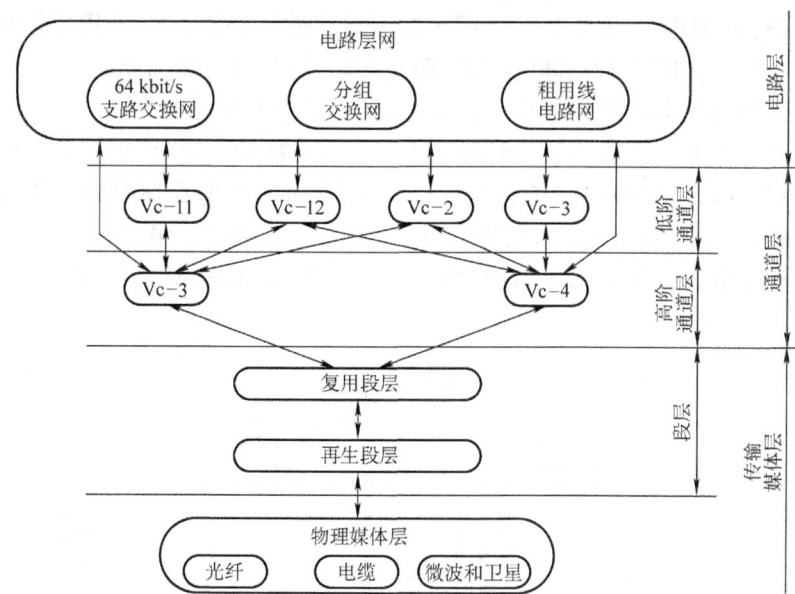

图 6-17 SDH 传送网分层模型

1)电路层。电路层主要为用户提供各种交换数字业务信号,它包括:电路交换网提供的语音信号,分组交换网提供的数据信号,以及 PDH 系列异步电路传输信号、同步数据信号(64kbit/s、384kbit/s,以及 ISDN 的 2B+D、30B+D 和宽带交换信号(如异步转移模式(ATM)信号),还有 LAN(局域网)、MAN(城域网)、计算机网信号和图像信号等。

2)通道层。通道层主要实现不同类型电路层信号通过接口进入 SDH 终端的功能。其步骤是首先通过适配进入虚容器处理后在高阶复用(接)汇合,并要提供通道连接和通道监视等功能。

3)传输媒体层。传输媒体层又分为段层和物理媒体层。

①段层。可分为复用段层和再生段层,其中,复用段层为通道层提供同步和复用功能,完成复用段开销 MSOH 处理和传递;再生段层获得再生器与复用段终端之间的信息传递,如定帧、扰码、解扰、再生段误码监测、再生段开销 RSOH 处理、监视和传递等。

②物理媒体层。可分为光纤、电缆、微波和卫星传输媒体。

光纤传输媒体是最适合于传送 SDH 信号的传输媒体,因此称 SDH 为"光同步传输体系"。ITU-T 对 SDH 光接口有较全面的要求,规范了很多对 PDH 系统未曾标准化的光参数。

电缆传输媒体有同轴电缆传输的 SDH 系统,如 STM-1 低速率的系统,以及在局内或近距离也采用 75Ω 同轴电缆的传输媒体。

数字微波与卫星 SDH 系统:SDH 系统虽然是基于光纤来设计的,但为了地面和空间传输通道互为备用,CCIR 规范了数字微波 SDH 系统,是速率为 155.520Mbit/s 和 622.080Mbit/s 的传输系统(其技术在下一章讲述)。

2. SDH 系统光传输网结构

(1) SDH 系统的网络结构

SDH 系统有巨大的优越性,只有在组网时才能充分发挥出来。在以前的传统组网中,为提高传输设备利用率而增加线路占空比系数，网中的各节点（网元）都建立许多直达通路，使网络结构复杂，而 SDH 组网是由 SDH 网元设备通过光缆互连而成，采用优化网络结构，建立强大的运营、维护、管理（OAM）功能，降低传输费用，支持新业务。

SDH 网络拓扑的基本结构有链形、星形、树形、环形和网孔形。

我国的 SDH 系统的网络结构，一般都采用有自愈功能的环形网结构及少部分的点对点线性结构（一级干线）。我国 SDH 系统组网分为 4 个层面，如图 6-18 所示。最高层为一级干线网，它是国家骨干网，是由比较大的省会城市构成网形网结构，并辅以少量线形网。在业务量大的汇接点城市装有 DXC 4/4，具有 STM-N 接口和 PDH 系列的 140 Mbit/s 接口。

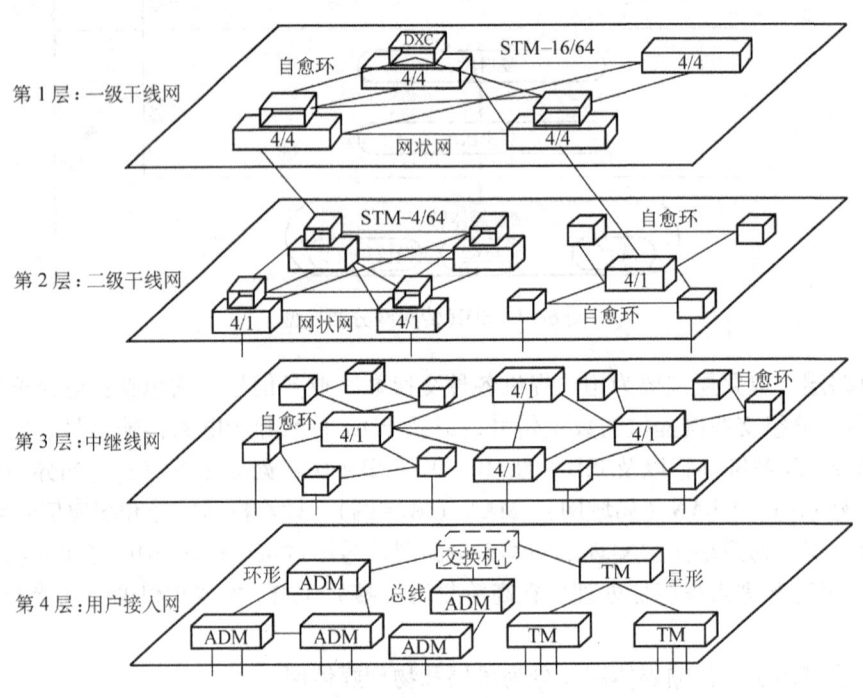

图 6-18 我国的 SDH 系统的网络结构

第二层为二级干线网，主要实现省内的骨干环形网（少量线形网），其主要汇接点有 DXC 4/4 和 DXC 4/1，有 PDH 的 2Mbit/s、34Mbit/s 和 140Mbit/s 接口，也有 SDH 系列接口，具有灵活的调度电路能力。

第三层一般为中继线网（长途市局和市内局间连接），可按区域组成若干环，由 ADM 组成各类自愈环，也可以以路由备用方式构成两节点环。

由 ADM 设备构成的这些环具有很高的生成性，还具有业务量的疏导功能。它主要采用复用段倒换环方式，根据业务量大小决定是四纤还是二纤的倒换环。中继线网可作为长途网与中继网，中继网与市话网之间的网关或接口，还可作为 PDH 系列与 SDH 之间的网关。

第四层面为用户接入网。它是 SDH 网中最庞大、最复杂的部分，从建设投资来看，它占 50% 以上。用户光纤化正在实施，光纤到路边（FTTC）、光纤到大楼（FTTB）、光纤到家庭（FTTH）为最终目标，这些均要作长远考虑，应搞一体化的 SDH/CATV 网，开通多媒体业务，直至提供图像、电视和高清晰度电视等宽带业务。

(2) SDH 自愈环网 (Self-Healing Network)

SDH 传输网中所采用的网络结构有多种,其中环形结构才具有真正意义上的自愈功能,故而称为自愈环。自愈环即网络在无需人为干预情况下,就能在极短时间内(ITU-T 建议小于 50ms)从失效状态中自动恢复所携带的业务,使用户感觉不到网络已出现了故障。其基本原理就是使网络具有备用路由,并重新确立通信能力。可见它特别适应大容量的光纤通信发展要求,所以得到广泛的重视。当然,自愈环只涉及重新确立通信,而不管具体失效元部件的修复与更新,而后者仍需人为干预才能完成。下面介绍两种目前应用最为典型的自愈环。

1) 二纤单向通道保护(倒换)环保护原理。二纤单向通道保护环的结构如图 6-19a 所示,可见它采用 1+1 保护方式。若环网中网元 A 与 C 互通业务,网元 A 和 C 都将上环的业务"并发"到环 S_1 和 P_1 上,S_1 和 P_1 上的所传业务相同且流向相反。在网络正常时,信息由网元 A 插入,一路由主环光纤 S_1 携带,经 B 网元(节点)到达 C 节点,另一路由备环光纤 P_1 携带,经 D 到达 C 网元,在网元 C 自动"选收"主环纤 S_1 上的 A 到 C 的业务,完成网元 A 到网元 C 的业务传输。同样当信息由网元 C 插入后,分别由主环光纤 S_1 和备环光纤 P_1 所携带,前者经网元 D,后者经网元 B,到达网元 A,在网元 A 仍然"选收"主环纤 S_1 上的 C 到 A 的业务,完成网元 A 到网元 C 的业务传输。

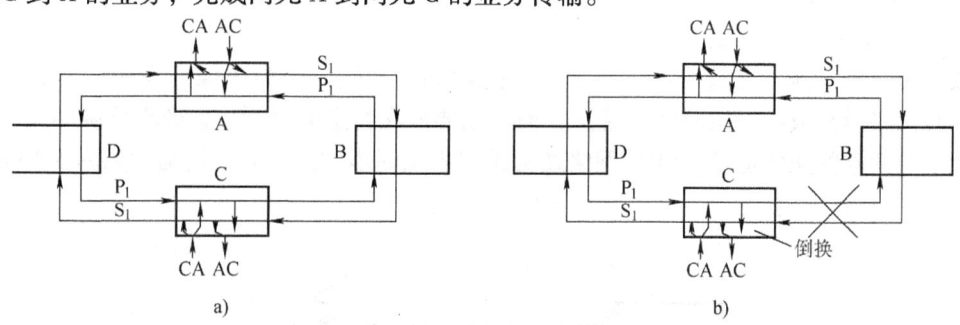

图 6-19 二纤单向通道保护(倒换)环

当 B、C 节点间出现断纤故障时,如图 6-19b 所示,由于网元 A、C 在环上业务的"并发"功能没有改变,也就是 S_1 环和 P_1 环上的业务还是一样的。这时网元 A 与网元 C 之间的业务是如何被保护的呢?网元 A 到网元 C 的业务由网元 A 并发到 S_1 和 P_1 光纤上,其中 P_1 业务经网元 D 传至网元 C,S_1 纤的业务经网元 B,由于 B 与 C 间光纤断了,所以光纤 S_1 上的业务无法传到网元 C,此时网元 C 立即切换选收备环 P_1 纤上的 A 到 C 的业务。于是 A 到 C 的业务得以恢复,完成环上业务通道保护。

同样,网元 C 到网元 A 的业务也是并发到 S_1 环和 P_1 环上,其中 P_1 环上的 C 到 A 业务,由于 B 与 C 间光纤断了,所以无法传到网元 A,而 S_1 环上的 C 到 A 的业务经网元 D 传到网元 A 并未断纤,再加上网元 A 本身设置为默认选收主环 S_1 上的业务,这时网元 C 到网元 A 业务并未中断,网元 A 不作保护倒换。

2) 二纤双向复用段倒换环。从图 6-19a 可见,S_1 和 P_2,S_2 和 P_1 的传输方向相同,由此人们设想采用时隙技术,将总时隙数一分为二,前半时隙用于传送主用光纤 S_1 的信息,后半时隙用于传送备用光纤 P_2 的额外信息,这样可将 S_1 和 P_2 的信号置于一根光纤(即 S_1/P_2 光纤),同样 S_2 和 P_1 信号也可同时置于另一根光纤(即 S_2/P_1 光纤)上,这样可以将四纤环简化为二纤环。

下面还是以网元A、C间的信息传递为例，说明其工作原理。

正常工作情况下当信息由A插入时，首先是由S_1/P_2光纤的前半时隙（例如STM-16系统中前1~8个STM-1）所携带，经B节点到C节点，完成由A到C节点的信息传送，而当信息由C节点插入时，则是由S_2/P_1光纤的前半时隙来携带，同样经B节点到达A节点，从而完成C到A节点的信息传递。当B、C节点间出现断纤故障时，如图6-19b所示，由于光纤断线故障点相连的网元B、C都具有环回功能，这样当信息由网元A插入时，信息首先由S_1/P_2光纤的前半时隙携带，到达B节点，通过环回功能电路，将S_1/P_2光纤前半时隙所携带的信息桥接装入S_2/P_1光纤的后半时隙，此时S_2/P_1光纤P_1时隙上的额外信息被冲掉，然后，经网元A、D传输到达C，在C处利用其环回功能电路，又将S_2/P_1光纤中后半时隙所携带的信息置于S_1/P_2光纤的前半时隙之中，从而实现网元A到C的信息传递，而由C插入的信息则首先被送到S_2/P_1光纤的前半时隙之中，经C节点的环回功能转入S_1/P_2光纤的后半时隙，沿线经D、A到达B，又由B节点的环回功能处理，将S_1/P_2光纤后半时隙中携带的信息转入S_2/P_1光纤的前半时隙传输，最后到达网元A，以此完成由C到A的信息传递。

3. SDH网同步概念

（1）网同步的有关概念

数字网（或系统）中要解决的首要问题是网同步问题，因为要保证发端在发送数字脉冲信号时，将脉冲放在特定时间位置上，而收端要能在特定的时间位置处将该脉冲提取解读以保证收发两端的正常通信。SDH网络通常采用主从同步方式，同步网结构如图6-20所示。

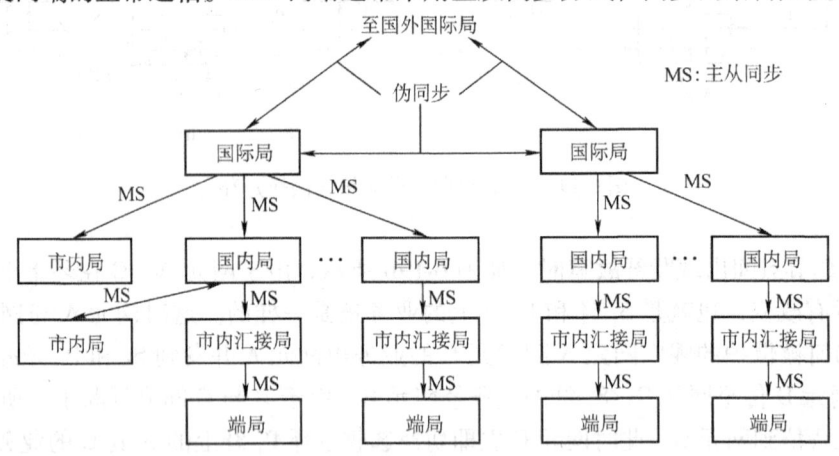

图6-20 同步网结构

1)"网同步"的概念是指网络中所有节点（网元）的时钟频率和相位都得控制在预先的确定的容差范围内，以便使网的各交换节点的全部数字流实现正确、有效地交换。同步问题实际上是时钟频率与相位问题，只有各节点时钟完全一致才能进行同步复用、解复用以及传输。

2)"光同步数字传输网"是一个由若干SDH的网元（NE）组成的，它是通过光纤进行同步信息传输、复用和交叉连接的网络。

3)"同步"是指时钟或信息在相应有效瞬间同时以同一平均速率出现。数字网的同步是指交换设备内的时钟、传输设备内的时钟之间的同步。

（2）数字网同步的方式

解决数字网同步的方法有两种："伪同步"和"主从同步"。

1）伪同步。伪同步是指数字网中各数字交换局在时钟上相互独立，毫无关联，而各数字交换局的时钟都具有极高的精度和稳定度，一般用铯原子钟。由于时钟精度高，网内各局的时钟（频率和相位）虽不完全相同，但误差很小，接近同步，于是称之为伪同步。

一般伪同步方式用于国际数字网中，也就是一个国家与另一个国家的数字网之间采取这样的同步方式，如图6-20所示。例如中国和美国的国际局均各有一个铯原子钟，两者采用伪同步。

2）主从同步。主从同步指数字网内在主局设一时钟，配有高精度时钟，网内各局均受控于该主局（即跟踪主局时钟，以主局时钟为定时基准），并且逐级下控，直到网络中的末端网元——终端局。主从同步方式一般用于一个国家、地区内部的数字网。

（3）SDH网同步等级结构

我国的同步网采用主从同步方式，按主从同步方式一般采用等级制，目前ITU-T将时钟精度分为四级。

一级时钟为全网定时基准主时钟（PRC），满足G.811建议规范即铯原子钟精度10^{-11}。

二级时钟为转接局从时钟，满足G.812建议规范的本地局时钟的铷原子钟精度为$10^{-10} \sim 10^{-9}$。

三级时钟为端局从时钟，也满足G.812建议规范。一、二、三级分配时钟采用树形拓扑结构，如图6-21所示。

四级时钟为数字小交换机（PBX）、远端模块

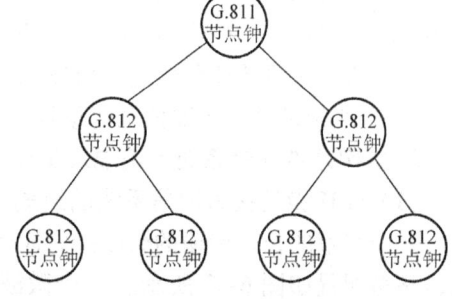

图6-21 局间分配的同步网结构

或SDH网元的从时钟，满足G.813建议规范即晶体振荡器精度$10^{-8} \sim 10^{-6}$（SDH网元内置时钟）。我国的SDH主从同步网也分为4级，即一个网络中只取一个节点（网元）为主时钟，其余的为从时钟，从时钟要跟踪主时钟的频率及相位变化。

（4）时钟信号传递方法（同步网如何建立）

在主从同步时，上一级网元的定时信号通过一定的路由即同步链路或附在线路信号上传输到下一级网元。通常采用在数字传输链路传递同步信息，而不要求专门另设用于传输同步信息的链路。当然，为使同步网可靠工作，在网中传递同步信息的同步链路应具有一个主用同步链路和至少一个备用同步链路。当然，时钟信息也可以从卫星定位系统（GPS）获取。

6.3 数字微波与卫星通信系统

6.3.1 数字微波通信系统概述

1. 微波通信基本概念

微波通信是依靠空间电磁波来传递信息的一种通信方式，它属于无线通信的范畴。电磁波是以频率或波长来分类的，波长与频率的关系如下：

$$\lambda = \frac{c}{f} \tag{6-3}$$

式中，λ 为电磁波波长（m）；c 为电磁波传播速度 $3 \times 10^8 \text{m/s}$；f 为电磁波频率（Hz）。

无线电频段的划分可参见表 4-1，由表可知，微波频段在较高频段，通常人们所说的微波是指频率在 0.3~300GHz 范围的电磁波，利用此频段的电磁波来传递信息，就称之为微波通信。电磁波频率不同，波长不同（频率越低，波长越长），其空间传播的特性也不一样，且用途也有不同（电磁波理论较深，这里不作深入研究）。

微波波长短，接近于光波，是直线传播，这就要求两个通信点（信号转节点）间无阻挡，即所谓的视距通信。除此之外，微波通信还有以下特点：

1) 工作的微波频段（GHz 级别）频率高，不易受天电干扰和工业噪声干扰，以及太阳黑子变化的影响，因此，通信可靠性高。由于波长短，天线尺寸可做得很小，通常做成面式天线，增益高，方向性强。特别在 1~10GHz 频段，称为无线电窗口的微波频段，衰减、干扰，以及受自然条件等影响都比较小。因此在微波通信以及在卫星通信中首先采用，而且使用范围一般为 C 波段（4/6GHz 频段）。

2) 微波通信称接力通信，或视距通信。这里视距是指要"看得见"对方，两站间的通信距离不会太远，一般为 50km。为了远距离传送信号，微波通信就像人们进行接力赛那样，把信号一段、一段地往前传送，所以又称为微波接力通信。

3) 微波频带宽，传输信息容量较大。

2. 数字微波通信系统的组成及工作过程

(1) SDH 微波接力通信系统的组成

一个完整的长途传输的微波接力通信系统由终端站、枢纽站、分路站及若干中继站所组成，站型配置如图 6-22 所示。一个微波通信系统，一般要开通多对收、发信波道。因此，系统的传输速率一般为基本传输速率，这里讲的基本传输速率指 SDH 设备的输出速率。

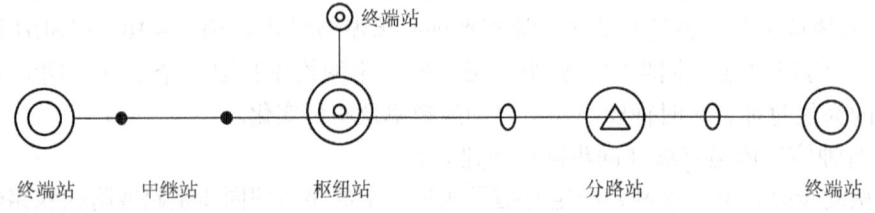

图 6-22 站型配置

1) 终端站。处于线路两端或分支线路终点的站称为终端站。向若干方向辐射的枢纽站，就其某个方向来说也算是终端站。在此站可上、下全部支路信号，可配备 SDH 数字微波的 ADM 或 TM 设备，可作为集中监控站或主站。

2) 枢纽站。枢纽站一般处在长途干线上（一、二级），需要完成数个方向的通信任务。在系统多波道工作时要完成 STM-N 信号的复接与分接，部分支路的转接和上、下站路，也有某些波道信号需再生后继续传输。因此，这一类站上的设备门类多，包括各种站型设备，一般作为监控系统主站。

3) 分路站。在长途线路中间，除了可以在本站上、下某收、发信波道的部分支路外，还可以沟通干线上两个方向之间通信的站称为分路站，在此类站，亦有部分波道的信号需再生后继续传输。因此此种站应配备 SDH 的传输设备及分插复用（ADM）设备，或多套再生中继设备，可作为监控系统主站或受控站。

4）中继站。在线路中间，上、下话路的中间站称为中继站。它对已收到的已调信号进行解调、判决、再生，转发至下一方向的调制前，经过再生去掉干扰、噪声以此体现数字通信优越性。此种站不设置倒换设备，应有站间公务联络和无人值守功能。

（2）数字微波通信系统的组成

数字微波通信系统由两个终端站和若干个中间站构成，框图如图 6-23 所示，它由发端站、中间站和收端站组成。

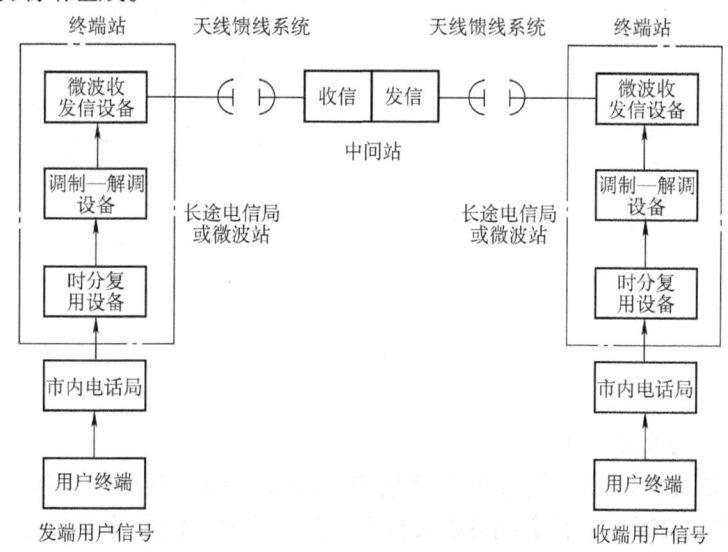

图 6-23　数字微波通信系统组成框图

从图 6-23 可知，如从发端送来的数字信号，经过数字基带信号处理（数字多路复用或数字压缩处理）后，经数字调制，形成数字中频调制信号（70MHz 或 140MHz），再送入发送设备，进行射频调制变成为微波信号，送入发射天线向微波中间站（微波中继站）发送。微波中间站收到信号后经再处理，使数字信号再生后又恢复为微波信号向下一站再发送，这样一直传送到收端站，收端站把微波信号经过混频、中频解调恢复出数字基带信号，再分路还原为原始的数字信号。

（3）微波通信设备的特殊天馈系统

无线通信是通过天馈系统来发射和接收信号的，微波通信也不例外。由于微波频率高，波长短，因此使用的天线一般都采用面式天线，有喇叭天线、抛物面天线、卡塞格伦天线等。如图 6-24 所示，微波天线常用双反射面的抛物面天线（或卡塞格伦天线），主反射面似一口大锅。其抛物面中心底部（锅底）置馈源，作为发送和接收电磁波信号的门户。其馈线系统，一般由波导和同轴电缆（2GHz 以下）组成。由图 6-24 可看出，天线馈源与馈线是直接相连，微波信号天馈系统中还要通过滤波、极化分离、极化旋转等多次变换，这些滤波器、极化器、匹配器等一般都是特殊的波导器件，不同于传统的电子器件。

3. 微波传输线路

前面已经谈到了微波的工作频段，就其传播的特点，可视为平面波，又称为横电磁波，记为 TEM 波，人们经常称之为电波。

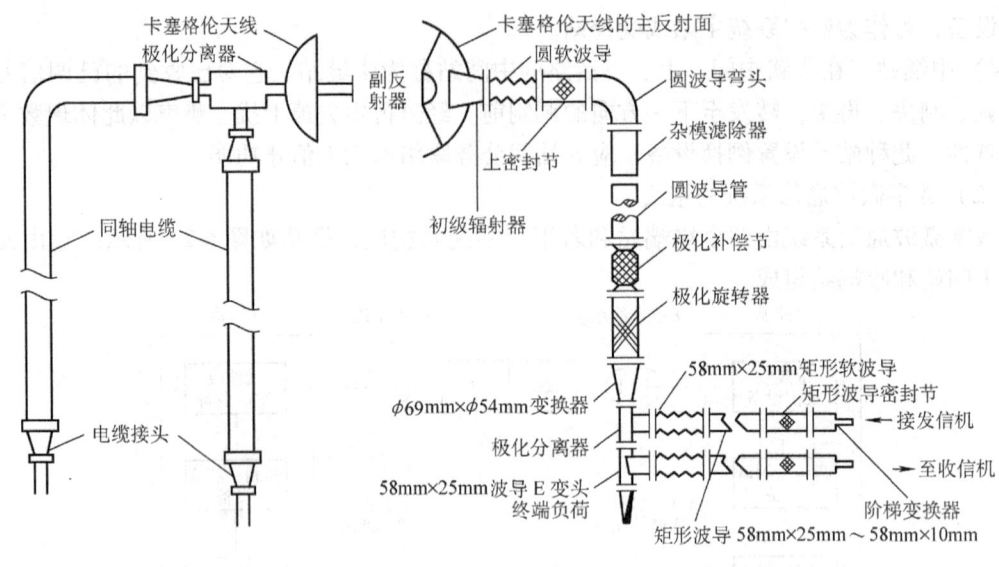

a) 同轴电缆天线馈线系统　　　　b) 圆波导天线馈线系统

图 6-24　天线馈线系统

(1) 微波传播的电波特性

在两个微波站间的电波传播称为微波信道或微波线路（两站间的接力通道、接力线路），它们之间存在衰减，这种衰减可以按自由空间天线辐射能量的衰落进行计算，但其实际传播情况与两站内所处的环境、自然现象等有关。如地面或山地的反射波，雨、雾、雪等对电波的吸收和散射、折射，这些情况会引起电波的快衰落与慢衰落，对方实际收到的电平要低十几至几十分贝。这些衰落还与频率高低有关，一般在无线电窗口（1~10GHz）范围电波特性较好（电波自由空间传播衰耗见卫星通信中的 L_P 计算公式）。

(2) 微波信号传输线路中的余隙概念

收、发两微波站间的电波传播，受到电离层、对流层影响，以及环境的大气压力、温度、湿度等参数变化的影响，在空间不同高度的波束，其传播速度会发生变化，当上层比下层快时，则电波射线往下弯曲，当下层比上层传播快时，则往上弯曲，如图 6-25 所示。从图中看出，在传输线路上，有一部分波会投射到地面上来，引起地面波的反射，这样在收端除收到直射波外还会收到满足反射条件的反射波。此时接收信号的电波即为合成波。

从图 6-25 中可见，微波线路的余隙概念，它是指从地面最高点（设为信号反射点）至收、发天线连线间的距离，用 h_c 来表示，在设计天线高度时一定要有余隙的计算。

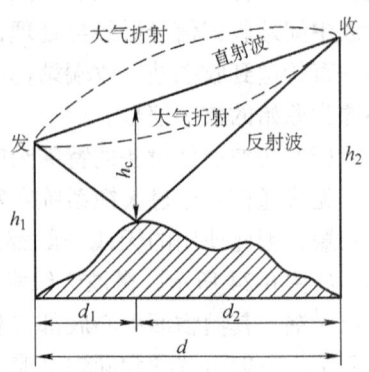

图 6-25　地面反射和大气折射

余隙的计算与等效地球半径系数 k 和第一菲涅尔区半径（F_1）有关。其中 k 主要随气象变化而受影响。

F_1——菲涅尔区半径（m）（与电波反射波长、地面反射点距两微波天线距离等有关）

$$F_1 = 31.6\sqrt{\frac{\lambda d_1 d_2}{d}} \tag{6-4}$$

式中，λ 为微波工作波长（m）；d_1 为反射点离发射天线距离（km）；d_2 为反射点离接收天线距离（km）；d 为收、发天线间距离（$d = d_1 + d_2$）（km）。

余隙计算如下：

当地面反射系数较小时，线路（山区、丘陵、城市、森林等地区）天线不能太低，否则会使大气折射电波向下弯曲，这时 $k = 2/3$，$h_c \geq 0.3F_1$。

当地面反射系数较大时，线路（如水面、湖面、稻田等地区）余隙不能太小。这时，余隙标准为：$k = 4/3$（标准大气），$h_c \geq 1.0F_1$，$k = \infty$（余隙较大），$h_c \leq 1.35F_1$。所以

$$h_c = \begin{cases} \geq 0.3F_1 & (k = 2/3) \\ \geq 1.0F_1 & (k = 4/3) \\ \leq 1.35F_1 & (k = \infty) \end{cases} \tag{6-5}$$

（3）数字微波信道的干扰和噪声

微波线路的干扰主要来自天馈系统和空间传播引入，一般有回波干扰、交叉极化干扰、收发干扰、邻近波道干扰、天线系统同频干扰等。

噪声主要来自设备，如收发信机热噪声以及本振源的热噪声等。

6.3.2 卫星通信系统

卫星通信是地面微波中继通信的发展，是随航天技术的发展而发展起来的现代通信方式，可以这样来定义：卫星通信是指利用人造地球卫星作为中继站转发无线电信号，在多个地面站之间进行的信息交流的通信方式，如图6-26所示。

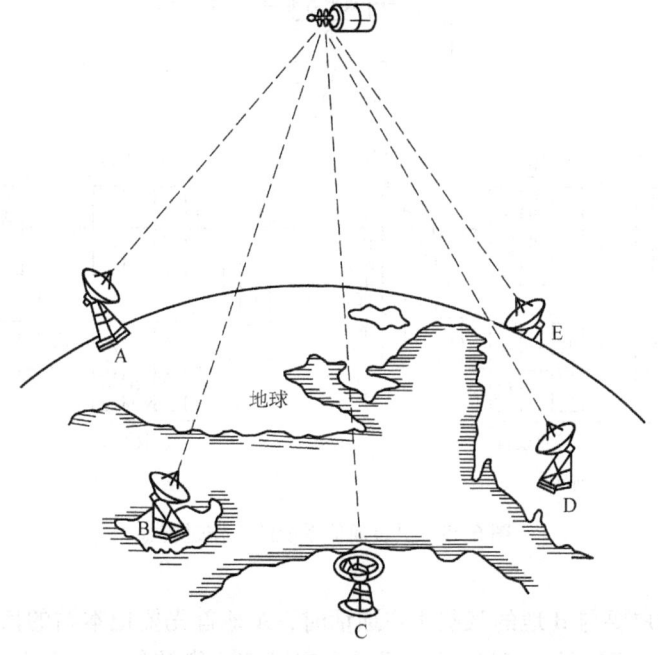

图6-26 卫星通信

1. 卫星通信系统的组成及特点

这里主要讲同步卫星通信系统，它由两大部分，即通信部分和保障部分组成。

（1）卫星通信系统的组成及工作过程

卫星通信系统主要由发端地面站、收端地面站、上行线、下行线和通信卫星 5 大部分组成，如图 6-27 所示。

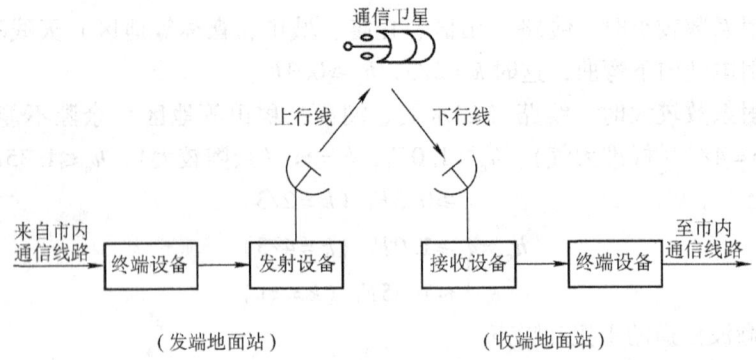

图 6-27　卫星通信系统的组成

在地面站要构成双工通信，既要向卫星发射信号，也要接收从卫星转发其他地面站送给本站的信号。所以，实际地面站要完成双向通信过程，卫星通信系统的工作过程如图 6-28 所示。

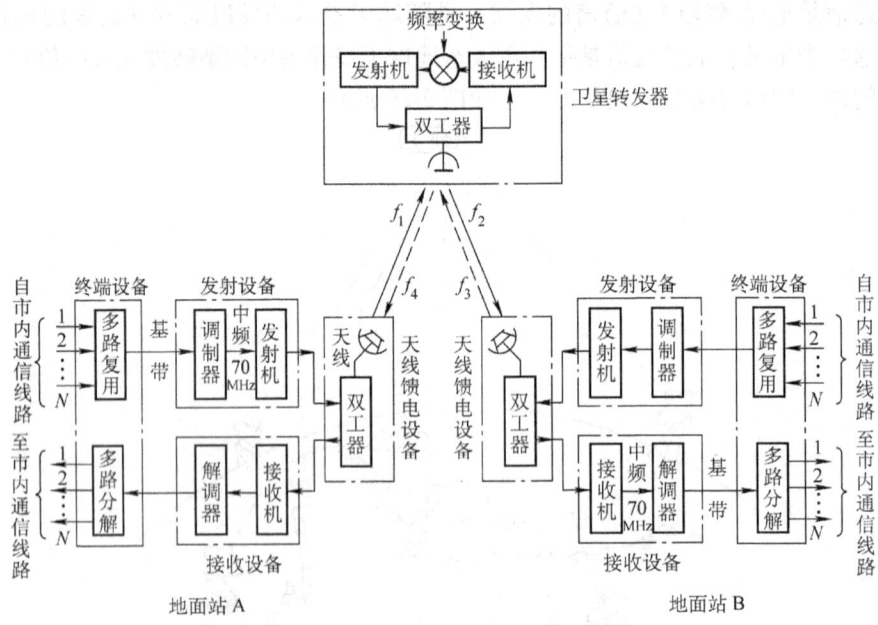

图 6-28　卫星通信系统的工作过程

当 A 地一些用户要与 B 地的某些用户通话时，A 地首先要把本站的信号组成基带信号，经过调制器变换为中频信号（70MHz），再经上变频变为微波信号，由高功放放大后，经天线发向卫星（上行线），卫星收到地面站的上行信号经放大处理，变换为下行的微波信号。

B地收端站收到从卫星传送来的信号（下行线），经低噪声放大、下变频、中频解调，还原为基带信号，并分路后送到各用户。这就完成了A端到B端地面站信号传输的工作过程。B地终端站发向A地的信号传输过程与此相同，只是上行线、下行线的频率不同而已。

（2）卫星通信的保障部分

卫星通信的保障部分主要由地面话音的监控管理及卫星通信系统的监控、管理维护组成。

在一个地面站要设立监控台，具备控制、监视、监测、维护及倒换等功能，有计算机及人工两种控制方式。

卫星通信控制系统，包括星上控制、卫星通信网络的管理和控制，主要控制卫星运行的轨道、定点以及通信过程中各地面站发射的频率、功率和卫星转发器的工作性能监测、控制等。这可由专门设立的卫星监控站完成，也有与某一地面站共用的控制通信主站来完成的。

（3）卫星通信的主要特点

卫星通信与其他长途通信系统相比，有自己的特殊点：

1）覆盖面积大，通信距离远，一颗同步卫星可最大覆盖地球表面1/3，3颗同步卫星可覆盖除两极外的全球表面，从而实现全球通信。

2）设站灵活，容易实现多址通信。

3）通信容量大，传送的业务类型多。

4）卫星通信一般为恒参信道，信道特性稳定。

5）电路使用费用与通信距离无关。

6）建站快，投资省。

其不足主要表现为：

1）要求卫星严格，有高可靠性、长寿命。

2）通信地面站设备较复杂、庞大。

3）卫星传输信号有延迟。

2. 卫星通信系统传输线路主要性能参数

在卫星通信系统中，如图6-28所示，信号从发端地面站到收端地面站，经过了信号发射、上行线、卫星转发、下行线和收端接收这一系列的传输过程。在整个传输过程中，信号会受到各种干扰、衰耗，加之噪声及本身信道频率特性造成的波形失真等，必定使信号质量恶化。因此，必须规定所传输的信号要达到的质量标准、基本要求和限度。这就必须对传输线路的各参数进行一系列规范（原CCIR及现在ITU-R的建议标准）。在这里只对卫星传输的几个主要参数进行介绍，其他有关参数性能及线路计算可参阅有关专著。

（1）全向有效辐射功率（$EIRP$）

它表示天线对着目标方向所辐射的电波强度（一般用dBW来表示）

$$EIRP = \frac{P_T}{L_T} G_T \tag{6-6}$$

式中，P_T为设备发送功率（W）；G_T为发射天线增益；L_T为发射部分天馈系统损耗，其中

$$G_T = \left(\frac{\pi D}{\lambda}\right)^2 \eta \tag{6-7}$$

式中，D为天线直径（m）；λ为发射电波波长（m）；η为天线效率。

这里 EIRP 有两个含义：

其一，是指地面站天线向着卫星接收方向辐射的电波强度，用 $EIRP_E$ 表示。

其二，是指卫星转发器天线向接收地面站方向所辐射的电波强度，用 $EIRP_S$ 表示。

(2) 传播衰耗 (L_P)

它表示电波在自由空间（恒参信道）传播的衰耗，又称固有衰减（卫星与地面站两天线间传输衰耗）

$$L_P = \left(\frac{4\pi d}{\lambda}\right)^2 \tag{6-8}$$

式中，d 为卫星与地面站之间的距离（m）；λ 为电波的波长（m）；L_P 为传播衰耗。

(3) 传播方程

它表示卫星通信系统接收信号的能力。它与对方的全向辐射功率成正比，与传播衰耗成反比，与接收天线增益成正比

$$P_R = \frac{EIRP}{L_P} G_R \tag{6-9}$$

式中，P_R 为接收端的信号强度；$EIRP$ 为发送端的全向有效辐射功率（它可以是 $EIRP_S$，也可为 $EIRP_E$）；G_R 为接收天线有效增益（这已经排除了天馈系统的损耗，称有效增益）；L_P 为传播衰耗（它可以是上行线，也可以是下行线的传播路途的衰耗）。

【例 6-1】 一卫星通信系统地面站，发射天线增益为 10000，$f_上 = 6\text{GHz}$，发射功率为 40dBm，卫星接收功率为 1pW（$1\text{pW} = 10^{-12}\text{W} = 10^{-9}\text{mW}$），求卫星接收天线增益 G_R 为多少？（发射和接收部分的损耗不计，地面站距卫星距离设为 $4 \times 10^4 \text{km}$）

解：依题意

$EIRP = \frac{P_T}{L_T} G_T$；$L_P = \left(\frac{4\pi d}{\lambda}\right)^2$；$P_R = \frac{EIRP}{L_P} G_R$；将上述数值代入运算

$[L_P] = 200\text{dB}$

$[G_R] = [P_R] - [P_T] - [G_T] + [L_R] + [L_P]$

$= (10\lg 10^{-9} - 10\lg 10000 - 40 + 200)\text{dB} = 30\text{dB}$

(4) 接收地面站性能指数

这是卫星通信系统中的特有参数

$$[G/T] = 10\lg \frac{G_R}{T} = 10\lg G_R - 10\lg T \tag{6-10}$$

式中，G_R 为天线的有效增益（可以是卫星上的天线，也可以是地面站天线的增益）；T 为接收系统的等效噪声温度。

注：这里的 T 要折合到信号输入端进行计算。

从 $[G/T]$ 值来看，接收天线增益越大越好，从 T 来看，接收部分的等效噪声越小越好，这就直观反映了接收端的性能优劣，所以一般称为地面站或者卫星接收机的性能指数。世界卫星组织一般规定了 A 级卫星地面站性能指数 $[G/T] \geq 40.7 + 20\lg f/4$ (dB/K)，这里的 f 单位为吉赫（GHz）。

(5) C/T 值与 S/N

载噪比 C/N，载波噪声温度比 C/T，这是衡量卫星线路解调前送入接收设备的重要参数。

因为
$$N = kTB \tag{6-11}$$
所以
$$\frac{C}{N} = \frac{C}{kTB} \tag{6-12}$$

式中，N 为噪声功率；k 为玻尔兹曼常数；T 为系统等效噪声幅度；B 为接收机带宽。

这里，C/N 和 C/T 的区别在于 C/T 中没有宽带因素。

S/N 是指卫星传送信号经解调后的输出信噪比，它是根据传送信号种类如图像、话音、数据等业务不同而有区别的。

（6）门限电平

卫星通信系统中，在接收端恢复出信号的质量一般用 S/N 来表示，以此表示信号优劣，在数字系统一般用误码率来表示，也可以等效为 S/N。当设备已经确定时，卫星通信系统的 C/N（C/T）与 S/N 的关系，可用门限电平来表示，如图 6-29 所示。

门限效应：如图 6-29 所示，当卫星接收机解调器输出端的 S/N 与系统输入端的 C/N 之间，如 C/N 小于某一数值时，S/N 会急剧下降的这种现象称为门限效应。产生门限效应的这一限值称为门限电平。

门限电平的含义是：为保证接收到的话音、图像、数据等信号的质量，或者说为使接收系统对接收到的信号进行解调后，能有起码的信噪比或误比特率时，接收系统必须得到的最小载噪比值。由于在卫星通信

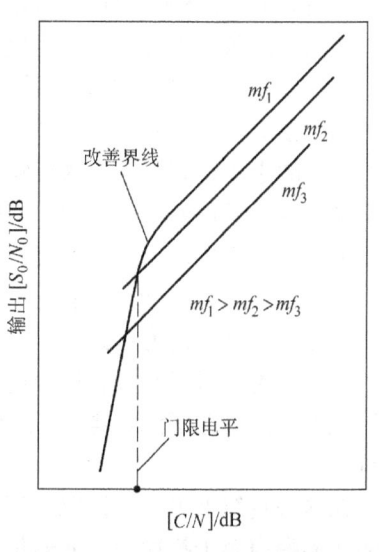

图 6-29 调频系统的门限电平

系统中有些不确定因素，如电子设备性能变化、天线定向偏差、气候条件变化等引起传输衰耗增大和噪声增加，使 C/N 下降。为保证卫星通信线路不至于工作在门限电平以下，都留有一定的裕量，此裕量称为门限裕量（E），在传输线路总体设计时就必须考虑门限裕量（E）。

3. 通信卫星

（1）地球卫星轨道

地球卫星都有自己的运行轨道，这种轨道有圆形，也有椭圆形，轨道所在的平面称为轨道面，轨道面都要通过地心。当卫星的轨道平面与赤道平面的夹角为 0°时，地球卫星的轨道称赤道轨道。当卫星轨道平面与赤道平面夹角为 90°时，卫星的轨道为极轨道。当卫星轨道平面与赤道平面夹角在 0~90°之间，称卫星轨道为倾斜轨道，如图 6-30 所示。当卫星运行轨道在赤道平面内，如轨道呈圆形，且此轨道离地面高度为 35786.6km 时，此轨道称为同步轨道。同步轨道只有一个，是宝贵的空间资源。

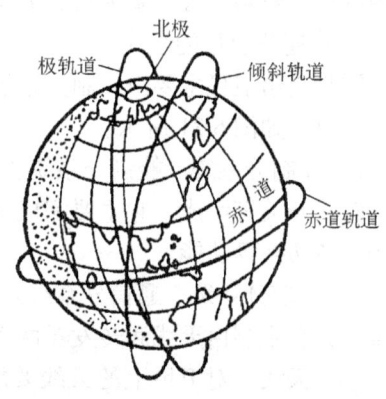

图 6-30 地球卫星的几种轨道

(2) 同步通信卫星

在同步轨道上运行的卫星，当卫星运行方向与地球自转方向相同，由西向东作圆周运动，卫星运行周期为恒星日（23h 56min 4s），一般称为24h。它的匀速运动速度 $V = 3.07 \text{km/s}$，这时卫星相对于地球表面呈静止状态，在地球上观察卫星时，此卫星是静止不动的，人们把这个卫星叫做同步卫星或叫静止卫星。这个轨道也称为静止轨道。

利用同步卫星（静止卫星）来转发无线电信号组成的通信系统就称为卫星通信系统，作为通信用的这个卫星就叫做同步通信卫星。这里主要讲述的就是同步卫星通信。

(3) 影响同步卫星通信的因素

1) 摄动。在空中运行的卫星受到来自地球、太阳、月亮的引力影响，以及地球不均匀、太阳辐射压力等影响，使卫星运行轨道会偏离预定理想轨道，这种现象称为摄动。

2) 轨道平面倾斜效应。当静止卫星受到某些因素影响而发生相对于赤道平面向上、向下的固定偏离值，这使卫星的视在位置及星下点发生改变，这就称为倾斜效应。

卫星的摄动及倾斜效应的影响，引起卫星的位置发生了变化，偏离原来的经度、纬度。对于静止卫星通信系统就必须采取措施，使卫星稳定在预定的位置，这就称为位置控制。在卫星上有许多喷嘴，当发生位置偏离时，控制其喷射气体燃烧，推动卫星回到原位置。

3) 星蚀与日凌中断。当静止卫星和地心及太阳在一条直线上，且地球挡住太阳使卫星处于阴影区，就称此为星蚀。

一般发生在每年春分和秋分前后23天当地的午夜时间前后，持续时间大约1h左右。这时卫星上太阳电池不能供电，只能依靠星载蓄电池或化学电池供电，也可以适当调整卫星位置。

在这一直线上另一种情况，当太阳正对着卫星、地面站天线对准太阳时，太阳黑子、强大的太阳噪声会干扰通信，使通信短暂中断，这种现象称为日凌中断。这种现象也是发生在每年春分、秋分前后各6天左右，每次大概6min，因此在通信中要尽量避免。

4) 卫星姿态的保持与控制。前面讲到卫星的位置要控制，使之保持在预定位置，但这还不够，还必须使卫星的天线波束指向覆盖区中心，使卫星上太阳电池板正对太阳。这就要求卫星相对于地球保持一定的姿态，使之达到上述两项要求。使卫星姿态保持一定的控制方法：一种是角度惯性控制（自施稳定法）；另一种是三轴稳定法。后者采用较多，因后者具有控制精度较高、可节省燃料、太阳电池板可以做得较大、电能供给功率较大等优点。

(4) 通信卫星的组成

同步通信卫星主要由控制分系统、通信分系统、遥测指令分系统、电源分系统、温控分系统组成，如图6-31所示。

1) 控制分系统。控制分系统主要由各种可控的调整装置、驱动装置（喷气推进器）和各种转换开关等组成，它主要完成在地面遥控指令下，对卫星姿态、位置、工作状态，主、备用设备切换等功能。

2) 通信分系统。通信分系统是通信卫星的关键，通信转发任务全落在它身上，因此责任重大，它主要由天线和转发器两大部分组成。

① 天线。对卫星上的天线要求严格，要体积小、重量轻、馈电方便、易折叠、易展开；电器特性好、增益高、效率高、宽频带等。其种类有：

a. 全方向性天线。此天线用于完成遥测和指令信号的发送、接收。

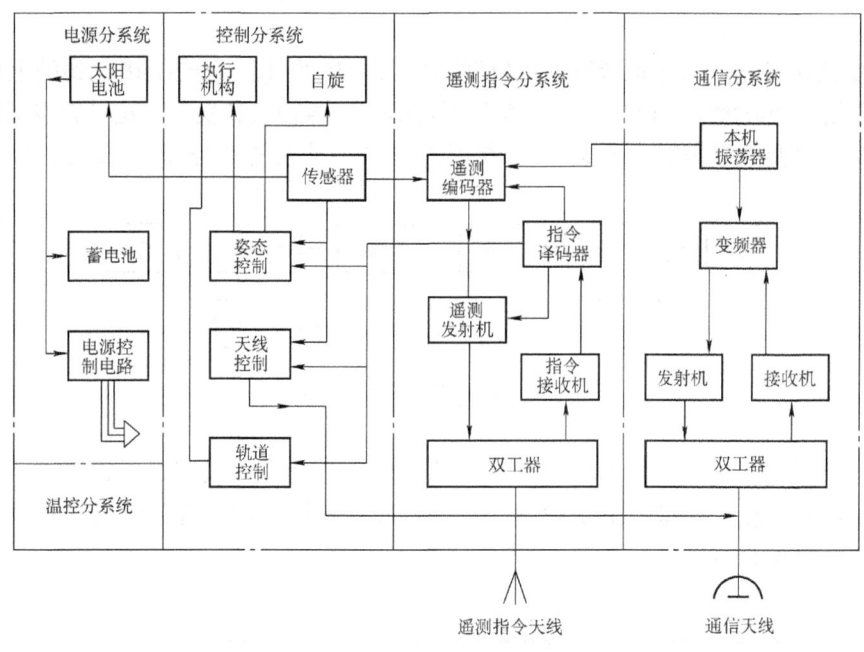

图 6-31 通信卫星的组成

b. 通信天线。卫星上的通信天线，主要是接收、转发地面站的通信信号；要对准所覆盖的区域，按其覆盖面大小分为：

球波束天线：覆盖地球表面为最大，如图 6-32 所示。一般可达地球表面 1/3。

赋形波束天线（区域波束天线）：覆盖地球通信区域为一特定的区域，如为一个国家国土等。

半球波束天线：是球波束天线覆盖的 1/2。

点波束天线：此波束很窄，覆盖地面某一限定的小区。

② 转发器。卫星通信转发器有 3 种，分为双、单变频转发器和处理转发器。

a. 单变频转发器。此转发器是目前用得较多的转发器，这种转发器较简单，实现容易，组成框图如图 6-33 所示。此转发器一直在微波段工作，它把接收到的上行信号经过放大，然后直接变换为下行频率，再经功率放大后，通过天线

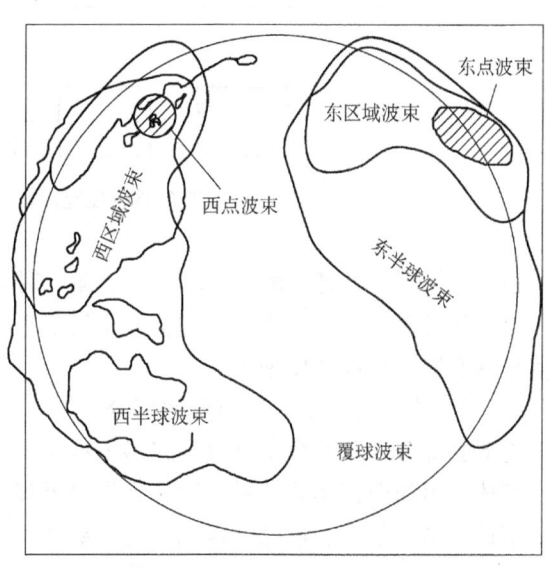

图 6-32 IS-V 太平洋覆盖区的波束配置

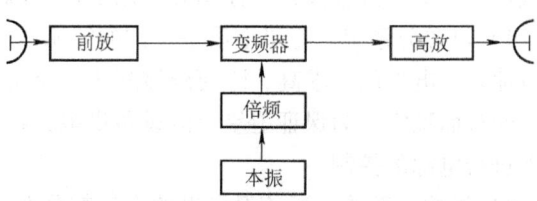

图 6-33 卫星上单变频转发器组成框图

发回地面。

b. 双变频转发器。双变频转发器组成框图如图 6-34 所示。它先把接收到的上行信号经下变频为中频，经放大限幅以后再上变频为下行信号，再功放和发射。这种转发器经过两次变频，所以称双变频转发器。此种转发器用得较少，早期的业务量小的卫星通信系统采用过。

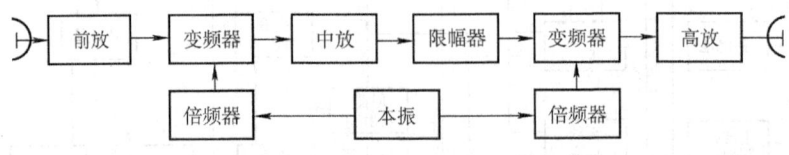

图 6-34 双变频转发器组成框图

c. 处理转发器。处理转发器，主要具有处理信号的功能，其组成框图如图 6-35 所示。在卫星上的信号处理主要指经下变频后，对信号进行解调后的处理，然后重新调制，上变频、功放后发向地面站。

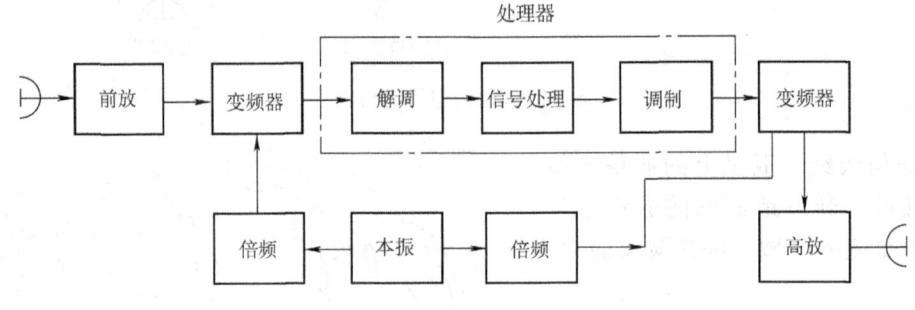

图 6-35 处理转发器的组成框图

卫星上的信号处理一般分 3 种情况：第一种是对数字信号进行判决、再生，使噪声不积累；第二种是多个卫星天线之间的信号交换处理；第三种为更复杂的星上处理系统，它包括了信号的变换、交换和处理等。

3）遥测指令分系统。这里分两部分：

①遥测部分。此部分主要收集卫星上设备工作的数据，如电流、电压、温度、传感器信息、气体压力指令证实等信号。这些数据经处理后送往地面监测中心站。

②遥控指令部分。地球上收到卫星遥测的有关数据，要对卫星的位置、姿态进行控制，设备中的部件转换，大功率电源开关等，都要由遥控指令来进行。地面控制中心把指令发向卫星，在卫星上经处理后送往控制设备。控制设备根据指令的准备、指令、执行几个阶段来完成对卫星上各部分设备的控制和备用部件的倒换等。

4）电源分系统。卫星上设备工作的能源，主要由太阳电池提供，辅助以核能电池和化学电池。对电池的要求高，除要求体积小、重量轻、高效率、高可靠性外，还要求提供电能的时间长而稳定。为保证卫星上的设备供电，在卫星上特别设置了电源控制电路，在特定情况下进行电源的控制。

5）温控分系统。通信卫星里的设备都是在密闭环境下工作，电器设备工作，比如行波管功率放大器产生的热量，或者卫星受太阳照射等均会使环境温度发生变化，而工作要求，特别是本振设备,要求温度恒定,因此就必须对星上温度进行控制。在卫星上的温度传感器,随时监测卫星的温度并把信号送回监控站,如发生异常,地面通过遥控指令进行控制,以恢复保持预定的温度。

(5) 观察参量

卫星地面站的天线要与卫星上的通信天线对准,才能接收和发送通信信号。如何才能使两者对准呢?主要由地面站对于卫星的几个观察参量来决定。

这几个观察参量是指地面站天线轴线指向同步卫星的方位角、仰角和距离这3个参数。对于同步卫星的观察参量如图6-36所示。同步卫星的位置,只要有了经度就能确定(因在同步轨道上由经度定点),地面站位置由经度和纬度确定。利用以上的条件和卫星高度35786km,即可用公式(工程用)计算出来。

图6-36中,S表示同步卫星,D表示地面站,O为地球中心。S与O连线在地表面交点为M,叫做星下点。D与S连线叫直视线,直视线的长度就是地面站至卫星的距离d。D所在的水平面称地面站平面,SD(直视线)在地面的投影称方位线。直视线与方位线所确定的平面称方位面,由图可见,SM在此方位面内。

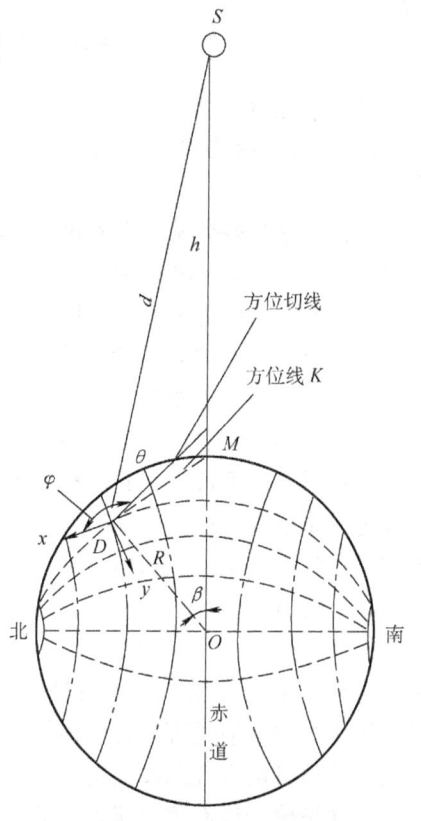

图6-36 同步卫星的观察参量

方位角:用φ来表示,定义为地面站所在正北方向(经线正北方向),按顺时针方向旋转与方位线的夹角叫做方位角。

可证明

$$\varphi = 180° - \arctan\left(\pm\frac{\tan\lambda}{\sin\rho}\right) \tag{6-13}$$

$$d = R_0\sqrt{(K^2+1) - 2K\cos\lambda\cos\rho} \tag{6-14}$$

地球指向卫星的仰角用θ表示,θ定义为:地面站方位线与直视线之间的夹角

$$\theta = \arcsin\left[\frac{(K\cos\lambda\cos\rho - 1)R_0}{d}\right] \tag{6-15}$$

$$K = (R_0 + h)/R_0 \tag{6-16}$$

式中,R_0为地球半径,6378km;h为卫星离地面高度,35786.6km;$\lambda = \lambda_1 - \lambda_2$,$\lambda_1$为卫星所在位置经度,$\lambda_2$为地面站所在位置经度;$\rho$为地面站所在位置纬度。

【例6-2】 试计算东方红三号卫星(E125°)在重庆所在地的观察参量(重庆位于东经106.5°,北纬29.6°)。

解:
$$\lambda = 125° - 106.5° = 18.5°;\ \rho = 29.6°$$

$$\varphi = 180° - \arctan\left(\pm\frac{\tan\lambda}{\sin\rho}\right) = 145.9°$$

$$d = R_0\sqrt{(K^2+1) - 2K\cos\lambda\cos\rho} = 37056\text{km}$$

$$\theta = \arcsin\left[\frac{(K\cos\lambda\cos\rho - 1)\ R_0}{d}\right] = 50°$$

(6) 卫星地面站

在卫星通信系统中，主要是由地面站来完成信号的组装与分路的，人们主要取用地面站的信号。

地面站分许多类型，有固定的、移动的、可拆卸的站，有大型的A、B国际国内大城市内的通信站，也有各种小型的用于小城市和特殊用途的地面站。

根据地面站用途可分为，民用、军用、广播、航海、气象、通信、探测等多种。

按天线大小不同分为30、10、5、3、1m等站。还可按业务不同来分类，有通信、数据、广播、跟踪、遥测等。下面对一般的通信地面站的组成进行简单讲述。

1）地面站的组成。对于不同的地面站，其组成有区别，但是一般地面站的信号都要经过大体相同的处理过程，其流程在前节已讲过。下面以国际国内大型站，A、B级地面站的组成进行简单的讲述。图6-37为卫星地面站的总体框图，它主要由天馈分系统、发射机分系统、接收机分系统、通信终端与通信控制分系统及电源分系统组成。

2）地面站分系统。

①天馈分系统。地面站天馈分系统主要由天线和馈线以及伺服跟踪几部分组成。其天线主要为卡塞格伦天线，主要由馈源、抛物主反射面、双曲副反射面构成，如图6-38所示，它利用了光的反射原理而使微波聚集起来，使收到的信号投射入馈源喇叭。另一方面把发出去的信号通过馈源经两次反射由主反射面以一束平行光射向卫星。

卡塞格伦天线有很多优点，有助于形成指向准确的高增益的窄波束天线，地面噪声不容易进入馈源形成干扰，噪声温度低。

馈源的信号经极化变换，输入的信号经圆极化向线极化转换；输出信号由线极化转为圆极化。另一方面是双工变换（来去信号分隔开）、阻抗变换等多种变换后进入天线发射，以及由馈线进入接收机（低噪声接收机）。

在天馈系统还有庞大的伺服跟踪部分。

由于同步卫星有一定漂移和摄动，姿态也会发生变化，为了使通信能正常进行，要使地面站天线始终瞄准卫星天线。因此，就需要有跟踪伺服的能力。

伺服跟踪卫星主要是控制观察参量：方位角、仰角。一般采用3种方法。第一种是手动跟踪，第二种为程序跟踪（半自动），第三种为自动跟踪。特别是现在的大型地面站采用自动跟踪。现在一般的直播卫星电视小站采用手动跟踪，或半自动跟踪。

②发射机分系统。发射机分系统主要由上变频器、自动功率控制电路、发射合成装置、激励器和大功率放大器等组成，其组成框图如图6-39所示。

对地面站发射机的要求是比较高的，因为它发射和传输信号的路径很长，接近4×10^4 km。因此对发射机部分要求如下：

a. 发射机功率要大，一般都要求 $EIRP_E$ 大，它取决于卫星转发器 G/T 值、输入功率密度 W_S 和地面站用户容量，以及天线增益等。

b. 频带宽度要大。

c. 载频的精度高。

d. 放大器的线性好，增益要稳定。

第6章 现代通信系统 · 181 ·

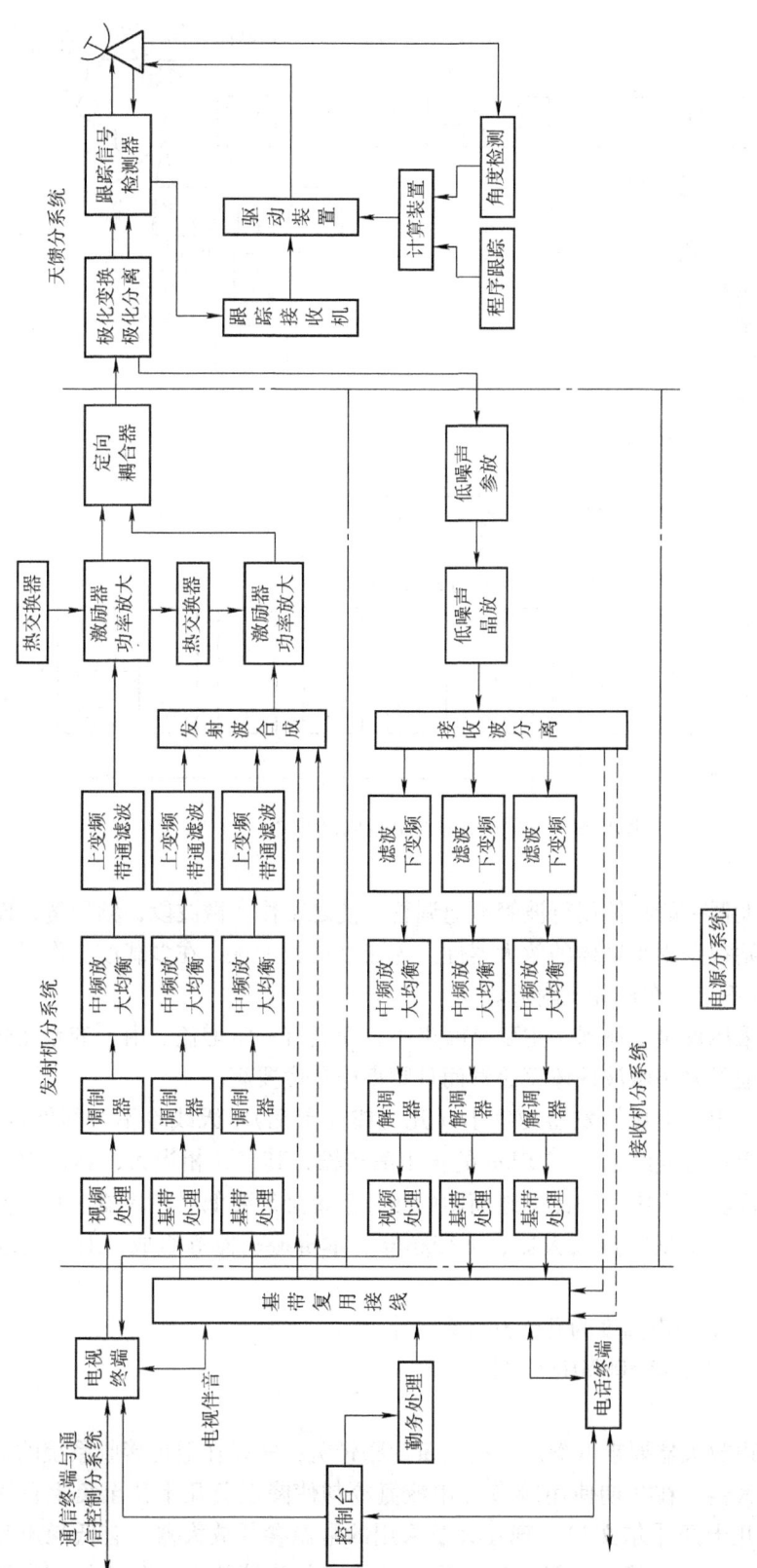

图6-37 卫星地面站的总体框图

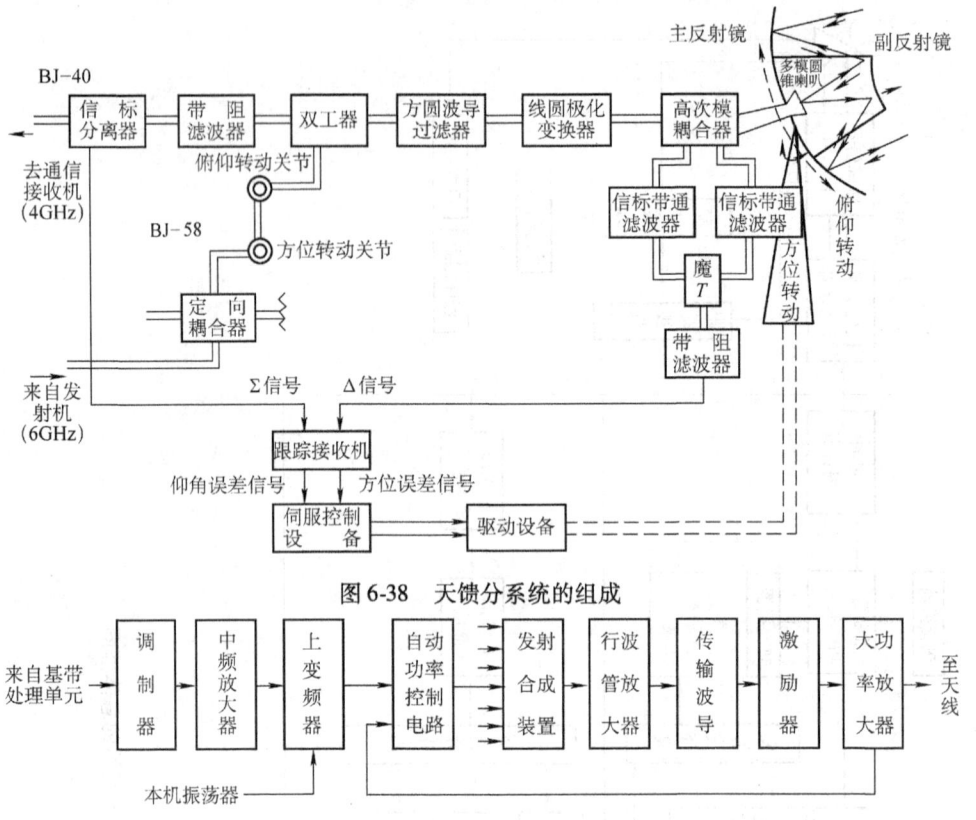

图 6-38 天馈分系统的组成

图 6-39 发射机分系统的组成框图

此部分的功率放大器一般都使用行波管或速调管,使之工作在微波段,频带宽,而且功率很大。大型的地面站很少用半导体的放大器件。为减小交调干扰,在多载波工作时,采取输入/输出补偿,使其不工作在饱和点附近。

上变频器一般都采用参量变频器,主要是噪声小,而且有一定增益。由于变频在微波段进行,本机振荡器一般是采用微波固体振荡器而且频率稳定度要高。

③接收机分系统。由于卫星转发器功率小(几瓦或几十瓦),天线也不可能做得很大,因此增益也不高,下行信号线经过 4×10^4km 的长距离传输,其衰减相当大,到达地面的信号非常弱,甚至被淹没在噪声中。因此,地面站的接收系统必须要低噪声才能正常工作。

低噪声接收系统主要由低噪声放大器、下变频器、本机振荡器等组成,对其要求比较严格:

a. 噪声温度低,一般噪声温度为几十开〔尔文〕。

b. 工作频带宽,一般要求 500MHz 带宽。

c. 增益稳定。

接收系统的低噪声放大器要求低噪声、高增量、频带宽,所以在卫星接收系统的低噪声放大器都采用参量放大器。在初期使用冷参(用液氮冷却使降至负几十甚至负上百摄氏度以保证低噪声温度为几十开〔尔文〕)。现在大量采用的常温参量放大器,有低噪声晶体管放大器、场效应晶体管放大器等。一般采用砷化镓场效应晶体管放大器和体效应晶体管为多。现在可做到 50K 以下。

经低噪声放大后的信号,送入下变频器变为中频信号,有的变频器经过两次变频,有的只经过一次变频,视其地面站设备的用途和制造商的情况不同而异。

④通信终端与通信控制分系统。通信终端部分:主要分为上行下行两部分,这两部分均工作在中频(70MHz)以下。数字卫星通信中的信号处理包括了数字基带信号处理,以及数字调制处理等。这在数字卫星通信及 TDMA 多址方式中介绍了,在下节有关具体的几个数字卫星系统中将再作讲述。

通信控制部分:一个完整的通信地面站相当复杂和庞大。为了保证通信正常进行,使设备各部分正常工作,就要对各部分设备有关参数、现象进行测试、监视和控制。在一个地面站把这几部分都集中在一个控制室内(中央控制室)。控制系统主要由监视设备、控制设备和测试设备等组成。这些部分都安装在中央控制台上,分别进行测试、监视和控制。

⑤电源分系统。地面站电源分系统要满足整个卫星地面站的所有供电,特别是大型地面站(国际、国内卫星网站)。市电的定期停电或偶然断电对地面站的影响很大,特别对于大功率发射机,如果断电超过 60s 则不能重新自动工作。因而要求地面站的供电,必须是定电压、定频率、高可靠性不中断。为满足其要求,通常设有两种电源设备,即应急电源和交流不间断电源。

a. 对于市电,一般都要求从几条线来,或者不停电的专网供电。

b. 应急电源设备,当市电发生重大事故或供电不足等情况,在地面站特配两台全自动控制的并联运用的柴油发电机,并辅助以高压配电房和并联控制等设备,保证充足供电。

c. 蓄电池,平时储存稳定的电能以备万一停电或补充电力不足。

d. 交流不间断电源,这里主要是指向地面站,特别是向大功率发射机提供定频率、定电压、不间断、稳定的电源的设备。

【例 6-3】 一卫星地面站接收系统框图如图 6-40 所示,各设备电平如图中所注。求:b、c、d、e、f 各接口电平,以及晶放 G_2 为多少 dB?

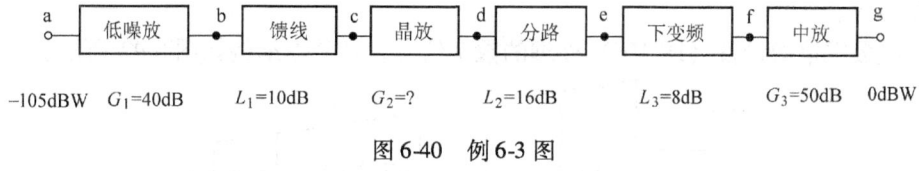

图 6-40 例 6-3 图

解:根据题意,$-105 + 40 - 10 + G_2 - 16 - 8 + 50 = 0$。故 $G_2 = 49\text{dB}$;b 点电平为 $(-105 + 40)\text{dBW} = -65\text{dBW}$;c 点电平为 $(-65 - 10)\text{dBW} = -75\text{dBW}$;d 点电平为 $(-75 + 49)\text{dBW} = -26\text{dBW}$;e 点电平为 $(-26 - 16)\text{dBW} = -42\text{dBW}$;f 点电平为 $(-42 - 8)\text{dBW} = -50\text{dBW}$。

6.3.3 数字卫星通信系统的概念

在卫星通信的早期都采用的是模拟信号和调频技术,在数字通信时代,地面通信已基本上实现了 IDN(综合数字网),因此卫星(地面站的终端信号卫星基带信号)信号基本上都是数字信号,称为数字基带信号,其系统组成框图如图 6-41 所示。图中所示的编码和多路复用即组成为卫星数字基带信号。图中的调制是指数字调制。接收端与发端信号变换过程相反,即为解调多路分离和译码,变为用户模拟信号(对话音和电视信号而言)。

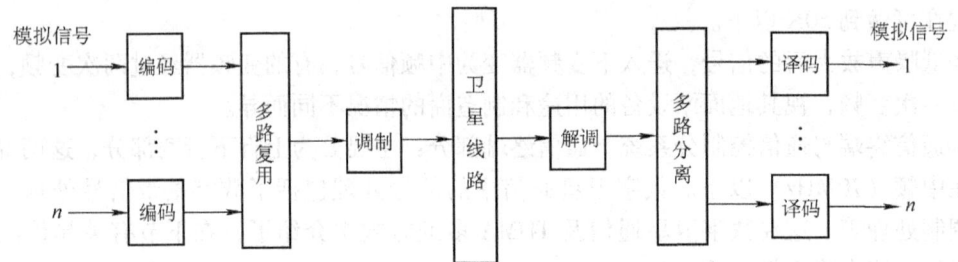

图 6-41　数字卫星通信系统组成框图

1. 卫星数字基带信号

数字卫星通信系统的数字基带信号，包括的内容很多，它可以分为：

1）单路 PCM 信号。每路话音为 64kbit/s 速率。

2）差值编码 DM、DPCM、ADPCM 被压缩的速率较低的 32kbit/s、16kbit/s 的信号，或者 CVSD 及其他压缩编码的数字信号。

3）多路复用数字信号。PDH 系列的基群 2Mbit/s、二次群 8Mbit/s 以及三次群 34Mbit/s 的低中速数字信号，其接口码型为 HDB3 码。

4）数字多路复用的 140Mbit/s 四次群较高速率的数字基带信号，其接口码型为 CMI 码。

5）数字多路复用的卫星 SDH 的 STM-0、STM-1、STM-4 以及更高速率的 STM-N 同步数字传送模块的信号。

6）特殊压缩的数字图像信号，如 2Mbit/s 的会议电视以及被压缩的 34Mbit/s 彩色电视信号，高清晰度彩色电视信号等。

7）彩色电视的数字伴音。

8）数据信号（多媒体信号、计算机信号）。

9）数字话音、数字图像（数字彩色电视）、数字伴音及数据信号等的组合，组成的数字基带信号等。

10）经数字倍增设备（DCME）处理的数字信号，其基本结构如图 6-42 所示。

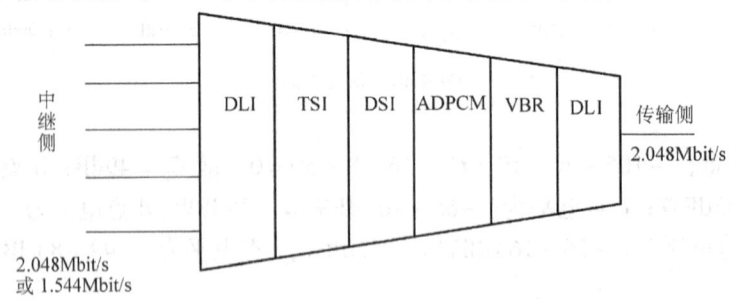

图 6-42　DCME 基本结构

图 6-42 中，DCME 实际上是一个数字压缩设备，其基本组成为：

DLI（数字线路接口），完成多路数字信号如 2.048Mbit/s、30/32 路或 1.544Mbit/s、24 路信号接口。

TSI（时隙变换），它可完成 10×24 路及 8×30/32 路系统的比特流的时隙安排变换。

DSI（数字话音插空），是一种数字信号的压缩技术，利用人们话音间隙压缩数字信号。
ADPCM（自适应差分脉冲编码），用这种差分编码来压缩数字信号。
VBR（可变比特率），这是数字话音采用的一种压缩编码方法。
DLI（传输侧接口），卫星数字基带信号入口。

用此设备可将 8 路 2Mbit/s 或 10 路 1.544Mbit/s 的数字信号经变换处理，变成为 2Mbit/s 数字卫星基带信号，再送到调制器进行中频调制。还有其他型号的数字倍增设备（数字压缩设备）处理的卫星数字基带信号。

2. 数字调制

这里讲的调制，是指对数字卫星基带信号进行的中频调制。与数字卫星通信中的数字调制技术与数字微波采用的调制方式类似，现在卫星通信中大量采用 QPSK 多相调制，或者 OK-QPSK 偏移四相相移键控，又称为参差四相相位键控（SQPSK）。

当数字卫星通信采用高速率的 SDH 数字卫星通信时，可参照 SDH 数字微波采用 MQAM 调制技术。

3. 时分多址（TDMA）

这是数字卫星通信的特有方式，在下节讲述。

6.3.4 卫星通信多址方式

多址方式是指在卫星覆盖区内的多地面站，通过一颗卫星的转发信号，建立以地面站为站址的两址或多址间的通信。这里的多址是指在卫星转发器频带的射频信道的复用。

1. 频分多址（FDMA）方式

频分多址是指按地面站分配的射频不同来区别地面站的站址，如图 6-43a 所示。使各地面站的地址频率，在卫星转发器频带内不发生重叠，而且还要留有保护频带，如图 6-43b 所示。在这种多址方式中，要注意防止多载波间的互调干扰（交调干扰）。卫星转发器和地面站的高功率射频信号由行波管或速调管放大，并同时放大多个载波信号。由于器件的输入/输出非线性以及调幅/调相的非线性，会使输出信号中产生多种组合频率成分。这些组合频率成分中，特别是三阶组合频率成分，可能有些与有用载波频率相同，会对原信号载波（地址频率）产生干扰，这就是交调干扰（三阶干扰最为严重）。为防止和克服交调干扰，采取了一系列的措施：在设计地址频率时，对某些频率进行限制；注意发射功率控制；加能量扩散信号等。克服交调干扰最根本的办法是采用另外的多址方式，如时分多址、TDMA 等。

频分多址又可分为多种：

（1）SCPC/FDMA 方式

这种方式用在小容量卫星通信系统中，它的含义是每站路一个载波，所以又称为单路单载波。在早期的卫星通信中采用较多，因为这种方式有很多优点：可扩大转发器容量；便于实现信道的按申请分配或按需分配（SPADE 方式）。这种多址方式的数字话音编码或数据信号，一般都控制在低速率 64kbit/s 以下，因此话音采用压缩编码如 56kbit/s 或 DPCM、ADPCM CVSD 等的压缩编码数字信号。SCPC/FDMA 系统的信号终端还采用话音激活技术。

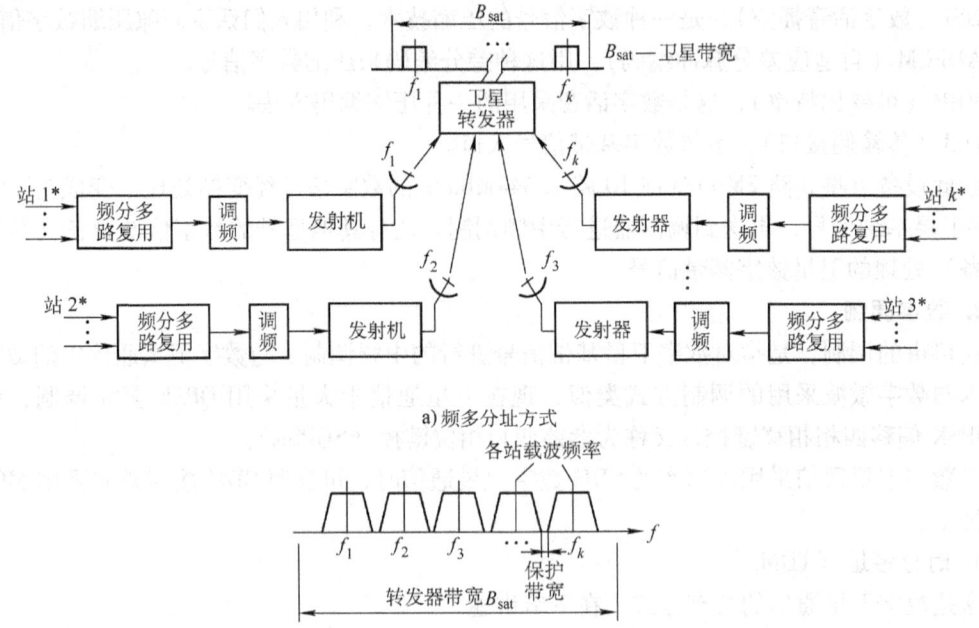

图 6-43 频分多址方式及频率配置

（2）PCM/TDMA/PSK/FDMA 方式

这种方式是先把话音进行 PCM 编码（64kbit/s）；然后进行多路复用，变为 PDH 系列的数字信号（或者 SDH 系列数字信号），再进行相移键控；最后进行 FDMA，根据载波频率不同来区别站址。

现在我国广泛采用的 IDR 属于其中一种类型的 FDMA 方式。

2. 时分多址（TDMA）方式

时分多址就是指用时间的间隙来区别地面站的站址，各地面站的信号只在规定的时隙通过卫星转发器，如图 6-44 所示。

从图 6-44 中看，各地面站在一定时间间隔内轮流发射一次信号，发射一次信号所占的时间称为时隙。每地面站都轮流一次的时间间隔称为 TDMA 帧。时分多址系统组成如图 6-45 所示。

为实现各地面站的信号按指定的时隙通过卫星转发器，必须要有一个时间基准。因此，就安排某个地面站作为基准站，它周期性地向卫星发射脉冲射频信号，经卫星"广播"给各地面站，作为该系统内各地面站共同的时间基准，各地面站以此为基准，按分配时隙发射载波通过卫星转发器，这就是通常说的数字系统同步。

由图 6-45 中可看出，在一帧中地面站所占时隙分别为 ΔT_1、ΔT_2、ΔT_3、…、ΔT_k。这各个时隙又称为分帧信号，设一帧信号时间为 T_S，则一帧长

$$T_S = \Delta T_1 + \Delta T_2 + \Delta T_3 + \cdots + \Delta T_k \tag{6-17}$$

在数字卫星通信 TDMA 多址方式中，一般一帧时间 $T_S = 125\mu s$，或者其整数倍。

时分多址方式的具体实现方法有多种，常采用的是 PCM/TDM/PSK/TDMA 方式。

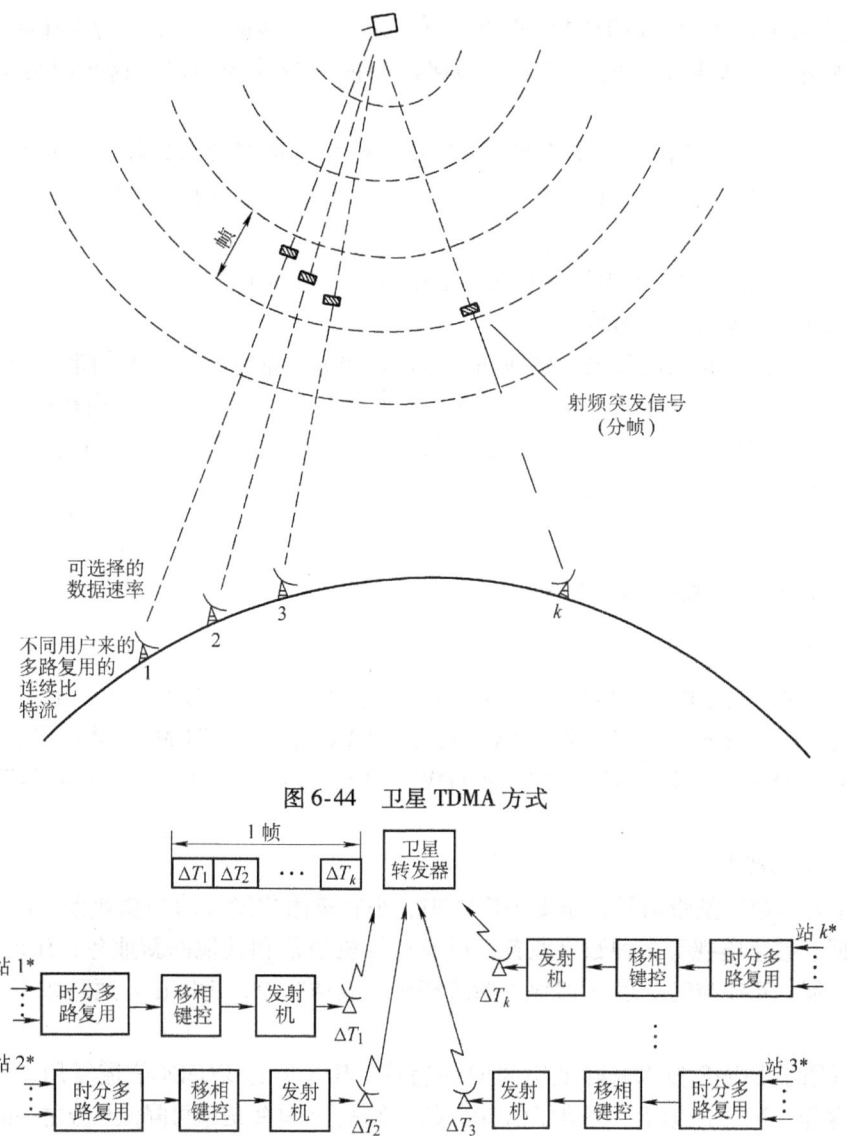

图 6-44 卫星 TDMA 方式

图 6-45 时分多址系统的组成

PCM/TDM/PSK 的信号变换过程与前面讲到的 FDMA 基本相同，主要区别在 TDMA 的多址技术的帧结构。

3. 空分多址（SDMA）方式

空分多址是以卫星天线指向地面的波束来区别站址，即利用波束的方向性来分割不同区域地面站电波，使各地面站发射电波在空间不互相重叠，即使在同一时间，不同区域站使用同一频率工作，它们之间也不会形成干扰。这样，频率、时间都可再用，可容纳更多用户、减少干扰，这就对天线波束指向提出了更高的要求。

空分多址方式一般都是与时分多址方式相结合，而构成所谓 TDMA/SS/SDMA。这里的卫星转发器应有信号处理功能，相当于一个电话自动交换机。

在空分多址系统工作中，特别要注意以下几个同步问题：

1) 因空分多址实际上是 TDMA/SS/SDMA，是在时分多址基础上进行工作的，所以上行的 TDMA 帧信号进入卫星转发器时，必须保证帧内各分帧的同步，这与时分方式帧同步相同。

2) 在转发器中，接通收、发信道和窄波束天线的转换开关的动作，分别与上行 TDMA 帧和下行 TDMA 帧保持同步。即每经过一帧，天线波束转换一下，这是空分多址方式的特有同步方式。

3) 每个地面站的相移键控调制和解调必须与各分帧同步。

4. 码分多址（CDMA）方式

所谓码分多址就是用码型来区别地面站站址。码分多址方式属拓宽频带、低信噪比的工作方式，利用了扩展频谱的方法，使在 C/N 较小的条件下，仍然能得到相同的通信质量。它一般用于用户容量小，但地面站站址多的系统，由于有抗干扰、保密、隐蔽、机动、灵活分配信道及多址的特点而广泛用于军事、公安、国防等要害部门。此技术在移动通信中已广泛应用。

*6.3.5 数字卫星通信系统范例

1. IDR 卫星通信系统

所谓 IDR 系统是国际卫星组织（INTELSAT）引入的一种综合性的数字卫星通信系统。

IDR 是一种频分多址方式，是 TDM/QPSK/FDMA。这里的 TDM 不同于 SCPC 的单路数字话音信号即低速（56kbit/s），这里的 TDM 为 64kbit/s ~ 45Mbit/s 的数字多路信息速率信号。

（1）IDR 的特点

IDR 主要是数字基带信号，是专为广大中、小容量用户设计的公众业务。IDR 包括数字话音、数据、数字电视等多种数字业务，以及计算机通信和其他的新业务；IDR 是 SCPC 数字系统的扩展；IDR 与时分多址 TDMA 系统相比，设备简单；IDR 在开通路数不多的情况下较经济。

IDR 利用了 DCME 技术来降低空间段的租费，IDR 通过 DCME 信道复用，复用度可为 1:7、1:5 甚至可达 1:10 以上。提高了信道的使用效率。这样每信道可降低几分之一的资费。

IDR 卫星系统技术比较成熟，设备规范比较完善，比 TDMA 系统简单，成本较低。在当前或今后一个时期内，中小容量用户需求比较突出，特别适合于中国在内的发展中国家组成卫星通信系统。我国目前许多省会城市都建立了 IDR 卫星通信系统地面站。

（2）IDR（数字卫星通信终端的）数字基带信号

数字卫星通信的数字基带信号在前面已经讲述过，对输入的原数字单路信号（数据信号）经 TDM 处理后，还要进行帧的变换，加入辅助帧。

IDR 通过加入辅助帧的方式来提供（ESC）公务及告警通道，辅助帧速率为 96kbit/s。主要用于信息速率为 1.544 ~ 44.736kbit/s 的数据信号，如 2.048kbit/s、34.36kbit/s 信号等。通过辅助帧与输入信息数据帧，复接后构成新的 IDR 帧结构，每个 IDR 帧的帧长为 125μs。

2. VSAT 卫星通信系统

VSAT 是 Very Small Aparture Terminal 的缩写，指天线口径小于 1.8m，可直接延伸到用

户住地的地面站。大量这类小站与主站协同工作，构成 VSAT 数字卫星通信网，它能支持范围广泛的单向或双向数据、语音、图像、计算机通信及其他如多媒体等综合电信及数字信息业务。

(1) VSAT 卫星通信系统的特点

1) VSAT 卫星通信系统是卫星通信技术演变的产物，是一系列先进技术综合运用的结果，这些技术包括了调制解调技术、处理模块 LSI 以及维比特译码器 VLSI 阵列的数字技术的通信控制器和处理器。

2) 波段扩展新技术，例如 C 波段、Ku 段波以及扩频通信技术。

3) 有效的多址和复接技术，分组交换和通信协议标准化。

4) 天线小型化及高功率卫星发展。

5) VSAT 的组网优点为：成本低，体积小，易于安装维护，不受地形限制；组网方便，通信效率高；性能质量好，可靠性高，通信容量自适应且扩容简便等。

VSAT 系统在商业、服务业、医疗、金融、教育、交通、能源、政府、新闻、科研等部门都能方便组成自己独立的卫星网，可开通的业务有低速随机数据传输业务、批量数据传输业务、实时性要求较高的业务等。

VSAT 网络可作为较经济的专用通用网，在网络寿命期间能灵活地满足网络业务增长的要求。此网络无需地面公用交换网的支持，对网络的故障诊断和维护较为容易。

(2) VSAT 地面站终端设备

VSAT 卫星通信系统一般都由主站（枢纽站）和许多远端小站构成，从终端设备来看，它具有与普通地面站相同的硬件设备结构。在这里主要就 VSAT 终端的特殊点作一介绍。

1) 主站设备。在 VSAT 系统中，主站是 VSAT 网的心脏，在卫星通信中使系统可靠性达 99.5% 以上。一般主站设一个备份。从降低成本出发，一个系统采用一个主站，那么在公共通路部分要采用 1:1 热备份，并具有自动切换功能。基带单元可采用 $1:N$ 冷或热备份。

主站设备包括了大型的天馈系统、高功放（HPA）、低噪声放大器（LNA）、上/下变频器，以及调制解调器及数字接口设备、基带设备、监控设备等。主站主要设备参数如表 6-3 所示。

表 6-3 主站主要设备参数

天线口径	3.5~8m/Ku 频段，7~13m/C 频段
LNA 噪声温度	180K/Ku 频段，55K/C 频段
HPA 输出功率	6W~1kW

2) VSAT 小站设备（Ku 频段）。VSAT 小站一般由小口径天馈系统、室外单元和室内单元组成，其结构框图如图 6-46 所示。VSAT 天馈系统的特点：尺寸小，重量轻，性能好，易于安装，一般采用前馈式抛物面天线。VSAT 小站的室外单元主要包括：发射在内的射频电路，它主要由高频功率放大器、低噪声放大器、上/下变频器，以及本振、正交模式转换器等组成。为减少高频馈线的噪声温度，一般把这部分电路安装在室外，称之为室外单元，使之与馈源的连接馈线最短，如图 6-47 所示。要求这部分设备密闭性能好，稳定、可靠。

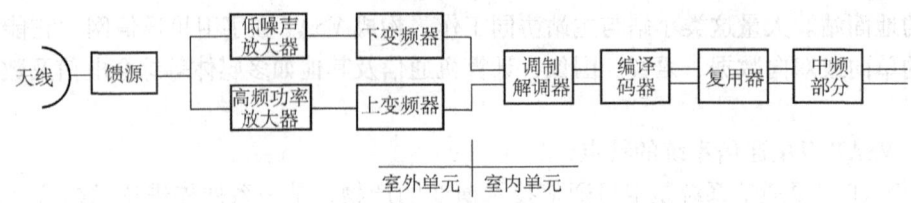

图 6-46 VSAT 小站组成框图

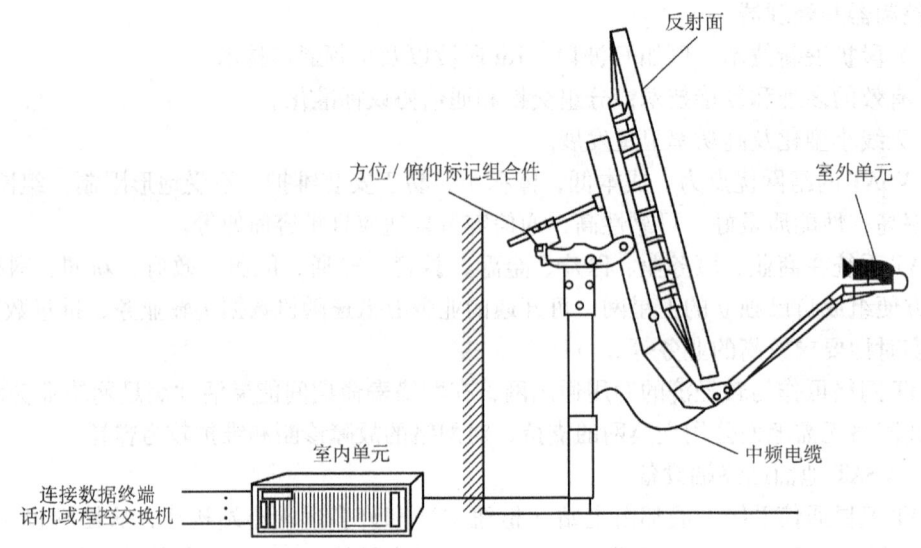

图 6-47 VSAT 小站的基本结构

VSAT 小站的室内单元包括了两个功能块，中频调制解调器（IF/MODEM）和基带处理器（BBP）。中频调制解调器直接与室外单元相连，BBP 与用户数据终端相连。

3. 海事卫星通信系统

目前海事卫星（INMARSAT）通信系统是世界上能对海陆空中的移动体提供同步卫星通信的唯一系统。

海事卫星通信系统由地球段和空间段组成，系统的操作中心设在伦敦，卫星的控制中心设在华盛顿和达姆斯特；另外还有跟踪、遥测和指令地面站，通信网络控制地面站和数量庞大的船舶地面站。海事卫星通信系统的空间部分由分布在大西洋、印度洋、太平洋 3 个区域上空的卫星所组成，以形成覆盖全球的通信网（大西洋上 26°W 卫星，印度洋上 63°E 卫星，太平洋上 180°E 卫星）。卫星都有两个以上转发器。卫星上，天线采用 C 波段覆球波束，波束边缘增益可达 16dB。一般采用 SCPC 方式，按需分配的频分多址。此类系统的地面站可分为 A、B、C、D 四种船舶标准站。

海事卫星通信系统提供了电话、传真、电报、数据、遇险呼救、紧急安全通信及现代的多媒体通信等。我国已申请加入了这一系统，在北京开通了海事卫星地面站，属于海事卫星 A 型标准站。目前，我国的这种系统中已有 350 多台移动终端，为航行在世界各地的中国远洋船队提供全天候的通信服务。在有些飞机上（如 747 客机）上也配备了移动终端，实现国际航线上的移动卫星通信。

4. 非同步卫星通信系统

低轨道卫星通信系统（LEO），一般都由多频卫星组成卫星通信网。卫星离地面高度大约在 1000km 左右，其运转周期一般为几小时。卫星天线波束覆盖地面小区，在地球表面飞速移动，一个用户看到每颗卫星的时间只有几分钟或十几分钟，因此存在信号越区切换的问题，这与地面蜂窝移动通信小区切换相似。但是，由于轨道不同，如极轨道卫星，当卫星通过赤道上空时卫星离地面的高度最低，覆盖面积小，为解决小区切换必须多开放一些小区；当卫星通过两极时，卫星离地面的高度较高，卫星所形成的覆盖小区面积增大，这时会出现小区重叠，在切换时要关闭一些小区。这样，使对卫星工作的控制变得较为复杂。低轨道卫星通信的特点是，使用的卫星体积小、重量轻、发射也较容易，成本低、便于及时更换。目前已经启动的系统有铱卫星通信系统（将在卫星移动通信中讲述）等。

另外还有高轨道全球卫星通信系统（GEO），如在 2000 年开通的阿斯特罗全球宽带卫星通信系统。它是由美国、意大利的洛克希德—马丁公司等同意大利电信公司合作投资的新一代卫星通信系统，由 9 颗新一代的高轨道全球卫星通信系统组成。向全球提供多媒体、因特网高速接入以及私人公司的数据网络接入业务。美国还在本国推出了高轨道的移动卫星通信系统，称之为 GEO 的 Qualcomm 系统等。

中轨道卫星通信系统（MEO），其轨道高度大约在 10000km，发射 10 多颗卫星，就可构成全球通信。为了提高对地面的辐射功率，星上采用了多波速覆盖和频率再用技术。如已有美国公司（TRW）提出的 Qbyssey 系统，以及前面介绍的 INMARSAT 系统。

卫星移动通信系统也是未来发展的主流，此技术将在第 7 章加以介绍。

6.4 数字移动通信系统

6.4.1 移动通信系统概述

1. 什么是移动通信

移动通信就是指通信的双方，至少有一方在移动中进行信息的交流。这里的信息，应是广义的，它包括了话音、数据、传真、图像和多媒体信息业务。这里的双方，是指一方可以是固定点与交通工具之间的信息系统或者人与机器或人与人之间的信息交流，如图 6-48 所示。

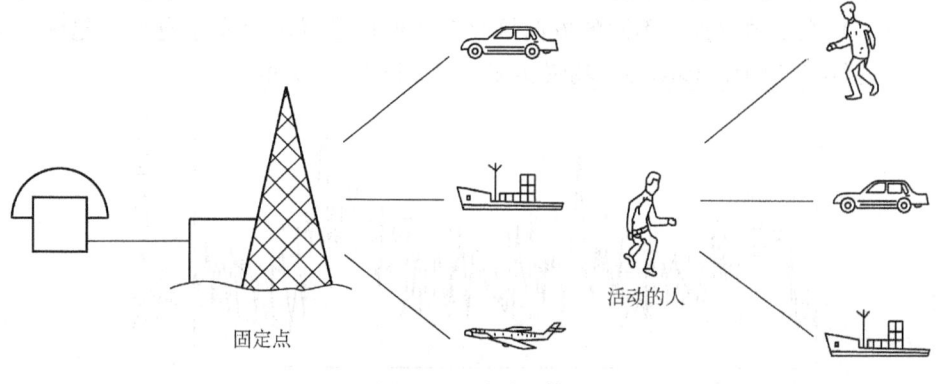

图 6-48 移动通信

2. 移动通信使用的频段

移动通信是属于无线通信的范畴，按照无线电频率的划分它属于 VHF（甚高频）和 UHF（特高频）、直到微波频段。一般分配为 150、450、800、900MHz，以及 1.8GHz 等，这些频段为公用移动通信使用频段。从电波传播特点来看，一个频点的传播范围，在视距内大约几十千米，即几十千米半径范围。

这些频段是宝贵的空间资源，无线电广播、电视、飞机导航、军队通信、各种移动通信，都要利用这一资源。资源是会带来经济利益，带来金钱，因此这一频段使用中的竞争例子很多，发生的纠纷、官司不少。为使其通信能正常进行，防止信号干扰，并使无线电频率最大限度发挥作用，又给各公司和人类带来最大利益，就必须对这一资源进行管理。国际上成立了无线电管理机构——CCIR 及 ITU-R 组织，我国成立了国家无线电管理委员会，各级政府机关也成立了相应的管理机构，对这一频段进行分配、管理。

在电视频道中，5、6 频道（91.75～174.75MHz）之内安排 150MHz 频段分配给移动通信，在 12、13 频道之内（222.75～470MHz）安排 450MHz，在 48 频道（796MHz）以上安排 800MHz、900MHz、1.8GHz 为移动通信使用。在这一频段中，800MHz 为军队中使用。在民用的移动通信中，频段使用分配大致如下：

低频段，150MHz 和 450MHz 一般为无线传呼和集群通信。900MHz 和 1.8GHz 用于蜂窝移动通信。其他安排如下：

$$\text{模拟 TACS}\begin{cases}890\sim905\text{MHz} & \text{移动发}\\ 935\sim950\text{MHz} & \text{移动收}\end{cases}$$

$$\text{数字 GSM（CDMA）}\begin{cases}905\sim915\text{MHz} & \text{移动发}\\ 950\sim960\text{MHz} & \text{移动收}\end{cases}$$

1.8GHz 频段安排如下：

$$\text{DCS1800}\begin{cases}1805\sim1880\text{MHz} & \text{基台发}\\ 1710\sim1785\text{MHz} & \text{移动台发}\end{cases}$$

3. 移动通信的特点

根据移动通信的定义及其无线电频率的特点，对于陆地移动通信有以下特点：

（1）电波传播条件恶劣

由于移动体来往于地面的建筑群和各种障碍物之中，根据电波传播的特点会发生直射、折射、绕射等各种情况，电波传播的路径不同，使接收端收到的信号是这些信号的合成波；移动体（汽车）在不同位置，不同的方向接收合成波信号强度会发生电平的起伏，而且相差很大，可达 30dB 以上。移动通信场强实测记录如图 6-49 所示。

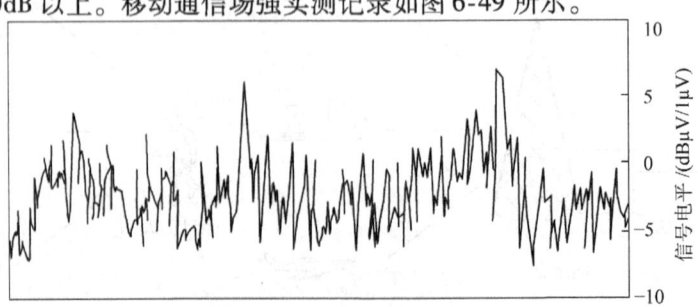

图 6-49 移动通信场强实测记录

电波传播引起信号变坏的例子很多，例如差转电视接收时，在接收天线的不同位置，图像质量会发生很大差别，有的位置图像清晰，有的位置雪花点严重，有的位置图像模糊不清，有的位置出现许多重影等。这就是由于电波传播到室内天线时，已经不是电波直射，而是折射到家庭中的，而且在家庭又经过房屋四壁反射到天线，使多种不同强度、不同相位的波叠加在一起，形成了上述的现象，直接影响了电视图像质量。多径传播如图 6-50 所示。

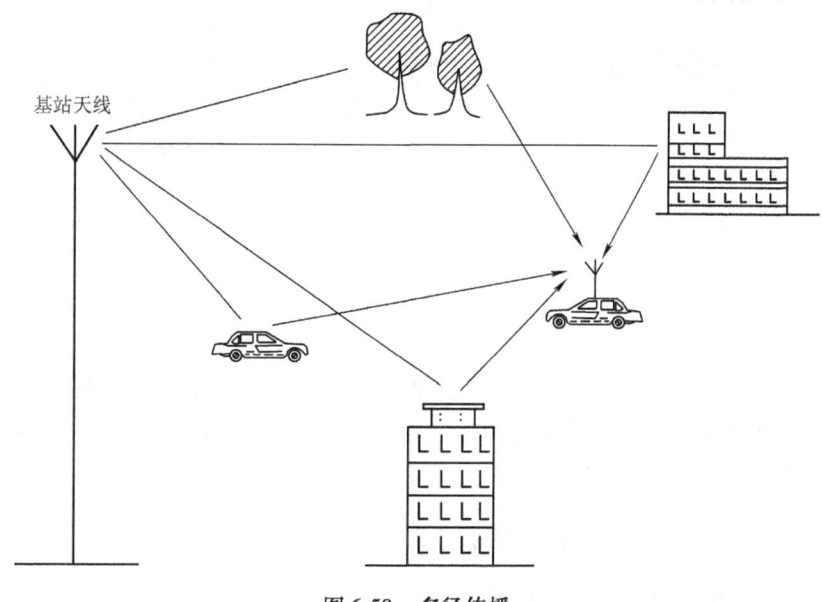

图 6-50　多径传播

以上的例子只是对固定于室内的电视机而言，只要在家里摆弄天线使之位置最佳即可。而对于移动通信系统来讲就复杂多了，因一方在经常移动，要保证通信质量，就必须使移动通信设备有一定抗衰落能力和储备。在设计移动通信系统时就要进行这方面的考虑。

在移动通信中接收信号的强弱值称为场强，场强起伏变化大，一般称这种现象为衰落，为了表征电波传播的特性，特用统计分析的方法，采用统计的数字特征来描述。

1）场强中值。具有 50% 的概率场强值称为场强中值，这是一个统计平均值，场强中值的确定如图 6-51 所示。在图中，场强变化曲线高于规定电平值的持续时间，占统计时间一半时，则所规定的那个电平值即为场强中值。图中的 T 为统计时间，规定电平值为 E_0，在周期 T 内。高于 E_0 的值有 t_1、t_2、t_3，如果统计时间 T 足够长，则在 T 时间内超过 E_0 的概率为

$$P(\%) = \frac{t_1 + t_2 + t_3}{T} \times 100\% \tag{6-18}$$

用一般式表示

$$P(\%) = \sum_{i=1}^{n} \frac{t_1}{T} \times 100\% \tag{6-19}$$

在式（6-19）统计时间 T 内，当超过 E_0 值的百分比为 $P = 50\%$ 时，E_0 称为场强中值。依次类推，当概率超过 50% 时，称 80% 或 90% 概率场强值。在实际的应用中，场强中

值恰好等于接收机的最低门限值时,通信的可通率为50%,这就是说只有高于50%能维持正常通信。因此,在实际应用中要使场强中值远大于接收机门限,才能在绝大多数时间保证通信正常进行。

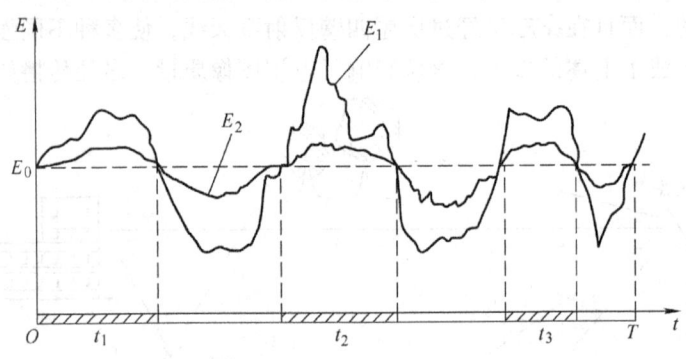

图6-51 场强中值的确定

2) 衰落深度。衰落深度定义为接收的电平值与场强中值电平之差,即以场强中值电平为参考电平,表明信号起伏偏离其中值电平的幅度。这是电波衰落程度的一种量度(即数字特征)用电平表示。

$$衰落深度（dB） = 20\lg \frac{E_i}{E_0} \tag{6-20}$$

式中,E_i 为接收电平值;E_0 为场强中值。

3) 衰落速率。衰落速率描述接收信号场强变化快慢即衰落的频繁程度。

衰落速率与工作频率、移动体行进速度及行进方向有关,工作频率越高衰落越快,速度越快衰落越快,其平均衰落率表示为

$$N = \frac{V}{\lambda/2} = Vf \times 1.85 \times 10^3 \tag{6-21}$$

式中,N 为衰落率(单位时间场强包括与给定场强 E_0 相交次数的一半);V 为移动体速度(km/h);λ 为波长(应与 V 同单位)(km);f 为频率(一般以 MHz 为单位)。

4) 衰落时间。衰落时间是指场强低于某一给定电平值的持续时间。在移动通信中常会出现移动台收不到电台信号或者中断信号的情况。这种情况是接收到的信号电平值低于接收机门限电平所致。

(2) 在强干扰下工作

移动通信,特别是陆地移动通信的电波在地面受到许多噪声和干扰的影响。

噪声,主要是人为噪声,如汽车点火、电火花、发动机噪声,在闹市区人的喧哗以及其他如荧光灯等电器设备产生的噪声。

干扰有来自其内部的互调干扰、同频干扰、多路干扰、邻道干扰等,还有雷达以及其他种类的移动信号干扰等。

(3) 具有多普勒频移效应

当移动体运动时,设备接收的载波频率将会随运动速度变化而产生频移,这种现象称为多普勒频移。用公式表示为

$$f_\mathrm{d} = \frac{V}{\lambda}\cos\theta \tag{6-22}$$

式中，V 为运动体速度；λ 为接收信号的波长；θ 为电波到达时的入射角。

(4) 移动用户经常移动

由于移动体经常移动，它与固定点无固定联系，加之开、关的随意性以及电池更换等原因带来了呼叫、接续的复杂情况，在移动通信网的信号设计时需考虑的因素很多，因此，其技术复杂，设备昂贵，普及速度较慢。

4. 移动通信的分类与制式

(1) 寻呼系统

寻呼系统是一种较早的一种点对面覆盖的单向呼叫系统。它由寻呼控制中心、基站和寻呼接收器（BP机）3部分组成。

这种无线寻呼系统提供简单的信息，用数码管和小荧光显示屏显示数字号码或简单语言，用户一看就知道其内容。所谓单向是指此系统现在只实现市话用户呼叫（BP机），如要回话则要利用其他电话。

由于此系统设备简单，覆盖面宽，接收机体积小、重量轻、便宜，所以得到广泛应用，现在已发展到自动寻呼、自动显示对方号码、寻呼漫游等多种功能。

(2) 集群移动通信

集群移动通信系统是一种专用调度系统，它由控制中心、基站、调度台、移动台组成。这是一种在一定范围内使用的移动通信系统，通常采用大区制覆盖，是自己独立、自成系统，如车辆调度、公安交警等部门自己安装的系统。

(3) 无绳电话系统

这是一种市话网延伸的双工无线通信系统，它由基站和手机组成。此种系统的特点是无线覆盖范围小、发射功率低、服务范围很有限，如楼内通信、家中居室的通信等。还有一种公用无绳电话系统，如英国推出的 CT—2 系统。此种系统可设多个基站，容纳多个用户，但服务半径很小，一般为几百米。其发射功率也很小，一般为几十毫瓦，甚至几百微瓦。

以上3种移动通信系统都是借助于市话网来实现的。

(4) 陆地蜂窝移动通信系统及制式

这是一种公用的广泛采用的移动通信系统，这是本书专门讨论的内容。它从信号总类可分为模拟移动通信系统和数字移动通信系统两大类，而模拟系统又分为多种制式，如美国等采用的 AMPS 制，欧洲如英国等采用 TACS 制，我国也采用 TACS 制式。数字移动通信系统，世界上目前主要采用3种方式，GSM（欧）、D-AMPS（美）、D-NTT（日），我国目前采用 GSM 制式。第三代移动通信制式有3种，如美国的 cdma2000、欧洲的 WCDMA、我国的 TD-SCDMA。

(5) 卫星移动通信系统

由于在海洋、沙漠、森林、高山等处的蜂窝移动通信基站的位置不好确定，形成无线小区覆盖很困难，因此只能利用卫星的电波覆盖，这些人烟稀少地区的通信只有用卫星移动通信来实现。卫星移动通信有两种，一种是利用同步卫星（静止卫星）来设计的系统，如第7章讲到的海事移动通信系统；另一种是低轨道的卫星移动通信系统，如美国 Motorola 公司推出的铱卫星移动通信系统等。

6.4.2 蜂窝数字移动通信系统

1. 蜂窝数字移动通信系统的组成

这里主要谈陆地移动通信，它一般由移动台（MS）、基站（BS）及移动交换中心（MSC）组成移动通信网（PLMN），移动通信网又通过中继线与市话通信网（PSTN）连接。移动通信系统的组成如图 6-52 所示。

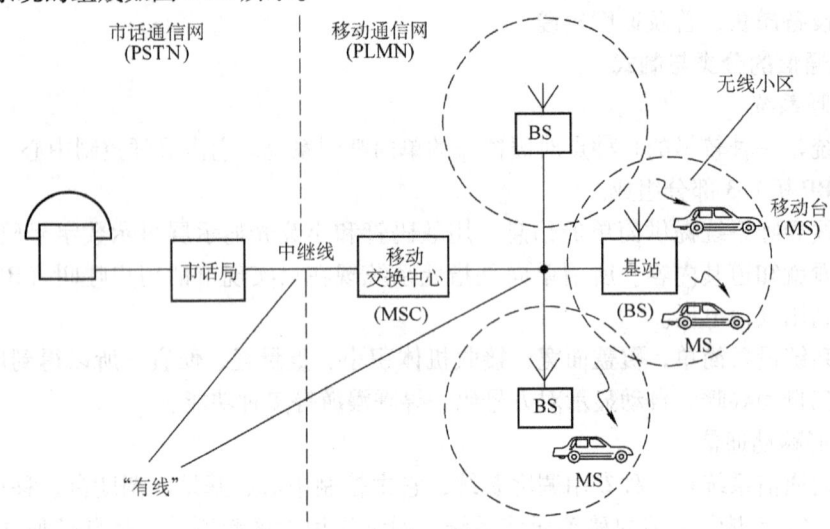

图 6-52 移动通信系统的组成

图 6-52 所示的系统组成为所有陆地移动通信的结构图，但由于不同的制式会略有差别。在此移动通信系统中，移动部分体现在基站与移动台之间，这是移动通信的主体部分。每个基站都有一个可靠的通信服务范围，称之为无线小区。无线小区有大、小覆盖区之分。覆盖区的大小主要由基站天线的发射功率和天线高度决定。移动交换中心主要用来处理信息交换和信息处理以及系统的集中控制管理。大容量移动通信系统由若干个基站构成移动网，交换中心也不止一个，这样由移动交换中心、基区、小区组成一个移动通信的业务区（服务区）。

2. 蜂窝移动通信概念

（1）大区制

大区制就是在一个基站天线覆盖区内的移动用户，只能在此区域完成联络与控制，此特点是：基站只有一个天线，架设高、功率大，覆盖半径也大，一般用于集群通信中。此种方式的设备较简单，投资少，见效快，但频率利用率低，扩容困难，不能漫游。

（2）小区制

小区制就是整个业务区（服务区）划分为若干小区，在小区中分别设置基站，负责本小区移动通信的联络控制，如图 6-53 所示，在此图中可看出，小区制通信中各基站的频率组配备，一定要使相邻基站天线覆盖区不能相同，否则会引起干扰。图中，每个基站使用了 3 对频率。可见小区越多覆盖面就越大，用户就越多，也可提高频率的复用度，如 f_1、f_2 这对频率不是相邻基区就可配备，这是公用陆地移动通信采用的天线覆盖方式。

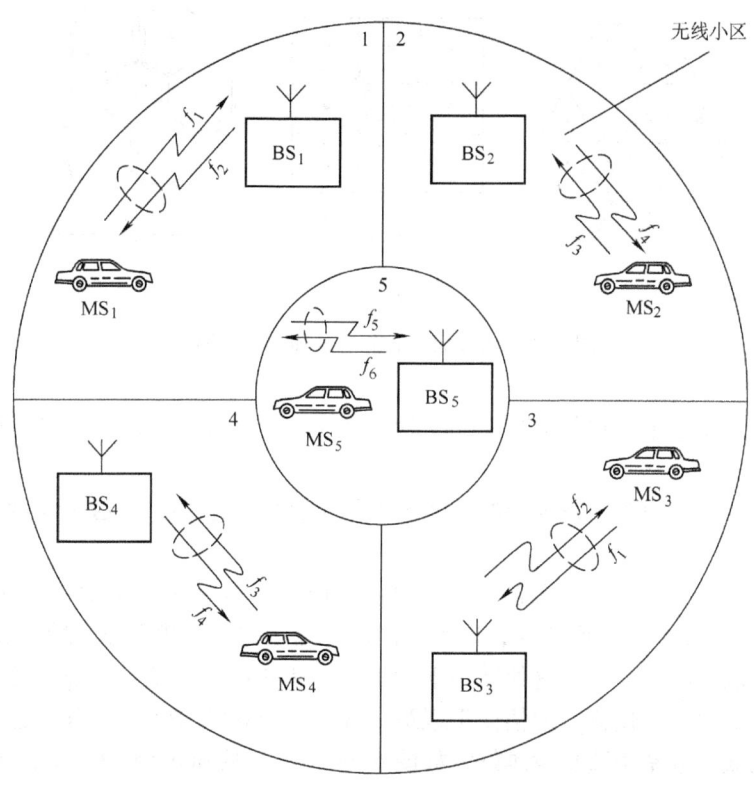

图 6-53 小区制移动通信

(3) 小区制的划分方法

根据服务对象及频率组不相互干扰等因素的要求，小区制一般分为带状服务区和面状服务区。

为避免邻接小区使用相同频率，造成干扰（同频干扰），因此采用不同频率组，在带状情况可配备双组（群）频率。但是也可能发生干扰，如图 6-54 所示，因此也可配备 3 组或 4 组等。

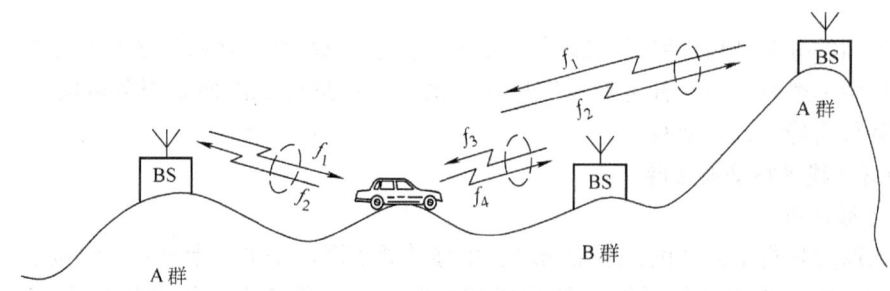

图 6-54 同频干扰

面状服务区：这是陆地移动通信的主要方式，这里的分析比带状复杂得多。要组成一个面，可用三角形、圆形、矩形、正方形、正多边形等，如图 6-55 所示。

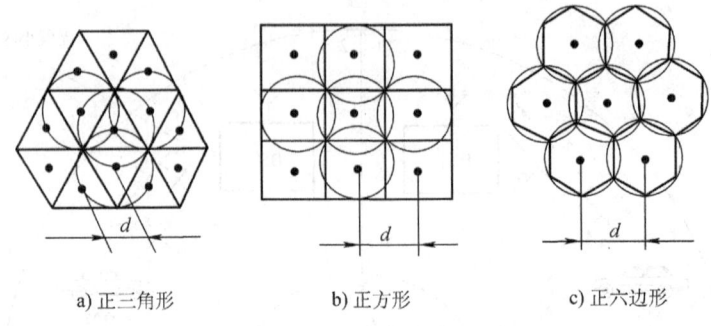

a) 正三角形　　　　b) 正方形　　　　c) 正六边形

图 6-55　组成面状服务区各种小区的形状

从图 6-55 所示的组成面状服务区的各小区形状，究竟取什么样的小区好呢？一般从以下几方面考虑：

1) 邻接小区中心间距 d 越大越好，间隔大则干扰就会越小，从这个角度看正六边形小区为优。

2) 单位小区的有效面积越大越好，面积大则使一个区域小区个数少，使用频率数少。从图 6-57 中可看出正六边形面积大，以此小区彼此邻接构成面状服务区最经济。

3) 交叠区域面积小为好，这使同频干扰最小，从图 6-55 中看出，正六边形为好。

4) 交叠距离要小，使移动通信便于跟踪交接，从图 6-55 中看出，正六边形为好。

5) 所需无线电频率个数越少越好，如图 6-56 所示。从图 6-56 中看出，正六边形最好，使用 3 组频率。

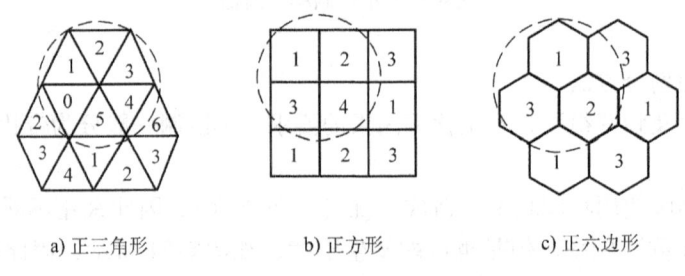

a) 正三角形　　　　b) 正方形　　　　c) 正六边形

图 6-56　所需最少无线频率个数

通过上面的分析可知，用正六边形无线小区邻接构成整个面状服务区是最好的。在现代的移动通信中一般都采用这种电波覆盖区域。由正六边形构成的面状服务区的形状很像蜂窝，所以特称为蜂窝式移动网。

3. 蜂窝无线区移动通信网

（1）无线区群

由上面所分析得出的结论，通常陆地公用移动通信网都是由若干正六边邻接小区组成一个无线覆盖区群，再由若干无线区群构成整个服务区。单位无线区群构成应有两个基本条件：

1) 若干个单位无线区群正六边形彼此邻接组成蜂窝式服务区。

2) 邻接单位无线区群中的同频无线小区的中心间距相等。

在满足上述条件情况下，构成单位无线区群的小区个数 N 为

$$N = a^2 + ab + b^2 \tag{6-23}$$

式中，a、b 均为正整数，其中一个可以为零，根据关系式可求出 N 为 3、4、7、9、…。

根据以上构成条件，N 个单位无线区群构成的服务区域如图 6-57 所示。

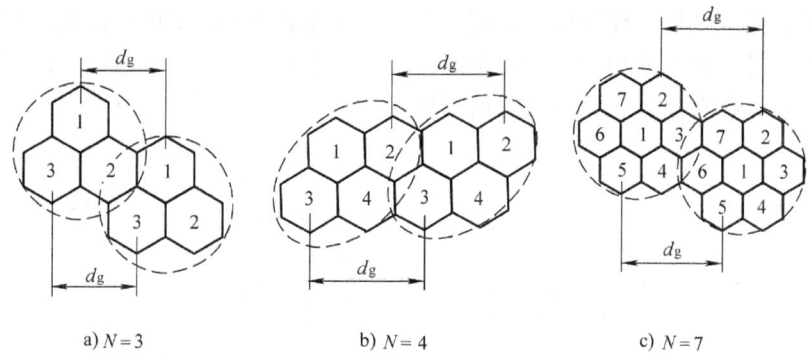

a) $N=3$ b) $N=4$ c) $N=7$

图 6-57 N 个单位无线区群的服务区域

从图 6-57 中可看出，单位邻接无线区群中，同频无线小区的中心间距 d_g 与小区个数 N 和小区半径 r 之间的关系为

$$d_g/r = \sqrt{3N} \tag{6-24}$$

由 3 个、4 个、7 个无线小区构成的单位无线区群，其基站可设置在 3 个无线小区顶点，也可设置在小区中心。然后，可配置 7 个或多个无线覆盖区，如通常使用的 $7 \times 3 = 21$ 个信道组。

【例 6-4】 试计算当天线小区半径 $r = 8\text{km}$，同频复用距离 $D = 40\text{km}$ 时，采用蜂窝移动小区组网，此时无线区群小区个数 N 为多少？

解：无线小区间距 D 与小区个数 N 之间应满足下列关系：

$$\frac{D}{r} = \sqrt{3N}$$

式中，$D = 40\text{km}$，$r = 8\text{km}$，则

$$N = 8.33$$

N 取 9，故设计无线区群的小区个数为 9 个。

（2）移动通信中的小区切换（交接）与漫游

图 6-58 所示为三叶草形结构。在图 6-58 中，有 3 个单元无线小区组成的邻接无线区群构成的覆盖区。基站在 3 个小区顶点，向 3 个方向以不同频率组覆盖，有的又称之为顶点激励方式，采用 120°的定向天线辐射电波进行无线信号覆盖。从图中看出，如果配置 3 组频率，由于天线的方向性就提供了一定的隔离度，在小区中信号不会产生干扰。

1）切换。当移动体在运动中，从一个小区向另一个小区运动时，信道就要发生转换，这就是移动通信中的切换或称交接。如图 6-59 所示，当移动体从基区

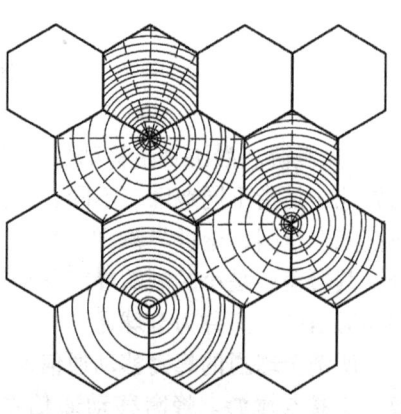

图 6-58 三叶草形（每个基站 3 个无线小区）

1（BS_1）向基区 2（BS_2）过渡时，这时信道要进行转换，这种转换叫做切换（交接）。切换可发生在同一基区的不同小区，也可发生在不同基区的不同频率组，还可发生在不同的移动交换区，如图 6-60 所示。在切换过程中，首先是基站监测移动台信号强度，当信号降低到某一限值时就请求切换，要以周围邻接小区接收到移动台的强弱信号比较，当某一基站的小区信号较强，那么就切换到此基站的小区，通过信道转换继续进行通话。只要是陆地公用蜂窝移动通信网，都存在这几种小区的信号切换。

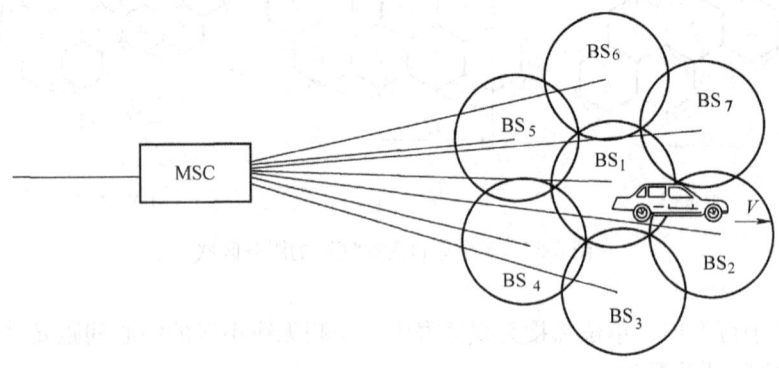

图 6-59 同一交换区的切换

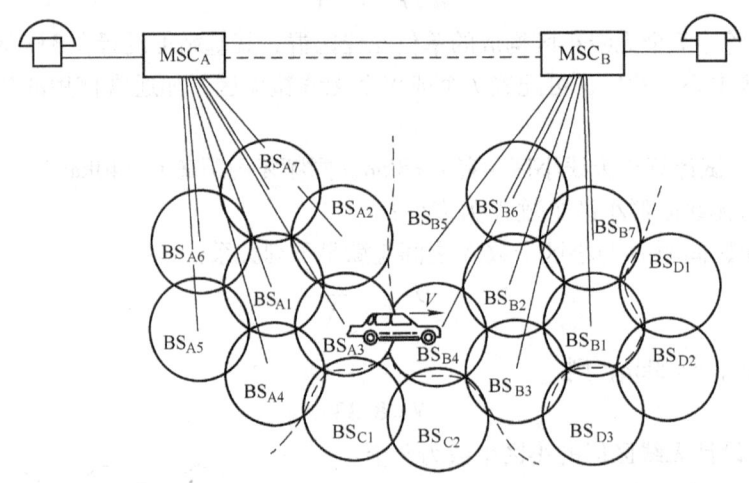

图 6-60 不同交换区的切换

2）漫游。漫游是指移动台在某地登记进网后，可在异地同样进行呼叫处理通信。这里的异地，是指不同地区、不同省，甚至在国外都同样能通过漫游进行通信联系。正因为移动通信能在全国、全世界漫游，因此才有现在这样的飞速发展。但是，这种漫游的无线电信号，其覆盖还是小区制的蜂窝移动通信系统，由移动通信网来实现的，有的称之为世界陆地移动通信网，又称为全球通。

所谓全球通的蜂窝移动通信网有一个制式的问题，如果是同一制式，很容易实现（切换）交接与漫游。蜂窝移动通信系统，世界上有多种制式，如数字移动通信有 GSM、D-AMPS、D-NTT 等，模拟系统有 AMPS 和 TACS 等。我国模拟系统采用 TACS 制，数字系统采用 GSM 制。

6.4.3 GSM 数字移动通信系统

由于数字通信优点及数字通信技术的发展，业务终端数字化，以及网络的数字化，对移动通信提出了更高的要求，移动通信也必须实现数字化。现在世界上数字移动通信都是蜂窝移动通信，主要有 D-NIT、GMS、D-AMPS 这 3 种制式。我国目前主要采用 GSM 制式及窄带码分多址（N-CDMA）蜂窝移动通信，称为第二代移动通信。

GSM 标准制式的数字蜂窝移动通信主要在欧洲开发和使用，1992 年开始投入商用。开放业务的国家主要集中在欧洲，如英国、法国、德国、比利时、芬兰、瑞典等。20 世纪 90 年代中期已遍布全欧洲，又称为泛欧 GSM 制式。鉴于这种技术已成熟，在欧洲已普及，我国已采用了 GSM 制式（我国数字通信 PCM 已采用了欧洲的 PCM30/32 路制式即 2Mbit/s 基本接口）。

1. GSM 移动通信系统的特点

GSM 是欧洲邮电主管部门会议（CEPT）建立和开发的泛欧蜂窝全数字化的移动通信系统，它的主要特点表现在以下几方面：

1）使用频段为 900MHz 和 1.8GHz 频段。我国为 935~960MHz 基站发，890~915MHz 移动台发。

2）频带宽度为 25MHz（900MHz 频段）。

3）通信方式，全双工、双工间隔 45MHz。

4）信道数字结构为 TDMA 时分多址帧结构。每帧即为一个载波，分为 8 时隙，全速率信道为 8 个，半速率信道 16 个。

5）调制方式为高斯低通最小移频键控（GMSK），调制指数为 0.3。

6）话音采用数字话音，其编码规律为：规则脉冲激励长线性预测编码（RPE-LTP），其速率为 13kbit/s。

7）每时隙信道比特率为 22.8kbit/s，信道总速率为 270.83kbit/s。

8）数据速率为 9.6kbit/s。

9）信令系统采用公共控制信令，无线 7 号信令（No.7）。

10）分集接收：慢跳 217 跳/s。

2. GSM 移动通信系统的组成及接口

(1) GSM 系统的组成及功能

GSM 移动通信系统主要由交换系统（移动交换中心（MSC））、基站系统（BSS），移动终端（移动台（MS））以及操作维护中心（OMC）等几大部分组成，其网络结构如图 6-63 所示，图中各部分功能如下：

1）MS。为移动台，指个人手机、车载站或船载站等。

2）BSS。基站系统。它由 BSC 基站控制和 BTS 基站发射两部分构成。BSS 由 MSC 控制，而 BTS 受 BSC 控制。

3）MSC。移动交换中心。这是该系统对移动用户进行控制、管理的中心，它要完成移动通信系统的用户信号交换、号码转换、漫游、信号强度检测、切换（交接）鉴权、加密等多项功能。

4）HLR。本地用户位置寄存器。每个移动用户都首先要在原址进行位置注册登记，在此寄存器中主要存储两类信息：一是有关用户的参数，二是有关用户当前位置信息。

5）VLR。外来用户位置寄存器。这是漫游移动用户进网必须存储的有关数据的储存器，它是 MSC 区域的 MS 来去话需检索信息的数据库。例如呼叫处理存放数据、识别号码、用户号码等。

6）EIR。存储移动台设备参数的数据库。它主要完成对移动台的识别、监视、闭锁等功能。

7）AUC。鉴权中心。它是认证移动用户身份和产生相应鉴权参数的功能实体。

8）OMC。操作维护中心。它是操作维护 GSM 蜂窝移动通信网的功能实体。

（2）GSM 系统的接口

移动通信系统的各部分组成要互通，完成各种功能，都不是独立的动作，而是相互紧密地联系的，因此需要一定的规范，也就是要规定统一的接口标准。CCITT 建议公用陆地移动通信网（PLMN）要求具有国际漫游功能和越局、越区切换功能，GSM 系统 PLMN 接口如图 6-61 所示。

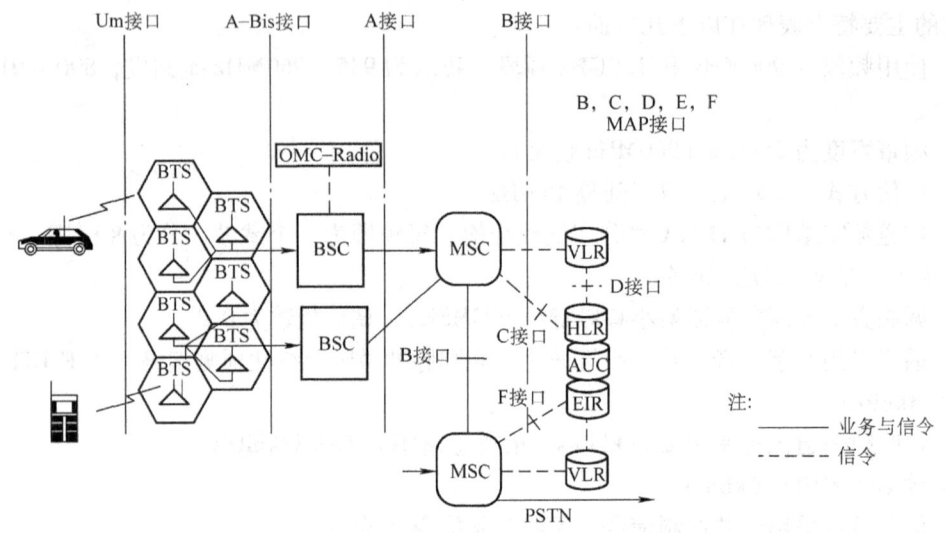

图 6-61　GSM 网络结构

1）A 接口。MSC 与 BSS 之间的接口。A 接口主要用于传递呼叫处理、移动性管理、基站管理和移动台管理。此接口一般为 2Mbit/s 数字接口（BTS 与 BSC 之内为 A-Bis 接口）。

2）B 接口。MSC 与 VLR 之间的接口。当一个移动台从一个服务区漫游到另一个服务区时，移动台与 MSC 通过 B 接口，使 MSC 与 VLR 建立移动台的漫游参数，使 MS 与 MSC 建立起新的位置更新关系。

3）C 接口。MSC 与 HRC 与 HLR 之间的接口。它主要用于管理和路由选择的信令交换。当建立呼叫时，MSC 通过此接口从 HLR 取得选择路由的信息，呼叫结束后通过 C 接口向 HLR 送到费信息。

4）D 接口。HLR 与 VLR 之间的接口。这个接口主要用于有关移动用户的位置数据和管理用户数据。通过这个接口，一方面 VLR 向 HLR 索取有关信息，另一方面 VLR 还要向 HLR 提供有关用户漫游号码等移动用户位置等信息。

5) E接口。MSC之间的接口。它主要是为了移动用户在MSC之内进行越局切换交接时传送相关信息。

6) F接口。MSC与EIR之间的接口。通过此接口可查询和校对EIR中移动台的识别号码。

7) Um接口。为无线接口，它是基站发射（BTS）与移动台（MS）之间的接口，此接口由无线信道组成，是移动通信中最重要和最复杂的接口。此内容将在GSM信道结构中讲述。

8) Sm接口。移动用户与移动网络接口。此接口主要是用户识别卡（SIM）与移动终端（ME）接口。

3. GSM系统的信道结构

GSM系统的信道结构分为有线信道和无线信道。有线信道是指移动交换中心与基站系统之间的接口，称为A接口；无线信道是指BSS与MS之内的空中接口，称为Um接口。这里主要讲述Um接口。有线接口一般为2Mbit/s接口。在基站系统BTS与BSC之间接口为A-Bis接口，称为基站系统内部接口。

GSM系统的无线接口为数字无线接口，这是数字移动通信的关键接口，接口中的信息是以信道来传送的。此信道结构是移动通信中最复杂的结构，它是以时分多址TDMA帧为数字传输结构。每一个帧为一载波，每一载频帧间隔为200kHz。每帧包括了8个时隙，称为TS时隙。从BTS到MS方向称为下行信道，从MS到BTS方向称为上行信道。下面就无线信道的内容进行简单讲述。

（1）信道定义

GSM系统的无线信道分为物理信道和逻辑信道。

1) 物理信道。一个载频上的TDMA帧中的一个时隙称为一个物理信道（相当于FDMA系统中的一个频道）。每个用户通过一系列频率（跳频）的一个信道接入系统，因此GSM中每个载频有8个物理信道，即信道0~7或称时隙0~7。在一个TS中携带的信息称为一个突发脉冲序列。

2) 逻辑信道。在一个TDMA帧中的每个时隙中安排的信息，即物理信道中携带的信息的种类，定义为逻辑信道。逻辑信道传递移动通信的各种信息。逻辑信道在传输过程中要被放到对应的某个物理信道中。逻辑信道又分为业务信道和控制信道两类。

3) 业务信道。业务信道（TCH）用于传送编码后的话音或用户数据。

4) 控制信道。控制信道（CCH）用于传递信令或同步数据，控制信道分为3种，广播、公共及专用控制信道。

①广播信道。分为FCCH、SCH和BCCH。

FCCH——频率校正信道，此信道给用户传送校正MS频率信息。

SCH——同步信道，此信道传送给MS的帧同步（TDMA帧号）和BTS的识别码（BSC的有（在）信息）。

BCCH——广播控制信道，此信道广播每个小区BTS的通用信息（基站发射小区特定信息）。

②公共控制信道。分为PCH、RACH和AGCH。

PCH——寻呼信道，此信道用于寻呼（搜索）MS，是下行信道。

RACH——随机接入信道，MS 通过此信道申请分配一个 SDCCH，它可作为对寻呼的响应或 MS 主叫登记时的接入，是上行信道。

AGCH——允许接入信道，此信道用于为 MS 分配一个 SDCCH，是下行信道。

③专用控制信道 DCCH。分为 SDCCH、SACCH 和 FACCH。

SDCCH——独立专用控制信道，主要用于在分配业务信道（TCH）之前呼叫建立过程中传送系统信息，如 MS 的登记、鉴权等在此信道上进行。

SACCH——慢速随路控制信道，它是传送连接信息的连续数据信道，它与一个 TCH 或一个 SDCCH 相关，例如传送移动台以及邻近小区的信号强度的测试报告，以实现移动台参与切换功能。它还用于功率管理帧时间调整，它也是上、下行点对点（移动对移动）的信道。

FACCH——快速随路控制信道，它与一个 TCH 相关。它是用在通话期内，当进行切换交接时，利用话音 20ms 中断来传送数据（高速数据）信令信号（此信令信号速率比 SACCH 高得多，在 20ms 话音中断，用户不能察觉）。

(2) 突发脉冲序列

TDMA 帧中每一个时隙里安排的数字信息格式称为突发脉冲序列，即以固定的时间间隔（TDMA）载波信道上每 8 个时隙中的一个发送的某种信息，共有 5 类突发脉冲序列。

1）普通突发脉冲序列。用于携带业务信道及除 RACH、FCCH、SCH 信道以外的控制信道上的信息。

2）频率校正突发脉冲序列（FCCH）。主要用于传送校正用户 MS 频率。

3）同步突发脉冲序列（SCH）。用于移动台的时间同步，它包括了易被检测的长同步序列并携带有 TDMA 帧号和基站识别码 BSIC 信息。这种突发脉冲序列的重复也称为 SCH 同步信道。

4）接入突发脉中序列。它是移动台用于随机接入的信息，是上行信号，它有一个较长的保护时间间隔，这是为了移动台的首次接入或切换到一个新的基站后不知道时间提前量而设置的。接入突发脉冲序列如图 6-62 所示。

TB 8	同步序列 (41)	加密比特 36	TB 3	GP 8.25

图 6-62　接入突发脉冲序列

由于移动台可远离基站，意味着开始突发脉冲序列会迟到一些，由于第一个突发脉冲序列没有时间提前，为了不与下一个时隙中的突发脉冲序列重叠，此突发脉冲序列必须要短一些。

5）空闲突发脉冲序列。由基站发出的不带任何信息的突发脉冲称为空闲突发脉冲。它的格式与普通突发脉冲相同，其中加密数据是不带信息的具有一定比特模型的混合比特。

4. GSM 系统的主要技术与设备

(1) GSM 系统的主要设备

GSM 系统主要由移动交换中心（MSC）、基站系统（BSS）以及移动终端设备（MS）3 大部分组成。

1）GSM 交换中心。数字移动通信交换设备比一般市话交换要复杂得多，它的用户有固定有移动，有车载、有手持终端设备，还要完成位置更新和切换，还有鉴权、加密、设备识别等功能。移动系统组成中的 VLR、HLR、EIR 等寄存器，一般都设在一个物理体中，再加之对于移动终端有多种号码，所以移动交换系统的容量只能达到市话的 50% 左右。

GSM 系统的 MSC 与 GMSC（用户入口 MSC）其硬件结构基本相同，有的本身就合在一起（一个物理体中）。其基本组成框图如图 6-63 所示。

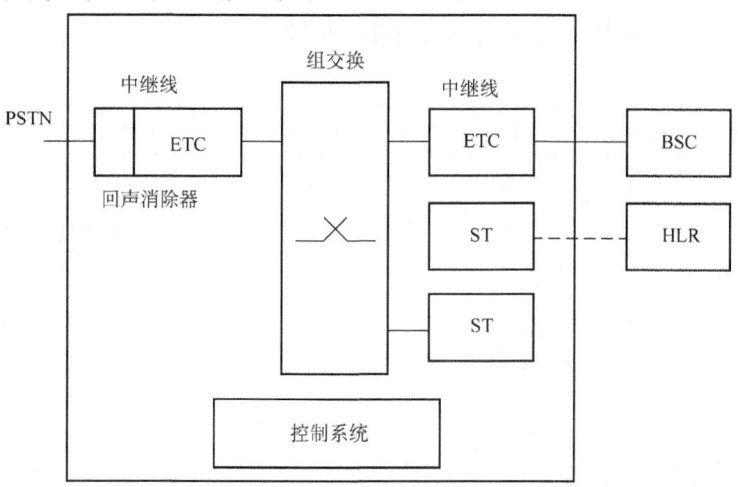

图 6-63　MSC/VLR 和 GMSC 的基本组成框图

BSC—基站控制器　ETC—交换终端电路

HLR—归属位置寄存器　ST—CCITT No.7 的信令终端

由图 6-63 可见，此设备主体结构有进行呼叫和业务交换的群交换（组交换），以及 No.7 公共控制信道信令的信令终端（ST）。移动交换与市内电话网（PSTN）的 PCM 中继线接口，称为交换终端电路（ETC）。信令终端使用 PCM 数字信号的 64kbit/s 接口，其他的各种寄存器、处理器和各种接口和管理（OMC）单元，以及移动交换中心软件系统、MSC 与无线基站系统中 BSC 的 PCM 2Mbit/s 接口 ETC 等。

2）基站系统 BSS。在移动通信系统中，基站是无线覆盖的关键设备，它是移动用户与移动信息交换的桥梁与纽带。GSM 系统的基站 BSS 由基站控制 BSC 部分和基站发射 BTS 两大部分组成。BSS 框图如图 6-64 所示。

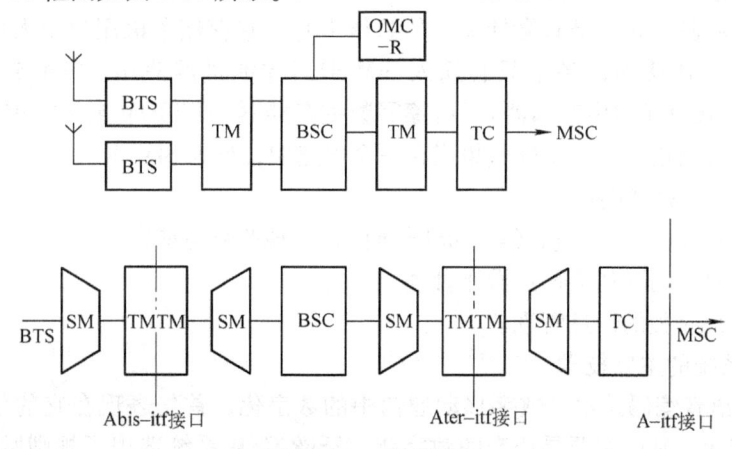

图 6-64　BSS 框图

TC—转移编码器　SM—子多路器　TM—传输

由图 6-64 中看出，BTS 为基站发射机部分，BSC 为基站控制器部分，OMC-R 为操作维护中心的射频部分，TM 为传输单元。其中 TM 包含了接口单元，以及子多路器、传输控制器、传输编码器。BTS 与 BSC 为 PCM 2Mbit/s 或 64kbit/s 接口的链路。

3) 移动终端设备。移动终端设备主要包括 3 大部分，即无线部分、基带信号处理和控制部分、接口部分。图 6-65 为移动终端设备原理框图。

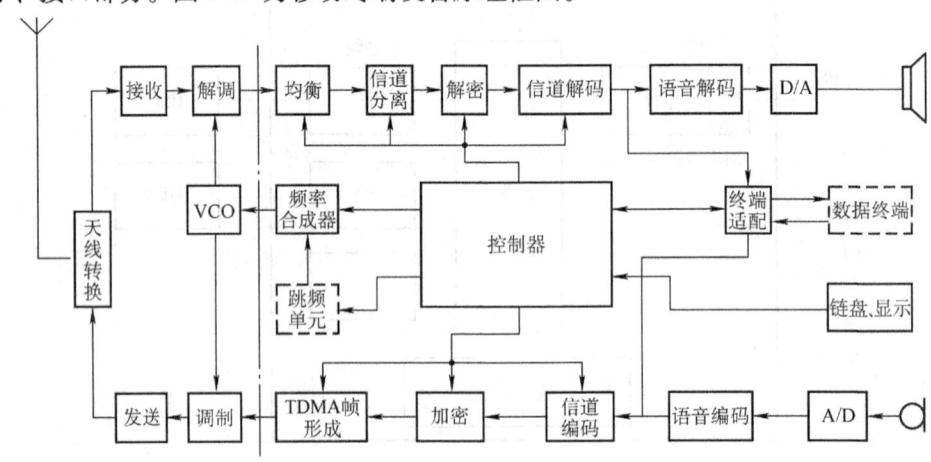

图 6-65 移动终端设备原理框图

①无线部分。主要为高频系统，包括了天线转换、发送、接收、调制与解调器和振荡源（VCO）等。

②基带信号处理和控制部分。分发送通道和接收通道。发送通道的信号处理包括了语音编码、信道编码、加密、TDMA 帧形成，其中信道编码包括纠错编码、差积编码交织。接收通道的信号处理包括均衡、信道分离、解密、信道解码和语音解码等。控制部分实现对移动台进行控制管理，包括定时、数字系统、无线系统控制以及跳频和人机接口的控制。

③接口部分。主要包括语音接口 A/D、D/A 转换；数字接口主要完成数据终端的适配。人机接口主要有显示器和键盘等。

移动台的信息管理与控制是通过设备中的 SIM 卡来实现的。SIM 卡是移动用户的识别卡，是移动台的心脏，它是带有微处理器的智能卡片。它存储了该用户个人信息与 GSM 网有关的管理数据。在移动设备中只有插入 SIM 卡后才能进网使用。SIM 卡由 CPU、RAM（工作存储器）、ROM（程序存储器）、可擦写数据存储器（EPROM 或 EEPROM）以及串行通道单元 5 个部分组成。这 5 个模块集成在一个电路中，称为 SIM 卡。

SIM 卡有以下几种功能：
①存储用户有关的安全信息（如 IMSI 号码），实现监督与加密。
②用户个人身份码（PIN 码）操作管理。
③与移动用户有关的信息管理。

(2) GSM 系统的主要技术

1) GSM 的语音编码技术。数字移动通信中的数字化，首先表现在它的信源的数字化。即终端业务数字化，其中主要是语音的数字化。泛欧 GSM 系统选用了规则脉冲激励长线性预测编码方式，称之为 RPE—LPT 的 LPC 编码方案，其净比特率为 13kbit/s。编码器处理话音字组为20ms一段,每个段组编码为260bit。

RPE—LTP 编码器共分3个部分,分别进行线性预测分析、长周期预测和激励分析。其编码器原理框图如图6-66所示。线性预测分析是一个具备8个声域比对数特性的8抽头滤波器,在20ms字组内,长期预测器评估间距和增益4次,以5ms为间隔,每次用它产生7bit 滞后系数和2bit 增益系数,在20ms时间内周期预测器产生36bit,规则脉冲分析部分工作在4个5ms子字组,每个字组47bit,共188bit,最后合成为260bit,完成语音编码器的13kbit/s 的速率送给信道编码。

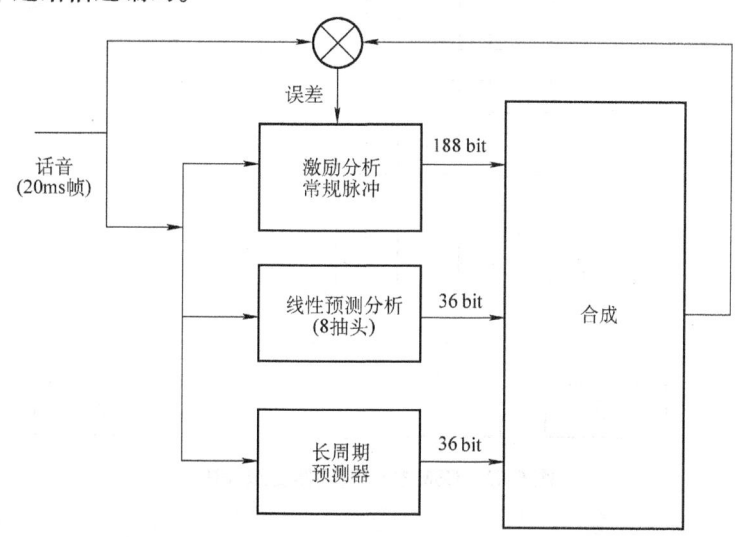

图6-66 规则脉冲激励语言编码器原理框图

2) GSM 系统的信道编码技术。在数字通信系统中已讲述了信道编码的概念,它是在数字信号进行调制之前对数字信号的处理。在数字移动通信 GSM 系统中,信道编码得到了具体应用,其目的是为了在接收端能够检出或纠正信道中各种干扰引起的差错。它主要由纠错编码、交织编码及加密等部分组成。

GSM 系统的纠错编码分为外编码和内编码。外编码采用分组循环码,建立信息比特 + 奇偶校验比特构成的码字。进行重排,以生成多项式的 $g(x) = x^3 + x + 1$ 的循环编码;内编码采用生成多项式为 $g(x) = x^4 + x^3 + 1$ 的卷积编码,使输出为20ms、456bit/s 的数字码流进行交织编码处理,如图6-67所示。GSM 交织编码将两帧40ms、912bit/s 按每8位码写入,而按列读出,分成8列,即8帧,每帧为114bit。这一交织帧与无线信道的业务帧中的每一时隙的突发脉冲相对应(即为两个57bit 的加密信息比特)。在收端进行反交织还原为纠错编码信号,经信道解码和信源解码还原为话音。GSM 系统采用了信道编码与交织技术的有机结合,针对时变、衰落、多径信道的特点,达到了有效地降低信道误码率和提高移动通信可靠性的目的。

3) GSM 系统的数字调制技术——GSMK。GSMK 为高斯低通滤波最小移频键控调制。MSK 为最小移频键控,根据调制信号功率来分析:MSK 信号功率谱占频带宽度比 2PSK 窄,比 4PSK 要宽,MSK 抗干扰性能与 4PSK 相当,但它有以下特点:

① 调制载波在码元转换时刻相位是连续的。

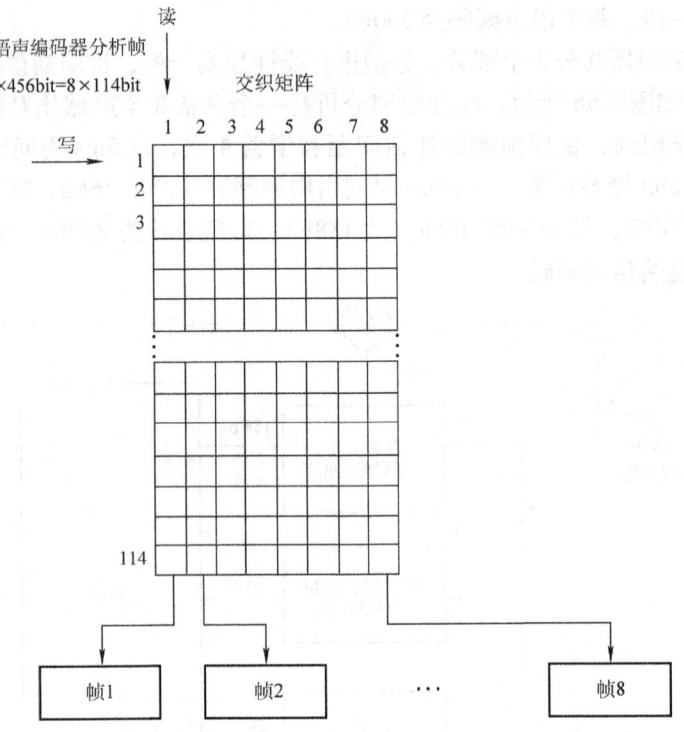

图 6-67　GSM 交织编码器交织编码

② 调制指数为 0.5。

调制指数 m 定义为频率偏移与比特率之比。$m = (w_n - w_L)/w_b$。这里 w_n 为调制载波的高频，w_L 为调制载波低频，$w_b = 2\pi/T_b$，T_b 为码元周期。

MSK 调制信号有恒定的通路，带宽相对窄，也可以相干检测。但其功率谱旁瓣滚降特性不快，使其调制带外辐射还相对较大。为解决这一问题，采用了 MSK 的改进型 GMSK 调制技术，即将数字基带信号先经过一个高斯低通滤波器整形后再进行调频，这样可使调频信号功率谱滚降加快。通过调整高斯滤波器 3dB 带宽 $B_T = 0.3$，这就有效地控制了 MSK 的带外辐射（$B_T = \infty$ 时即为 MSK），GMSK 的调制、解调设备较复杂，其基本组成的一种方案为图 6-68 所示的 PLL 型 GMSK 调制器，为一种锁相环 PLL 型调制器。图 6-69 所示为一种 GSMK 的差分解调器方案，其中，图 6-69a 为 1bit 差分解调器，图 6-69b 为 2bit 差分解调器。两种方案比较，主要是图 6-69b 的方案能改善比特波形的眼图，张开度比图 6-69a 的大。

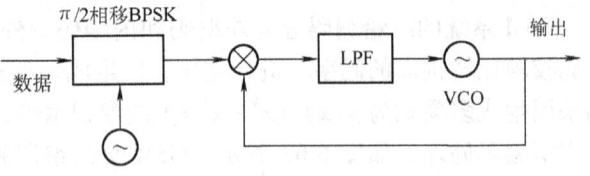

图 6-68　PLL 型 GMSK 调制器

4）鉴权、加密与设备识别。

①鉴权。鉴权是指确认移动用户是否有权入网，即鉴别移动台传送的 IMSI（国际移动用户识别码）是否是在入网时登记或签约的 IMSI。它是在网络（MSC）与用户 SIM 卡之间进行的。

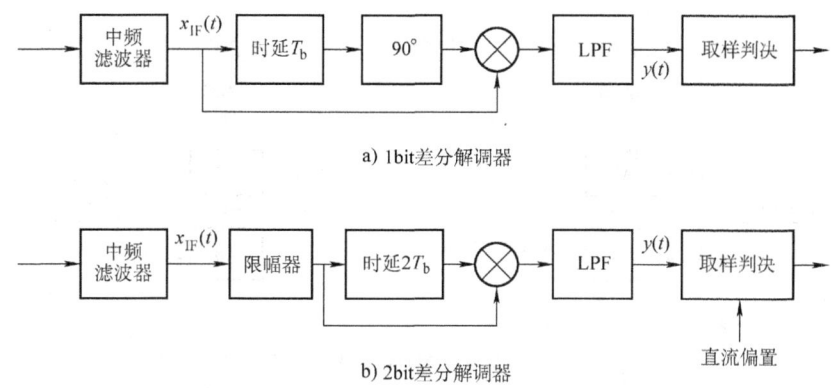

图 6-69 GMSK 信号的差分解调器

鉴权过程如图 6-70 所示。鉴权是在设备识别以后进行的，鉴权开始时移动交换中心（MSC/AUC）产生一组 128bit 的随机数作为鉴权参数（随机数）通过基站发向移动台（MS），移动台收到 RAND 后与本身用户 SIM 卡的密钥（Ki）按规定算法（A3）计算得到一个符号响应 SRES′，MS 将其 SRES′通过基站送入网络。另外，在 MSC 中根据移动台识别码 IMSI 从鉴权中心 AUC 查出该移动台使用的密钥 Ki，同时类似于移动台，也将 Ki 与随机参数 RAND 按 A3 算出相应 SRES 在网络侧（MSC/VLR）中的两组参数，比较一致（相等）即鉴权成功。

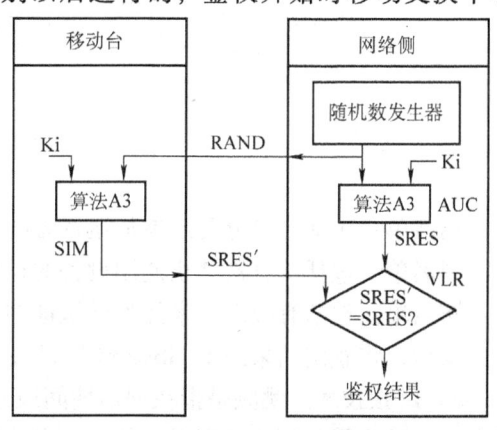

图 6-70 鉴权过程

在移动台，主呼、被呼、位置更新、补充业务的激活、去话、登记或删除前均需要鉴权。

②加密。加密是指为了防止移动用户信息被人窃听而采取的对传输数字信号的系统保护措施。也就是对用户的业务及有关数据信号，需要进行加密后传输。

GSM 系统传输数字信号加密过程是受鉴权过程中的密钥 Ki 及加密键 Kc 控制的，其加密过程如图 6-71 所示，当完成鉴权后，移动台和网络端各自根据规定算法 A8，分别从 Ki 和 RAND 算出加密键 Kc（64bit）。当网络端向移动台发出加密指令后，网络端立即开始在接收信道中插入解密。移动台收到加密指令后，同时插入加密和解密。当网络端正确解出移动台的加密信息后才开始对发出的信息加密。加密过程插在信道编码和数字调制之间，与之对应，解码过程插在数字解调和信道译码之间，将 Kc（64bit）和 TDMA 帧号（22bit）根据规定算法（A5）算出 114bit 的加密码字，由信道编码输出来的未加密码字也是 114bit，这两组码字经过模 2 加得到加密码字信号，并将其送入调制器。以上 A3、A5、A8 算法必须协调一致才能实现。

③设备识别。设备识别的作用主要是确保系统使用的移动设备不是盗用或非法设备（假货）。它是通过 MSC/VCR 把移动用户的请求 IMEI（国际移动台识别码）发送给 EIR（MSC 中的设备识别寄存器）中，在收到 IMEI 后与 EIR 中的 3 个清单进行核对。

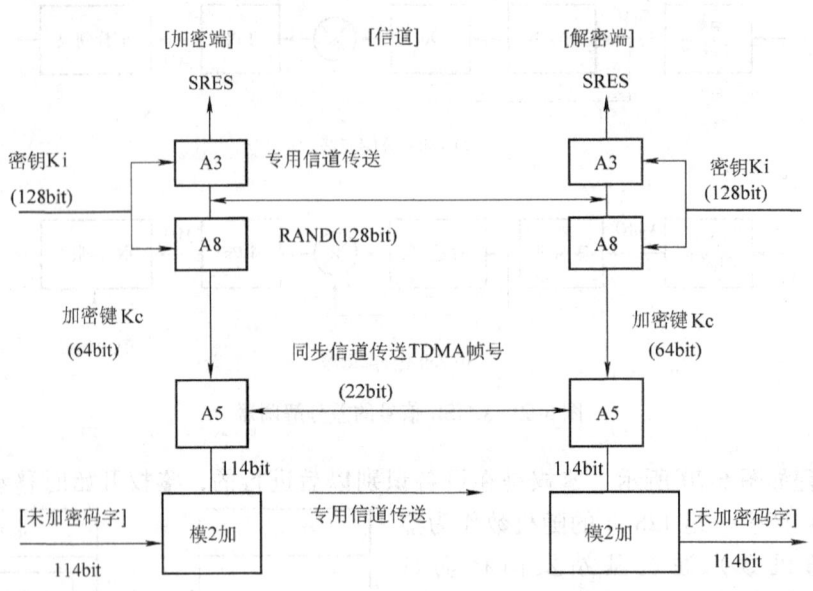

图 6-71 加密过程

白名单：包括已经分配给参加运营者的所有序列号码的识别。
黑名单：包括所有被禁止使用设备的识别。
灰名单：包括有故障及未经型号认证的设备，由运营者决定。
最后，将鉴定结果送给 MSC/VCR 以决定是否允许入网，是白名单则允许入网。

5）跳频技术。跳频是指在通话期间载波频率在 n 个频点上变化。跳频分为快跳和慢跳两种，快跳是指跳频速度高于或等于信息比特率，即每个信息比特跳一次以上；慢跳是指跳频速率低于信息比特率，即连续 n 个比特跳频一次。GSM 系统采用的是慢跳，跳频的速率大约为 217 次/s。

慢跳频基本原理是所有移动台依据从一个算法中导出的频率序列发射它的时隙。移动台在一个时隙上发射或接收，下一个时隙又跳到另一个频率上发射或接收。

在 GSM 系统中引用了跳频技术，其主要目的是为了减小由多径效应引起的瑞利衰落。采用跳频技术可以改善由衰落造成的误码特性。

跳频只在业务信道（TCH）上进行，广播控制信道（BCCH）不跳。

6.4.4 CDMA 移动通信系统

码分多址 CDMA 作为在通信中的多址技术已经出现多年，在前面的卫星码分多址通信中已提及到，但是把它用于蜂窝移动通信系统才是近几年的事。在第二代蜂窝移动通信的发展中，许多国家都在原有的体制，如欧洲的 GSM、美国 IS-54TDMA、以及日本的 JDC 等基础上积极地研制 CDMA 的实用技术。唯有美国的 IS-95CDMA 系统独树一帜，在容量和质量方面都有了较大突破。这是美国高通（Qwalcomm）公司主席 Irwim Mark Jacobs 先生经 10 年潜心研究，终于在 1989 年 4 月研究成功的 Q-CDMA 蜂窝移动通信系统。在 1993 年 TIA 通过了 CDMA 蜂窝移动通信的标准 TS-95（这是本书主要讲述的内容），此系统经过 6 年的开发试验,于 1996 年 CDMA 的商用网投入运营。

我国也十分重视 CDMA 蜂窝移动通信的开发与应用。1993 年,国家通信"863"计划组织了一批大学开始重点研究 CDMA 的关键技术。原信息产业部组织了 CDMA 蜂窝移动通信研究开发中心,开发其 CDMA 的关键技术,当前我国联通公司已开通了 N-CDMA 系统并投入了运营。

1. CDMA 蜂窝移动通信概念

码分多址就是利用不同的地址码型来区分用户的一种移动通信系统。

各用户用不相同的,相互正(准)交的地址码调制其发送信号,在接收端利用地址识别(相关检测),从传输的信号中选出相应的各自信号。

在码分多址移动通信系统中,利用自相关性很强而互相关为零或很小的周期性序列码作为地址码,与用户信息数据相乘(或模 2 加),经过相应的信道(无线信道)传输后,在接收端以本地产生的已知地址码为参考,经过相关检测,将与本地地址码一致的信号选出。其基本原理如图 6-72 所示,图中 $d_1 \sim d_N$ 分别是 N 个用户的信息数据,其对应用户的地址码分别为 $W_1 \sim W_N$,用户信息数据与对应地址码相乘后的波形用 $S_1 \sim S_N$ 表示。$S_1 \sim S_N$ 信号混合传输,如果该系统处于同步状态,或不考虑噪声影响情况下,在接收端先接收到 $S_1 \sim S_N$ 的信号叠加波形。如果要接收某一用户信息数据,则本地产生的地址码应与该用户的地址码相同,并且与解调出的叠加信号模 2 加,再送入积分电路,经过采样判决形成原有的用户信息。

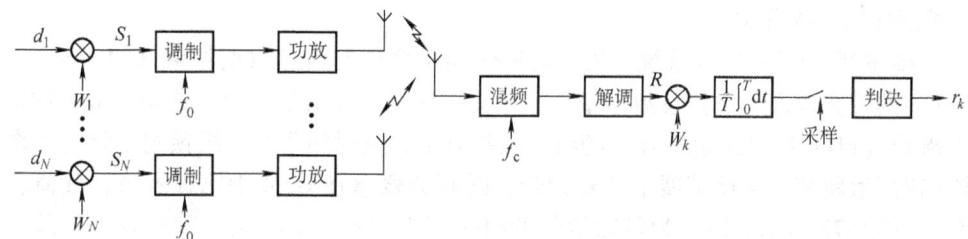

图 6-72 码分多址通信系统基本原理

2. CDMA 蜂窝移动通信特点

1) CDMA 是利用码型区别用户,要达到多路多用户,必经有足够多的地址码,这些地址码要有良好的自相关和互相关特性,这是码分的基础。

2) 在 CDMA 系统中,接收端必须有本地地址码且结构与发端一样,并与发端同步才能在收端对全部信号进行相关检测取出所需信号。

3) 在一个小区可使用同一频率,各用户可同时发送和接收信号,这是其他移动系统无能为力的,各用户在频率上复用,可克服同频干扰。

4) CDMA 各个用户在同一频带内各自占用相同带宽,要使各用户之间干扰降低到最低限度,码分系统必须与扩频技术相结合才能发挥其优势,才能有广阔的前途和实用价值。

3. 扩频通信(DS)概念及特点

(1) 扩频通信的基本概念

扩频通信是指系统占用的频带宽度远大于要传输的原始信号的带宽(或信息比特率),且与原始信号带宽(信息比特率)无关。

在原通信系统中采用的调制技术的传输带宽都是大于信息本身的最小带宽，但它们并不属于扩频通信范畴。扩频100倍以上的调制信号称为扩频调制，即 $G_P = \dfrac{W}{B} > 100$，其中，G_P 称为扩频增益，W 为扩频信号带宽，B 为信息带宽。

扩频通信理论基础来于信息论中的香农公式抗干扰理论。在信息论中

$$C = W\log_2(1 + S/N) \tag{6-25}$$

式中，C 为信道容量；W 为信道带宽；S/N 为信噪比。

由式（6-25）可得出一个重要结论，如果 C 一定，可用不同带宽 W 和信噪比 S/N 组合来传输，当 W 传输带宽较大，则用较小的信号功率（S/N 较小）来传送。这表明宽带系统表现出较好抗干扰性能。因此，当信噪比太小，不能保证通信质量时，常采用宽带系统，也就是增加带宽来提高信道容量，以改善通信质量，这也就是通常所说的以宽频带换功率的措施。根据这一原理，扩频通信就是将信息信号频谱扩展100倍以上再传输，因而提高了抗干扰能力，使之能在强干扰情况下（甚至信号被噪声淹没情况下）仍然可以维持正常通信。

（2）扩频通信的特点

1) 抗干扰能力强，可提高接收信噪比。

2) 可增加容量，可降低成本、通信质量好。

3) 移动手机功率可做得很小。

4) 频率规划简单。

4. 扩频通信系统分类

1) 直接序列（DS）扩频系统。用一高速伪随机序列与信息数据相乘（模2加），由于伪随机序列的带宽远远大于信息数据带宽，从而扩展了传输信号频带。这是本节讲述重点。

2) 跳频（FH）扩频系统。在伪随机序列控制下，发射频率在一组预先设计的频率上按照一定规律离散跳变，从而扩展了信号频带。跳频的概念在 GSM 中已提及过，其概念基本上一样，如图6-73所示。图中为跳频信号的时—频矩阵图。从时域上看跳频信号是一个多频率的移频键控信号，从频域上看，跳频信号的频谱是一个很宽频带上随机跳变的不等间隔的频率信道。

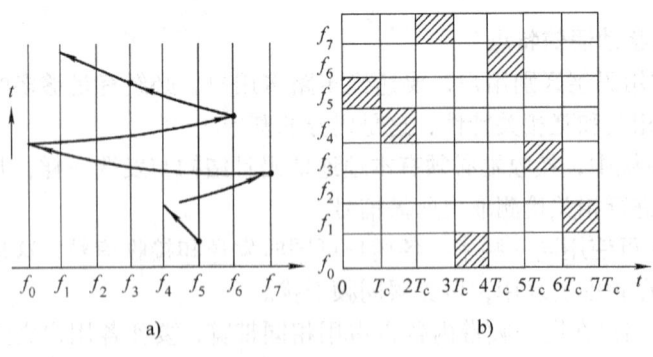

图6-73　跳频信号的时—频矩阵图

3) 跳时（TH）扩频系统。此系统与跳频类似，区别在于前者控制频率，这里是控制时间。

4) 脉冲线性调频系统。此系统的载频在一给定的脉冲间隔内线性地扫过一个宽的频带，

扩展发射信号的频谱。

此外还有以上4种系统的组合系统等，用于商用的一般为前两种。

5. 码分多址（DS）扩频通信系统

CDMA与直接序列扩频技术相结合，构成了码分多址直接序列扩频通信系统（DS）。

该系统主要有两种方式：

1）发端用户数据信息首先与对应的用户地址码调制（模2加），然后再与高速伪随机码（PN码）进行扩频调制（模2加）。在收端进行与发端对应的反变换（进行相关检测），得到所需的用户信息。如图6-74所示。

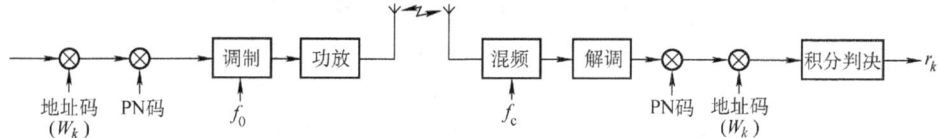

图6-74 码分直扩系统（一）

2）发端的用户数据直接与之对应的高速伪随机码（PN码）调制（模2加），如图6-75所示（此地址码可以是伪随机码）。图中的地址码调制与扩频调制在一起进行。在收端，只需要与发端完全相同的伪随机码进行解扩，相关检测就能得到所需的用户信息。

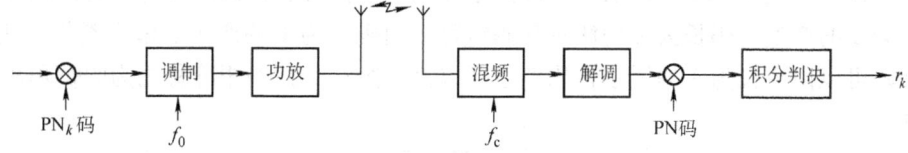

图6-75 码分直扩系统（二）

（1）地址码和扩频码的要求与特性

在CDMA移动通信系统中，地址码和扩频码设计是关键技术，它要求地址码和扩频码具有良好的相关特性（包括互相关、自相关特性），而且这些码是正（准）交码序列。这些码序列直接关系到系统多址能力、抗干扰、抗噪声和抗截获的能力，抗衰落及多径保护的能力；还关系到信息的隐蔽与保密，收端捕获和同步的实现的难易等。

理想的地址码和扩频码主要具有下列特性：

1）生成的地址码要足够多。
2）有尖锐的自相关特性。
3）有处处为零的互相关特性。
4）不同码元素平衡相等。
5）尽可能大的复杂度。

要同时满足以上条件是困难的，有些码只能作地址码、不能作扩频码，有的既可作地址码又可作为扩频码。下面举两例来说明。

（2）沃尔什码（地址码）的生成特点

沃尔什码是一组正交码，它具有良好的自相关特性和处处为零的互相关特性，但由于该码组所占频谱不宽等原因不能作为扩频码，只能作为地址码使用。下面举例来说明此码序列

的生成特点:

如有 4 个地址码组成的一组序列

$$W_1 = \{1, 1, 1, 1\}$$
$$W_2 = \{1, -1, 1, -1\}$$
$$W_3 = \{1, 1, -1, -1\}$$
$$W_4 = \{1, -1, -1, 1\} \quad (6\text{-}26)$$

把以上码长为 4 的沃尔什码,写成矩阵形式

$$M_4 = \begin{bmatrix} 1 & 1 & 1 & 1 \\ 1 & -1 & 1 & -1 \\ 1 & 1 & -1 & -1 \\ 1 & -1 & -1 & 1 \end{bmatrix} = \begin{bmatrix} M_2 & M_2 \\ M_2 & \overline{M_2} \end{bmatrix} \quad (6\text{-}27)$$

式中,矩阵 $\overline{M_2}$ 是 M_2 取反(元素 1 变为 -1, -1 变为 1),矩阵 M_2 为

$$M_2 = \begin{bmatrix} 1 & 1 \\ 1 & -1 \end{bmatrix} = \begin{bmatrix} M_1 & M_1 \\ M_1 & \overline{M_1} \end{bmatrix} \quad (6\text{-}28)$$

式中,矩阵 $\overline{M_1}$ 是 M_1 取反,矩阵 M_1 是

$$M_1 = [1] \quad (6\text{-}29)$$

式 (6-27) ~式 (6-29) 说明了生成沃尔什码的递推方法,即码长为 4 的沃尔什码组可以由码长为 2 的产生,码长为 2 的沃尔什码组可以由码长为 1 的产生。依次类推,码长为 8 的沃尔什码可以由码长为 4 的沃尔什码产生,以至无穷。上面的矩阵称之为哈德玛矩阵,一般表达式为

$$M_{2n} = \begin{bmatrix} M_n & M_n \\ M_n & \overline{M_n} \end{bmatrix} \quad (6\text{-}30)$$

式中,$\overline{M_n}$ 是 M_n 的取反,这是一个 $2n \times 2n$ 的方阵。矩阵共有 $2n$ 行和 $2n$ 列,每一行对应一个沃尔什码,对应一个地址码,共有 $2n$ 行,$2n$ 个码。当所需地址数少于 $2n$ 时,从中去掉一些行就可以了。通过以上哈德玛矩阵的递推关系,可以获得任意数量的地址码。可以证明哈德玛矩阵生成任意数量的地址码是完全正交的(本身相乘叠加为 1,任意两不同码相乘叠加的互相关值都为零)。

(3) m 序列伪随机码的生成特点

前面讲到沃尔什码只能作为地址码而不能作为扩频码。什么样的码序列才能作为扩频码呢?这里介绍一种 m 序列的伪随机码(PN 码),可以作为扩频码。

作为扩频码的伪随机码(也可作为地址码)具有类似白噪声的特性(真正的随机信号和噪声是不能重复和再现的),在这里,只能产生一种与随机噪声性能近似的一个初期性脉冲序列来代替。经常用得比较多的 m 序列就符合这种码序列。此类码具有尖锐的自相关特性和比较好的互相关特性(其互相关值不是处处为零),同一码组内的各码占据的频带可以做到很宽并且相等。此码序列可用作扩频码同时作为地址码,但也受一些条件的制约。m 序列伪随机码的特点如下(可参阅第 4 章或其他资料):

1) m 序列为最长线性序列(其周期为 $p = 2^n - 1$)。
2) m 序列一个周期内 "1" 或 "0" 的码元数大致相等 ("1" 比 "0" 多一个)。

3) m 序列一个周期 $p=2^n-1$ 内共有 2^n-1 个游程（连续"1"或"0"称为游程）。

4) m 序列和其移位后的序列逐位模 2 加，所得的序列还是 m 序列。

5) m 序列的互相关性较好，不是处处为零，序列相关性差别很大，因此必须选择运用。

6. N-CDMA（IS-95）码分多址系统

以美国高通公司（Qualcomm）公司研制的 IS-95 为代表的窄带码分多址 N-CAMA 数字蜂窝移动通信，被美国电信工业协会（TIA）于 1993 年公布了代号为 IS-95 的窄带（N-CDMA）码分多址蜂窝移动通信标准，又被称为"双模式宽带扩频蜂窝移动台——兼容标准"，世界上许多国家都纷纷采用此系统。

我国对 CDMA 公用系统早就引起重视，已在全国如北京、上海、西安、广州及福建蒲田等地进行了试验，由于我国未正式组建 CDMA 网，因此下面只能就 N-CDMA 的 IS-95 制式一般的概念和基本系统及技术进行简要讲述。

（1）N-CDMA（IS-95）系统结构

码分多址蜂窝移动通信结构也是属于数字移动通信的范畴，其网路结构与 GSM 系统大体一致。CDMA 数字蜂窝网路模型如图 6-76 所示，它由移动交换中心（MSC）基站系统（BS），移动台（MS），操作和维护中心（OMC）以及与公共交换电话网（PSTN）和综合业务数字网（ISDN）等组成。其中也有 HLR、VLR、EIR 等寄存器、AC 鉴权中心等。这些部分的功能用途与 GSM 系统组成是一样的，寄存器和移动交换机 MSC 设在同一物理体内。其组成的业务网和信令网也与前面所述的 GSM 类似；业务网与信令网分开的，信令网同样是 No.7 号公共无线信令网。由于国内尚未组建全国网路，这里就不作具体分析了。

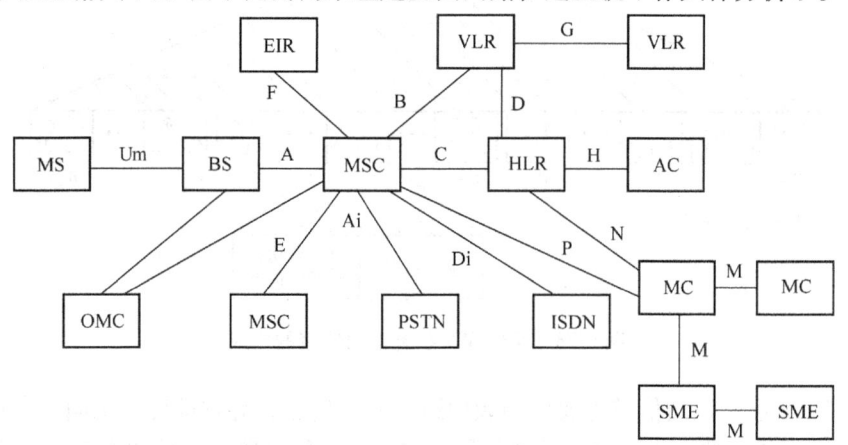

图 6-76 CDMA 数字蜂窝网路模型

MSC—移动交换中心　HLR—归属位置寄存器　PSTN—公共交换电话网　VLR—拜访位置寄存器
ISDN—综合业务数字网　EIR—设备识别寄存器　OMC—操作和维护中心　AC—鉴权中心
MS—移动台　MC—消息中心　BS—基站　SME—短消息中心

（2）N-CDMA（IS-95）系统的无线信道结构

1）码分多址的逻辑信道。CDMA 系统既不分频道，又不分时隙，所有的信道都是靠不同的码型来区别的，类似这样的信道称之为逻辑信道。这些信道从时域和频域来看都是互相重叠的，就是说它们占了相同的频段和时间。

CDMA 的无线信道分为正向业务信道（基站至移动方向），简称正向信道，反向业务信道（移动台至基站方向），简称为反向信道。CDMA 系统信道结构如图 6-77 所示。

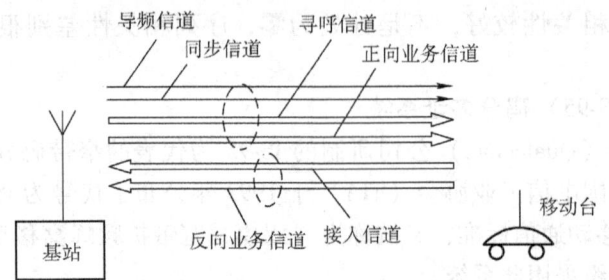

图 6-77　CDMA 系统的信道结构

2) CDMA 正向信道构成。在窄带 CDMA 系统中综合使用了频分和码分多址技术，这里的频分是把分配给 CDMA 系统的频段分成为 1.25MHz 的频段，它是 N-CDMA 系统小区的最小带宽。当用户不多时，一个蜂窝小区只配置一个这样的 CDMA 频道，当业务量大时，可以占有多个这样的 CDMA 频道。在同一小区内各个基站用频分复用使用频道。

正向信道一般使用正交的沃尔什码来区分不同信道，用一对伪随机码（PN 码）进行扩频调制再进行四相 QPSK 调制，各个基站使用同一码型的一对伪随机码，但是相位各不相同，移动台以此区别不同基站信号。图 6-78 所示为 N-CDMA 系统正向信道的构成。

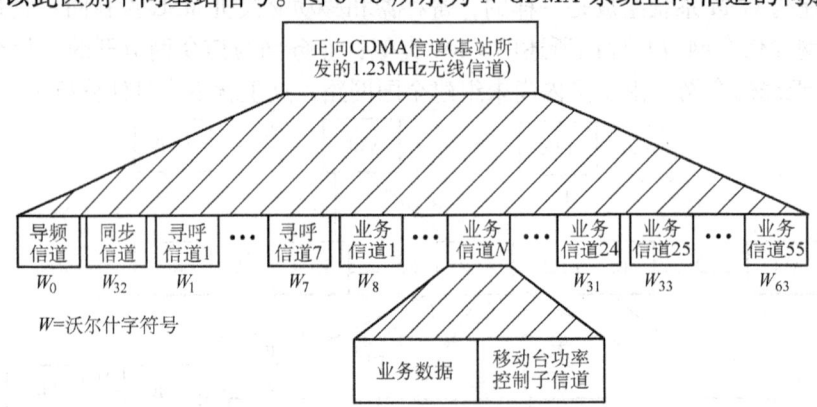

图 6-78　N-CDMA 系统正向信道的构成

如图 6-78 所示，正向信道主要由导频信道、同步信道、寻呼信道和正向业务信道组成。

导频信道：是基站始终发射的扩频信号，它不包含信息数据，且功率较大，便于移动台与之基站对应的扩频的伪随机码（PN 码）捕获和跟踪，它还作为越区切换的一个基准。

同步信道：同步信道比特率为 1.2kbit/s，其帧长为 26.666ms，它以超帧（8ms 由 3 个同步帧组成）为单位发送消息。同步信道发送前要经过卷积编码、符号重复、交织、扩频及调制后再发射。它使在基站覆盖区内开机状态的移动台利用它来获得初始时间同步，使移动台确知接入的是哪个基站。

寻呼信道：每个基站有多个寻呼信道。在呼叫时，基站通过寻呼信道传送控制信息（信令）给移动台，当需要时可以转为业务信道，用于传输用户业务数据。它是经过卷积编码、码符号重复、交织、扰码、扩频后再调制的扩频信号，其发送速率一般为 9.6kbit/s 或

4.8kbit/s,基站使用寻呼信道发送系统消息和移动台寻呼消息。

正向业务信道：正向业务信道主要是通过基站向移动用户传送用户语声编码数据或其他业务数据。语声编码多用了 QCELP，可变速率声码器，其可变速率为 9.6、4.8、2.4、1.2kbit/s，其帧结构为 20ms 帧长，正向业务信道一个频道有 55 个以上。在业务信道中包含了一个功率控制信道（以控制移动台发射功率），以及传越区切换控制信息等。

3）码分多址反向信道构成。在 N-CDMA 系统中，反向信道由接入信道和反向业务信道构成。同一个 CDMA 频道内的反向信道，使用相同的频率和一对与基站相同码型的伪随机码以及与基站相对应的一个沃尔什码。传输的信息数据经过与用户码对应的伪随机码（PN 码）的变换序列调制后再传输，使通信保密，反向信道的构成如图 6-79 所示。在反向的 CDMA 信道中有多个接入信道和多个业务信道。

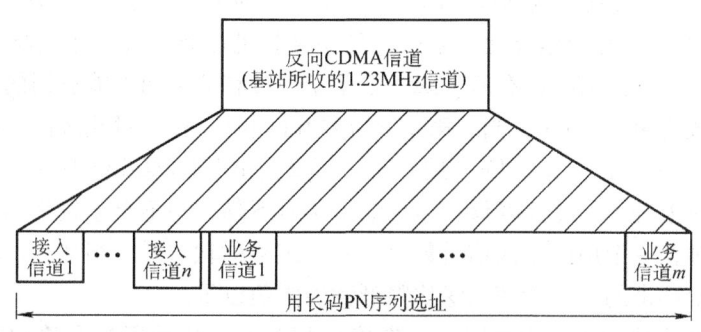

图 6-79 N-CDMA 系统反向信道的构成

接入信道：在反向信道中（移动台向基站发送信号），至少有 1 个，多达 32 个接入信道，每个接入信道都要对应正向信道中的一个寻呼信道。移动台通过接入信道向基站进行登记，发起呼叫以及响应基站寻呼信道的呼叫等。当呼叫时，在移动台没有转入业务信道之前，移动台通过接入信道向基站传送控制信息（信令）。当需要时，接入信道可以变为反向业务信道，用于传输用户业务数据信息。接入信道的数据速率为 4.8kbit/s。

反向业务信道：反向业务信道用于呼叫建立期间传输用户信息和信令信息，是移动台向基站发送的信息。其信道结构及编码、调制等与正向业务信道基本相同。

(3) N-CDMA 系统的主要技术

1）语音激活技术。从 CDMA 系统的特点中已知，在小区内所有用户使用同一载波，占用相同带宽，共同享用一个无线频道，这就会出现任意一个用户对其他用户的干扰，称为多址干扰。如果用户越多，干扰越严重，这严重地限制了用户的发展。如果减小多址干扰，就可以提高 CDMA 的容量，因此降低多址干扰这是 CDMA 系统中的首选技术。语音激活技术就是其中之一。

对人通话时的分析统计，话音停顿以及听对方讲话等待时间占了讲话时间的 65% 以上。如果采用相应的编码和功率调整技术，使用户发射机发射功率随用户语音大小、强弱、有无来调整发射机输出功率，这就是所谓的语音激活技术，这样可使其多址干扰减少 65%。也就是说，当原系统容量一定时，采用语音激活技术可以使系统容量增加约 3 倍。

对于系统的容量计算中

$$N = 1 + \frac{\omega/R_b}{E_0/N_0} \tag{6-31}$$

式中，ω 为系统带宽；R_b 为信息速率；E_0/N_0 为系统信噪比。

由通话质量决定，若采用语音激活技术 d（语音占空比），则

$$N = \left(1 + \frac{\omega/R_b}{E_0/N_0}\right)\frac{1}{d} \tag{6-32}$$

式中，d 为语音占空比，一般为 35%。

2）软容量、软切换。

①软容量。在模拟频分和数字时分的移动通信中，每个小区的信道数是固定的，很难改变，当没有空闲信道时，系统会出现忙音，移动用户既不能再呼叫也不能接收其他用户的呼叫。而在 CDMA 系统中，在一频道内（较宽带范围）的多用户是靠码型来区分的，其标准信道数是以一定的输入/输出信噪比为条件。只要接收机在能允许最小信噪比条件下，增加一个用户或几个用户只是信噪比有所下降，不至于因没有信道而不能通话的现象发生。例如对一个标准信道数为 40 的扇区，当有第 41 个用户呼叫时，这时对此区接收机输入信噪比下降为 $10\lg41/40\text{dB} = 0.1\text{dB}$；当有 43 个用户时，下降为 $10\lg43/40\text{dB} = 0.3\text{dB}$，只使该扇区内的用户误码率有所上升，信噪比降低，通话质量稍有下降，但不至于发生出现忙音无信道的情况。人们把这种在一个扇区小区信道数可扩容的现象称软容量。当然，这种软容量是以话音质量降低为代价换来的，不能使信噪比降低到极限值以下。

②软切换。在移动通信中都有切换（交接）的技术，移动用户在移动通话时从一个小区到另一个小区，从一个基区到另一个基区都要进行切换。

在 FDMA 系统中，要测试该区有空闲信道才能切换，而且切换时收发频率都要作相应变化，先切断原来频道再转换到新的频道上。TDMA 系统也同样如此，要切断原来频道和时隙，再转换到新的频道和新时隙中去。这种先断后通的切换叫做硬切换。这种切换方式有时会带来噪声（乒乓效应），还会引起通信的短暂中断等现象。

在 CDMA 系统中，由于在小区或扇区内可以使用相同的频率，小区（或扇区）之间以码型来区别，当移动用户要切换时，不需要首先收、发频率切换，只需在码序列上作相应调整，然后再与原来的通话链路切断，这种先通后断的切换方式称为软切换。这种软切换方式，切换时间短，不会中断话音，也不会出现硬切换时的"乒乓"效应。

3）CDMA 系统的功率控制技术。在 CDMA 系统中，功率控制技术被认为是所有关键技术的核心。前面讲到的话音激话技术，就是属于功率控制的一种类型。这里主要讲述无线信道中存在"远近效应"问题而采用的功率控制技术。

所谓远近效应是指，如果小区中各用户均以同等功率发送信号，靠近基站的移动台信号强，而远离基站的移动台信号到达基站时很弱，则导致强信号掩盖弱信号的现象发生，就称为"远近效应"，就形成一个自干扰情况发生。

功率控制分为正向信道功率控制和反向信道功率控制，而反向功率控制又分为开环和闭环功率控制。

①正向功率控制。基站根据移动台提供的信号功率测量结果，调整基站对每个移动台发射的功率。其中，一种为开环控制，是基站利用接收移动台功率，估算正向信道传输损耗，从而控制基站业务信道发送功率大小；另一种为闭环控制，是基站与移动台相结合进行的动

态功率控制。

②反向功率控制。反向功率控制分为开环功率控制和闭环功率控制。

反向开环功率控制：是移动台根据在小区中所接收功率的变化，迅速调节移动台发射功率。开环功率控制的目的是基站使所有移动台（不管远、近情况）发出的信号到达基站都有相同的标称功率。它是一种移动台自己的功率控制。

反向闭环功率控制：此种功率控制基站起决定性作用，它的目标是使基站对移动台的开环功率进行迅速估算或纠正，并使移动台始终保持最理想的发射功率（这解决了正向链路和反向链路间增益容许度和传输损耗不一致的问题），以保证在基站收到每个移动台的信号功率足够大，同时对其他移动台的干扰又最小。

4）分集技术。本章在开始讲述移动通信时就谈到了移动通信电波传播条件恶劣，又在强干扰下工作，主要是因移动的无线信道在传输中，给通信带来的不利影响。因此人们采用多种技术来克服和尽量消除这些不利的影响。其中采用的分集技术尤为重要。

分集技术大体分为两大类：显分集和隐分集。

显分集主要是指在频域、时域或空间，采用的分集方式是显而易见的，称显分集。如空间分集、频率分集、时间分集、极化分集、路径分集等。

隐分集主要是指把分集作用隐蔽在传输信号之中，如交织编码、纠错编码、自适应均衡等技术。

①空间分集。是利用空间的多副天线来实现的，在发端采用一副天线，而在接收端采用多副天线接收。

②极化分集。主要指在移动通信中在同一点极化方向相互正交的两个天线，发出的信号呈现互不相关的衰落特性，使干扰减小。

③角度分集。主要指在移动通信中，移动台接收端信号来自不同方向，接收端利用天线方向性，接收不同方向信号，使其收到信号互不相关。

④频率分集。与前面讲的频分多址类似。

⑤时间分集。与前面讲的时分多址类似。

⑥路径分集。由于移动通信中到达接收端都会产生多径衰落现象，对 N-CDMA 系统，可以把各路信号分离出来，通过相关接收，分别进行处理，然后进行合并，从而克服多径效应，等效增加了接收功率，变不利因素为有利因素。这就是 CDMA 系统特有的路径分集技术。

⑦隐分集。前面已经讲述过的交织等技术。

6.4.5 第三代移动通信系统

第三代移动通信系统（IMT-2000）一般称为 3G。国际电信联盟（ITU）目前批准的 3G 制式标准分别为 TD-SCDMA、WCDMA、CDMA 2000。3 种 3G 制式各具有技术优势，其一般都工作在 1.8GHz 频段，采取相位调制方式，并根据 3 种制式采取了不同的关键技术措施。

1. TD-SCDMA

TD-SCDMA（Time-Division Synchronous Code Division Multiple Access）是由我国信息产业部电信科学技术研究院提出，与德国西门子公司联合开发的，其主要技术特点为采用了同步码分多址技术、智能天线技术和软件无线电技术。TD-SCDMA 采用 TDD 双工模式，载波带宽为 1.6MHz。TDD 是一种优越的双工模式，因为在第三代移动通信中，需要大约 400MHz 的频谱资源，在 3GHz 以下是很难实现的。TDD 能使用各种频率资源，不需要成对的频率，能节省未来紧张的频率资源，而且设备成本相对比较低，比 FDD 系统低 20%~50%，特别对上下行不对称、不同传输速率的数据业务来说，TDD 更能显示出其优越性。也许这也是 TD-SCDMA 能成为 3 种标准之一的重要原因。另外，TD-SCDMA 独特的智能天线技术，能大大提高系统的容量，特别对 CDMA 系统的容量能增加 50%，而且降低了基站的发射功率，减少了干扰。TD-SCDMA 软件无线电技术能利用软件修改硬件，在设计、测试方面非常方便，不同系统间的兼容性也易于实现。当然，TD-SCDMA 也存在一些缺陷，它在技术的成熟性方面比另外两种技术要欠缺一些。因此，当时的信息产业部也广纳合作伙伴一起完善它。另外，TD-SCDMA 在抗快衰落和终端用户的移动速度方面也有一定缺陷。

2. WCDMA

宽带码分多址（Wide band Code Division Multiple Access，WCDMA）是一种 3G 蜂窝网络。WCDMA 使用的部分协议与 2G GSM 标准一致。具体来说，WCDMA 是一种利用码分多址复用（或者 CDMA 通用复用技术，不是指 CDMA 标准）方法的宽带扩频 3G 移动通信空中接口。

WCDMA 源于欧洲和日本几种技术的融合，采用直扩（MC）模式，载波带宽为 5MHz，数据传送可达到 2Mbit/s（室内）及 384kbit/s（移动空间）。它采用 MC FDD 双工模式，与 GSM 网络有良好的兼容性和互操作性。作为一项新技术，它在技术成熟性方面不及 CDMA 2000，但其优势在于 GSM 的广泛采用能为其升级带来方便。因此，近段时间也备受各大厂商的青睐。WCDMA 采用最新的异步传输模式（ATM）微信元传输协议，能够允许在一条线路上传送更多的语音呼叫，呼叫数由现在的 30 个提高到 300 个，在人口密集的地区，线路将不再容易堵塞。

另外，WCDMA 还采用了自适应天线和微小区技术，大大地提高了系统的容量。

3. CDMA 2000

CDMA 2000（Code Division Multiple Access 2000）由美国高通（Qualcomm）公司提出。它采用多载波（DS）方式，载波带宽为 1.25MHz。CDMA 2000 共分为两个阶段：第一阶段将提供 144kbit/s 的数据传输速率，而当数据传输速率加快到 2Mbit/s 时，便是第二阶段。CDMA 2000 和 WCDMA 在原理上没有本质的区别，都起源于 CDMA（IS-95）系统技术。但 CDMA 2000 做到了对 CDMA（IS-95）系统的完全兼容，为技术的延续性带来了明显的好处，即成熟性和可靠性比较有保障，同时也使 CDMA 2000 成为从第二代向第三代移动通信过渡最平滑的选择。但是 CDMA 2000 的多载传输方式比起 WCDMA 的直扩模式，对频率资源会造成极大的浪费，而且它所处的频段与 IMT-2000 规定的频段也产生了矛盾。

6.4.6 第四代移动通信系统

第四代移动通信技术（4G）的概念可称为宽带接入和分布网络，具有非对称的超过 2Mbit/s 的数据传输能力。它包括宽带无线固定接入、宽带无线局域网、移动宽带系统和交互式广播网络，一般工作在 2GHz 频段，采用正交频分复用调制（OFDM）方式。第四代移动通信标准比第三代标准具有更多的功能。第四代移动通信可以在不同的固定平台、无线平台和跨越不同的频带的网络中提供无线服务，可以在任何地方用宽带接入互联网（包括卫星通信和平流层通信），能够提供定位定时、数据采集、远程控制等综合功能。此外，第四代移动通信系统是集成多功能的宽带移动通信系统，是宽带接入 IP 系统。

1. LTE-Advanced

LTE-Advanced 包含 FDD 和 TDD 两种制式。TD-LTE 是时分多址的 LTE，FDD-LTE 是频分多址的 LTE。简单地说，时分复用是不同的用户占用不同的时间，而频分复用就是不同的用户占用不同的频率。LTE 是 3GPP 标准化组织给它的下一代无线通信标准取的名字。这个标准分为 TDD 和 FDD。目前全球来看，绝大部分国家的运营商都采用 FDD-LTE 的模式。只有中国的 CMCC 和日本的 SoftBank Mobile 宣布采用 TD-LTE。印度的部分运营商可能会采用 TDD 制式。

2. 4G 的特点

（1）具有很高的传输速率和传输质量

未来的移动通信系统应该能够承载大量的多媒体信息，因此要具备 50～100Mbit/s 的最大传输速率、非对称的上下行链路速率、地区的连续覆盖、QoS 机制、很低的比特开销等功能。

（2）灵活多样的业务功能

未来的移动通信网络应能使各类媒体、通信主机及网络之间进行"无缝"连接，使得用户能够自由地在各种网络环境间无缝漫游，并觉察不到业务质量上的变化，因此新的通信系统要具备媒体转换、网间移动管理及鉴权、Adhoc 网络（自组网）、代理等功能。

（3）开放的平台

未来的移动通信系统应在移动终端、业务节点及移动网络机制上具有"开放性"使得用户能够自由地选择协议、应用和网络。

（4）高度智能化的网络

未来的移动通信网将是一个高度自治、自适应的网络，具有很好的重构性、可变性、自组织性等，以便于满足不同用户在不同环境下的通信需求。

3. 4G 的 5 大技术标准

ITU 已经将 WiMax、HSPA+、LTE 正式纳入 4G 标准中，加上之前就已经确定的 LTE-Advanced 和 WirelessMAN-Advanced 这两种标准，目前 4G 标准已经达到了 5 种。

（1）LTE

LTE（Long Term Evolution，长期演进）项目是 3G 的演进，它改进并增强了 3G 的空中接入技术，采用 OFDM 和 MIMO 作为其无线网络演进的唯一标准。主要特点是在 20MHz 频谱带宽下能够提供下行 100Mbit/s 与上行 50Mbit/s 的峰值速率，相对于 3G 网络，大大地提高了小区的容量，同时将网络延迟大大降低：内部单向传输时延低于 5ms，控制平面从睡眠状态到激活状态迁移时间低于 50ms，从驻留状态到激活状态的迁移时间小于 100ms。并且这一标准也是 3GPP（第三代合作伙伴项目）长期演进（LTE）的项目，是近两年来 3GPP 启动的最大的新技术研发项目。

（2）LTE-Advanced

LTE-Advanced 的正式名称为 Further Advancements for E-UTRA，它满足 ITU-R 的 IMT-Advanced 技术征集的需求，是 3GPP 形成欧洲 IMT-Advanced 技术提案的一个重要来源。LTE-

Advanced 是一个后向兼容的技术，完全兼容 LTE，是演进而不是革命，相当于 HSPA 和 WC-DMA 这样的关系。

如果严格地讲，把 LTE 作为 3.9G 移动互联网技术，那么把 LTE-Advanced 作为 4G 标准更加确切一些。LTE-Advanced 的入围，包含 TDD 和 FDD 两种制式，其中 TD-SCDMA 将能够进化到 TDD 制式，而 WCDMA 网络能够进化到 FDD 制式。中国移动主导的 TD-SCDMA 网络期望能够直接绕过 HSPA + 网络而直接进入到 LTE。

（3）WiMax

WiMax（Worldwide Interoperability for Microwave Access）即全球微波互联接入，WiMAX 的另一个名字是 IEEE 802.16。WiMAX 的技术起点较高，其所能提供的最高接入速度是 70Mbit/s，这个速度是 3G 所能提供的宽带速度的 30 倍。对无线网络来说，这的确是一个惊人的进步。WiMAX 逐步实现宽带业务的移动化，而 3G 则实现移动业务的宽带化，两种网络的融合程度会越来越高，这也是未来移动世界和固定网络的融合趋势。

（4）HSPA +

HSPA +（High Speed Downlink Packet Access）为高速下行链路分组接入技术，而 HSUPA 即为高速上行链路分组接入技术，两者合称为 HSPA 技术。HSPA + 是 HSPA 的衍生版，能够在 HSPA 网络上进行改造而升级到该网络，是一种经济而高效的 4G 网络。

HSPA + 符合 LTE 的长期演化规范，将作为 4G 网络标准与其他的 4G 网络同时存在，它将很有利于目前全世界范围的 WCDMA 网络和 HSPA 网络的升级与过渡，成本上的优势很明显。对比 HSPA 网络，HSPA + 在室内的吞吐量约提高 12.58%，在室外小区的吞吐量约提高 32.4%，能够适应高速网络下的数据处理，将是短期内 4G 标准的理想选择。目前联通已经在着手相关的规划，T-Mobile 也开通了这个 4G 网络。

（5）WirelessMAN-Advanced

WirelessMAN-Advanced 事实上就是 WiMax 的升级版，即 IEEE 802.11m 标准，802.16 系列标准在 IEEE 正式称为 WirelessMAN，而 WirelessMAN-Advanced 称为 IEEE 802.16m。其中，802.16m 最高可以提供 1Gbit/s 无线传输速率，还将兼容未来的 4G 无线网络。802.16m 可在"漫游"模式或高效率/强信号模式下提供 1Gbit/s 的下行速率。该标准还支持"高移动"模式，能够提供 1Gbit/s 速率。目前的 WirelessMAN-Advanced 有 5 种网络数据规格，其中极低速率为 16kbit/s，低速率数据及低速多媒体为 144kbit/s，中速多媒体为 2Mbit/s，高速多媒体为 30Mbit/s，超高速多媒体则为 30Mbit/s ~ 1Gbit/s。

思考题与习题

6-1 什么是光纤通信？光纤通信的特点是什么？

6-2 数字光纤通信系统主要由哪几部分构成，各完成什么样的功能？

6-3 SDH 的光纤通信网络中常采用通道保护环，试举例说明当光纤在某处出现断点时，自愈功能是如何实现的？

6-4 SDH 网络的基本网元设备主要由哪几类？其中"ADM"和"DXC"的作用是什么？

6-5 SDH 光传输网络结构分为几个层面，各层面的特点与联系如何？

6-6 在 SDH 光传输系统中影响中继段长度有几种因素？写出其估算中继段长度的表达式，并解释各项的意义？

6-7 已知某光纤通信系统的光纤损耗为 0.6dB/km，光纤接续损耗平均每千米为 0.2dB，光纤活动接头损耗为 0.5dB/个，光源的入纤功率可调范围为 0.4~0.6mW，接收的灵敏度可调范围为 -36~-42dBm，设计时已给定设备和光纤的富裕度共为 6dB。求：系统可以达到的最长无中继传输距离。

6-8 SDH 系统网同步的概念是什么？
6-9 WDM 与 DWDM 在定义上有什么区别？
6-10 波分复用器件从制造原理上看有几种？哪种波分复用器件目前用得最多？
6-11 为什么说在光波分复用系统中，光放大器件是关键设备？
6-12 简述掺铒光纤放大器的工作原理。
6-13 掺铒光纤放大器在光纤通信系统中的主要作用是什么？
6-14 什么是微波通信，它有什么特点？使用频段如何？
6-15 微波传输线路中余隙的概念是什么？
6-16 如果某微波中继段为大片稻田区，反射点距发端 10km，距收端 30km，工作频率为 6GHz，求：在不同气象条件下的天线余隙标准？（要求算出具体数值）

（参考答案：当 $K = \frac{2}{3}$ 时，$h_c \geq 5.69\text{m}$，$K = \frac{4}{3}$ 时，$h_c = 18.96\text{m}$，$K = \infty$，$h_c < 26\text{m}$）

6-17 在实际应用中，SDH 数字微波和数字卫星通信中采用了什么样的数字调制技术？
6-18 微波接力通信系统由哪几部分组成？各起什么作用？
6-19 简述卫星通信系统的组成及工作过程。
6-20 什么叫卫星通信的全向有效辐射功率 EIRP？传播方程与 EIRP 有什么关系？
6-21 什么叫同步卫星通信？
6-22 什么叫卫星的姿态保持和位置控制？
6-23 通信卫星天线波束主要有哪几种？
6-24 对下题作简单计算：

（1）一卫星通信系统地面站，发射天线增益为 6000，$f_上 = 6\text{GHz}$，发射功率为 41.5dBm，卫星接收功率为 1pW（$1\text{pW} = 10^{-12}\text{W} = 10^{-9}\text{mW}$），求卫星接收天线增益 G_R 为多少？（发射和接收部分的损耗不计，地面站距卫星距离设为 $4 \times 10^4 \text{km}$）（参考答案：$G_R = 29.85\text{dB}$）

（2）一卫星地面站接收系统主框图如图 6-80 所示，图中各设备电平如图中所注，求：b、c、d、e、f 各接口电平，以及中频放大 G_3 为多少 dB？

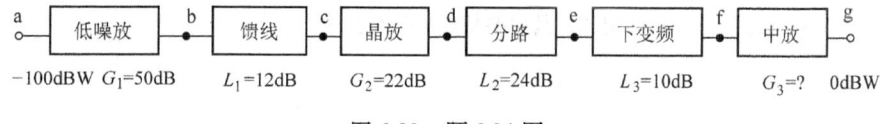

图 6-80 题 6-24 图

6-25 同步卫星的观察参量有哪些？如何定义的？
试计算东方红三号卫星（E125°）在北京和你所在地的观察参量。
（答案提示：北京：$\varphi = 166.62°$，$\theta = 42.87°$，$d = 3764\text{km}$）

6-26 标准卫星通信地面站的天馈系统主要由哪几部分构成？各起什么作用？
6-27 卫星通信地面站的发射部分和接收部分主要组成有哪些？
6-28 IDR 是什么多址方式？是否属于数字卫星通信系统？为什么？
6-29 什么叫 DCME 技术，为什么在卫星通信系统中被广泛应用？
6-30 VSAT 系统一般有几种组网方式？哪种延迟为最大？
6-31 VSAT 卫星通信系统的 TDMA 方式有哪几种主要的小容量通信方式？各有何特点？
6-32 海事卫星通信系统（INMARSAT）一般有几种类型的地面站，我国是否加入此系统？
6-33 什么叫移动通信？移动通信特点有哪些？

6-34 移动通信系统主要由哪几部分组成？
6-35 目前移动通信系统使用哪几个频段？
6-36 什么叫蜂窝移动通信？
6-37 试计算当天线小区半径 $r=10$km，同频复用距离 $D=35$km 时，采用蜂窝移动小区组网，此时无线区群小区个数 N 为多少？
6-38 在移动通信中表征电波衰落的数字特征有哪些？
6-39 GSM 系统主要由哪几部分构成？
6-40 GSM 制式的主要特点是什么？
6-41 GSM 的无线信道如何构成？
6-42 GSM 的语声采用什么编码技术？其话音速率为多少？
6-43 GSM 数字移动通信采用的是什么调制方式？有何特点？
6-44 什么叫鉴权？如何鉴权？何时需鉴权？
6-45 什么叫移动通信加密？何时加密？怎样加密？
6-46 什么叫跳频？GSM 采用什么样的跳频技术？
6-47 SIM 卡主要由哪几部分组成？主要功能是什么？
6-48 什么是码分多址？码分多址和码分多址扩频系统有什么区别？
6-49 码分多址直接扩频（DS）移动通信系统的特点是什么？
6-50 沃尔什码的生成特点是什么？能否作为扩频码？
6-51 M 序列伪随机码的主要特点是什么？
6-52 双模式 CDMA 的概念是什么？
6-53 N-CDMA（IS-95）的无线信道结构是什么？
6-54 什么是软容量？什么是软切换？
6-55 在 N-CDMA 中，功率控制技术为什么说非常重要？主要有哪种功率控制技术？
6-56 在分集技术中，什么叫显分集？什么叫隐分集？
6-57 在 TACS、GSM、N-CDMA（IS-95）3 种移动通信制式中，话音传送各有什么特点？
6-58 GPRS 概念是什么？为什么称它为 2.5G？
6-59 第三代移动通信有哪几种制式？
6-60 第四代移动通信有哪几种制式，其主要特点是什么？

第7章 通信网络及应用

7.1 通信网的概述

7.1.1 通信网的概念与拓扑

1. 网的概念与拓扑

（1）网的概念

对于网大家都较熟悉，在自然界经常见到蜘蛛网、渔网、网兜等，都是线经过编织而成。要编织成一个网，必须在线与线之间打许多结，比如蜘蛛网，它就有许多节点（线与线的交汇点）。在日常生活中，可亲身体验到交通网、铁路网、航空网、公路网以及邮政运输网等，这些网不管是自然界昆虫编织还是人们制造，都有其共同的特征，即为点、线的集合。这些集合点，在通信中常称为节点，如在教材中讲到的信源节点、交换节点、传输节点、信号转换节点等。点与点之间用线进行连接。线，就是通信中的传输线（信道）。这种许多点线的连接体就构成了许多不同功能、不同用途、不同形状及不同结构的网络。

（2）网络的物理拓扑

由点和线构成的网络虽有不同形状和不同结构，但都有其内部的规律性。下面从物理结构层面，对在通信中经常用到的几种网络，进行物理拓扑分析。从硬件设施分析，当前组成通信网的基本结构主要有 5 种，可由它们再复合组成若干种实用型的信息网络。

1）星形网。星形网如同星状，以一个中心点向四周辐射，也可称为辐射网。它是以中心节点分别与周围各辐射点用线相连，点线之间的关系为：有 N 个点即有 $N-1$ 条线，其结构如图 7-1 所示。现在的程控交换局或与其所在的各电话用户及数据用户间的连线（一般为双绞线、同轴线或光纤）就属于这种结构。

2）网形网。任意节点间都有线相连接，其 N 个节点与线的关系为 $N(N-1)/2$，如图 7-2 所示。

以上连接属于全连通方式，在实际的组网中，根据实际情况从经济效益考虑，可组成不全连通方式而形成网孔形网，如图 7-3 所示。

这种网在实际通信组网中的大区一级干线网以及市话网中大量采用。

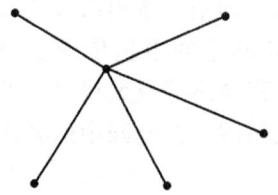
图 7-1 星形网

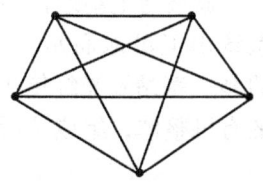
图 7-2 网形网

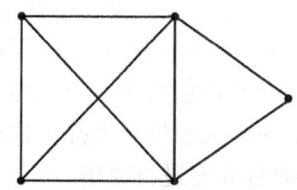
图 7-3 网孔形网

3) 环形网。环形网是一种首尾相接的闭合网络，其 N 个节点与线的关系为 $N:N$，有 N 个节点就有 N 条线相连，如图 7-4 所示。

这种网结构简单，而且有自愈功能，现在的 SDH 光传输系统组网中经常采用，组成自愈保护环网，其稳定性较高。在组成本地网时，中继网经常采用此种结构。

4) 总线型网。总线型网是节点都连接到一条共有的传输线上，这条传输线常称为总线，因此称之为总线型网。这是一种并联的网络，在信息传输中计算机网络经常采用此种结构。此种网络增减节点很方便，设置的传输链路少，其结构如图 7-5 所示。

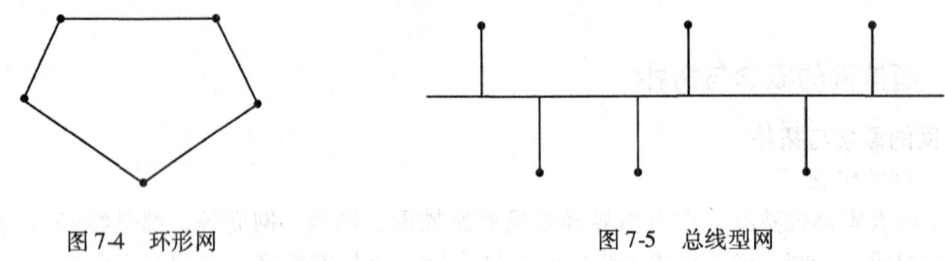

图 7-4　环形网　　　　　　　　　图 7-5　总线型网

5) 复合型网。现在实际组网，经常是以上形式的网组合而成，称为复合型网。例如网形网与星形网的组合构成当前的市话网，如图 7-6 所示。又如星形网扩展组成树形网，如图 7-7 所示。目前，在我国的 SDH 系统组网中的同步时钟系统采用的主从同步结构，就是这种树形网。

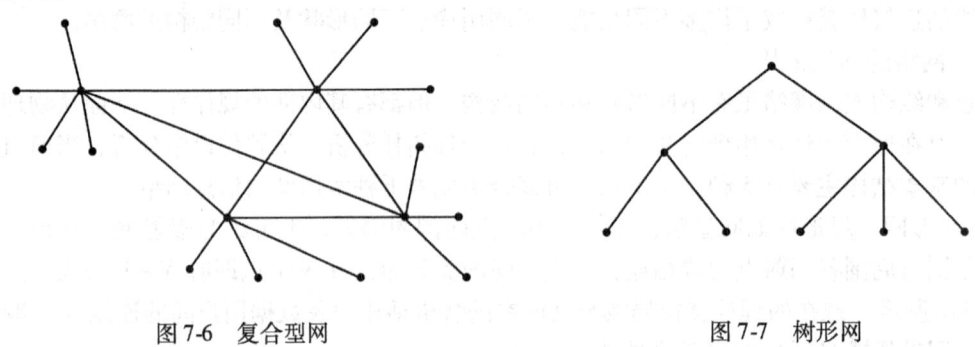

图 7-6　复合型网　　　　　　　　　图 7-7　树形网

2. 通信网的概念

下面主要讲述信息传输与交流而组成的通信网络。前一章讲到的通信系统主要表述了两用户间的信息传输及交流的过程，需要实现多用户间的通信，就要将各种通信系统有机地组成一个整体，使它们能互连互通，协同工作。通信网构成如图 7-8 所示。

图 7-8 中示出了前面已讲述的 3 大通信系统：光纤通信系统（它由光传输终端设备、光缆、光再生中继设备或光放大器组成）、微波与卫星通信系统（微波通信系统由微波终端设备、微波中继链路组成，卫星通信系统由卫星地面站、通信卫星和空间卫星传输链路组成）、移动通信系统（它由移动交换设备、基站及光纤传输链路、移动终端及无线覆盖区组成），此 3 大通信系统都是相互联系的有机整体，组成了所谓的通信网，在此网中的各用户终端都能相互进行通信。

从图 7-8 中可以看出，几种通信系统是相互依存相互制约的许多要素的有机整体，是用以完成规定的功能，以适应不同用户呼叫的需要，传递和交流多个用户信息的网络。

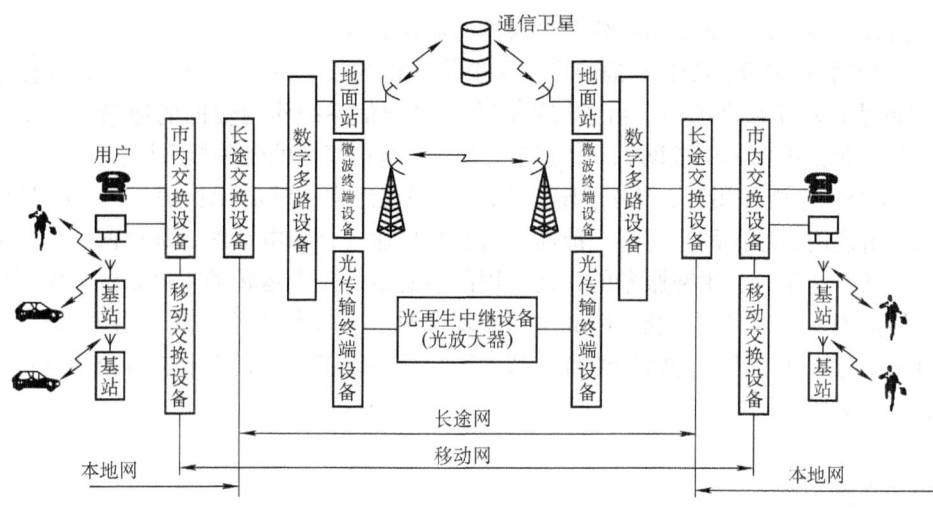

图 7-8　通信网构成

综上所述，通信网是指由一定数量的节点和连接节点间的传输通道（各种通信系统）有机结合在一起，以实现两个或多个规定点间信息畅通的通信体系。这些规定点可称为用户终端或传输终端。为此，把以上提到的交换设备、传输通道、终端设备称为通信网的三要素。其中，传输通道称为通信网的传输链路，有光纤传输系统，卫星、微波传输系统以及其他无线传输系统；交换设备即前面所讲的程控交换机，以及各种数据交换机如分组交换机、ATM 交换机、IP 交换机等；终端设备包括传输终端，如 PCM 终端、SDH 终端、WDM 终端及其他 TDM 终端等，以及用户终端，如电话机、手机、计算机、传真机、电视机及其他各种数据终端设备、多媒体设备等。

7.1.2　通信网的分类

信息网按其网内传递的信号及网络的功能、作用、性质及服务范围等，可分为不同的类型。

通信网的分类常用的主要有以下几种：

1) 按传输介质分：有线网和无线网。其中，有线网由金属电缆组成，一般在计算机的小局域网中使用较多，现在广泛使用在固定电话用户接入网以及工业上的现场总线等，其传输距离比较短，一般在几十米至几千米的范围；有线网还有当前主要由光纤（光缆）传输线组成的公用网、专用网、接入网等。无线网，按电磁波长划分为长波、中波、短波、超短波、超高频、微波（移动），现使用的公用移动通信系统（网）都工作在微波频段；无线网还有卫星通信系统（此系统也工作在微波频段）。

2) 按传输的信号分：数字网和模拟网。当前的公用通信网为数字网，但其中广播电视网还没有完全实现数字化，如当前的 CATV 电缆电视为模拟网（一般为光纤、电缆混合网）。

3) 按业务用途分：①电话网（一般指固定电话网）；②数据通信网：它包括的内容较多，如分组交换网、计算机网、Internet、IP 网等；③广播电视网，正在向全数字化迈进，当前主要为光纤、电缆混合传输的网（HFC）或称电缆电视（CATV）网；④移动通信网，它主要包括移动话务、移动数据及移动多媒体通信业务等。

4) 按服务的范围分：①长途通信网，一般指我国的长途一、二级干线网，其传输主要由 SDH 光同步传输系统来承担，由微波通信和卫星通信系统作为辅助的通信传输系统；②本地通信网（包括市内的中继网）；③还有庞大的、结构复杂的各种接入网。

5) 按网络的功能作用分：①公用通信网，即现在经常称呼的现代通信网，这是任何公民都有权自由使用的通信网，它包括前面所讲的公用业务，如电话网、数据网、广播电视网等；②支撑网，这是为公用网服务的，使公用网能稳定、正常运转的支撑系统，也可以说它是公用网的保障系统、服务系统，因此又叫做现代通信网的支撑网；③专用网，它不是为公众提供自由服务，而是为某种特殊业务、特种用途或为某部门、某企业提供服务或自己组建的网络，所以称专用网。

7.2 公用通信网

7.2.1 电话网

1. 固定电话网

电话网目前主要有固定电话网、移动电话网（第 6 章已讲）、IP 电话网，这里主要讲述固定电话网即公用电话交换网（Public Switched Telephone Network，PSTN），它采用电路交换方式，其节点交换设备是数字程控交换机，另外还应包括传输链路设备及终端设备。为了使全网协调工作，还应有各种标准、协议等。

（1）电话网（固定长途电话业务）的组成

全国范围的电话网采用等级结构。等级结构就是全部交换局划分成两个或两个以上的等级，低等级的交换局与管辖它的高等级的交换局相连，各等级交换局将本区域的通信流量逐级汇集起来。在长途电话网中，通常根据地理条件、行政区域、通信流量的分布情况等设立各级汇接中心（所谓汇接中心是指下级交换中心之间的通信要通过汇接中心转接来实现，在汇接交换机中只接入中继线），每一汇接中心负责汇接一定区域的通信流量，逐级形成辐射的星形网或网形网。一般是低等级的交换局与管辖它的高等级的交换局相连，形成多级汇接辐射网，最高级的交换局则采用直接互连，组成网形网。所以，等级结构的电话网一般是复合型网。电话网采用这种结构可以将各区域的话务流量逐级汇集，达到既保证通信质量又充分利用电路的目的。

电话网最早分为 5 级，长途网分为 4 级，一级交换中心之间相互连接成网形网，以下各级交换中心以逐级汇接为主。这种 5 级等级结构的电话网在网络发展的初级阶段是可行的，它在电话网由人工向自动、模拟向数字的过渡中起过较好的作用。然而，由于经济的发展，非纵向话务流量日趋增多，新技术、新业务层出不穷，这种多级网络结构存在的问题日益明显，就全网的服务质量而言表现为：

1) 转接段数多，造成接续时延长、传输损耗大、接通率低，如跨两个地市或县用户之间的呼叫，需经多级长途交换中心转接。

2) 可靠性差，多级长途网一旦某节点或某段电路出现故障，会造成局部阻塞。

此外，从全网的网络管理、维护运行来看，区域网络划分越小，交换等级数量越多，网管工作过于复杂；同时，不利于新业务网（如移动电话网、无线寻呼网）的开放。

(2) 长途两级网的等级结构

考虑以上原因，目前我国电话长途网已由 4 级向两级转变。DC1 构成长途两级网的高平面网（省际平面）；DC2 构成长途网的低平面网（省内平面）。然后逐步向无级网和动态无级网过渡。

长途两级网的等级结构如图 7-9 所示。长途两级网将网内长途交换中心分为两个等级，省级（包括直辖市）交换中心以 DC1 表示；地（市）级交换中心以 DC2 表示。DC1 以网形网相互连接，与本省各地市的 DC2 以星形方式连接；本省各地市的 DC 之间以网形网或网孔形网相连，同时辅以一定数量的直达电路与非本省的交换中心相连。

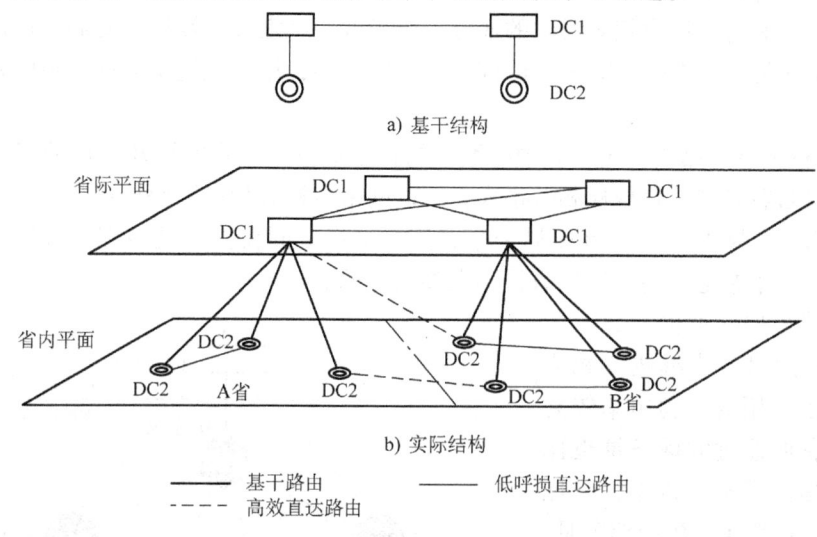

图 7-9 两级长途网的等级结构

以各级交换中心为汇接局，汇接局负责汇接的范围称为汇接区。全网以省级交换中心为汇接局，分为 31 个省（自治区）汇接区。

各级长途交换中心的职能如下：

1）DC1 的职能主要是汇接所在省的省际长途来去话话务，以及所在本地网的长途终端话务。

2）DC2 职能主要是汇接所在本地网的长途终端来去话话务。

今后，我国的电话网将进一步形成由一级长途网和本地网所组成的二级网络，实现长途无级网。这样，我国的电话网将由 3 个层面（长途电话网平面、本地电话网平面和用户接入网平面）组成。

(3) 本地网

本地电话网简称本地网，是在同一长途编号区范围内，由若干个端局，或由若干个端局和汇接局及局间中继线、用户线和话机终端等组成的电话网。本地网用来疏通本长途编号区范围内，任何两个用户间的电话呼叫和长途发话、来话业务。

1）本地网的类型。自 20 世纪 90 年代中期，我国开始组建以地（市）级以上城市为中心的扩大的本地网，这种扩大的本地网的特点是：城市周围的郊县与城市划在同一长途编号

区内,其话务量集中流向中心城市。扩大的本地网类型有两种:

①特大和大城市本地网。以特大城市及大城市为中心,包括其所管辖的郊县共同组成的本地网。省会、直辖市及一些经济发达的城市组建的本地网就是这种类型。

②中等城市本地网。以中等城市为中心,包括其所管辖的郊县(市)共同组成的本地网,简称中等城市本地网。

2) 本地网的交换中心及职能。本地网内可设置端局和汇接局。端局通过用户线与用户相连,它的职能是负责疏通本局用户的去话和来话话务。汇接局与所管辖的端局相连,以疏通这些端局间的话务;汇接局还与其他汇接局相连,疏通不同汇接区间端局的话务;根据需要,汇接局还可与长途交换中心相连,用来疏通本汇接区内的长途转话话务。

本地网中,有时在用户相对集中的地方,可设置一个隶属于端局的支局,经用户线与用户相连,但其中继线只有一个方向,即到所隶属的端局,用来疏通本支局用户的发话和来话话务。

3) 本地网的网络结构。由于各中心城市的行政地位、经济发展及人口的不同,扩大的本地网交换设备容量和网路规模相差很大,所以网络结构分为以下两种:

① 网形网。网形网中所有端局个个相连,端局之间设立直达电路,如图 7-10 所示,这种网络结构适于本地网内交换局数目不太多的情况。

本地网若采用网形网,其电话交换局之间是通过"中继线"相连的。中继线是公用的、利用率较高的电路群,它所通过的话务量也比较大,因此提高了网络效率,降低了线路成本。当交换局数量较多时,若仍采用上面所说的网形网结构,则局间中继线就会急剧增加,这是不能接受的。因而,需采用分区汇接制,把电话网划分为若干个"汇接区",在汇接区内设置汇接局,下设若干个端局,端局通过汇接局汇接,构成二级本地电话网。

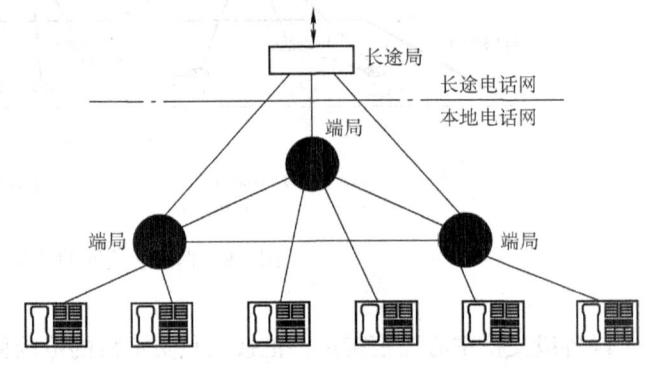

图 7-10 本地电话网的网形网结构

②二级网。根据不同的汇接方式,二级本地电话网可分为去话汇接、来话汇接、来去话汇接等,如图 7-11 所示。

- 去话汇接:如图 7-11a 所示,图中有两个汇接区,即汇接区 1 和汇接区 2,每区有一个去话汇接局 1 和若干个端局,汇接局 1 除了汇接本区内各端局之间的话务外,还汇接去别的汇接区的话务,即 Tm 还与其他汇接区的端局相连,本汇接区的端局之间也可以有直达路由。
- 来话汇接:来话汇接基本概念如图 7-11b 所示,汇接局 Tm 除了汇接本区话务外,还汇接从其他汇接区发送过来的来话呼叫,本汇接区内端局之间也可以有直达路由。
- 来去话汇接:如图 7-11c 所示,除了汇接本区话务外,还汇接至其他汇接区的去话,也汇接从其他汇接区送来的话务。

4) 本地网中远端模块。为了提高用户线的利用率,降低用户线的投资,在本地网的用户线上采用了一些延伸设备。它们有远端模块、支局、用户集线器和用户交换机。这些延伸设备一般装在离交换局较远的用户集中区，其目的都是为了集中用户线的话务量，提高线路设备的利用率和降低线路设备的成本。

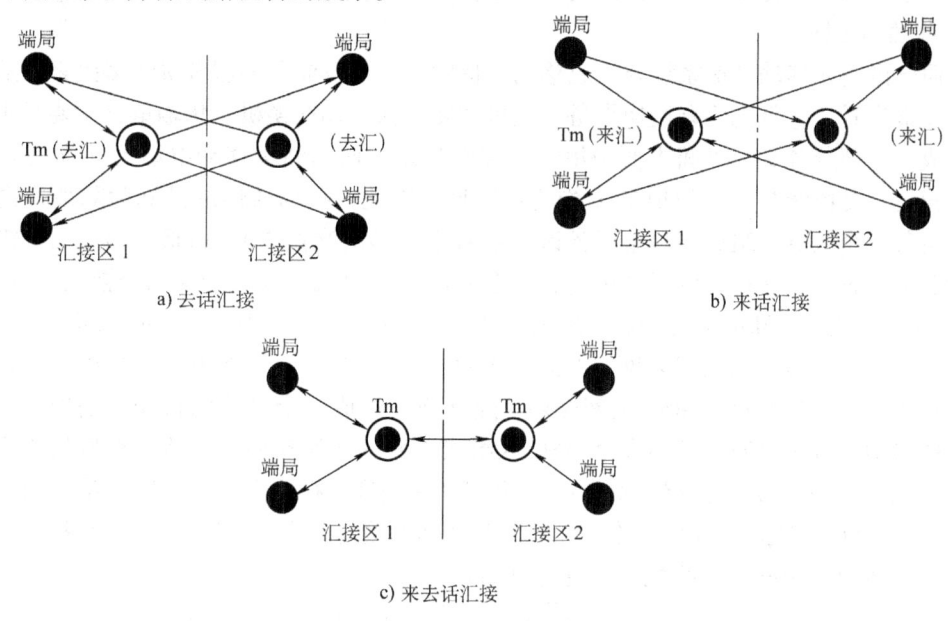

图 7-11　本地网汇接方式

远端模块是一种半独立的交换设备，它在用户侧接各种用户线，在交换机侧通过 PCM 中继线和交换局相连。同一模块内用户通信可以在模块内自行交换，其他的呼叫通过局交换。

支局就是把端局的一部分设备装到离端局较远的用户集中点去，以达到缩短用户线的目的。

用户交换机是电话网的一种补充设备。它主要用于机关、企业、工矿等社会集团内部通信，也可以一定方式接入公用电话网，和公用电话网的用户进行通信。用户交换机内部用户的呼叫占主要比重，因此用户交换机内部分机之间接续由用户交换机本身完成，不经过公用交换局。

2. 综合业务数字网（ISDN）

在介绍综合业务数字网（ISDN）的概念之前，首先了解综合数字网（Intergrated Digital Network，IDN）。IDN 是数字传输与数字交换的综合，在两个或多个规定点之间通过一组数字节点（交换节点）与数字链路提供数字连接，IDN 实现从本地交换节点至另一端本地交换节点间的数字连接，但并不涉及用户连接到网络的方式。

ISDN 是以电话 IDN 为基础发展演变而成的通信网，能够提供端到端的数字连接，提供包括话音和非话音在内的多种电信业务，用户能够通过一组有限的、标准的多用途用户/网络接口接入网内，并按统一的规程进行通信。ISDN 分为窄带综合业务数字网（N-ISDN）和宽带业务数字网（B-ISDN），N-ISDN 对用户提供的业务一般为 64kbit/s，或者说用户/网络接口处速率不高于 PCM 的一次群（2.048Mbit/s）。

这里需说明一点，ISDN 不是一个新建的网络，而是在电话网基础上加以改进形成的，其传输线路仍然采用电话 IDN 的线路，ISDN 交换机是在电话 IDN 的程控数字交换机基础上增加了几个功能块。另外一个关键的问题，是在用户/网络接口处要加以改进更新。

3. 移动通信网

前面已讲述，移动通信系统要组成移动通信网，要涉及业务和服务等诸多因素。从通信网的三要素来看，它首先要有交换设备，这里主要是指移动交换机。传输链路主要是由两大部分组成，一部分各交换机间主要采用光纤连至基站，而基站至移动电话局（端局）主要是无线覆盖，是由蜂窝小区组成的无线覆盖区域。因此，移动通信网又称为陆地蜂窝移动网。它由若干个服务区组成，每个服务区包含若干个移动交换中心（MSC）区，而 MSC 区又分为若干位置区，在每个位置区中由若干个基站小区组成。其每个移动交换区 MSC 端局都要与移动汇接局 MSC 相汇接。我国分为一级汇接局（TMSC1）和二级汇接中心（TMSC2），二级汇接一般为省内网，在此网中每个 MSC 与当地长途电话交换中心相连，并与市话汇接局相连，而每个 MSC 之间必须互连互通，构成一个完善的移动通信网。一个运营公司的移动网有多个服务区和多个 MSC 区组成，取决于移动通信网覆盖地域的用户密度和地形地貌等（我国 GSM 网络一级无线汇接 15 个省市）。移动多服务区网络结构如图 7-12 所示。每个 MSC（包括移动电话局（端局）和移动汇接局）要与当地的市话汇接局、当地长途电话交换中心相连，MSC 之间需互连互通。

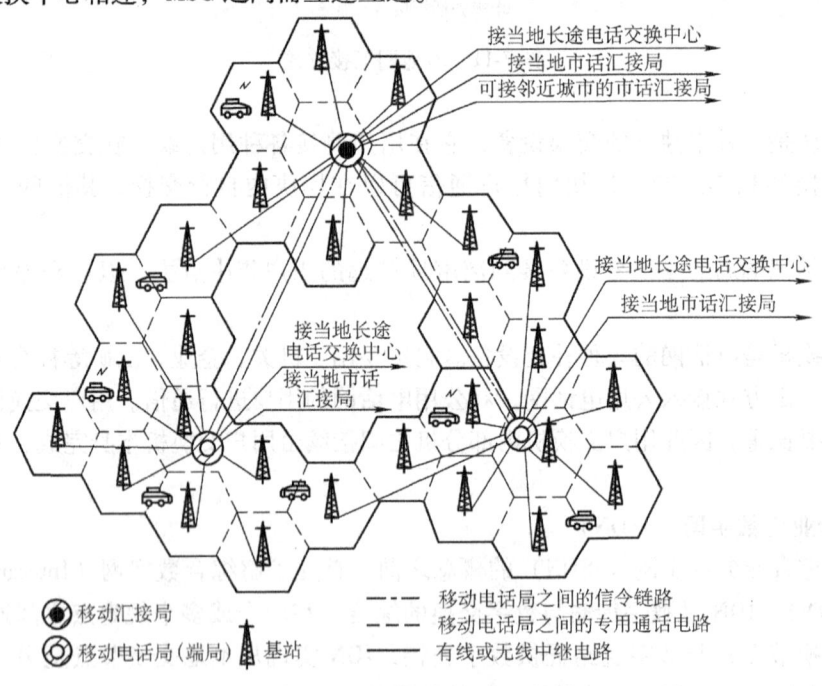

图 7-12　移动多服务区网络结构

4. IP 电话网

IP 电话指在 IP 网上传送的，具有一定服务质量的语音业务。

IP 电话网基本模型如图 7-13 所示，主要包括 IP 电话网关、IP 承载网、IP 电话网的管理层面，以及电路交换网接入（PSTN/ISDN/GSM）等几个部分。

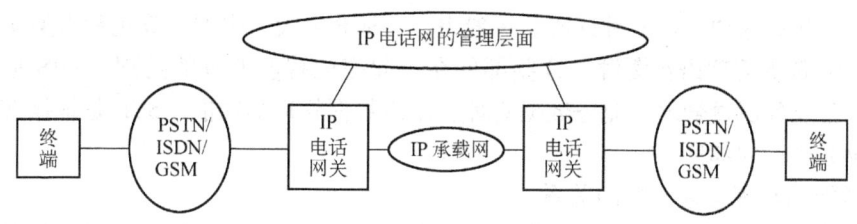

图 7-13 IP 电话网基本模型

各部分主要功能如下：

1）IP 承载网：用于传送 IP 电话的承载网，它可以是公网（数据网），也可以是专网。鉴于服务质量等因素的限制，一些 IP 电话运营商都采用 IP 专网向公众开放 IP 电话/传真业务。

2）IP 电话网关：完成对来自 PSTN 的语音业务流的编解码功能，并将压缩编码后的语音业务流打成包，通过 IP 承载网传给目的网关。它跨接在电路交换网和 IP 网之间，负责电路交换到分组交换的转换以及分组交换到电路交换的转换，相当于协议转换器和数据格式转换器。

3）IP 电话网的管理层面：主要由网关和用户数据库、结算系统组成，负责用户的接入认证、地址解析、计费和结算等工作。

4）传统电路交换网的接入部分：包括电话网、ISDN 和数字移动通信网等，它们构成了 IP 电话的主要接入部分。

IP 电话业务按照通话方式可分为 3 种形式：电话到电话（Phone to Phone）、计算机到电话（PC to Phone）和计算机到计算机（PC to PC）。目前，我国的 IP 电话网中大都采用 H.323 协议。

5. 智能网

在当今电信业日益激烈的竞争环境下，满足用户灵活而多变的业务需求，已经成为电信网络运营者所面临的挑战。为此，人们提出了一个集中控制和管理的方法：业务的控制由一个集中的节点——业务控制点来完成，业务生成和业务管理也由集中的节点来完成，并在业务控制点的指挥下最终完成各种复杂的业务，这就是智能网。

（1）智能网的概念

智能网是在原有通信网络的基础上，为快速、方便、经济、灵活地提供各种新业务而设置的附加网络结构。其核心是运用新的技术和软件，高效地向用户提供各种新业务，为现在、未来的所有通信网络服务，包括电话网（PSTN）、综合业务数字网（ISDN）、因特网（Internet）等。智能网是当今通信网络发展的主要潮流之一，在国内、外都引起了广泛的重视，被称为 21 世纪的通信网。

（2）智能网的结构

智能网一般由业务交换点（SSP）、业务控制点（SCP）、智能外设（IP）、业务管理系统（SMS）、业务生成环境（SCE）5 个功能部件构成，如图 7-14 所示。这些功能部件独立于现有的网络，是一个附加的网络。SSP 与端局或汇接局相连，负责呼叫的处理和业务的交换。其一般以原有的程控交换机为基础，再配以必要的软硬件和 No.7 信令网的接口。SCP 是智能网的核心功能部件，用于储存用户数据和业务逻辑，主要功能是接收 SSP 送来的查询信息,并查询数据库和进行各种译码。一般来说,SCP 由大、中型计算机和大型实时高速数据库构成。IP 负责管理语音资源,这些部件在一起完成智能业务的处理。SMS 是一种计算机系统,具备业务逻辑管理、业务数据管理、用户数据管理的功能。SCE 是根据客户的需要生成新的业务逻辑的部件。

(3) 智能网与现有通信网的关系

智能网是建立在所有通信网之上的一种体系结构化的概念,它可以为各种通信网提供增值业务,是叠加在各种通信网基础上的一种网络。智能网与现有通信网的关系如图 7-15 所示。通常将叠加在 PSTN/ISDN 网上的智能网系统称为固定智能网,叠加在移动通信网基础上的智能网系统称为移动智能网,叠加在 B-ISDN 宽带网上的智能网系统称为宽带智能网。IN-CS1 和 IN-CS2 标准主要研究智能网如何叠加在 PSTN/ISDN 网上,为 PSTN/ISDN 网的用户提供增值业务;IN-CS3 和 IN-CS4 标准主要研究移动智能网和宽带智能网。

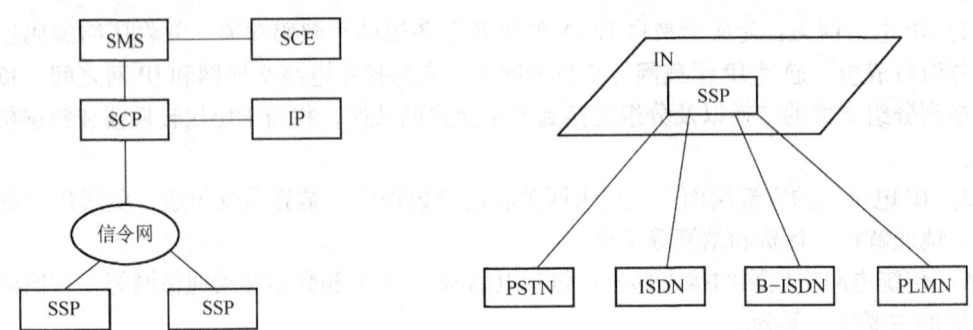

图 7-14　智能网的构成　　　　图 7-15　智能网与现有通信网的关系

当前在国际上使用比较普遍的智能业务主要有:电话卡业务(300 业务)、被叫付费业务(800 业务)、虚拟专用网业务(600 业务)、个人通信号码业务(700 业务)、电话投票业务(400 业务)、优惠费率业务和大众呼叫业务、预付费业务(PPS)。我国的智能网目前可提供的业务主要有短信业务、300 业务、800 业务、600 业务和预付费业务等。当然,智能网业务还有许多,今后还会更多,智能网的结构和技术为进一步引入新业务,提供了良好的基础。

7.2.2　数据通信网

1. 数据通信(计算机通信)网概念及分类

数据通信网传送和交流的主要是数据信息,其终端主要是机器而不是人,当终端是服务器和计算机时,人们常称为"计算机网",其业务主要是数据、文字、图像、多媒体,也可以是语音。数据通信发展很快,使用频带越来越宽,开展业务越来越广泛,对传统的电话业务带来了严重的冲击和挑战。

数据网可以进行数据交换和远程信息的处理,其交换方式普遍采用存储转发方式的数据分组交换或数据包交换。数据网可以从几个不同的角度分类。

(1) 按网络拓扑结构分类

网络的各种拓扑结构在通信网中已讲述,包括网形网与网孔形网(不全连通方式)、星形网、树形网、环形网、总线型网和复合型网等。在数据通信中,骨干网一般采用网形网或树形网，本地网中可采用星形网。

（2）按传输技术分类

按传输技术分类，数据网可分为交换网和广播网。

1）交换网。此种网络由交换节点和通信链路构成。用户之间的通信要经过交换设备。根据采用不同的交换方式，交换网又可分为电路交换网、分组交换网和帧中继网，另外还有采用数字交叉连接设备的数字数据网（DDN），以及以太网、ATM网（B-ISDN）、IP网等。

2）广播网。在广播网中，每个数据站的收发信机共享同一个传输媒质。通过不同的媒体访问控制方式，产生了各种类型的广播式网。这种广播网，从任一数据站发出的信号可被所有其他数据站接收，没有中间交换节点。局域网中绝大多数属于广播网。

（3）按传输距离分类

1）局域网。传输距离一般在几千米以内，传输速率在10Mbit/s以上，数据传输采用共享介质的访问方式，协议标准采用IEEE802协议标准。

2）城域网。传输距离一般在50~100km之内，传输速率比局域网还高，目前以光纤为传输介质，能提供45~150Mbit/s的高传输速率，能支持数据、语音和图像的综合业务，通常覆盖整个城区和城郊。

3）广域网（核心网）。作用范围通常为几十到几千千米，有时称为远程网。今天的Internet就是广域网。

2. 分组交换网

目前应用的分组交换网是按照OSI提出的网络体系结构构架的。从设备来看，分组交换网由分组交换机、连接这些交换机的链路、远程集中器（含分组装拆设备）、网络管理中心（NMC）等组成。在数据通信中必不可少的还有通信协议，主要是X.25协议，包括物理层、数据链路层和分组层，它是驻留在这些设备中的软件。

分组交换机根据它在网络中的位置，可分为转接交换机和本地交换机两种，转接交换机容量大、线路端口数多、具有路由选择功能，主要与其他交换机互连；本地交换机容量小，只有局部交换功能，不具备路由选择功能。本地交换机可以接至数据终端，也可以接至转接交换机，但只可以与一个转接交换机相连，与网内其他数据终端通信时必须经过相应的转接交换机。

从结构来说，分组交换网通常采用两级结构，根据业务量、流量、流向和地区情况设立一级和二级交换中心。图7-16是分组交换网的基本结构。一般情况，一级骨干网采用网形网连接或网孔形网连接，二级交换网可采用星形网。

3. 帧中继和DDN网

近年来，以高带宽通信系统为基础的高速网络引起了人们很大关注。

帧中继（FR）作为一种解决高带宽组网要求的方案出现了。帧中继在X.25网基础上简化了网络层次结构，去掉了X.25网的第3层，在第2层上用虚电路技术传送和交换数据，并把差错控制移到智能化的终端来处理，使网络节点的处理大大简化，提高了网络对信息处理的效率。因此，它是一种快速分组交换，目前提供64kbit/s~2Mbit/s的传输速率，还可以达到更高速率（上限可达50Mbit/s）。

帧中继可以做到低时延、较高吞吐量（比X.25交换网所具有的最大吞吐量高5~10倍）。帧中继网灵活、动态地分配带宽，对那些呈现各种不同传输速率和瞬时需要高带宽的突发性业务，将更加经济有效。

随着数据通信业务的发展，相对固定的用户之间业务量比较大，并要求时延稳定、实时性较高。在市场需求的推动下，介于永久性连接和交换式连接之间的半永久性连接方式的数字数据网（DDN）产生了。

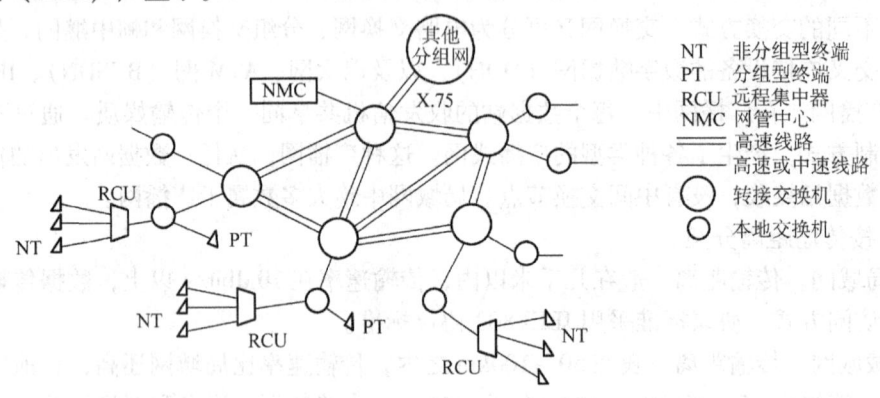

图7-16 分组交换网的基本结构

数字数据网是利用数字信道传输数据的一种传输网络。它的传输介质有光纤、数字微波、卫星信道，用户端可用普通的电缆和双绞线。传输数据信号具有传输质量高、速度快、带宽利用率高等一系列优点。

DDN向用户提供的是半永久性的数字连接，沿途不进行复杂的软件处理，因此延时较小，避免了分组交换网中传输时延大且不固定的缺点；DDN采用数字交叉连接装置（下面要讲述它的基本概念），可根据用户需要，在约定的时间内接通所需带宽的线路，信道容量的分配和接续在计算机控制下进行，具有较大的灵活性。

4. 局域网

在计算机网络中，许多部门、单位都构建了自己的计算机局域网，美国电气和电子工程师协会（Institute of Electrical and Electronics Engineers，IEEE）于1980年专门成立了针对局域网的标准委员会，从事局域网的标准化工作，制定了IEEE 802标准，以及对应的局域网参考模型。结合此参考模型，IEEE 802委员会制定了一系列标准如下：

1）IEEE 802.1标准，是指局域网的体系结构、网络互联、网络测试等。

2）IEEE 802.2、IEEE 802.3标准，此标准还产生了很多扩展标准，如广泛使用的以太网系列标准、快速以太网 IEEE 802.3，千兆以太网的 IEEE 802.3a 和 IEEE 802.3ab，10Gbit/s 的 IEEE 802.3ae 等。

3）IEEE 802.4令牌总线及IEEE 802.5令牌环标准。

4）IEEE 802.11定义了无线局域网（WLAN）系列标准，如IEEE 802.11a、IEEE 802.11b 和 IEEE 802.11g 标准。

5）IEEE 802.15定义了短距离个人无线网络标准等。

6）IEEE 802.16定义了WTMAX（微波存取全球互通）标准，已成为3G、4G的主流技术标准。

5. 以太网

传统的局域网现在一般称为以太网，其技术属于计算机网的局域网或用户驻地网

（CPN）领域，并不属于接入网的范畴。但是随着 Internet 的迅猛发展，IP 成为网络层的主导协议。在 IP 业务的传送方面，以太网技术具有应用支持广泛和成本低廉等显著特点，因而发展最快，已成为企事业单位用户自己组建网络的主导接入方式。目前该技术正在以其原来形式或修改形式向包括接入网在内的其他应用领域扩展。然而，由于传统以太网技术是为局域网这样一个专用网络环境设计的，在用户管理、业务管理、安全管理和计费管理等方面与接入网的公用特性要求有很大不同，因此传统以太网技术必须经过改进才能应用于公用电信网。

图 7-17 给出了一种基于以太网技术的典型系统结构，它由局侧设备和用户侧设备组成。局侧设备与 IP 骨干网相连，支持用户认证、授权、计费、IP 地址动态分配及 QoS 保证等功能，另外还提供业务控制功能和对用户侧设备网管信息的汇聚功能；用户侧设备通常与用户终端的计算机

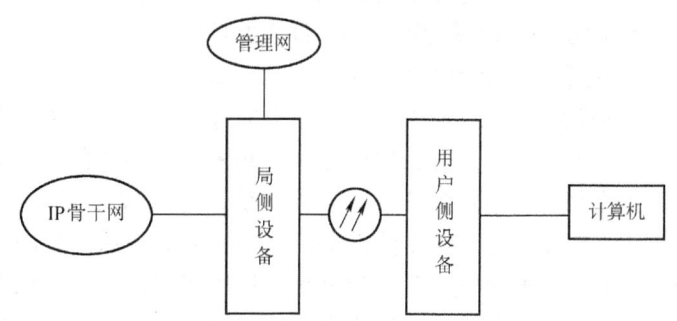

图 7-17　基于以太网技术的典型系统结构

相连，采用以太网接口系列，工作于链路层，各用户之间在物理层和链路层相互隔离，通过复用方式共享设备和线路，从而保证数据的安全性。

由以上介绍可知，用于接入网中的以太网技术与传统的以太网技术是有区别的，它仅仅是借用了以太网的帧结构和接口，网络结构和工作原理完全不一样，能够提供公网环境所要求的计费、寻址、管理、安全和 QoS 保证等功能，另外，由于采用以太网接口和帧结构，无需适配即能与现有设备兼容，因而该技术的成本优势相当明显，预计将很快成为接入网的主导接入技术之一。以太网的交换主要有 ATM/以太网交换和路由器等，以太网的种类很多，从传输上分为无线以太网、有线以太网（电缆、光纤及两者混合的以太网），从容量上分有 10Mbit/s、100Mbit/s、1000Mbit/s 以太网，还有工业以太网、城域以太网及发展中的广域以太网等。

6. Internet 与 IP 网络

前面已经讲述了各种类型的数据通信网，在全球范围内，如何使这些网络互连互通？这就是当前发展最快的国际互联网即因特网（Internet），它是在全球范围内，将前面讲到的电路交换网、分组网、帧中继网、以太网、ATM 网以及局域网、广域网、城域网等各种不同规模的计算机网，包括计算机工作站、服务器、中大型机甚至巨型计算机，根据人们信息业务发展的需要，按共同遵守的协议，用现代通信系统或者说有线金属电缆（双绞电缆、同轴电缆、专用电缆）以及光纤、微波、卫星等传输链路（有线、无线）连接起来，组成区域性的，甚至全球范围的四通八达的"网络的网络"，使之共享信息资源。它是由计算机组成的全世界范围内的巨大的计算机网络，为世界公民公平地提供有偿或无偿的信息服务的计算机网，称之为因特网（Internet）。它可以是没有部门界线，也可以是没有国界的，该网络在共同遵守的 TCP/IP 下工作。详细内容可参阅有关 Internet 的专著。

（1）Internet 与 IP

Internet 是由国际间的骨干网、国内骨干网及国际出口、接入网 3 个层次的许多种不同

类型的网络互连而成。互连在一起的网络要进行通信，会遇到许多问题需要解决，如不同的寻址方案、不同分组长度、不同的网络接入机制、不同的差错恢复方法、不同的路由选择技术、不同的用户接入控制、不同的服务、不同的管理等。将网络互相连接起来要使用一些中间设备，称为中继系统。根据中继系统所在的层次，可以分为以下5种中继系统：

- 物理层中继系统，即转发器。
- 数据链路层中继系统，即网桥或桥接器。
- 网络层中继系统，即路由器。
- 网桥和路由器的混合物，即桥路器。
- 网络层以上的中继系统，称为网关。

一般讨论互联网时都是指用路由器进行互连的互联网络。路由器其实就是一台专用计算机，用来在互联网中进行路由选择，并采用标准化的IP，即通称为TCP/IP，它是当今计算机网络最成熟、应用最广泛的互连协议，它已成为全球广大用户和厂商广泛接受的"事实标准"（参阅有关计算机网络教材）。图7-18a表示：有许多计算机网络通过一些路由器进行互连，由于参加互连的计算机网络都使用相同的网际协议IP，因此互连以后的计算机网络，在进行通信时就像在一个网络上通信一样，组成面向无连接的IP网络，其信息流是以IP数据包的形式交换与传输。可以将互连以后的计算机网络看成如图7-18b所示的一个虚拟网络。

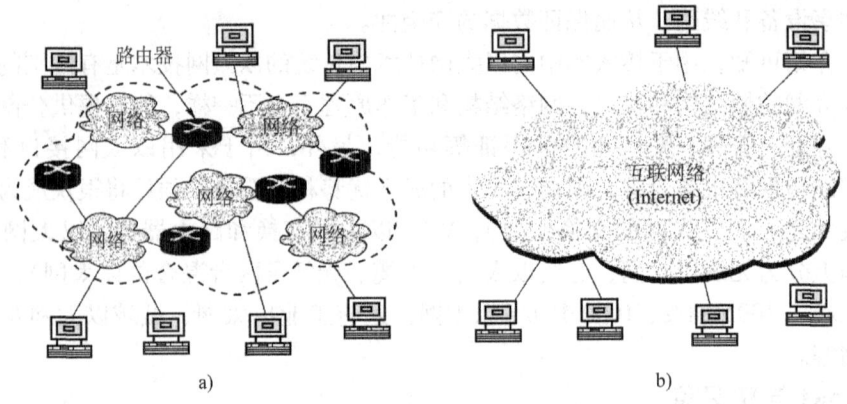

图7-18 互联网络概念

（2）IP网络

IP网络前面已讲述了，Internet在网络的互连中它是用TCP/IP来进行互连的。这里谈到的IP网是使用了TCP/IP的网络。统称为IP网。它是一个面向无连接的网络。信息流在网络上是以数据包（IP包）的形式传输的。各用户都配有自己的IP地址。典型IP网络结构如图7-19所示。它主要由路由器，接入服务器和各种数据交换机组成。

路由器位于网络之间，通过转发IP数据包来实现网络互连，典型的应用是用于连接局域网与广域网。它工作在OSI 7层模型的网络层。路由器还有检测网络、监听故障的功能。有些高级路由器，时刻检测与之相连的网络或子网，并利用检测到的信息来进行无故障路径传递数据接入服务器。它是远程访问接入设备。它位于公用电话网（PSTN/ISDN/GSM）与IP网之间将拨号用户引入到IP网中，完成远程接入，实现拨号虚拟专网（VPN）及构建企事业内部的 Intranet 的应用。其交换是实现数据链路层的数据交换,从而将多个物理 LAN 连接。其交换机类型主要有 ATM 交换机、以太网交换机、广域网交换机(X.25)。

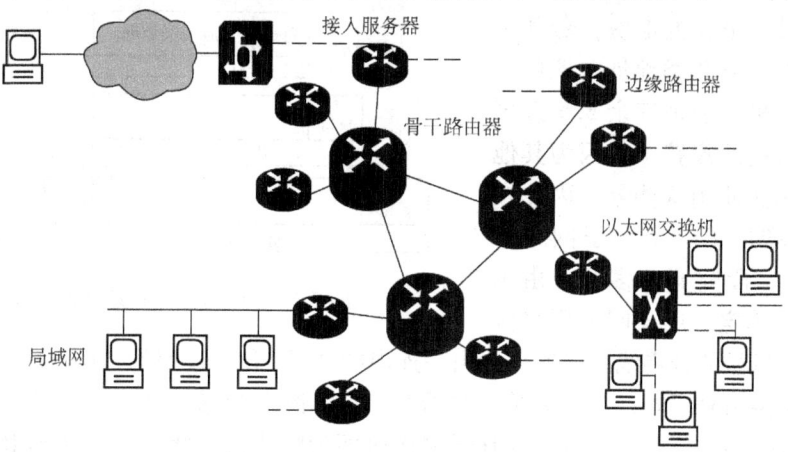

图 7-19 典型 IP 网络结构

1) IP 地址及其表示方法。所谓 IP 地址,就是给每个连接在 Internet 上的主机分配一个在全世界范围内唯一的 32bit 地址。IP 地址的结构使人们可以在 Internet 上很方便地进行寻址,这就是:先按 IP 地址的网络号 Net-id 把网络找到,再按主机号 Host-id 把主机找到。所以 IP 地址并不仅表示一个计算机的地址,而且指出了连接到某个网络上的某个计算机。

IP 地址分为 5 类,即 A~E 类。地址的最前端是地址类别标识,下面接着是网络号字段和主机号字段,如图 7-20 所示。

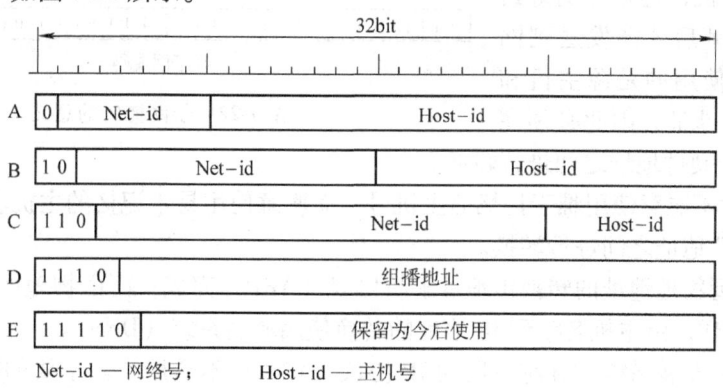

图 7-20 IP 地址的 5 种类型

常将 32bit 地址中每 8bit 用其等效十进制数字表示,并且在这些数字之间加上一个点,这就是点分十进制记法。例如,有下面的 IP 地址:

10000000　00001011　00000011　00011111

这就是一个 B 类 IP 地址。若记为 128.11.3.31,显然就方便得多。

2) IP 地址与物理地址。图 7-21 表示 IP 地址与物理地址的区别,可以看出,IP 地址放在 IP 数据报的首部,而硬件地址则放在 MAC 帧的首部。在网络层及以上使用的是 IP 地址,而链路层及以下使用的是硬件地址。在 IP 层抽象的互联网上,看到的只是 IP 数据报,而在具体的物理网络的链路层，看到的只是 MAC 帧。

3）子网的划分。现在看来，IPv4 中 IP 地址的设计确实有不够合理的地方。例如，IP 地址在使用时有很大的浪费，若某个单位申请到了一个 B 类地址，该单位只有 1 万台主机，于是其余 5.5 万多个主机号就白白地浪费了，因为其他单位的主机无法使用这些号。因此在 IP 地址中又增加了一个"子网号字段"，子网号字段究竟选多长，由本单位根据情况确定。用子网掩码来区

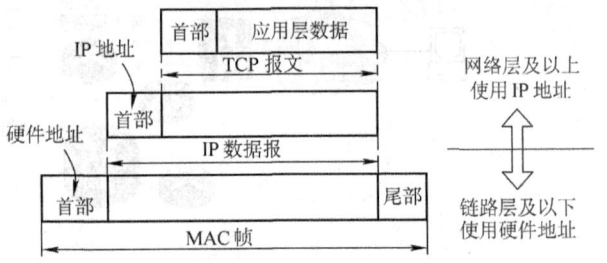

图 7-21　IP 地址与物理地址的区别

分子网号与主机号的分界线。子网掩码由一连串的"1"和一连串的"0"组成。"1"对应于网络号和子网络号字段；"0"对应于主机号字段。图 7-22 表示子网掩码的意义。

若一个单位不进行子网划分，则其子网掩码即为默认值，此时子网掩码 IP 的长度就是网络号的长度。因此 A、B、C 类 IP 地址，其对应的子网掩码默认值分别为 255.0.0.0，255.255.0.0，255.255.255.0。

4）地址转换。上面讲的 IP 地址是不能直接用来进行通信的。这是因为：

①IP 地址只是主机在网络层中的地址，若要将网络层中传送的数据报交给目的主机，还要传到链路层转变成 MAC 帧后才能发送到网络，而 MAC 帧使用的是源主机和目的主机的硬件地址，因此必须在

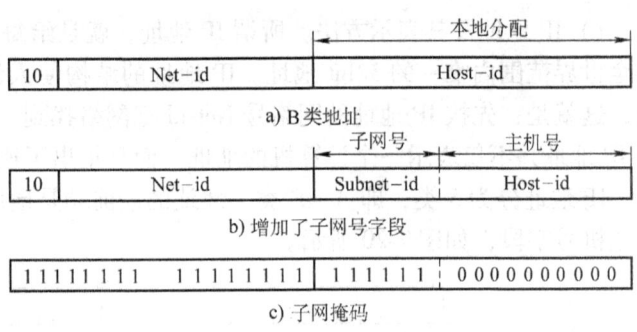

图 7-22　子网掩码的意义

IP 地址和主机的硬件地址之间进行转换。

②用户平时不愿意使用难于记忆的主机号，而愿意使用易于记忆的主机名字，因此也需在主机名字和 IP 地址之间进行转换。

由 IP 地址到物理地址的转换由地址解析协议（ARP）完成，而由物理地址转换到 IP 地址使用协议 RARP，由主机名字到 IP 地址的转换使用域名系统（DNS）。

Internet 迅速发展暴露出目前使用的 IP 协议（IPv4）不适用了。主要的问题是 32bit 的 IP 地址不够用；另一个原因是它还不适于传递语音和视频等实时性的业务。所以现在已提出下一代的 IPv6。它的主要变化是，IPv6 使用了 128bit 的地址空间，并使用了全新的数据报格式，简化了协议，加快了分组的转发，允许对网络资源的预分配和允许协议继续演变，并增加了新的功能等。

7. 移动分组业务数据网（GPRS）

（1）GPRS 基本概念及特点

1）GPRS 基本概念。目前，业界通常将移动通信分为 3 代：第一代是模拟移动通信；第二代是数字移动通信，包括 GSM、CDMA 等；第三代是分组型的移动业务，称为 3G。GPRS 是通用无线分组业务（General Packet Radio System）的缩写，是介于第二代和第三代

之间的一种技术,通常称为 2.5G。

GPRS 是在现有的 GSM 移动通信系统基础上发展起来的一种移动分组数据业务。它突破了 GSM 网只能提供电路交换的思维方式,通过增加相应的功能实体和对现有的基站系统进行部分改造来实现分组方式的数据传输。

2) GPRS 的特点。虽然 GPRS 是作为现有 GSM 网络向第三代移动通信演变的过渡技术,但是相对原来 GSM 的电路交换数据传送方式,GPRS 的分组交换技术在许多方面都具有显著的优势。GPRS 系统可以为用户提供更高的传输速率,支持 CS-3、CS-4 之后,理论传输速率还可以达到 171kbit/s 左右。

在连接建立时间方面,GSM 需要 10~30s,而 GPRS 只需要极短的时间就可以访问到相关请求。

在费用方面,GSM 是按连接时间计费的,而 GPRS 只按数据流量计费,只要你不传输数据,哪怕你一直"在线"也不需另外付费,从而使每个用户的服务成本更低。

GPRS 还有"永远在线"的特点,即用户随时与网络保持联系。

GPRS 还具有数据传输与语音传输可同时进行或切换进行的优势,可实现电话、上网两不误。

(2) GPRS 网结构

为了实现 GPRS,需要在现有的 GSM 网络中引入 3 种新的逻辑网络实体:服务 GPRS 支持节点(SGSN)、网关 GPRS 支持节点(GGSN)和分组控制单元(PCU)。SGSN 提供 GPRS 网络与外部分组数据网络之间的交互操作。在基站子系统中,PCU 负责管理分组分段和规划、无线信道、传输错误检测和自动重发、信道编码方案、质量控制、功率控制等。GPRS 的网络结构如图 7-23 所示。此外还需要对原有的 GSM 设备如 BTS、BSC、MSC/VLR、HLR、OMC 等进行软件升级,使其支持 Phase II +接口协议。

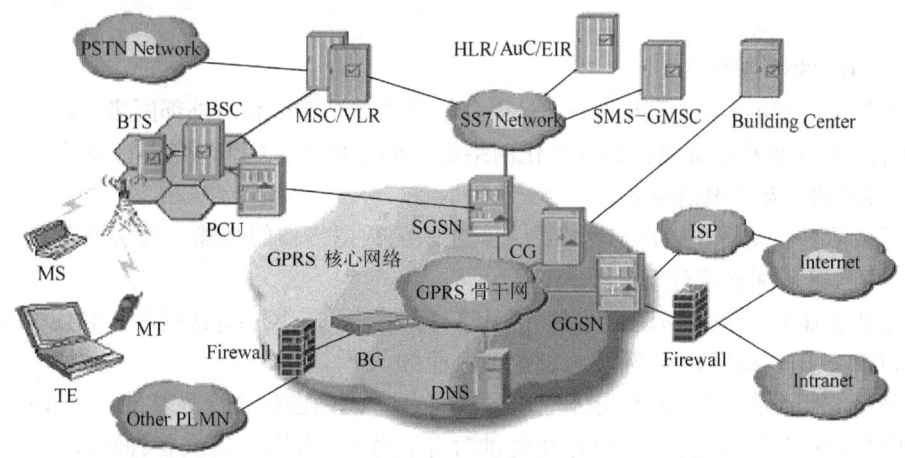

图 7-23 GPRS 网络结构

PCU—分组控制单元　SGSN—服务 GPRS 支持节点　GGSN—网关 GPRS 支持节点
CG—计费网关　BG—边缘网关　DNS—域名服务器　ISP—Internet 服务提供商
MSC/VLR—移动交换中心/拜访位置寄存器　BSC—基站控制器　BTS—基站收发信台
MS—移动台　MT—移动终端　TE—终端设备　SMS-GMSC—短消息中心-网关 MSC
HLR/AuC/EIR—归属位置寄存器/鉴权中心/设备识别寄存器

图 7-23 中各实体的主要功能说明如下：

①TE（Terminal Equipment，终端设备）。TE 是终端用户操作和使用的计算机终端设备，在 GPRS 系统中用于发送和接收终端用户的分组数据。TE 可以是独立的计算机，也可以将 TE 的功能集成到手持的移动终端设备上，同 MT（Mobile Terminal）合二为一。

②MT（Mobile Terminal，移动终端）。MT 一方面同 TE 通信，另一方面通过空中接口同 BTS 通信，并可以建立到 SGSN 的逻辑链路。GPRS 的 MT 必须配置 GPRS 功能软件，以使用 GPRS 系统业务。MT 和 TE 的功能可以集成在同一个物理设备中。

③GPRS 中的 MS。一般的 GSM 移动台（MS），不能直接在 GPRS 中使用，需要按 GPRS 标准进行改造（包括硬件和软件）才可以用于 GPRS 系统。

④SGSN（服务 GPRS 支持节点）。SGSN 是为了提供 GPRS 业务而在 GSM 网络中引进的一个新的网元设备，其主要的作用就是为本 SGSN 服务区域的 MS 转发输入/输出的 IP 分组数据。在具有 GS 接口的情况下，SGSN 可与 MSC/VLR 之间发送位置信息或接收电路寻呼。

⑤GGSN（网关 GPRS 支持节点）。GGSN 提供数据包在 GPRS 网和外部数据网之间的路由和封装。

⑥PCU（分组控制单元）。PCU 是在 BSS 侧增加的一个处理单元，主要完成 BSS 侧的分组业务处理和分组无线信道资源的管理，PCU 一般位于 BSC 和 SGSN 之间。

⑦CG（计费网关）。CG 主要完成从各个 GSN 的话单收集、合并、预处理工作，并完成同计费中心之间的通信接口。

⑧BG（边缘网关）。BG 主要完成分属不同 GPRS 网络的 SGSN、GGSN 之间的路由功能，以及安全性管理功能。

⑨DNS（域名服务器）。GPRS 网络中存在两种域名服务器，一种是 GGSN 同外部网之间的 DNS，另一种是 GPRS 骨干网上的 DNS，其主要功能是对网络域名的解析，即解析出 IP 地址。

(3) GPRS 的业务种类

GPRS 是一组新的 GSM 承载业务，是以分组模式在 PLMN 和与外部网络互通的内部网上传输。在有 GPRS 承载业务支持的标准化网络协议的基础上，GPRS 网络管理可以提供（或支持）一系列的交互式电信业务。

1）承载业务。支持在用户与网络接入点之间的数据传输的性能。提供点对点、点对多点两种承载于 IP 的无连接分组业务。

2）短消息业务。GSM 短消息业务（SMS）可为用户提供短消息服务，利用 GPRS 网络也可以向 GPRS 用户提供和 GSM 类似的短消息业务。

3）网络应用业务。以 GPRS 承载业务支持的标准网络通信协议为基础，GPRS 网站的运营商可利用用户到用户协议（用户之间提供对等服务），为用户提供各种附加的电信业务，即网络应用业务。

7.2.3 广播电视网

传统的有线电视（CATV）网由前端设备、传输系统和信号分配 3 部分组成。

传输系统是一个干线网，目前我国绝大部分有线电视系统采用混合光纤/同轴电缆（HFC）网。HFC 是从传统的有线电视（CATV）网发展而来的，是一种综合应用模拟和数字技术、同轴电缆和光缆技术以及射频技术的网络,是电信网和 CATV 网相结合的产物。它实际上是将现有光纤/同轴电缆混合组成的单向模拟 CATV 网改造为双向网络,除了提供原有的模拟广播电视业务外,利用频分复用技术和专用电缆调制解调器实现语音、数据和交互式视频等宽带双向业务的接入和应用。HFC 系统的典型结构如图 7-24 所示,由馈线网、配线网和用户引入线 3 部分组成。

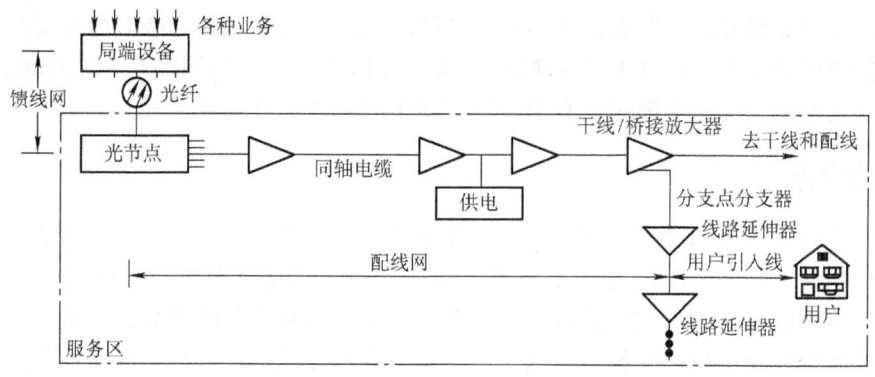

图 7-24 HFC 系统的典型结构

馈线网是指从前端(局端设备)至光节点之间的部分,大致对应 CATV 网的干线段。它由光纤线路组成,多采用星形结构。

配线网是指从光节点至分支点之间的部分,类似于 CATV 网中的树形同轴电缆网,但其覆盖范围已扩大到 5~10 km。

用户引入线是指从分支点至用户之间的部分,其中分支点的分支器负责将配线网送来的信号分配给每一个用户,引入线则负责将射频信号从分支器送给用户,通常传输距离仅几十 m 左右。与传统 CATV 网不同的是,HFC 系统的分支器允许交流电流通过,以便为用户话机提供振铃电流。

图 7-25 给出了 HFC 技术的一个典型应用示例,它采用调制技术和模拟传输技术实现语音、数据和视频业务的综合接入。以下行信号为例,其工作原理是:各种业务经不同的编码处理调制到相应的副载波上(其中,数字语音或数据采用 QPSK 调制方式;数字视频信号首先经 MPEG 编码,然后采用 QPSK 或 64QAM 调制方式;模拟广播电视信号采用 AMVSB 调制方式),复用后经电/光转换形成调幅(AM)光信号,经馈线光纤送至光节点;信号在光节点经光/电转换形成射频电信号,由同轴配线电缆送至分支点,再经用户引入线到达用户端;用户端的射频信号经解调器和解码器后还原出业务信号。通常下行的语音或数据占据 710~

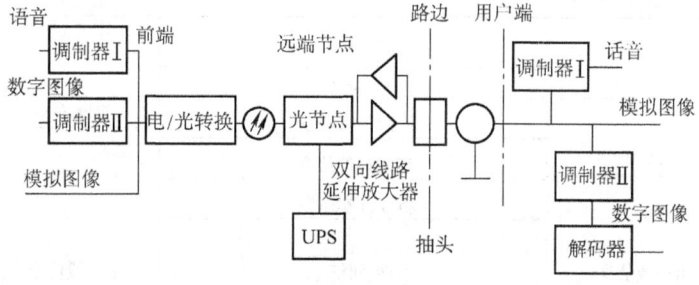

图 7-25 HFC 技术的典型应用示例

750MHz 的频段，数字视频信号占据 582～710MHz 的频段，模拟广播电视信号占据 45～582MHz 的频段。

7.3 通信网的支撑系统

通信网中业务信号能正常运行离不开一系列的其他信息的支持，这里称为支撑系统或支撑网。它提供的是业务网络中相应的控制、监测等信号，对通信网的正常工作起到关键作用。现代通信网的支撑网主要包括有信令网、同步网和电信管理网。

7.3.1 信令网

本小节主要讲述电信网中的信令，它又分为固定电话网信令和移动电话网信令，在其他如数据通信网、智能网、IP 网等中都有类似的信号控制与接续系统。在通信中，用户信息直接由通信网中的发信者传到收信者，而信令通常在通信网的不同环节，如用户座机和程控交换机、控制台及交换机与交换机，以及移动用户端机与基站、基站与移动控制交换机之间传输。它与业务交换是分别传送的，它通过各环节分析处理，并通过控制信令信号的交换而形成独自操作与控制网络。可以说，信令系统是通信网络中的神经中枢，在很大程度上决定了一个通信网的服务能力和通信质量。

1. 固定电话网的信令（系统）网

要完成一次通信，必须首先与对方取得联系，如在电话网中，摘机信号表示要求通信，拨号信号说明要求通信的对方是谁，挂机信号表示通信结束等。要完成一次通信接续所需要的各种信号（如上面所述）就构成了通信网的信令系统，又称为信令网。

在一般的信令系统中，信令分为用户线信令和局间信令。

用户线信令主要是指交换机与用户之间在用户线上传送的信令；局间信令主要指交换机与交换机之间在中继线上传送的信令。在电话网中的信令传送过程如图 7-26 所示。

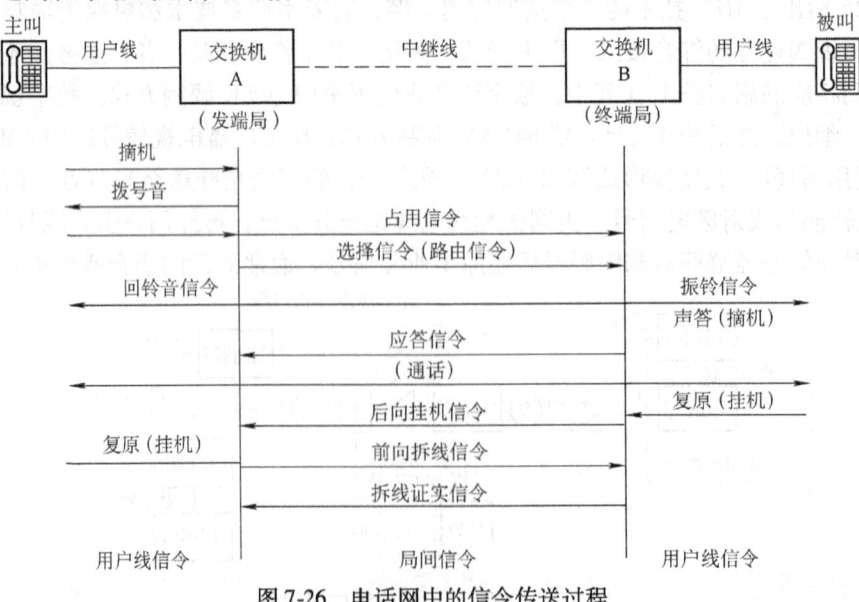

图 7-26 电话网中的信令传送过程

在通信网中的局间信令,现在都遵守 ITU-T 正式提出的 No.7 信令标准,又称为公共控制信道信令,其主要特点是交换局间的信令通路与语音通路分开,将若干条电路的信令集中起来,用一条专用的信令通路(数据链路)传送,这信令通路称为公共信令数据链路。由各信令转接点(信令节点)和信令链路组成的网络称之为 No.7 信令网。

信令网不但可以在电话网、电路交换的数据网、ISDN 网和智能网中传送有关呼叫建立、释放的信令,而且可以为交换局和各种特种服务中心(如业务控制点、网管中心等)间传送数据信息,因此,信令网是具有多种功能的业务支撑网,主要用途如下:

1)电话网的局间信令:完成本地、长途和国际的自动、半自动电话接续。
2)电路交换的数据网的局间信令:完成本地、长途和国际的自动数据接续。
3)ISDN 网的局间信令:完成本地、长途和国际的电话和非语音的各种接续。
4)智能网信令:信令网可以传送与电路无关的各种信令信息,完成信令业务点(SSP)和业务控制点(SCP)间的对话,开放各种用户补充业务。

(1)No.7 信令的基本功能结构

No.7 信令系统采用功能模块化结构,它由消息传递部分(MTP)和多个不同的用户部分(UP)组成。消息传递部分的主要功能是作为一个消息传递系统,为正在通信的用户功能实体之间提供信令信息的可靠传递。用户部分是指使用消息传递部分传送的功能实体,每个用户部分都包括其特有的用户功能或与其有关的功能。No.7 信令系统基本功能结构框图如图7-27 所示。它由消息传递部分(MTP)和多个不同的用户部分(UP)组成。其中用户部分包括电话用户部分(TUP)、数据用户部分(DUP)和 ISDN 用户部分(ISUP)。

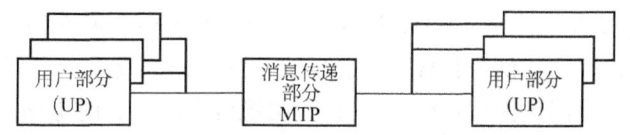

图 7-27 No.7 信令系统基本功能结构框图

(2)信令网的组成与网络结构

信令网由信令点(SP)、信令转接点(STP)和信令链 3 部分组成:

1)信令点是信令消息的源点和目的点。这可以是具有 No.7 信令功能的各种交换局,如电话交换局、数据交换局、ISDN 交换局、移动交换局和智能网的业务交换点(SSP),也可以是各种特服中心,如网管中心、维护中心、智能网的业务控制中心(SCP)等。

2)信令转接点具有转接信令的功能,它是可将一条信令链路上的信令消息转发至另一条信令链路上去的信令转接中心。在信令网中,信令转接点可以是只具有信令消息转接功能的信令转接点,称为独立信令转接点;也可以是具有用户部分功能和信令点功能的信令转接点,称为综合信令转接点。

3)信令链是信令网中连接信令点的最基本部件,它由 No.7 信令功能的一、二级组成。目前的信令链有 4.8kbit/s 的模拟信令链和 64kbit/s 的数字信令链两种。

信令网按结构分为无级信令网和分级信令网,如图7-28 所示。

①无级信令网。无级信令网是指未引入信令转接点的信令网。信令点间采用直联方式工作。从对信令网的基本要求来看,信令网中每个信令点或信令转接点的信令路由应尽可能多,信令接续中所经过的信令点和信令转接点的数量应尽可能少。

②分级信令网。分级信令网是使用信令转接点的信令网。分级信令网按等级划分又可划

分为二级信令网和三级信令网。三级信令网是由两级信令转接点（即高级信令转接点（HSTP）和低级信令转接点（LSTP））和 SP 构成。二级信令网与三级信令网比较，具有经过信令转接点少和信令传递时延短的优点，通常在信令网容量可以满足要求的条件下，都是采用二级信令网。但是对信令网容量要求大的国家，应使用三级信令网。

信令网和电话网是两个相互独立的网络，但由于信令网是支撑电话网业务的网络，所以它们之间又存在着密切关系。电话网与信令网物理实体是同一个网络，但从逻辑功能上又是两个不同的功能网络。

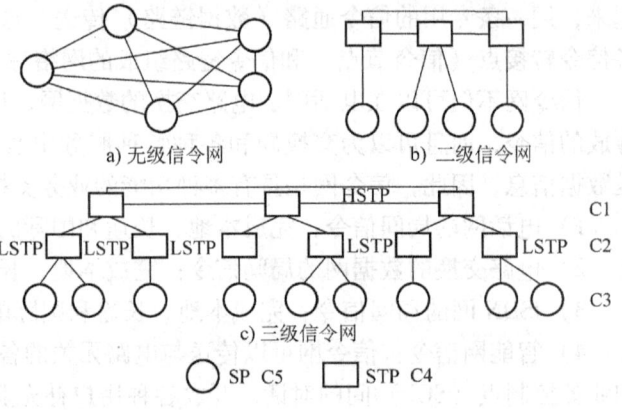

图 7-28 信令网结构

由于信令网一般采用三级结构的网络包括 HSTP、LSTP 和 SP，故它们之间存在着如何对应连接的问题。从要求在信令连接中，转接次数少，并考虑信令转接点的负荷、信令点容纳的数量及经济性，HSTP 设在 C1 和 C2 交换中心所在地，汇集 C1、C2 和级的信令业务及所需的 LSTP 的信令转接业务，LSTP 设置在 C3 交换中心所在地，汇集 C3、C4 和 C5 的信令点业务。目前我国四级长途网已向两级网发展，这时电话网演化为两级长途网和端局组成的三级网时，就直接与三级信令网对应了。

(3) 信令系统工作方式

在使用 No.7 信令传送局间话路群信令时，根据语音通路和信令链路的关系，可用两种工作方式：直联工作方式和准直联工作方式。

1) 直联工作方式。两个交换局之间的信令消息通过一段直达的公共信道信令链路来传送，而且该信令链路是专为连接两个交换局的话路群服务的，因此，信令链路和话路群都终接于两个交换局，如图 7-29a 所示。

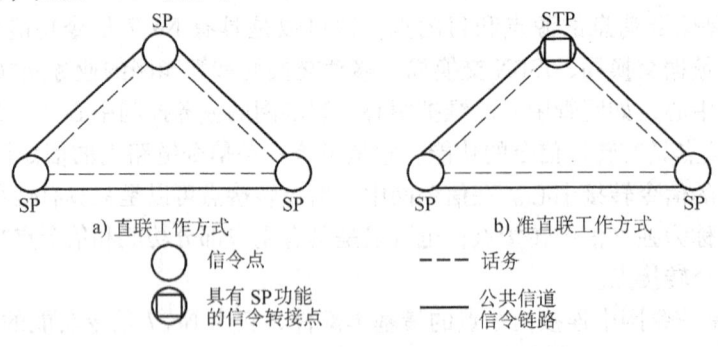

图 7-29 直联工作方式和准直联工作方式

2) 准直联工作方式。准直联工作方式两交换局之间的信令消息通过两段或两段以上串接的公共信道信令链路来传送，并且只允许通过预定的路由和信令转接点（STP），如图 7-29b 所示。

2. 移动电话网的信令系统

移动电话信令采用无线 No.7 信令，它分为接入信令和网络信令两部分。

接入信令是移动台至基站之间的信令，又称为空间接口信令。它主要由移动通信中的逻辑控制信道，如广播控制信道（BCH）、随机接入信道（ACH）、寻呼信道（PCH）和光纤接入信道（AGCH）等组成。这些信号是按一定的帧结构在突发脉冲中传输。

移动网络信令常用的是公共控制无线 No.7 信令。它主要在控制交换机之间传送，主要交换数据库中 ALR、ULR、AUC 之间的信息无线 No.7 信令网络结构如图 7-30 所示。

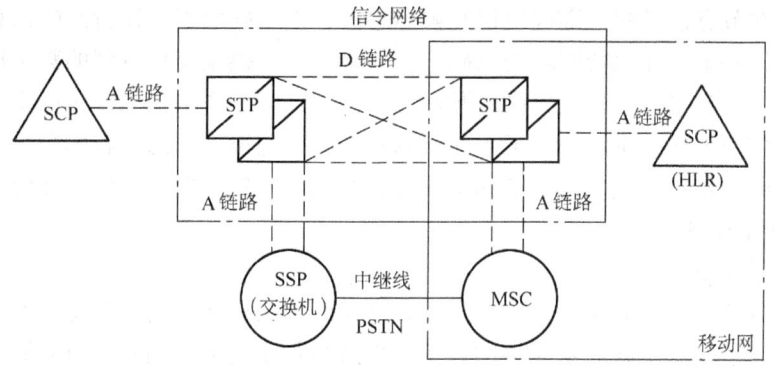

图 7-30 无线 No.7 信令网络结构

由图 7-30 看出：它由 3 大部分组成；信令点（SP）、信令链路、信令转移点（STP）。SP 是发送信令和接收信令的设备，它包括业务交换点（SSP）和业务控制点（SCP），移动网中的 MSC 由 SSP 链路互连，完成在交换机上发起、转移或到达的呼叫处理。SCP 是提供包括了增强型业务的数据库（HLR、VLR 等），SCP 接受 SSP 的查询，并返回所需的信息给 SSP。STP 是实现网络交换机与数据库之间中转的 No.7 信令的交换机。STP 根据 SSP 信息的地址域，将消息送到正确的输出链路上。为满足其可靠性，STP 是成对提供的，即双平面，如我国移动的信令交换节点的双平面配制，如图 7-31 所示，图中 A 平面为贝尔交换机。B 平面为华为交换机。

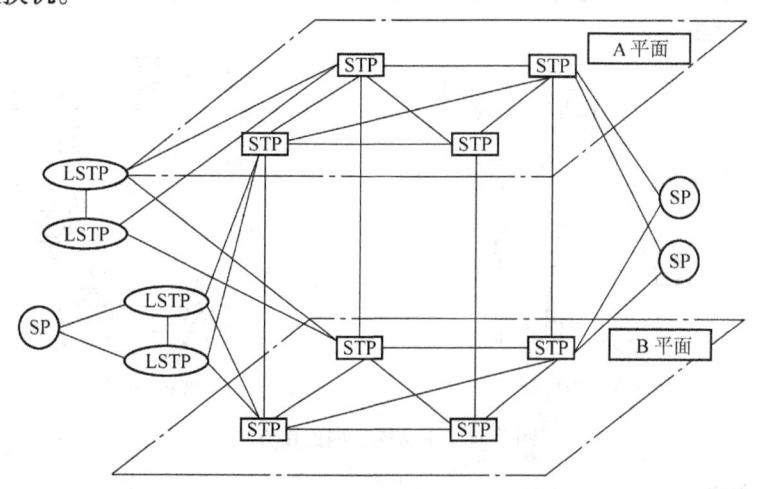

图 7-31 我国的 HSTP 双平面示意图

*7.3.2 同步网

同步是保障数字通信网中各部分协调工作所必需的。数字网中相互连接的设备上，其信号都应具有相同的时钟频率即所谓时钟同步。同步网的同步方式主要有主从同步方式和互同步方式。我国同步网采用主从同步方式并采用4级结构。在数字信息传输过程中，要把信息分成帧，并设置帧标志码，因此，在数通信网中除了传输链路和节点设备时钟源的比特率应一致（以保证比特同步）外，还要求在传输和交换过程中保持帧的同步，称为帧同步。所谓帧同步就是在节点设备中，准确地识别帧标志码，以正确地划分比特流的信息段。要正确识别帧标志码，一定要在比特同步的基础上。如果每个交换系统接收到的数字比特流与其内部时钟位置的偏移和错位，造成帧同步脉冲的丢失，这就会产生帧失步，产生滑码。为了防止滑码，必须使两个交换系统使用某个共同的基准时钟速率。目前，各国公用网中交换节点时钟的同步有两种基本方式，即主从同步方式和互同步方式。现在，已广泛使用卫星导航系统 GPS 时钟或称 GPS 定时。

1. 主从同步方式

主从同步方式是在网内某一主交换局设置高精度和高稳定度的时钟源，并以其作为主基准时钟的频率，控制其他各局从时钟的频率，也就是数字网中的同步节点和数字传输设备的时钟都受控于主基准的同步信息。主从同步方式中，同步信息可以包含在传送信息业务的数字比特流中，接收端从所接收的比特流中提取同步时钟信号；也可以用指定的链路专门传送主基准时钟源的时钟信号。在从时钟节点及数字传输设备内通过锁相环电路使其时钟频率锁定在主时钟基准源的时钟频率上，从而使网络内各节点时钟都与主节点时钟同步：①直接主从同步方式（星形结构），如图 7-32a 所示，各从时钟节点的基准时钟都由同一个主时钟源节点获取，一般在一座楼内的设备可用这种星形结构；②等级主从同步方式（树形结构）如图 7-32b 所示，主从同步方式使用一系列分级的时钟，每一级时钟都与其上一级时钟同步，在网中的最高一级时钟称为基准主时钟或基准时钟，这是一个高精度和高稳定度的时钟，它通过树形时钟分配网络逐级向下传输，分配给下面的各级时钟，然后通过锁相环使本地时钟的相位锁定到收到的定时基准上，从而使网内各交换节点的时钟都与基准主时钟同步，达到全网时钟统一。

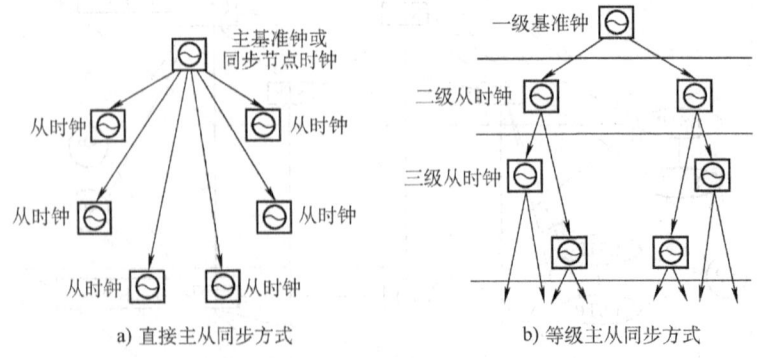

a) 直接主从同步方式　　　　b) 等级主从同步方式

图 7-32　主从同步网连接方式

2. 互同步方式

互同步方式是在网内不设主时钟，由网内各交换节点的时钟相互控制，最后都调整到一个稳定的、统一的系统频率上,实现全网的时钟同步。

3. 同步网

同步网的组网方式及等级结构。我国数字同步网是采用等级主从同步方式,按照时钟性能可划分为4级,等级主从同步方式示意图如图7-33所示。

同步网的基本功能是应能准确地将同步信息从基准时钟向同步网内的各下级或同级节点传递,通过主从同步方式使各从节点的时钟与基准时钟同步。我国同步时钟等级如表7-1所示。

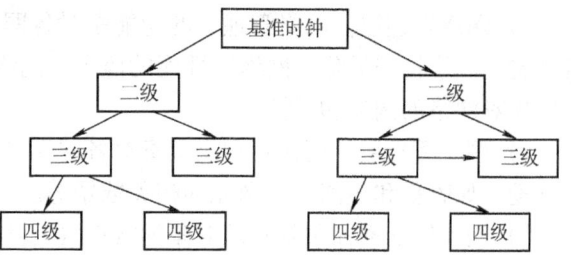

图7-33 等级主从同步方式

表7-1 同步时钟等级

类型	第一级		基准时钟	
长途网	第二级	A类	一级和三级长途交换中心、国际局的局内综合定时供给设备时钟和交换设备时钟	在大城市内有多个长途交换中心时,应按它们在国内的等级相应地设置时钟
		B类	三级和四级长途交换中心的局内综合定时供给设备时钟和交换设备时钟	
本地网	第三级		汇接局时钟和端局的局内综合定时供给设备时钟和交换设备时钟	
	第四级		远端模块、数字用户交换设备、数字终端设备时钟	

*7.3.3 电信管理网

当前电信网正处在迅速发展的过程中,网络的类型、网络提供的业务不断地增加和更新,归纳起来,电信网的发展具有以下特点:

1)网络的规模变得越来越大。
2)网络的结构变得复杂,形成一种复合结构。
3)各种提供新业务的网络发展迅速。
4)在同一类型的网络上存在着由不同厂商提供的多种类型的设备。

电信管理网(TMN)对各类型电信网的管理如图7-34所示。

TMN从3个方面界定电信网络的管理,即管理业务、管理功能和管理层次。

1. TMN管理层次结构

为了便于对复杂的电信网进行管理,TMN将管理功能分为不同的逻辑层次结构,从上至下分成不同的层次。

1)事务管理层。事物管理层是最高

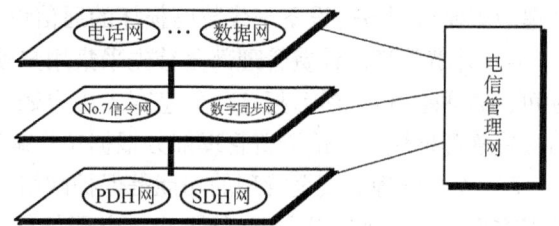

图7-34 TMN对各类型电信网的管理

功能管理层,这一层的管理通常是由最高管理人员介入。主要的管理功能包括:业务的预测、规划;网络的规划、设计;资源的控制;功能是满足和协调用户的资产的核算等。这一层一般是完成对目标的设定,而不是目标的实现。

2)业务管理层。业务管理层按照用户的需求来提供业务,对用户的意见进行处理,对服务质量进行跟踪并提供报告及与业务相关的计费处理等。

3）网络管理层。网络管理层的功能是对各网元互连组成的网络进行管理，包括网络连接的建立、维持和拆除，网络级性能的监视，网络级故障的发现和定位，通过对网络的控制来实现对网络的调度和保护。

4）网元管理层。网元管理层负责对各网元进行管理，包括对网元的控制及对网元的数据管理，如收集和预测处理网元的相关数据等。

5）网元层。网元层是管理对象的接口（与物理资源的接口）。

2. TMN 的管理功能

TMN 有 5 个方面的管理功能，这些功能主要指业务管理层、网络层和网元层的管理。

1）性能管理。性能管理是对网络的运行状态进行管理。包括性能监测、性能分析、性能控制。性能监测是指通过对网络中的设备进行测试，来获取关于网络运行状态的各种性能参数值。性能分析是在对通信设备采集有关性能数据的基础上，创建性能统计日志，并进行性能分析，如存在性能异常则产生性能告警，并对当前性能和以前的性能进行分析比较，以预测未来的趋势。性能控制是设置性能参数门限值，当实际的性能参数超过门限值进入异常情况时，采取措施加以控制。

2）故障管理。故障管理可以分为故障检测、故障诊断和定位、故障恢复。故障检测是指在对网络运行状态进行监测的过程中检测出故障信息，或者接收从其他管理功能域发来的故障通报，在检测到故障以后，发出告警信息，并通知故障诊断、故障修复部分进行处理。故障诊断和定位的功能是首先启用一备份的设备去代替出故障的设备，然后再启动故障诊断系统对发生故障的部分进行测试和分析，以便能够确定故障的位置和故障的程度，启动故障恢复部分排除故障。故障恢复是在确定故障位置和性质以后，启用预先定义的控制命令序列来排除故障，这种修复过程适用于对软件故障的处理，对于硬件故障，仍需要维修人员去更换指定设备中的硬件。

3）配置管理。配置管理对网络中通信设备和设施的变化进行管理，例如通过软件设定来改变电路群的数量和连接。从网管信息模型的角度上讲，就是对网络管理对象的创建、修改和删除。在其他几个管理的功能域中，对网络中的设备和设施进行控制时，需要利用配置管理功能来实现，例如在性能管理中要启动一些电路群来疏散过负荷部分的业务量，在故障管理中需要启用备份设备来代替已损坏的通信设备。

4）计费管理。计费管理部分首先采集用户使用网络资源的信息（例如通话次数、通话时间、通话距离），然后把这些信息存入用户账目日志以便用户查询，同时把这些信息传送到资费管理模块，以使资费管理部分根据预先确定的用户费率计算出费用。

5）安全管理。安全管理的功能是保护网络资源，使网络资源处于安全运行状态。安全是多方面的，例如有进网安全保护、应用软件访问的安全保护、网络传输信息的安全保护等。

*7.4 接入网

随着通信应用范围不断扩大，接入网技术发展很快，以太网接入已成为当今的主导接入技术，成为企事业单位自己组建内网的主要技术。在一些工业控制领域，无线局域网、无线以太网也在快速发展。

综合已经讲的传输系统,可以将接入网描述为:用户与交换节点之间的传输系统(包括终端设备、传输设备及传输线)就构成其接入网。接入网在整个通信网中的位置如图 7-35 所示。接入网可采用多种多样的信号传输方式、传输技术,前面已经讲述过的光纤、微波、卫星、移动等通信系统等都是接入网的主要方式,还有光纤和电缆混合的通信系统、无线和有线结合的通信系统等。这些通信系统以及用已架设的用户金属电缆等就组成了庞大的、结构复杂的接入网,如图 7-36 所示。

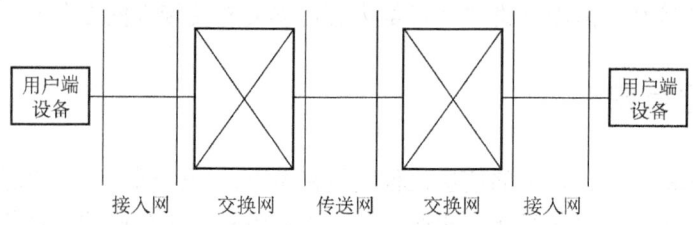

图 7-35　接入网在整个通信网中的位置

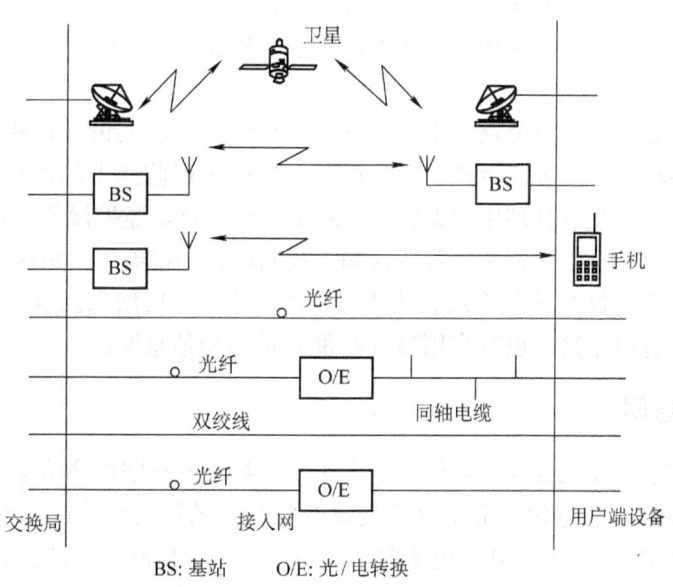

图 7-36　多种传输技术组成接入网

接入网按其传输技术分类如下:

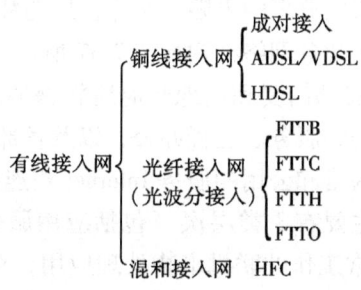

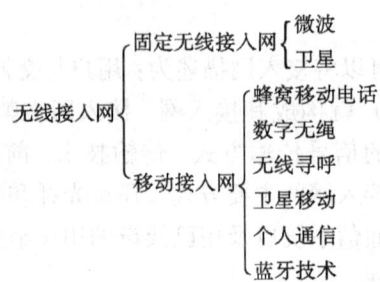

以上的接入传输技术前面已讲述（详细内容可参阅有关接入网专著）。

*7.5 专用信息网

随着信息技术的发展，社会的信息化程度越来越高，通信网的应用也越来越广泛。从人们的日常工作、办公及家庭信息化到交通、能源以及各种工业企业的信息化改造，都在运用信息网络。利用不断发展的现代通信技术来实现各种特殊功能、满足特殊要求的专用网络，能极大地改变现有企业的技术含量，使企业自动化程度提高到一个前所未有的水平。这里，把除公用通信网之外的具有特殊功能、特殊用途或者某部门、某种业务专用的通信网络，称之为专用信息网。

专用信息网一般不是面向公众的用户服务，而是面向机器或设备这些特殊用户的服务，例如，计算机，各种仪器仪表，生产、办公设备；生产过程监控中的控制器、智能传感器/变送器、执行器，道路交通管理中的大屏幕显示屏、红绿灯等监控设备；车船、飞行器上的各种设备仪表；电力、石油、天然气等的检测、控制设备及仪器等。由这些特殊用户终端构成了各种专用（特殊功能）通信系统，或称为网络。这些专用信息网有大有小，有复杂的，也有非常简单的，有单用途，也有多用途（功能）的专用信息网。

7.5.1 政务信息网

前面讲到现在已经发展到信息时代，进入了信息社会——即社会信息化。而公认为社会信息化的基础就是政府信息化。电子政务是政府信息化的重要标志。那么什么是电子政务呢？可以这样来理解，"电子"就是电子终端设备、电子通信网络，政务就是国家政府政治方面的事务。简单地讲，电子政务就是：政府部门通过通信网络以实现对社会公众的服务，即在网上建立虚拟政府，使政府透过通信网络为社会安定及公众提供优质高效满意的服务。这种服务是将管理与服务通过网络技术进行集成，在 Internet 上实现政府组织结构和工作流程的优化，突破时间、空间和部门分隔的界限，全方位地向社会提供优质、规范、透明、符合国际水准的管理和服务。电子政务网络结构如图 7-37 所示。

从图 7-37 中可以看出，政府部门要和当地政府所管辖地区的企业各部门、学校机关等紧密地联系起来，要完成各种公共服务、远程办公，以及各部门、各企业间的互动合作，利用政府的通信网络，各企业的网络和公用的服务 Internet 相连接，以完成电子政务的各种功能。从应用角度来看，其功能主要有 3 类层次（包括应用服务层、管理系统层、信息网络层）和 3 类应用（包括进行日常工作的联机事物处理应用，对各种数据收集、组织、分析、加工的应用，对信息资源的管理应用）。电子政务实现了管理和技术的一体化，它可实现先进通信网络技术的实用化、管理集成和系统的开发功能、政府管理服务职能的需求与实现的互动管理经验与科学的同化。

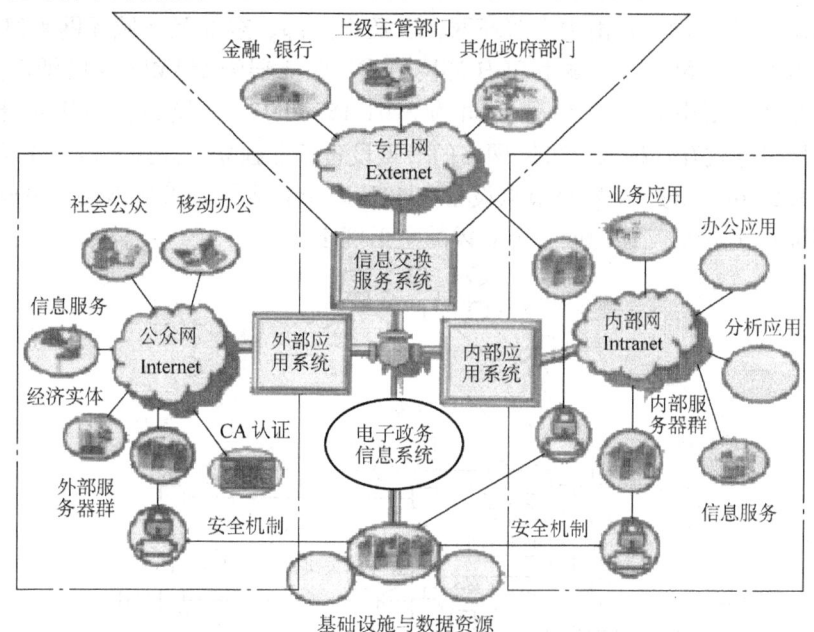

图 7-37 电子政务网络结构

各级政府管理部门内部在自身的局域网内实现行政办公自动化、网络化，各部门且通过网络互联实现各部门资源共享，协同工作，借助互联网络以实现透明政府面向社会业务、审批管理等行政管理自动化。网络公开、公正、公平，并能以安全认证技术为保障，可打破物理时空的限制，通过通信网络的透明服务，以展现打破传统的当官政府高高在上的机制，从而实现了一个高效便捷，公正、公平、公开、透明的信息化政府。各级部门要建立自己的政府的通信网络，这是在当今进行的数字化城市的基础建设中要实现自己政府信息化的基础。要建设政府自己的通信网络，其实现的方式，针对我国而言可以从我国各通信运营公司的公用网进行接入与租用，例如可以用移动公司的基站接入或固网接入，或其他方式接入等，但这种接入一定是高速的、宽带的、具有竞争力的、稳定可靠安全的通信网络平台。因此，政府在数字化城市的基础建设中，应统一考虑计划设计政府部门的网络。

7.5.2 电力信息网

在信息时代使电力行业具有其竞争力，就必须进行电力现代化建设，首先就要实现电力信息化，因此电力行业推出了"数字电力"的概念，就是要建设高效能、高质量的宽带多用途电力信息网络，以实现其信息化的电力。此外，还有信息网络在电力系统的其他方面的应用。下面是几个典型的应用范例。

1. 电力信息主干网

电力信息主干网是专为电力行业现代化而组建的信息网络。它是基于网络化的电力生产、电力控制、电力市场的电力信息系统，集办公、语音等信息服务为一体的专用宽带信息网络。电力信息主干网由全国和各省、市区的主干网组成,如某省的电力光纤主干网,其网络结构如图7-38所示。其主干网主要由SDH光传输系统自愈环网组成,分为3层:第1层为SDH 2.5Gbit/s主干网,它由中部双环网,以及中南部、东部及运城环网等组成;其第2层为155Mbit/s的主干网,这主要由SDH环网组成;第3层为155Mbit/s的辅助网,由主干光缆沿途各220kV变电站及各地分公司的SDH 155Mbit/s光设备,利用主干光缆增加155Mbit/s光接口方式互连构成。各层网络的节点设备相互独立,并独立占用主干光缆纤芯。2.5Gbit/s与155Mbit/s的主干网络节点设备在500kV变电站与220kV枢纽变电站同站布置,并采用155Mbit/s光接口互连构成一个立体的主干网络。

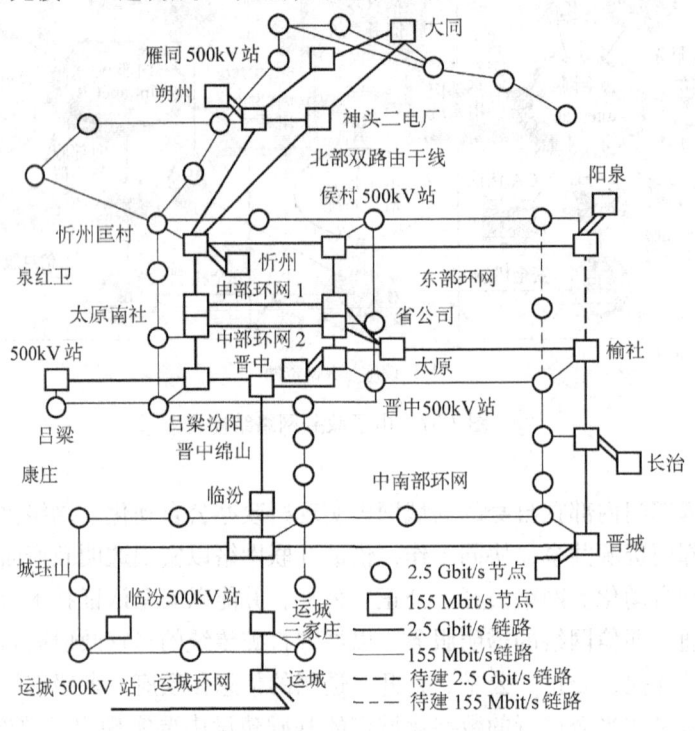

图7-38 电力光纤主干网网络结构

这里的主干光缆与一般通信网光缆不同。它是以架设在220kV高压输电线上的特殊OPGW光缆为主,兼有对输电线路保护地线的作用。它可充分利用电力杆塔资源,经济性、可靠性高,是电力信息网特有的宝贵资源。此网络的建立,可满足本区域内电力公司的调度自动化、营销自动化、财务自动化、办公自动化等信息化管理,并具有千级扩容功能。在保障电网安全运行的应用上可实现全省220kV以上等级输电线路纵联保护双光纤的通信。

2. 电力网计算机监控网络

电力系统的电力网是由多发电厂的电量进行统一调度分配和协同的,其控制网络称为多机开放式电力网综合监控通信网络,它由计算机通过可编程序控制器实现监控,其监控网络模型如图7-39所示。

此监控网络是多目标、多参数、多功能的实时控制系统,采用分层式分布式系统配置。系统为开放式模块化结构,模块接口标准化,功能处理分布化,各模块采用标准通信接口,接入现场总线网络,可扩展功能。

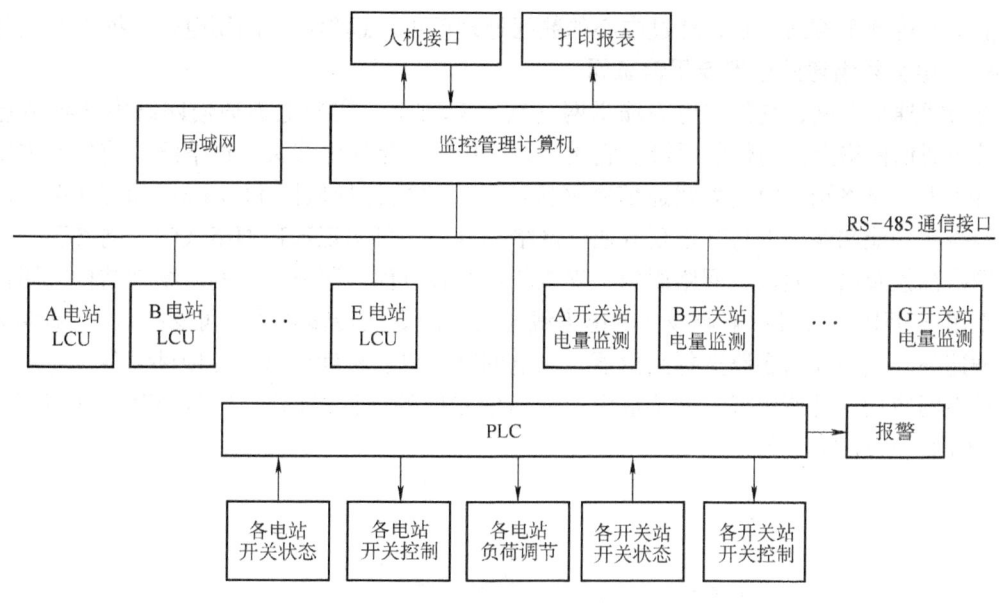

图 7-39　电力网计算机监控网络模型

其中监控管理计算机采用抗干扰性强的工业控制计算机，各电站的现代控制单元（LCU）可采用具有监控功能的微机励磁系统对发电机组进行现场监控，各开关的电量监测采用具有数据处理功能的智能仪表对线路负荷完成现场监测。并通过高可靠性的可编程序控制器对各开关进行监控和负荷调节，且具有过载报警功能。

其网络上位机和现场控制系统（LCU）之间采用 RS-485 通信接口，通过通信网络与各开关站的智能仪表、控制执行单元（PLC）相连，并且可通过局域网与远方调度通信，也可接入以上的电力主干网络。

此网络可实现智能化，上位机可显示各点发电机的运行情况，发电机组的工作参数采用微机自动方式，可以在线修改。监控台对输电线路、联络变压器、负荷等全部采用智能型的标准电力监测仪，并且可视地显示各支路的所有电气量。开关量的输入/输出，可通过可编程序控制器来实现控制，并且各监测仪和可编程序控制器可通过 RS-485 通信接口或工业以太网现场总线与上位计算机相连，实时显示电力系统的运行情况。可以做到所有的常规操作除在现场进行外，在远方的监控系统上完成，计算机屏幕显示整个电力系统的主接线的开关状态和潮流分布，还可通过切换显示每台发电机组的运行状况，并可以实现电力系统的自动化遥测、遥信、遥控、遥调等功能。

3. 利用 GSM 网络的短消息实施对用户电力的监控

利用 GSM 网的短消息数据传输信道可构建一个虚拟网络，实施对远程电力用户的监控，其原理如图 7-40 所示。此网络主要由 3 大部分组成。其远程客户终端用户（RCT）及供电局监控中心（SC），以及利用短消息服务（SMS）的数据传输信道，以组成一个依托公用网短消息传输数据信息的电力远程监控网络。此网络可实时采集电力用户的电流、电压、有功功率、无功功率和故障告警信息，通

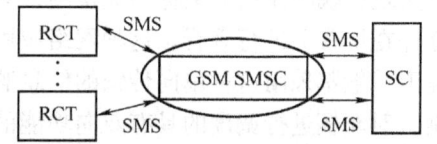

图 7-40　利用 GSM 网构建的电力远程监控网

过短消息上传到主控站中心，通过中心的数据处理后可对远程用户的用电进行抄表及控制。

4. 用电力线组建的小型专用信息网

电力线通信专网，它是在电力输送网（线）基础上，实现电力通信网络内部各节点之间与其他通信网络之间通信的系统。它是一线两用，既是输电线又是通信线，使各种家用电器均可作为网络终端。由电力线通信专网构成的家庭内部局域网 PLC-LAN 如图 7-41 所示。此种网络在功能和业务上与其他现有通信网络相融合，可实现远程网络教学、网络医疗、保健、网络视频及语音通信、网络娱乐、安全防范等各方面的服务。其网络物理结构采用正交频分复用（OFDM）调制/解调技术的电力线通信专网专用传输芯片，可支持最大 100Mbit/s 的传输速率。其主要由多路选择路由器、家电网络接口、跨度变压器等硬件设备及专用电力线通信专网应用软件所组成，并构成电力线通信专网的虚拟专用网（PLC-VPN）以及 Internet 接入网（PLC-AN）等。

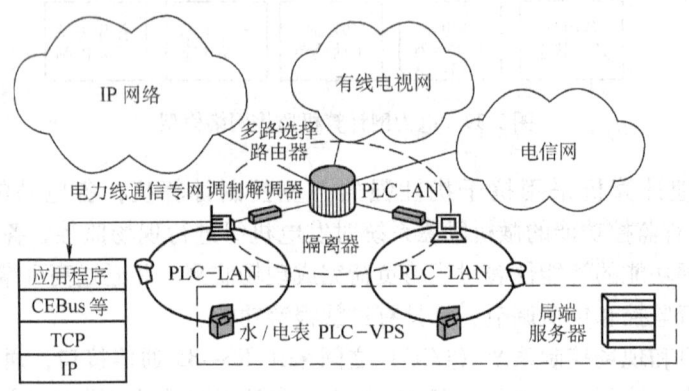

图 7-41　家庭内部局域网 PLC-ALAN

7.5.3　交通信息网

交通包括的内容很多，水、陆、空的交通，它们都有其自己的信息网。如航空信息网就是比较庞大的信息专用网络，它兼有陆地、空中的指挥、监视、调度、语音为一体的主体信息网。这里主要讲述陆地上几个范例。

1. 城市交通监控网

城市交通监控网为对城市各种车辆正常运行和违章车辆及事故进行监控的网络。在城市各街道站口设立监控点（红、绿灯及摄像机等），由这些点采集信号并用光纤或电缆通过局域网或信号集中器通信接口（Ei）与多点控制器（MCU）相连接，并传送到主控室（指挥部调度中心）及电视监视屏，如图 7-42 所示。这里采用单向比较简单的监控中心传输网络，只实现监视的作用，又称为监视网，只由各监视点的摄像机采集信号传输到监视中心进行储存并在屏幕上进行观看。这种网络应用范围很广，各宾馆、银行大楼、各种营业厅的安全、保卫一般都采用这种单向传输的信息监视网络。也有对各道口的出现违章车辆、事故进行控制，对车辆进行调度的具有双向功能的网络，这称之为监控网。如对红绿灯进行控制，或对车辆进行调度、指挥控制等，这种网络也有复杂的，也有简单的，如现在的小区住宅的监控网，就能实现对各用户对来客的监视、通话和开门等监控。

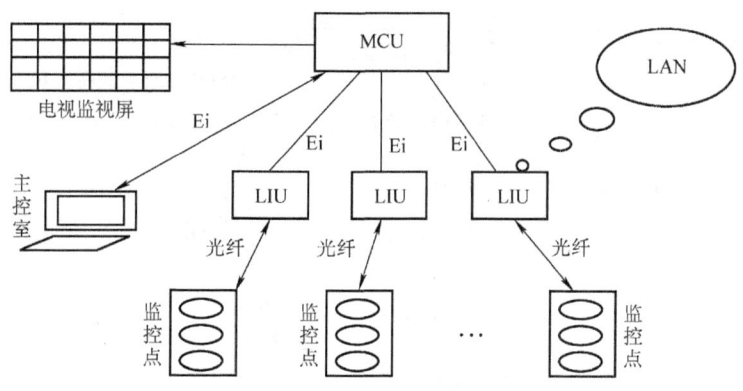

图 7-42 城市交通监控网

2. 高速公路信息网

高速公路信息网是对高速公路及在公路上运行的车辆进行现代化管理的信息网络，它实现对在道路上行驶的车辆进行的远程监控，特别是高速公路的进出口、隧道、桥梁、各收费站点的监视、控制及通信联络等。它由监视系统、检测传感装置、读卡及收费系统、各信号显示装置、控制栏杆以及中央控制室等组成。这些设备的信息传输一般都用数字光纤通信系统及电缆系统共同完成，并要实现与 SDH 公网互连互通，其功能结构如图 7-43 所示，图中，SONETLY 系统即为 SDH 早期（美国）光同步数字系统。

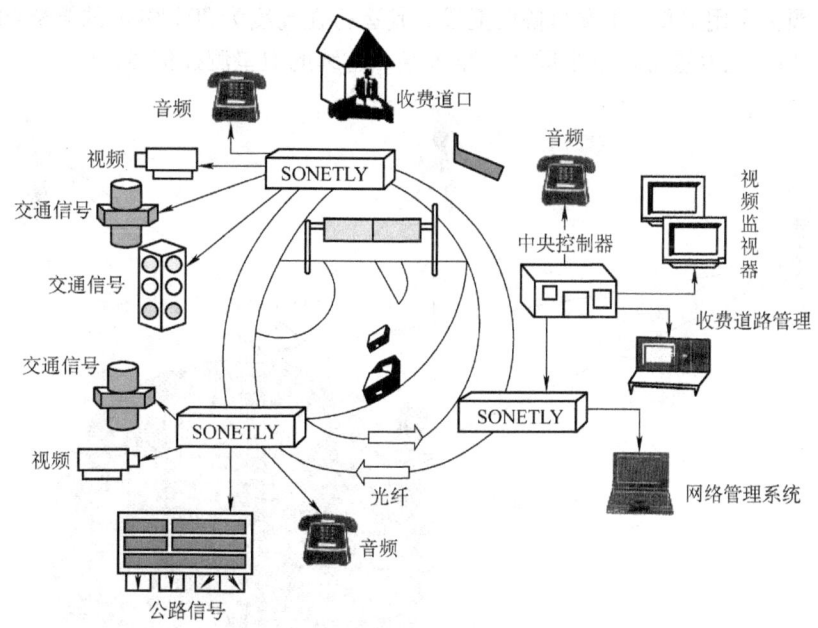

图 7-43 高速公路信息网功能结构

高速公路信息网一般用 SDH 系统组成环网，例如，某市东环高速公路信息网如图 7-44 所示。高速公路信息网络，各节点上下信息一般为 2Mbit/s 或 1.544Mbit/s 等。

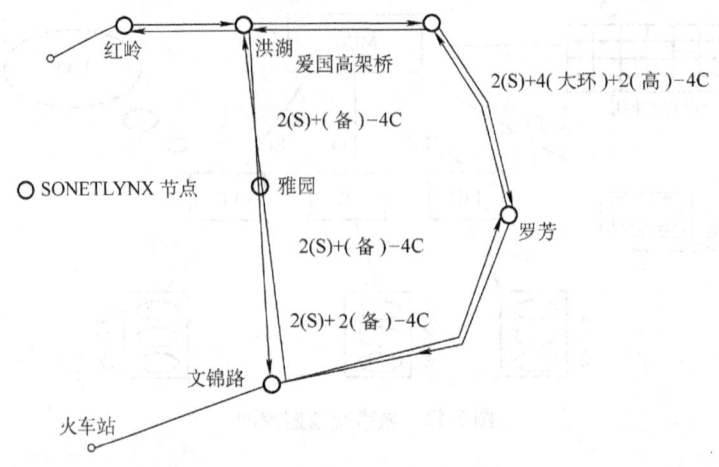

图 7-44　某市东环高速公路信息网

3. GPS 系统及交通管理信息网

（1）GPS 系统概述

GPS 是英文 Global Positioning System 的简称，它的含义是利用导航卫星进行测时测距，以构成全球定位系统，现在国际上已公认，将这一全球定位系统简称为 GPS。此种系统属于非同步卫星通信系统的范畴，是一种单方向的面覆盖卫星通信系统。它由定位卫星、GPS 地面监控站及众多的 GPS 接收机用户 3 大部分组成，如图 7-45 所示。此系统有 (21+3) 颗卫星，其中 21 颗为主用卫星、3 颗为备用卫星，其运行在高度为 20200km 的微椭圆形轨道上，运行周期为 12h。此卫星可发出全球性、全天候、连续的卫星测控信号。

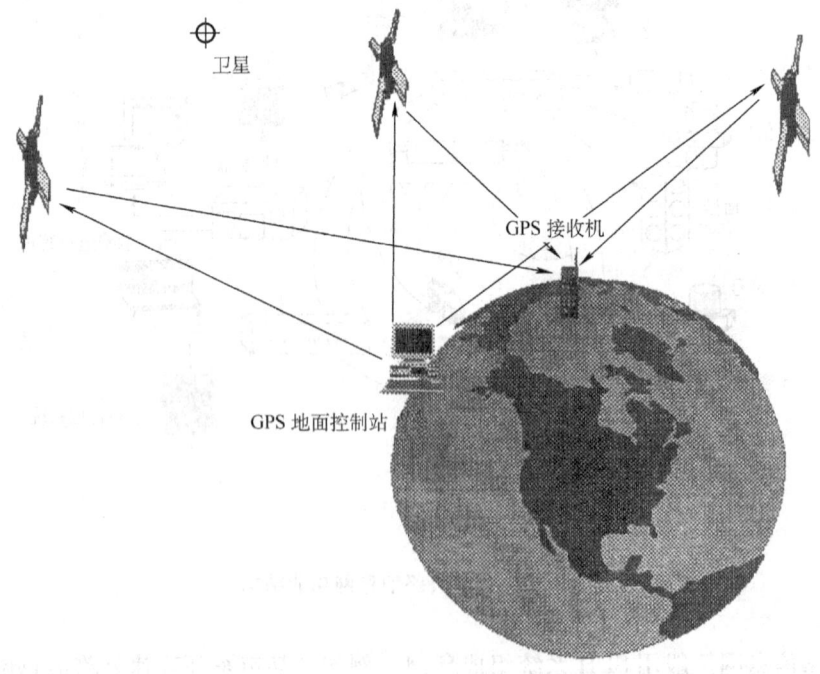

图 7-45　GPS 系统

地面可同时接收4颗卫星的信号,它给用户提供实时的三维位置、三维速度和高精度的时间信息,从根本上解决了人类在地球上的导航、定位及精度授时(如通信系统中的定时信号)等需求,可以满足不同用户的特殊要求,例如,海洋监测、石油勘探、浮标建立、海轮出港引航、沙漠中定位导向、飞机着陆导航、武器投掷定点、导弹飞行定位、海上协同作战、空中交通管制;军队的各种车辆、坦克、部队、炮兵、空降兵的指挥与调动;民用中的汽车及交通运输的调度、指挥及物流系统的监控管理;人们日常生活中的旅游、探险、狩猎等。实践证明,GPS的应用前景广阔,对人类的影响极大,得到美国政府和军界的高度重视,不惜投入巨资建立了这一工程。

继美国之后,俄罗斯推出格罗纳斯系统、欧洲也推出伽利略(Galileo)卫星导航系统,我国正在建设北斗导航卫星系统,并加大在这方面的研究和应用。

(2) 应用GPS技术的交通管理网

交通工具是动态的,要对其进行管理、调度、指挥,必须对它运动的状况进行远距离监测和定位,利用GPS定位信号与地面的公用通信网或专网及地理信息系统(GIS)就能实现这一目标。目前这已经在许多领域和部门得到了应用,如图7-46所示。运行中的车辆,装配了GPS接收机,GPS系统对其位置进行跟踪、定位并与地理系统(GIS)配合,利用通信公网或专网的通信接口可实时地对车辆进行监控管理,并可在监视器上实时显示此车辆的具体位置及车上的情况,便于调度、指挥,以改善交通状况、提高运输效率。

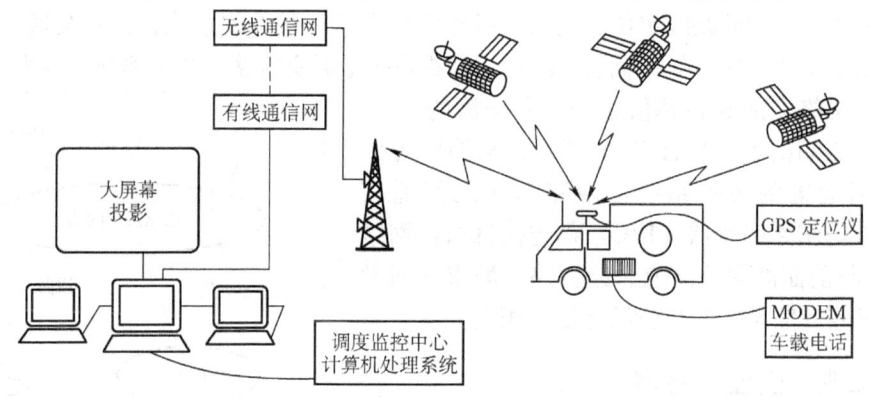

图7-46 应用GPS技术的交通管理网

4. 智能交通系统(ITS)

人类进入信息社会,随着社会的发展人们物质生活不断提高,物质运输的节奏大大加快,汽车保有量和总行驶里程在不断增加,因此交通信息化中的智能交通系统特别引人关注。智能交通系统(ITS)是由电气电子、传感器系统工程、汽车与控制系统、通信与信息处理、通信信息网络等与交通有关的信息归为一体所组成的系统。有些资料中对智能交通做了这样的定义:智能交通是应用信息、通信技术、电子技术,把汽车和交通管理体系高度地结合起来的社会性交通技术系统的结合体,通过建造这种结合体,使人、汽车、道路等相关系统协调起来,实现能够安全、舒适驾驶汽车的社会。ITS的基本概念可用图7-47来说明,图中各个系统都有自己特定的功能。

例如,收费系统,它是实现对行驶在高速公路、桥梁及停车场的车辆收费系统;导航系

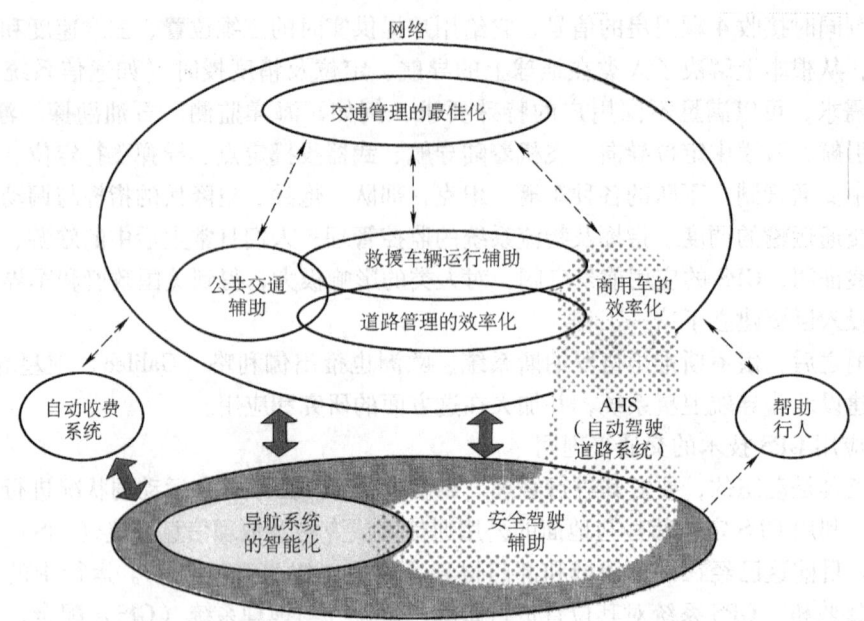

图 7-47 ITS 基本概念

统，它是使各车辆行驶路线定位、定点，指挥调度及相互联系的系统；公共交通管理系统，它是维护正常交通秩序，使车辆有序运行，并提供事故救助等多功能的系统。这些系统之间都是由通信网络完成其各种信息处理和交流的。ITS 与信息通信之间的关系如图 7-48 所示，从图中可以看出，交通运输的各子系统以及路与车之间通信（RVC）、车与车之间通信（IVC）都与信息通信网络连接。ITS 与前面讲到的高速公路网络、城市交通网络及系统都相互联系，并与公用通信网相连。

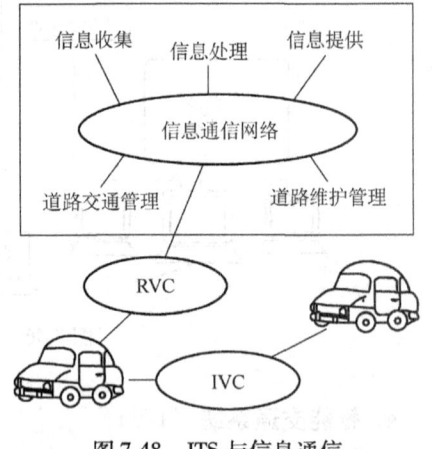

图 7-48 ITS 与信息通信

7.5.4 工业、企业信息网

随着通信技术、计算机技术和传感器技术的发展普及，工业生产的信息化得到快速发展。表现在宏观上是生产的全球化、开放化，计算机集成制造系统、虚拟工厂、供应链管理等新的概念涌现出来，分布在全球的各企业之间、企业各部门之间利用信息技术完成从市场调研、设计、制造到销售和售后服务一系列的任务；另一方面，在工厂生产现场，机器人、流水线、自动化检测与控制装置的采用使生产现场十分复杂，它们相互间必须通过信息网连接实现通信以协调工作。因此，信息网络已成为现代工业企业不可缺的部分。由于工厂现场的特殊性和复杂性，所采用的通信手段也具有多样性，其中应用最多的是串行通信、现场总线技术和工业以太网等。

1. 工厂自动化网络体系结构

在大型工厂内，各生产设备之间物理位置分布较远，工作原理、控制方法上差别很大，但相互之间的的联系越来越紧密。工业自动化系统中广泛采用工业控制计算机、可编程序控制器、可编程序调节器、嵌入式技术的智能设备等进行自动化生产。这些设备可能同时安装在同一工厂、车间乃至设备上，它们之间需要共享数据、分工协调，共同完成复杂的生产任务，组成既分散又集中的控制系统。在系统内部，一方面，实现控制功能的层次化、分散化，即各个控制对象的物理位置分布、控制系统功能的分散和危险的分散；另一方面控制功能又分层集中，利用网络将各设备、控制系统和控制系统的各个部分，如直接数字控制、现场操作、计算机监督控制、分析计算、管理系统等有机地结合起来，实现工厂各级自动化生产与管理，使低层的控制网络和高层的管理网络，相互融合并统一到计算机集成制造系统（CIMS）中。

由于工业现场的特殊性，对网络有其特殊的要求，且不同应用场合需要不同，例如CIMS 需要的网络是由异构的多层子网构成，因此工业局域网与普通的局域网有一定的差别，长期以来还没有统一的标准。目前，以 IEEE802 为标准的通信协议是普通局域网的通信协议，美国国家标准局为工厂计算机控制系统提出 NBS 分层模型，从其国际上公认程度和应用范围来看，也几乎成为事实的标准协议。NBS 模型把工厂计算机控制系统或称通信控制网络分为 6 层，每层具有限定的通信要求和处理能力，自上向下分别为：公司级、工厂级、区间级、单元级、设备级和装置级，如图 7-49 所示。

NBS 分层	数据量	实时要求
公司级 CORPORATE	大	低
工厂级 PLANT	↑	
区间级 AREA		
单元级 CELL/SURPERVISORY		↓
设备级 EQUIPMENT		
装置级 DEVICE	小	很高

图 7-49　NBS 模型及各级特点

公司级网络负责从分布在全国乃至世界各地的工厂级网络中，收集数据进行综合处理，完成公司的战略计划，管理定单，进行生产经营及财务管理等企业长期作业规划，其信息主要是电子邮件、数据库操作信息等，特点是非实时性数据传输、信息量大、长度不一，一般为广域网或城域网。

工厂级网络连接工厂的生产管理、工程技术部门，传送计划修改、质量检测、生产管理调度等信息以及企业短期生产计划和业务经营方面的有关信息。信息内容主要是工程图样、数据库数据等，特点是通信量大，对实时性有一定要求。

工厂级和公司级网络同属于管理型网络，可以用公用网络也可以自己利用 SDH 系统组建。

区间级和单元级网络要实现车间或工段范围内高级计算机控制与监测等在线作业管理方面的内容，负责生产过程控制与监督，普遍采用可编程序控制器网络、DCS 系统等，负责解释传达上层优化控制命令，对采集的数据处理以完成现场监控，特点是通信的实时性、可靠性、抗干扰能力要求高。

设备级网络是指对生产过程直接进行控制的可编程序控制器、多功能控制器、可编程序调节器等组成的互连网络，实时性要求很高。

装置级网络指设备级的控制装置与现场传感器执行器的通信通道，实现参数检测或执行器驱动，数据量最小，实时要求最高。

早期的工厂自动化系统按 NBS 模型以分离方式组织，而上下级各层网络没有联系。美国通用公司制定了"制造业自动化协议（Manufacturing Automation Protocol）"即 MAP，其介质访问控制方式为 Token-Bus 的宽带 LAN，以 ISO/OSI 7 层模型为基础，在现有 ISO 及 IEEE802 委员会等公布的各种网络标准中，选择某几种协议形成自己的 MAP 规约，以为 NBS 6 层模型各级使用。MAP 根据 NBS 各级通信要求，特别是实时性的要求分为 3 种体系结构，即全 MAP、增强体系结构 EAP MAP、塌缩体系结构 MINI MAP，它们都局部采用或改进了 OSI 7 层模型的部分层。

2. 现场总线与工业以太网

（1）现场总线

工厂自动化中，一直存在着各厂商设备尤其是现场检测、执行器难以实现互连、互操作、互换，因而难以与外界实施信息交换。20 世纪 80 年代初，出现了现场总线技术（即网络拓扑中的总线型网），将专用微处理器植入传统的测控装置，使其具有了数字计算和数字通信能力；采用双绞线等作为总线，将现场设备连接成网络系统，按公开规范的通信协议，使现场设备之间测控装置与计算机之间实现数据传输与信息交换，实现全分布式自控系统，构成现场总线控制系统（Fieldbus Control System，FCS）。

现场总线是连接智能现场设备和自动化系统（如过程自动化、制造自动化、楼宇自动化等）的数字式、双向传输、多分支结构的通信网络。现场总线网络是工厂最低层次的网络，具有实时性高、低速、可靠性高的特点，通常采用简化的 OSI 参考模型，针对自动化的特殊应用，一般在应用层上还添加用户层用于实现自动控制的功能块（一些标准的控制软件模块）。现场总线的传输介质可以是双绞线、同轴电缆、光纤或电力电源线等。通信方式同样也有主从方式、令牌环方式和 CSMA 等方式中的一种或几种。

目前现场总线有很多类型，IEC 公布了 8 个现场总线标准，分别适用于不同的领域。例如，基金会现场总线（FF）是当前最全面、最完善的、被认为是国际通用的现场总线标准；作为德国国家标准和欧洲标准的 Profibus、主要应用与汽车电控和离散控制领域的 CAN 总线等。

（2）工业以太网

以太网用于工业控制可以有效利用高速发展的通用网络技术，从工厂、公司的设计、管理、销售、Internet 应用直到目前正在研究的生产现场应用，有利于实现系统的集成和综合自动化。目前，自动化领域提出的"一网到底"，就是指将以太网技术应用到生产企业的各个层次。

由于以太网仅提供了 OSI 参考模型中的物理层和数据链路层协议，因此在工业应用中，产生了基于控制和信息协议的新型以太网——工业以太网，在其上为工业控制领域的 TCP/IP 定义了公共的应用层协议，实现了数据传输和网络管理功能，使以太网贯穿于控制系统的各个层次，实现从设备层到管理层的直接通信，真正实现企业控制、管理的无缝集成。目前已经出现了采用标准的 WEB 技术、通过 Internet 实现远程的数据采集和控制的系统，应用在一些要求不是太高的工业控制或远程监控系统中。

(3) 无线局域网

无线局域网是目前最成熟、应用最广泛的局域网，具有速度高，技术成熟等优点，广泛应用于野外作业、企业内部、室内移动办公等场合，缺点是覆盖范围小、易受干扰、安全性差等，特别是由于其采用 TCP/IP 数据包传送数据，不利于声音、视频等流媒体的播放。

HomeRF 和 IEEE.802.11 一样是工作在开放的 2.4GHz 频段，主要针对家庭联网应用，采用简化的 IEEE.802.11 协议标准和类似以太网的 CSMA/CA，对流媒体采用了优先权和重发机制，因而支持流媒体较好，但存在抗干扰性较差、技术不公开等缺点。

Bluetooth（蓝牙）是采用协议 IEEE802.15 标准，运行在 2.4GHz ISM 频段上。由于 ISM 频段属于公用频段，对所有无线电系统都开放，使用 Bluetooth 技术的用户可连接到 LAN 和 WAN 甚至实现全球漫游。蓝牙还具有自动搜索建立通信、通过快速跳频和向前纠错方案来保持系统稳定和抗干扰、成本、功耗和体积小等优点，因此虽然是一项新的技术，但很快得到了重视和推广，基于各种操作系统和应用领域的 Bluetooth 设备和技术不断被开发出来。

IrDA 是红外线数据标准协会制定的一种利用波长小于 $1\mu m$ 的红外线做为传输媒质通信的协议，进入市场早、快速、检测和窃听困难，但存在方向性、距离短、易受外界光源干扰等技术上的缺点，其在无线局域网中的应用具有局限性。

FSO 是一种利用小功率红外激光束在空中传递光信号的通信技术，具有低成本、带宽宽（可达 1Gbit/s），适用于企业、住宅小区内直线、近距离的宽带通信。

以上各种无线局域网标准共存且互不相让，都具有各自的特点，适合家庭信息化的主要是前 3 者，其中以 Dell、Intel、朗讯等为首的几家公司支持 IEEE.802.11 系列标准，而 HP、Motorola、西门子等为公司主推 HomeRF，IBM、爱立信等公司则支持 Bluetooth 技术。由于无线传输方便、自由的独特优点，越来越在工业、企业、家庭组建内部网络中得到广泛应用。

3. 工厂信息化实例

目前将工业以太网用于工厂全面的自动化还处于初级阶段，通常仍利用以上各种网络技术来分层实现工厂自动化。针对不同网络的特点，目前大多数工业企业仍采用两层或多层的网络结构以满足需要，实现集成。

图 7-50 所示为一个包括现场总线在内的工业控制网络。在图中，针对不同场所的通信要求，分别利用各种网络将工厂的计算机、生产设备装置连接起来，实现自动化控制、信息集成。

1) 利用以太网或工业以太网，将分布在相同或不同区域的公司各部门或与其他公司互连，用以传输订货、设计、销售、生产监控、管理等各方面信息，特点是数据量大，实时性要求不太高。

2) 控制网是一种性能介于以太网和设备网的一种高速工业控制局域网，一般采用令牌环或令牌总线形式，速度较高，具有一定的时间确定性，用于连接可编程序控制器、数控机床、机器人、监控站等要求数据量较大、实时性较强的设备。

3) 设备网是一种成本较低、传输速率不高但实时性最好的网络，适合传送变化快、短小的数据，因此用于现场或设备上的带有网络通信功能的传感器、执行器或通信量不大的智能设备、装置，如可编程序控制器、变频器、智能检测元件等。

4) 远程 I/O 或 ASI 即为传感器—执行器接口，是最低层现场自动化网络，因为连接控制网或设备网的技术和成本要求较高，ASI 网是运用于双工位（开关量）的执行器和传感器的低成本网络，通过 ASI 电缆（一种简单的双芯屏蔽电缆），以总线的形式连接主站和从站（专用）。总线循环速度快，对传感器和执行器无其他特别要求，适合于分布在比较广的区域的传感器和执行器。

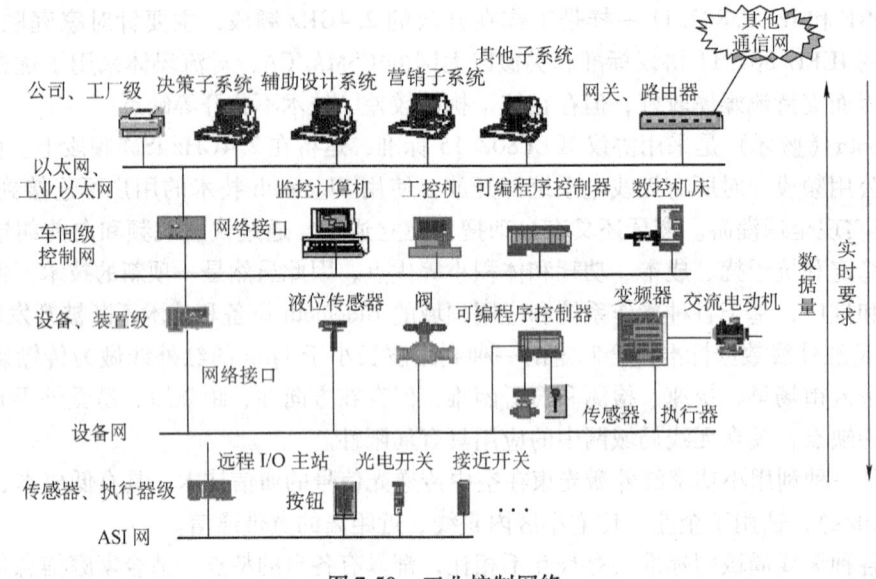

图 7-50 工业控制网络

各层网络通过专门的接口，达到相互沟通和信息交换，真正实现智能的全分布的自动控制，完成包括 CIMS 中的企业规划、设计、制造、经营和售后服务的全部生产和经营活动的信息高度集成，真正实现 CIMS 中各子系统的无缝连接。

7.5.5 监控网

1. 航空航天测控信息网

作为我国载人飞船工程 7 大系统之一的测控网，对神舟五号的发射成功具有决定性作用。在飞船发射、绕地飞行、返回各阶段，火箭、飞船的推进舱、轨道舱、返回舱内大量的仪器仪表和执行机构都需要同地面进行实时通信，以传送数据、接受指令和进行控制。载人飞船的通信具有远距离、大范围、通信对象高速度的特点，且还存在着高温、高机械冲击、高电磁辐射干扰等恶劣环境，对测控通信系统具有很高的要求。

神舟五号传输信号采用 S 频段（2.5～3.95GHz）来保持与地面的紧密联系，测控网主要由轨道测量、遥控、遥测、火箭安全控制及航天逃逸控制、计算机系统及监控设备、船地通信和地面通信设备等组成。该通信网将测距、测角、测速、遥控、语音传输、图像传输、数据传输等功能综合为一体，可以减少船载和地面站的设备，极大地提高信息传输的效率和设备的利用率，还可通过国际联网、地缘优势互补提高地面站的使用率，降低费用。神舟五号测控网由 3 个中心、9 个测控站、4 条测控船组成"高实时"、"高可靠"、"高覆盖"的信息网，其实质就是卫星移动检测通信控制系统。其组成如图 7-51 所示，其中 3 个中心分别是：

第 7 章　通信网络及应用

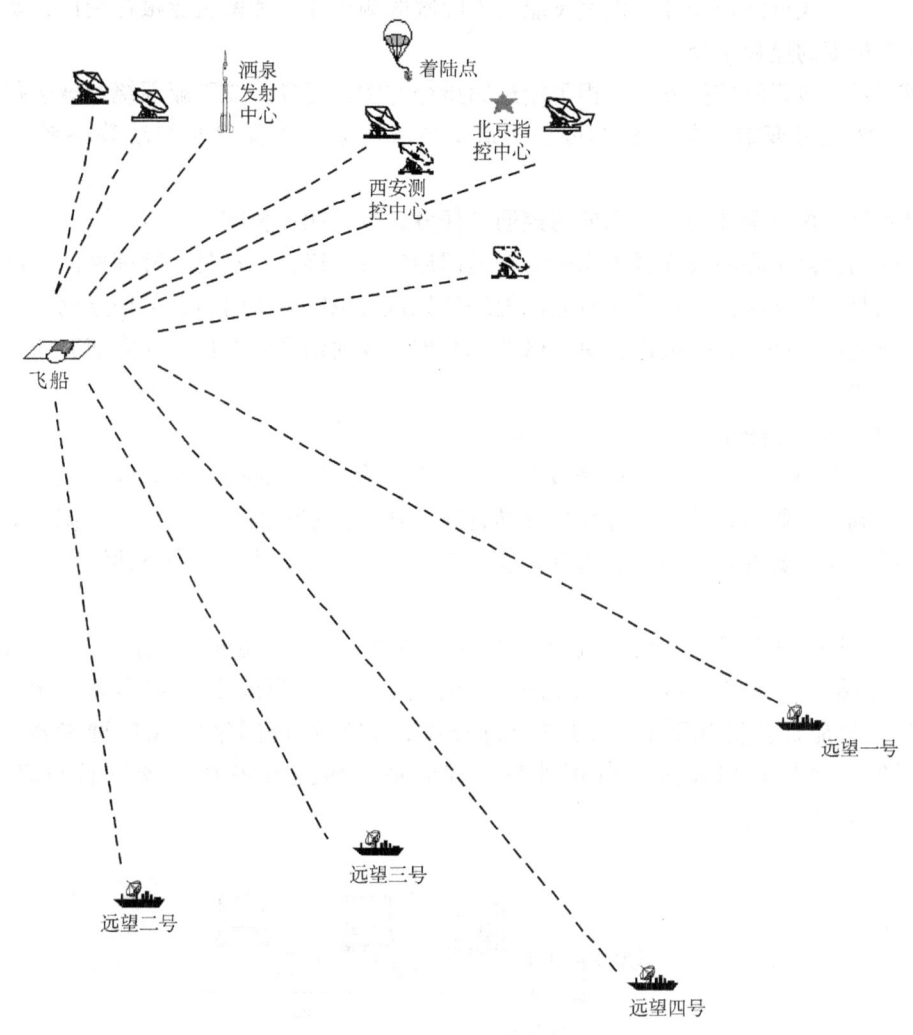

图 7-51　航天测控网的组成

北京航天指挥控制中心。飞船的遥测、外测数据接收、处理和显示，遥控指令和数据注入，实施轨道计算和确定，返回控制监视和搜救指挥等。

酒泉卫星发射中心。神舟五号载人航天飞船发射地。

西安卫星测控中心。是我国航天测控网的管理机构，由中心计算机系统、指挥和显示系统、通信系统 3 部分组成，与所属渭南、青岛、喀什、厦门、新疆和田、卡拉奇（巴基斯坦）、马林迪（肯尼亚）、纳米比亚等固定测控站，以及着陆场站、远洋测量船基地的远望一、二、三、四号测量船共同组成航天测控网。中心计算机系统可同时完成对不同轨道 6 颗卫星的测量控制，是我国航天测控网的神经中枢。

其中 4 条检测船功能为：

远望一号。执行测控任务，对飞船实施太阳帆板展开的控制与监视，并快速计算初轨参数。

远望二号。执行测控任务,担负飞船数十圈次的测控任务和留轨舱跟踪测控,实施飞船变轨这一高难度的遥控指令。

远望三号。执行测控任务,承担飞船返回指令的发送任务,在飞船围绕地球运行到预定圈次时,远望三号要对飞船实施调姿、轨道维持、轨道分离及返回制动等一系列关键的指令。

远望四号。执行测控任务,完成测控通信任务,弥补测控盲圈。

以上的测控网络在完成其载人飞船安全返回后就可以终止,这是一种高性能、高可靠性的专用的临时信息网络。类似的还有应急处理的如抗灾抢险等临时组建的信息网,这种网络主要是完成通信的联络,一般由卫星、微波或其他无线通信系统组成,在完成其历史使命后便被终止或取消。

2. 天然气输配监控网

天然气是重要的工业原料,也是城市能源供应的重要组成部分,和石油、化工、供水等系统一样,利用智能仪器仪表、计算机并结合通信技术,实时监视采集、控制调节天然气输配系统中的各项参数并进行恰当的管理调度,对于安全生产、节约能源和保障正常的生产、生活具有重要的意义。

图7-52所示为某城市天然气输配监控管理网络,整个输配系统由调度控制中心、天然气储配站、配气站、调压站等组成。在天然气从气源或上级站出来,经过储存、调压、气量分配直到输送到各种用户全过程中,监控管理网络完成各种参数的检测、传送数据到上级处理单元进行分析处理、控制命令传送到各执行器进行自动控制等任务。

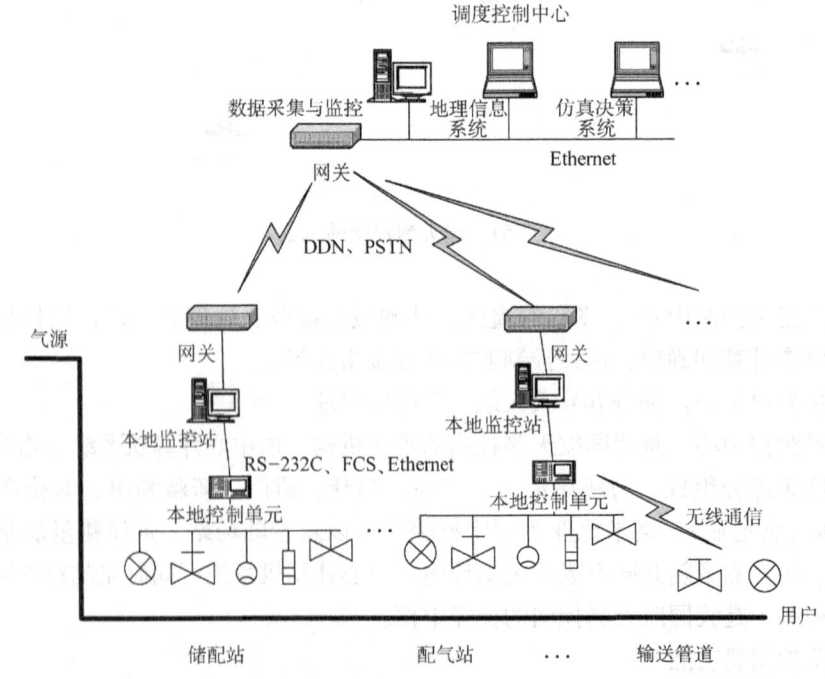

图7-52 天然气输配网络监控管理网络

调度控制中心利用数据采集与监控系统（SCADA），结合地理信息系统（GIS）、仿真决策系统，通过广域网与各监控站点通信，获取燃气管网运行的实时数据，实现遥测、遥信、遥控和远程调度以及仿真、预测和决策功能。其各局域网子系统及相互间采用100/1000Mbit/s以太网（Ethernet）通信。

从调度控制中心到本地监控站的广域网通信，采用租用专业通信公司的信道，以DDN、PSTN等方式，实现远程数据的传递和交换。通信结构采用星形拓扑结构，调度中心采用主从通信的轮询方式要求子节点发送检测、报警信息。考虑到可靠性等，采用以DDN为主信道、PSTN为备用信道的冗余通信拓扑结构。

本地监控站由远程控制单元、可编程序控制器以及智能仪表、传感器执行器等组成，完成本地各监控点的温度、流量、压力、泄漏浓度等数据的采集和动作执行的控制，并将数据通过通信网络发送到调度控制中心，也可以接收调度控制中心下传的控制命令。本地监控站内各组成部分可利用串行、现场总线等各种通信方式，如果有分布在户外较分散区域的检测、执行单元，还可以利用无线通信方式传送数据。

3. 汽车控制网络

（1）CAN总线

CAN总线（Controller Area Network）即控制器局域网，是国际上应用最广泛的开放式现场总线之一。作为一种技术先进、可靠性高、功能完善、成本合理的远程网络通信控制方式，CAN总线已被广泛应用到各个自动化控制系统中。例如，在汽车电子、自动控制、智能大厦、电力系统、安防监控等各领域，CAN总线都具有不可比拟的优越性。

（2）LIN总线

Local Interconnect Network，即局部互联网络。它最开始出现于汽车行业，是为解决汽车智能化和网络化的发展要求和降低汽车制造成本的矛盾而提出来的一种串行总线协议，主要用于车门、车灯等需要简单控制但又要求智能控制的场合。

汽车车身CAN/LIN网络，是由高速CAN总线，低速CAN总线和LIN总线组成的CAN/LIN混合网络，包括1个高低速CAN网关、2个CAN节点（也作为CAN/LIN网关使用）、1个CAN组合仪表和2个LIN节点，共6个节点，如图7-53所示。

各网络节点的功能介绍如下：

1）高低速CAN网关：它作为整个网络的控制核心，能完成高速CAN报文与低速CAN报文的转发，从而实现信息共享。此外，它能作为中控模块，接收组合开关的输入控制信息，转化成CAN报文，从而控制相应的执行结构执行相应的动作。

2）带CAN通信接口的组合仪表，它通过接收CAN网络上的报文信息，并进行处理，从而实现对车速、发动机转速、油量、发动机水温、状态指示信号以及报警信号的显示。

3）左右两个CAN节点，它们同时也是CAN/LIN网关节点（及LIN主节点），它们通过对网络报文的解析，使用功率驱动模块分别对左前组合灯、右前组合灯以及左右侧车门锁和车窗进行控制。

4）左右两个LIN节点，它们通过对LIN报文的解析，使用功率驱动模块来分别对左右后组合灯、行李箱灯、牌照灯以及后雨刮等执行电器进行控制。

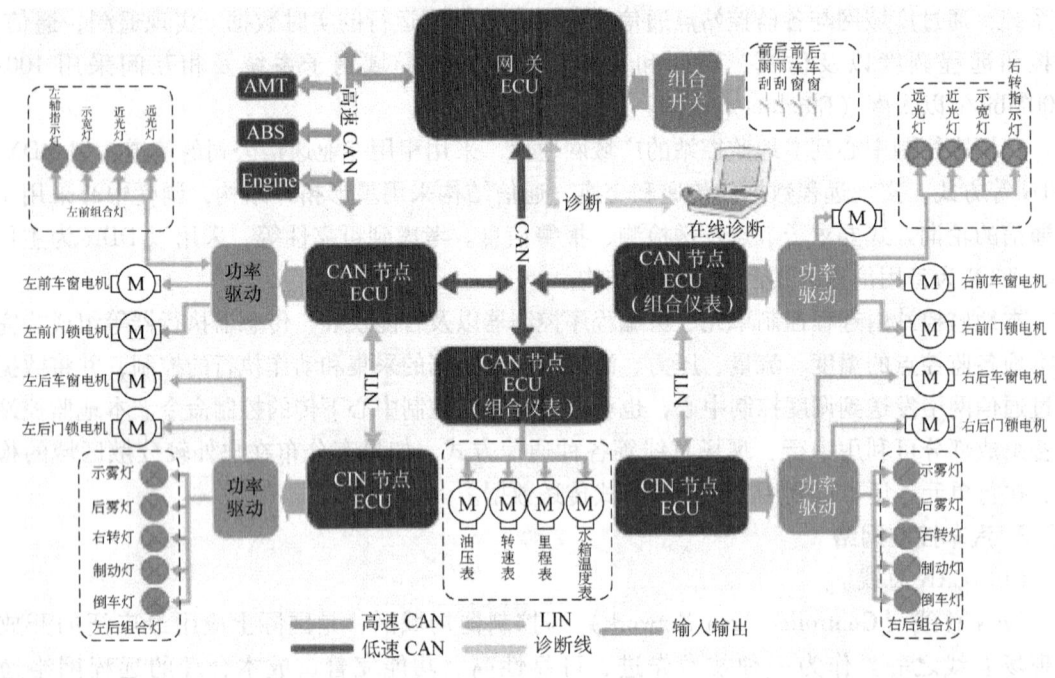

图 7-53 汽车车身 CAN/LIN 网络结构

5) 此外，该网络还设计了一条诊断线路，能够通过 PC 接口实现在线诊断。其网络各电器控制节点在汽车车身的位置如图 7-54 所示。

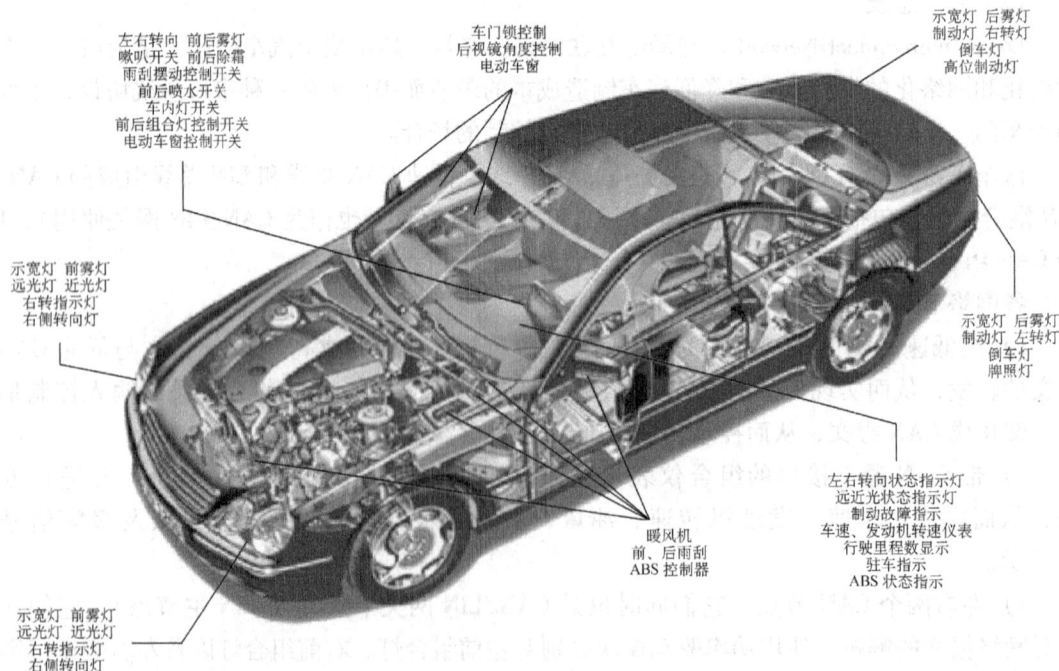

图 7-54 各电器控制节点在汽车车身的位置

7.5.6 移动自组织网

无线或移动自组织网络（Mobile Ad Hoc Network，MANET）是一种无中心的无线网络，这种分布式或自组织的网络节点之间不需要经过基站或其他管理控制设备就可以直接实现点对点的通信。而且当两个通信节点之间由于功率或其他原因导致无法实现链路直接连接时，网内其他节点可以帮助中继信号，以实现网络内各节点的相互通信。由于无线节点是在随时移动着的，因此这种网络的拓扑结构也是动态变化的。

移动自组织网络具有快速、灵活、投资少等特点，广泛应用在抢险救灾紧急服务中组建临时网络、家庭移动办公或娱乐、大量分布在现场的传感器组成网络，以及战场上各种军事车辆之间、士兵之间、士兵与军事车辆之间保持密切的联系，以实现集中统一指挥，协同作战。图 7-55 所示为移动自组织网在军事中的应用。

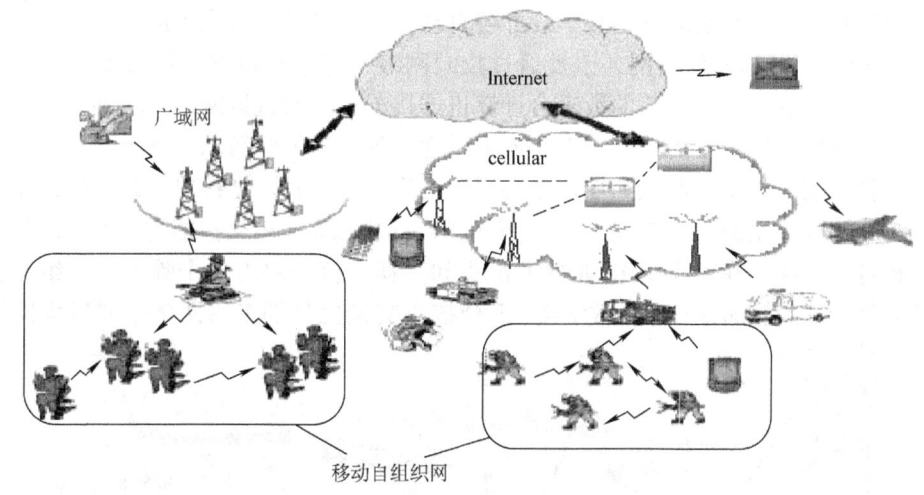

图 7-55 移动自组织网在军事中的应用

自组织网络可以分成两种结构：平面结构和分级结构。平面结构中，所有节点的地位平等，所以又称为对等式结构，每一个节点都需要知道到达其他节点的路由，节点复杂、网络简单、可扩充性差。而分级结构中，网络被划分为簇，每个簇由一个簇头和多个成员节点组成，簇头节点负责簇间业务的转发。为了实现簇头之间的通信，需要有网关节点（同时属于两个或多个簇的节点）的支持。簇头和网关形成了高一级的网络。低级的节点的通信范围较小，而高级的节点要覆盖较大的范围，使网络节点功能简化。簇头可以动态改变，可扩充性好，但簇头可能造成瓶颈。

在网络规模较大时，通常采用分级结构。考虑到成本和效率，一般可以将整个网络划分为 3 级，分别对应于普通节点、地面骨干节点和空中中继节点。网络结构的 3 个层次具体描述如下：

1）位于地面的自组织网络节点构成第一层网络。该层包括各种普通移动节点和骨干节点，并且以骨干节点为簇头，将网络化分成多个簇。在每个簇内，由骨干节点负责管理和协调簇内的普通节点，并且可以采用合理的信道接入机制来支持数据访问的可靠性，同时可以在簇间使用 CDMA 技术来增加网络的空间重用率。

2）地面移动骨干网络作为第二层。为了解决网络规模较大时可扩展性较差的问题，引入地面骨干网络作为网络的第二层。如抢险指挥车、战场上的装甲车、通信车等可以作为骨干节点，在一个区域内，它们可以借助定向天线技术构成高速的点到点的无线连接。

3）空中骨干网络作为第三层。该层主要用来维护相距较远的骨干网络之间的通信，并且在地面骨干节点失效时可以充当地面骨干网络的备份通信设施，来提高整个网络的可靠性。

通过采用这种3层的立体式网络体系结构，可以为各种临时、紧急应用场合提供一种可靠性较强、易于管理、灵活的通信支撑平台。

7.5.7 校园网

校园网是广泛建立在各大中小学的计算机通信网（千兆以太网），用于学校的教学、宣传、办公管理和科研，是实现网络教学、办公自动化、信息管理查询等的基础。

图7-56所示为某高校校园网，该校通过校园网络，将学校范围内的教室、实验室、教师和学生宿舍、各部门办公室等的数千台计算机连接起来，通过该网络，教师、学生可以实现学籍管理、选课、网上查阅资料、发布或查看通知等各项教学活动。整个网络采用3层管理结构，即核心层、汇聚层和接入层。核心层采用光纤分布式数据接口（FDDI），作为骨干网，采用1000Mbit/s光纤（多模光纤）连接和64～128Mbit/s包交换能力（PPS）的以太网核心交换机进行交换，用于实现IP业务的汇集和交换。核心层由3个骨干节点组成，分布综合实验大楼、学生宿舍新区、3教学楼。3台核心交换机分别采用两条千兆以太网链路相

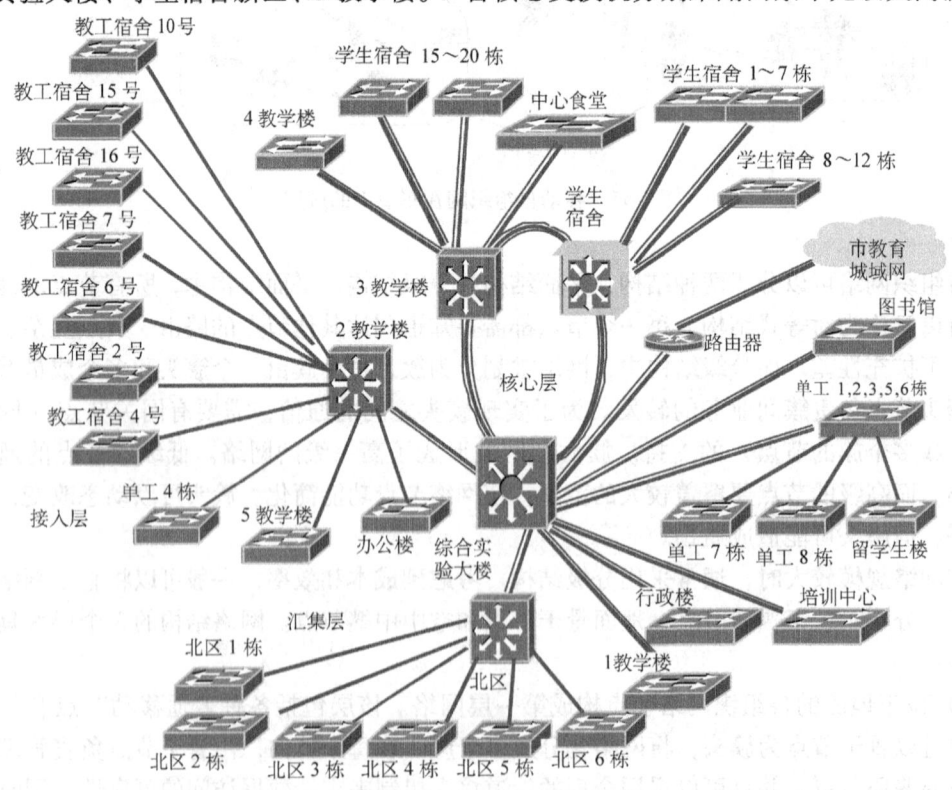

图7-56 某高校校园网

连。3 点组成环网。其他节点通过汇集层交换机与核心层 3 节点进行星形连接，汇集层采用交换能力为数兆比特每秒的交换机，向上利用光纤连接骨干节点，向下根据距离的大小采用不同的传输介质连接接入层节点：100m 内采用普通的同轴电缆或屏蔽双绞线，100m 外采用光缆连接。每个接入点又通过交换机、集线器连接到各宿舍、教室或办公室。校园网经过路由器，与城市的城域网或广域网进行接口，也可和公用电话网、数据网接口。整个校园网络覆盖了全校所有的教学、科研和办公建筑物，开通了 E-mail、FTP、Telnet、www、BBS 以及会议电视、视频点播等网络服务功能。实现校园内计算机连网、信息资源共享并与国内外计算机网络互连，为学校的教学、科研和管理工作提供网络环境支持和服务。

7.5.8 家居信息网

信息家电、智能家居技术或者家庭信息化是相近的概念，它将微处理技术尤其是嵌入式技术、通信技术引入到传统的家居、家电中，用于安全防范、智能控制、社区信息服务和各种家庭服务中，是当今计算机及通信研究应用的热点之一。

1. 智能小区网络

信息家电是在智能小区网络基础上实现的，智能小区网络即是社区内部的 Intranet，简称为智能小区。它通过网络集成、数据集成、界面集成、通信集成等多种技术，实现整个网络上的信息交互、综合利用和共享，实现统一的人机界面和跨平台的数据库访问，真正做到局域和远程信息的实时监控、全局事件快速处理和一体化的科学管理，并为家庭信息化服务。智能小区网络的系统结构如图 7-57 所示。

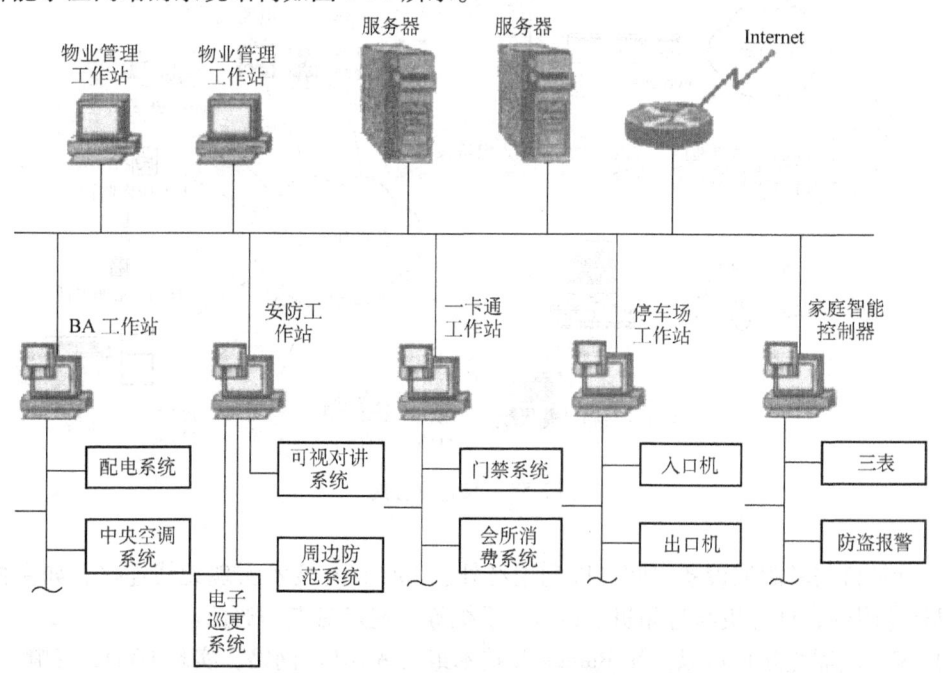

图 7-57 智能小区网络系统结构

智能小区网络包括综合布线系统、有线电视系统、计算机网络系统、电话通信系统、网络增值服务系统、电子公告牌系统等。在通过网络实现信息家电的技术中，采用何种家庭网络控制平台来实现家电的互连、信息共享与控制以及与外界的信息交换是其中的关键。由于家庭网络具有连接设备多、传输信息种类多以及布局随机等特点，一般采用无线局域网或与宽带技术进行通信并通过家庭网关等设备与智能小区网络连接。

2. 家庭信息网

无线局域网与现有的以太网集成容易、技术成熟，一般在家庭中可用于家庭办公设备之间无线连接以及无线局域网与有线网之间进行连接。

Bluetooth 技术具有短距离、低成本等特点，尤其是容易构建 Ad-Hoc 网络以实现移动式计算/通信设备、智能终端等之间共享信息，特别适合用来实现家庭信息网络。

图 7-58 所示为家庭信息网，家用电器、便携式设备等可以通过无线网卡实现相互通信和数据共享，包括如下几种形式：

1）分布在家庭各处的台式计算机、笔记本电脑、PDA、数码相机等智能设备，可以通过无线接入点、无线网卡、集线器或交换机等组成无线网络，也可用光纤、电缆或电力线组成有线网络，还可用有线、无线传输系统组成混合网络，实现文件/图像等传输和个人信息管理等家庭办公功能。通过社区网络提供的各种服务，或通过 Internet 接入设备连接到 Internet 上，用户可以在办公室或者外地通过计算机、手机等实现远程数据传输和共享，并可以充分利用 Internet 提供的个人定制服务。

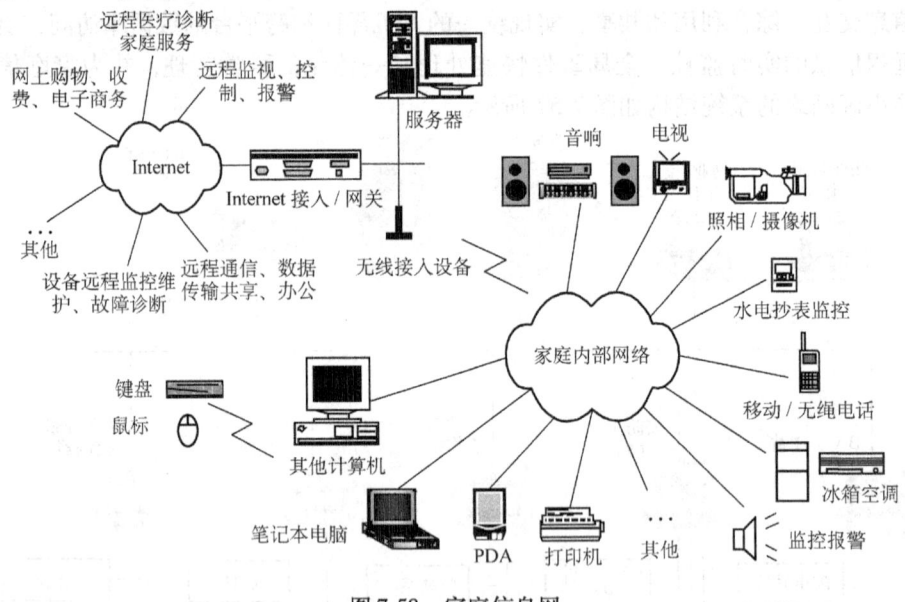

图 7-58　家庭信息网

2）计算机与其附属设备之间可以利用红外、Buletooth 技术实现无线连接，如主机与键盘、鼠标等附件，计算机与打印机、PDA、手机等实现点对点的通信。

3）家用电器之间也可以采用 Buletooth 技术组成 Ad-Hoc 网络，实现 DVD、音响、电视、遥控器之间的连接和控制，或在手机、无绳电话与座机等之间进行通信方式的切换等。

4）随着计算机技术、通信技术的发展，家电的智能化越来越高，信息家电可以具有自检测、自诊断功能，能够通过网络进行远程控制、诊断维修以及下载更新软件进行升级；自动进行水、电、气等的抄表，灯光、温度的自动控制调节；实现家庭安全监控报警乃至远程医疗诊断服务等。

思考题与习题

7-1 通信网络的拓扑结构有哪几种？
7-2 通信网的三要素是什么？
7-3 什么叫公用通信网，当前主要有哪几类？
7-4 什么叫综合业务数字网？
7-5 当前固定电话网和移动电话网的主要区别是什么？
7-6 什么是数据通信网，它有何特点？
7-7 Internet 和 IP 网有什么区别？
7-8 什么叫信令网？固定电话和移动电话网的信令系统如何组成？
7-9 同步网概念是什么？我国同步网采用何种结构？
7-10 当前广播电视网如何组成的？
7-11 什么是接入网？
7-12 专用信息网如何分类？
7-13 数字电力骨干网如何组成？其传输光缆有什么特点？
7-14 高速公路网的主要功能有哪些？
7-15 GPS 系统是如何组成的？其功能有哪些？世界上当前主要有哪些国家在发展类似的导航系统？
7-16 在工业控制领域，建造通信网的作用是什么？主要有哪几类？
7-17 测控网络的特点是什么？
7-18 数字化部队的含义是什么？
7-19 智能小区与家庭信息网有什么区别和联系？
7-20 试举例说明通信网络在身边的实例，并分析网络如何构成？

第 8 章 通信技术的发展

8.1 现代通信发展概述

当前科学技术发展日新月异，本书第 1 章就指出了科学技术的发展促进了通信技术的发展和不断进步，随着人们对物质和精神生活的追求，对通信的各种业务及良好的服务提出了更高的要求。通信网络的发展非常迅速。当前的现代通信层面远远不能满足社会和人类的发展的需要。通信技术的发展主要表现在以下几个方面。

8.1.1 通信技术的综合化发展

综合化具有双重含义。其一是技术的综合化，即无论是传输、交换还是通信处理功能都采用数字技术，实现数字传输与数字交换的综合，使网络技术，如电话网、数据网、电视网一体化。其二是业务的综合，即把来自各种信息源的通信业务（如电话、电报、传真、数据、文字、图像电视等）综合在同一网内传输和处理，并可在不同的业务终端之间实现互通。各种通信业务的综合，是以技术综合为基础的，两者结合起来就形成了宽带综合业务数字网（B-ISDN）。

8.1.2 通信系统及网络的宽带化

宽带化主要指现代数字通信宽带化。人们日益增长的物质文化需求，如高速数据、高速文件、可视电话、会议电视、宽带可视图文、高清晰度电视以及多媒介、多功能终端等促进了新的宽带业务的发展，从而研究开发了宽带数字信号交换和传输。现在已经商用的光数字传输系统速度已达到 320Gbit/s。1Tbit/s（1Tbit 为 10^{12} bit）系统现已实验成功，它可同时传输 50 万套电视节目。宽带多媒体交换技术构成的宽带网（B-ISDN）已经商用化。随着包交换、软交换、光交换的发展，将会出现下一代全宽带网。

8.1.3 通信网络的智能化

智能化主要指在现代通信中，大量采用了计算机及其软件技术，使网络与终端、业务与管理都充满智能。在信号处理、传输与交换、监控管理及维护中引进更多的智能（软件技术），形成所谓的智能网（IN），即通信网智能化，从而提高网络业务应变能力，随时提供满足各类用户对各种业务需求的服务。它的基本思想是改变传统的网络结构，在网络元件之间重新分配网络功能，把大部分功能集中分配在少数节点上，而不是分配在各个交换局内。智能网采用分布式结构，以公共信令系统的数字交换机和智能数据库为基础，不仅能传递信息，而且还能存储处理信息，对网络资源进行动态分配。这样可大大节省信息传播的时间和费用，也可减少网络经营者对交换机的依赖性。特别是随着 IP 网的发展，最终会形成高智能的新一代网络，如智能光网络。

8.1.4 通信的个人化

人们在日常生活中总会到处奔波、移动,现代通信已经能使移动中的用户方便快捷地实现信息的交流——移动通信。对于移动通信,大家已经不陌生了,如无线寻呼、无绳电话、集群通信、模拟移动通信、数字移动通信,以及正准备商用的第三代移动通信、在研究开发中的第四代移动通信和卫星移动通信等。移动通信的发展,使通信个人化成为现实。

目前,数字移动通信发展很快,第四代数字移动通信已上市,特别是卫星移动通信系统的发展,可被认为是"迈向个人通信的第一步"。最终实现个人在任何地方和时间都可进行个人的各种业务信息的交流,如可视电话、数据、多媒体及高清晰度电视等,达到人们追求最为理想的信息交流和文化熏陶与享受的目标,以满足人们不断增长的对物质文化生活的需要。

8.1.5 通信技术的广泛应用及网络全球化

进入21世纪的信息时代,世界各国都在为实现信息化而奋斗,本书第1章就提出了信息化即为信息技术的广泛应用,它包括了计算机技术和通信技术的广泛应用,特别是信息网络的应用最为显著。近年来,Internet像野火一样在全球蔓延,Internet的覆盖面已遍及五大洲,它已成为全球范围的公共网。据统计,进入Internet的用户数量以每季度20%的速度增加,以200%的年增长率扩大。世界上微软、太阳、国际商用机器以及数字设备公司等著名的大公司,都争先恐后地推出以Internet为中心的战略。在Internet中开展的IP电话、IP业务、电子商务等新技术、新业务来势迅猛,给传统的电信带来很大的冲击。特别是美国推出的NⅡ和GⅡ战略更引人注目,世界各国为21世纪信息基础设施纷纷投入巨资,建设本国的信息基础设施结构(NⅡ),以及世界信息基础设施结构(GⅡ)。现在,科学家又开发新一代网络技术NGN,它是随着计算机软件技术发展和开发的一种标准化的网络技术。由于采取了博采众长以及锐意创新的开发策略,NGN在结构上和功能上可胜过现有的各种网络,它能真正实现窄带与宽带网、固定与移动网、网管与通信网、公众网与企业网等融合,以实现开放、分布、实时、安全的通信。它既能实现适合各国国情的应用服务,又能实现突破地区、国界界限的世界服务,使世界越来越小,成为网络地球村,即所谓的"数字地球"。

8.2 通信系统的发展

当前组建的信息网络,其传输系统主要由光纤通信、微波和卫星通信系统以及移动通信3大通信系统组成,在第6章中已经讲述。这些通信系统都是在不断发展和进步之中。下面就3大通信系统的发展概况作一简单的叙述。

8.2.1 光纤通信系统的发展

在20世纪末和21世纪初,世界通信网络构架中的SDH光同步通信系统占据着统治地位,直至今日,几乎所有的传送网路都采用了ITU-T的SDH光同步数字传输标准。但是随着通信中数据业务量的快速增长,传统的SDH设备还在发生着较大的变化,随着IP技术的发展及数据通信业务剧增,要在SDH的设备中能同时传送TDM、IP、ATM等多种业务,就要求以不同的模块来实现不同的业务要求,因此出现了基于 SDH 多业务传送平台 MSTP (Multi-service Transport planform)。基于以太网广泛的应用以及 IEEE802 以太网标准逐渐进入电信传送网,原采用 SDH 传送体制的一些场合逐渐被其他的传送体制代替,原来的 IP over SDH 发展成 IP over WDM。光波分复用 WDM 传输系统的发展和应用中又诞生出光波分复用的多种新型应用技术,如 CWDM 等。WDM 当前还处在点对点组成系统中应用,还没有形成 WDM 的传送网。因此就促使了光传输系统的发展。

1. 传统的 SDH 系统向开放的、多业务处理传送的 MSTP 演进

基于 SDH 的 MSTP 组成,是以 SDH 作为基础平台,各种业务以模块化方式加入,这种模块化的系统结构利于多业务的进入。其组成结构如 8-1 所示。这是基于以 SDH 的 MSTP 的节点设备而从原理的角度提出的 MSTP 系统结构。它是一种开放式的系统。从图中可看出,其映射功能在各种业务的模块中进行处理。SDH、PDH 按 G.707 的要求进行映射,其数据业务通常依托以太网平台进行传送,所以采用由此接口标准传输模块是必然发展趋势,此种结构特别支持以太网业务的透明性,ATM 可以作为一种数据模块进入。

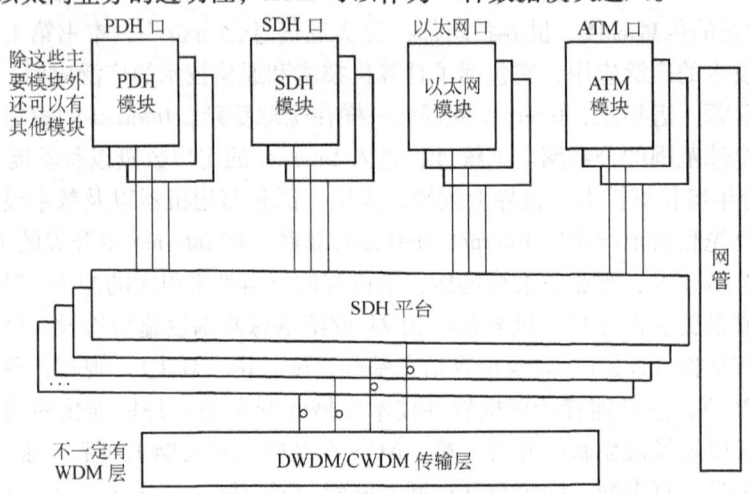

图 8-1 MSTP 的组成结构

交换/交叉能力是系统结构的核心部分,这也是设备的关键,是设备成本的重要组成部分,各种模块都汇接到交叉连接单元。也可以说,上面谈到 MSTP 中的 SDH 平台,其实质是以交叉连接为中心,使各种业务灵活配置。其结构如图 8-2 所示。

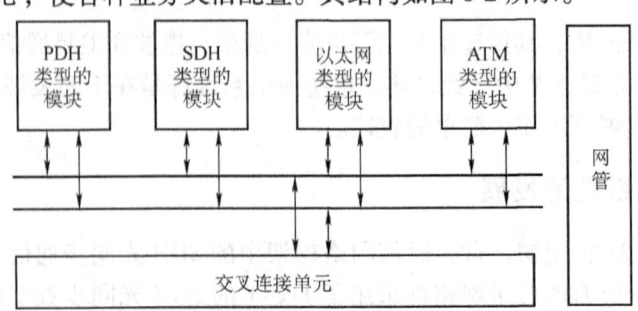

图 8-2 MSTP 的 SDH 平台结构

2. WDM 系统由 10Gbit/s 向 40Gbit/s 发展

前面讲的光波分复用（WDM）系统都在 SDH 光同步传输系统的 STM-1、STM-4 直至发展的 STM-16 即 10Gbit/s 的单信道传输速率都为点到点的系统。从传输容量上 10Gbit/s 的 DWDM 系统已经超过了 1.6Tbit/s。由于市场数据业务量特别是 IP 业务的迅速增长，对传输的信号带宽提出了新的需求，单信道的 DWDM，10Gbit/s 速率也可以通过增加通道数来实现。从已达到 1.6Tbit/s 的容量采取当前的通道数已超过了 160 个，这样使 DWDM（密集波分复用系统）的通道间隔已经很小了。如果采用增加通道数进一步减小通道间隔，将会使得光纤通信系统的光纤非线性效应的抑制变得更困难，而使光放大器能适用于相应的波分通道。目前还没有成熟的技术，因此扩大 WDM 传输宽带是一个可行的途径。

由于 WDM 的发展，现在 10Gbit/s 的数据接口设备已经商用。而骨干网要需求更大的传输带宽，因此 40Gbit/s 的 WDM 的发展是大势所趋。从传输业务容量上分析，同样传输容量为 40Gbit/s 系统所需波一般只需 40 波（C 波段）而 10Gbit/s 系统却需要 160 波。前者只用一个波段而后者却趋向多波段，甚至全波段。简单地说，40Gbit/s 系统比 4 个 10Gbit/s 系统节省了大量的空间和功耗。

当前，已经有多家公司在实验室对 40Gbit/s 系统进行了广泛的研究，此系统主要有以下几方面技术：

1）为宽带高速电信号的处理加前向纠错技术降低其误码率，主要依赖于专用芯片。

2）为提高光信噪比（40Gbit/s 的 WDM 需要比 10Gbit/s 的 WDM 光信噪比提到 6dB 以上）对光放大器及光调制技术提出新要求。

3）要对此系统的光色散进行补偿，即进行色散斜率补偿和动态色散补偿、偏接模色散补偿等。

4）一个系统的出现，还必须考虑其可靠性和长距离传输等诸因素方面的影响及相应的技术措施等。

3. CWDM 技术的发展（粗波分复用）

对长距离骨干网中的密集波分复用系统（DWDM），前面所讲已经商用化并向更高速率更宽频带发展。而目前宽带城域网（BMAN）发展建设很快，这种短距离范围的光通信系统（网络）利用长途光通信系统的 DWDM 成本太高而且也不能更加适应灵活多变的环境条件，面对此种情况，人们对宽带城域网 BMAN 的光通信系统就提出了新的需求。在此情况下低成本、中等范围、高速宽带需求的 CWDM（Coarse Wave Division Multiplexing）系统出现了，它是 WDM 波分复用技术的另一种，称为粗波分复用技术，有的又称为稀疏波分复用系统。

此种系统一般都不需要加光放大器，此种收发设备要求不高，非冷却激光用电子调谐，因此粗波分复用的复用器和解复用器就不需要 DWDM 系统那样较复杂的控制技术。由于不用光放大器，对系统要求低，此设备可以更小型化，使系统功耗降得更低。目前在国际国内都制订了 CWDM 系统的技术标准，有的公司也推出了相应的 CWDM 产品。这种新技术和新产品由于在组建和扩展宽带城域网（BMAN）这方面成本低，能方便构成宽带 IP 城域网，受到业界广泛关注。但是，此系统的应用接口、上下波长灵活性以及新的网管技术还将继续研究之中。

4. 光纤传输系统的以太网技术应用向城域以太网及广域以太网应用方面发展

以太网主要是对局域网而发展起来的一种数据通信的光传输系统，和电缆混合，可以透明地实现多种业务的传输。结构较简单，互操作性较好。而且扩展性好，降低了以 SDH 为传送网络的复杂性，可提供 64kbit/s 到 1Mbit/s 的宽带，直到 1Gbit/s，可以低成本提供 10Mbit/s、100Mbit/s、1Gbit/s 速率接口。

它不仅支持点对点的传输，而且能支持多点连接，目前大部分局域网都采用了以太网技术，很多企业或部门组建内部网络一般都采用以太网，如校园网等。

随着网络中 IP 业务量日益猛增。以太网的多业务平台在城域网和广域网中扩展。

目前 10Gbit/s 以太网是以太网突破传统局域网向城域网和广域网发展的关键技术。与传统以太网相比，10Gbit/s 以太网最大的发展在于引入了新的 WAN-PHY10Gbit/s 广域网物理层，使得实现低成本、高带宽的长距离的以太网链路成为可能。

8.2.2 卫星通信系统的发展

卫星通信以其他独特的优点，在各个领域的应用发展很快。通信方面从原来的语音业务到数据及图像的多媒体业务，从数字传输的窄带向宽带发展。

1. 卫星通信的数据通信向宽带的多媒体通信方向发展

目前通信发展特别是数据通信发展很快，多媒体宽带业务的增长非常迅速。因此基于多媒体的卫星通信系统，即 ATM 技术连接的卫星通信网络已经出现。

图 8-3 所示为一个多媒体卫星通信系统组网示意图。它由多颗非同步卫星系统组成网络，使用星间链路子网络的卫星星座用于长距离信息传输。终端用户在空气接口上访问该系统。卫星网络通过多个关口站与地面宽带数字网 B-ISDN 及其他固定网络连接。

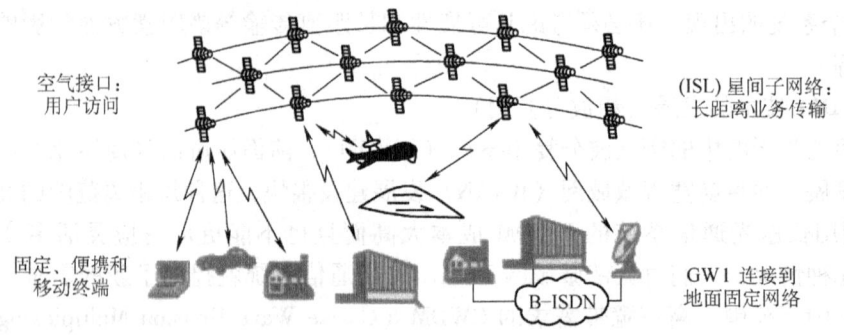

图 8-3 多媒体卫星通信系统组网示意图

在多媒体卫星通信系统组网中，用户基于 TCP/IP 以及 ISDN 和 ATM 及 MPEG（图像数据压缩标准）协议和格式通过协议变换（ATM 适配层）产生 ATM 业务。多媒体卫星系统应用概况如图 8-4 所示。在 ATM 层，这些业务流被复接成多个 ATM 信元流。星上交换时 ATM 交换用来确定 ATM 信元的路由，以及进入空间链路或下行链路。卫星网络与地面固定网络的适配连接是由关口站来完成的。通常的多媒体业务宽带的有可视电话、会议电视以及视像业务等，以及 Internet 应用和服务，如电子邮件、文本传输、WWW 浏览等。ATM 服务（业务）分类和对应的用户服务如表 8-1 所示。

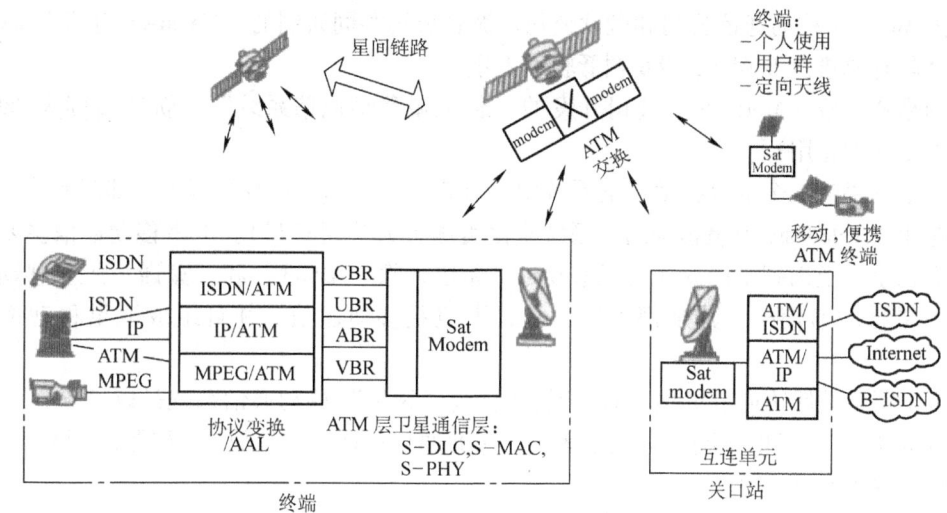

图 8-4 多媒体卫星系统应用概况

表 8-1　ATM 服务分类和对应的用户服务

ATM 服务分类	对应的用户服务
固定比特率（CBR）	电路仿真服务
实时可变比特率（r t-VBR）	压缩声频和视频服务（MPEG-2，MPEG-4）
非实时可变比特率（n r t-VBR）	交易处理，帧中继传输
可用比特率（ABR）	LAN 仿真，文本传输，按需视频业务
无指定比特率（UBR）	文本传输，电子邮件，传真，远程登录

2. 卫星移动通信系统

第三代移动通信要实现以个人信息服务为对象，无约束地通信，即在森林、海洋、沙漠及人烟稀少的高原和气候恶劣的两极等地的移动通信。一般的陆地移动通信系统对此无能为力，但卫星移动通信就能实现这一目标，所以卫星移动通信可以说是第三代移动通信的重要组成部分。由陆地、空中组成的移动主体网络，能真正实现全球各个角落的个人移动用户信息交流。

在卫星通信系统中，曾经讲述过卫星移动通信的一些概念，如海事卫星通信系统，它实际上就属于卫星移动通信系统。世界上许多国际大公司都对卫星移动通信前途看好，纷纷出资进行研究、开发、试验和局部应用，主要有以下卫星移动通信系统：

美国 Loral/Qualcomm 公司开发的"全球星"系统（轨道高度为 1414km，10 颗主用，2 颗备用）。

国际卫星组织的"ICO"全球移动通信系统（轨道高度为 1035km，10 颗主用，2 颗备用）。

中国航天工业总公司、国防科工委、中国人民银行、上海市人民政府合资组建的"鑫诺星"（SINDSAT）系统。

亚太移动通信卫星公司的"中国 APMT"卫星移动通信系统（此系统为高轨道的同步卫星通信系统）。

美国 Me Caw 移动通信公司和微软公司、波音公司共同研制的"Teledesie 卫星"移动通信系统（轨道高度为 656km，288 颗低轨道卫星）。

美国摩托罗拉（Motorola）公司开发的"铱卫星移动通信系统"（轨道高度为 780km，66 颗主用，6 颗备用）。

在以上列举的 6 个卫星移动通信系统中，有 5 个系统都分别有我国不同部门和公司参与开发和应用（Teledesie 卫星移动通信系统全由美国各大公司参与）。卫星移动通信主要是低轨道卫星系统，上面列举的 6 大卫星移动通信系统，除"APMT"和"鑫诺"卫星移动通信是同步卫星移动通信外，其余都为中、低轨道卫星移动通信，并且组成卫星移动通信全球网。

图 8-5 所示是低轨道卫星移动通信系统结构。"铱星"移动通信系统是以"铱"元素命名的，此元素有 77 颗电子围绕其核心运转，按此原理在地球轨道放置 77 颗小卫星，就可组成全球的卫星移动通信系统。

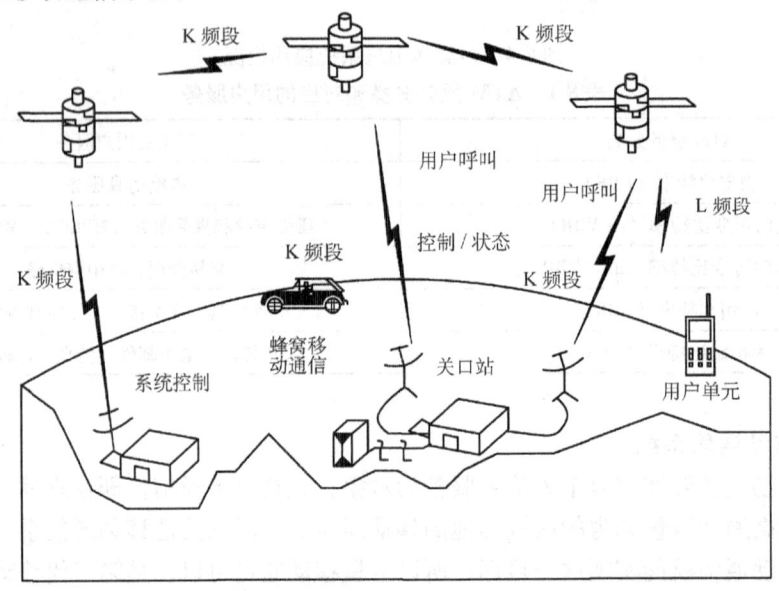

图 8-5　低轨道卫星移动通信系统结构

经过优化后，在 6 个极地轨道上可只放置 66 颗卫星，就能得到与原来同样的效果。这种覆盖，使地球上每一角落均能不断地看到多颗卫星，都能与之建立通信联系。

"铱星"系统又被称为倒置的蜂窝移动系统。在传统的蜂窝移动系统中，基站是固定的，移动用户在基站覆盖的蜂窝小区内"漫游"。而"铱星"系统的网络覆盖是由小卫星投向地球的波束组成的，它是相对于地球表面快速移动，而用户则看成是相对静止的。

"铱星"移动运行系统原理类似于图 8-5（铱星移动通信系统由于运营亏损被迫关闭，但此技术仍然有其生命力）。

这里特别提到的是卫星采用多波束进行频率服务的卫星蜂窝覆盖的卫星移动通信系统，如图 8-6 所示。

在图 8-6 中，上面谈到的多波束实际是卫星的点波束覆盖这些小区，称为蜂窝小区。这些波束的正中心对应天线的轴线方向。因此不管是上行还是下行信号，小区中心处信号功率最大,与小区距离越远,信号越弱。这些小区的概念是指其小区上接收信号电平大于某个规定的数值。至于小区设计、频率复用等,这些这里不再讲述,读者可参阅有关专著。

3. 其他特殊卫星通信系统的应用

对于其他卫星通信系统,主要是单向点对面覆盖应用为主。例如直播卫星电视系统、资源卫星系统、气象卫星系统等,这些都是根据不同的应用目标,用卫星转发信号,点对面覆盖采集信息,然后转发给地面站进行处理。近年来,在现代战争及地面智能交通中广泛应用的导航、定位卫星系统的发展和竞争更是引人注目,除了美国的 GPS 是初现成熟的系统外,当前为打破美国在这方面的垄断,相继出现的欧洲伽利略导航系统、俄罗斯的格罗纳斯系统、中国的北斗导航卫星系统都先后投入试用,并在不断改进和完善。

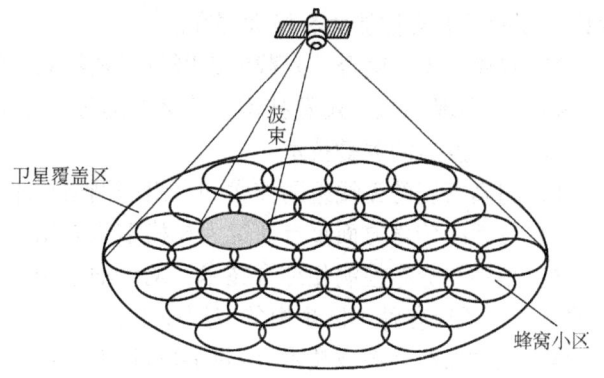

图 8-6　卫星蜂窝覆盖

8.2.3　陆地移动通信系统的发展

由于人们对方便的移动通信业务需求的快速增长,陆地移动通信系统发展很快,前面讲的移动通信系统经历了第一代模拟(TACS)制式(欧洲),第二代主要为时分多址(TDMA)系统。窄带 N-CDMA 系统称为第二代,即所谓 2G,无线数据分组业务系统(GPRS)又称为二代半(2.5G)系统。第三代移动通信系统,即所讲的 3G 以及已经商用的第四代移动通信(4G),已经实现了人们生活质量的极大提高。其 4G 提供了 2G、3G、WLAN、固定网之间实现无缝漫游,并形成了灵活的可扩展的平台,并向更高的 5G 发展。

1. 第五代移动通信系统

第五代移动通信技术(5G)是第四代移动通信技术(4G)的发展,是面向 2020 年后的新一代移动通信技术,能满足其后 10 年移动互联网增加 1000 倍发展的要求。

5G 已经成为国内外移动通信领域的研究热点。2013 年欧盟启动了面向 5G 研究的 METIS 2020 项目,我国华为是第 29 个参加方,共同承担此项目。中国和韩国分别成立了 5G 技术论坛和 IMT-2020(5G)推进组。目前世界各国力求在 2015 年世界无线电大会前后达成共识,2016 年后启动有关标准化进程。

5G 将渗透到未来社会各个领域,以用户为中心构建全方位的信息生态系统。5G 将信息突破时空限制,提供最佳交互体验,为用户提供社会身临其境的信息盛宴。5G 通过无缝融合的方式便捷地实现人与物的互联,为用户提供光纤般的接入速率、实时的使用体验。5G 将提供超高流量密度、超高连接密度和超高移动性等多场景的一致服务,实现业务与用户感知的智能优化,同时将为未来网络实现超百倍的能效提升和超百倍的比特成本降低,最终实现"信息随心至、万物触手及"的总体愿景。5G 是更高速率、更强能力的空中接口技术。

(1)5G 的主要技术特点

5G 是面向业务应用和用户体验的智能网络,是业务多技术融合的网络。

1)5G 更加注重网络吞吐速率,传输时还及时对虚拟现实、3D、交互游戏等新兴移动业务的支撑能力。

2) 5G 力求体系结构实现多点、多用户、多天线、多小区协同组网有重大突破性提高，室内无线覆盖和支撑能力有极大提高。

3) 有线、无线融合，光载波组网技术及物联网结合技术的广泛应用。

4) 5G 实现"软"配置技术，营运商通过动态配置业务，调整网络资源。

(2) 5G 发展的关键技术

1) 超高密度的无线组网技术和自组织网络技术。

2) 在无线传输方面重点研究大规模多入多出（MIMO）技术。

3) 集中与分布控制相结合技术，网络演进中基础设施是可编程与灵活扩展能力统一融合的平台，适应各种不同规模的应用技术。

4) 滤波器组多载波技术（Filter-Bank Based Multicarrier，FBMC）。

5) 软件定义无线网络技术（Soft Defined Network，SDN）与内容分发网络技术（Contend Distribution Network，CDN）的发展以适应智能终端发展的需求。

总之，5G 将是没有制式之分的大容量、多网融合、云化网络构架；是易于部署和运行维护的网络；是绿色节能、更低延迟、无所不在的更高速率无线覆盖的网络；是海量智能终端和业务多元化的网络。

2. 个人通信

目前很难给个人通信（Universal Personal Telecommunication，UPT）下一个确切的定义，它是现在固定的通信及移动的通信共同追求的目标。简单地说，个人通信是可以在任何时间、任何地点、任何人之间以任何手段传递任何信息的通信方式。它是一种理想化了的通信方式。不过这种理想是能够实现的，是人们研究、学习移动通信所追求和要达到的目标，前面已讲述过的第一代、第二代、第三代移动通信系统，以及卫星移动通信系统等都是实现个人通信的技术基础或支撑。

个人通信有以下 4 方面特点：

用户有无约束地通信的自由，可在全球漫游。原则上呼叫或接收通信成功率为 100%。

个人用户为通信计费单位，而不是根据用户使用的终端设备。

对个人用户具有通信安全、保密、确认等功能。

可提供用户任意需求的业务。

世界国际电信联盟 ITU 的 ITU-R 和 ITU-T 对个人通信用 UPT 来表示，从 1989 年以来制订了一系列协议，如 E.750、E.751、E.770、E.771、E.773、E.774、E.775 等。

UPT 是以个人通信的基本含义及网络技术发展为目标。真正实现个人通信一定要有高度发达的智能网。在这个智能网中，每一个 UPT 用户可以享用任何业务，并且能利用一个对网络透明的通用个人移动电话号码（UPTN），使之可以在全球跨越多个网络，任何时间在任何地理位置的任何一个固定的或移动的终端上，都可以发出呼叫或接收呼叫。

UPT 与一般移动通信的区别为：UPT 实现个人移动性，而通常的移动通信则是实现终端移动性。在一般通信中，网络只识别终端不识别个人，而在 UPT 中的个人通信网则是先识别个人，从终端与用户的关系来看，从逻辑上讲，两者是联在一起的，但对于这里的个人通信，UPT 网络先识别个人，即首先验证个人唯一的 UPTN（个人通用号码），再识别当时使用的终端。在识别级别上有区别。

要实现个人通信必须有个人通信的网络，成为个人通信网（Personal Communication Network, PCN）。对于个人通信网的设想，许多国家，特别是发达国家纷纷开展了体系结构和实现技术的研究，提出了形形色色的方案。PCN 国际标准的制定，也受到了许多国际组织的重视。

总之，个人通信能真正实现人们期待的个人的自由、安全、稳定的信息交流，它方便、快速、多业务、多功能，是人们理想中的通信。它的关键技术是要实现个人移动网（PCN）的高度智能化、网络的全球化和业务的多样性。它融合了第二代、第三代，第四代移动通信技术，包括卫星移动通信系统在内的组网及技术。它的个人业务应包括语音、多媒体业务以及可视电话、高清晰度电视这些宽带业务。它的移动性，应能使在世界上各地方、各角落的个人用户都可实现其自由的个人信息交流及多种服务。

*8.3 信息交换的发展

通信从人工交换发展到现代的交换技术，是数字通信与计算机技术的融合而产生的，而现代交换的发展，主要是其交换的业务多样性，特别是多媒体业务以及宽带的图像业务等。这些都是要实现的宽带数据智能化的交换甚至宽带光交换。

因此，现代通信其交换发展从以下几方面概述。

8.3.1 IP 交换与软交换的发展

当前，IP 网络已经普及，这主要是由 IP 交换来实现的。IP 交换所组成的 IP 网络，主要是由 IP 协议来支持的，当前的 IP 交换还不能突破宽带业务。对多媒体业务的宽带业务要用 IP 的数据包承载并进行交换，因此产生了软交换。

传统的程控交换机的业务接入、路由选择（交换）和业务控制 3 个功能模块是通过交换机的内部交换网络连接成一个整体。而软交换技术将上述 3 个功能模块独立出来，分别由不同的物理实体实现，同时进行了一定的功能扩展，并通过统一的 IP 网络将各物理实体连接起来，构成了软交换网络。

基于软交换技术的网络体系结构分成 4 层：媒体接入层、传输层、控制层和业务应用层，如图 8-7 所示。电话交换机的业务接入功能模块对应于软交换网络的媒体接入层；路由选择（交换）功能模块对应于软交换网络的控制层；业务控制模块对应于软交换网络的业务应用层；而 IP 网络则构成了软交换网的核心传输层。

因此，软交换技术与传统电信网络体系结构相比，其最大的不同就是把呼叫的控制和业务的生成从媒体接入层中分离出来，通过软件实现基本呼叫控制功能，为控制、交换和软件可编程功能建立分离的平面。

软交换主要提供连接控制、翻译和选路、网关管理、呼叫控制、带宽管理、信令、安全性和呼叫详细记录等功能。同时，软交换还将网络资源、网络能力封装起来，通过标准开放的业务接口和业务应用层相连，可方便地在网络上快速提供新的业务。

（1）媒体接入层

媒体接入层主要实现异构网络到核心传输网以及异构网络之间的互连互通，集中业务数据量并将其通过路由选择传送到目的地。图 8-7 中，媒体网关（MGW）作为媒体接入层的

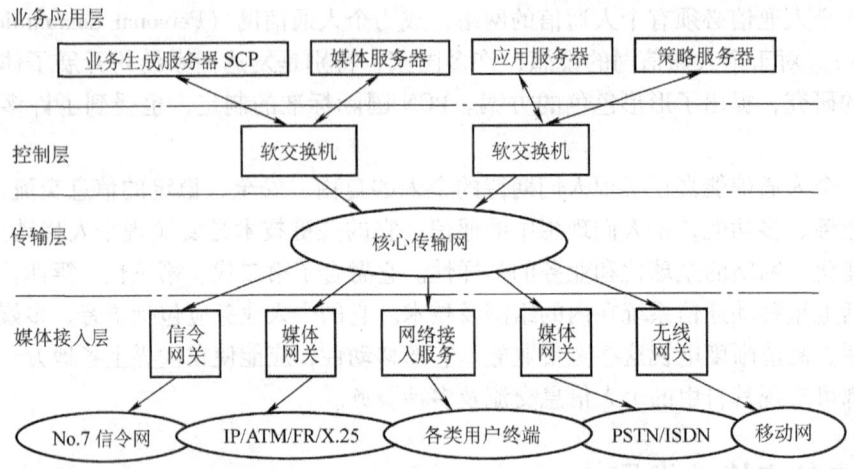

图 8-7 基于软交换技术的网络体系结构

基本处理单元,其基本功能是采用各种手段将各种用户及业务接入到软交换网络中。根据 MGW 接入的用户及业务不同,可以细分为以下几类:

中继媒体网关(TG):完成与 PSTN/PLMN 电话交换机的中继连接,将电话交换机 PCM 中继中的 64kbit/s 的语音信号转换为 IP 包。

信令网关(SG):完成与 PSTN/PLMN 电话交换机的信令连接,将电话交换机采用的基于 TDM 电路的 No.7 信令信息转换为 IP 包。

接入网关(AG):提供模拟用户线接口,用于直接将普通电话用户接入到软交换网中,直接将用户数据及用户线信令封装在 IP 包中。

综合接入设备(IAD):一类 IAD 同时提供模拟用户线和以太网接口,分别用于普通电话机的接入和计算机设备的接入,适用于分别利用电话机使用电话业务、利用计算机使用数据业务的用户;另一类 IAD 仅提供以太网接口,用于计算机设备的接入,适用于利用计算机同时使用电话业务和数据业务的用户,此时需在用户计算机设备中安装专用的"软电话软件"。

多媒体业务网关(MSAG):完成接入各种多媒体数据源的信息,将视频与音频混合的多媒体流适配为 IP 包。

无线接入网关(WAG):将无线接入用户连接至软交换网。

(2)传输层

核心传输层是软交换网的承载网络,其作用和功能就是将边缘接入层中的各种媒体网关、控制层中的软交换机、业务应用层中的各种服务器平台等各个软交换网网元连接起来。

鉴于 IP 能够同时承载语音、数据、视频等多种媒体信息,同时具有协议简单、终端设备对协议的支持性好且价格低廉的优势,因此软交换网选择了 IP 网作为承载网络。

软交换网中各网元之间均是将各种控制信息和业务数据信息封装在 IP 数据包中,通过核心传送层的 IP 网进行通信。

(3)控制层

控制层主要由媒体网关控制器(MGC)组成,常称其为"软交换机(SS)"。SS 的主要功能是完成对边缘接入层中的所有媒体网关的业务控制及媒体网关之间通信的控制；提供传统有线网、无线网、No.7 信令网和 IP 网的桥接功能；是软交换技术中的呼叫控制引擎。

（4）业务应用层

业务应用层中的应用服务器提供执行、管理、生成业务的平台，负责处理与控制层中软交换机的信令接口，提供开放的 API 用于生成和管理业务。媒体服务器则是用于提供专用媒体资源的平台，并负责处理与媒体网关的承载接口。

以软交换为核心的交换体系提供业务开放能力，符合固定网络和移动网络融合的趋势：提供语音、数据、视频业务和多媒体融合业务，满足通信个性化、移动化和随时随地获取信息的发展目标。软交换技术是目前解决在统一平台上提供多业务应用的一个重要发展方向，是下一代网络呼叫与控制的核心。

8.3.2 光交换技术

由于光纤通信技术的飞跃发展，特别是光波分复用（WDM）系统的商用化，一根光纤传输的信息容量可达 Tbit/s，这样，高速宽带的数字信息流对交换系统的要求是规模越来越大。当前用电子交换和处理信息的网络发展已接近于电子速率的极限，因此为解决交换电子瓶颈问题，人们开始研究在交换系统中引入光子技术即实现光交换。然而，要实现全光交换，在没有成熟的光子计算机技术的情况下，要完成光逻辑操作和数据处理算法还存在差距。所以现在研究的光交换系统还是一个光交换网络与电子控制网络相结合的混合系统，因此，在讨论光交换技术时，主要围绕着交换网络进行讨论。

从光交换方式划分，可分为光路交换和光分组交换两大类。

1. 光路交换简述（Circuit Switching）

光路交换可分为 4 种交换网络，即空分光交换、时分光交换、波分光交换及复合光交换。

（1）空分光交换

此种光交换主要是光矩阵开关，即空间光开关，是此交换技术中最基本的功能器件。它又分为两类。一类是采用波导技术的波导空分光交换，另一个是使用自由空间光传输技术的自由空分光交换。

（2）时分光交换

此种交换方式主要采用光器件或电器件作为时隙交换器，其关键器件是光开关和光存储器。时隙交换网络由光读/写门和光存储器组成。光写入门将时分复用的信号中的各路分开，分别写入相应存储器；光读出门控制指令逐比特读出后合为一路输出达到交换的目的。

（3）波分光交换

它是对波分复用系统而言，其交换概念就是将波分复用信号中任一波长 λ_i 变成 λ_j，其中使用的波长交换器先用波分解复用器将波分信道空间分割开，对每一波长信道分别进行波长转换，再把它们复用起来输出。

（4）复合光交换

类似于程控数字交换技术那样，实现光信号的交换一般也要上面几种交换的混合组成。即 S、T、W 这 3 种交换模块组成空分+时分+波分光交换单元。一般有 WTSTW、TWSWT、STWTS、TSWST、SWTWS、WSTSW 6 种。要实现空分+时分+波分光交换模块，必须将信号波长分解复用后对每个波长分别应用时间空分交换模块，或对时间解复用后对每个时隙分别应用波长复用空分交换模块。

(5) 自由空间光交换

此种交换系统主要是由自由空间光开关器件组成，它是在空间无干涉地控制光束路径的光开关，它可提供电子开关不具备的一些新特征，因此对此研究已经开始实际应用。其中通用的是电光和光机械两种。基于微电子机械系统的光交换机在集成规模、交换吞吐量、交换速率等方面都具有无可比拟的优越性而成为当前研究的热点。

2. 光分组交换（Packet Switching）

这里谈光分组交换，其实质就是包/分组交换，它是在波分复用技术（WDM）基础之上，数据分组业务中宽带业务大量增加所带来的需求而进行的研究。

此种光分组交换技术主要由分组交换节点和这些节点的光通道组成的。而光分组交换节点不限于简单的交换矩阵结构。这种节点结构通常由 3 大主模块组成，如图 8-8 所示。

从图 8-8 中可看出，3 部分中，第一模块为输入接口，它用对入口的分组的光进行相位对准；第二模块就是交换矩阵，在必须实现点的控制的情况下，它要实现路由并实时地解决冲突，特别地，利用交换单元的驱动器，可方便地擦除每个分组的头，还可在此矩阵中进行空净负荷的有效管理；第三模块是输出再生接口。

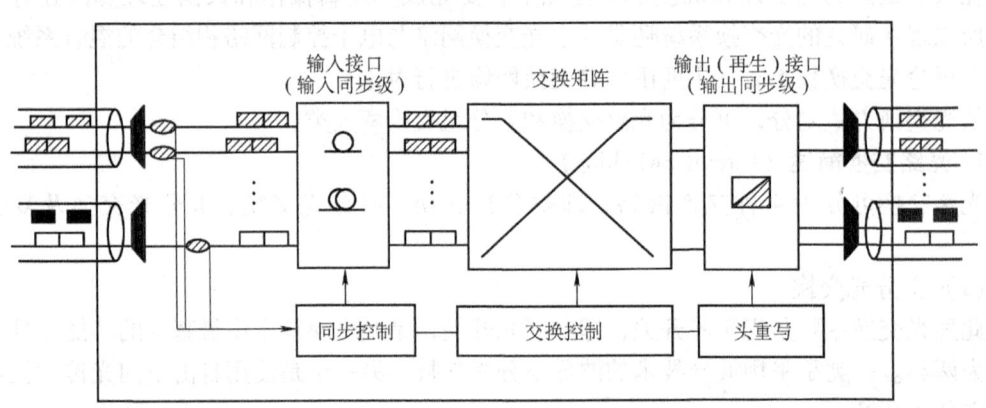

图 8-8　光分组交换结构

光分组交换在灵活性和利用率方面有独特的优势，它能够快速分配 WDM 信道，能够以非常细的交换粒度按需地共享一切可用的带宽资源，但是光分组/包交换一直面临成本及难以克服的一些技术障碍，如分组同步技术、分组冲突处理以及合理高效的交换结构和分组格式等都是有待研究解决的问题。

3. 节点智能交换技术

光传送网的全光网及智能化是发展的方向，这就引出了光交换的智能化问题。目前，节点智能交换技术主要用于城域网和骨干网的较小节点。它主要由定时模块、数据模块、交换模块以及管理和控制模块组成，它将高密度的交换传送和智能化的控制功能集成到同一设备中。

8.4 通信网的发展

随着通信信息网络各种宽带业务的快速发展，原来的 SDH 传送网以及各种接入网络技术都在不断地升级和改造。此方面技术和研究在不断地发展和演进之中。

8.4.1 三网融合

电信网络在目前世界上各国都普遍地存在 3 大网络结构：其一是传统上的电话网，它包括固定电话网和移动电话网；其二是发展很快的数据通信网，又称为计算机网络；其三是广播电视网络，有无线和有线两类，目前主要是光纤电缆混合传输的 HFC 网络。这些网络在通信网一章已经作了说明。从发展的眼光来看，此三网融合是大势所趋。从 IP 技术发展已看出，电话网和数据网正在朝融合统一方面靠近，但从世界及我国目前构架、运营和技术方面分析，都还是各自独立设置和运营。为提高高网络利用率和传输速率及运营成本，避免重复投资和浪费并有效利用资源，三网融合成为未来通信网发展的重要方向。

三网融合在现阶段并不意味着 3 大网络的简单物理合一，而主要是指高层业务应用的融合。其表现为技术上趋向一致、网络层上可互联互通、业务层上可相互渗透和交叉，它在应用上趋向统一的 TCP/IP，在行业管理和政策方面也逐渐趋向统一。

1. 三网融合的技术基础

技术进步是三网融合的基本推动力。现在提出三网融合正是得益于近几年来的巨大技术进步，特别是下述 4 个主要领域的重大技术进步。

（1）数字技术

数字技术的迅速发展和全面采用，把话音、数据和图像信号编码成统一的 "1"、"0" 符号进行传输，成为电信、计算机网和有线电视的共同语言。所有业务在数字网中都将成为统一的 0/1 比特流，而无任何区别，话音、数据、声频和视频各种内容无论其特性如何都可以通过不同的网络来传输、交换、选路处理而实现融合。

（2）光通信技术

大容量光纤通信技术的发展，为综合传送各种业务提供了必要的带宽和传输质量，在很大程度上减少了网络容量这一制约因素。利用波分复用技术，目前在单一光纤上传输 320Gbit/s 的系统已经商用。具有巨大可持续发展容量的光纤传输网是三网各类业务的理想传送平台。光通信的发展也使传输成本大幅度下降，使通信成本最终成为与传输距离几乎无关的事。因而从传输平台上也已经具备了融合的技术条件。

（3）软件技术

软件技术的发展，使得 3 大网络及其终端都能通过软件变更最终支持各种用户所需的特性、功能和业务。现代通信设备已成为高度智能化和软件化的产品，今天的软件技术已经具备三网业务和应用融合的实现手段。

软交换技术是下一代网络（NGN）的核心技术，其突出优势表现为业务融合＋网络融合，具有充分的优越性。软交换是 NGN 的控制功能的实现，它为 NGN 提供实时性业务的呼叫控制和连接控制功能，是 NGN 呼叫与控制的核心。软交换技术作为业务/控制与传送/接入分离思想的体现，是 NGN 体系结构中的关键技术。其核心思想是硬件软件化，通过软件方式实现原来交换机的控制、接续和业务处理等功能,各实体之间通过标准的协议进行连接和通信,便于在 NGN 中更快地实现各类复杂的协议及更方便地提供业务。

软交换主要有以下功能:媒体网关接入功能、信令网关功能、呼叫控制功能、业务提供功能、互通功能、关口功能、运行维护功能、计费功能。

(4) TCP/IP

TCP/IP 的普遍采用,使得各种以 IP 为基础的业务都能在不同的网上实现互通,具体下层基础网络是什么已无关紧要。TCP/IP 不仅已经成为占主导地位的通信协议,而且人们首次有了统一的、为三大网都能接受的通信协议,从技术上为三网融合奠定了最坚实的联网基础。届时,从用户驻地网到接入网到核心网,整个网络将实现协议的统一,各种各样的终端最终都能实现透明连接。

上述 4 大技术领域的进步从技术上为三网融合创造了条件,铺平了道路,尽管各种网络仍有自己的特点,但技术特征正逐渐趋向一致,诸如数字化、光纤化、分组化等,特别是逐渐向 IP 的会聚已成为下一步发展的共同趋向。

2. 三网融合的技术方案

从传统的电路交换网过渡到分组网是一个长期的渐进过程,在未来相当长的时间内,电信公司的主要任务是同时支持两种网络、解决两网之间的互通以及各自业务和应用之间的互操作性,从而最终完成由传统电路交换为基础的电信网向数据网的平滑过渡。总地看来,目前有两大过渡策略。

(1) 重叠网

主张这种策略的主要理由是现有电路交换网在传输电话业务方面是基本胜任的,而且是电信公司的主要收入来源,因而最好不要去触动它,让其独立发展;对于日益增长的数据业务特别是 IP 业务可以通过重建一个重叠的分组网(ATM 网或 IP 路由器网)来解决。两个网的业务节点独立、并行发展,其间通过各种网关和网关控制器实现互连互通,实现业务层融合,统一提供管理和加快扩展业务。等到数据业务逐渐成为网络的主要业务后,再考虑将电路交换网上的电话业务逐渐转移到分组网上来,最终形成一个统一的、融合的网。这种网络演进思路的基本点在于网络和业务的融合,而不在于节点的融合,允许不同的网按各自的最佳方向独立演进,不受限于节点结构。

(2) 混合网

主张这种策略的主要理由是电话业务仍然会继续发展,因而需要采用新一代的交换机来进一步改进电路交换网,提高交换节点的效率,扩大交换节点的容量。当然这种交换机还应能支持 ATM/IP 业务的发展,便于网络向分组方向演进。这种交换机在外部可以同时支持 STM、ATM 和 IP 网,即不同业务量各走各的网,只是业务节点在物理上融合成一体;其内部交换矩阵则采用 ATM 或 ATM/STM 或 ATM/STM/IP,可以将网关集成在内。采用新型交换机后,可以保持原有电话业务量、承载新增业务量和所有数据业务量,从而最终完成向分组网的过渡。

采用何种网络融合策略,取决于网络现状、业务预测以及经济分析。根据具体情况采用两者的混合策略可能是比较现实的。需要注意的是,无论采用哪一种融合策略,其业务的融合都不会受限于基础网络的传输结构,即融合的业务应能通过任何一种基础网络来传送,业务融合仅要求在业务网的边缘采用基本统一 TCP/IP 的平台即可,业务网络的内部可以采用任何层的协议来运作。

3. 三网融合面临的一些主要问题

三网融合已成为不可阻挡的趋势,从技术上已无重大障碍,目前阻碍这一进程的因素主要表现为:不同部门之间的利益冲突;行业特点的限制;通信界、计算机界与有线电视界观念上的巨大区别;各种标准和各种结构之间不兼容、缺乏共同的技术语言;各种技术之间的透明度和网络互联互通性不理想;尚未找到价廉物美可适用于所有业务的接入网技术。

三网融合将是一个长期而艰巨的过程,但这是不可阻挡的趋势。同时,三网融合也将给人们带来巨大的机遇,比如创造了全新的业务提供模式,开放了电信业务的产业链,给中小公司提供了进入电信市场的机会,提高了电信运营商的资源利用率。同时,三网融合的最大受益者是广大用户,那时,他们将体验各种个性化的服务,提高生活的质量和生产的效率。

总之,信息化推动技术发展,大目标就是实现电信、计算机和电视这3种技术、业务、市场、行业、网络、终端乃至行业管制和政策方面的融合,达到节约成本、简化管理、推动应用的目的。而三网本身也将通过不同的途径向融合的可持续发展的全业务网方向演进。

*8.4.2 第二代光互联网

目前正在广泛应用的 Internet(因特网)可以称为第一代互联网,它是以 TCP/IP 为协议,使现存的多种网络互连,主要是以数据业务为主的计算机通信网络。从业务层面来看,互联网主要是在窄带业务方面。随着分组数据业务的急增,数据通信的分组带宽、速率大大增加,互联网技术已向宽带的互联网发展。

当前运营中的互联网主要是通过 SDH 光同步数字传输体系及组建的传送层来完成的,其承载业务的 IP 分组数据包是通过 IP Over SDH 或 IP Over ATM 进入 SDH 系统的传送网,而下一代光传送网是从 SDH 系统向波分复用系统发展。当前的波分复用系统是点对点的,还没有实现(WDM)波分复用网络。因此,讨论第二代光互联网,从传送网层面来看这种技术发展,促进了第二代光互联网的发展空间。

1. 第二代光互联网的地址空间 IPV6

第一代互联网设计的网络地址编码为 43 亿个,而现在已明显不够用了,为用户提供的网址资源已经枯竭。据估计,过两年第一代互联网 IP 地址就会被全部占满。新一代互联网是建立在若干基础协议上的,其中 IP 地址协议叫 IPV6 即第 6 版。而第一代 IP 地址协议是 IPV4 即第 4 版。目前除美国外,中国、欧洲及亚太地区都建立了局部范围的 IPV6 网,它将打破美国垄断互联网,进而垄断网络经济、信息安全的国际战略格局。(这里的 IPV4 地址即地址二进码编码为 32bit 的 IP 地址。IPV6 的二进制编码为 128bit 的地址空间。)

2. 第二代光互联网的宽带光传送网平台(MPLS→GMPLS)

在通信系统发展中已经讲述了,光纤通信系统从 SDH 的光同步传输体系中 IP Over SDH 到 IP Over ATM 及 IP Over WDM,就是指第二代光互联网,主要是宽带业务在宽带光传送网中的传输技术。据分析,第二代光互联网的带宽将发展为第一代互联网的 80 倍,即以 10Gbit/s 的网络可支持 10 个 10Gbit/s 的带宽。若传送的信息,原来第一代在普通家庭数据信息要两天时间,则在第二代宽带传输,可在数秒内完成。

当前出现的 MPLS(多协议标记交换)能够在类似 IP 的无连接网络中创建业务,以提供较完善的流量工程,是一种非常适合于在电信网络中传输数据业务的技术。在 MPLS 中,由于采用基于约束的路由技术来实现流量工程和快速重新选路,因而满足了数据业务对服务质量的要求。在流量工程中采用 MPLS 技术,约束的路由技术相当于 ATM 交换的效果,因此 MPLS 技术将逐渐成为下一代 IP 网络中的关键技术。

使用 IP/MPLS 提供的流量工程和快速重新选路为将来传输跨过 ATM、SDH 两层,使 IP Over WDM 成为可能。不同承载业务内容的进入,必须使之成为开放式系统而建立开放式平台。

在此 MPLS 的平台骨干部分主要表现交叉联结中的多业务传送。其技术发展体现在增加的新的技术主要表现在级联,特别是虚级联技术。在采用级联情况下的传输链路容量调整机制(LCAS 技术),它为实现虚级联源与宿之间的适配功能提供了一种无损伤的改变线路容量的控制机制,对 SDH 系统的容量的大小进行调整,可以自动地改变业务的承载带宽,因此它可以说是光纤通信系统的一种发展宽带技术具体应用基础。

MPLS 系统结构中,我们看出它是单纯的分组交换节点组成,它没有直接进入光层如 WDM(物理层),如果要使 MPLS 跨过数据链路层直接作用于物理层,则对其进行修改和扩展在 MPLS 中的分组交换节点,不能根据资源的需求自动调节传输网络内部的物理线路资源,因此网络内部电路分配只能通过人工方式进行配置,因此这个传输网络是机械式的预设计好的方式。这样使网络光纤线路利用率不变,因此就产生了 GMPLS 技术,它是 IEEE 推出的基于可用于光层的通用多协议标签交换技术(Generalized Multi-Protocol Label Switching, GMPLS)。

GMPLS 是对 MPLS 的扩展和延伸,特别是对 MPLS 流量工程的扩展。GMPLS 使 IP 网络和传送网络的管理不再是彼此独立,为 IP 和光网络无缝链接提供了可能。GMPLS 的标签扩展后,它不仅可以标记传统的数据包,还可以标记 TDM 时隙、波长、光波长组和光纤等。GMPLS 对信令和路由进行了修改和补充,以便充分利用 WDM 光网络的资源、光网络的智能化等。采用 GMPLS 技术的优势,是开放性,可实现快速配置和按需分配,可以在数秒内实现宽带资源的分配以提供新的增值服务。它是一种新的 IP 构架,提供了强大灵活的信令与路由解决方案。

3. 宽带自动交换光网络(ASON)

随着光宽带传送网络的发展,ITU-T 已推出了自动交换光传送网(ASTN)和自动交换光网络(ASON),这是智能化的光网络(ASON),此种网络广泛吸收了 MSTP 中的新技术(多业务传送平台)。这里的自动交换光网络(ASON)并非意味是全光网络,ASON 传送平台既可以是全光的,也可以是光—电—光转换的传输,它和全光网 AON 有着不同的概念。ASON 分层结构如图 8-9 所示。

4. 全光通信网络

光交换概念提出,使 DWDM 传输网注入了新契机,即全光通信。全光通信网络是数字通信、波分复用系统的更高阶段发展。究竟什么是全光通信网络(即全光网)(All Optical Ntework, AON)? 它有何特点? 所谓全光网是以光节点取代电节点,并用光纤将光节点互连在一起,实现信息完全在光领域的传输和交换,克服了现有网络在传输和交换时电子瓶颈,是未来信息网的核心。

全光网络最重要的优点是它的开放性。全光网络本质上是完全透明的,光传输全部在光域内进行,不会有电信号转换,并对不同速率、协议、调制频率和制式的信号同时兼容,并允许几代设备（PDH/SDH/ATM）共存于同一个光纤基础设施。全光网结构非常灵活，因此可以随时增加一些新节点扩展性强等。

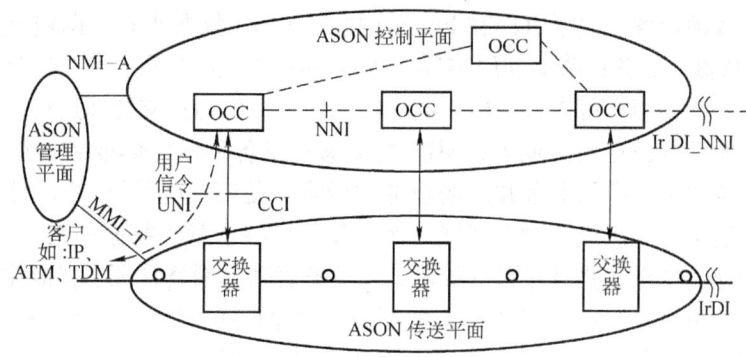

图 8-9 ASON 分层结构

分层结构是定义和研究全光网的基础。已发布的 ITU-TG.872 建议（草案），已明确在全光网络加入了光层，按建议，光层由光信道层、光复用段层和光传输段层组成。全光通信网络分层结构如图 8-10 所示。

电路层	电路层	虚通道
PDH 通道层	SDH 通道层	虚通道
电复用段层	电复用段层	（没有）
光层	光信道层	
	光复用段层	
	光传输段层	
物理层（光纤）		

图 8-10 全光通信网络分层结构

1）光信道层，主要为从 PDH、SDH 复用段来的客户数字复接信息（以数字帧为基础）选择路由和分配波长，为灵活的网络选路安排光信道连接，处理光信道开销；提供光信道层的检测、管理功能，并实现业务切换和保护倒换功能。

2）光复用段层，主要为多波长信号提供网络功能，为多波长信号选路重新安排光复用段功能；为多波长光复用段适配信息的完整性，处理光复用段开销；为网络的运行和维护提供光复用段的检测和管理功能。

3）光传输段层，为光信号在不同类型的光传输媒介（如 G.652，G.653，G.655 光纤等）上提供传输功能，同时要实现对光放大器的检测和控制功能。

8.4.3 下一代网络——NGN

业务多样化、降低运营成本、简化运营体系的应用需求是推动电信网向下一代电信网发展的根本原因。随着应用需求和 IP 技术发展的共同推动，电信运营商需要建立能运营、可管理、有盈利的 IP 网作为其基础网络。可管理的 IP 网基于 Internet 的 IP 技术，结合宽带接入网和运营商的运营需求来发展建立。可管理的 IP 网进一步发展，配合各种新增值业务模块即演化为下一代网络（Next Generation Network，NGN）。

ITU对下一代网络（NGN）的定义是：NGN是基于分组的全业务网络，能够提供包括电信业务在内的各种业务，包括电话和Internet接入业务、数据业务、视频流媒体业务、数字TV广播业务和移动业务；能够利用多种带宽且QoS保证的传送技术；其业务相关功能与其传送技术相独立，使用户可以自由接入到不同的服务提供商；支持通用移动性，允许为用户提供始终如一的、普遍存在的业务；NGN是能够提供各种多媒体业务的综合网络，支持固定和移动的融合、传统电信业务和广播业务的融合，是有线/无线网络、计算机系统、家庭外围设备、智能工具等组成的融合环境，而不仅仅局限于基于数据的网络。即NGN必须折中满足不同的业务质量和物理接口的要求，在业务管理、网络管理、智能化、个性化服务等方面提供完备的机制。NGN的基本特征包括：分组化传送（IP、MPLS、ATM、Ethernet）、开放的体系架构、支持移动管理功能、可管理的智能化网络。NGN与Internet都是基于IP技术，但它们的基本理念并不相同：Internet是分布式的、自治的，智能在网络边缘；NGN是可管理的IP网络，没有接受Internet的全部理念，它将智能由网络边缘移到网络内适当的地方，如业务节点处。

8.4.4 物联网

1. 物联网的概念

物联网是新一代信息技术的重要组成部分，其英文名称是The Internet of Things。顾名思义，物联网就是物物相连的互联网，这有两层意思：其一，物联网的核心和基础仍然是互联网，是在互联网基础上延伸和扩展的网络；其二，其用户端延伸和扩展到了任何物品与物品之间，进行信息交换和通信。物联网就是"物物相连的互联网"。物联网通过智能感知、识别技术与普适计算、广泛应用于网络的融合中，也因此被称为继计算机、互联网之后世界信息产业发展的第三次浪潮。

物联网的概念最初是在1999年被提出的，即通过射频识别（RFID）、红外感应器、全球定位系统、激光扫描器、气体感应器等信息传感设备，按约定的协议，把任何物品与互联网连接起来，进行信息交换和通信，以实现智能化识别、定位、跟踪、监控和管理的一种网络。简而言之，物联网就是"物物相连的互联网"。国际电信联盟于2005年的报告中曾这样描绘"物联网"时代的图景：当司机出现操作失误时汽车会自动报警；公文包会提醒主人忘带了什么东西；衣服会"告诉"洗衣机对颜色和水温的要求等。

但很多物体不一定非要连到网上，与其说物联网是网络，不如说物联网是通信网络的业务拓展和广泛应用，物联网也被视为互联网的应用拓展。物联网的主要特征是每一个物件都可以寻址，每一个物件都可以控制，每一个物件都可以通信。

2. 物联网的关键技术

在物联网应用中有如下3项关键技术。

（1）传感器技术

传感器技术是信息技术应用中的关键技术。大家都知道，到目前为止绝大部分计算机处理的都是数字信号。自从有计算机以来，就需要传感器把模拟信号转换成数字信号计算机才能处理。

（2）RFID标签

RFID 技术是一种射频传感器技术，它是融合了无线射频技术和嵌入式技术为一体的综合技术，在自动识别、物品物流管理方面有着广阔的应用前景。

(3) 嵌入式系统技术

嵌入式系统技术是综合了计算机软硬件、传感器技术、集成电路技术、电子应用技术为一体的复杂技术。经过几十年的演变，小到人们身边的 MP3，大到航天航空的卫星系统，以嵌入式系统为特征的智能终端产品随处可见。嵌入式系统正在改变着人们的生活，推动着工业生产以及国防工业的发展。如果把物联网用人体做一个简单比喻，传感器相当于人的眼睛、鼻子、皮肤等感觉器官，网络相当于神经系统，用来传递信息，嵌入式系统则是人的大脑，在接收到信息后进行分类处理。这个例子形象地描述了传感器、嵌入式系统在物联网中的位置与作用。

8.5 NII 与 GII 和网络的全球化

8.5.1 NII 与 GII 的概念

在 20 世纪末，美国克林顿政府提出了"NII 国家信息基础结构行动计划"的政府报告，要在 20 年内建成国家的信息基础设施，俗称为信息高速公路，这一行动计划在全世界形成了巨大的冲击波。接着美国又提出了建立全球信息基础设施（GII）的设想，信息基础设施（NII 或 GII）就是信息高速网络（公路）。

中国科学院对 NII 作了如下解释：由大量的相互作用的信息技术要素（通信网、计算机系统、信息与人）构成的开放式综合巨型的网络系统，覆盖整个国家，能以 Gbit/s 的速率传递信息。以先进的技术采集信息、处理信息，并供全社会成员方便地利用信息，因此它是现代社会的国家信息基础设施。从信息应用层面上 NII 结构可简单用图 8-11 来表示。

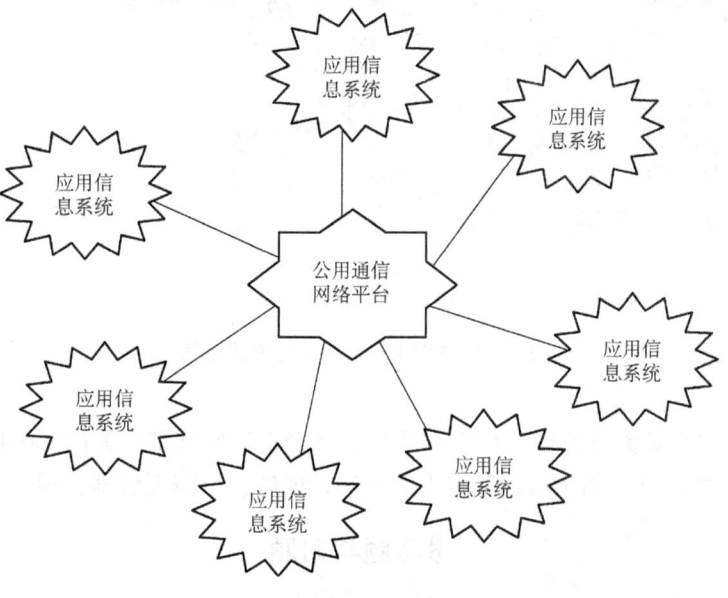

图 8-11 NII 结构

GII 是基于 NII 基础上的全球要建设的信息基础设施，由于世界经济发展的不平衡，发达国家、发展中国家和欠发达国家的经济实力不同，在建设自己国家的信息高速公路存在很大的差别，特别是非洲和亚太地区的一些穷苦国家和地区经济实力不济而存在着数字鸿沟，因此 GII 也只是提出的目标，需一步一步地实现。

8.5.2 网络全球化

前面已经讲述，当前的 Internet 的发展，只能说是各国各地区网络的互连，虚拟地实现全球网络通信。要实现所谓的 GII，只有分期、分步骤地进行，其技术层面看，主要需实现光网络的建设。目前，全球著名的 AT&T 公司已推出了全球智能光网络，这是一种新型的智能化的光交换的网络（Intelligent Optical Switching，IOS）它代表未来传送网发展方向。它通过光网络的扩展提供了一系列的新的特性，例如自动拓扑发展、自动端对端业务、业务指配和路由、动态网络恢复等，这些基于节点的、分布式的特性，不仅能够缩短电路指配和恢复时间，而且还可以提高网络的可靠性，为全新的传送业务（扩展业务）铺平了道路。

AT&T 正在开发更加尖端的 IOS，其新技术如链路聚合、本地恢复、连接绑定和多控制平面域等。AT&T 全球智能光网络部署如图 8-12 所示。其他公司如阿尔卡特等也提出了类似的设想。在未来的网络发展必然是宽带，多业务的智能的光交换的智能全光网络。

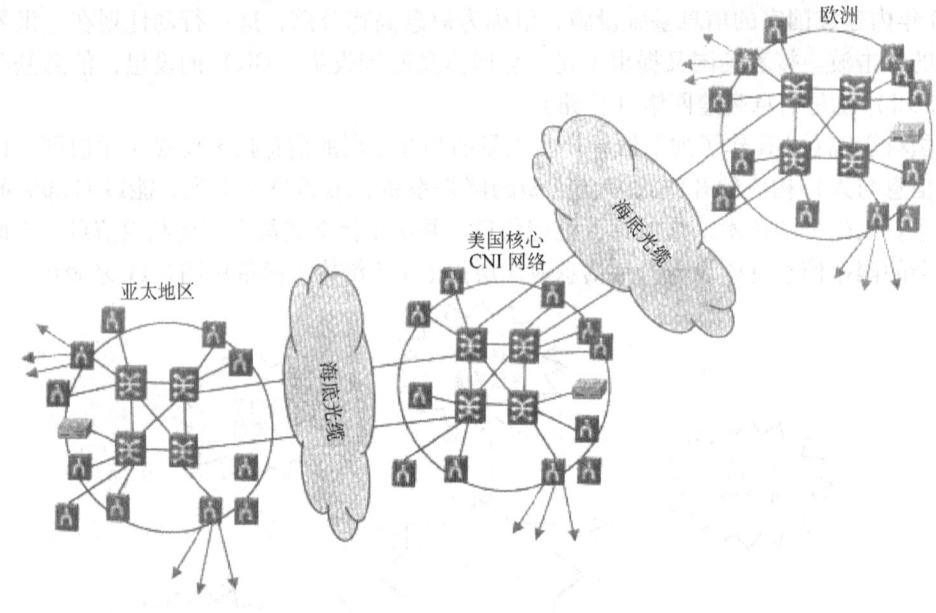

图 8-12 AT&T 全球智能光网络部署

AT&T 实现"全球无缝连接"的下一步目标是经由海底宽带光缆把 IOS 扩展到欧洲和亚太地区，使 IOS 中所具有的优点，如点击配置等，能够在全球无缝地扩展。

思考题与习题

8-1 通信技术的发展主要表现在哪几个方面？

8-2 光纤通信系统的发展主要有哪几个方向？

第 8 章 通信技术的发展

8-3　光波分复用技术（WDM）的发展前景是什么？
8-4　城域网、广域网各有什么特点？
8-5　数字卫星通信系统的 SDH 传输帧结构与光传输 SDH 系统的帧结构有什么不同？
8-6　为什么说卫星移动通信系统发展前景看好？
8-7　为什么说个人通信是人们理想的通信？
8-8　光交换技术主要分为哪几种？
8-9　通信网的三网融合含义是什么？
8-10　第二代光互联网的概念是什么？
8-11　全光通信网络（AON）如何理解？
8-12　NGN 的概念是什么？
8-13　物联网的概念是什么？为什么说它是互联网应用的拓展？
8-14　网络全球化如何理解？

第 9 章 通信协议与应用接口技术

9.1 通信协议与标准概述

前面几章讲解了许多通信技术及其应用的情况，已经提到了通信中的有关协议、标准和接口的问题。但对于通信设备之间如何进行通信、通信协议如何去定义以及如何去解释它们之间的关系未作介绍。本章针对在通信系统中通信设备之间的通信协议及常用的一些应用接口方面进行讲解。

9.1.1 通信协议的概念

就协议本身而言，是指在当前的市场经济环境中各种协会团体及经济组织及人与人之间的相互约定或共同签署的相互约束的有关文本或条例等。那什么是通信协议和标准呢？简单地说，是指当通信实体之间彼此通信时，所共同遵守的通信规则与标准。这里的通信实体指的是在数据通信中的各种设备及芯片。

数据通信是通信的各实体之间的通信，而大部分则是利用数据通信网将若干台计算机连接成计算机网络来实现的，所以数据通信也叫计算机通信。正由于数据通信是机器间的通信，所以和其他通信方式一样，应该在通信系统中规定一个统一的通信标准，即通信的内容是什么、如何通信、何时通信，都必须在实体之间达成大家都能接受的协定，这些协定就被称为通信协议。也可将通信协议定义为监督和管理两个实体之间的数据交换的一整套规则。概括地说，通信协议是对数据传送方式的规定，包括数据格式定义及数据位定义等。计算机网络中的协议规定数据如何通过网络进行传输，以及数据如何进行封装和寻址。当同一网络中的两台计算机之间要进行通信时，必须使用相同的协议，因为使用的协议决定了数据如何封装和发送。

前面已经讲述了通信的发展主要体现在不断的应用中，尤其是现代通信网络计算机硬软件技术与通信技术的融合。许多通信中的信息处理都是通过计算机软件程序来实现的，而信息的交互一般是通过硬件按照规定的协议来实现的。人们经常说的网络中的通信是指在不同通信系统中的实体之间的通信。这里的实体是指发送和接收信息的各种中断设备、应用软件或通信进程等。在通信的定义中已经讲述，通信是信息的传递与交流。那么在通信中，对于通信的双方或多方在通信时就需要遵循一定的规则或约定，就是前面讲述的通信协议。没有协议，通信及网络是不可能存在的。例如，实体之间的通信如何识别收发者的名称和地址，传送的信息块采用何种编码和怎样的格式，传送中出了错误如何处理，发送和接收速率不一致怎么处理等，都要进行规范和约定。

对通信协议的解释有多种，从通信系统构成通信网这一逻辑解析为不同系统中实体之间实现的信息传递与交流，要使各实体间能够相互理解、共同遵守都能接受的规则（规定、标准），把这些规则的集合称之为通信协议。

9.1.2 通信协议的主要内容

通信协议的规则主要包括了通信的各实体间要完成的各种操作（语义）和信息交换的各种格式（语法）等。通信协议有以下 3 个要素：

1）语义：需要发出何种控制信息、完成何种协议以及做出何种应答，通俗地说是"讲什么"。

2）语法：数据与控制信息的结构或格式等，即"怎么讲"。

3）同步：规定事件实现顺序的详细说明，即确定通信状态的变化和过程，如通信双方的应答关系，即"顺序速度控制"。

可以用下面的例子来说明通信协议的内涵：

甲给乙方打电话，首先甲拨通乙的电话号码，对方电话振铃，乙方拿起电话，然后双方开始通话，通话完毕，双方口挂断电话。

在这个过程中，甲乙双方都遵守了打电话的协议。其中电话号码就是"语法"的一个例子，我国当前的电话号码一般为 7 或 8 位阿拉伯数字组成，如果是长途还要在前面加拨长途区号，如果是国际长途还要加国家代码等。这就是对固定电话网的电话号码的一种规定或约定，大家都要遵守。

在打电话的过程中，乙方的电话振铃是一个信号，表示有电话信号来，乙方选择接电话并通话，这一系列动作包括了控制信号、响应动作、接话过程，这就是"语义"的例子。

而"同步"概念是指以上通信过程的协调保障机制。整个过程中，甲方拨了电话，乙方的电话才会响，乙方听到铃声才考虑去接听，这一系列事件因果关系很明确。正常情况下，乙方电话不会在没有人拨的情况下振铃，也不可能在电话铃没响的情况下乙方能从话筒里听到甲方的声音。由上可见，完成一次通信是一个复杂的过程，特别对于当前的计算机通信，如果没有严格的协议来约束，数据通信的过程是不可能完成的。

通信协议复杂、繁多，为减少和降低协议的复杂性，便于维护，提高通信效率，通信网络设计一般都采用层次结构，建立通信分层模型，严格建立层间关系。每一层都建立在下层之上，下层为上层提供一定的服务，并对上层屏蔽服务实现细节，隔层间互相协作构成一个整体，因此又称为协议栈、协议集、协议簇等。在同层内的实体称为对等实体。在同层对等实体间的通信也必须遵守同层协议。

通信协议的种类有多种，有用于通信设备间网络通信的传送网协议、计算机网络协议、网络管理协议等，有用于规定通信数据格式的总线协议，如现场总线协议、异步串行总线协议、同步串行总线协议等。

*9.1.3 通信标准化组织简介

各种通信协议都是对通信的规范或约束，规范和约束是由各种标准实现的。为使各生产厂商、各通信设备提供商的通信设备在全球或某地区的通信网络中互连互通，就必须制定共同的通信协议标准。

通信标准与通信协议密切相关，在通信协议下会产生各种通信制式或标准。然而，这些通信协议、制式、标准又是由国际的、地区的或国家的相关组织来制定的。当前国际通信标准化组织主要有：国际电信联盟（ITU）（前身为 CCITT）、美国电气和电子工程师协会

(IEEE)、美国电子工业协会（EIA）、国际标准化组织（ISO）和国际电工委员会（IEC）等。

1. 国际电信联盟（International Telecommunications Union，ITU）

ITU 是世界各国政府的电信主管部门之间协调电信事务的一个国际组织，成立于 1865 年 5 月 17 日。ITU 由原来的 3 个组织组成：国际电报电话咨询委员会（CCITT）、国际无线电咨询委员会（CIIR）、国际频率登记委员会（IFRB），在 1993 年，国际电信联盟进行了改组成立了 ITU，并在国际电联改组下还成立了电信标准部门（TSS）、无线电通信部门（RS）和电信发展部门（TDS）取代了原来的 CCITT、CCIR 和 IFRB。

其中，TSS 主要由 CCITT、CCIR 中从事标准化工作的部门合并组成，其主要职责是完成电信联盟有关电信标准方面的目标，包括研究电信技术、操作和资费等问题，并就这类问题提出建议，以使全世界的电信标准化。

2. 美国电气和电子工程师协会（Institute of Electrical and Electronic Engineers，IEEE）

IEEE 是一个非营利性科技学会，拥有全球近 175 个国家 36 万多名会员。透过多元化的会员，该组织在太空、计算机、电信、生物医学、电力及消费性电子产品等领域中都是主要的权威。在电气及电子工程、计算机及控制技术领域中，IEEE 发表的文献占了全球将近 30%。IEEE 每年也会主办或协办 300 多项技术会议。它定制的标准有数百种之多，如 IEEE 802.2、IEEE 802.3、IEEE 802.11、IEEE 802.15、IEEE 802.16 等。

3. 美国电子工业协会（Electronic Industries Association，EIA）

EIA 美国电子工业协会创建于 1924 年，当时名为无线电制造商协会（Radio Manufacturers' Association，RMA），只有 17 名成员，代表不过 200 万美元产值的无线电制造业。而今，EIA 成员已超过 500 名，代表美国 2000 亿美元产值电子工业制造商，成为纯服务性的全国贸易组织，总部设在弗吉尼亚的阿灵顿。EIA 广泛代表了设计生产电子元件、部件、通信系统和设备的制造商以及工业界、政府和用户的利益，在提高美国制造商的竞争力方面起到了重要的作用。

EIA 主要制定各种电子元器件的电气性能、规格尺寸、连接方法、测试方法等标准及制定数据通信终端（DCE）连接接口标准，如 EIA-3 系列及 EIA-4 系列标准，以及电子设备的封装规范等数百个标准。

4. 国际标准化组织（International Organization for Standardization，ISO）

ISO 成立于 1946 年，是世界上最大的国际性标准化专门机构，是一个全球性的非政府组织，专门从事编制和宣传工业和贸易技术标准。ISO 的任务是促进全球范围内的标准化及其有关活动，以利于国际间产品与服务的交流，以及在知识、科学、技术和经济活动中发展国际间的相互合作。它显示了强大的生命力，吸引了越来越多的国家参与其活动。它采用自愿原则组织起来，其专家来自生产、消费、政府部门以及对此有关的社团。虽是非官方组织，但 70% 的成员都来自政府标准化机构。有 400 多个国际组织与 ISO 有正式联系。包括了国际电工委员会及原来的 CCITT 等。其中央秘书处设在瑞士的日内瓦，每 3 年召开一次全体会议，每年召开一次委员会会议，处理 ISO 的有关业务。

此标准化组织的工作领域很广，包括了农业、石油工业、矿业、环境保护、信息处理等。在通信技术方面，它主要制定了开放系统互连标准，提出了一系列的信息处理标准、信息处理系统及数据通信的有关标准，ISO 信息技术标准，以及信息交换、局域网及各种互连业务的若干标准。如 ISO/IEC7498（X.200 建议）、OSI/RM（开放系统互联参考模型）网络协议。

5. 国际电工委员会（International Electrotechnical Commission，IEC）

IEC 成立于 1906 年，是世界上最早的国际性电工标准化机构，总部设在日内瓦。1947 年 ISO 成立后，IEC 曾作为电工部门并入 ISO，但在技术上、财务上仍保持其独立性。根据 1976 年 ISO 与 IEC 的新协议，两组织都是法律上独立的组织，IEC 负责有关电工、电子领域的国际标准化工作，其他领域则由 ISO 负责。IEC 的宗旨是促进电工、电子领域中标准化及有关方面问题的国际合作，增进相互了解。工作领域包括了电力、电子、电信和原子能方面的电工技术。现已制订国际电工标准 3000 多个。

IEC 对于电磁兼容方面的国际标准化活动有着特殊重要的作用。承担研究工作的主要是电磁兼容咨询委员会（ACEC）、无线电干扰特别委员会（CISPR）和 TC77。随着电子技术的飞速发展，IEC 拟在电磁兼容方面开展认证工作。

通信的标准很多，很复杂。然而各种通信体制及组合业务的标准并不是永久不变的，它随实际应用经验的积累、科技的不断进步、设备的不断更新还会不断地进行修改、补充、完善。随着实际的应用的需要，还会有新的标准出现。特别是当今通信技术及网络在各行各业的应用，如工业控制、汽车车身网络、消费电子等领域就有各种新的通信技术的应用。

在实际的应用中，存在很多通信协议与标准，有些是一些国际标准化组织提出的，有些则是一些通信产品企业提出并得到其他厂商承认的企业标准。这些通信协议包括软件协议和硬件协议，软件协议主要是通过协议栈来实现，硬件协议具体体现在通信设备接口和通信总线。各种通信设备间及设备内外设间的通信，必须采用符合相应的通信协议或标准的接口或总线协议才能正常通信。因此下面就常用的一些工业控制、计算机通信等方面的总线协议及接口进行简单介绍。其他如电视、电话等方面的通信接口基本原理类似，是在串行通信的基础上采用不同的编码及传输方式通过同轴电缆、双绞线、光纤等传输介质进行传输，若有需要请参考其他书籍。

*9.1.4 有关通信与网络标准

CCITT 建议 G.732 的数字基群系列 PCM24 路、30/32 路标准 ITU-T 的 SDH 数字同步复接系列协议标准 G707-709 协议；G781-G.784 标准等；ITU-R748/1 三代移动通信 IMT-2000 标准等。通信网络协议如，IEEE 802 局域网（以太网）系列协议标准，以及开放系统互联网 OSI/RM 网络协议标准。世界公用的当前使用广泛的互联网协议 TCP/IP 标准等。

9.2 通信总线及接口基本概念

9.2.1 通信总线接口概述

随着计算机技术和通信技术的发展，计算机技术和通信技术的融合促使了通信设备的发展。各种电气和通信设备（下称设备）功能越来越完善，几乎所有的设备都有自己的微处理器，通过它来实现控制和通信。由这些设备组成如第 7 章所叙述的各种通信网络。

一个设备中的微处理器要和外围芯片设备以及设备之间都存在通信，首先需确立通信协议，按照统一的电气标准，然后通过通信介质进行交互数据。一个微处理器都要与一定数量的外围芯片和不同的设备连接，但如果将各部件和每一种外围设备都分别用一组线路与微处理器直接连接，那么连线将会错综复杂，甚至难以实现。为了简化硬件电路设计、简化系统结构，常用一组线路，配置以适当的接口电路，与各部件和外围设备连接，这组共用的连接线路被称为总线。通信总线和接口是各种电气设备通信的基础，因此，要实现不同设备之间的正常通信，必须有通信总线和接口。

设备中，总线一般有内部总线、系统总线和外部总线。内部总线是设备内部各外围芯片与微处理器之间的总线，用于芯片一级的互连；系统总线是计算机设备中各插件板与系统板之间的总线，用于插件板一级的互连；外部总线是设备和设备之间的总线，通过该总线和其他设备进行信息与数据交换，用于设备一级的互连。

通信方式按照连接方式可分为有线通信和无线通信，按照数据传送方式可分为并行通信和串行通信（相应的通信总线被称为并行总线和串行总线）。不管是按照什么方式来分，其数据传输都是按并行或串行通信的方式来进行的。并行通信速度快、实时性好，但由于占用的口线多，不便于进行远距离传输，不适于小型化产品；而串行通信速率虽低，但在数据通信吞吐量不是很大的微处理电路中则显得更加简易、方便、灵活，同时，由于通信总线少被广泛用于远距离通信。随着差分技术在串行通信的应用，串行通信速率得到了大大提高，完全能满足现有的通信要求，特别是在外部通信中逐渐取代并行通信。

9.2.2 并行通信

并行通信传输中有多个数据位，同时在两个设备之间传输。发送设备将这些数据位通过对应的数据线传送给接收设备，还可附加一位数据校验位。接收设备可同时接收到这些数据，不需要做任何变换就可直接使用。并行方式主要用于近距离通信。计算机内的总线结构就是并行通信的例子。这种方法的优点是传输速度快，处理简单。

并行通信时数据的各个位同时传送，可以字或字节为单位并行进行，如图9-1所示。并行通信速度快，但用的通信线多、成本高，故不宜进行远距离通信，常用在传输距离较短（几米至几十米）、数据传输率较高的场合。计算机各种内部总线就是以并行方式传送数据的。

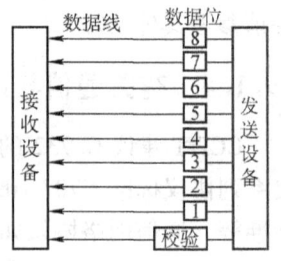

图9-1 并行数据传输

并行接口可设计为只作为输入/输出接口，也可设计为既作为输入又作为输出的接口。它可以用两种方法实现，一种是利用同一个接口中的两个通路，一个作输入通路，一个作输出通路；另一种使用同一个双向通路，既作为输入又作为输出。连接设备接口有 PS/2、PATA、LPT 等。

9.2.3 串行通信

串行数据传输时，数据是一位一位地在通信线上传输的，先由发送设备将几位并行数据经并—串转换硬件转换成串行方式，发送和接收到的每一个字符实际上都是一次一位的传送的，如图9-2所示，每一位为1或者为0，再逐位经传输线到达接收端的设备中，并在接收端将数据从串行方式重新转换成并行方式，以供接收方使用。一般来说，串行数据传输的速度要比并行传输慢得多。

串行数据通信的方向性结构有 3 种,即单工、半双工和全双工,如图 9-3 所示。

1) 单工通信:只有一个方向的通信而没有反方向的交互。

2) 半双工通信:通信双方都可以发送(接收)信息,但不能同时双向发送。半双工通信线路简单,有两条通信线就行了,这种方式得到广泛应用。

3) 全双工通信:通信双方可以同时发送和接收信息,双方的发送与接收装置同时工作。全双工通信的效率最高,但控制相对复杂一些,系统造价也较高。通信线至少 3 条(其中一条为信号地线)或 4 条(无信号地线)。

图 9-2 串行数据传输

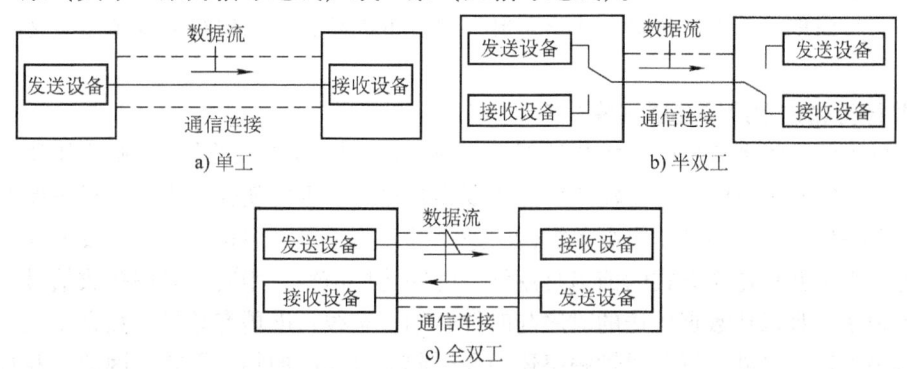

图 9-3 串行数据通信的方向性结构

串行通信可以分为同步通信和异步通信两类。同步通信是按照软件识别同步字符来实现数据的发送和接收,异步通信是一种利用字符的再同步技术的通信方式。

1. 同步通信

同步通信是一种连续串行传送数据的通信方式,一次通信只传送一帧信息。这里的信息帧与异步通信中的字符帧不同,通常含有若干个数据字符。信息帧均由同步字符、数据字符和校验字符(CRC)组成。其中,同步字符位于帧开头,用于确认数据字符的开始;数据字符在同步字符之后,个数没有限制,由所需传输的数据块长度来决定;校验字符有 1 或 2 个,用于接收端对接收到的字符序列进行正确性的校验。同步通信的缺点是要求发送时钟和接收时钟保持严格的同步。

2. 异步通信

在异步通信中有两个比较重要的指标:字符帧格式和波特率。数据通常以字符或者字节为单位组成字符帧传送。字符帧由发送端逐帧发送,通过传输线被接收设备逐帧接收。发送端和接收端可以由各自的时钟来控制数据的发送和接收,这两个时钟源彼此独立,互不同步。

接收端检测到传输线上发送过来的低电平逻辑"0"(即字符帧起始位)时,确定发送端已开始发送数据,每当接收端收到字符帧中的停止位时,就知道一帧字符已经发送完毕。

*9.2.4　串行通信和并行通信的发展

随着串行通信技术的发展，无论从通信速度、造价还是通信质量上来看，现今的串行传输方式都比并行传输方式更胜一筹。

从技术发展的情况来看，串行传输方式大有彻底取代并行传输方式的势头。从原理来看，并行传输方式其实优于串行传输方式。通俗地讲，并行传输的通路犹如一条多车道的宽阔大道，而串行传输则是仅能允许一辆汽车通过的乡间公路。以古老而又典型的标准并行口（Standard Parallel Port）和串行口（俗称COM口）为例，并行接口有8根数据线，数据传输速率高；而串行接口只有1根数据线，数据传输速率低。在串行口传送一位的时间内，并行口可以传送一个字节。当并行口完成单词"advanced"的传送任务时，串行口中仅传送了这个单词的首字母"a"。

那么，为何现在的串行传输方式会更胜一筹？下面从并行、串行的变革以及技术特点来进行分析。

1. 并行传输技术遭遇发展困境

计算机中的总线和接口是主机与外部设备间传送数据的"大动脉"，随着处理器速度的节节攀升，总线和接口的数据传输速率也需要逐步提高，否则就会成为计算机发展的瓶颈。

并行数据传输技术向来是提高数据传输速率的重要手段，但是，进一步发展却遇到了障碍。首先，由于并行传送方式的前提是用同一时序传播信号，用同一时序接收信号，而过分提升时钟频率将难以让数据传送的时序与时钟合拍，布线长度稍有差异，数据就会以与时钟不同的时序送达。另外，提升时钟频率还容易引起信号线间的相互干扰。因此，并行方式难以实现高速化。

IEEE1284并行口的速率可达300kbit/s，而RS-232C标准串行口的数据传输速率通常只有20kbit/s，并行口的数据传输率无疑要胜出一筹。外部接口为了获得更高的通信质量，也必须寻找RS-232的替代者。

2. 差分信号技术的应用实现了信号串行高速传输

随着总线频率的提高，所有信号传输都遇到了同样的问题：线路间的电磁干扰越厉害，数据传输失败的发生几率就越高，传统的单端信号传输技术无法适应高速总线的需要。在单端信号传输方式下，线路受到电磁辐射干扰而产生共模电流时，磁场被叠加变成较高的线路阻抗，这样虽然降低了干扰，但有效信号也被衰减了。于是，差分信号技术就开始在各种高速总线中得到应用，在差动传输模式下，共模干扰被磁心抵消，但不会产生额外的线路阻抗。换句话说，差动传输方式下使用共模扼流线圈，既能达到抗干扰的目的，又不会影响信号传输。

差分信号技术是20世纪90年代出现的一种数据传输和接口技术，与传统的单端传输方式相比，它具有低功耗、低误码率、低串扰和低辐射等特点，其传输介质可以是铜质的PCB连线，也可以是平衡电缆，最高传输速率可达1.923Gbit/s。Intel倡导的第三代I/O技术（3GIO），其物理层的核心技术就是差分信号技术。

在传统的单端（Single-ended）通信中，一条线路来传输一个比特。高电平表示为"1"，低电平表示为"0"。倘若在数据传输过程中受到干扰，高低电平信号完全可能因此产生突破临界值的大幅度扰动，一旦高电平或低电平信号超出临界值，信号就会出错，如图9-4a

所示。

在差分电路中，输出电平为正电压时表示逻辑"1"，输出负电压时表示逻辑"0"，而输出"0"电压是没有意义的，它既不代表"1"，也不代表"0"。而在图 9-4b 所示的差分通信中，干扰信号会同时进入相邻的两条信号线中，当两个相同的干扰信号分别进入接收端的差分放大器的两个反相输入端后，输出电压为 0。所以说，差分信号技术对干扰信号具有很强的免疫力。

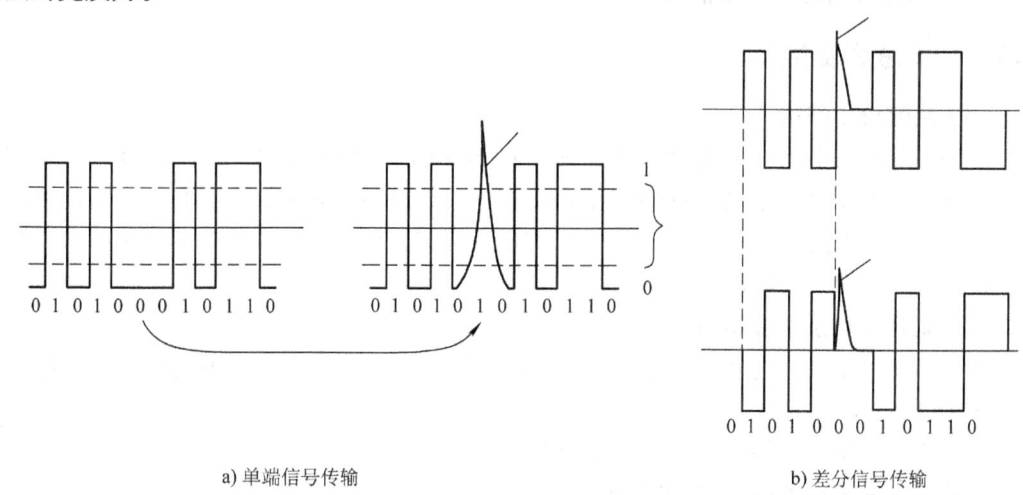

a) 单端信号传输　　　　　　　　b) 差分信号传输

图 9-4　单端/差分信号传输比较

正因如此，实际电路中只要使用低压差分信号（Low Voltage Differential Signal，LVDS），350mV 左右的振幅便能满足近距离传输的要求。假定负载电阻为 100Ω，采用 LVDS 方式传输数据时，如果双绞线长度为 10m，传输速率可达 400Mbit/s；当电缆长度增加到 20m 时，速率降为 100Mbit/s；而当电缆长度为 100m 时，速率只能达到 10Mbit/s 左右。

差分传输技术不仅突破了速度瓶颈，而且使用小型连接可以节约空间。近年来，除了 USB 和 FireWire（IEEE1394），还涌现出很多以差分信号传输为特点的串行连接标准，几乎覆盖了主板总线和外部 I/O 端口，呈现出从并行整体转移到新串行时代的大趋势。

随着微电子技术和计算机技术的发展，总线技术也在不断地发展和完善，使计算机通信总线技术种类繁多，各具特色。从接口的角度，由于处理器和外围芯片间的通信以及设备之间的通信是应用工程师最关心的问题，本章主要就各种计算机应用系统中目前比较流行的处理器和外围芯片间的内部串行总线和设备之间的外部总线及接口进行介绍。

9.3　常用内部串行通信总线及接口

随着设备功能的增加，需要许多不同的芯片来实现这些功能，要求 CPU 能与更多的功能芯片连接通信。为了尽量减少总线接口和布线，产生了一些专用于板级通信的串行总线。因此，在这里讲的内部总线主要指在每个嵌入式设备中 CPU 和外围芯片之间通信使用的通用标准串行通信总线及接口，如 SPI、I^2C、UART 等。

这些串行通信总线及接口的共同特点有：

1) 通信协议标准化,接口具有较好的通用性。
2) 通信距离短,主要用于 CPU 外围芯片设备。
3) 通信速率低,一般低于 10Mbit/s。
4) 占用 CPU 总线少,接口简单。
5) 连接方便,不需要特别电路,一般可通过芯片引脚直接连接。

下面分别对常用的内部通信总线及接口进行介绍。

9.3.1 SPI 总线及接口

1. SPI 总线接口概述

SPI(Serial Parallel Bus)总线是 Motorola 公司提出的一个同步串行外设接口,允许 CPU 与各种外围接口器件以串行方式进行通信、交换信息。SPI 接口主要用于中央处理器和外围低速器件之间进行同步串行数据传输,可以实现全双工通信,其数据传输速率总体来说要比 I^2C 总线要快,速度可以达到几 Mbit/s。

2. SPI 硬件结构及总线特点

SPI 接口在主设备产生的从器件使能信号和移位时钟信号的同步作用下,按位传输。SPI 总线接口包括以下 4 根信号线:

1) SCLK——串行时钟信号,由主控制器产生。
2) MISO——主设备输入/从设备输出线。
3) MOSI——主设备输出/从设备输入线。
4) $\overline{SS}$——从设备低电平有效的使能信号线,由主设备产生。

这样,仅需 3~4 根数据线和控制线即可扩展具有 SPI 接口的各种 I/O 器件,SPI 连接从设备的数量与主设备中的从设备使能信号线的多少相关。其典型结构如图 9-5 所示。

SPI 总线具有以下结构特点:

1) 连线较少,简化电路设计。并行总线扩展方法通常需要 8 根数据线、8~16 根地址线、2~3 根控制线。而这种设计,仅需 4 根数据和控制线即可完成并行扩展所实现的功能。

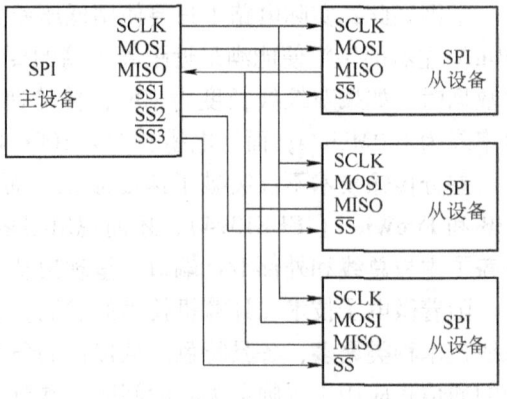

图 9-5 SPI 总线主从设备典型结构

2) 器件统一编址,并与系统地址无关,操作 SPI 独立性好。

3) 器件操作遵循统一的规范,使系统软硬件具有良好的通用性。

3. SPI 总线通信协议

SPI 总线通信过程主要是在串行同步时钟 SCK 的控制下,两个双向移位寄存器进行数据交换。SPI 总线的 4 种工作方式:在 SPI0 和 SPI1 时,时钟空闲时为低电平,所不同的是 SPI0 在时钟上升沿数据输入,下降沿数据输出;而 SPI1 在时钟上升沿数据输出,下降沿数据输入。在 SPI2 和 SPI3 时,时钟空闲时为高电平,所不同的是 SPI2 在时钟下降沿数据输入,上升沿数据输出;而 SPI3 在时钟上升沿数据输入,下降沿数据输出。如图 9-6 所示。

其中，使用得最为广泛的是 SPI0 和 SPI3 方式（图 9-6 中实线表示）。

SPI 模块为了和外设进行数据交换，根据外设工作要求，其输出串行同步时钟极性和相位可以进行配置，时钟极性对传输协议没有重大的影响。

4. SPI 总线主要应用

SPI 总线设备具有可以同时发出和接收串行数据、可以当作主设备或从设备工作、提供频率可编程时钟、发送结束中断标志、写冲突保护、总线竞争保护等特点，被广泛应用于微型计算机系统中连接不同的板上设备，如 EEPROM、A/D 转换器、D/A 转换器、RTC（Real Time Clock）、LCD、多媒体卡、SD 内存卡等。

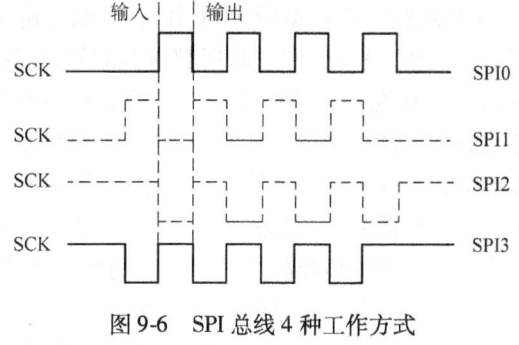

图 9-6　SPI 总线 4 种工作方式

9.3.2　I^2C 总线及接口

I^2C（Inter-Integrated Circuit，芯片间电路接口）总线是一种由 Philips 公司开发的两线式串行总线，用于连接微控制器及其外围设备。I^2C 总线产生于 20 世纪 80 年代，最初为音频和视频设备开发，如今主要在服务器管理中使用，其中包括单个组件状态的通信。例如，管理员可对各个组件进行查询，以管理系统的配置或掌握组件的功能状态，如电源和系统风扇，可随时监控内存、硬盘、网络、系统温度等多个参数，增加了系统的安全性，方便了管理。目前有很多半导体集成电路上都集成了 I^2C 接口。很多外围器件如存储器、监控芯片等也提供 I^2C 接口。

1. I^2C 总线的特征

在目前流行的串行扩展总线中，I^2C 总线因规范严格和支持 I^2C 接口的外围器件多而获得广泛应用。

I^2C 总线主要有以下几个特征：

1）只要求两条总线线路：一条串行数据线 SDA，一条串行时钟线 SCL。

2）每个连接到总线的器件都可以通过唯一的地址和一直存在的简单的主机从机关系软件设定地址，主机可以作为主机发送器或主机接收器。

3）它是一个真正的多主机总线，如果两个或更多主机同时初始化数据传输，可以通过冲突检测和仲裁防止数据被破坏。

4）串行的 8 位双向数据传输速率在标准模式下可达 100kbit/s，快速模式下可达 400kbit/s，高速模式下可达 3.4Mbit/s。

5）片上的滤波器可以滤去总线数据线上的毛刺波，保证数据完整。

6）连接到相同总线的集成电路（IC）数量只受到总线的最大电容 400pF 限制。

I^2C 总线最主要的优点是其简单性和有效性。由于接口直接在组件之上，因此 I^2C 总线占用的空间非常小，减少了电路板的空间和芯片引脚的数量，降低了互连成本。总线的长度可高达 25ft（1ft=0.3048m），并且能够以 10kbit/s 的最大传输速率支持 40 个组件。I^2C 总线的另一个优点是，它支持多主控（Multi-Mastering），其中任何能够进行发送和接收的设备都可以成为主总线。一个主控能够控制信号的传输和时钟频率。当然，在任何时间点上只能有一个主控。

2. I²C 总线硬件结构及数据传输

I²C 总线是由数据线 SDA 和时钟 SCL 构成的串行总线，可发送和接收数据，所有接到 I²C 总线上的设备的串行数据都接到总线的 SDA 线，各设备的时钟线 SCL 接到总线的 SCL。在 CPU 与被控 IC 之间、IC 与 IC 之间进行双向传送，最高传输速率为 100kbit/s。各种被控制电路均并联在这条总线上，但就像电话机一样只有拨通各自的号码才能工作，所以每个电路和模块都有唯一的地址，在信息的传输过程中，I²C 总线上并接的每一模块电路既是主控器（或被控器），又是发送器（或接收器），这取决于它所要完成的功能。CPU 发出的控制信号分为地址码和控制量两部分。地址码用来选址，即接通需要控制的电路，确定控制的种类；控制量决定该调整的类别（如对比度、亮度等）及需要调整的量。这样，各控制电路虽然挂在同一条总线上，却彼此独立，互不相关。

I²C 规程运用主/从双向通信。器件发送数据到总线上，则定义为发送器，器件接收数据则定义为接收器。主器件和从器件都可以工作于接收和发送状态。总线必须由主器件（通常为微控制器）控制，主器件产生串行时钟（SCL）控制总线的传输方向，并产生起始和停止条件。SDA 线上的数据状态仅在 SCL 为低电平的期间才能改变，SCL 为高电平的期间，SDA 状态的改变被用来表示起始和停止条件。典型的 I²C 总线结构如图 9-7 所示。

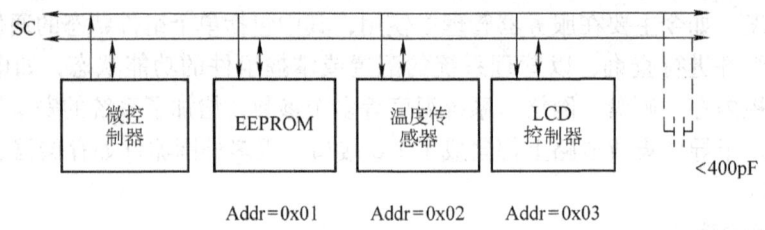

图 9-7　I²C 总线结构

传输数据的过程如下：

（1）主器件要发送信息到从器件

1）主器件寻址从器件。

2）主器件发送器发送数据到从器件接收器。

3）主器件终止传输。

（2）如果主器件想从从器件接收信息

1）主器件寻址从器件。

2）主器件接收器从从器件发送器接收数据。

3）主器件终止传输。

当在总线上传输数据时，每个主器件产生自己的时钟信号。

3. I²C 总线通信协议

I²C 总线在传送数据过程中共有 3 种类型的信号，它们分别是：开始信号、结束信号和应答信号。

1）开始信号：SCL 为高电平时，SDA 由高电平向低电平跳变，开始传送数据。

2）结束信号：SCL 为低电平时，SDA 由低电平向高电平跳变，结束传送数据。

3)应答信号:接收数据的 IC 在接收到 8 位数据后,向发送数据的 IC 发出特定的低电平脉冲,表示已收到数据。CPU 向受控单元发出一个信号后,等待受控单元发出一个应答信号,CPU 接收到应答信号后,根据实际情况做出是否继续传递信号的判断。若未收到应答信号,由判断为受控单元出现故障。

在 I^2C 总线传输过程中,将两种特定的情况定义为开始和停止条件(见图9-8):当 SCL 保持"高",SDA 由"高"变为"低"时为开始条件;SCL 保持"高",SDA 由"低"变为"高"是为停止条件。开始和停止条件由主控器产生。使用硬件接口可以很容易地检测开始和停止条件,没有这种接口的微处理器必须以每时钟周期至少两次对 SDA 取样以使检测这种变化。

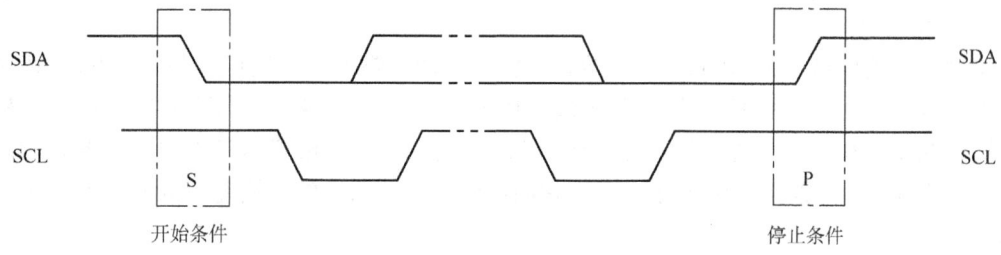

图 9-8 总线开始/停止条件

SDA 线上的数据在时钟"高"期间必须是稳定的,只有当 SCL 线上的时钟信号为低时,数据线上的"高"或"低"状态才可以改变。输出到 SDA 线上的每个字节必须是 8 位,每次传输的字节不受限制,每个字节必须有一个应答为 ACK。如果一个接收器在完成其他功能(如内部中断)前不能接收另一数据的完整字节时,它可以保持时钟线 SCL 为低,以促使发送器进入等待状态,当接收器准备好接收数据的其他字节并释放时钟 SCL 后,数据传输继续进行。

数据传送具有应答是必须的。与应答对应的时钟脉冲由主控器产生,发送器在应答期间必须下拉 SDA 线。当寻址的从控器不能应答时,数据保持为高,接着主控器产生停止条件终止传输。在传输的过程中,当用到主控接收器的情况下,主控接收器必须发出一个数据结束信号给被控发送器,被控发送器必须释放数据线,以允许主控器产生停止条件。I^2C 总线对于 7 位地址的数据传输格式如图 9-9 所示。

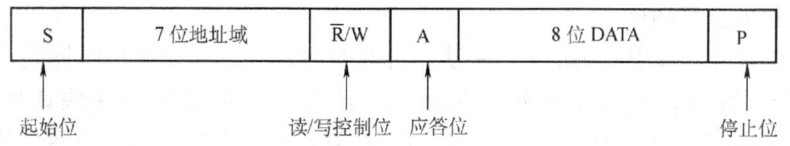

图 9-9 I^2C 总线 7 位地址的数据传输格式

I^2C 总线在开始条件后的首字节决定哪个从控器将被主控器选择,例外的是"通用访问"地址,它可以寻址所有期间。当主控器输出一地址时,系统中的每一器件都将开始条件后的前 7 位地址和自己地址比较。如果相同,该器件认为自己被主控器寻址,而作为被控接收器或被控发送器则取决于 R/W 位。

4. I²C 总线的分类

标准模式 I²C 总线规范在 20 世纪 80 年代的初期已经存在，它规定数据传输速率可高达 100kbit/s，7 位寻址这个概念在普及中迅速成长，今天它已经作为一个标准被接受，而且 Philips Semiconductors 和其他供应商提供了几百种不同的兼容 IC。为了符合更高速度的要求以及制造更多可使用的从机地址分配给数量不断增长的新器件，标准模式 I²C 总线规范一直在不断地升级，到今天，它已提供了以下的扩展：

1）快速模式传输速率高达 400kbit/s。
2）高速模式 Hs 模式传输速率高达 3.4Mbit/s。
3）10 位寻址允许使用高达 1024 个额外的从机地址。

（1）快速模式

快速模式器件可以在 400kbit/s 下接收和发送，最小要求是它们可以和 400kbit/s 传输同步，可以延长 SCL 信号的低电平周期来减慢传输。快速模式器件都向下兼容，可以和标准模式器件在 0~100kbit/s 的 I²C 总线系统通信。但是由于标准模式器件不向上兼容，所以不能在快速模式 I²C 总线系统中工作。因为它们不能跟上这么快的传输速率因而会产生不可预料的状态。

（2）高速模式（Hs 模式）

Hs 模式器件对 I²C 总线的传输速率有巨大的突破，Hs 模式器件可以在高达 3.4Mbit/s 的传输速率下传输信息，而且保持完全向下兼容快速模式或标准模式（F/S 模式）器件。也就是说它们可以在一个速度混合的总线系统中双向通信。Hs 模式传输除了不执行仲裁和时钟同步外，与 F/S 模式系统有相同的串行总线协议和数据格式。虽然 Hs 模式器件是首选的器件，它们可以在大量的应用中使用，但是新器件有没有快速或 Hs 模式 I²C 总线接口由应用决定。

（3）10 位寻址

伴随着 I²C 总线器件的不断增多，最初的 7 位寻址空间已经难以满足需要。为了解决这一问题，新版本的 I²C 总线规范增加了 10 位寻址方式。10 位寻址方式寻址范围可到 1024 个地址编码，而且它也遵从最初的 I²C 总线规范的地址格式，因此，10 位寻址和 7 位寻址兼容，7 位与 10 位的地址编码可以用在同一总线上，并可以任意应用于标准模式、快速模式以及高速模式中。

5. I²C 总线的应用场合

I²C 总线是各种总线中使用信号线最少，并具有自动寻址、多主机时钟同步和仲裁等功能很强的总线，数据传输速率可达 100kbit/s，且提供 7 位寻址位在快速模式下，可达 3.4Mbit/s 以及 10 位寻址。因此，使用 I²C 设计计算机系统十分方便、灵活，体积也小，在各类实际应用中得到广泛应用。许多 IC 芯片支持该总线接口，如 EEPROM、Flash、一些 RAM、实时时钟芯片、看门狗、微控制器等。

*9.3.3 UART 异步串行通信接口

1. 异步串行通信概述

异步串行通信被广泛应用于微计算机系统和嵌入式设备中，主要采用通用异步收发器（Universal Asynchronous Receiver and Transmitter，UART）接口。异步串行通信包括了 RS-

232、RS-499、RS-423、RS-422 和 RS-485 等物理接口标准规范和总线标准规范，即 UART 是异步串行通信口的总称。而 RS-232、RS-499、RS-423、RS-422 和 RS-485 等，是对应各种异步串行通信口的接口标准和总线标准，它规定了通信口的电气特性、传输速率、连接特性和接口的机械特性等内容。实际上是属于通信网络中的物理层（最底层）的概念，与通信协议没有直接关系。而异步串行通信接口通信协议，是属于通信网络中的数据链路层（上一层）的概念。

2. 异步串行通信协议

异步串行方式是将传输数据的每个字符一位接一位（例如先低位、后高位）地传送。数据的各个不同位可以分时使用同一传输通道，因此串行 I/O 可以减少信号连线，最少用一对线即可进行。接收方对于同一根线上一连串的数字信号，首先要分割成位，再按位组成字符。为了恢复发送的信息，双方必须协调工作。在异步通信系统的数据传输过程中，接收器时钟与发送时钟不是同步的。一般而言，异步传输表示数据是以独立字节方式传输的。每个字节前有一个起始信号，终止于一个或多个终止信号；为了保证同步，接收器使用起始至终止信号；通过传输线在标记位置（二进制数 1）时处于空闲状态；当每个字节开始传输时，它的前面有一个起始位，起始位是从标记到空白（二进制数 0）的一个迁移。这个迁移表明一个字节开始传输，接收装置检测到起始位和组成字节的数据位，在字节传输的最后，利用一个或多个停止位使传输线回到标记状态。这时，发送方准备发送下一个字节。起始位和终止允许接收装置与发送方保持字节同步。字节从最低有效位开始传输，同时，要传输的数据中的每个字节要求至少 2bit 用于保证同步，因此，同步的位数增加了超过 20%的开销。

图 9-10 给出了异步串行通信中一个字符的传送格式。开始前，线路处于空闲状态，送出连续 "1"。传送开始时首先发一个 "0" 作为起始位，然后出现在通信线上的是字符的二进制编码数据。每个字符的数据位长可以约定为 5 位、6 位、7 位或 8 位，一般采用 ASCII 编码。后面是奇偶校验位，根据约定，用奇偶校验位将所传字符中为 "1" 的位数凑成奇数个或偶数个。也可以约定不要奇偶校验，这样就取消奇偶校验位。最后是表示停止位的 "1" 信号，这个停止位可以约定持续 1 位、1.5 位或 2 位的时间宽度。至此一个字符传送完毕，线路又进入空闲，持续为 "1"。经过一段随机的时间后，下一个字符开始传送才又发出起始位。每一个数据位的宽度等于传送波特率的倒数。微机异步串行通信中，常采用 RS-232 物理接口，其信号传输速率（或波特率）为 50、95、110、150、300、600、1200、2400、4800、9600、115200bit/s 等。

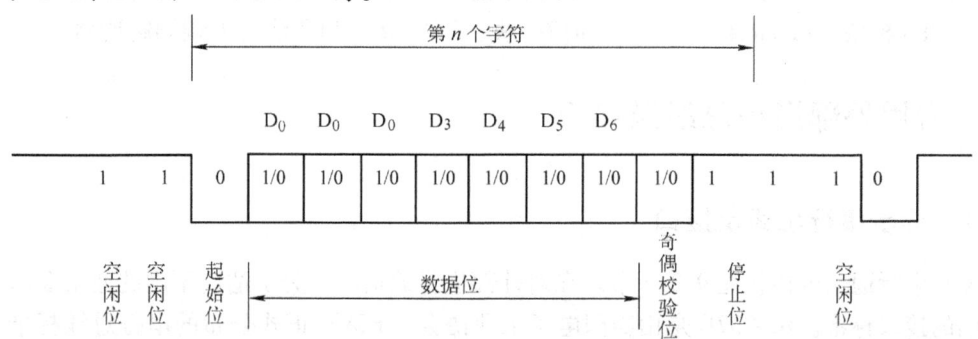

图 9-10　异步串行通信中一个字符的传送格式

接收方按约定的格式接收数据，并进行检查，一般可以查出以下3种错误：

1) 奇偶错：在约定奇偶检查的情况下，接收到的字符奇偶状态和约定不符。

2) 帧格式错：一个字符从起始位到停止位的总位数不对。

3) 溢出错：若先接收的字符尚未被微机读取，后面的字符又传送过来，则产生溢出错。每一种错误都会给出相应的出错信息，提示用户处理。

3. 异步串行通信接口定义

一般 UART 接口定义 4 根引脚，分别如下：

1) RxD（Transmit Data）——数据接收引脚，用于串行通信数据接收。

2) TxD（Receive Data）——数据发送引脚，用于串行通信数据发送。

3) RTS（Request to Send）——请求数据发送引脚，用于标明接收设备有没有准备好接收数据，即当终端要发送数据时，使该信号有效。

4) CTS（Clear to Send）——允许数据发送引脚，用于 CTS 来起动和暂停来自计算机的数据流，用来表示从设备准备好接收主设备发来的数据，是对请求发送信号 RTS 的响应信号。

UART 设备要进行正常的通信，必须将一个设备的 TxD 引脚和另一个设备的 RxD 引脚相连，如图 9-11 所示。在数据通信的开始，常用硬件流 RTS/CTS 来对数据流进行控制，硬件流控制必须将相应的电缆线连上，用 RTS/CTS（请求发送/清除发送）流控制时，应将通信两端的 RTS、CTS 线对应相连，数据终端设备使用 RTS 来起始数据通信设备的数据流，而数据通信设备则用 CTS 来启动和暂停来自计算机的数据

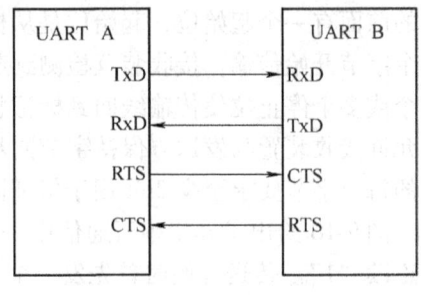

图 9-11 UART 通信接口连接

流。这种硬件握手方式的过程为：根据接收端缓冲区大小设置一个高位标志（可为缓冲区大小的 75%）和一个低位标志（可为缓冲区大小的 25%），当缓冲区内数据量达到高位时，在接收端将 CTS 线置低电平（送逻辑 0），当发送端的程序检测到 CTS 为低时，就停止发送数据，直到接收端缓冲区的数据量低于低位而将 CTS 置高电平。RTS 则用来标明接收设备有没有准备好接收数据。

4. 异步串行通信的应用

由于异步串行通信具有接口统一、连接方便等优点，被广泛应用于计算机设备的模块扩展（如 GPS 模块、Bluetooth（蓝牙）通信模块、GSM 等）和通信（如调制解调器）。

9.4 常用外部通信总线及接口

9.4.1 异步串行总线及接口

异步串行通信的协议见 9.3.3 节。在对外部进行通信时，为了适应不同的通信要求，定义不同的接口标准。RS-232C 是由美国电子工业协会（EIA）正式公布的串行总线标准，也是目前最常用的串行接口标准，用来实现计算机之间、计算机与外围设备之间的数据通信。它包括了按位串行传输的电气和机械方面的规约，适合于短距离或带调制解调器的通信场

合。为了提高数据传输速率和通信距离，EIA 又公布了 RS-449、RS-442/423/485 串行总线接口标准。下面对工业中常用的几种接口标准进行介绍。

1. RS-232C 串行总线接口

目前 RS-232 是 PC 与通信工业中应用最广泛的一种串行接口。RS-232 被定义为一种在低速率串行通信中增加通信距离的单端标准。RS-232 遵循 RS-232C 标准，美国电子工业协会（Electronic Industries Association，EIA）把 RS-232C 定义为："在数据终端设备和数据通信设备之间使用串行二进制数据交换的接口"。RS-232C 标准是一种硬件协议，用于连接数据终端设备（Data Terminal Equipment，DTE）和数据通信设备（Data Communications Equipment，DCE）两种设备。

RS-232C 定义包括以下几个方面：

1）接口的机械特性。
2）电气信号特征。
3）交换功能特性。

RS-232C 采用 25 针连接器，阳极（插头）接 DTE，阴极（插座）接 DCE。虽然本标准没有规定连接器的实际类型，但工业上对 D-25 类型的连接器实行了标准化。

（1）电气特性

RS-232C 作了以下规定：

1）驱动器上的负载电容不超过 2500pF。
2）驱动器上的负载电阻在 3000~7000Ω 之间。
3）在指定负载下，数据信号传输速率（或波特率）低于 2000bit/s。
4）相对于信号地线，RS-232C 线的最高电压不超过 15V。
5）驱动器能产生 +5~+15V（逻辑0）和 -5~-15V（逻辑1）的电压。
6）输入端能接收 +5~+15V（逻辑0）和 -5~-15V（逻辑1）的信号。

在 RS-232C 标准建议信号的传输速率控制在 20kbit/s 内，在高速传输时，建议电缆长度不超过 50ft。简单的计算公式为：25ft（半负载量）时数据信号传输速率增加到 40kbit/s、12.5ft 时数据信号传输速率增加到 80kbit/s、6ft 时数据信号传输速率增加到 160kbit/s。事实上，许多通信包能使两台计算机之间的数据信号传输速率达到 115.2kbit/s。注意，RS-232C 标准并没有定义"标准"波特率。RS-232C 标准允许数据在同一时刻收发，也就是全双工通信方式。

（2）物理接口定义

连接器：由于 RS-232C 并未定义连接器的物理特性，因此，出现了 DB-25、DB-15 和 DB-9 各种类型的连接器，其引脚的定义也各不相同。下面分别介绍两种连接器。

DB-25：PC 和 XT 机采用 DB-25 型连接器。DB-25 连接器定义了 25 根信号线，分为 4 组：

1）异步通信的 9 个电压信号（含信号地 SG）2、3、4、5、6、7、8、20、22。
2）20mA 电流环信号 9 个（12、13、14、15、16、17、19、23、24）。
3）空 6 个（9、10、11、18、21、25）。
4）保护地（PE）1 个，作为设备接地端（1 脚）。

RS-232C 接口外形及信号线分配如图 9-12 所示，信号描述如表 9-1 所示。注意，20mA

电流环信号仅 IBM PC 和 IBM PC/XT 机提供，至 AT 机及以后，已不支持。

表 9-1 RS-232C 接口信号描述

引脚	名称	描述	引脚	名称	描述
1	PE	保护地	14	N/C	
2	TxD	发送数据	15	N/C	
3	RxD	接收数据	16	N/C	
4	RTS	请求发送	17	N/C	
5	CTS	清除发送	18	N/C	
6	DSR	数据设置就绪	19	N/C	
7	GND	信号地	20	DTR	数据终端就绪
8	CD	载波检测	21		
9	N/C		22	RI	振铃指示
10	N/C		23		
11	N/C		24		
12	N/C		25		
13	N/C				

RS-232C 标准定义的 25 针实际上仅用了其中 9 针，如图 9-12 所示。在实际的应用中，利用 RS-232C 的通信通常只使用其中的 3 根线，即 Rxd、TxD 和 GND。

2. RS-422 串行总线接口

RS-422 由 RS-232 发展而来。为改进 RS-232 通信距离短、速度低的缺点，RS-422 定义了一种平衡通信接口，将传输速率提高到 10Mbit/s，允许在一条平衡总线上连接最多 10 个接收器。RS-422 是一种单机发送、多机接收的单向、平衡传输标准。RS-422 的数据信号采用差分传输方式，也称为平衡传输。它使用一对双绞线进行数据传输，将其中一线定义为 A，另一线定义为 B，如图 9-13 所示，驱动器能产生 +2~+6V（逻辑 0）和 -2~-6V（逻辑 1）。

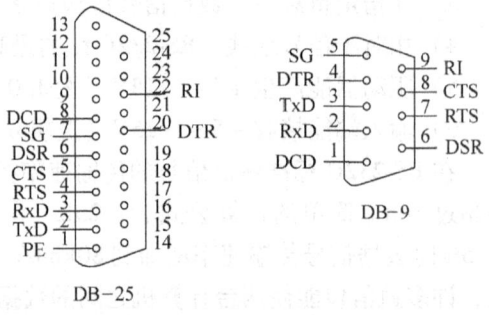

图 9-12 RS-232C 接口外形及信号线分配

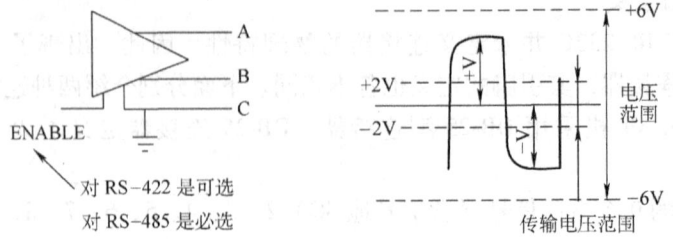

图 9-13 RS-422 电气特性

RS-422 标准全称是"平衡电压数字接口电路的电气特性"，它定义了接口电路的特性。图 9-14a 是其 DB-9 连接器引脚定义，图 9-14b 是典型的 RS-422 四线接口。实际上还有一根信号地线，共 5 根线。由于接收器采用高输入阻抗和发送驱动器，比 RS-232 有更强的驱动能力，故允许在相同传输线上连接多个接收节点，最多可接 10 个节点。即一个主设备（Master），其余为从设备（Slave），从设备之间不能通信，所以 RS-422 支持点对多的双向通信。接收器输入阻抗为 4kΩ，故发送端最大负载能力是 10×4kΩ+100Ω（终接电阻）。RS-422 四线接口由于采用单独的发送和接收通道，因此不必控制数据方向，各装置之间任何必须的信号交换均可以按软件方式（XON/XOFF 握手）或硬件方式（一对单独的双绞线）实现。

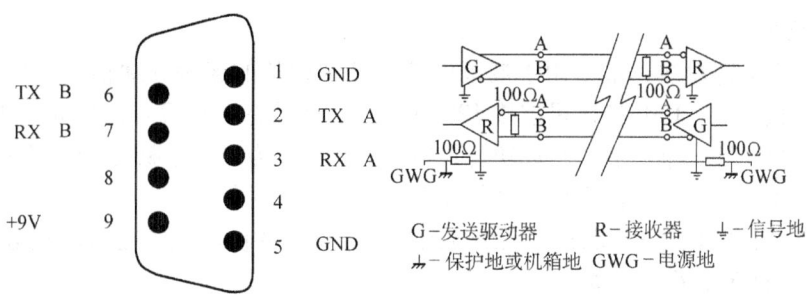

a) RS-422DB-9 连接器引脚定义　　　　b) RS-422 四线接口电路

图 9-14　RS-422 电气特性

RS-422 的最大传输距离为 4000ft（约 1219m），最大传输速率为 10Mbit/s。其平衡双绞线的长度与传输速率成反比，在 100kbit/s 速率以下，才可能达到最大传输距离。只有在很短的距离下才能获得最高传输速率。一般 100m 长的双绞线上所能获得的最大传输速率仅为 1Mbit/s。

RS-422 需要一个终接电阻，要求其阻值约等于传输电缆的特性阻抗。在短距离传输时可不需终端电阻，即一般在 300m 以下不需终接电阻。终接电阻接在传输电缆的最远端。

3. RS-485 串行总线接口

为扩展应用范围，EIA 在 RS-422 的基础上制定了 RS-485 标准，增加了多点、双向通信能力，通常在要求通信距离为几十米至上千米时，广泛采用 RS-485 收发器。

RS-485 收发器采用平衡发送和差分接收，即在发送端，驱动器将 TTL 电平信号变换成差分信号输出；在接收端，接收器将差分信号变成 TTL 电平，因此具有抑制共模干扰的能力，加上接收器具有高的灵敏度，能检测低达 200mV 的电压，故数据传输可达千米以外。

RS-485 许多电气规定与 RS-422 相仿，如都采用平衡传输方式、都需要在传输线上接终接电阻等。RS-485 可以采用二线与四线方式，二线制可实现真正的多点双向通信。而采用四线连接时，与 RS-422 一样只能实现点对多的通信，即只能有一个主（Master）设备，其余为从（Slave）设备，但它比 RS-422 有所改进。无论四线还是二线连接方式总线上都可连接多达 32 个设备。

RS-485 与 RS-422 的共模输出电压是不同的，RS-485 共模输出电压在 -7~12V 之间，而 RS-422 在 -7~+7V 之间；RS-485 接收器最小输入阻抗为 12kΩ，RS-422 是 4kΩ；RS-485 满足所有 RS-422 的规范，所以 RS-485 的驱动器可以在 RS-422 网络中应用，但 RS-422 的驱动器并不完全适用于 RS-485 网络。

RS-485 与 RS-422 一样，最大传输速率为 10Mbit/s。当波特率为 1.2kbit/s 时，最大传输距离理论上可达 15km。平衡双绞线的长度与传输速率成反比，在 100kbit/s 速率以下，才可能使用规定最长的电缆长度。

RS-485 需要两个终接电阻，接在传输总线的两端，其阻值要求等于传输电缆的特性阻抗。在近距离传输时可不需终接电阻，即在 300m 以下一般不需终接电阻。

9.4.2 USB 接口

1. USB 概述

USB 是一个外部总线标准，用于规范电脑与外部设备的连接和通信。USB 接口具有即插即用和热插拔功能。USB 接口可连接 127 种外设，如鼠标和键盘等。USB 在 1994 年底由英特尔等多家公司联合推出后，已成功替代串口和并口成为当今电脑与大量智能设备的必配接口。USB 版本经历了多年的发展，到如今已经发展为 3.0 版本。

USB 的工业标准是对 PC 现有体系结构的扩充。USB 的设计主要遵循以下几个准则：

1）易于扩充多个外围设备。
2）价格低廉，且支持 480Mbit/s 的数据传输。
3）对声音音频和压缩视频等实时数据的充分支持。
4）协议灵活，综合同步和异步数据传输。
5）兼容不同设备的技术。
6）综合不同 PC 的结构和体系特点。
7）提供一个标准接口，广泛接纳各种设备。
8）赋予 PC 新的功能，使之可以接纳许多新设备。

2. USB 的电气特性

USB 传送信号和电源是通过一种 4 线的电缆，中的两根线用于发送信号，如图 9-15 所示。

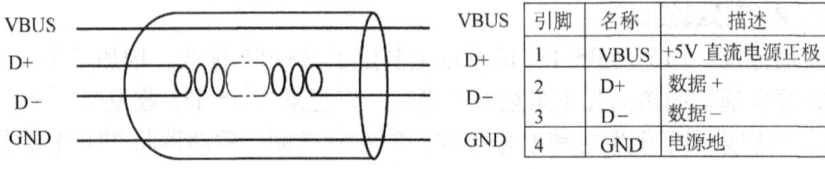

引脚	名称	描述
1	VBUS	+5V 直流电源正极
2	D+	数据 +
3	D-	数据 -
4	GND	电源地

图 9-15 USB 电缆

USB 有 3 种模式：低速、全速、高速。各种模式的特性及应用范围如表 9-2 所示。

表 9-2 USB 的特性及应用范围

性　能	应　用	特　性
低速 ● 交互设备 ● 10～20kbit/s	键盘、鼠标、游戏杆	低价格、热插拔、易用性
全速 ● 电话、音频、压缩视频 ● 500kbit/s～12Mbit/s	ISBN、PBX、POTS	低价格、易用性、动态插拔、限定带宽和延迟

(续)

性　能	应　用	特　性
高速 ● 音频、磁盘 ● 25~480Mbit/s	音频、磁盘	高带宽、限定延迟、易用性

各种模式可在用同一 USB 总线传输的情况下动态地自动切换，因为过多的低速模式的使用将降低总线的利用率，所以该模式只支持有限个低带宽的设备（如鼠标）。时钟被调制后与差分数据一同被传送出去，时钟信号被转换成 NRZI 码，并填充了比特以保证转换的连续性。每一数据包中附有同步信号以使得接收方可还原出原时钟信号。

电缆中包括 VBUS、GND 两条线，向设备提供电源。VBUS 使用 +5V 电源。USB 对电缆长度的要求很宽，最长可为几米。为了保证足够的输入电压和终端阻抗，重要的终端设备应位于电缆的尾部。在每个端口都可检测终端是否连接或分离，并区分出高速或低速设备。

3. USB 的体系结构

一个 USB 系统主要被定义为 3 个部分：

1) USB 的互连。
2) USB 的主机。
3) USB 的设备。

（1）USB 互连

USB 设备是通过 USB 总线连接到 USB 主机上的。USB 总线上的物理连接是一个分层的星形拓扑。处于每个星形拓扑中央的是 hub（USB 集线器）。在主机和一个 hub 或者一个应用之间以及在 hub 和其他 hub 或应用之间都是一个点对点的连接。USB 的互连是指 USB 设备与主机之间进行连接和通信的操作，主要包括以下几方面：

1) 总线的拓扑结构：USB 设备与主机之间的各种连接方式。
2) 内部层次关系：根据性能叠置，USB 的任务被分配到系统的每一个层次。
3) 数据流模式：描述了数据在系统中通过 USB 从产生方到使用方的流动方式。
4) USB 的调度：USB 提供了一个共享的连接。对可以使用的连接进行了调度以支持同步数据传输，并且避免优先级判别的开销。

从图 9-16 中可看出 USB 的拓扑结构。

（2）USB 主机

在 USB 总线中只有一个主机。USB 总线与计算机主机系统的接口部分就是主机控制器，它可被看成一个硬件、固件（具有软件功能的硬件）和软件的结合体。主机系统中集成了一个根 hub 来提供一个或多个连接点。

USB 主机的主要作用：

1) 检测 USB 设备的安装和拆卸。
2) 管理在主机和 USB 设备之间的控制流。
3) 管理在主机和 USB 设备之间的数据流。
4) 收集状态和动作信息。
5) 提供能量给连接的 USB 设备。

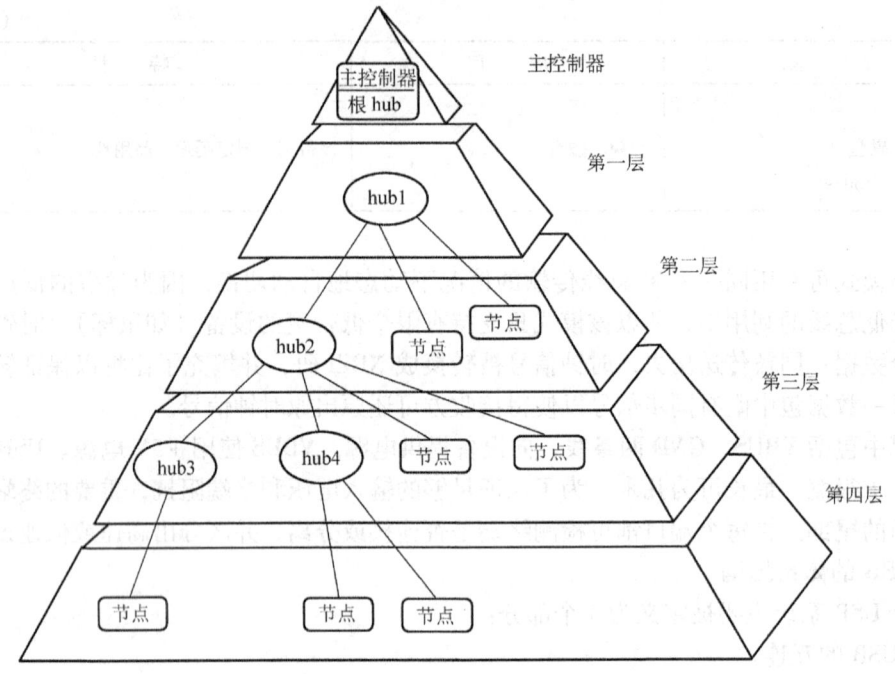

图 9-16 USB 的拓扑结构

(3) USB 设备

首先 USB 设备可被分为两大类：hub 类（提供附加 USB 接入点的设备）和功能设备类（为系统实现某些功能的设备，如 ISDN 适配器、游戏杆等）。

按照功能，USB 设备又可分为很多类，如音频、人机交互、显示、通信、电源、打印机、海量存储、物理反馈等设备。每个 USB 设备都必须提供自鉴定信息和通用的设置。

USB 设备都有一个标准的 USB 接口，它的作用为：解释 USB 协议；对标准 USB 操作的响应，如挂起和设置等；提供设备的一些描述信息。

在实际的设计应用中，USB 设备的接口有自己的特点。USB 接口的正确设计与设备的性能紧密相关，在 USB 接口设计之前必须要对设备的功能、指标进行详细的分析。

连接在 USB 接口上的设备通过基于令牌和主机控制的协议来共同享用整个 USB 带宽。在其他设备正常工作的前提下，USB 允许某设备连接、设置、运行和断开连接。

4. USB 的总线协议

USB 总线属一种轮询方式的总线，主机控制端口初始化所有的数据传输。每一总线最多传送 3 个数据包：令牌包（Token Packet）、数据包（Data Packet）和握手信号包（Handshake Packet）。按照传输前制定好的原则，在每次传送开始时，主机控制器发送一个描述传输运作的种类、方向、USB 设备地址（Device Address）和终端号（End Point）的 USB 数据包，如图 9-17 所示，USB 应用层软件将数据打包发送给 USB 驱动层，USB 驱动层将数据按块进行分组，进行分组的数据除了包含需要发送的数据以外，还包括数据的标识符（PID）和编号。分组后的数据包发送给主设备层根据 USB 设备数进行重组，然后 USB 控制器根据协议将数据包的令牌包和握手信号包加到数据包的两端进行发送。

USB 设备从解码后的数据包的适当位置取出属于自己的数据。数据传输方向不是从主机到设备就是从设备到主机。在传输开始时，由标志包来标志数据的传输方向，然后发送端开始发送包含信息的数据包或表明没有数据传送。接收端也要相应发送一个握手的数据包表明是否传送成功。

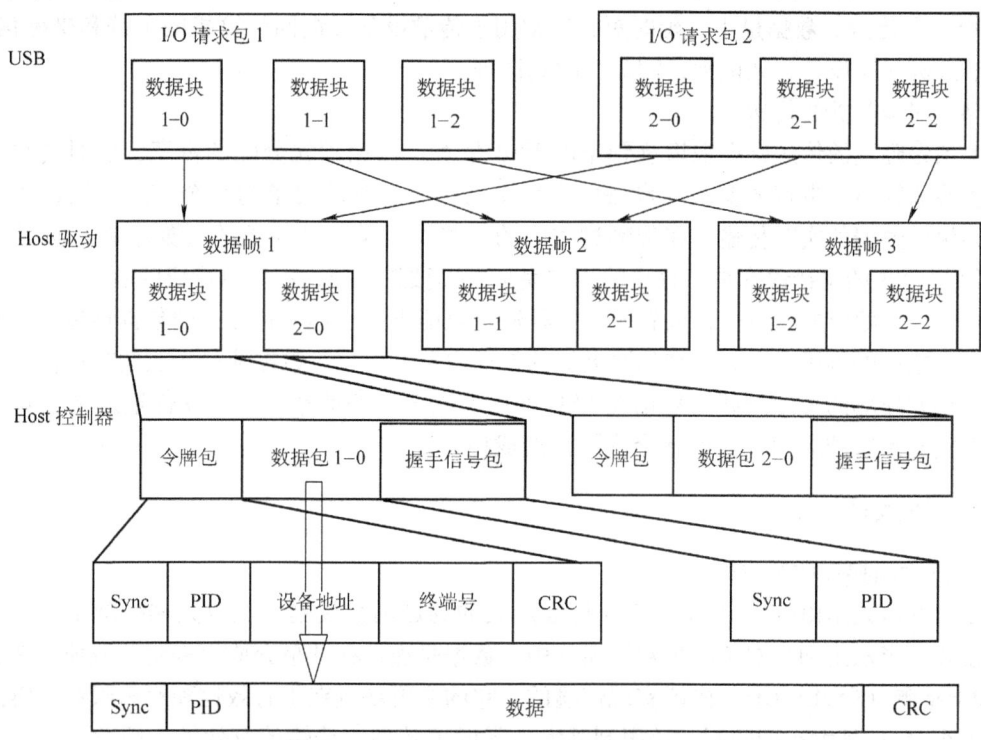

图 9-17　USB 数据传输、帧和数据包的组成

5. USB 的数据流种类

数据和控制信号在主机和 USB 设备间的交换存在两种通道，单向和双向。USB 的数据传送是在主机和一个 USB 设备的指定端口之间。这种主机和 USB 设备的端口间的联系称为通道。总的来说，各通道之间的数据流动是相互独立的。一个指定的 USB 设备可有许多通道，例如，一个 USB 设备存在一个端口，可建立一个向其他 USB 设备的端口，发送数据的通道，它可建立一个从其他 USB 设备的端口接收数据的通道。

USB 的结构包含 4 种基本的数据传输类型（传输通道）。

（1）控制数据传送

在设备连接时用来对设备进行设置，还可对指定设备进行控制，如通道控制。当 USB 设备初次安装时，USB 系统软件使用控制数据对设备进行设置，设备驱动程序通过特定的方式使用控制数据来传送，数据传送是无损性的。如在连接时配置设备，控制其他通道的状态以及完成一些设备自定的用途。

（2）批量数据传送

大批量产生并使用的数据，在传输约束下，具有很广的动态范围。用于传输相对比较大的和突发性强的数据，传输的动态范围一般比较宽。数据传输的可靠性由硬件层错误检测来保证，对错误的数据可进行重复发送。块传输是连续的，它的带宽占用依据其他 USB 设备的使用情况而不同。这种传输类型一般用于打印机、扫描仪等。

(3) 中断数据的传送

通常用于传输设备反馈回计算机的字符和坐标信息。中断数据是少量的，且其数据延迟时间也是在有限范围内的。这种数据可由设备在任何时刻发送，并且以不慢于设备指定的速度在 USB 上传送。数据量小，延时短，通常用于传输设备反馈回计算机的字符和坐标信息，多用于人机交互设备，如鼠标、键盘、游戏杆等。

(4) 同步数据的传送

由预先确定的传送延迟来填满预定的 USB 带宽。占用预先分配的带宽，实时传输。对于同步传输管道，带宽的要求与设备的采样率有关，时延的要求与每个节点的缓冲大小有关。为保证数据的实时传输，在传输过程中的一些误码是不被纠正的（如不进行重试等），则实际上 USB 的位错误率是十分小的，它完全可以被忽略掉，不足以形成问题。

对于任何给定的设备进行设置时，一种通道只能支持上述一种方式的数据传输。一个典型的同步数据的例子是语音，如果数据流的传送率不能保持，数据流是否丢失将取决于缓冲区的大小和损坏的程度。即使数据在 USB 硬件上以合适的速率传送，软件造成的传送延迟也将对实时系统的应用（如电话会议等）造成损害。

9.4.3　以太网接口

1. 以太网接口的基本知识

以太网协议是由一组 IEEE 802.3 标准定义的局域网协议集。在以太网标准中，有两种操作模式：半双工和全双工。半双工模式中，数据是通过在共享介质上采用载波侦听多路访问/冲突检测（CSMA/CD）协议实现传输的。它的主要缺点在于有效性和距离限制，链路距离受最小 MAC 帧大小的限制。该限制极大地降低了其高速传输的有效性。因此，引入了载波扩展技术来确保千兆位以太网中 MAC 帧的最小长度为 512B，从而达到了合理的链路距离要求。

以太网系统由 3 个基本单元组成：

1）物理介质，用于传输计算机之间的以太网信号。

2）介质访问控制规则，嵌入在每个以太网接口处，从而使得计算机可以公平地使用共享以太网信道。

3）以太帧，由一组标准比特位构成，用于传输数据。

当前定义在光纤和双绞线上的传输速率有 4 种：

1）10Mbit/s——10Base-T 以太网。

2）100Mbit/s——快速以太网。

3）1000Mbit/s——千兆位以太网（802.3z）。

4）10 千兆位以太网——IEEE 802.3ae。

在所有 IEEE 802 协议中，ISO 数据链路层被划分为两个 IEEE 802 子层，介质访问控制（MAC）子层和 MAC—客户端子层。IEEE 802.3 物理层对应于 ISO 物理层。本节以 10Mbit/s 的以太网协议为例，说明以太网传输的物理层和 MAC 层协议。

MAC 子层有两个基本职能：

1）数据封装，包括传输之前的帧组合和接收中、接收后的帧解析/差错检测。

2）介质访问控制，包括帧传输初始化和传输失败恢复。

2. 802.3MAC 层的帧

802.3MAC 层的以太网的物理传输帧如表 9-3 所示。

表 9-3 以太网的物理传输帧

PR	SD	DA	SA	TYPE	DATA	PAD	FCS
56bit	8bit	48bit	48bit	16bit	不超过 1500B	可选	32bit

PR：同步位，收发双方的时钟同步，也指明传输的速率（10Mbit/s、100Mbit/s），该字段中 1 和 0 交互使用，接收站通过该字段知道导入帧，并且该字段提供了同步化接收物理层帧接收部分和导入比特流的方法。

SD：分隔位，表示下面跟着的是真正的数据，而不是同步时钟，字段中 1 和 0 交互使用，结尾是两个连续的 1，表示下一位是利用目的地址的重复使用字节的重复使用位。

DA：目的地址，以太网的地址为 48bit 地址。如果为都为 1，则是广播地址。

SA：源地址，48bit，表明该帧的数据是哪个网卡发的，即发送端网卡地址。

TYPE：类型字段，表明该帧的数据是什么类型。如果是采用可选格式组成帧结构时，该字段既表示包含在帧数据字段中的 MAC 客户机数据大小，也表示帧类型 ID。例如，0800H 表示数据为 IP 包，0806H 表示数据为 ARP 包，814CH 是 SNMP 包，8137H 为 IPX/SPX 包。

DATA：数据段，该段数据不能超过 1500B。

PAD：填充位。以太网帧传输的数据包最小不能小于 60B，当数据段不足 46B 时，后面补 000000…（当然也可以补其他值）。

FCS：32bit CRC 数据校验位。序列包括 32bit 的循环冗余校验（CRC）值，由发送 MAC 方生成，通过接收 MAC 方进行计算得出以校验被破坏的帧。该校验由网卡自动计算、自动完成、自动校验、自动在数据段后填入，不需要软件管理。

通常，PR、SD、PAD、FCS 这几个数据段都是网卡（包括物理层和 MAC 层的处理）自动产生的，剩下的 DA、SA、TYPE、DATA 这 4 个段端的内容是上层的软件控制的。

以太网的数据传输有如下特点：

1）PR、SD、PAD、FCS 这几个数据段是由网卡自动产生的；只需要理解 DA、SA、TYPE、DATA 这 4 个段的内容。

2）所有数据位的传输由低位开始（传输的比特流使用曼彻斯特编码）。

3）以太网的冲突退避算法是由硬件自动执行的。

4）DA + SA + TYPE + DATA + PAD 最小为 60B，最大为 1514B。

5）以太网卡可以接收 3 种地址的数据，一个是广播地址，一个是多播地址（在嵌入式的环境中一般不用），一个是它自己的地址。

6）任何两个网卡的物理地址都是不一样的，是世界上唯一的，网卡地址由专门机构分配。

3. 以太网物理接口

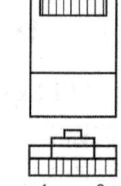

图 9-18 RJ-45 插头

以太网物理层定义了以太网传输的介质和电气特性。以太网的网卡上以及集线器上接口通常采用的 10BASE-T 接口规范，传输介质为 4 对双绞线，网线上插头的外观为 8 芯阳插头（RJ-45），如图 9-18 所示，10BASE-T 接口引脚定义如表 9-4 所示。

表 9-4 10BASE-T 接口引脚定义

引脚	名称	描述
1	TX +	Tranceive Data +（发信号 +）
2	TX −	Tranceive Data −（发信号 −）
3	RX +	Receive Data +（收信号 +）
4	N/C	Not Connected（空脚）
5	N/C	Not Connected（空脚）
6	RX −	Receive Data −（收信号 −）
7	N/C	Not Connected（空脚）
8	N/C	Not Connected（空脚）

双绞线有两种接法：EIA/TIA568B 标准和 EIA/TIA568A 标准。

(1) T568A 线序

1　2　3　4　5　6　7　8

绿白　绿　橙白　蓝　蓝白　橙　棕白　棕

(2) T568B 线序

1　2　3　4　5　6　7　8

橙白　橙　绿白　蓝　蓝白　绿　棕白　棕

直通线：两头都按 T568B 线序标准连接。

交叉线：一端按 T568A 线序连接，一端按 T568B 线序连接。

(3) 设备之间的连接方法

1) 网卡与网卡。10Mbit/s、100Mbit/s 网卡之间直接连接时，可以不用集线器，应采用交叉线接法。

2) 网卡与交换机。双绞线为直通线接法。

3) 集线器与集线器（交换机与交换机）。两台集线器（或交换机）通过双绞线级联，双绞线接头中线对的分布与连接网卡和集线器时有所不同，必须要用交叉线。这种情况适用于那些没有标明专用级联端口的集线器之间的连接，而许多集线器为了方便用户，提供了一个专门用来串接到另一台集线器的端口，在对此类集线器进行级联时，双绞线均应为直通线接法。

9.4.4　PCI Express 接口

PCI Express，简称 PCI-E，是计算机总线 PCI 的一种，它沿用了现有的 PCI 编程概念及通信标准，但基于更快的串行通信系统，被称为第三代 I/O 总线技术。PCI Express 采用了目前业内流行的点对点串行连接，比起 PCI 以及更早期的计算机总线的共享并行架构，PCI Express 每个设备都有自己的专用连接，不需要向整个总线请求带宽，而且可以把数据传输率提高到一个很高的频率，达到 PCI 所不能提供的高带宽。采用 PCI Express 接口的产品，早在 2004 年就已面世，经过多年的发展，PCI Express 接口已得到广泛的应用。图 9-19 所示为计算机主板上的 PCI Express 接口。

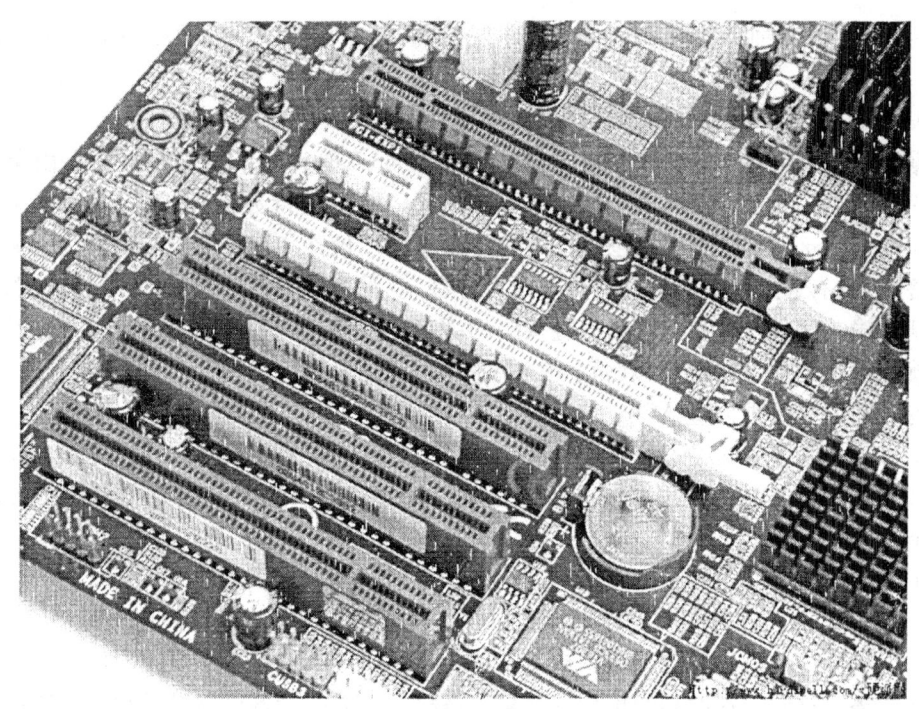

图 9-19　计算机主板上的 PCI Express 接口

1. PCI Express 总线概述

PCI 总线使用并行总线结构，在同一条总线上的所有外部设备共享总线带宽，而 PCI Express 总线使用了高速差分总线，并采用端到端的连接方式，因此在每一条 PCI Express 链路中只能连接两个设备。这使得 PCI Express 与 PCI 总线采用的拓扑结构有所不同。PCI Express 总线除了在连接方式上与 PCI 总线不同之外，还使用了一些在网络通信中使用的技术，如支持多种数据路由方式、基于多通路的数据传递方式和基于报文的数据传送方式，并充分考虑了在数据传送中出现服务质量（Quality of Servics，QoS）问题。

2. PCI Express 协议简介

PCI Express 的连接创建在一个双向的串行（1-bit）点对点连接基础之上，称之为"传输通道"。与 PCI 连接形成鲜明对比的是 PCI 是基于总线控制，所有设备共同分享单向 32 位并行总线，而 PCI Express 协议是一个多层协议，由一个对话层、一个数据交换层和一个物理层构成。物理层又可进一步分为逻辑子层和电气子层。逻辑子层又可分为物理代码子层（PCS）和介质接入控制子层（MAC）。

（1）物理层

最基本的物理层包括两个低电压差分驱动信号对，接收差分对和发送差分对。通过嵌入采用 8b/10b 编码机制的数据时钟，可以获得很高的数据传输速率。单链路可以达到 2.5Gbit/s 的数据传输速率。物理层在两个 PCI Express 模块之间的链路层间传输数据包。通过增加信号线对，可以线性地扩展 PCI Express 的带宽。物理层可支持 X1（250MB/s）、X2、X4、X8、X16 及 X32 路带宽。尽管 PCI Express 技术规格允许实现多种通道规格，但是依形式来看，PCI Express X1 和 PCI Express X16 将成为 PCI Express 的主流规格，同时芯片组厂商将在南桥芯片当中添加对 PCI Express X1 的支持，在北桥芯片当中添加对 PCI Express X16 的支持。

（2）数据链接层

数据链接层采用按序的交换层信息包（Transaction Layer Packets，TLPs），是由交换层生成，按 32 位循环冗余校验码（CRC，本书中用 LCRC）进行数据保护，采用著名的协议（Ack and Nak Signaling）的信息包。TLPs 能通过 LCRC 校验和连续性校验的称为 Ack（命令正确应答）；没有通过校验的称为 Nak（没有应答）。没有应答的 TLPs 或者等待逾时的 TLPs 会被重新传输。这些内容存储在数据链接层的缓存内，这样可以确保 TLPs 的传输不受电子噪声干扰。PCIe 对于 ACK 有所规范，在收到 TLP 数据包之后，在一定时间内（即 ACK 延迟的等待时间内）必须回应 ACK。

Ack 和 Nak 信号由低层的信息包传送，这些包被称为数据链接层信息包（Data Link Layer Packet，DLLP）。DLLP 也用来传送两个互连设备的交换层之间的流控制信息和实现电源管理功能。

（3）交换层

PCI Express 采用分离交换（数据提交和应答在时间上分离），可保证传输通道在目标端设备等待发送回应信息传送其他数据信息。PCI Express 采用了可信性流控制。这一模式下，一个设备广播可接收缓存的初始可信信号量。链接另一方的设备会在发送数据时统计每一发送的 TLP 所占用的可信信号量，直至达到接收端初始可信信号最高值。接收端在处理完毕缓存中的 TLP 后，它会回送发送端一个比初始值更大的可信信号量。第一代 PCI Express 标称可支持每传输通道单向 250MB/s 的数据传输率。

3. PCI Express 技术优势

与 PCI 总线相比，PCI Express 总线主要有下面的技术优势。

1）PCI Express 总线是串行总线，进行点对点传输，每个传输通道独享带宽。

2）PCI Express 总线支持双向传输模式和数据分通道传输模式，其中数据分通道传输模式即 PCI Express 总线的 X1、X2、X4、X8、X12、X16 和 X32 多通道连接，X1 单向传输带宽即可达到 250MB/s，双向传输带宽更能够达到 500MB/s，这已经不是普通 PCI 总线所能够相比的了。

3）PCI Express 总线能充分利用先进的点到点互连、基于交换的技术、基于包的协议来实现新的总线性能和特征。电源管理、服务质量（QoS）、热插拔支持、数据完整性、错误处理机制等也是 PCI Express 总线所支持的高级特征。

4）PCI Express 总线对 PCI 总线具有良好的继承性，可以保持软件的继承和可靠性。PCI Express 总线关键的 PCI 特征，如应用模型、存储结构、软件接口等与传统 PCI 总线保持一致，但是并行的 PCI 总线被一种具有高度扩展性的、完全串行的总线所替代。

5）PCI Express 总线充分利用先进的点到点互连，降低了系统硬件平台设计的复杂性和难度，从而大大降低了系统的开发制造设计成本，极大地提高了系统的性价比和健壮性。

9.4.5　1394 总线及接口

1. IEEE1394 标准概述

IEEE1394 总线最初是美国 Apple 公司提出，后来由 IEEE 标准化组织于 1995 年制定出的具有视频数据传输速率的高速、低成本串行接口标准,用于计算机和周边设备之间进行高速的串行输入/输出或者作为计算机底板总线(并行)的备份。Apple 称之为 FireWire(火线),Sony 称之为 i.Link,Texas Instruments 称之为 Lynx。IEEE1394 总线标准定义了高速串行总线结构、数据传输协议、传输介质、传输方式。该标准的 IEEE1394 总线 A 规范可支持 100、200、400Mbit/s 的速率。1394b 支持 800、1600、3200Mbit/s 3 种速率;1394a 仅支持屏蔽 5 类双绞线,传输距离为 4.5m,1394b 支持 5 类网线、光纤,可以达到 100m。IEEE1394 是对等传输方式(Peer-to-Peer),可以菊花链方式扩展;是即插即用的,不需要一台主机比如 PC;有异步和等时两种传输方式;每个总线支持 64 个节点;分层的软硬件模式:物理层、链路层、传输层和应用层;公平竞争总线等。

图 9-20 所示为 IEEE1394 总线电缆的剖面,总共有 6 条铜质导线,其中,2 条用于设备供电(一条是地线),4 条用于数据信号传输。数据通过双绞线以数据包的形式传输,其中数据包中包括了数据信息和相应设备的地址信息。因为 IEEE1394 总线是一种全数字协议,在数据传输过程中不需要进行任何的数/模转换,从而大大节省了系统开销。

总体上说,IEEE1394 具有以下特点:

1)即时数据传输:IEEE1394 具有同步和异步两种数据传输模式,在同一总线下,同步及异步传输连线可能同时存在。

2)驱动程序安装简易。

3)内存映射的架构:所有 IEEE1394 总线上的资源,皆可以映射到某段内存地址,并依此方式来存取数据。

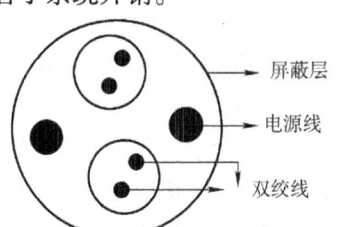

图 9-20　IEEE1394 总线电缆的剖面

4)1394 接线可提供电源:对无自用电源的设备而言,可以透过 IEEE1394 的 6 针的连接头来供给电源。

5)通用 I/O 连接头:整合各种 PC 的连接头成为一种万用的连接头,使用者就不用花时间辨认不同外围设备要接到那个接头,同时也降低了系统的成本。

6)点对点的通信架构:IEEE1394 外围设备间互传数据时,不需主机监控,因此不会增加主机的负载,CPU 资源占用率低。

7)最大 400Mbit/s 的数据传输率:在相同的总线上可以有数种不同的数据传输速率,100、200 或 400Mbit/s。

8)IEEE1394 是最理想的多媒体设备的接口:IEEE1394 支持同步传输模式,同步传输模式会确保某一连线的频宽。对于如数码摄录机这种记录容量大,又需要非常高精度的传输的设备,IEEE1394 就最适合了。

9)支持热插拔:IEEE1394 可以自动侦测设备的加入与移出动作并对系统做重新整合,无须人工干预。

2. IEEE1394 接口

IEEE1394 接口有 6 针和 4 针两种类型。6 角形的接口为 6 针,小型四角形接口则为 4 针。如图 9-21 所示。

最早 Apple 公司开发的 IEEE1394 接口是 6 针的,后来,Sony 公司看中了它数据传输速率快的特点,将早期的 6 针接口进行改良,重新设计成为现在大家所常见的 4 针接口,并且命名为 i.Link(这也是 IEEE1394 的另外一种叫法)。一种 6 针的接口,主要用于普通的台式计算机,时下很多主板都整合了这种接口,特别是 Apple 电脑,统统采用的这种接口;另一种是 4 针的接口,从外观上就显得要比 6 针的小很多,主要用于笔记本电脑和 DV 上。与 6 针的接口相比,4 针的接口没有提供电源引脚,所以无法供电,但优势也很明显:就是体积小。

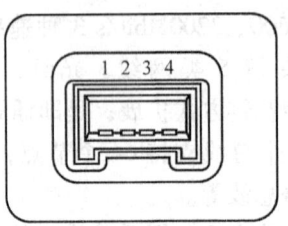 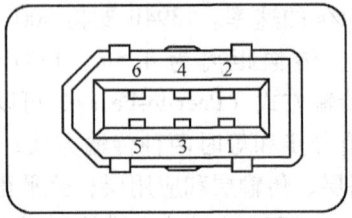

图 9-21　IEEE1394 接口

笔记本电脑和 DV 都在朝着小型化和超薄化发展,像 Sony 近期上市的 IP 系列数码摄像机,机身小巧,整合度高,在这样的机器上如果采用 6 针的接口,则显得非常笨拙。另外,DV 的 IEEE1394 接口主要用于传输影像数据,所以也无需供电。但是如果您是添加外置硬盘,6 针的 1394 端子就非常必要了,首先是外置硬盘体积比较宽大,所以也就不计较接口大小,其次是外置硬盘运行时需要供电,再次是需要有非常高速的传输速率,此时带供电的 6 针 IEEE1394 接口就非常必要了。在这方面,Apple 公司的 IPOD 就比较有代表性,其一方面通过 IEEE1394 接口传输文件,另一方面其也通过 FireWire 线缆进行自动充电。

3. IEEE1394 应用的发展前景

作为一种数据传输的开放式技术标准,IEEE1394 总线被应用在众多的领域。目前,使用最广的是在多媒体领域,打印机和扫描仪产品,硬盘等存储设备,特别是循环冗余阵列(RAID)硬盘、数码照相机、摄像机等。在影像消费电子设备产业中,IEEE1394 已成为一种事实上的连接标准,可在越来越多的数字电视、机顶盒、PVR、DVD-R 等电器上看到。IEEE1394 同业公会已经推出了 IEEE1394 标准的升级方案。IEEE1394 多媒体联网技术将获得高达 1.6Gbit/s 的速率提升。新的 1394b 规范至少能将速度从目前的最高 400Mbit/s 提升 1 倍,而且通过增加物理连接长度能使网络更灵活。新规范的架构支持 3.2Gbit/s 的未来速率,但初期允许网络以最低 800Mbit/s、最高 1.6Gbit/s 的速率传输数据。新规范允许同当前的 IEEE1394 标准向后兼容。

它的缺点主要表现于两个方面:应用少。现在支持 IEEE1394 的设备也不太多,只有一些数码相机与 MP3 等一些使用高带宽的设备使用 IEEE1394。其他的设备其实也用不了那么高的带宽。IEEE1394 总线需要占用大量的资源,所以需要高速度的 CPU。

9.4.6　CAN 总线及接口

1. CAN 总线简介

控制器局域网(Controller Area Network,CAN)是一种现场总线,CAN 最初是由德国 Bosch 公司为汽车监测和控制而设计的,CAN 是由 ISO 定义的,最初应用在 20 世纪 80 年代末的汽车工业里。它具有高比特速率、高抗电磁干扰性、高可靠性,而且能够检测到产生的任何错误。CAN 在微控制器之间需要互相通信或微控制器和远程的外围器件要互相通信的情况下是一个理想的解决方法,被广泛应用于各种过程检测及控制系统。

CAN 总线是一种多主方式的串行通信总线,基本设计规范要求有高的比特速率、高抗电磁干扰性,而且能够检测出产生的任何错误。CAN 总线有以下特点:

1) CAN 可以是对等结构,即多主机工作方式,网络上任意一个节点可以在任意时刻主动地向网络上其他节点发送信息,实现点对点、一点对多点及全局广播几种方式发送接收数据,不分主从,通信方式灵活。

2) CAN 网络上的节点可以分为不同的优先级,满足不同的实时需要。

3) CAN 采用非破坏性总线仲裁技术,当两个节点同时向总线上发送信息时,优先级低的节点主动停止数据发送,而优先级高的节点可不受影响地继续传输数据,节省了总线冲突仲裁时间。

4) CAN 可以点对点、点对多点、点对网络的方式发送和接收数据,通信距离最远 10km(5kbit/s),节点数目可达 110 个。

5) CAN 采用的是短帧结构,每一帧的有效字节数为 8 个,传输时间短,受干扰概率低,具有 CRC 校验和其他检测措施,数据出错几率小。CAN 节点在错误严重的情况下,具有自动关闭功能,不会影响总线上其他节点操作。

6) 传输介质可采用双绞线、同轴电缆或光纤,用户接口无特殊要求,容易构成用户系统。

图 9-22 所示为一个 CAN 总线典型应用系统,主要由主机和各节点组成。主机和节点之间通过 CAN 收发器及 CAN 控制器相连。单个节点包括一个单片机控制系统、一个 CAN 收发器和一个 CAN 控制器。其中一个典型的应用是:主机接收各节点发送的现场数据,如现场温度、电流或压力等参数,经过综合计算、判断,做出相应的控制命令,这些命令将通过

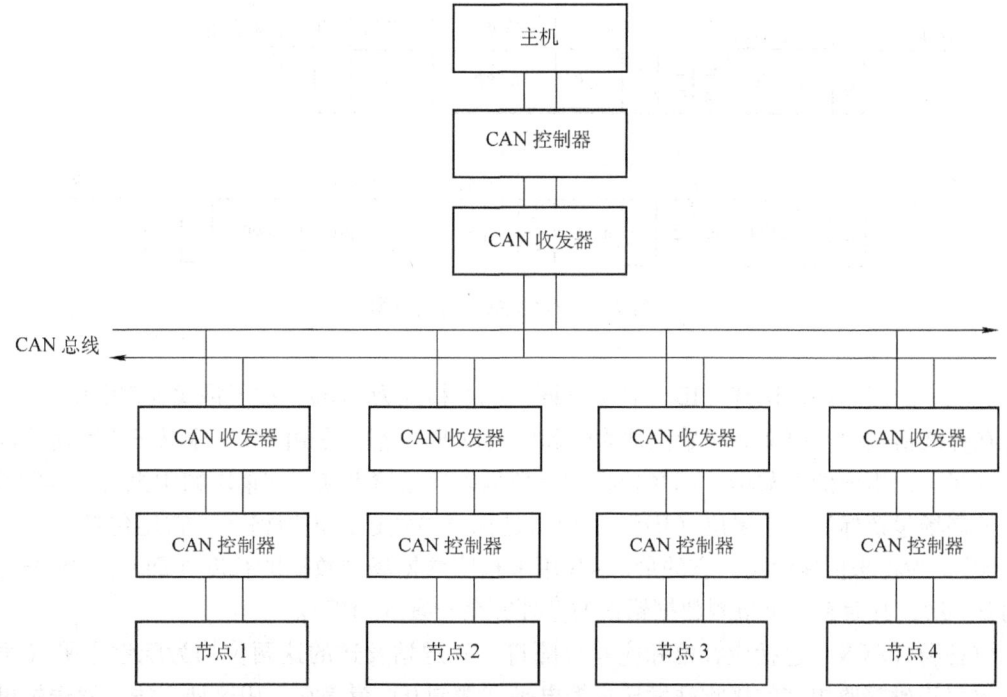

图 9-22 CAN 总线典型应用系统

CAN 总线传送至各节点。各节点由单片机作为控制器，它用于采集现场的各项参数，并执行主机发送的各项命令，这些命令将最终传送至各执行机构，如阀、电动机或泵等。

2. CAN 总线的技术规范

CAN 总线为串行通信协议，适合构建具有很高安全等级要求的分布式实时控制系统。为了保证设计的规范性和使用方便、有效，CAN 总线被细分为 3 个不同的层次：

1）CAN 对象层（The Object Layer）。
2）CAN 传输层（The Transfer Layer）。
3）物理层。

对象层和传输层包括所有由开放系统互联模型（ISO-OSI 模型）定义的数据链路层的服务和功能。对象层的作用范围包括查找被发送的报文、确定传输层接收哪个报文并且为应用层相关硬件提供接口。传输层的作用主要是传送规则，也就是控制帧结构、执行仲裁、错误检测、出错标定、故障界定。总线上什么时候开始发送新报文及什么时候开始接收报文，均在传输层确定。也就是说，传输层的修改是受到限制的。物理层的作用是在不同节点之间根据所有的电气属性进行位信息的实际传输。在同一网络内，物理层对于所有的节点必须是相同的。

CAN 总线通信协议主要描述设备之间的信息传递方式。CAN 总线中，层的定义与 OSI 一致，每一层与另一个设备上相同的那一层通信。实际的通信发生在每一个设备上相邻的两层，而设备只通过物理层的物理介质互连。CAN 总线的规范定义了模型的最下面两层：数据链路层和物理层。应用层协议可以由 CAN 总线用户定义成适合特殊领域的任何方案。在汽车工业中，许多制造商都有他们自己的应用层标准。

CAN 总线的帧数据有两种格式：标准格式和扩展格式，如图 9-23 所示。

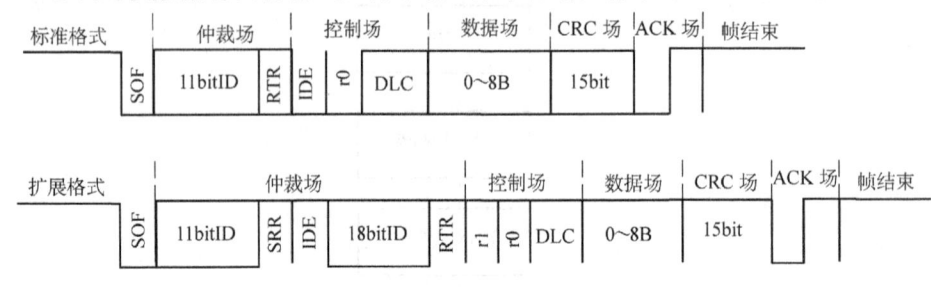

图 9-23　CAN 总线的帧数据

其唯一的不同是标识符（ID）长度不同，标准格式为 11bit，扩展格式为 29bit。

在标准格式中，报文的起始位称为帧起始（SOF），然后是由 11bit 标识符和远程发送请求位（RTR）组成的仲裁场。RTR 位标明是数据帧还是请求帧，在请求帧中没有数据字节。

控制场包括标识符扩展位（IDE），指出是标准格式还是扩展格式。它还包括一个保留位（r0），为将来扩展使用。它的最后 4B 用来指明数据场中数据的长度（DLC）。数据场范围为 0~8B，其后有一个检测数据错误的循环冗余检查（CRC）。

应答场（ACK）包括应答位和应答分隔符。发送站发送的这两位均为隐性电平（逻辑 1），这时正确接收报文的接收站发送主控电平（逻辑 0）覆盖它。用这种方法，发送站可以保证网络中至少有一个站能正确接收到报文。

报文的尾部由帧结束标出。在相邻的两条报文间有一很短的间隔位,如果这时没有站进行总线存取,总线将处于空闲状态。

3. CAN 总线的电气特性

CAN 能够使用多种物理介质进行传输,例如双绞线、光纤等,最常用的就是双绞线。信号使用差分电压传送,两条信号线被称为 CAN_H 和 CAN_L,静态时均是 2.5V 左右,此时状态表示为逻辑 1 也可以叫做 "隐性"。用 CAN_H 比 CAN_L 高表示逻辑 0,称为 "显性",此时,通常电压值为 CAN_H = 3.5V 和 CAN_L = 1.5V。当 "显性" 位和 "隐性" 位同时发送的时候,最后总线数值将为 "显性"。

4. CAN 总线的物理接口

CAN 总线的物理接口没统一规定,一般根据所选用的传输介质选择标准的连接器作为连接接口。例如,双绞线可选用 DB-9 型连接器或者 RJ-11 标准接口。

思考题与习题

9-1 什么是通信协议?通信协议的主要内容包括哪些?

9-2 通信国际标准化组织主要有哪些?

9-3 分别说明并行通信和串行通信的特点。

9-4 为什么串行通信比并行通信的应用更广泛?

9-5 常用内部串行通信总线有哪些?分别说明它们的通信特点及用途?

9-6 常用的异步串行总线接口有哪几种?它们的区别有哪些?

9-7 简述 USB 拓扑结构及 USB 的优点?

9-8 简述以太网的传输帧格式?说明以太网接口连接的方式有哪些?

9-9 IEEE1394 接口的特点有哪些?比较 1394 和 USB 的异同点。

9-10 PCI Express 接口主要在哪些方面应用?

9-11 CAN 总线特点有哪些?画出一个典型 CAN 网络应用系统框图。

第 10 章 通信的可靠与安全

10.1 通信可靠与安全的重要性

随着经济全球化和信息时代的到来,全球化的信息沟通是其必然的需求,作为推动社会发展的战略基础设施,通信网承载着不可避免的历史重任,人们对通信网络的依赖程度日益加深。通信网要能够有效地提供不同类型的通信服务,满足越来越多样化的信息沟通需求,这就要求通信网能够提供可靠、安全和高效的服务,保证通信的畅通和完整无误。

任何一个设备或系统要能正常地运转和提供服务,都离不开可靠性的要求,任何不可靠的设备或系统都是没有多大应用价值的;可靠性也与经济价值密切相关,再便宜的不可靠设备或系统都会因为维修维护费用高而变相地增加使用成本。到目前为止,通信网络无论是技术设备种类或覆盖面上,都得到了极大的增长和扩展,已形成了十分巨大的网络规模,通信网络在给人们带来巨大的信息交流便利的同时,却往往受到包括物理、化学、机械、电气以及人为破坏、自然灾害、偶然事件、操作失误、黑客攻击等各种因素的影响而造成不同大小的通信网络故障特别是网络安全威胁,甚至是通信中断,对社会的政治、军事、经济、生活等带来不可估量的损失和影响,世界范围内由此造成损失的例子不胜枚举。因此,加强通信网络的可靠性与安全性具有十分重要的现实意义。

10.2 通信的可靠

10.2.1 通信可靠性的含义

所谓可靠性是指产品在规定条件下和规定时间内完成规定功能的能力。通信可靠性可以定义为"通信网在实际连续运行过程中完成用户的正常通信需求的能力"。

上述通信可靠性定义所设定的规定条件包括内部条件(如通信网设备、系统和软件的可靠性、技术复杂性、网络设计及管理能力等)和外部条件(如温度、湿度、防震、防电磁干扰等工作条件和人为故障、自然灾害、各种突发事件等偶然条件);规定时间是"在实际连续运行过程中";规定功能是"完成用户的正常通信需求"。

该定义体现了"以用户为中心"的通信服务核心价值,既反映了通信网络的生存能力和可用性,也反映了通信网络对用户需求的适应能力,这是一个综合性的描述。狭义的通信可靠性是指网络结构的可靠性;广义的通信可靠性是指通信网在运行中的可靠性,涉及网络结构和组织、网络维护与管理等方面。

该定义所确定的通信可靠性实际上是从通信网可靠性的角度来讨论的。通信网的可靠性主要取决于其连通性和性能指标两个方面。通常可以从以下 5 个方面进行判断:

1) 网络中给定节点对之间至少存在一条路径。

2）网络中一个指定节点能与一组节点相互通信。
3）网络中可以相互连通的节点数大于某一阈值。
4）网络中任意两个节点间传输时延小于某一阈值。
5）网络的吞吐量超过某一阈值。
前3条是从通信网的连通性考虑的，后两条是从通信网的性能指标考虑的。

10.2.2 通信可靠性的影响因素及特点

通信是一个涉及多种影响因素的复杂概念，影响通信可靠性的因素很多，下面主要从3个角度来分析影响通信可靠性的因素。

1. 从通信网络本身的角度看

从通信网络本身的角度看，可以分为外部因素和内部因素。外部因素是指通信设备和通信网络所依存的环境而言，包括可控因素和不可控因素。可控因素是指设备的工作条件，如温度、湿度、防尘、防震等；不可控因素是指影响通信设备和网络正常运行的事件，如自然灾害、突发事件、人为故障等。

内部因素是指设备可靠性、网络工程设计、网络的组织和维护管理等。

2. 从通信网络的运行效果看

通信可靠性主要取决于内因，即取决于设备可靠性、网络设计的可靠性、网络组织和维护管理的有效性以及用户对业务性能的要求等。设备的可靠性和网络的设计可靠性决定了通信网络的固有可靠性，而网络的维护和组织管理的有效性以及用户对业务的需求就影响到通信网的工作可靠性。从通信网络的运行效果看，网络设计是和用户需求相关的，随着业务量的增长，形成网状拓扑结构将提高通信的可靠性。有效的网络组织也有助于提高通信的可靠性，如负荷分担、容错技术、多路由选择等。网络的维护和管理作为通信网络的支撑系统，其目的就是减少网络故障和过负荷等的影响，提高通信的可靠性。用户对业务性能的要求可以反映对通信可靠性的满意程度。

3. 从通信技术的角度看

通信可靠性是受通信技术影响的。一方面，新技术的采用将提高通信设备和系统的可靠度，提高网络的组织有效性和维护管理能力，如智能化技术可使通信网络实现实时监控和路由调度，及时发现并排除故障，从而提高通信的可靠性；另一方面，新技术的引入将带来系统复杂度的提高，对网络的运行管理带来一定的困难，随着网络规模的扩大，一旦发生故障，其影响面将更大，这又将影响通信的可靠性。

根据通信和通信网络的特点，通信可靠性具有以下5个特点：

1）社会性。这是由于通信本身具有社会性和普遍性，通信故障的发生同社会环境息息相关，通信故障引起的损失必将造成一定的社会影响。

2）动态性。这是因为用户对通信的需求和通信故障的发生都是随机的，在时间和空间上的分布都是不均匀的，因此，通信可靠性具有动态性的特点。

3）广泛性。通信网具有全程全网联合作业的特点，每一次通信都是通过网络中大量设备的协同动作来完成的，涉及网络设备、网络组织、维护和管理等，因此，通信可靠性在内容和范围上都具有广泛性的特点。

4）层次性。通信网具有层次性特征，有长途网和本地网之分，不同层次的网络及其设备的可靠性是不同的，其发生故障后的影响程度也是不同的，因此通信可靠性具有层次性特点。

5）复杂性。完成一次通信涉及硬件与软件的配合，涉及技术与管理的配合，不同的网络可能具有不同的物理结构和逻辑结构，所处的环境条件也可能大不一样，因此，通信可靠性也表现出复杂性的特点。

*10.2.3 通信的可靠性设计

通信的可靠性设计是在满足给定的通信可靠性指标的条件下，寻找最经济的通信网络结构。一般可以从构成通信网络的部件可靠性、网络的拓扑结构、路由选择方式等方面来进行设计。

1. 网络部件的可靠性

通信网是由许多基本的部件或子系统构成的，提高部件的可靠性有助于降低整个系统的故障率。从网络部件的角度进行可靠性设计时，可考虑尽量简化系统构成、减少元器件和部件的数目，接口尽量标准化，避免过多部件的串接、多采用并接系统和备份等。

2. 网络的拓扑结构

网络的拓扑结构决定了网络的连通性，在进行可靠性设计时，至少应保证任何两个节点之间有两条无共边的路径，以保障一边出现故障时，另一边仍然是可用的；条件许可性尽量形成多径网络，进一步提高其可靠性。

3. 路由选择方式

不同的路由选择方式给网络带来的可靠性影响有很大差别，如无级选路比有级选路有更高的可靠性，动态选路比固定选路有更高的可靠性。国内近期在长途网上采用的是分平面的固定无级选路方式，远期则采用动态无级选路方式。

4. 最佳可靠性设计

上述提高可靠性的措施都伴随着成本或代价的产生，它们之间可能是矛盾的。最佳可靠性设计就是对这些矛盾因素进行权衡，合理地分配各个部件或子系统的可靠性指标，以便在保证系统总可靠度的前提下，付出最少的费用。

*10.2.4 通信可靠性的评价模型与方法

1. 通信可靠性评价模型

针对本地网和长途网的相对独立性和不同特点，可以分别建立本地网和长途网的通信可靠性评价模型。

（1）本地网的通信可靠性评价模型

表 10-1 所示为本地网通信可靠性评价指标体系。

表 10-1 本地网通信可靠性评价指标体系

指　　标	单　　位	指标代码	指标属性
全网接通率	%	LI1	正
出中继可用率	%	LI2	正
通信事故次数	次	LI3	负

(续)

指 标	单 位	指标代码	指标属性
用户关于设备质量的申告率	%	LI4	负
全年月均故障率	%	LI5	负
全年月均百门故障历时	min	LI6	负

根据表 10-1，本地网可靠性综合指数可归纳为通信质量、通信事故和设备运行故障 3 类，按照层次化综合评价结构模型可以进一步细分为：通信质量取决于全网接通率（LI1）和出中继可用率（LI2）两个指标；通信事故取决于通信事故次数（LI3）指标；设备运行故障取决于用户关于设备质量的申告率（LI4）、全年月平均障碍率（LI5）和全年月平均百门障碍历时（LI6）3 个指标。

根据层次评价法的处理方法，对指数进行归一化处理和加权处理，可得出本地网可靠性综合指标 LRCI 的表达式为

$$\text{LRCI} = \sum_{i=1}^{6} a_i \text{LI}i \tag{10-1}$$

式中，LIi 表示各指标；a_i 表示各指标的权重。

所有指标的权重之和等于 1，即

$$\sum_{i=1}^{6} a_i = 1 \tag{10-2}$$

(2) 长途网可靠性评价模型

与本地网可靠性评价相似，长途网可靠性评价也采用层次化模型，其评价指标大致可分为通信质量、交换设备运行故障和传输设备运行故障 3 大类。通信质量指标包括话务溢出比、去话应答占用比、来话应答试占比、计费准确率、市话出中继可用率、平均每万人工电话发生障碍次数等。传输设备运行故障可细分为光电缆系统、微波系统和卫星系统：光电缆系统分为线路系统（指标分为平均每百千米障碍次数、平均每千米障碍历时、平均每百千米全阻障碍次数、平均每百千米全阻障碍历时）、模拟电路（指标分为事故次数、平均每路障碍历时和机载模拟载波电路合格率等）和数字电路（指标包括 2Mbit/s 以上复设备障碍历时、PCM 设备平均障碍历时和 T-MUC 设备平均障碍历时等）；微波系统分为模拟微波（指标分为平均每业务波道百千米阻断、载波平均每超群阻断、载波平均每话路阻断、调制波道平均合格率和全程话路合格率等）和数字微波（指标分为平均每业务波道百千米阻断、复用电路平均每基群阻断、利用电路平均每话路阻断、事故次数、全程话路合格率等）；卫星系统的指标包括全电路阻断次数、全电路阻断平均历时、全电路畅通率、本端阻断平均历时、本端畅通率、本端通信事故次数及电路合格率等。

长途网可靠性综合指数 TRCI 的数学表达式为

$$\text{TRCI} = \sum_{i=1}^{n} \beta_i \text{TI}i \tag{10-3}$$

式中，TIi 表示长途网各指标；β_i 表示长途网各指标的权重。

所有指标的权重之和等于 1，即

$$\sum_{i=1}^{n} \beta_i = 1 \tag{10-4}$$

2. 通信可靠性评价方法

根据前面所描述的层次化通信可靠性评价指标体系和评价模型、通信可靠性的评价方法现在已发展出基于运行统计的可靠性评价方法、基于模糊优化理论的可靠性评价方法和基于汉明神经网络的可靠性评价方法。无论采用哪一种具体的数据处理方法，基于层次化综合评价时，通信可靠性评价方法主要要完成评价指标的无量纲化处理、权系数的确定和可靠性综合评价指数的计算等几个主要步骤。

（1）评价指标的无量纲化处理

影响通信可靠性的指标有许多，这些指标的属性不同，单位不一致，对通信可靠性的评价结果影响也不相同，要将它们放在一起进行综合评价，首先就需要进行无量纲化处理，取其相对值。一种处理方法是确定某一年为比较基准，然后用各年的统计指标与其所属网络的基年指标进行比较，即

$$R_i = \frac{I_i}{I_0} \tag{10-5}$$

式中，R_i 代表指标无量纲化处理结果；I_i 代表被无量纲化处理指标；I_0 代表基准指标。

（2）权系数的确定

各指标的权系数代表了该指标相对于通信可靠性的相对重要程度。权系数的确定有多种方法，如专家法就是根据本领域专家的经验直接给出各指标的权系数。这里以层次分析法为例介绍层次化结构模型中各指标的权系数确定方法。

1）建立相对重要性矩阵。相对重要性矩阵是每一层次各元素对其所属上层元素的相对重要性的一种表示方式，其形式如下：

R_k	B_1	B_2	$\cdots$	B_n
B_1	b_{11}	b_{12}	$\cdots$	b_{1n}
B_2	b_{21}	b_{22}	$\cdots$	b_{2n}
$\vdots$	$\vdots$	$\vdots$		$\vdots$
B_n	b_{n1}	b_{n2}	$\cdots$	b_{nn}

这里，b_{ij} 表示对 R_k 而言，B_i 对 B_j 的相对重要性，b_{ij} 的取值及含义如下：

$b_{ij}=1$：B_i 与 B_j 的重要性相同；

$b_{ij}=3$：B_i 比 B_j 稍重要；

$b_{ij}=5$：B_i 比 B_j 明显重要；

$b_{ij}=7$：B_i 比 B_j 很重要；

$b_{ij}=9$：B_i 比 B_j 极端重要。

相对重要性矩阵满足以下关系：

$$b_{ii} = 1 \tag{10-6}$$

$$b_{ij} = \frac{1}{b_{ji}} \tag{10-7}$$

式中，$i, j = 1, 2, \cdots, n$。

2) 层次单排序。层次单排序是针对上一层某元素,根据相对重要性矩阵计算本层与之有联系的各元素间相互重要性次序的权值,即计算相对重要性矩阵特征根和特征向量问题。

3) 层次总排序。层次总排序就是利用同一层次中的所有层次单排序结果,计算本层次所有元素针对上一层次的重要性权值。层次总排序要从上至下逐层进行。设定上一层次所有元素 A_1, A_2, $\cdots$, A_m 的层次总排序已经完成,其权值分别为 a_1, a_2, $\cdots$, a_m,与 A_i 对应的本层次元素 B_1, B_2, $\cdots$, B_n 的单排序结果为 $(b_1^i, b_2^i, \cdots, b_n^i)^T$(其中,如果 B_j 与 A_i 无关,则 $b_j^i = 0$),可给出层次总排序表为

	A_1	A_2	$\cdots$	A_m	B 层次总排序
	a_1	a_2	$\cdots$	a_m	
B_1	b_1^1	b_1^2	$\cdots$	b_1^m	$\sum_{i=1}^{m} a_i b_1^i$
B_2	b_2^1	b_2^2	$\cdots$	b_2^m	$\sum_{i=1}^{m} a_i b_2^i$
$\vdots$	$\vdots$	$\vdots$	$\vdots$	$\vdots$	$\vdots$
B_n	b_n^1	b_n^2	$\cdots$	b_n^m	$\sum_{i=1}^{m} a_i b_n^i$

因此,通过层次分析法可以最终确定各指标相对于评价目标的重要性排序(即各指标的权重)。实际上,排序结果满足归一性要求,即 $\sum_{j=1}^{n} \sum_{i=1}^{m} a_i b_j^i = 1$。

(3) 可靠性综合评价指数的计算

有了各指标的权系数之后,就可以按照前述可靠性评价模型计算本地网或长途网的可靠性综合评价指数,并最终得出其通信可靠性大小的分析结论。

10.2.5 我国通信的可靠性管理

可靠性管理含义是从系统的角度出发,对产品寿命周期中的各项可靠性活动进行规划、组织、协调、控制和监督,以实现既定的可靠性目标。可靠性管理贯穿于产品从设计—生产—使用的全过程,要求设计时有可靠性指标、生产时保证可靠性实现、使用时维持可靠性水平。对通信的可靠性管理,就是根据通信网及其可靠性的具体情况,设计时有可靠性要求和指标,实施时保证可靠性措施的实现,运行时维持和提高网络的可靠性水平。对通信的可靠性管理特别强调人的因素,建立有效的可靠性反馈机制和统计分析是十分必要的。

我国的通信网经历了一个大发展时期,主要依靠外延式扩大再生产,通过大量投入资金、大量购置设备来增加通信能力,缓和尖锐的供需矛盾;现在,已到了走内涵式发展以继续增加通信能力,要依赖管理来挖掘生产潜力,提高全网的综合通信能力和可靠性水平的时候了。我国通信的可靠性管理的必要性已显得十分迫切。

通信可靠性管理可分为宏观管理和微观管理两个层次。宏观可靠性管理是政府主管部门从全社会角度出发,对通信可靠性工作进行统筹安排,做出标准或体制上的约束,对微观可靠性管理进行规划、协调和监督;微观可靠性管理由通信企业从本企业的角度出发,在管制性要求、用户需求、竞争、成本等多种因素的综合约束下具体实施,以达成可靠性管理

目标。

我国通信可靠性宏观管理的内容包括：政策法规、行政条例、国家与专业标准、管理体制、中长期规划、考核指标、基础研究、情报收集与交换、质量认证、技术交流与教育培训等。具体管理措施包括鼓励性措施和强制性措施，通过宏观性管理，为企业的微观可靠性管理提供指导和监督。

我国通信可靠性微观管理的内容包括：方针目标、规章制度、企业标准、组织机构、可靠性计划、考核指标、应用设计、试验评估、质量追踪、技术交流、教育培训等，这些内容分布在通信网分析、设计、建设、运营、维护和管理的各个环节。在实现通信可靠性微观管理的过程中，要特别关注以下几个方面的问题：用户的期望、网络运行的可靠性水平、故障规律、维护制度、可靠性决策、可靠性措施以及通信可靠性的动态变化等。

10.3 通信的安全

10.3.1 通信安全的内涵

与通信可靠性相区别，通信安全是指在异常情况下（如自然灾害、人为破坏、黑客攻击等）完成通信任务的可能性，通信安全性通常强调通信的保密问题。通信安全的本质在于保护通信网络中的信息免受各种非授权的访问或攻击。

任何通信传输的信息都具有一定的价值，这些信息可能涉及产权信息，或者与企业的竞争能力相关，或者是政府、军队、企业或个人的机密信息等，也就是说，它们是需要保护或者需要进行访问控制的信息。通信安全就是从物理上和逻辑上保证这些信息不被侵害，不被黑客攻击，不被非授权地泄露，以避免潜在的信息安全风险。

10.3.2 影响通信安全的主要因素

由于信息本身具有一定的价值，信息与其拥有者之间具有某种利益联系，因此，获得特定的信息就意味着可能会获得某种利益，或者破坏特定的信息就可能给其拥有者造成某种损失，所以通信安全的本质在于利益的保护与追逐。

影响通信安全的主要因素可以从以下几个方面来理解：

1) 对敏感数据的非授权访问（违反机密性）。包括窃听（入侵者不被发现地截取消息内容）、伪装（入侵者欺骗系统授权用户相信，使他相信自己能合法地从授权用户处获得机密信息，或使其相信他是能获得系统服务或机密信息的授权用户）、流量分析（入侵者观察消息的时间、频度、长度、发送方和接收方以确定用户的位置或了解是否有重要的业务数据交换发生）、浏览（入侵者搜索存储的数据以寻找敏感信息）、泄露（入侵者通过合法访问数据的机会获得敏感信息）和推论（入侵者通过向系统查询来获得响应信息）。

2) 对敏感数据的非授权操作（违反完整性）。包括消息被入侵者故意篡改、插入、删除或重放。

3) 滥用网络服务（导致拒绝服务或可用性降低）。包括干涉（入侵者通过阻塞合法用户的流量、信号或控制数据来阻止其使用服务）、资源耗尽（入侵者通过连载服务来阻止合法用户使用系统的服务）、优先权的误用（用户或服务网络可能利用他们的优先权来获得非授权的服务或信息）和服务的滥用（入侵者可能滥用一些特定的服务或设施来获得某种优势或破坏网络）。

4）否认。用户或网络拒绝承认已执行过的通信行为或动作。

5）非授权接入服务。包括入侵者伪装成合法用户或网络实体来访问服务和用户或网络实体能滥用它们的访问权限来获得非授权的访问。

*10.3.3 实现通信安全的主要途径

为了确保通信安全，可以考虑以下技术途径。

1. 实体认证

1）用户认证：服务网络使用该服务确保用户的身份。

2）网络认证：用户通过用户本地环境获得该服务，以确保自己连接到一个已授权的服务网络，且保证这个授权的时间是最近的。

2. 访问控制

在网络环境中，访问控制是限制或控制经通信链路对主机系统和应用程序等系统资源进行访问的能力。防止对任何资源（如计算资源、通信资源或信息资源）进行未授权的访问，即未经授权地使用、泄露、修改、销毁以及颁发指令等。访问控制直接支持机密性、完整性以及合法使用等安全目标。对信息源的访问可以由目标系统控制，控制的实现方式是认证。

访问控制是实施授权的一种方法。通常有两种方法用来阻止非授权用户访问目标：

1）访问请求过滤：当一个发起者试图访问一个目标时，需要检查发起者是否被准予访问目标（由控制策略决定）。

2）隔离：从物理上防止非授权用户有机会访问到敏感的目标。

3. 数据传输机密性

1）加密算法协议：该协议确保端到端或链路级的通信能够安全地协商随后要使用的加密算法。

2）加密密钥协议：端到端或链路级的通信节点间同意双方随后可以使用的一个加密密钥。

3）用户数据的机密性：非授权用户或者入侵者不能从通信接入接口上窃听到用户数据。

4）信令数据的机密性：非授权用户或者入侵者不能从通信接入接口上窃听到信令数据。

4. 数据完整性

1）完整性算法协议：端到端或链路级的通信节点间能够安全地协商双方随后将要使用的完整性算法。

2）完整性密钥协议：端到端或链路级的通信节点间同意双方随后可以使用的一个完整性密钥。

3）信令数据的完整性和起源认证：接收实体能够核实信令数据未被授权地修改过，信令数据的数据源同时被认证。

5. 非否认性

非否认是防止通信中的发送方或接收方抵赖所传输的消息，要求无论发送方还是接收方都不能抵赖所进行的传输。因此，当发送一个消息时，接收方能证实该消息的确是由所宣称的发送方发来的（源非否认性）。当接收方收到一个消息时，发送方能够证实该消息的确送到了指定的接收方（宿非否认性）。

6. 可用性

可用性是指通信中传输的信息可被授权实体访问并按需求使用的特性，也就是说，要求通信网络中的有用资源在需要时可为授权各方使用，保证合法用户对信息和资源的使用不会被不正当地拒绝。例如，网络环境下拒绝服务、破坏网络和有关系统的正常运行等都是对可用性的攻击。通信服务的目标之一就是防止各种攻击对系统可用性的损害。

10.3.4 通信安全的典型解决方案

1. 保密通信

典型保密通信系统功能框图如图 10-1 所示，它是在一般数字通信系统基础上新增了加解密功能，其设计的目的在于使窃听者即使在完全准确地收到了接收信号的条件下也不能恢复出原始消息来。其中，加解密功能的实现要依赖现代密码技术。密码技术是实现网络通信安全的核心技术，是保护数据最重要的工具之一。通过加密变换，将可读的文件变换成不可理解的乱码，从而起到保护信息和数据的作用。它直接支持机密性、完整性和非否认性。

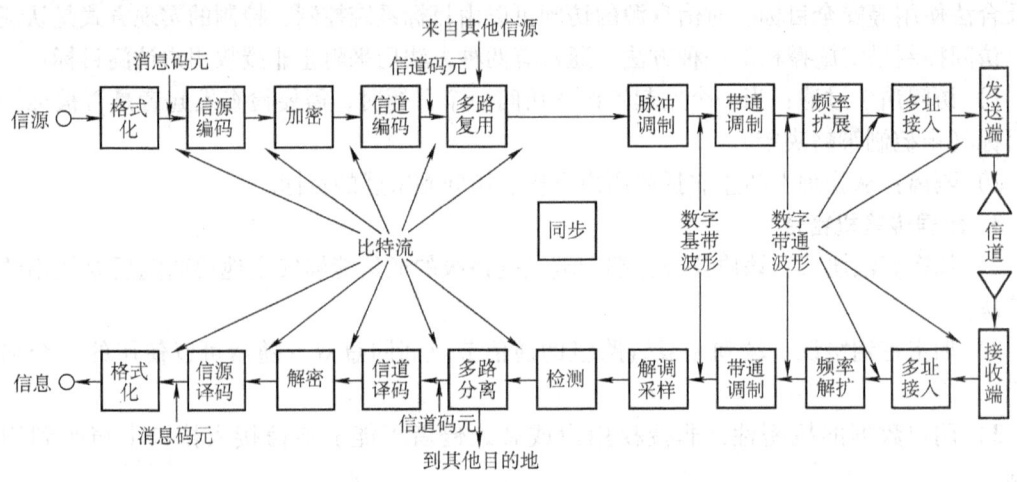

图 10-1 典型保密通信系统功能框图

现代密码学中所出现的密码体制可分为两大类：对称加密体制和非对称加密体制。

对称密码体制的基本特征是加密密钥与解密密钥相同。发送方用加密密钥对明文内容加密后，将得到的密文可基于公开信道发送给接收方，接收方收到密文后可用与发送方相同的密钥解密来恢复明文。对称密码体制的安全性主要取决于两个因素：

1）加密算法必须足够强大，使得不必为算法保密，仅根据密文就能破译出消息是不可行的。

2）密钥的安全性，密钥必须保密并保证有足够大的密钥空间。

对称密码体制要求基于密文和加密/解密算法的知识能破译出消息的做法是不可行的。典型的对称密码算法有数据加密标准（Data Encryption Standard，DES）、高级加密标准

（Advanced Encryption Standard，AES）等。对称密码算法的优点是加、解密处理速度快，保密度高；缺点主要表现为对称密码算法的密钥分发过程十分复杂，所花代价高；多人通信时密钥组合的数量会出现爆炸性膨胀；如果收发双方素不相识，无法向对方发送秘密信息；存在数字签名困难问题。

非对称密码体制的加密密钥与解密密钥不同，形成一个密钥对，用其中一个密钥加密的结果，可以用另一个密钥来解密。非对称密钥密码体制的产生主要基于以下两个原因：一是为了解决对称密钥密码体制的密钥管理与分配的问题；二是为了满足对数字签名的需求。因此，非对称密钥密码体制在消息的保密性、密钥分配和认证领域有着重要的意义。在非对称密钥密码体制中，公开密钥是可以公开的信息，而私有密钥是需要保密的。加密算法和解密算法也都是公开的。用公开密钥对明文加密后，仅能用与之对应的私有密钥解密，才能恢复出明文，反之亦然。典型的非对称密钥密码算法包括 RSA、椭圆曲线密码体制（Elliptic Curve Cryptography，ECC）等。非对称密钥密码体制的优点：

1) 网络中的每一个用户只需要保存自己的私有密钥，则 N 个用户仅需产生 N 对密钥。密钥少，便于管理。

2) 密钥分配简单，不需要秘密的通道和复杂的协议来传送密钥。公开密钥可基于公开的渠道（如密钥分发中心）分发给其他用户，而私有密钥则由用户自己保管。

3) 可以实现数字签名。

缺点：与对称密码体制相比，非对称密钥密码体制的加密、解密处理速度较慢，同等安全强度下非对称密钥密码体制的密钥位数要求多一些。

在实际应用中，人们对通信的实时性和传输质量（误码率）总是有一定的要求，这就决定了不同的通信系统、不同的通信目标需求应选用不同的密码体制来提供保密性。对称密码体制存在误码扩散和一定的时延，因此，一般应用于传输信道质量较好或具有数据重发功能的场合。非对称密码体制一般有很大的计算量，难以满足实时性要求，且对应用设备的计算能力要求较高，故目前一般不直接用于非计算机类通信系统的加密。对称密码体制中的序列密码具有良好的低时延、无误码扩散特性，在通信系统中得到了广泛应用，适用于各种传输信道质量的场合。

（1）语音保密通信

语音保密技术主要采用模拟置乱和数字加密技术两种类型。

1) 模拟置乱技术。模拟置乱是对模拟语音信号中的频率、时间或振幅 3 大基本特征进行处理，使原始语音信号面目全非，达到语音保密的目的。

2) 数字加密技术。数字加密技术通过把原始语音信号转换为数字信号，并选用适当的加密方法处理以实现语音保密通信的目的。电话网保密通信的一般模型如图 10-2 所示。在数字电话网中的加密方式主要有以下 3 种。

①端加密。这是一种从用户到用户或从终端到终端的加密通信。这种方式适用于点对点单路数字保密电话通信。其特点是完全由用户直接控制加、解密。缺点是：用户保密电话机不宜做得太复杂，相应的保密性不会太高；只能与使用密钥相同的同类保密电话机的用户进行保密通信。

②链路加密。各种需要加密的信息，数字化后复接到各次群路，加密在这些群路数字序列上进行，在接收端再解密为群路信号。相对于用户加密，这种方式更经济，保密机利用率

更高。链路加密一般都有很高的保密强度。缺点是：用户电话机到群路保密机之间的线路是不保密的。

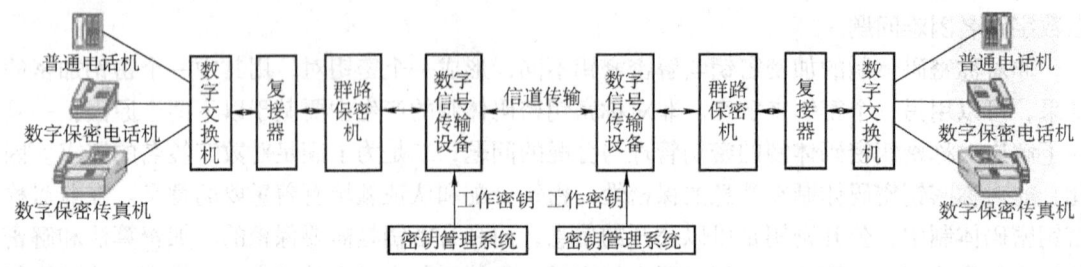

图 10-2　电话网保密通信的一般模型

③混合加密。即上面两种方式的结合使用，同时利用了它们的优点，又克服了各自的缺点；但相应的实施更复杂，代价更高。

数字电话网中的两种基本加密方式的加密设备所处的位置如图 10-3 所示。

（2）数据保密通信

数据通信中传输的内容是数据，包括一系列数字、字母和符号等。数据通信系统主要由数据处理设备、数据传输设备和数据终端设备组成，数据加密设备设置在数据终端设备和调制解调器之间，可对传送的数据进行数字加密处理，相应的内容将在后面详细介绍。

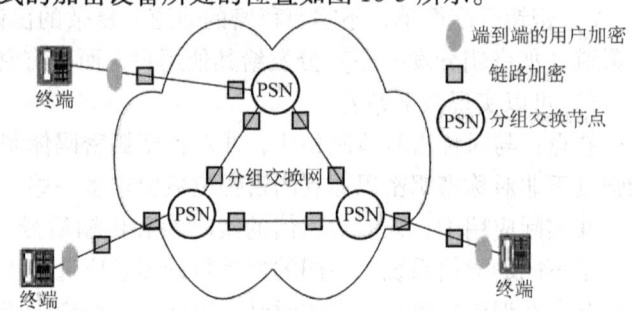

图 10-3　数字电话网中的两种基本加密方式

（3）图像保密通信

图像保密通信是指对所传送的人或景物的视觉图像信息进行加密保护的一种通信方式。图像信号加密作为图像保密通信的基本内容，是采用模拟或数字两种形式来实现的，对应的保密技术包括：模拟置乱（如幅度置乱、时序置乱）、数字化图像信号加密（先将图像信号数字化，再采用数字数据加密方法进行加密保护）。

2. 蜂窝式无线通信安全

无线应用协议（Wireless Application Protocol，WAP）是将基于 WEB 的信息服务拓展到蜂窝式无线通信网络设备——移动电话终端的一个无线应用协议。通过 WAP 技术将无线接入与高效率、低成本地提供信息交流与共享渠道的 Internet 无缝结合则实现了对 Internet 的进一步开发和充分利用。随着 WAP 技术的不断进步，Internet 向无线领域拓展，WAP 将基于 WEB 的信息服务拓展到无线通信领域，为电子商务发展成为无所不在、无时不能的移动商务展示了广阔的应用前景。但是，移动通信中的安全问题也因此显得尤其突出，成为人们普遍关心的一个问题。为了保证服务的安全性，WAP 的安全实现显得尤为必要和重要。

与 WWW 协议相对应，WAP 的体系结构如图 10-4 所示，本质上它与现存的 WWW 协议类似，包括编程模式、体系结构、对现有开发工具和环境的支持。区别在于 WAP 针对无线环境的特点作了优化和扩展。由于手持设备的处理和存储能力有限,为了实现通信安全,WAP 在简化 TLS(Transport Layer Security)协议的基础上提出了 WTLS(Wireless Transport Layer Security)协议,并增加了对数据报的支持、对握手协议的优化和动态密钥刷新等特性,从而保证了安全算法的快速处理和便携式无线设备通过 Internet 进行安全通信。

图 10-4　WAP 的体系结构

WAP 的安全会话模式由 3 个部分组成,如图 10-5 所示。一个安全的 WAP 会话通过两阶段实现:

1)WAP 网关与 WEB 服务器间通过 SSL 进行安全通信,确保了保密性、完整性和服务器认证。

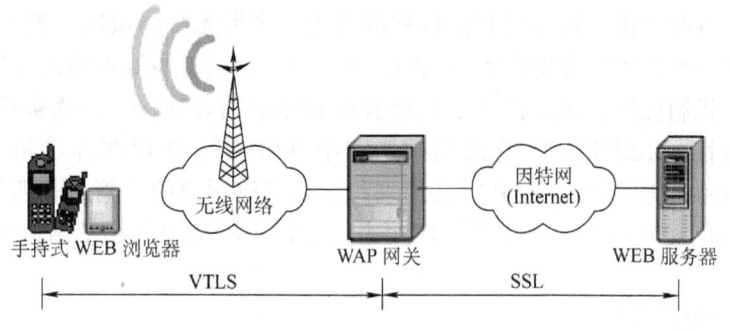

图 10-5　WAP 的安全会话模式

2)WAP 网关和移动用户之间的安全通信使用 WTLS 协议。WAP 网关将来自 WEB 服务器的经 SSL 加密的消息翻译成适合 WTLS 协议的无线网络传输格式,再传给 WEB 浏览器(即手机);从手机发往 WEB 服务器的消息同样经由 WAP 网关将 WTLS 格式转换成 SSL 格式。在 SSL 和 WTLS 间 WAP 网关所起的这种翻译作用是由无线通信的高延迟低带宽传输特点所要求的。因为 SSL 是为桌面机设计的,要求高处理能力和一个相对高带宽、低延迟的 Internet 连接,这是蜂窝电话所不具备的,而 WTLS 通过简化协议被特别地设计,以便不要求桌面机的处理能力和存储器,在手机中就能进行安全处理,在无线网络下能很好地实现安全性要求,从而确保了手机用户能够通过 Internet 进行安全通信。

WTLS 是 WAP 协议栈中保障通信安全的一个重要层次,经过面向窄带通信的优化,可为高层提供数据完整性校验、加密解密、身份鉴别和其他安全保护功能。WTLS要实现的主要安全目标包括：

①数据完整性：WTLS能确保用户和应用服务器间的数据不可改变和不被中断，对发送和接收间的报文内容变更进行检测并形成相应的报告。

②保密性：WTLS能确保在终端和应用服务间的数据传输是保密的，并且不会被任何窃取了数据的中间方所理解。

③身份认证：WTLS在终端和应用服务器建立起了认证，保证通信各方是他们所声称的人。

④非否认性：保证参与事务的各方不能否认他们曾参与了该事务。WTLS能发现并拒绝重放或未被成功证实的数据，它使许多典型的否认攻击更困难，并对其上层协议有所保护。

基于安全目标的要求，WTLS能够提供以下安全服务：使用交换的公共密钥建立安全通信通道，使用对称算法加密/解密数据，检查数据完整性；还可以交换服务器证书和客户证书，完成对服务器的鉴别和抵御恶意的用户假冒。无线通信的数据安全策略主要包括数据保密和身份鉴别两个方面：保密的目标在于防止非法用户从信道中提取信息，保证信息或数据的机密性与完整性；鉴权则是如何防止错误数据输入到信道中或数据被篡改，实际操作上是指基站确认移动台身份的过程。此外，为了保证通信安全，无线网络还引入了访问控制机制。访问控制的目的在于阻止对无线网络资源进行非授权的访问。它直接支持数据的保密性和完整性要求，是保护网络免受侵害的第一道屏障：阻止非法用户进入系统；允许合法用户按照自己拥有的访问权限对系统资源进行访问。

3. 无线局域网安全

无线传输比有线传输更容易受到信息截取攻击。作为无线局域网标准，IEEE802.11提供了认证和保密两个服务以实现有线局域网的相应功能，由有线等价保密（Wired Equivalent Privacy，WEP）机制提供。认证被用于代替有线媒体的物理连接；保密被用于提供封闭式有线媒体的机密性。IEEE802.11标准当前指定用WEP安全协议在客户和访问点（Access Point，AP）间提供加密通信。WEP定义用来防止非授权用户的"意外偷听"，它使用了对称密钥加密算法和RC4序列密码体制手段用来加密位于移动单元和基站之间的无线网络连接通信。

（1）WEP的加密算法

在WEP的加密过程中，所使用的密钥（40bit）与一个初始矢量（IV，24bit）连接在一起成为一个64bit的密钥（种子）。64bit的密钥作为伪随机数发生器PRNG的输入，PRNG（由RC4生成）输出一个伪随机密钥序列，该序列通过按位异或来加密数据。要阻止非授权的数据篡改，WEP的完整性校验基于CRC32校验和，即CRC32作用于明文以产生完整性校验值ICV。其特点是：线性的，结果只是消息的函数，不需要密钥。最终得到的加密字节的长度等于被传输的数据字节的长度再加上4个字节，这是因为密钥序列不仅保护明文数据，也保护完整性校验值ICV（32bit）。

在WEP中使用了RC4序列密码，它使用固定长度的密钥并且产生一系列伪随机位与明文异或得到密文，解密过程相反。选择RC4主要基于以下原因：密钥流独立于明文；加、解密速度快，大约是DES的10倍；RC4非常简单，程序员可以快速地进行软件实现。

密文的生成过程如下（见图10-6）：

1）用 CRC32 计算消息明文的完整性校验值 ICV。

2）将 ICV 连接到明文之后。

3）选取一个随机初始矢量（IV）并将其连接到密钥之后。

4）输入密钥与 IV 到 RC4 算法中，以产生一个伪随机密钥序列。

5）在 RC4 下，用伪随机密钥序列通过按位异或加密明文和 ICV，产生密文。

6）将 IV 放在密文的前部传输给对方。

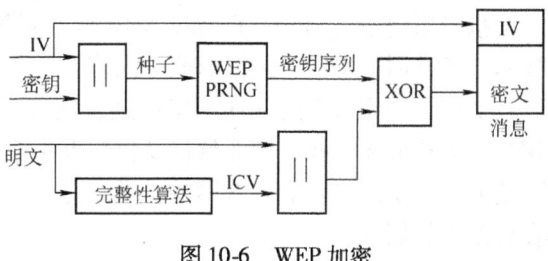

图 10-6　WEP 加密

（2）WEP 的解密算法

如图 10-7 所示，解密时，收到消息中的 IV 被用于生成密钥序列，密文和正确的密钥序列异或产生原始的明文和 ICV。通过在恢复的明文上执行完整性校验算法生成 ICV′，并比较生成的 ICV′和收到的 ICV 的异同来证实。如果生成的 ICV′不等于收到的 ICV，则收到的消息出错，一个出错标识被送回发送站点。

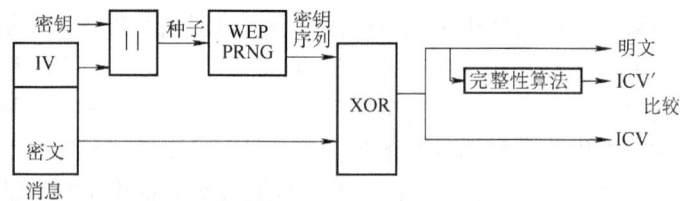

图 10-7　WEP 解密

（3）无线局域网的认证

IEC802.11 标准提供的共享密钥认证方法使用一个共享密钥来实现站点到访问点 AP 的认证。对于一个要使用共享密钥认证的站点，它必须实现 WEP。图 10-8 所示为 WEP 的共享密钥鉴别认证的操作。共享密钥以只写的方式驻留在每一个站点的管理信息库（MIB），只对 MAC 协作器（MAC Coordination）有用。

共享密钥认证有 4 步，当基站（即访问点 AP）接收到有效连接请求的时候开始整个过程，在双方之间传输一系列的管理帧，进行验证，包括 WEP 使用加密机制来进行确认。过程如下：

1）一个请求站点发送连接请求（一个认证帧）给访问点（AP）。

2）验证方 AP 接受请求，AP 用一个由 WEP 生成的包含有 128B 的随机文本，传递给请求方，进行响应。

3）请求站接收传输内容，然后备份这个响应文本到一个认证帧中，用共享密钥加密它，然后将这个帧返回给响应站。

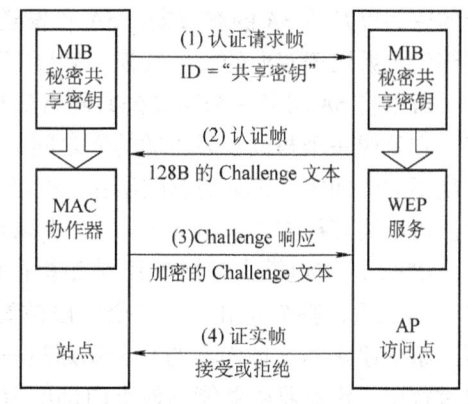

图 10-8　WEP 的共享密钥鉴别认证的操作

4）验证方 AP 将用同样的共享密钥解密这个文本的值，并将它与先前发出的文本进行比较。如果匹配，则请求方通过验证，响应站将用一个带认证成功标识的报文进行回答，否则，响应方 AP 将发出一个不成功的认证响应报文。

4. 虚拟专用网络

虚拟专用网络（Virtual Private Network，VPN）是一种确保远程网络之间能够安全通信的技术，通常用以实现相关组织或个人跨开放、分布式的公用网络（如 Internet）的安全通信。其实质是利用共享的互连网络设施，实现"专用"广域网络，最终以极低的费用为远程用户、公司分支机构、商业伙伴及供应商临时提供能和专用网络比美的、安全而稳定的保密通信服务，实现对企业内部网的扩展。与一般专网相比，其突出的优势表现为低廉的费用和良好的可扩展性。

VPN 主要采用 5 项技术来保证安全：隧道技术（基于 IPSec 技术来实现）、加解密技术、密钥管理技术、使用者与设备的身份认证技术和访问控制技术。

在 TCP/IP 中，网络协议 IP 提供了互连跨越多个网络终端系统（即跨网互连）的能力。IP 层的安全机制称为 IPSec，包括了 3 个功能域：鉴别、机密性和密钥管理。鉴别机制保证收到的分组确实是由分组首部的源站地址字段声明的实体传输过来的；该机制还能保证分组在传输过程中没有被篡改。机密性机制使得通信节点可以对报文加密。密钥管理机制主要完成密钥的安全交换。IPSec 不是一个单一的协议。它提供了一套安全算法和一个允许通信参与实体用任何一个安全算法为通信提供安全保障的一般性框架。它实现了网络层的加密和认证，在网络体系结构中提供了一种端到端的安全解决方案；对每个 IP 分组单独鉴别；内置于操作系统中；对所有 IP 流加密保护，且对用户透明。IPSec 提供了在局域网、专用和公用的广域网以及 Internet 上安全通信的能力。IPSec 能够加密和鉴别在 IP 层的所有通信。

IPSec 在 IP 层提供安全服务，使得一个系统可以选择需要的安全协议、决定为这些服务而使用的算法、选择服务所需要的密钥。使用两个协议来提供安全性：一个是由协议的首部即鉴别首部（AH）指明的鉴别协议，一个是由协议的分组协议，即封装安全有效载荷（ESP）指明的加密/鉴别混合协议。

为了通信，每一对使用 IPSec 的主机必须在它们之间建立一个安全关联（SA）。SA 将所需要知道的关于如何同其他人进行安全通信的所有信息组合在一起，如使用的保护类型、使用的密钥以及该 SA 的有效期。SA 在发送者和接收者间建立一种单向关系。如果需要一个对等的关系用于双向的安全交换，就要有两个安全关联。

可以将 SA 看做一个通过公共网络到某一特定个人、某一组人或某个网络资源的安全通道。它就像一个与位于另一端的人之间的协定。SA 允许构建不同类型的安全通道，如使用强度不同的加密。IPSec 提供给用户相当大的灵活性，用来将 IPSec 的服务应用到 IP 通信量。可以用多种方法来组合 SA 以产生想要的用户配置。

IPSec 的隧道模式对整个 IP 分组提供保护。为了实现这一点，在 AH 和 ESP 字段加入到 IP 分组之后，整个分组加上安全字段被看成带有新的输出 IP 首部的新的 IP 分组的有效载荷。整个原始的（即内部的）分组通过一个"隧道"从 IP 网络的一点传输到另一点。在传输过程中，没有路由器能够检查内部的 IP 首部。因为原始的分组经过了包装，新的、更大的分组可以有完全不同的源地址和目的地址，增加了安全性。隧道方式用于当 SA 的一端或两端是安全网关，如实现了 IPSec 的防火墙或路由器情况。

VPN 主要有 3 个应用领域：远程接入网、内联网和外联网。

1）远程接入网主要用于企业内部人员的移动或远程办公，也可用于商家为其顾客提供 B2C 的安全访问服务。VPN 远程接入如图 10-9 所示，基于 VPN 的远程接入可以向用户提供随时随地以其所需的方式安全访问企业资源。

2）内联网主要用于企业内部各分支机构的互连。与用于企业内部人员的移动或远程办公类似，基于 VPN 的内联网能够为企业各分支机构提供便捷的安全通信通道，还能实现相互间基于安全策略的信息共享，防止非授权的资源访问。

3）外联网主要为某个企业和其合作伙伴提

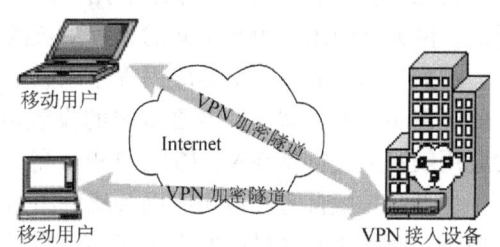

图 10-9　VPN 远程接入

供许可范围内的信息共享服务。基于 VPN 的外联网可以向客户和合作伙伴提供快捷准确的信息服务，同时跟踪了解客户的最新需求。基于 VPN 的外联网和基于 VPN 的内联网在网络架构方面相似，但在安全策略方面前者更为重视。

5. 防火墙技术

防火墙是设置在不同网络（典型地，可信任的企业内部网络和不可信的 Internet）间的一系列安全部件的组合。它是不同网络或网络安全域之间信息的唯一出入口，通过监测、限制、更改跨越防火墙的数据流，尽可能地对外部屏蔽网络内部的信息、结构和运行状况，有选择地接受外部访问，对内部强化设备监管、控制对服务器与外部网的访问，在被保护网络和外部网络之间架起一道屏障，以防止发生不可预测的、潜在的破坏性侵入。

防火墙是一种保护本地系统或网络免于来自网络的安全威胁，同时提供通过广域网或 Internet 对外界进行访问的有效方式。它的目标是：建立起可控的连接；保护前置网络免于基于 Internet 的攻击；提供了单个的阻塞点得以应用安全和审计策略。

防火墙用来控制访问和执行站点安全策略提供了 4 种通用技术：

1）服务控制：确定可以访问的 Internet 服务的类型，包括入站的和出站的。这是因为防火墙可以基于 IP 地址和 TCP 端口号对通信量进行过滤。

2）方向控制：确定特定的服务请求被允许流动的方向。

3）用户控制：根据用户试图访问的服务来控制对服务的访问。典型地，用户控制防火墙以内的用户（本地用户）。

4）行为控制：对特定服务的使用方式进行控制，如防火墙可以过滤电子邮件来消除垃圾邮件。

防火墙有 3 种常见的类型。

（1）分组过滤器

对每个进入的 IP 分组应用一个规则集合，然后决定转发或者丢弃该分组。这类过滤器通常设置成双向过滤，即对进、出网络的分组都进行过滤。分组过滤器典型地建立一组基于匹配 IP 或 TCP 首部字段的规则列表（如果存在一个规则的匹配，那条规则就会被调用来决定转发还是被丢弃，如果没有任何规则与之相匹配，就采取一个默认的动作——可能是丢弃或转发）。默认的动作有两个：丢弃（没有明确允许的就被禁止）或转发（没能明确禁止的就被允许）。

优点：简单、对应用透明和高的处理速度。

缺点：正确建立分组过滤规则是一件困难的事；缺少鉴别。

(2) 应用级网关（也叫代理服务器）

它充当应用级通信量的中继。用户通过应用程序（如 Telnet、FTP）首先与应用级网关通信，网关询问用户想要访问的远程主机的名字，并要求提供一个合法的用户 ID 和鉴别信息，网关与相应的主机上的应用程序相联系，在两者间转送应用数据。应用级网关通常与具体的应用相联系，即网关需要特定的设置以支持选定的应用，否则服务将不被支持（如有的应用级网关支持 WWW、FTP、Telnet 等，有的可能只支持其中一部分）。

优点：一般认为，应用级网关比分组过滤器更安全，因为它只对少数几个支持的应用进行检查，而不是对经过的所有 TCP 或 IP 级数据进行检查，在应用级更容易实现通信量日志记录和审计。

缺点：对每个连接都需要有额外的处理负载。网关处于两个串接用户的中间点，必须在两个方向上检查和转发所有通信量。

(3) 电路级网关

电路级网关是一个单独的系统，或者是一个应用网关为特定应用程序完成的专门功能。电路级网关不允许端到端的 TCP 连接，而是建立两个 TCP 连接，一个是在网关和内部主机间，一个是网关和外部主机间。当两个连接建立起来后，网关典型地从一个连接向另一个连接转发 TCP 报文，而不检查其内容。它的安全功能的实现体现在决定哪些连接是允许的。典型的应用场合：系统管理员信任内部用户。网关可以配置成在进入连接上支持应用级或代理级服务、在输出连接上支持电路级功能，即要求对进入数据进行检查，不对输出数据进行检查。

防火墙的局限性：

1）防火墙不能对绕过它的攻击进行保护。防火墙只相当于一扇门，当强盗通过窗户等方式进入室内时，门就起不到任何防护作用。

2）防火墙不能对内部的威胁提供支持。由于防火墙所在的位置和它的工作原理决定了"家贼难防"。

3）防火墙不能对病毒感染的程序或文件的传输提供保护，即它不对报文内容进行检查。

6. 入侵检测系统

入侵检测系统（IDS）是一种主动保护自己免受攻击的网络安全技术，作为防火墙技术的合理补充，入侵检测技术能够帮助系统对付网络攻击，扩展了系统管理员的安全管理能力，包括安全审计、监视、攻击识别和响应能力，提高了信息安全基础结构的完整性。它从计算机网络系统中的若干关键点收集信息，并分析这些信息，从而得出是否受到攻击、受到怎样的攻击的结论。

入侵检测系统的功能有：

1）监测并分析用户和系统的活动。

2）核查系统配置和漏洞。

3）评估系统关键资源和数据文件的完整性。

4）识别已知的攻击行为。

5）统计分析异常行为。

6）操作系统日志管理，并识别违反安全策略的用户活动。

入侵检测被认为是继防火墙之后保护信息安全的第二道闸门，在不影响网络性能的情况下能对网络进行监测，以防止和减轻对网络的安全威胁。

思考题与习题

10-1 通信可靠与安全的意义是什么？
10-2 通信可靠性的含义是什么？
10-3 影响通信可靠性的因素有哪些？
10-4 通信可靠性设计包括哪几个方面？
10-5 如何进行通信可靠性评价？
10-6 什么是通信安全？
10-7 影响通信安全的主要因素是什么？
10-8 实现通信安全的主要途径有哪些？
10-9 举例说明实现通信安全的主要技术。

参 考 文 献

[1] 鲜继清,张德民,等. 现代通信系统与信息网 [M]. 北京:高等教育出版社,2005.
[2] 阎立,等. 信息化纵横 [M]. 南京:南京大学出版社,2003.
[3] 李湘虹,等. 信息化浪潮 [M]. 北京:京华出版社,1998.
[4] 赵冈亚,等. 信息化与生活 [M]. 北京:京华出版社,1998.
[5] 夏海涛. 信息时代 [M]. 北京:京华出版社,1999.
[6] 鲜继清,张德民,等. 现代通信系统 [M]. 西安:西安电子科技大学出版社,2003.
[7] 张毅,郭亚利. 通信工程专业概论 [M]. 武汉:武汉理工大学出版社,2007.
[8] 李文海,鲜继清,等. 通信技术概论 [M]. 北京:人民邮电出版社,1995.
[9] Ray Horak. 通信系统与网络 [M]. 杜大鹏,龚小平,等译. 北京:中国水利水电出版社,2003.
[10] Roy Blake. 现代通信系统 [M]. 张晋峰,译. 北京:电子工业出版社,2003.
[11] 王钦笙,毛京丽,等. 数字通信原理 [M]. 北京:北京邮电大学出版社,1995.
[12] 蒋青,于秀兰. 通信原理 [M]. 2版. 北京:人民邮电出版社,2008.
[13] 陈前斌,蒋青,于秀兰. 信息论基础 [M]. 北京:高等教育出版社,2008.
[14] 及燕丽,王又村,沈其聪,等. 现代通信系统 [M]. 北京:电子工业出版社,2001.
[15] 董德存. 信息传输原理 [M]. 上海:同济大学出版社,2004.
[16] 周卫东. 现代传输与交换技术 [M]. 北京:国防工业出版社,2003.
[17] Bernard Sklar. 数字通信——基础与应用 [M]. 徐平平,宁铁成,等译. 北京:电子工业出版社,2002.
[18] 桂海源. 现代交换原理 [M]. 北京:人民邮电出版社,2002.
[19] 余燕平. 信息交换与通信网 [M]. 杭州:浙江大学出版社,2002.
[20] 尤克. 现代交换技术 [M]. 北京:机械工业出版社,2004.
[21] 冯博琴. 计算机网络与通信 [M]. 北京:经济科学出版社,2000.
[22] 张继荣,等. 现代交换技术 [M]. 西安:西安电子科技大学出版社,2004.
[23] Uyless Black. 现代通信最新技术 [M]. 贺苏宁,译. 北京:清华大学出版社,2000.
[24] 张丽华. 光纤通信 [M]. 北京:机械工业出版社,2014.
[25] 马军山. 光纤通信原理与应用 [M]. 北京:人民邮电出版社,2004.
[26] 胡庆. 通信光缆与电缆 [M]. 北京:人民邮电出版社,2005.
[27] 孙学康. SDH 技术 [M]. 北京:人民邮电出版社,2002.
[28] 张宝富. 现代光纤通信与网络教程 [M]. 北京:人民邮电出版社,2002.
[29] 纪越峰. 光波分复用系统 [M]. 北京:北京邮电大学出版社,1999.
[30] 顾畹仪,张杰. 全光通信 [M]. 北京:北京邮电大学出版社,1999.
[31] Waiter Goraiski. 光网络与波分复用 [M]. 胡先志,罗杰,胡佳妮,译. 北京:人民邮电出版社,2003.
[32] Givindp Aqoralval. 光纤通信系统 [M]. 北京:清华大学出版社,2004.
[33] 傅海阳、赵品勇. SDH 微波通信系统 [M]. 北京:人民邮电出版社,2000.
[34] 王秉均、王少勇. 现代卫星通信系统 [M]. 北京:电子工业出版社,2004.
[35] 陈振国. 卫星通信系统与技术 [M]. 北京:北京邮电大学出版社,2003.
[36] 郑林华,等. 卫星移动通信原理与应用 [M]. 北京:国防工业出版社,2000.
[37] 胡捍英,杨峰义,中国通信学会. 第三代移动通信系统 [M]. 北京:人民邮电出版社,2001.

[38] William C, y Lee. 移动通信工程理论和应用 [M]. 2 版. 宋维模, 姜焕成, 译. 北京: 人民邮电出版社, 2002.

[39] Xavier Lagrange, Philippe Godiewski Sami Tabbune. GSM 网络与 GPRS [M]. 顾肇基, 译. 北京: 电子工业出版社, 2002.

[40] 钟章队, 蒋文怡, 等. GPRS 通用分组无线业务 [M]. 北京: 人民邮电出版社, 2001.

[41] 韩斌杰. GPRS 原理及其网络优化 [M]. 北京: 机械工业出版社, 2003.

[42] 李建东. 移动通信 [M]. 西安: 西安电子科技大学出版社, 2006.

[43] 张平, 王卫东, 等. 第三代蜂窝移动通信——WCDMA [M]. 北京: 北京邮电大学出版社, 2000.

[44] Tero Ojanpera Ramjee Prasad. WCDMA 面向 IP 移动与移动因特网 [M]. 邱玲, 朱近康, 译. 北京: 人民邮电出版社, 2003.

[45] 李转年, 等. 接入网技术与系统 [M]. 北京: 北京邮电大学出版社, 2002.

[46] 陈松. 接入网技术 [M]. 北京: 电子工业出版社, 2002.

[47] 李秉钧, 万晓榆, 等. 演进中的电信传送网 [M]. 北京: 人民邮电出版社, 2004.

[48] Georqe Abe. 社区宽带网络 [M]. 孙敬亮, 等译. 北京: 电子工业出版社, 2002.

[49] 徐荣, 龚倩. 高速宽带光互联网技术 [M]. 北京: 人民邮电出版社, 2002.

[50] 车晴, 王京玲. 数字卫星广播系统 [M]. 北京: 北京广播学院出版社, 2000.

[51] 黄卫, 陈里得. 智能运输系统 (ITS) 概论 [M]. 北京: 人民交通出版社, 1999.

[52] 刘文开, 刘远航. 地面广播数字电视技术 [M]. 北京: 人民邮电出版社, 2003.

[53] 余兆明, 余智. 数字电视传输与组网 [M]. 北京: 人民邮电出版社, 2003.

[54] 毕厚杰, 陈启美, 方晖. IP 宽带通信网络技术 [M]. 北京: 北京邮电大学出版社, 2004.

[55] 王先培, 王泉德. 测控系统与网络教程 [M]. 武汉: 武汉大学出版社, 2002.

[56] 邱公伟, 等. 实时控制与智能仪表多微机系统的通信技术 [M]. 北京: 清华大学出版社, 1996.

[57] 张云生, 祝小红, 王静. 网络控制系统 [M]. 重庆: 重庆大学出版社, 2003.

[58] Willian A Shay. 数据通信与网络教程 [M]. 高传善, 译. 北京: 机械工业出版社, 2000.

[59] 王志良. 信息社会中的自动化新技术 [M]. 北京: 机械工业出版社, 2004.

[60] 王海涛, 宋丽华. 一种军用自组织网络体系结构的设计. http://cww.net.cn, 2003.

[61] 陈建亚, 余浩. 软交换与下一代网络 [M]. 北京: 北京邮电大学出版社, 2003.

[62] 韦乐平. 向以软交换为核心光互联网为基础的下一代网络演进 [J]. 电信科学, 2002 (1).

[63] 韦乐平. 三网融合的内涵与趋势 [J]. 中国通信网, 2002 (11): 27.

[64] 李晓明. NGN 若干问题的思考——技术融合是网络融合的基础 [J]. 电信科学, 2004 (2).

[65] 侯自强. 对 NGN 的再思考 [J]. 电信科学, 2004 (7).

[66] 北京中网华通设计咨询有限公司. CDMA 网络工程设计 [M]. 北京: 电子工业出版社, 2005.

[67] 通信协议手册编委会. 最新网络通信协议手册 [M]. 陆玉库, 等译. 北京: 电子工业出版社, 1999.

[68] 陈明. 网络协议教程 [M]. 北京: 清华大学出版社, 2004.

[69] 胥静. 嵌入式系统设计与开发实例详解——基于 ARM 的应用 [M]. 北京: 北京航空航天大学出版社, 2005.

[70] 孙晓云. 接口与通信技术原理与应用 [M]. 北京: 中国电力出版社, 2007.

[71] 邬宽明. CAN 总线原理和应用系统设计 [M]. 北京: 北京航空航天大学出版社, 1996.

[72] 梁雄健, 孙青华, 等. 通信网可靠性管理 [M]. 北京: 北京邮电大学出版社, 2004.

[73] 熊蔚明, 刘有恒. 关于通信网可靠性的研究进展 [J]. 通信学报, 1990, 11 (4): 43-49.

[74] 张学渊. 通信网可靠性及其在中国的研究 [D]. 北京: 北京邮电大学, 1997.

[75] 张荣. 电信网的可靠性设计方法 [J]. 现代电信科技, 1995 (4): 17-19.

[76] 胡向东,魏琴芳. 应用密码学 [M]. 北京:电子工业出版社,2006.
[77] A Menezes, P van Oorschot, S Vanstone. Handbook of applied cryptography [M]. CRC Press, 1996.
[78] Douglas R Stinson. 密码学原理与实践 [M]. 2版. 冯登国,译. 北京:电子工业出版社,2003.
[79] 王育民,刘建伟. 通信网的安全——理论与技术 [M]. 西安:西安电子科技大学出版社,1999.
[80] Ranjan Bose. 信息论、编码和密码学(英文版)[M]. 北京:机械工业出版社,2003.
[81] Bernard Sklar. 数字通信——基础与应用 [M]. 2版. 徐平平,等译. 北京:电子工业出版社,2002.
[82] Christian Barnes, et al. 无线网络安全防护 [M]. 刘堃,等译. 北京:机械工业出版社,2003.